油气管道腐蚀与防护

（第二版）

寇　杰　梁法春　陈　婧　主编

中国石化出版社

内容提要

本书较全面系统地阐述了油气管道腐蚀的基本理论及腐蚀防护的基本原理和应用技术。详细介绍了金属材料的腐蚀原理、腐蚀形态、影响因素以及油气管道腐蚀控制方法等；另外，对近年来在油气管道腐蚀检测、腐蚀状态评价以及腐蚀管线抢修上取得的进展进行了总结和回顾。

本书可供从事油气管道工程设计、检测、施工和管理的技术人员使用，也可作为高等院校油气储运等相关专业的教材。

图书在版编目(CIP)数据

油气管道腐蚀与防护 / 寇杰，梁法春，陈婧主编. —2 版.
—北京：中国石化出版社，2016.3
ISBN 978 - 7 - 5114 - 3838 - 6

Ⅰ.①油… Ⅱ.①寇… ②梁… ③陈… Ⅲ.①石油管道－腐蚀－基本知识②石油管道－防腐－基本知识③天然气管道－腐蚀－基本知识④天然气管道－防腐－基本知识 Ⅳ.①TE988.2

中国版本图书馆 CIP 数据核字(2016)第 044720 号

中国石化出版社出版发行

地址:北京市东城区安定门外大街58 号
邮编:100011　电话:(010)84271850
读者服务部电话:(010)84289974
http://www.sinopec-press.com
E-mail:press@ sinopec.com
北京富泰印刷有限责任公司印刷
全国各地新华书店经销
＊
787×1092 毫米 16 开本 30 印张 695 千字
2016 年 3 月第 2 版　2016 年 3 月第 1 次印刷
定价:88.00 元

第二版前言

本书 2008 年问世以来，深得各方好评。腐蚀与防腐是一个动态发展过程，近年来，随着腐蚀机理研究不断深入，防腐技术也不断取得新的突破。对本书第一版进行重新修订，既是当前科技发展的迫切要求，也是学科逐步完善的必经步骤。

此次再版主要是根据读者反馈，对部分内容进行了删减、合并调整，对腐蚀相关规范、标准进行了梳理，删除了废止规范，增加了新颁布标准。新增了近几年涌现的腐蚀控制新技术，全书更加系统完整。

第 2 章"电化学腐蚀基础"部分，增加了金属腐蚀倾向的热力学判据、金属电化学腐蚀的电极动力学内容，增加极化曲线的实验；第 3 章"金属腐蚀形态"部分，删除了油气管道较少出现的缝隙腐蚀、晶间腐蚀、黄铜脱锌腐蚀以及石墨化腐蚀内容，将氢损伤与应力腐蚀进行了合并，增加了微动腐蚀磨损介绍，在点蚀控制措施中增加定期清管技术；第 4 章"环境腐蚀性"部分，将海水腐蚀和淡水腐蚀合并为水腐蚀；第 5 章"油气管道腐蚀防护"部分，合并了直流杂散电流排流保护中的排流种类和排流方法，增加了交流杂散电流腐蚀防护，液态聚氨酯防腐涂料(PU)，无机非金属防腐层，纳米改性材料涂层相关防腐方案，增加了缓蚀剂在腐蚀控制中的应用描述，以及缓蚀剂的测试评定方法；第 6 章"管道腐蚀检测技术"部分，增加了超声导波检测技术、标准管/地点位检测技术(P/S)、皮尔逊监测技术(PS)以及射线检测技术等新型腐蚀检测方法；第 7 章"腐蚀管道适用性评价"部分，新增剩余寿命预测方法、灰色理论、概率统计方法、可靠度函数分析法；第 8 章"腐蚀管线泄漏检测及抢修"部分，增加了管道应力波法、小波变换法以及神经网络模式识别方法。

本书第一、二、三、五、六章由寇杰整理，共 35 万字；第四、七、八章由梁法春整理，共计 20 万字；附录由陈婧整理，共计 10 万字。

在本书整理过程中，付禹、尹雪明做了大量的查阅资料、格式排版和文字录入工作，在此向她们表示感谢。

本书在整理的过程中也参考了许多腐蚀专家、学者的著作和研究成果，在此表示衷心的感谢。

　　油气管道腐蚀与防腐涉及多个交叉学科，由于编者水平有限，书中难免有疏漏和不恰当之处，敬请读者批评指正。

编者

第一版前言

　　管道作为五大运输方式之一，已经有 100 多年的历史。由于市场对能源的需求，管输事业发展迅猛。目前，世界长距离输送管道约 200 万 km 以上。发达国家原油管输量占总输量的 80%，天然气管输量占 95%。腐蚀是引起管道系统可靠性和使用寿命的关键因素，腐蚀破坏引起的恶性突发事故，往往造成巨大的经济损失和严重的社会后果。世界各国每年因管道腐蚀造成的经济损失，美国约 20 亿美元，英国约 17 亿美元，德国和日本约 33 亿美元。作为油气勘探开发和储运的油气管道(包括油管、套管、长距离输油气管、出油管、油田油气集输管，注水注气、注二氧化碳、注聚合物管等)，其失效形式主要表现为腐蚀失效。此外，腐蚀还极易造成管线内介质的跑、冒、滴、漏，污染环境而引起公害，甚至发生中毒、火灾、爆炸等恶性事故。大量的研究表明，尽管腐蚀很难完全避免，但可以控制。因此了解油气管道的腐蚀机理、影响因素和控制方法具有重要的意义。

　　本书较全面地介绍了金属材料的腐蚀原理、腐蚀形态、影响因素、腐蚀控制方法等，还对近年来在腐蚀检测以及腐蚀状态评价和腐蚀管线抢修取得的进展进行了总结和回顾。本书主要内容分为八章，第一章为金属腐蚀的电化学原理，主要介绍腐蚀电池、金属的极化与去极化、金属钝化、金属 E - pH 图及其应用等腐蚀科学基本理论；第二章描述了金属腐蚀形态，重点介绍小孔腐蚀、晶间腐蚀、选择性腐蚀、应力腐蚀等常见局部腐蚀的特征、腐蚀机理及控制方法；第三章对环境腐蚀性和影响因素进行了概括，主要介绍了常见腐蚀环境(土壤、大气、水)下的金属腐蚀，同时也对特殊环境(酸性环境，多相流动环境)下的金属腐蚀机理和预防措施进行了介绍；第四章详细叙述了油气管道腐蚀防护的方法，即通过选择耐腐蚀材料和优化结构，以及采用电化学保护、覆盖层保护及缓蚀剂进行防腐保护；第五章对主要的腐蚀实验测试作了简单的概述；第六章除介绍了油气管道常见腐蚀检测技术外，还对近年来新出现的新型检测技术，如红外腐蚀检测方法也进行了简单介绍；第七章介绍管线腐蚀评价，重点介绍了腐蚀管道剩余强度评估和剩余寿命预测这两种常见评价方法；第八章介绍了腐蚀穿孔管线的泄漏检测及修复技术，给出了气体管路、液体管路以及气液混输管路泄漏量计算方法，同时对堵漏等事故抢修措施也进行了描述。本书在附录中给出了常用腐蚀期刊及相关站点、常见材料的电极电位、含缺陷油气输送管道剩余强度评价方法以及国内外常用腐蚀标准，以方便学习和研究参考。

本书绪论、第一、二、四、六章共约 35 万字由寇杰编写，第三、七、八章共约 20 万字由梁法春编写；第五章及附录共约 10 万字由陈婧编写和整理。全书由寇杰统稿。

在本书编写过程中，李英存、陈丽娜、宫莎莎做了大量图表绘制和文字录入工作，在此向他们表示感谢。

本书在编写过程中参考了许多腐蚀专家、学者的著作和研究成果，在此表示衷心的感谢。

油气管道腐蚀与防腐涉及多个交叉学科，由于编者水平有限，书中难免有疏漏和不恰当之处，敬请读者批评指正。

目　　录

第1章 绪 论

人类的文明进步与应用和发展日新月异的材料是分不开的。历史学家甚至用材料的名称标记不同的时代，如石器时代、青铜器时代、铁器时代等。然而目前工业用的材料，无论是金属材料还是非金属材料，几乎没有一种材料是绝对不腐蚀的。

腐蚀科学是一门涉及大量现实工程问题的学科，包括冶金、石油、化工、轻工、交通、通讯、电子、海洋工程、航空、核电等领域。可以说世界上一切产品都有一个在环境作用下被腐蚀及控制腐蚀的问题。腐蚀科学之所以成为一门迅速发展的科学，是因为它的宗旨是控制腐蚀、造福于人类。控制腐蚀涉及到各行各业，因而，它必然吸引并推动着许许多多科学工作者和工程技术人员关心腐蚀、研究腐蚀、探求控制腐蚀理论以及相应的工艺、技术和措施。

1.1 腐蚀现象及危害

1. 腐蚀现象

众所周知，材料、能源和信息是现代文明的三大支柱。腐蚀是材料研究重要组成部分。一般来说，材料在环境中服役时有三种基本失效形式，腐蚀是较重要的一种。另两种失效形式分别是磨损和断裂。它们的特性归纳如表1-1所示。

表1-1 材料在环境中失效的基本形式

失效形式	腐蚀	磨损	断裂
作用因素	电化学、化学	机械运动、力学	力学
变化方式	渐变		突变
相应学科	腐蚀科学	摩擦学、磨损理论	断裂力学

人们对腐蚀的认识，最早是从腐蚀产物感性地认识到腐蚀的存在。在日常生活中，人们常常会遇见这样的现象：打开长时间未使用的水龙头时，水管里流出的常常是黄色的锈水；铁锅如果前一天没有清洗干净，第二天早上就会看见一些黄色斑点。这些就是我们常说的生锈。

2. 腐蚀危害

金属腐蚀现象遍及国民经济和国防建设各个领域，危害十分严重。

（1）腐蚀会造成重大的经济损失

腐蚀的重要性首先来自经济方面，这是腐蚀学科最初发展的原动力。腐蚀给国民经济带来巨大损失，据估计，全世界每年因腐蚀报废的钢铁产品大约相当于年产量的30%，假如其中的2/3可回炉再生，则约有10%的钢铁将由于腐蚀而一去不复返了。损失除材料本身的价值外，还应包括设备的造价；为控制腐蚀而采用的合金元素、防腐涂层、镀层、衬层等；为调节外部环境而加入的缓蚀剂、中和剂；进行电化学保护、监测试验费用等等。表1-2列举了一些国家的年腐蚀损失。

表1-2　一些国家的年腐蚀损失

国家	时间	年腐蚀损失	占国民经济总产值
美国	1949 年	55 亿美元	
	1975 年	820 亿美元(向国会报告为 700 亿美元)	4.9% (4.2%)
	1995 年	3000 亿美元	4.21%
	1998 年	2757 亿美元	
英国	1957 年	6 亿英镑	
	1969 年	13.65 亿英镑	3.5%
日本	1975 年	25509.3 亿日元	
	1997 年	39486.9 亿日元	
前苏联	20 世纪 70 年代中期	130140 亿卢布	
	1985 年	400 亿卢布	
前联邦德国	1968 ~ 1969 年	190 亿马克	3%
	1982 年	450 亿马克	
瑞典	1986 年	350 亿瑞典法郎	
印度	1960 ~ 1961 年	15 亿卢比	
	1984 ~ 1985 年	400 亿卢比	
澳大利亚	1973 年	4.7 亿澳元	
	1982 年	21 亿美元	
捷克	1986 年	15×10^9 捷克法郎	

我国每年腐蚀造成的直接经济损失也十分可观，有人统计，腐蚀造成的直接经济损失大约占国民经济净产值(GNP)的3%~4%，这和其他国家数据相仿。2004 年我国 GNP 为13.7 万亿元，由腐蚀造成损失多达 5480 亿元。

腐蚀造成的间接损失比较难统计，一般是直接损失的几倍，如我国中原油田，1993 年度管线、容器穿孔 8345 次，更换油管总长 590km，直接经济损失 7000 多万元，而产品流失、停产损失、效率损失和环境污染等造成的腐蚀间接损失高达两个亿。

再如一台发动机某零件因镀层用错了，造成腐蚀，零件价值可能是几十元，但引起的后果却不堪设想，损失可能是该零件价值的成百上千倍，如造成电厂停工，从而使所有用电厂矿停产，造成损失难以设想。

（2）腐蚀易引发安全问题和环境危害

腐蚀极易造成设备的跑、冒、滴、漏，污染环境而引起公害，甚至发生中毒、火灾、爆炸等恶性事故。

第15届世界石油大会综合报告中提到，1992年国外某炼油厂因腐蚀导致液化石油气管道泄漏事故，造成6人死亡、3亿美元财产损失的事例，然而更糟糕的是，当时精密的腐蚀监测仪器竟未能事先发现这个隐患。汽车、轮船、飞机许多事故也或多或少和腐蚀有关。1986年1月28日，美国"挑战者"号航天飞机在佛罗里达的卡那维拉尔角发射升空，起飞73s后随着强烈爆炸声，7位太空人，其中一名中学女教师，连同价值12亿美元的飞船，全部葬身大西洋底。爆炸是一个O形封环低温环境下失效所致（发脆、变黏是橡胶在环境作用下损伤的主要表现形式）。这个封环位于右侧固体火箭推进器的两个低层部件之间。失效的封环使炽热的气体点燃了外部燃料罐中的燃料。

每年因腐蚀引发的事故更是不胜枚举，例如1967年12月，美国的西弗尼亚州与俄亥俄州间的俄亥俄桥突然塌入河中，死亡46人，原因是钢梁因应力腐蚀开裂加上腐蚀疲劳，产生裂缝所致；1965年3月4日，美国路易斯安那州输气管线因应力腐蚀破裂而失火，造成17人死亡；1979年，吉林市液化气罐腐蚀发生穿孔引起火灾，原因是球罐发生应力腐蚀；1980年8月北海油田的采油平台发生腐蚀疲劳破坏，致使123人丧生；1985年8月12日，日本一架波音747客机因应力腐蚀断裂而坠毁，死亡500余人；2013年11月22日，山东青岛东黄输油管道泄漏原油进入市政府排水暗渠，在形成密闭空间的暗渠内油气积聚遇火花发生爆炸，事故发生的直接原因是输油管道与排水暗渠交汇处管道腐蚀减薄、管道破裂、原油泄漏、流入暗渠及反冲到路面，造成55人遇难，9人失踪，136人受伤等等。

（3）自然资源的巨大消耗

地球储藏的可用矿藏中金属矿的储量是有限的，腐蚀使金属变成了无用的、无法回收的散碎氧化物等。例如，每年花费大量资源和能源生产的钢铁，有40%左右被腐蚀，而腐蚀后完全变成铁锈不能再利用的约为10%。按此计算，我国每年腐蚀掉的不能回收利用的钢铁达1000多万吨，大致相当于宝山钢铁厂一年的产量。因而腐蚀会加速自然资源的损耗，这是不可逆转的。

腐蚀重要性的第三个领域为节约资源、能源，保护环境等。地球上矿产、能源资源有限而腐蚀浪费了大量宝贵资源。有人统计全世界金属资源日趋枯竭，即使按10倍现有储量再加上50%再生利用的乐观估计，可维持年代也不会很长。浪费材料的同时也是浪费了能源，因为从矿石中提炼金属需消耗大量能源。表1-3的数据提供了某些大概轮廓。

表 1-3 地球上重要金属资源的估计储量

金属	储量/ 10^6 t	年消耗增加率/ %	可用年数/ a	乐观计算年数/ a	每千克材料能耗/ kW·h
Fe	10^6	13	109	319	16 ~ 30
Al	1170	51	35	91	约80
Cu	308	34	24	95	30 ~ 40
Zn	123	25	18	101	15 ~ 20
Ti	147	27	51	152	约200

地球上资源有限，珍惜资源是人类的战略任务，若腐蚀控制得好，可延长产品的使用寿命，从而节省大量的原材料和能源。

在"保护地球——我们赖以生存环境"的呼声日益高涨的今天，对生态环境考虑已逐渐大于经济方面考虑。可以预料，在 21 世纪走持续可发展道路的战略格局中，材料腐蚀和防护将占重要地位。

（4）阻碍新技术的发展

一项新技术、新产品的产生过程，往往会遇到需要克服的腐蚀问题，只有解决了这些问题，新技术、新产品、新工业才得以发展。例如，不锈钢的发明和应用大大促进了硝酸和合成氨工业的发展。又比如，当年美国的阿波罗空间计划中，氧化剂 N_2O_4 的储罐是用高强度钛合金制造的，这是通过应力腐蚀试验选出的。但在运行前的模拟试压（压力为规定值的 1.5 倍）中很快发生破裂，原因是应力腐蚀试验中使用的 N_2O_4 是不纯的，含有 NO，而模拟试压使用的 N_2O_4 纯度高，不含 NO。经分析研究加入 0.6% NO 之后才得以解决。美国著名的腐蚀学专家方坦纳认为，如果找不到解决方法，登月计划会推迟若干年。

法国的拉克气田 1951 年因设备发生了应力腐蚀开裂得不到解决，不得不推迟到 1957 年才全面开发。

在我国四川石油天然气开发初期，要是没有我国腐蚀工作者努力，及时解决钢材硫化氢应力开裂问题，我国天然气工业不会如此迅速发展。同样，由于缺乏可靠技术（包括防腐蚀技术），我国有一批含硫 80% ~ 90% 的高硫化氢气田至今仍静静地埋在地下，无法开采利用。

当然，腐蚀如同其他许多现象一样，也是一把双刃剑，腐蚀现象也可以用来为人类造福。随着人们对腐蚀现象认识的不断深化，腐蚀不再是总与人类作对的捣乱者，有目的地利用腐蚀现象的代表性例子有：电池工业中，利用活泼金属腐蚀获得携带方便的能源；半导体工业中，利用腐蚀对材料表面进行间距只有 0.1mm 左右的精细蚀刻等。

3. 油气管道的腐蚀现状

管道作为五大运输方式之一，有 100 多年历史。由于对能源市场的需求，管输事业发展迅猛。世界目前长距离输送的管道约 200 万 km 以上。发达国家原油管输量占总输量的

80%，天然气占95%，油气管道干线长度超过200万km，输油干线占30%。1865年美国建成世界第一条原油管道（$\phi 50mm \times 9.65km$），大规模发展为二战后，1948～1998年建成80.2万km。建国后，我国的管道事业也迅猛发展，目前已建成四个长距离管道输送系统，分别为集大庆、吉林、辽河三大油区原油管道输送为一体，以东北"八三"管道和秦京线为主体的东北大型原油管道输送系统。集胜利、华北二大油区原油管道输送为一体，以鲁宁线、东黄线和东临线为主体的华东地区大型原油管道输送系统。新疆北疆地区将克拉玛依、火烧山等油田与独山子和乌鲁木齐炼厂相连的北疆原油管网系统；连接塔里木和吐哈油区的原油长输管线。

腐蚀是引起管道系统可靠性和使用寿命的关键因素。腐蚀破坏引起突发的恶性事故，往往造成巨大的经济损失和严重的社会后果。世界各国每年因管道腐蚀造成的经济损失，美国约20亿美元，英国约17亿美元，德国和日本约33亿美元。作为油气勘探开发的油井管（油管、套管、钻杆等）和油气集输管线（长距离输油管、出油管、油田油气集输管，注水注气、注二氧化碳、注聚合物管等），其失效形式主要表现为腐蚀失效，主要腐蚀介质有H_2S、CO_2、O_2、硫酸盐还原菌（SRB）等。

例如，在1977年完成的美国阿拉斯加一条长约1287km、管径1219.2mm的原油输送管道，一半埋地一半裸露，每天输送原油约$200 \times 10^4 bbl$，造价80亿美元，由于对腐蚀研究不充分和施工时采取防腐措施不当，12年后发生腐蚀穿孔达826处之多，仅修复费用一项就耗资15亿美元。

1975年挪威艾柯基斯克油田阿尔法平台API X52高温立管，由于原油中含有1.5%～3% CO_2及6%～8%的Cl^-，同时由于海洋飞溅区的腐蚀，投产仅2个月，立管就被腐蚀

的薄如纸张，导致了严重的爆炸、燃烧和伤亡事故。1988年英国的帕尔波·阿尔法平台油管因CO_2腐蚀疲劳造成断裂引发突然爆炸燃烧，死亡166人，使英国北海油田原油产量减少12%。

中国大部分油田进入高含水开发期，有的新油管下井1年即发生腐蚀穿孔，3年后就得全部更换。注水井套管的使用寿命一般在6年左右，油井套管使用寿命一般在8年左右。

四川酸性气田特别是磨溪气田，含有H_2S、CO_2、Cl^-、硫酸盐还原菌（SRB）的地层水，对油套管集输管线的腐蚀十分严重，特别是井下油管，最短在2年左右发生腐蚀断裂，造成内部堵塞，压力下降，产量下降。图1-1显示的是含硫输气管线因应力腐蚀沿焊缝开裂失效。

胜利油田进入高含水开发期，采出污水中

图1-1 含硫输气管线沿着焊缝开裂失效

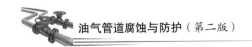

含有溶解氧、硫酸盐还原菌、CO_2、H_2S、Cl^-，对钢管管材腐蚀相当严重，平均腐蚀速度为 $1 \sim 7 mm/a$，应力作用下的点蚀速度 $14 mm/a$。胜利油田现有地面管线 20000km，每年至少更换 400km，损失达 6000 万元。

1.2　腐蚀定义和本质

1. 什么是腐蚀

腐蚀 Corrosion 来自拉丁文"Corrode"，意为"损坏"、"腐烂"。日常生活所见到的铁生锈就是铁及铁基合金生成水合氧化铁为主的腐蚀。腐蚀最初只局限于金属材料。H. H. Ulig 在《腐蚀科学与腐蚀工程：腐蚀科学与腐蚀工程导论》一书中指出，腐蚀是金属和周围环境起化学或电化学反应而导致的破坏性侵蚀。ISO 8044：1999 和 GB/T 10123 将腐蚀定义为"金属和环境间的物理 – 化学相互作用，其结果是使金属性能发生变化，导致金属、环境或它们作为组成部分的技术体系的功能受到损伤"。

狭义的腐蚀只是指金属的腐蚀，然而随着时代进步和科技发展，金属之外其他材料，如非金属材料、高分子材料和复合材料等应用越来越广泛，这些材料在使用过程中同样会因环境作用发生功能损伤现象。广义的腐蚀包含所有的天然材料和人造材料，因此腐蚀的广义定义是"材料和环境发生化学或电化学作用而导致材料功能损伤的现象"。

这个定义明确指出了金属腐蚀是包括金属材料和环境介质两者在内的一个具有反应作用的体系。这个反应包括化学反应、电化学反应以及物理溶解作用等。金属要发生腐蚀必须有外部介质的作用，而且这种作用发生在金属与介质接触的界面上，它不包括因单纯机械作用引起的金属磨损破坏。这个定义包含以下几个含义：

①腐蚀研究着眼点在材料。腐蚀既导致材料损伤，又造成环境破坏。例如，食品或酒类生产、储运过程的容器材料，因腐蚀造成容器壁厚减薄、强度降低，但同时也可能导致食品或酒类受腐蚀产物污染而品质恶化。后者虽因腐蚀引起，但介质环境的变化一般称为污染，而不称为腐蚀。

②腐蚀是一种材料和环境间的反应，大多数是电化学反应，这是腐蚀和摩擦现象的分界线。实际条件下腐蚀和磨损往往密不可分、同时发生。强调化学或电化学作用时称为腐蚀，强调力学或机械作用时则称为摩擦磨损。如两者作用相当，习惯上称为腐蚀磨损或磨损腐蚀，它们不仅包含腐蚀及磨损作用，还会产生复杂交互作用。这些在讨论实际腐蚀体系时再展开讨论。根据习惯，部分化学反应及少数物理过程也被当作腐蚀。例如，铝在非电解质 CCl_4 中的腐蚀属于纯化学反应；金属在某些高温熔盐或液态金属中的腐蚀属于纯物理溶解等，如合金在液态金属中的物理溶解（存放熔解锌的钢容器，铁在高温下被液态锌溶解，使容器壁变薄）。现代的金属腐蚀理论主要以电化学腐蚀（即以电化学反应为特征的腐蚀）为对象。

③腐蚀是材料的损伤。宏观上可表现为材料质量流失、强度等性质退化等；微观上可

表现为材料相、价态或组织改变。主要靠这些变化来发现腐蚀或评价腐蚀程度。腐蚀一般指材料坏的变化；强化过程或好的变化习惯不称为腐蚀，如钢铁在一定气氛中热处理、材料表面三束(粒子束、电子束、激光束)改性等过程。这层含义有时比较含糊，例如，铝、不锈钢材料表面氧化；半导体硅片蚀刻等，虽称为腐蚀，但其后果是我们希望的。

④腐蚀是渐渐发生的慢性过程。有报道说，巴拿马运河海水中不锈钢闸门工作10年之后才出现点蚀；许多埋地管道运行10～20年后才出现事故多发期，这些都说明腐蚀过程之慢。材料和环境之间发展迅速的反应，如镁粉燃烧、火药爆炸等习惯上不叫腐蚀。这一点上腐蚀和磨损是相同的，均属于渐变过程；而造成材料损伤的另一种类型——"断裂"则不同，是裂纹由无到有、由小到大、从量变到质变，最终导致材料断裂的突变过程。

2. 腐蚀特点

腐蚀现象特点可归纳为"自发性"、"普遍性"和"隐蔽性"三点。

(1)自发性

金属为什么会发生腐蚀？热力学第二定律告诉我们，物质总是寻求最低的能量状态。金属处于热力学不稳定状态，而金属的氧化物处于热力学稳定状态，所以金属趋向于寻求一种较低的能量状态，即有形成氧化物或其他化合物的趋势。金属转换为低能量氧化物的过程即为金属的腐蚀。

金属腐蚀是一种普遍的自然趋势，例如铁，它的腐蚀就是单质铁回到它的自然状态(矿石)的过程。在潮湿土壤、大气等腐蚀环境中，铁腐蚀变成以水和氧化铁为主的腐蚀产物，这些腐蚀产物在结构或形态上和自然界天然存在的铁矿石类似，或者说处于同一能量等级。从矿石中提炼钢铁时需要消耗能量，如炼铁、炼钢需消耗煤、电等能量，根据能量守恒定律，得到的铁或钢在能量等级上高于铁矿石。自然界一切自发变化都是从高能级状态向低能级状态变化，例如，水可以从高处流向低处、高温物体可以向低温环境散发热量、固体糖块可以在水中溶解变成糖溶液等等。如果不依靠外部的帮助，上述过程的逆过程绝不可能发生。图1-2以图解形式表示铁矿石中提炼铁和铁腐蚀过程的关系。炼铁过程是耗能的，铁腐蚀就是放能的自发过程。但为什么铁腐蚀时感觉不到有能量放出呢？实际上这些能量以热量形式分散到周围环境中，并未引起注意或加以利用。腐蚀产生的能量是可以利用的，靠普通干电池锌皮腐蚀获得电能就是最好例子。

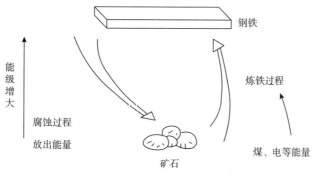

图1-2 金属腐蚀和冶金互为逆过程

金属有放出能量回到氧化物、硫化物、碳酸盐以及其他更稳定的自由能低的化合物的倾向，只不过是吸收和放出能量的速度不同而已。能量上的差异是腐蚀反应的推动力，放出能量的过程就是腐蚀过程。伴随着腐蚀的发生，导致腐蚀体系的自由能的减少，故它是一个自发的过程。

金属以其"物美价廉"吸引着人们对金属的青睐，人类离不开金属。金属从自然中获取，又自发地因腐蚀而消耗——回归于自然。这正如19世纪赫胥黎在捍卫达尔文的进化论时，对于宇宙过程（即自然过程）说了一段精辟而富有哲理的话："大自然常常有这样一种倾向，就是讨回她的儿子——人——从她那里借去而加以安排的、不为普遍的宇宙过程所赞同的东西"。

当然，自发性只代表反应倾向，不等于实际反应速度。

（2）普遍性

元素周期表中约有三四十种金属元素，除了金（Au）和铂（Pt）在地球上可能以纯金属单体形式天然存在外，其他金属均以它们的化合物（各种氧化物、硫化物或更复杂的复合盐类）形式存在。在地球形成和演变的漫长历史中，能稳定保存下来的物质一般都是它的最低能级状态。这说明，除Au和Pt外，其他金属能级都要高于它们化合物，都具有自发回到低能级矿石状态的倾向。另一方面，地球上普遍存在的空气和水是两类主要腐蚀环境（分别含腐蚀因素O_2和H^+）。所以，地球环境下金属腐蚀不是个别现象，而是普遍面临的问题。幸好有不少金属虽有大的腐蚀倾向，但实际腐蚀十分微小（以后会讲到，这称为钝化现象），否则人类可能会面临没有稳定金属材料可用的尴尬局面。

（3）隐蔽性

腐蚀的隐蔽性包含几层意思，一是指它发展速度可能很慢、短期变化极微小。前面例子中，不锈钢在海水中的点蚀约有10年潜伏期（又称孕育期）。在此之前，材料安然无恙，但产生点蚀后，材料的腐蚀发展不可等闲视之。这给腐蚀科学家和工程师们提了醒，不能过分轻信实验室短期试验结论，不能用短期试验数据无根据地判断材料的长期腐蚀行为，否则可能会出大问题。隐蔽性的另一层意思是其表现形式可能很难被发觉，虽然一眼就能分辨出生锈和不生锈的钢铁，但有些腐蚀类型，如含裂纹局部腐蚀，靠肉眼或简单仪器很难发觉。应力腐蚀断裂管道的实际调查中曾发现，断裂管道表面光亮如新，几乎不存在均匀腐蚀迹象，然而在金相显微镜下可以看到，管道钢内部已布满细微裂纹。

1.3　腐蚀分类

金属腐蚀的分类方法很多，根据文献报道，至少有80种腐蚀类型，而且由于金属材料的增加、腐蚀介质的更新，腐蚀类型还在增加。下面只简单介绍一下几种腐蚀的分类方法。

1. 根据腐蚀机理分类

（1）化学腐蚀（Chemical Corrosion）

化学腐蚀指金属与腐蚀介质直接发生反应，在反应过程中没有电流产生。这类腐蚀过程是氧化还原的纯化学反应，带有价电子的金属原子直接与反应物分子相互作用。因此，金属转变为离子状态和介质中氧化剂组分的还原是在同时、统一位置发生的。最重要的化学腐蚀形式是气体腐蚀，如金属的氧化过程或金属在高温下与 SO_2、水蒸气等的化学作用等。

化学腐蚀的腐蚀产物在金属表面形成表面膜，表面膜的性质决定了化学腐蚀速度。如果膜的完整性、强度、塑性都较好，膜的膨胀系数与金属接近、膜与金属的亲和力较强等情况下，则有利于保护金属、降低腐蚀速度。化学腐蚀可分为以下几种情况。

① 在干燥气体中的腐蚀。通常指金属在高温气体作用下的腐蚀。例如，轧钢时生成厚的氧化铁皮、燃气轮机叶片在工作状态下的腐蚀、用氧气切割和焊接管道时在金属表面上产生的氧化皮等。

② 在非电解质溶液中的腐蚀。指金属在某些有机液体（如苯、汽油）中的腐蚀。例如，Al 在 CCl_4、$CHCl_3$ 或 CH_3CH_2OH 中的腐蚀，镁和钛在 CH_3OH 中的腐蚀等。

化学腐蚀是在一定条件下、非电解质中的氧化剂直接与金属表面的原子相互作用，即氧化还原反应是在反应粒子瞬间碰撞的那一点完成的。在化学腐蚀过程中，电子的传递是在金属和氧化剂之间直接进行，没有电流产生。过去普遍的观点认为，金属的高温氧化属于典型的化学腐蚀，但1952年瓦格纳（C. Wagner）根据氧化膜的近代观点指出，在高温气体中金属的氧化最初虽然是通过化学反应，而膜的成长过程最终则是属于电化学机理。因为金属表面的介质已由气相改变为既能电子导电又能离子导电的导体氧化膜；金属可在阳极（金属/膜）界面溶解后，通过膜把电子传递给膜表面上的氧，使其变为氧离子（O^{2-}）；而氧离子和金属离子在膜中又可进行离子导电，即氧离子向阳极（金属）迁移和金属离子向阴极（膜/气相界面）迁移，或在膜中某处再进行二次化合。所有这些均属于电化学腐蚀机理的范畴，故现在已不再把高温氧化视为单纯的化学腐蚀。

实际上，单纯的化学腐蚀是很少见的，更为常见的是电化学腐蚀。

（2）电化学腐蚀（Electrochemical Corrosion）

电化学腐蚀是最常见的腐蚀形式，自然条件下，如潮湿大气、海水、土壤、地下水以及化工、冶金生产中绝大多数介质中金属的腐蚀通常具有电化学性质。电化学腐蚀是指金属与电解质溶液（大多数为水溶液）发生了电化学反应而发生的腐蚀。其特点是，在腐蚀过程中同时存在两个相对独立的反应过程——阳极反应和阴极反应，并与流过金属内部的电子流和介质中定向迁移的离子联系在一起，即在反应过程中伴有电流产生。阳极反应是金属原子从金属转移到介质中并放出电子的过程，即氧化过程。阴极反应是介质中的氧化剂得到电子发生还原反应的过程。例如，碳钢在酸性介质中腐蚀时，在阳极区 Fe 被氧化为 Fe^{2+}，所放出的电子自阳极（Fe）转移到钢表面的阴极区，与 H^+ 作用而还原生成 H_2，即

阳极反应： $Fe \longrightarrow Fe^{2+} + 2e$

阴极反应： $2H^+ + 2e \longrightarrow H_2$

电化学腐蚀的特点是：

① 介质为离子导电的电解质；

② 金属/电解质界面反应过程因电荷转移而引起的电化学过程，必须包括电子和离子

在界面上的转移；

③界面上的电化学过程可以分为两个相互独立的氧化还原过程，金属/电解质界面上伴随电荷转移发生的化学反应称为电极反应；

④电化学腐蚀过程伴随电子的流动，即电流的产生。

电化学腐蚀实际上是一个短路的原电池电极反应的结果，这种原电池又称为腐蚀原电池，后面还将详细提及。腐蚀原电池与一般原电池的差别仅在于原电池把化学能转变为电能，做有用功，而腐蚀原电池只导致材料的破坏，不对外做有用功。油气管道和储罐在潮湿的大气、海水、土壤以及油气田的污水、注水系统等环境中的腐蚀均属此类。一般来说，电化学腐蚀比化学腐蚀强烈得多，金属的电化学腐蚀是普遍的腐蚀现象，它所造成的危害和损失也是极为严重的。

(3) 物理腐蚀(Physical Corrosion)

物理腐蚀是指金属由于单纯的物理溶解作用引起的破坏。熔融金属中的腐蚀就是固态金属与熔融液态金属(如铅、钵、钠、汞等)相接触引起的金属溶解或开裂。这种腐蚀是由于物理溶解作用形成合金，或液态金属渗入晶界造成的。例如存放熔融锌的钢容器 Fe 在高温下被液态 Zn 熔解，容器变薄。

(4) 生物腐蚀(Biological Corrosion)

生物腐蚀指金属表面在某些微生物生命活动或其产物的影响下所发生的腐蚀。这类腐蚀很难单独进行，但它能为化学腐蚀、电化学腐蚀创造必要的条件，促进金属的腐蚀。微生物进行生命代谢活动时会产生各种化学物质，如含硫细菌在有氧条件下能使硫或硫化物氧化，反应最终将产生硫酸，这种细菌代谢活动所产生的酸会造成水泵等机械设备的严重腐蚀。

2. 根据金属腐蚀的破坏形式(腐蚀形态)分类

(1) 全面腐蚀(General Corrosion)

全面腐蚀是腐蚀分布在整个金属表面上，可能是均匀的也可能是不均匀的，它使金属含量减少，金属变薄，强度降低。全面腐蚀的阴阳极是微观变化的。

(2) 局部腐蚀(Localized Corrosion)

局部腐蚀是发生在金属表面局部某一区域，其他部位几乎未破坏。局部腐蚀的阴阳极是截然分开的，通常是阳极区表面积很小，阴极区表面积很大，可以进行宏观检测。局部腐蚀的破坏形态较多，对金属结构的危害性也比全面腐蚀大得多。主要有以下几种类型，如图 1-3 所示。

①电偶腐蚀(Galvanic Corrosion)

两种电极电势不同的金属或合金相在电解质溶液中接触时，即可发现电势较低的金属腐蚀加速，而电势较高的金属腐蚀反而减慢(得到了保护)。这种在一定条件下(如电解质溶液或大气)产生的电化学腐蚀，即一种金属或合金由于同电极电势较高的另一种金属接触而引起腐蚀速度增大的现象，称为电偶腐蚀或双金属腐蚀，也叫做接触腐蚀。

②点蚀(Pitting Corrosion)

点蚀又称孔蚀，金属表面上极为个别的区域被腐蚀成一些小而深的圆孔，而且蚀孔的

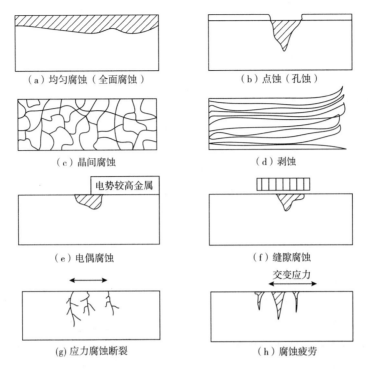

（a）均匀腐蚀（全面腐蚀）　　　　　（b）点蚀（孔蚀）

（c）晶间腐蚀　　　　　　　　　　（d）剥蚀

电势较高金属

（e）电偶腐蚀　　　　　　　　　　（f）缝隙腐蚀

交变应力

（g）应力腐蚀断裂　　　　　　　　（h）腐蚀疲劳

图1-3　腐蚀形态示意图

深度一般大于孔的直径，严重的点蚀可以将设备蚀穿。蚀孔的分布情况是不一样的，有些孤立地存在，有些则紧凑在一起。在蚀孔的上部往往都有腐蚀产物覆盖。点蚀是不锈钢和铝合金在海水中典型的腐蚀方式。

③缝隙腐蚀（Crevice Corrosion）

金属构件一般都采用铆接、焊接或螺钉连接等方式进行装配，在连接部位就可能出现缝隙。缝隙内金属在腐蚀介质中发生强烈的选择性破坏，使金属结构过早地损坏。缝隙腐蚀在各类电解质溶液中都会发生，钝化金属如不锈钢、铝合金、铁等对缝隙腐蚀的敏感性最大。

④晶间腐蚀（Intergranular Corrosion）

腐蚀破坏沿着金属晶粒的边界发展，使晶粒之间失去结合力，金属外形在变化不大时即可严重丧失其机械性能。

⑤剥蚀（Exfoliation Corrosion）

剥蚀又称剥层腐蚀。这类腐蚀在表面的个别点上产生，随后在表面下进一步扩展，并沿着与表面平行的晶界进行。由于腐蚀产物的体积比原金属体积大，从而导致金属鼓胀或者分层剥落。某些合金、不锈钢的型材或板材表面和涂金属保护层的金属表面可能发生这类腐蚀。

⑥选择性腐蚀（Selective Corrosion）

多元合金在腐蚀介质中某组分优先溶解，从而造成其他组分富集在合金表面上。黄铜脱锌便是这类腐蚀典型的实例。由于锌优先腐蚀，合金表面上富集铜而呈红色。

⑦丝状腐蚀（Filiform Corrosion）

丝状腐蚀是有涂层金属产品上常见的一类大气腐蚀。如在镀镍的钢板上、在镀铬或搪瓷的钢件上都曾发现这种腐蚀。而在清漆或瓷漆下面的金属上这类腐蚀发展得更为严重。因多数发生在漆膜下面，因此也称作膜下腐蚀。

（3）应力作用下的腐蚀

应力作用下的腐蚀为材料在应力和腐蚀环境协同作用下发生的开裂及断裂失效现象。主要分为如下几类：

①应力腐蚀断裂（Stress Corrosion Cracking）；

②氢脆（Hydrogen Embrittlement）和氢致开裂（Hydrogen Induced Craking）；

③腐蚀疲劳（Corrosion Fatigue）；

④磨损腐蚀（Erosion Corrosion）；

⑤空泡腐蚀（Cavitation Corrosion）；

⑥微振腐蚀（Fretting Corrosion）。

统计调查结果表明，在所有腐蚀中腐蚀疲劳、全面腐蚀和应力腐蚀引起的破坏事故所占比例较高，分别为23%、22%和19%，其他十余种形式腐蚀合计36%，如图1-4所示。由于应力腐蚀和氢脆的突发性，其危害性最大，常常造成灾难性事故，在实际生产和应用中应引起足够的重视。

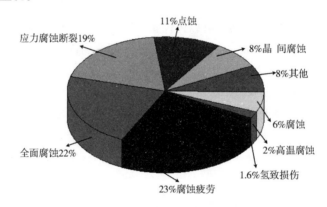

图1-4　腐蚀类型及所占比例

关于局部腐蚀的详细介绍见第3章。

3. 根据腐蚀环境分类

根据腐蚀环境，腐蚀可分为下列几类：

（1）干腐蚀（Dry Corrosion）

①失泽（Tarnish）

金属在露点以上的常温干燥气体中发生腐蚀（氧化），表面生成很薄的腐蚀产物，使金属失去光泽。干腐蚀为化学腐蚀机理。

②高温氧化（High Temperature Oxidation）

金属在高温气体中腐蚀(氧化),有时生成很厚的氧化皮,在热应力或机械应力下可引起氧化皮剥落,属于高温腐蚀。

(2)湿腐蚀(Wet Corrosion)

湿腐蚀主要是指在潮湿环境和含水介质中的腐蚀。绝大部分常温腐蚀(Ordinary Temperature Corrosion)属于这一种,其腐蚀机理为电化学腐蚀机理。湿腐蚀又可分为:

①自然环境下的腐蚀

a)大气腐蚀 (Atmospheric Corrosion);

b)土壤腐蚀 (Soil Corrosion);

c)海水腐蚀 (Corrosion in Sea Water);

d)微生物腐蚀 (Microbial Corrosion)。

②工业介质中的腐蚀

a)酸、碱、盐溶液中的腐蚀;

b)工业水中的腐蚀;

c)高温高压水中的腐蚀。

③无水有机液体和气体中的腐蚀

无水有机液体和气体中的腐蚀属于化学腐蚀。

a)卤代烃中的腐蚀

如 Al 在 CCl_4 和 $CHCl_3$ 中的腐蚀。

b)醇中的腐蚀

如 Al 在乙醇中,Mg 和 Ti 在甲醇中的腐蚀。

这类腐蚀介质均为非电解质,不管是液体还是气体,腐蚀反应都是相同的。在这些反应中,水起着缓蚀剂(Inhibitor)的作用。但在油这类有机液体中的腐蚀,绝大多数情况是由于痕量水的存在,而水中常含有盐和酸,因而在有机液体中的腐蚀属于电化学腐蚀。

④熔盐和熔渣中的腐蚀

熔盐和熔渣中的腐蚀属电化学腐蚀。

⑤熔融金属中的腐蚀

熔融金属中的腐蚀为物理腐蚀。

1.4 腐蚀速度表征

金属被腐蚀后,质量、厚度、机械性能、组织结构以及电极过程发生变化。这些物理性能的变化率可以用来表示金属腐蚀的程度。在均匀腐蚀情况下通常采用质量、深度以及电流指标。

1. 质量指标

金属腐蚀程度的大小可用腐蚀前后试样的质量变化来评定。

（1）失重法

$$V^- = \frac{m_0 - m_1}{S \cdot t} \qquad (1-1)$$

式中　V^-——失重时的腐蚀速度，$g/(m^2 \cdot h)$；

　　　m_0——腐蚀前样品的质量，g；

　　　m_1——清除了腐蚀产物后的样品质量，g；

　　　S——样品表面积，m^2；

　　　t——经历时间，h。

失重方法适用于表面腐蚀产物易于脱离和清除的情况。腐蚀后质量增加且腐蚀产物完全牢固附着在试样表面时，可采用增重法。

（2）增重法

$$V^+ = \frac{m_2 - m_0}{S \cdot t} \qquad (1-2)$$

式中　V^+——增重时的腐蚀速度，$g/(m^2 \cdot h)$；

　　　m_2——带有腐蚀产物的金属质量，g。

采用失重法还是增重法，可根据腐蚀产物容易除去或完全牢固地附着在试样表面的情况确定。

2. 深度指标

工程上，材料的腐蚀深度或构件腐蚀变薄的程度均直接影响材料部件的寿命，因此对腐蚀深度测量更具实际意义。用质量变化来表示腐蚀速率，没有考虑金属密度对腐蚀程度的影响。密度不同的金属，当质量损失相同、表面积相同时，金属的腐蚀深度就不同，显然密度大的金属，其腐蚀深度自然就浅。例如，当质量损失等于 $1.0g/(m^2 \cdot h)$ 时，钢、生铁和铜的样品腐蚀深度为 1.1mm/a，铝样品为 3.4mm/a，因此在评定不同密度金属腐蚀程度时，更适合采用这种方法。

金属腐蚀的深度变化率，即年腐蚀深度，用公式（1-3）表示：

$$V_L = \frac{V^-}{\rho} \times \left(\frac{24 \times 365}{1000} \right) = 8.76 \frac{V^-}{\rho} \qquad (1-3)$$

式中　ρ——金属密度，g/cm^3。

根据金属年腐蚀深度不同，可将金属的耐蚀性分成 10 级标准和 3 级标准，分别如表 1-4 和表 1-5 所示。

表 1-4　金属腐蚀的 10 级标准

耐蚀性评定	耐蚀性等级	腐蚀深度/（mm/a）
Ⅰ	1	<0.001
Ⅱ	2	0.001～0.005
	3	0.005～0.01

耐蚀性评定	耐蚀性等级	腐蚀深度/（mm/a）
Ⅲ	4	0.01 ~ 0.05
	5	0.05 ~ 0.1
Ⅳ	6	0.1 ~ 0.5
	7	0.5 ~ 1.0
Ⅴ	8	1.0 ~ 5.0
	9	5.0 ~ 10.0
Ⅵ	10	> 10.0

表 1-5　均匀腐蚀的 3 级标准

耐蚀性评定	耐蚀性等级	腐蚀深度/（mm/a）
耐蚀	1	< 0.1
可用	2	0.1 ~ 1.0
不可用	3	> 1.0

3. 电流指标

电化学腐蚀中，金属的腐蚀速度是由阳极溶解造成的。根据法拉第定律，金属阳极每溶解 1mol/L 的 1 价金属，通过的电量为 1 法拉第，即 96500C（库仑）。若电流强度为 I，通电时间为 t，则通过的电量为 It，阳极溶解的金属量 Δm 为：

$$\Delta m = \frac{AIt}{nF} \tag{1-4}$$

式中　A——金属的相对原子质量；

　　　n——价数，即金属阳极反应方程式中的电子数；

　　　F——法拉第常数，$F = 96500C/mol$。

金属的腐蚀速度可用阳极电流密度大小来表示：

$$i_{corr} = \frac{I}{S} \tag{1-5}$$

式中　i_{corr}——阳极的电流密度，A/cm^2；

　　　S——阳极面积，cm^2。

对于均匀腐蚀来说，整个金属表面积可以看作是阳极面积，可得到腐蚀速度 V^- 与腐蚀电流密度 i_{corr} 间的关系

$$\frac{\Delta m}{A}nF = I \cdot t = \frac{V^- St}{A}nF \tag{1-6}$$

得到

$$\frac{I}{S} = \frac{V^-}{A}nF = i_{corr} \tag{1-7}$$

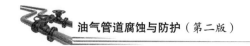

即

$$i_{corr} = \frac{V^-}{A}nF \qquad (1-8)$$

可见，腐蚀速度与腐蚀电流密度成正比，因此可以用腐蚀电流密度 i_{corr} 表示金属的电化学腐蚀速度。

若 i_{corr} 的单位取 $\mu A/cm^2$，金属密度 ρ 取 g/cm^3，则以不同单位表示的腐蚀速度为：

$$V^- /(g \cdot m^{-2} \cdot h^{-1}) = 3.73 \times 10^{-4} \times \frac{Ai_{corr}}{n} \qquad (1-9)$$

以腐蚀深度表示的腐蚀速度与腐蚀电流密度的关系为：

$$V_L/(mm \cdot a^{-1}) = 3.27 \frac{A}{n\rho}i_{corr} \times 10^{-1} \qquad (1-10)$$

1.5 腐蚀科学的任务与内容

1. 腐蚀科学的发展

腐蚀科学是人类不断同腐蚀作斗争的过程中发展起来的。人类很早就知道采用措施来防止腐蚀对材料危害。在我国湖北出土的春秋战国时期越王勾践用剑，表明 2000 多年前古人已掌握用铬酸盐进行金属表面防腐蚀；我国汉朝前就开始使用"大漆"，至今仍被公认为世界上最好的防腐涂料之一，称之为"中国漆"；许多出土的漆器历经数千年光泽不减等都充分证明古人对控制腐蚀所作的贡献。

（1）理论发展阶段

1800 年，伏特（A. Volta）发现原电池理论，引起了原电池研究热；

1801 年，英国瓦尔顿（W. H. Wollaton）根据原电池原理提出了金属在酸中腐蚀的电化学腐蚀理论，他的论文《酸腐蚀的电化学理论》被认为是腐蚀科学的开端；

1827 年，贝克勒尔（A. C. Becquerel）和马列特（R. Mallet）先后提出了浓差腐蚀电池理论；

1847 年，艾德（R. Aido）发现了氧浓差电池腐蚀现象；

1887 年，阿贝斯（S. Arrbeius）提出离子化理论。

1903 年，美国腐蚀科学的先驱 W. R. Whitney 发表了《铁在水中腐蚀的电化学理论》一文，首先提出了在一个腐蚀金属表面建立的电池电动势控制着腐蚀速度的理论；

1933 年，英国著名腐蚀科学家 V. R. Evans 和 T. P. Hoar 发表了《铁腐蚀的电化学理论定量论证》一文，通过实验证明了这种电池，同时绘制了电位作为电流函数的局部腐蚀反应极化图——伊文斯极化图。这些工作为将腐蚀作为一门独立学科奠定了理论基础。

（2）应用阶段

1957 年，M. Stern 和 Geary 提出了线性极化理论。从理论上导出，在靠近腐蚀电位的微小极化电位区间（如 10mV），腐蚀电流 I_{coor} 与极化电阻（$\Delta E/\Delta I$）成反比关系，从而使某些腐蚀过程达到能够自动控制的程度。

1966 年，比利时学者波尔贝（M. Pourbaix）利用 $E-pH$（电位-pH）图，说明金属在介质体系中的电化学和腐蚀行为，为研究腐蚀动力学和腐蚀机理提供了依据。

其后，经美国尤里格、方坦纳，德国瓦格纳，前苏联阿基莫夫、费鲁姆金，比利时布拜等大批学者努力，使腐蚀成为一门发展极快的新兴学科，已初步形成系统的电化学腐蚀理论体系。

我国的腐蚀科学发展较晚，与发达国家相比，我国的腐蚀研究还处于相对较低的水平。我国高校在 1960 年后也开始讲授腐蚀课程。1978 年专门成立了腐蚀学科组并组建了腐蚀学术委员会，制订了腐蚀学科发展规划，建立腐蚀研究机构，同时加快了科技人才的培养。

据中国工程院调查，我国由于腐蚀所导致的直接和间接损失中，80% 以上的损失是由于自然环境腐蚀造成的。在环境腐蚀站网的建设过程中也走过了一条曲折的路程。我国材料自然环境试验工作开始于 20 世纪 50 年代。1958～1959 年分别建立了全国大气、海水、土壤环境下材料腐蚀试验站网，1959～1961 年组织有关企业提供材料，制备试件，进行试验。20 世纪 60 年代中期至 70 年代试验中断，1983 年在国家科委的积极推动和组织下，11 个有关部门联合支持，全面恢复了材料环境腐蚀试验站的工作。2004 年的下半年，在科技部和国家材料环境腐蚀试验站的专家们的努力下，通过对原有 51 个试验站点的整合、改造，以及西部新的试验站地的建设，最终形成 28 个试验站点组成的新的国家材料环境腐蚀网站体系，如图 1-5 所示。

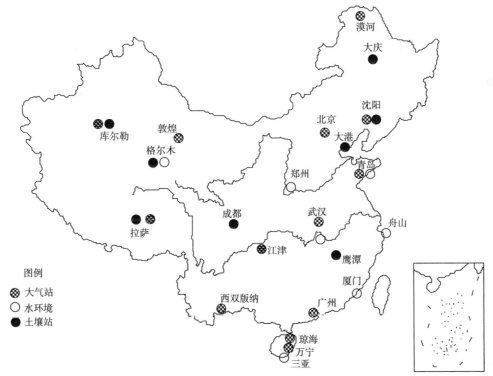

图 1-5 材料环境（大气、水、土壤）腐蚀试验站分布图

2. 腐蚀与防腐学科的任务

由以上内容可以看出，"金属腐蚀与防护"学科的任务是：

①研究由于金属和环境相互作用而发生在金属表面的物理、化学的破坏，研究破坏的现象、过程、机理和规律；

②研究和开发腐蚀测试和监控技术，制定腐蚀鉴定、标准和试验方法；

③提出抗腐蚀的原理和在各种环境条件下抗腐蚀的方法和措施，为金属材料的合理使用提供理论依据。

3. 腐蚀与防腐的学习方法

现代腐蚀理论建立在金属电化学理论基础上，以物理化学和材料学作为两大基础，特别是物理化学中的化学热力学、电极过程动力学和多相反应化学动力学等内容，所以说腐蚀学是多学科交叉的边缘学科。因此，从事腐蚀研究的学生和工程技术人员必须熟悉化学基本理论，尤其是物理化学和电化学知识，以便更好理解腐蚀反应，另外材料结构及组成决定腐蚀行为，因此还应具备必要的材料学知识。

迄今为止，腐蚀科学还属于试验科学，其理论只能起说明、解释作用，较少起指导作用，大量的腐蚀问题还要靠实验解决。

第2章　电化学腐蚀基础

油气管道遇到的腐蚀大多是电化学腐蚀，因此在这里主要讨论电化学腐蚀的机理。

2.1　腐蚀原电池

2.1.1　腐蚀原电池

原电池是腐蚀原电池的基础，因此，首先应了解一下原电池。实际上，日常生活中使用的干电池就是一种原电池，它由中心炭棒（正极）、外围锌片（负极）及两极间的糊状电解质（如 NH_4Cl）组成，其外形图和等效电路图如图2-1所示。

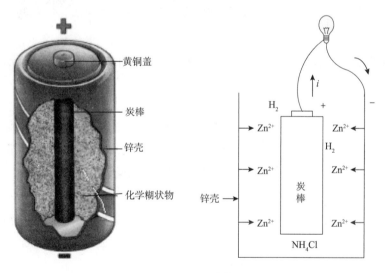

图2-1　干电池及其等效电路

两极与电解质发生如下电化学反应：

阳极锌皮上发生氧化反应，使锌原子离子化产生两个电子：

$$Zn \longrightarrow Zn^{2+} + 2e \qquad (2-1)$$

阴极炭棒上发生消耗电子的反应（还原）：

$$2H^+ + 2e \longrightarrow H_2 \qquad (2-2)$$

电池的总反应为：

$$Zn + 2H^+ \longrightarrow Zn + H_2 \tag{2-3}$$

随着反应的发生，电池的锌皮不断氧化，并给出电子在外电路形成电流，对外做功，金属锌离子化的结果是其腐蚀损坏。电池中离子的迁移和电子流动的驱动力是电极电位差，即电池电动势。

腐蚀原电池实质是一个短路的原电池，即电子回路短接，电流不对外做功（如发光），电子自耗于腐蚀电池内阴极的还原反应中。因此，如果金属阳极的离子化被促进，即可加剧腐蚀过程。

将锌与铜并置于盐酸水溶液之中，就构成了以金属锌为阳极，铜为阴极的腐蚀原电池。阳极锌失去的电子流向与锌接触的阴极铜，并与阴极铜表面上溶液中的氢离子（H^+）结合，形成氢原子并结合成氢气溢出。腐蚀环境中氢离子（H^+）不断的消耗，是借助于阳极锌离子化提供出的电子，这种短路电池就是腐蚀原电池。

一块有杂质的金属置于电解质溶液中，也会发生上述氧化还原反应，组成腐蚀原电池，只不过其阴极、阳极很难用肉眼分开而已。

作为一个腐蚀电池，必须包括阴极、阳极、电解质溶液和导电通路4个不可分割的部分。腐蚀原电池的工作过程主要由三个基本过程组成，如图2-2所示。

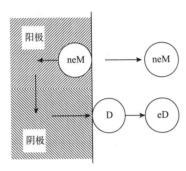

图2-2　腐蚀原电池工作过程

1. 阳极过程

阳极过程即为金属的溶解过程，金属溶解，以离子的形式进入溶液，并把当量的电子留在金属上：

$$Me \longrightarrow Me^{n+} + ne \tag{2-4}$$

如果系统中不发生任何其他的电极过程，那么阳极反应会很快停止。这是因为金属中积累起来的电子和溶液中积累起来的阳离子将使金属的电极电位向负方向移动，从而使金属表面与金属离子的静电引力增加，阻碍了阳极反应的继续进行。

2. 阴极过程

阴极过程为接受电子的还原过程。从阳极过来的电子被电解质溶液中能够吸收电子的氧化性物质接收：

$$D + ne \longrightarrow [D \cdot ne] \tag{2-5}$$

单独的阴极反应也是难以持续的，在同时存在阳极氧化反应的条件下，阴极反应和阳极反应才能够不断的持续下去，故金属不断地遭受腐蚀。进入溶液中能接受电子的氧化性物质种类很多，其中 H^+ 和 O_2 是最为常见的氧化剂。

3. 电流转移过程

金属中依靠电子从阳极流向阴极，而溶液中依靠离子的迁移，即阳离子从阳极区向阴极区移动以及阴离子从阴极区向阳极区迁移，这样整个电池系统电路构成通路。

腐蚀原电池工作所包含的上述三个基本过程既是相互独立、又是彼此联系的。只要其中一个过程受到阻滞不能进行，则其他两个过程也将停止，金属腐蚀过程也就终止了。

2.1.2　腐蚀电池的化学反应

前面已经提到，阳极电化学反应主要是金属失去电子的氧化反应，如果将一块锌放入盐酸溶液中，立即会有氢气析出，锌溶解并生成氯化锌，即

$$Zn \longrightarrow Zn^{2+} + 2e \uparrow$$

这样，阳极(氧化)反应写成通式为：

$$Me \longrightarrow Me^{n+} + ne \tag{2-6}$$

阴极反应就是消耗电子的还原反应，常见的阴极反应有：

a)析氢

$$2H^+ + 2e \longrightarrow H_2 \tag{2-7}$$

b)吸氧

$$O_2 + 4H^+ + 4e \longrightarrow 2H_2O \text{（在含氧、酸性介质中）} \tag{2-8}$$

$$O_2 + 2H_2O + 4e \longrightarrow 4OH^- \quad \text{（在碱性或中性溶液中）} \tag{2-9}$$

c)金属离子的还原反应

$$Me^{n+} + e \longrightarrow Me^{(n-1)+} \tag{2-10}$$

d)金属的沉积反应

$$Me^{n+} + ne \longrightarrow Me \tag{2-11}$$

在腐蚀过程中，还可能发生次生化学反应，生成次生过程产物，从而对腐蚀速度产生影响。例如，铁和铜接触后置入3%的氯化钠溶液中，在腐蚀过程中，阳极区产生大量的 Fe^{2+} 离子，阴极区产生大量的 OH^- 离子，由于扩散作用，亚铁离子和氢氧根离子可能相遇而发生如下反应：

$$Fe^{2+} + 2OH^- \longrightarrow Fe(OH)_2 \tag{2-12}$$

这种反应产物称为次生过程产物。当溶液呈碱性，$Fe(OH)_2$ 就会以沉淀的形式析出。如果阴阳极直接接触，会形成氢氧化物膜，若这层膜较致密，可起保护作用。

铁在中性介质中生成的腐蚀产物氢氧化亚铁进一步被氧化则转化为 $Fe(OH)_3$，反应方程式如下：

$$4Fe(OH)_2 + O_2 + 2H_2O \longrightarrow 4Fe(OH)_3 \tag{2-13}$$

氢氧化铁部分脱水生成铁锈，质地疏松起不到保护作用，而且还可能引发缝隙腐蚀。

2.1.3　宏观电池与微观电池

金属的腐蚀是由氧化反应与还原反应组成的电池反应过程来实现的，依据氧化与还原电极的大小及肉眼的可分辨性，腐蚀电池可分为宏观电池和微观电池两种。

1. 宏观电池

能用肉眼分辨出阳极和阴极的腐蚀电池称为宏电池或大腐蚀电池，其电极和极性用肉

眼就可分辨出来。一般地，宏电池有如下几种。

（1）异金属接触形成的电偶电池

不同金属分别浸入同一种电解质溶液或不同的电解质溶液（如丹尼尔电池）中，分别如图2-3、图2-4所示。电位较负的材料成为阳极，不断腐蚀，电位较正的材料成为阴极而得到保护。碳钢的轮船体与青铜的推进器在海水中构成的腐蚀电池与此类似。此外，化工设备中金属的螺钉、焊接材料等都与基体金属材料不同，也会构成电偶腐蚀。

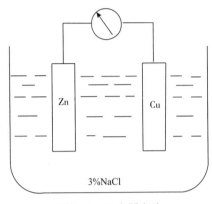

图2-3　双金属电池

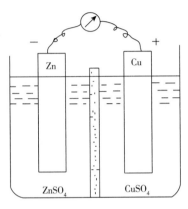

图2-4　丹尼尔电池

（2）浓差电池和温差电池

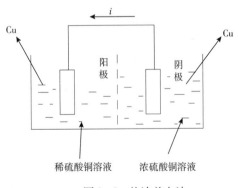

图2-5　盐浓差电池

同种金属浸于同一种电解质溶液中，由于局部区域溶液的温度、浓度、流动状态及pH值不同，造成不同区域的电位不同，可构成浓差或温差宏观腐蚀电池。

①盐浓差电池

例如，如果将铜电极分别放入浓硫酸铜溶液和稀硫酸铜溶液中，则形成盐浓差电池，如图2-5所示。铜电极电位高低可由能斯特方程判定。

能斯特公式

$$E = E^{\ominus} + \frac{RT}{nF}\ln C \tag{2-14}$$

式中　C——金属离子在溶液中的浓度；

　　　n——交换的电子数或金属离子的价数；

　　　T——绝对温度，K；

　　　R——通用气体常数，8.314J/mol·K；

　　　F——法拉第常数；

　　　$E^{\ominus}$——标准电动势。

与较稀溶液接触的一端因其电极电位较负，作为电池的阳极将遭到腐蚀，而在较浓溶液的一端，由于其电位较正，构成电池阴极，将会有铜离子在该端表面析出。

在稀溶液端，Cu 电极为阳极，其反应方程式为：

$$Cu \longrightarrow Cu^{2+} + 2e \qquad (2-15)$$

在浓溶液端，Cu 电极为阴极，其反应方程式为：

$$Cu^{2+} + 2e \longrightarrow Cu \qquad (2-16)$$

这时，铜离子被还原沉积在电极表面上。

②氧浓差电池

氧浓差电池是由构成原电池溶液中的不同区域里氧含量不同造成的。位于高氧浓度区域的金属为阴极，位于低氧浓度区域的金属为阳极，阳极金属将被溶解腐蚀，如图 2-6 所示。在大气和土壤中金属的生锈、船的水线腐蚀均属于氧浓差电池腐蚀。

③温差电池

这类电池往往是由于浸入电解质溶液的金属处于不同温度下形成的。常在热交换器、锅炉、浸没式加热器等处出现。例如，Cu 电极浸在硫酸盐水溶液中，低温端为阳

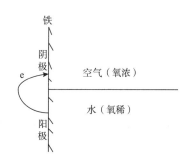

图 2-6　氧浓差电池

极，高温端为阴极，组成温差电池后往往低温端的铜阳极溶解，并向温度高的区域移动，在那里沉积下来。铁在稀 NaCl 溶液中形成的温差电池，热端为阳极，冷端为阴极，与 Cu 浸在 $CuSO_4$ 溶液中的情况相反。

应当指出的是，在实际的腐蚀过程中，往往各种腐蚀电池是联合起作用的，如温差电池常与氧浓差电池联合起作用。

2. 微观电池

不能用肉眼分辨出阴极与阳极的腐蚀电池叫微观电池。微观腐蚀电池是造成潮湿大气中洁净金属表面腐蚀的主要原因，形成微电池的原因有如下几种：

(1)化学成分不均匀性

金属中通常存在杂质，杂质的组成性质不同于基体金属，相对基体呈微阳极的金属可以减缓腐蚀，如金属锌中的 Al 等杂质会减缓金属锌在酸性介质中的腐蚀；而有些金属杂质呈微阴极，如锌中的 Fe、Cu 会加速基体金属 Zn 的腐蚀，见图 2-7(a)。

(2)组织结构不均匀性

金属或合金普遍存在晶粒和晶界，通常晶界原子排列的比较疏松和混乱，易富集杂质，化学性质较活泼，其电位比晶粒电位负。如工业纯铝晶粒电位为 0.585V，而晶界电位 0.494V，见图 2-7(b)。

(3)物理状态不均匀性

机械加工造成局部材料变形或应力集中，一般来说应力集中和变形大的地方易形成阳极，例如铁板弯曲处及铆钉头部区域容易发生腐蚀。另外，温差、光照的不均匀性也会引起微观电池的形成，见图 2-7(c)。

（4）表面膜不完整

金属表面膜如果失去了完整性，也会形成微观电池，这种微电池又叫膜孔电池，一般膜为阴极，孔膜下的金属为阳极，见图2-7(d)。膜孔电池是发生孔蚀和应力腐蚀的主要原因。

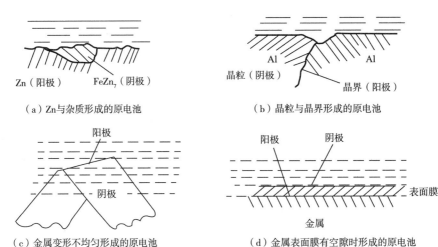

(a) Zn与杂质形成的原电池 (b) 晶粒与晶界形成的原电池

(c) 金属变形不均匀形成的原电池 (d) 金属表面膜有空隙时形成的原电池

图2-7　金属组织、表面状态等不均匀所导致的微观腐蚀原电池

观察是否存在微观电池的最简单方法是采用显色指示剂。例如，采用酚酞检测阴极区附近因阴极反映积累的 OH^-，用铁氰化钾溶液检测阳极区所积累的亚铁离子，用茜素酒精溶液检测铝阳极溶解的铝离子。

2.2　双电层结构

一般认为，电子导体（金属）与离子导体（液体、固体电解质）接触，并有电荷在两相之间迁移而发生氧化还原反应的体系称为电极。金属在电解质溶液中会在金属/电解质溶液界面上形成双电层。

2.2.1　双电层结构

一个相与另一相接触时，各个相的表面称为"界面"，而两相之间的区域称为相际。相际与两相中任意一相的性质都有所不同，其范围小到两个分子直径，大到数千埃以上。任何一种金属与电解质溶液接触时，其界面上的原子或离子之间必然发生相互作用，可能出现以下几种情况，如图2-8所示。

1. 金属表面带负电荷，溶液带正电荷

金属表面上的金属正离子，由于受到溶液中极性分子的水化作用，克服了金属晶体中原子间的结合力而进入溶液被水化，成为水化阳离子。

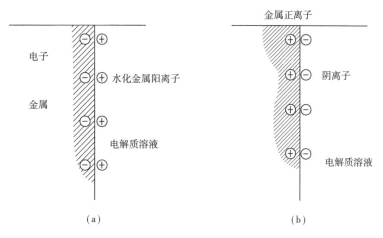

图 2-8　离子双电层

$$M^{n+} \cdot ne + nH_2O \Longrightarrow M^{n+} \cdot nH_2O + ne \qquad (2-17)$$

产生的电子便积存在金属表面上成为剩余电荷。剩余电荷使金属带有负电性，而水化的金属正离子使溶液带有正电性。由于它们之间存在静电引力作用，金属水化阳离子只在金属表面附近移动，出现一个动平衡过程，构成了一个相对稳定的双电层。许多负电性强的金属，如锌、镉、镁、铁等在酸、碱、盐的溶液中都会形成这种类型的双电层。

2. 金属带正电荷，溶液带负电荷

电解质溶液与金属表面相互作用，如不能克服金属晶体原子间的结合力，就不能使金属离子脱离金属。相反，电解液中部分金属正离子却沉积在金属表面上，使金属带正电性，而紧靠金属的溶液层中积聚了过剩的阴离子，使溶液带负电性，这样就形成了双电层。铜在硫酸铜溶液中的双电层即属于这种类型。

这类双电层是由正电性金属在含有正电性金属离子的溶液中形成的。如铜在铜盐溶液中、汞在汞盐溶液中、铂在铂盐溶液中形成的双电层均属于此种形式。

3. 吸附双电层

另外，还有一些正电性金属或非金属(如石墨)在电解质溶液中，既不能被溶液水化成正离子，也没有金属离子能沉积在其上，此时将出现另外一种双电层。如将铂(Pt)放入溶解有氧的水溶液中，铂上将吸附一层氧分子或氧原子，氧从铂上取得电子并和水作用，生成 OH^- 存在于水溶液中，使溶液带有负电性，而铂金属失去电子带正电性，这种电极称为氧电极。如果溶液中有足够的 H^+，也会夺取 Pt 上的电子，而使 H^+ 还原成为氢，此时 Pt 电极也带正电，该种电极称为氢电极，如图 2-9 所示。

综上所述，金属本身是电中性的、电解质溶液也是电中性的，但当金属以阳离子形式进入溶液、溶液中正离子沉积在金属表面上、溶液中离子分子被还原时，都将使金属表面与溶液的电中性遭到破坏，形成带异种电荷的双电层。

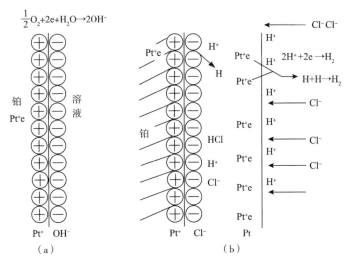

图2-9　吸附双电层

2.2.2　双电层理论

1897年赫姆霍兹提出"平板电容器"的双电层结构模型，又称"紧密双电层模型"，如图2-10(a)所示。他把双电层比喻为平行板电容器，金属表面以及被金属电极静电吸附的离子层可以看作是电容器的两块"极板"，两极板的距离为一个水化离子的半径。这种简化模型只适用于溶液离子浓度很大或者是电极表面电荷密度较大的情况。

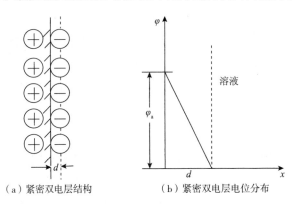

（a）紧密双电层结构　　　　　（b）紧密双电层电位分布

图2-10　赫姆霍兹双电层模型

古伊和奇普曼根据离子热运动原理，扩展了赫姆霍兹的双电层模型，提出了双电层不是紧密层结构，而是扩散层结构，形成所谓的电荷分散层。

斯特恩1924年把古伊-奇普曼模型和赫姆霍兹模型结合起来，认为金属/溶液界面上的双电层是由紧密层与分散层两大部分组成的，如图2-11所示。紧密层的厚度用d表示，d值决定于界面层的结构。特别是两相中剩余电荷能够相互接近时，该层就紧密，d值小。无机阳离子剩余电荷由于水化程度较高，一般不能逸出而直接吸附在表面上，因而紧密层较厚。但一些无机阴离子由于水化程度低，能直接吸附在电极表面上，组成很薄的紧密层。d 值一般在 10^{-10} m 数量级。分散层厚度用 δ 表示，一般在 $10^{-8} \sim 10^{-9}$ m 数量级，它与浓度和温度有关，分散决定了分散层厚度 δ 值。

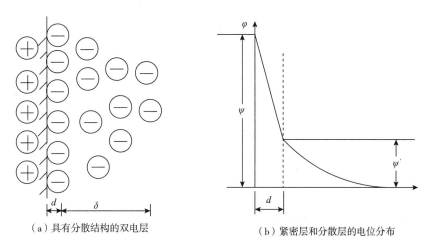

（a）具有分散结构的双电层　　　　　　（b）紧密层和分散层的电位分布

图 2-11　斯特恩双电层模型

双电层的场强一般达到 $10^7 \sim 10^8$ V/cm，而质量最好的电容器两极间场强为 10^4 V/cm 时，电容器的介电物质就会被击穿，正因为金属和溶液表面存在着强大的双电层场强，才使金属具有许多电化学特性。双电层的场强对电化学腐蚀起着重大作用。

双电层的形成引起界面附近的电位跃

$$\varphi = \psi + \psi' \tag{2-18}$$

式中　ψ——紧密层电位跃；

　　　ψ'——分散层电位跃；

　　　φ——双电层总电位跃。

当金属带负电性时，双电层电位跃是负的；当金属带正电性时，双电层电位跃是正的；在溶液深处电位为零。

2.3　电极电位

2.3.1　电极电位

根据静电场理论，某一点的电位为单位正电荷从无穷远移至该点，克服电场力所做的功。静电场中 a、b 两点的电位之差称为这两点间的电位差。当带有电荷的物质从无穷远处进入相（I）内部时，首先体系要对外界做功，称为外电功；另外，穿越两相之间的界面时还需对表面层做电功 $x^{(I)}$。所做电功可用下式表示：

$$\phi^{(I)} = \psi^{(I)} + \chi^{(I)} \tag{2-19}$$

$\psi^{(I)}$ 为单位电荷移向相（I）时，体系对外界做的功，称为外电位。$\chi^{(I)}$ 为单位电荷穿过表面层需做的电功,称为相(Ⅰ)的表面电位。

同时，在相(Ⅰ)内部还必须考虑携带电荷的物质与相(Ⅰ)内原有物质之间的化学作用力所做的化学功。

因此，单位摩尔的 M^{n+} 从无穷远处移到相(Ⅰ)内部时，其能量变化为正离子所做的化学功和电功之和，这里化学功即为 M^{n+} 在相(Ⅰ)中的化学位 $\mu_{M^{n+}}^{(Ⅰ)}$，所做的电功为单位摩尔 M^{n+} 携带的电量与相(Ⅰ)内电位的乘积。单位摩尔的 M^{n+} 共携带 nF 库仑的正电荷电量，其相应的电功为 $+nF\phi^{(Ⅰ)}$。故有

$$\mu_{M^{n+}}^{(Ⅰ)} + nF\phi^{(Ⅰ)} = \overline{\mu}_{M^{n+}}^{(Ⅰ)} \qquad (2-20)$$

$\overline{\mu}_{M^{n+}}^{(Ⅰ)}$ 即为 M^{n+} 离子在相(Ⅰ)中的电化学位，具有能量的量纲。对于带电粒子(如金属离子、电子)在电场存在下，它们在两相间的转移决定于它们在两相中的电化学位。带电粒子将从电化学位高的一相向电化学位低的另一相转移，直到在两相中的电化学位相等为止。而对于金属和溶液构成的电极系统，双电层两侧的电位差，即金属与溶液之间的电位差为电极电位。

2.3.2　绝对电极电位

金属/溶液界面附近总的电位跃是电极电位的基础。所谓电极电位是金属自动电离的氧化过程和溶液中阳离子的还原过程，在整个扩散中达到平衡时，金属表面和扩散末端的电位差。金属/溶液两相间总电位跃的绝对值叫绝对电极电位。

绝对电极电位取决于：

①电极特性：金属的化学性质、金属的晶体结构、表面状态、温度等；

②电解质溶液的性质：溶液的性质、金属的离子浓度、H^+ 离子浓度、氧的浓度等。

金属/溶液之间的电位差是无法测量的(在下文中有叙述)，所以单个电极的绝对电极电位也就无法得知。实际中采用两个电极进行比较，得出相对的电极电位。

2.3.3　平衡电极电位

金属浸入含有同种金属离子溶液中的电极反应，参与物质迁移的是同一种金属离子。当金属成为阳离子进入溶液以及溶液中的金属离子沉积到金属表面的速度相等时，反应达到动态平衡，即正逆过程的物质迁移和电荷运送速度都相同，即

$$M^{n+}\cdot ne + mH_2O \rightleftharpoons M^{n+}\cdot mH_2O + ne \qquad (2-21)$$

该电极上具有一个恒定的电位值。由于此时电极反应正逆过程的电荷和物质都达到了平衡，所以将这种电位称为平衡电极电位或可逆电位。

平衡电极电位的数值主要决定于金属的本性，同时又与溶液的浓度、温度等因素有关。当参加电极反应的物质处于标准状态下，即溶液中含该种金属的离子活度为1、温度为298K、气体分压为101325Pa(1atm)时，金属的平衡电极电位称为标准电极电位，将各种金属的标准电极电位按大小从负到正依次排列成表，则组成金属的电动序，见表2-1。电动序表征了金属以离子状态进入溶液的倾向的大小。

表2-1 金属的电动序

金属	电极反应	标准电极电位/V	金属	电极反应	标准电极电位/V
锂	$Li \rightleftharpoons Li^+ + e$	-3.045	镉	$Cd \rightleftharpoons Cd^{2+} + 2e$	-0.40
钾	$K \rightleftharpoons K^+ + e$	-2.92	钴	$Co \rightleftharpoons Co^{2+} + 2e$	-0.28
钙	$Ca \rightleftharpoons Ca^{2+} + 2e$	-2.87	镍	$Ni \rightleftharpoons Ni^{2+} + 2e$	-0.25
钠	$Na \rightleftharpoons Na^+ + e$	-2.71	锡	$Sn \rightleftharpoons Sn^{2+} + 2e$	-0.136
镁	$Mg \rightleftharpoons Mg^{2+} + 2e$	-2.37	铅	$Pb \rightleftharpoons Pb^{2+} + 2e$	-0.126
铝	$Al \rightleftharpoons Al^{3+} + 3e$	-1.66	铁	$Fe \rightleftharpoons Fe^{3+} + 3e$	-0.036
钛	$Ti \rightleftharpoons Ti^{2+} + 2e$	-1.63	氢	$H^2 \rightleftharpoons 2H^+ + 2e$	-0
钛	$Ti \rightleftharpoons Ti^{3+} + 3e$	-1.21	锑	$Sb \rightleftharpoons Sb^{3+} + 3e$	$+0.20$
锰	$Mn \rightleftharpoons Mn^{2+} + 2e$	-1.18	铋	$Bi \rightleftharpoons Bi^{3+} + 3e$	$+0.23$
铌	$Nb \rightleftharpoons Nb^{3+} + 3e$	-1.1	铜	$Cu \rightleftharpoons Cu^{2+} + 2e$	$+0.34$
铬	$Cr \rightleftharpoons Cr^{2+} + 2e$	-0.913	铜	$Cu \rightleftharpoons Cu^+ + e$	$+0.521$
锌	$Zn \rightleftharpoons Zn^{2+} + 2e$	-0.76	银	$Ag \rightleftharpoons Ag^+ + e$	$+0.80$
铬	$Cr \rightleftharpoons Cr^{3+} + 3e$	-0.74	汞	$Hg \rightleftharpoons Hg^+ + e$	$+0.854$
铁	$Fe \rightleftharpoons Fe^{2+} + 2e$	-0.44	金	$Au \rightleftharpoons Au^{3+} + 3e$	$+1.42$

平衡电极电位是可逆反应建立起的电位，因此可用能斯特(Nernst)方程计算

$$E = E^{\ominus} + \frac{RT}{nF}\ln\frac{\alpha_{氧化态}}{\alpha_{还原态}} \tag{2-22}$$

式中 E——金属在给定溶液中的平衡电极电位，V；

$E^{\ominus}$——金属的标准电极电位，V；

R——气体状态常数，$8.314J/(℃ \cdot mol)$；

F——法拉第常数，$96500C/mol$；

T——绝对温度，K；

n——电极反应中得失的电子数，即金属离子的价位数；

$\alpha_{氧化态}$——氧化态物质(金属离子)在溶液中的活度；

$\alpha_{还原态}$——还原态物质(金属)在溶液中的活度。

对于电极反应，因 $\alpha_{还原态} = 1$，所以上式可以简化为

$$E = E^{\ominus} + \frac{RT}{nF}\ln\alpha_{氧化态} \tag{2-23}$$

当温度为25℃时，T、R、F 均为常数，上式可以简化为常用对数表达的方程式，即

$$E = E^{\ominus} + \frac{0.059}{n}\lg\alpha_{氧化态} \tag{2-24}$$

2.3.4 非平衡电极电位

当金属浸入不含同种金属离子的溶液中时，例如锌浸入含有氧的中性溶液中，由于氧

分子与电子有较强的亲和力，电子很容易在界面的强电场作用下穿过双电层同氧结合而形成 OH⁻ 离子。此时金属锌的表面将有两个电极反应同时进行，即

$$\frac{1}{2}O_2 + 2e - H_2O \longrightarrow 2OH^- \tag{2-25}$$

及

$$Zn \longrightarrow Zn^{2+} + 2e \tag{2-26}$$

显然，电极上同时存在两种或两种以上不同物质参与的电化学反应，正逆过程的物质始终不可能达到平衡。因此，这种电极电位称为非平衡电极电位或不可逆电位。如果从金属到溶液与从溶液到金属的电荷迁移速度相等，也就是说电荷反应达到平衡，那么界面上最终也能形成一个稳定的电极电位。反之，电荷亦不平衡，则始终建立不了一个稳定的电位值。

油气管线在绝大多数情况下都不是与含有自身金属离子的溶液接触，所以金属与溶液界面处形成的大多是非平衡电极电位。同样，非平衡电极电位也与金属的本性、电解液组成、温度等有关。由于其电极反应不可逆，不能达到动态平衡，故非平衡电极电位的数值不能用能斯特方程计算，只能用实验方法测定。

2.3.5 参比电极

1. 电极电位测量

为测量金属和溶液间的电极电位可构建如图 2-12 所示的测量系统。

实际上，图 2-12 中的测量回路不只是包括一个由 Cu/水溶液组成的电极系统，还包括了另一个由 M/水溶液组成的电极系统。另外还需注意，由于使用了输入电阻很高的测量仪器，可以认为整个测量回路中的电流为 0，即各个不同的相界面上没有物质和电荷的转移。此时，如果测量仪器 V 上的读数为 E，则将图 2-12 等效画成图 2-13，就可以看出，E 包括了 Cu/水溶液、水溶液/M、M/Cu 三个电极的电位差。而且，这三个电位差是相应的处于平衡时的内电位之差。因此

$$E = \left[\phi_{(Cu)} - \phi_{(Sol)}\right]_e + \left[\phi_{(Sol)} - \phi_{(M)}\right]_e + \left[\phi_{(M)} - \phi_{(Cu)}\right]_e \tag{2-27}$$

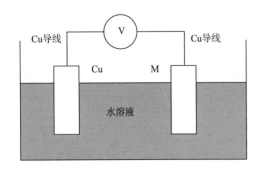

图 2-12 电极电位的测量

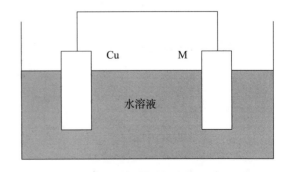

图 2-13 电极电位测量等效图

图中 Cu 与 M 的接触是两个电子导体之间的接触，电子可以在两个相之间转移而不会

引起物质的变化，因此不能构成电极系统。但 Cu 与水溶液的接触和 M 与水溶液的接触都是电子导体相与离子导体相之间的接触，因此它们分别构成电极系统。如果在 Cu/水溶液界面上进行的电极反应是

$$Cu \Longrightarrow Cu^{2+}_{(Sol)} + 2e_{(Cu)} \tag{2-28}$$

而在 M/水溶液界面上进行的电极反应是

$$M \Longrightarrow M^{n+}_{(Sol)} + ne_{(M)} \tag{2-29}$$

当都处于平衡时有

$$\left[\phi_{(Cu)} - \phi_{(Sol)} \right]_e = \frac{\mu_{Cu^{2+}} - \mu_{Cu}}{2F} + \frac{\mu_{e(Cu)}}{F} \tag{2-30}$$

$$\left[\phi_{(M)} - \phi_{(Sol)} \right]_e = \frac{\mu_{M^{n+}} - \mu_M}{nF} + \frac{\mu_{e(M)}}{F} \tag{2-31}$$

对于公式(2-27)中的 $\left[\phi_{(M)} - \phi_{(Cu)} \right]_e$ 项，由于 Cu 和 M 之间只有电子流动而不发生其他变化，同时金属是电子的良导体，电子通过 Cu 和 M 之间的界面自由流动而几乎不消耗电功，因此可以认为

$$\mu_{e(Cu)} = \mu_{e(M)} \tag{2-32}$$

或

$$\mu_{e(Cu)} - F\phi_{(Cu)} = \mu_{e(M)} - F\phi_{(M)} \tag{2-33}$$

由此得到

$$\left[\phi_{(M)} - \phi_{(Cu)} \right]_e = \frac{\mu_{e(M)} - \mu_{e(Cu)}}{F} \tag{2-34}$$

将式(2-30)、式(2-31)、式(2-34)联合代入式(2-27)可得到：

$$E = \frac{\mu_{Cu^{2+}} - \mu_{Cu}}{2F} - \frac{\mu_{M^{n+}} - \mu_M}{nF} \tag{2-35}$$

从上式可以看到，图2-13所表示的方法测得的电动势 E 可以分成两项：一项只与要测量的电极系统 Cu/水溶液有关，另一项则只与为了进行测量而使用的电极系统(图中 M/水溶液电极系统)有关。因此，一个电极系统的绝对电位值是无法测量的。

如果能够选择一个各相参数保持恒定，而且处于平衡状态的电极系统，将该电极系统与被测电极系统组成一个原电池。那么，被测电极系统绝对电位的相对大小和变化，将有原电池的电动势的大小和变化反映出来。也就是说，虽然一个电极系统的绝对电位本身是无法测量的，但不同的电极反应处于平衡时各电极系统的绝对电位值的相对大小以及每一个电极系统的绝对电位变化时的变化量却是可以测量的。

为此，需要选择一个电极系统同被测电极系统组成原电池。对选择的电极系统的要求是，其电极反应必须保持平衡，同时，与该电极反应有关的反应物质的化学位应保持恒定，这样的电极系统称为参比电极。习惯上，将由参比电极与被测电极组成的原电池的电动势称为被测电极的电位。

2. 标准氢电极

标准氢电极(见图2-14)是指氢气压力为1atm、温度为25℃，H$^+$活度为1，进行

$\frac{1}{2}H_2 \Longrightarrow H^+ + e$ 可逆反应的电极体系。人为地规定氢电极在标准条件下的电位 $E_{H_2}^{\ominus} = 0$ 。

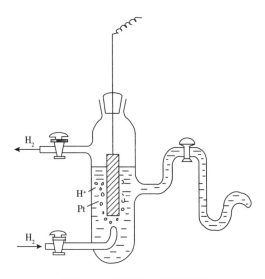

图 2-14　标准氢电极示意图

标准氢电极与任何电极组成可逆原电池，反应达到平衡时，测得的电位差就是该电极电位值，通常指的电极电位如果不加说明都是指氢标电极电位。

标准氢电极的做法是，将镀有一层蓬松铂黑的铂片放到25℃、氢离子活度为1的溶液中，通入分压为1个大气压的纯氢气，氢气吸附于铂片上，氢气与溶液中的氢离子之间建立起平衡

$$\frac{1}{2}H_2(p_{H_2} = 1atm) \Longrightarrow H^+(\alpha_{H^+} = 1) + e$$

标准电极电位指参加电极反应的物质都处于标准状态，即25℃、离子活度为1、分压力为1atm时测得的电势（与氢电极比较）。

至今为止已经测定了各种金属元素的标准电极电位，具体值参见附录2。

金属的标准电极电位位于氢以上的金属为负电性贱金属，它的电位为负值；位于氢以下的金属称为正电性贵金属，它的标准电极电位为正值。金属的电极电位可衡量金属变成金属离子进入溶液的倾向，负电性越强的金属，它的离子化趋势越大，腐蚀趋势越严重。

3. 其他参比电极

实际测量中，用氢标电极作参比电极很不方便，因此要采用其他的参比电极。首先采用氢标电极标定其他参比电极，然后再用这些参比电极作标准进行测量。

参比电极要求是，电极反应可逆，电位不随时间变化，交换电流密度大，不极化或难极化，对介质不污染。

用参比电极测得的电极电位可换算为相对 SHE（标准氢电极）的电位值：

$$E_{SHE} = E_{参} + E_{测} \tag{2-36}$$

式中　E_{SHE}——相对 SHE 的电位；

$E_参$——参比电极的电位；

$E_测$——相对参比电极实测的电位。

表2-2为常用参比电极的电位值。

表2-2 常用参比电极的电位值

名称	结构	电极电位/V	温度系数/mV	一般用途	备注
标准氢电极	$Pt[H_2]1atm \| H^+(\alpha=1)$	0.000	[1]	酸性介质	SHE
饱和甘汞电极	$Hg[Hg_2Cl_2] \| 饱和\ KCl$	0.214	-0.65	中性介质	SCE
1mol/L甘汞电极	$Hg[Hg_2Cl_2] \| 1mol/L\ KCl$	0.280	-0.24	中性介质	NCE
0.1mol/L甘汞电极	$Hg[Hg_2Cl_2] \| 0.1mol/L\ KCl$	0.333	-0.07	中性介质	
标准甘汞电极	$Hg[Hg_2Cl_2] \| Cl(\alpha=1)$	0.2676	-0.32	中性介质	
海水甘汞电极	$Hg[Hg_2Cl_2] \| 海水$	0.296	-0.28	海水	
铜-硫酸铜电极	$Cu/饱和\ CuSO_4 \cdot 5H_2O$	0.3160			CSE

各种参比电极间数据换算是腐蚀研究中的一项基本运算，下面介绍一种坐标图示法。将各度量标准和氢标差值在同一氢标坐标轴上作为该度量标准的原点，例如，常温下SCE和CSE标度零点分别位于氢标上+0.242V和+0.316V，如图2-15所示。对任意测量电位 x，它和不同原点距离线段的关系，代表三种电位标度换算关系。很容易得到 E_{HSE}、E_{SCE}等电位标度之间的换算公式：

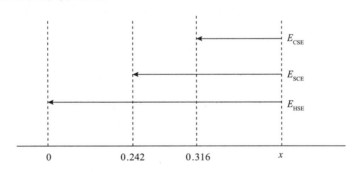

图2-15 参比电极电位换算

$$E_{HSE} = E_{SCE} + 0.242 \quad 和 \quad E_{HSE} = E_{CSE} + 0.316$$

或 $\quad E_{SCE} = E_{CSE} + 0.316 - 0.242 = -0.85 + 0.316 - 0.242 = -0.776V$

不同参比电极各有其应用范围和特点，例如，Ag-AgCl电极、饱和CuSO_4电极不应用于强碱性环境，甘汞电极不宜用于高浓度氯化物溶液。

2.4 金属腐蚀倾向的热力学判据

人类的经验表明，任何自发过程都是有方向性的，过程发生之后，不能自动恢复原状。例如，温度不同的两个物体接触，热量总是从高温物体传向低温物体，反之则不可能；电流也总是从电势高的地方流向电势低的地方。所有这些变化过程都具有共同特征，即不可逆性。究竟什么因素决定着这些变化的方向性和限度呢？对于不同的条件，热力学提出了不同判据。通常化学反应作为一个敞开体系在恒温、恒压条件下进行，化学热力学提出了根据自由能的变化（ΔG）来判断化学反应进行的方向和限度。任意的化学反应，其平衡条件如下：

$$(\Delta G)_{T,p} = \sum_i v_i \mu_i = 0 \qquad (2-37)$$

式中　v_i——反应式中组分 i 的化学计量数。v_i 对于反应物而言取负值，对于生成物取正值。

　　　μ_i——组分 i 的化学势。化学势是恒温、恒压及组分 i 以外的其他物质量不变的情况下第 i 项物质的偏摩尔自由能。

应该注意的是，在恒温、恒压时 ΔG 总等于 $\sum_i v_i \mu_i$，只有在平衡时它们才等于 0。

对于自发反应，由于 $(\Delta G)_{T,p} < 0$，则有 $(\Delta G)_{T,p} = \sum_i v_i \mu_i \leqslant 0$

在恒温、恒压条件下，若 $\sum_i v_i \mu_i > 0$，则反应不能自发进行。

从热力学观点上来看，腐蚀过程是由于金属与其周围介质构成一个热力学不稳定的体系，此体系有从不稳定转向稳定的倾向。对各种金属来说，这种倾向是极不相同的，倾向的大小可通过腐蚀反应的自由能变化 $(\Delta G)_{T,p}$ 来衡量。若 $(\Delta G)_{T,p} < 0$ 则腐蚀可能发生，自由能越负，表明金属越不稳定；$(\Delta G)_{T,p} > 0$，则表明腐蚀不可能发生，自由能越正，表明金属越稳定。

例如，在 25℃、1atm 下，分别把 Zn、Ni 及 Al 等金属浸入到无氧的纯 H_2SO_4 水溶液（假设 pH = 0）中，它们的腐蚀反应自由能变化为：

$$Zn + 2H^+ \longrightarrow Zn^{2+} + H_2$$
$$\mu: \quad 0 \quad\quad 0 \quad\quad -35184 \quad\quad 0 \quad\quad cal$$
$$\Delta G = -35184 cal$$

$$Ni + 2H^+ \longrightarrow Ni^{2+} + H_2$$
$$\mu: \quad 0 \quad\quad 0 \quad\quad -11530 \quad\quad 0 \quad\quad cal$$
$$\Delta G = -11530 cal$$

$$Au + 3H^+ \longrightarrow Au^{3+} + \frac{3}{2}H_2$$
$$\mu: \quad 0 \quad\quad 0 \quad\quad 103600 \quad\quad\quad 0 \quad\quad cal$$
$$\Delta G = 103600 cal$$

以上例子表明，不同金属在同一种腐蚀环境下其腐蚀倾向差别很大。Zn 和 Ni 的 ΔG 具有很高的负值，所以它们在纯 H_2SO_4 水溶液中的腐蚀倾向很大，但 Au 的 ΔG 具有很大的正值，表面 Au 在纯 H_2SO_4 水溶液中十分稳定，将不会发生腐蚀。

当然，同一种金属在不同介质环境下的腐蚀倾向也是不同的，例如

①在酸性溶液中(假定 pH = 0)

$$Fe + 2H^+ \longrightarrow Fe^{2+} + H_2$$

μ: 0　0　-20300　0　cal

$$\Delta G = -20300cal$$

②在同空气接触的纯水中(pH = 7, p_{O_2} = 0.21 atm)

$$Fe + 2O_2 + H_2O \longrightarrow Fe(OH)_2$$

μ: 0　-463　-56690　-115570　cal

$$\Delta G = -58417cal$$

③在同空气接触的碱性水溶液中(pH = 14, p_{O_2} = 0.21 atm)

$$Fe + \frac{1}{2}O_2 + OH^{-1} \longrightarrow HFeO_2^-$$

μ: 0　-463　-37595　-90627　cal

$$\Delta G = -52569cal$$

以上结果表明,铁在酸性、中性以及碱性水溶液中都是不稳定的,都有发生反应的倾向。但也应注意到,随着腐蚀条件的不同,金属的腐蚀性可以有很大程度的变化。

需要指出的是,通过计算 ΔG 可以判断金属腐蚀倾向的大小,并不能判断腐蚀速度大小,也就是说具有高负值的 ΔG 并不一定具有高的腐蚀速度。腐蚀速度的大小取决于各种因素对腐蚀过程的影响,属于腐蚀动力学讨论的范畴。当然,可以肯定的是如果 ΔG 为正值,腐蚀反应不可能发生,腐蚀速度为0。

2.5　E-pH 图

大多数金属腐蚀过程是电化学过程,其实质是发生了氧化还原反应,氧化还原反应与溶液的酸碱性有关,而很多反应的电极电位又随 pH 值而变化,这就存在着一种可能性,即根据腐蚀介质的 pH 值、离子的浓度与电极反应的电极电位值的相互关系,来判断电极反应的方向和反应的产物,提出防腐措施。

E-pH 图由波尔贝(M. Pourbaix)等人首先提出,以电极电位为纵坐标,以介质的 pH 值为横坐标,就金属与水的化学反应或电化学反应的平衡值而做出的线图,它反映了在腐蚀体系中所发生的化学反应与电化学反应处于平衡状态时的电位、pH 值和离子浓度的相互关系。

2.5.1　水的 E-pH 图

在水中放两支铂电极,加上电压,在阳极(放氧电极)上将发生的反应为

$$2H_2O \longrightarrow O_2 + 4H^+ + 4e \tag{2-38}$$

反应中放出电子,产生的氧气溶入水中。随着所加电压的升高,产生的氧分压增大,达到1atm 后,开始放氧。

其放氧电极的电位(温度为298K)：

$$E_{O_2} = 1.228 - 0.059\text{pH} + 0.0148\lg p_{O_2} \tag{2-39}$$

当 $p_{O_2} = 1\text{atm}$ 时，电位为放氧电位（m 线）：$E_{O_2} = 1.228 - 0.059\text{pH}$

阴极为放氢电极：$$2H^+ + 2e \longrightarrow H_2\uparrow$$

放氢电极的电位：$$E_{H_2} = -0.059\text{pH} - 0.0295\lg p_{H_2}$$

当 $p_{H_2} = 1\text{atm}$ 时，电位为放氢电位（n 线）：$E_{H_2} = -0.059\text{pH}$

由上述结果可绘制出水的 $E-\text{pH}$ 图（E 作纵坐标，溶液 pH 值作横坐标），如图 2-16 所示。由图可知，水的电位在 m 线和 n 线之间是热力学稳定区，水可分解成分压小于 1atm 的氢与氧。当电位高于 m 线时即放氧，低于 n 线时则放氢。pH 值减小（酸度增加）放氧难，放氢却容易；相反，当碱性增加时放氧容易，放氢变的难了。m、n 线平行，相距 1.228V，是理论分解水的电压，它不随 pH 值而变化。

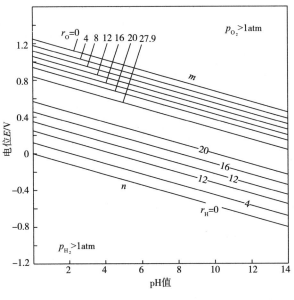

图 2-16　水的 $E-\text{pH}$ 图

r_O —— $-\lg p_{O_2}$；r_H —— $-\lg p_{H_2}$

另外，从 $E-\text{pH}$ 图可知，随着电位的升高，氧化作用增强；随着电位的降低，还原作用增强。即提高电位，相当于强化氧化；降低电位，相当于加强还原。

2.5.2　Fe 的 $E-\text{pH}$ 图

在 $Fe-H_2O$ 系中，首先考虑 Fe^{2+}、Fe^{3+}、FeO_2H^-、FeO_4^{2-} 四种离子，其平衡关系式为

①$Fe^{3+} + e \Longrightarrow Fe^{2+}$

$$E = E^{\ominus} + 0.0591\lg\frac{\alpha_{Fe^{3+}}}{\alpha_{Fe^{2+}}} = 0.771 + 0.0591\lg\frac{\alpha_{Fe^{3+}}}{\alpha_{Fe^{2+}}}$$

②$FeO_2H^- + 3H^+ \rightleftharpoons Fe^{2+} + 2H_2O$

$$\lg \frac{\alpha_{FeO_2H^-}}{\alpha_{Fe^{2+}}} = -31.7 + 3pH$$

③$FeO_4^{2-} + 8H^+ + 3e \rightleftharpoons Fe^{3+} + 4H_2O$

$$E = E^{\ominus} - 0.1575pH + 0.0197\lg \frac{\alpha_{FeO_4^{2-}}}{\alpha_{Fe^{3+}}} = 1.700 - 0.1575pH + 0.0197\lg \frac{\alpha_{FeO_4^{2-}}}{\alpha_{Fe^{3+}}}$$

④$FeO_4^{2-} + 8H^+ + 4e \rightleftharpoons Fe^{2+} + 4H_2O$

$$E = 1.462 - 0.1182pH + 0.0148\lg \frac{\alpha_{FeO_4^{2-}}}{\alpha_{Fe^{2+}}}$$

⑤$FeO_4^{2-} + 5H^+ + 4e \rightleftharpoons FeO_2H^- + 2H_2O$

$$E = E^{\ominus} - 0.073pH + 0.0148\lg \frac{\alpha_{FeO_4^{2-}}}{\alpha_{FeO_2H^-}} = 0.993 - 0.073pH + 0.0148\lg \frac{\alpha_{FeO_4^{2-}}}{\alpha_{FeO_2H^-}}$$

$E^{\ominus}$ 是依据所涉及到的组分标准化学势(位) $\mu^{\ominus}$ 值确定的，$\mu^{\ominus}$ 值可查相关图表确定。本处所用的值各为：$\mu_{Fe}^{\ominus} = 0$，$\mu_{Fe(OH)_2}^{\ominus} = -115570$ cal，$\mu_{Fe^{2+}}^{\ominus} = -20300$ cal，$\mu_{Fe^{3+}}^{\ominus} = -2530$ cal，$\mu_{H_2O}^{\ominus} = -56690$ cal，$\mu_{O_2}^{\ominus} = 0$，$\mu_{H^+}^{\ominus} = 0$，$\mu_{FeO_2H^-}^{\ominus} = -90250$ cal，$\mu_{FeO_4^{2-}}^{\ominus} = -111760$ cal。

根据以上各化学式和上面的值求出以下各量。

①中的 $E^{\ominus}$ 值

$$E^{\ominus} = \frac{\sum \mu^{\ominus}}{1 \times 23060} = \frac{-2530 - (-20300)}{23060} = 0.771V$$

②中的 $\lg K$ 值

$$\lg K = \frac{-\Delta G^{\ominus}}{2.3RT} = -\frac{(\mu_{FeO_2H^-}^{\ominus} + 3\mu_{H^+}^{\ominus} - \mu_{Fe^{2+}}^{\ominus} - 2\mu_{H_2O}^{\ominus})}{2.3 \times RT}$$

$$= -\frac{-90250 + 20300 + (56690 \times 2)}{1363} = -31.7$$

③中的 $E^{\ominus}$

$$E^{\ominus} = \frac{\sum \mu^{\ominus}}{3 \times 23060} = \frac{\mu_{FeO_4^{2-}}^{\ominus} + 8\mu_{H^+}^{\ominus} - \mu_{Fe^{3+}}^{\ominus} - 4\mu_{H_2O}^{\ominus}}{3 \times 23060}$$

$$= \frac{-111760 + 2530 + 4 \times 56690}{3 \times 23060} = 1.700V$$

④中 $E^{\ominus}$，同理算出

$$E^{\ominus} = 1.462V$$

⑤中的 $E^{\ominus}$ 值，同理算出

$$E^{(-)} = 0.993V$$

在图 2-17 中将①、②、③、④、⑤的关系表示出来，得到相应的①②③④⑤线及其各离子稳定区域。

下面对固相 Fe、Fe(OH)$_2$、Fe(OH)$_3$ 之平衡关系加以分析。

⑥$Fe(OH)_2 + 2H^+ + 2e \Longrightarrow Fe + 2H_2O$

$$E = -0.045 - 0.059pH$$

⑦$Fe(OH)_3 + H^+ + e \Longrightarrow Fe(OH)_2 + H_2O$

$$E = 0.0271 - 0.059pH$$

将⑥⑦关系用图 2-18 表示，得到固相 Fe、$Fe(OH)_2$、$Fe(OH)_3$ 的稳定区域。

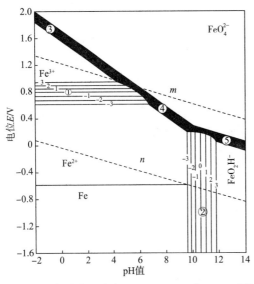

图 2-17　各种离子稳定区（$Fe-H_2O$ 系 $E-pH$ 图）

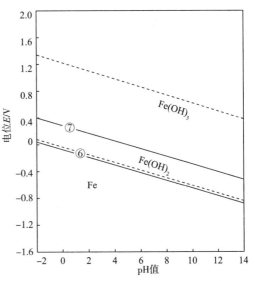

图 2-18　$Fe-H_2O$ 系固相稳定区平衡图

由图 2-17 及图 2-18 可见，Fe^{3+} 离子稳定区与 Fe、$Fe(OH)_2$、$Fe(OH)_3$ 三个固相稳定区域的一部分相重合，在此区域内存在一个相平衡的问题。该平衡关系中，与两价铁离子相平衡的线有：

⑧$Fe^{2+} + 2e \Longrightarrow Fe$

$$E = -0.440 + 0.0295 \lg\alpha_{Fe^{2+}}$$

⑨$Fe(OH)_2 + 2H^+ \Longrightarrow Fe^{2+} + 2H_2O$

$$\lg\alpha_{Fe^{2+}} \Longrightarrow 13.29 - 2pH$$

⑩$Fe(OH)_3 + 3H^+ + 2e \Longrightarrow Fe^{2+} + 3H_2O$

$$E = 1.057 - 0.1773pH - 0.059\lg\alpha_{Fe^{2+}}$$

与其他离子 Fe^{3+}、FeO_2H^-、$Fe(OH)_3$ 的相平衡线有：

⑪$Fe(OH)_3 + 3H^+ \Longrightarrow Fe^{3+} + 3H_2O$

$$\lg\alpha_{Fe^{3+}} \Longrightarrow 4.84 - 3pH$$

⑫$Fe + 2H_2O \Longrightarrow FeO_2H^- + 3H^+ + 2e$

$$E = 0.493 - 0.086pH - 0.0295\lg\alpha_{FeO_2H^-}$$

⑬$Fe(OH)_2 \Longrightarrow FeO_2H^- + H^+$

$$\lg\alpha_{FeO_2H^-} = -18.30 + pH$$

⑭$FeO_2H^- + H_2O = Fe(OH)_3 + e$

$$E = -0.810 - 0.059\lg\alpha_{FeO_2H^-}$$

⑧、⑨、⑩、⑪、⑫、⑬、⑭的关系如图 2-19 所示。

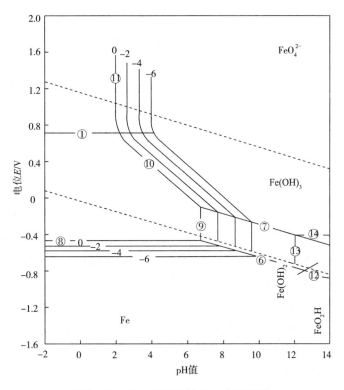

图 2-19　Fe-H$_2$O 系的 E-pH 平衡图

　　水对铁的腐蚀生成的稳定氧化物最终是 Fe_2O_3 和 Fe_3O_4，将其作为平衡固相、通过计算示于图 2-20 图中(平衡相：Fe、Fe_3O_4、Fe_2O_3)。

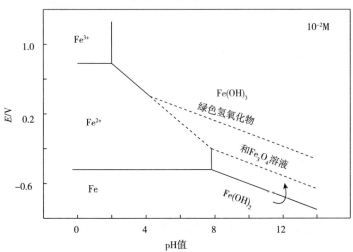

图 2-20　E-pH 图(Fe-H$_2$O 系中 Fe、Fe_3O_4、Fe_2O_3 相平衡)

2.5.3　E – pH 图在腐蚀中的应用

1. 应用

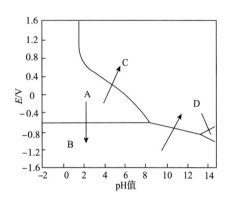

图 2-21　Fe - H$_2$O 系腐蚀简图

如果假定以平衡金属离子浓度为 10^{-6} mol/L 作为金属腐蚀与否的分界线，得到图 2-21 所示的简化 E – pH 图。Fe - H$_2$O 系的 E – pH 图可以简化为四个主要区域：稳定区（B）、腐蚀区（A）、钝化区（C）、腐蚀区（D）。

①非腐蚀区（图中 B 区）：在该区域内，电位和 pH 值的变化将不会引起金属的腐蚀，金属处于稳定状态；

②腐蚀区（图中 A、D 区）：在该区域内，金属是不稳定的，可随时被腐蚀，而离子则是稳定的；

③钝化区（图中 C 区）：在此区域内的电位及 pH 值范围，生成稳定的固态氧化物、氢氧化物或盐，在此区域内，金属是否遭受腐蚀取决于所生成的固态膜是否有保护性，也就是看它是否能进一步阻碍金属的溶解。

因此，根据 E – pH 图，为避免金属腐蚀可以采取如下防腐措施。

①把铁的电极电位降低至非腐蚀区，通常采用阴极保护法；

②把铁的电极电位上升，使它进入钝化区，采用阳极保护；或者加入阳极缓蚀剂或氧化剂，使金属表面生成一层钝化膜；

③使溶液的 pH 值升高，如在 pH = 9.4 ~ 12.5 范围内，可以使金属表面生成 Fe(OH)$_2$ 或 Fe(OH)$_3$ 的钝化膜。

2. 局限性

E – pH 图以热力学的数据为基础，所以只能解决腐蚀趋势问题，而不能解决腐蚀速度问题。原因如下：

①假定金属与金属离子之间或溶液中的离子与腐蚀产物之间建立了平衡状态，但在实际腐蚀条件下，可能远离这个平衡条件。

②在求金属与水反应的平衡值时，只考虑到 OH$^-$ 这种阴离子，而在实际腐蚀环境中，往往存在有 Cl$^-$、SO$_4^{2-}$、PO$_4^{3-}$ 等阴离子，这些都可能发生一些附加的反应，使问题复杂化。

③波尔贝把金属的氢氧化物存在的区域当作钝化区，但是所生成的氢氧化物，不一定都成为有保护性的钝化膜。

④平衡反应中，如涉及 H$^+$ 或 OH$^-$ 的生成，则金属局部表面的 pH 值会发生变化，金属表面的 pH 值和溶液内部的 pH 值有一定的差别，不能通过溶液的 pH 值，来直接断定金属表面的 pH 值。

针对上述局限性，已有研究者建立了实测电位（非平衡电位）- pH 图，其在腐蚀研究中具有更大的应用价值。

2.6 金属电化学腐蚀的电极动力学

前面已经从热力学观点讨论了金属发生电化学腐蚀的原因及腐蚀倾向的判断方法,但实际上,金属电化学腐蚀倾向程度并不能直接表明腐蚀速度的大小。即腐蚀倾向很大的金属不一定对应很高的腐蚀速度。这是由于腐蚀过程中反应的阻力显著增大,使得腐蚀速度大幅下降所致,这些都是腐蚀动力学因素在起作用。因此,从电极动力学观点讨论腐蚀速率及其影响因素,在工程上具有更现实的意义。

2.6.1 极化现象

在一定的介质条件下,金属发生腐蚀趋势的大小是由其电极电位值决定的。只要把任意两块不同的金属置于电解质溶液中,两个电极的电位差就是腐蚀的原动力。但是此电位差值是不稳定的,当腐蚀的原电池短接,电极上有电流通过时,就会引起电极电位的变化。这种由于有电流流动而造成的电极电位变化的现象,称为电极的极化。电极的极化是影响金属实际腐蚀速度的重要因素之一。

如图 2-22 所示,将面积为 $5cm^2$ 的 Zn 片和 Cu 片浸在 3% 的 NaCl 溶液中,用导线将毫安表与它们相连接,组成腐蚀原电池。在接通腐蚀电池前,铜的起始电位 $E_c^0 = 0.05V$,锌的起始电位 $E_a^0 = -0.83V$ 。假设原电池的电阻 $R_内 = 110\Omega$,外电阻 $R_外 = 120\Omega$ 。电池刚接通时,毫安表的起始电流 I_{t0} 为

$$I_{t0} = \frac{E_c^0 - E_a^0}{R_内 + R_外} = \frac{0.05 - (-0.83)}{110 + 120} = 0.003826A = 3826\mu A \qquad (2-40)$$

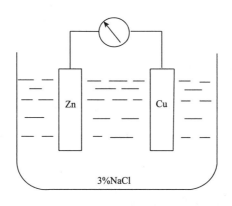

图 2-22 腐蚀电池及其电流变化示意图

经过一段时间 t 后,毫安表上的读数急剧减小,稳定后的电流为 $I_t = 200\mu A$,约为 I_{t0} 的 1/20,为什么 I_t 约为 I_{t0} 的 1/20 呢?也即为什么电流会减少呢?

很明显,电流大小与($E_c^0 - E_a^0$)和 $R_内$ 、 $R_外$ 有关,而电路中总电阻并没有变化。因此

使电流变化的原因只有（$E_c^0 - E_a^0$）发生了变化。实际测量证明，有电流通过时，随着时间的延长，E_c^0 和 E_a^0 都在变化，（$E_c^0 - E_a^0$）值逐渐减少，直至一段较长时间后稳定不变。

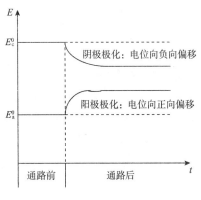

图 2-23　极化现象示意图

这种由于电极上有电流通过而造成电位变化的现象称为极化现象。由于有电流通过而发生的电极电位偏离起始电位（$E_{(i=0)}$）的变化值，用过电位或超电位 η 来表示，$\eta = E_i - E_{(i=0)}$。

由于通过电流而引起的原电池两极电位差减少称为原电池极化；阳极电位向正方向变化，称阳极极化；阴极电位向负方向变化，称阴极极化，如图 2-23 所示。

无论是阳极极化还是阴极极化都能使腐蚀原电池两极间的电位差减少，导致腐蚀电池所流过的电流减少，所以极化是阻滞金属腐蚀的重要因素之一。

2.6.2　极化的原因

极化是电极反应的阻力，极化的本质是电极过程中存在某些较慢步骤，限制了电极反应速度，具体来说有以下几种因素影响电极反应过程。

1. 产生阳极极化的原因

（1）阳极过程进行缓慢

阳极过程是金属失去电子而溶解成水化离子的过程，在腐蚀原电池中金属失掉的电子迅速地由阳极流到阴极，但一般金属的溶解速度却跟不上电子的转移速度，即 $v_{电子} > v_{金属溶解}$，这必然使双电层平衡遭到破坏，使双电层内层电子密度减少，所以阳极电位向正方向偏移，产生阳极极化。

这种因阳极反应过程进行得缓慢而引起的极化称为金属的活化极化，又称电化学极化，极化后的电位偏离初始电位的差值用过电位 η_a 表示。

（2）阳极表面的金属离子浓度升高，阻碍金属的继续溶解

由于阳极表面金属离子扩散缓慢，会使阳极表面的金属离子浓度升高，阻碍金属的继续溶解。如果近似认为它是一个平衡电极的话，则由能斯特公式可知金属离子增加，必然使金属的电位向正方向移动，产生阳极极化，这种极化称之为浓差极化，其极化后的电位偏离初始电位的差值用过电位 η_c 表示。

（3）金属表面生成保护膜

在腐蚀过程中，由于金属表面生成了保护膜，阳极过程受到膜的阻碍，金属的腐蚀速度大为降低，结果使阳极电位向正方向剧烈变化，这种现象称之为钝化。铝和不锈钢等金属在硝酸中就是借助于钝化而耐蚀的。

由于金属表面膜的产生，使得电池系统中的内电阻随之而增大，这种现象就称之为电阻极化，极化后的电位偏离初始电位的差值用过电位 η_r 表示。

阳极极化中，活化极化、电阻极化以及钝化对实际腐蚀有突出的意义。

2. 产生阴极极化的原因

(1)阴极过程进行的缓慢

阴极过程是得到电子的过程，若由于阳极过来的电子过多，阴极接受电子的物质由于某种原因，与电子结合的反应速度(消耗电子的反应速度)进行得缓慢，使阴极处电子堆积，电子密度增大，结果阴极电位越来越负，即产生了阴极极化。这种由于阴极消耗电子过程缓慢所引起的极化称之为阴极活化极化，极化后的电位偏离初始电位的差值用过电位 η_a 表示。

(2)阴极附近反应物或反应生成物扩散缓慢

阴极附近反应物或反应生成物扩散较慢也会引起极化，如氧或氢离子到达阴极的速度不够反应速度的要求，造成氧或 H^+ 反应物补充不上去，引起极化。而且阴极反应产物 OH^- 离开阴极的速度慢也会直接影响或妨碍阴极过程的进行，使阴极电位向负方向偏移，这种极化称为浓差极化，极化后的电位偏离初始电位的差值用过电位 η_c 表示。

显然总极化是电化学活化极化、浓差极化和电阻极化构成的，其总过电位由下式表示

$$\eta = \eta_a + \eta_c + \eta_r \tag{2-41}$$

在实际腐蚀问题中，因条件不同，可能某种或某几种极化对腐蚀起控制作用。

2.6.3 极化规律和极化曲线

1. 极化规律

现以铜电极(即 Cu 浸入 $CuSO_4$ 溶液中)为例，分析有电流和无电流通过时，电极的极化规律。

$$Cu \underset{i_-}{\overset{i_+}{\rightleftharpoons}} Cu^{2+} + 2e \tag{2-42}$$

式中 i_+——氧化反应速度；

i_-——还原反应速度。

平衡时，$i_+ = i_- = i_0$

式中，i_0——交换电流密度，表征平衡电位下正向反应与逆向反应的电荷交换速度。

i_0 仅是表示平衡态下氧化和还原速度的一种简便形式，并不表示有真正的净电流产生，因为在平衡态时，电荷交换是平衡的，正负抵消。平衡时，物质交换与电量交换虽然仍在进行，但电极表面不会出现物质变化，没有净电流产生。由此可以得知，不同的金属电极有不同的 i_0 值；i_0 越大，表示金属腐蚀速度快，电极不易极化，易建立稳定的平衡电位；反之，i_0 越小，表示金属耐蚀性好。

下面讨论有无电流通过时电极的极化规律。

当无电流通过电极时，$i = i_+ + i_- = 0$，故有 $i_+ = -i_-$，即氧化反应的电流 i_+ 和还原反应的电流 i_- 相等，电极为可逆平衡电极，用电极电位 $E_{(i=0)}$ 表示，其过电位(超电压) $\eta = 0$，没有极化现象，如图 2-24(a)所示。

当电极上通过负向电流时，$i=i_{+}+i_{-}<0$，相当于引入电子至电极，使铜离子还原，电位向负移，此时过电位 $\eta=E-E_{(i=0)}<0$，电极反应向还原方向进行，即还原反应速度大于氧化反应速度，如图 2-24(b) 所示。

反之，当电极接通正向电流后，电极金属的电子大量流失出去，$i=i_{+}+i_{-}>0$，同样破坏了原平衡电极电位，$\eta=E-E_{(i=0)}>0$，相当于电流流入金属（或者说电子从金属向外流），电极金属将发生氧化过程，即氧化反应速度大于还原反应速度，如图 2-24(c) 所示。

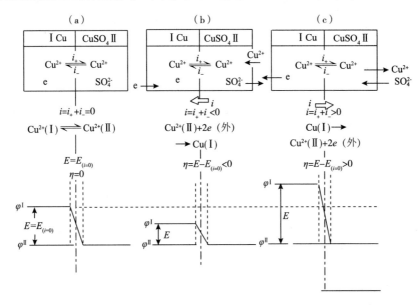

图 2-24　铜电极[Cu｜CuSO₄(1mol/L)平衡溶液]的电势和极化示意图

因此对于单电极而言，当电极上有正（+）电流通过时（阳极电流，电流从溶液流向金属或电子从金属流向溶液），电极金属/溶液界面上必伴随有氧化反应，此时电极称为阳极，则过电位为正值。当电极上有负（-）电流通过（阴极电流，电流从电极流向溶液或电子从溶液流向金属），电极金属/溶液界面上必伴随有还原反应，此时电极称为阴极，过电位为负值。

换言之，当过电位为正值时，电极上只能发生氧化反应，即通过阳极电流，i 为正值；当过电位为负值时，电极上只能发生还原反应，即通过阴极电流，i 为负值。这表明，推动电极反应的动力方向与电极反应方向具有一致性，称之为极化规律，用数学式表达为：

$$\eta \times i \geqslant 0 \qquad (2-43)$$

该极化规律不仅适用于平衡电极，还适应于非平衡电极，极化规律控制着每个反应方向。

可以利用参比电极测量出在没有电流通过时，任意电极的电极电位 $E_0(i=0)$，该电极电位称为静态电位，或叫开路电位。当有电流通过该电极时，电极电位 E 将偏离静态电位值 E_0，其偏离值为过电压，表示极化程度，即 $\eta=E-E_0$。

2. 极化曲线

表示电极电位和电流之间关系的曲线叫做极化曲线；表示阳极电位和电流之间关系的曲线叫做阳极极化曲线；表示阴极电位和电流之间关系的曲线叫做阴极极化曲线。

极化曲线又可分为表观极化曲线和理论极化曲线两种。表观极化曲线表示通过外电流时的电位与电流关系，亦称实测的极化曲线，它可借助参比电极实测出。理论极化曲线表示在腐蚀原电池中，局部阴极和局部阳极的电流和电位变化关系。在实际腐蚀中，有时局部阴极和局部阳极很难分开，或根本无法分开，所以理论极化曲线有时是无法得到的。

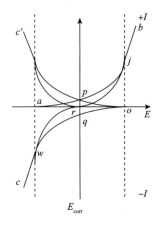

图 2-25　Fe 在 HCl 溶液中的极化曲线

一个任意电极实测的表观极化曲线均可分解成为两个局部极化曲线，即阳极极化曲线和阴极极化曲线。下面以铁在 HCl 溶液中的实测极化曲线进行说明。

图 2-25 表示了 Fe 在 HCl 溶液中的实测极化曲线 $cwrjb$。它可分解成 $cwqo$ 的 $I_c - E$ 极化曲线（阴极极化曲线，阴极反应 $2H^+ + 2e \longrightarrow H_2$），和 $apjb$ 的 $I_a - E$ 阳极极化曲线（阳极反应 $Fe \longrightarrow Fe^{2+} + 2e$）。若电流用绝对值表示，即相当于将图 2-25 横坐标下部沿电位 E 轴翻转 $180°$，两条极化曲线的交点 p 相应表示出腐蚀电流值（I_{corr}）和腐蚀电位值（E_{corr}）。

把研究试样接于电源正极上，可测出阳极极化曲线；将其接在负极上，可测得阴极极化曲线。形成腐蚀原电池时，电极是阳极极化还是阴极极化要视通过该电极的电流来决定。图 2-26 是用半对数（$E - \lg i$）表示的极化曲线。

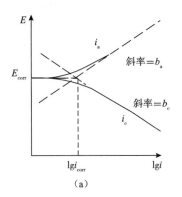

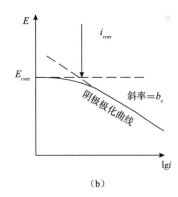

图 2-26　阴、阳极极化曲线上的塔费尔直线

由图 2-26 可见，无论是阳极极化曲线还是阴极极化曲线，在远离腐蚀电位（E_{corr}）（即超过约 50mV 以上）均呈现与实测的极化曲线相重合，其超电压与通过电极电流 i 之间呈直线关系

$$\eta = a + b\lg i \tag{2-44}$$

此直线关系称为塔费尔（Tafel）关系。可以借助实测得到的阴极极化曲线或阳极极化曲线，通过塔费尔关系外推预测出腐蚀电流（I_{corr}）和腐蚀电压（E_{corr}）。

对于活化极化控制的腐蚀体系，当极化程度较大时（$|E-E_{corr}| > \frac{100}{n}$ mV，n 为阳极反应中金属原子失电子数），其极化规律服从 Tafel 方程，如式（2-44）所示。因此，如果将实测的阴阳极极化曲线的数据在半对数坐标上作图，从极化曲线上呈直线关系的 Tafel 区外推到腐蚀电位 E_{corr} 处，得到交点所对应的横坐标就是 $\lg i_{corr}$，如图 2-26（a）所示。对于一些腐蚀金属体系，因阳极极化曲线不易测定（如由于钝化或强烈溶解），也可以只由一条阴极极化曲线和 E_{corr}（即 $|\Delta E| = 0$ 直线）相交，就可得到腐蚀电流密度 i_{corr} [图 2-26（b）]。上面测定腐蚀电流的方法，通常称为 Tafel 直线外推法。

Tafel 直线外推法常用来测定局部阳、阴极的 Tafel 常数 b_a 和 b_c。

Tafel 直线外推法测定腐蚀速度和 Tafel 常数时，如果采用经典作图法，误差较大。所以可以编制程序，用最小二乘法求出 $\Delta E - \lg i$ 直线及其斜率 b_a、b_c，然后再计算出 i_{corr} 的数值。

3. 极化曲线的测试

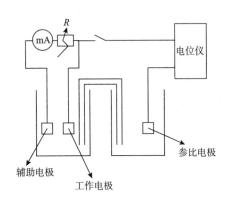

图 2-27　极化曲线测量装置

上文也已提到，测定电极的极化曲线，可以借助腐蚀原电池自身电流引起的极化，也可以借助外加电流引起的极化来完成。

（1）利用腐蚀原电池自身电流变化，对应测出电极的极化电位

如图 2-27 所示，用大电阻箱接通辅助电极和工作电极，它们之间无电流，用电位仪可测出稳定开路电位，即工作电极的稳定电压。然后减少电阻箱的电阻，增加两极间的电流，例如，每次增加 0.2mA，每隔 5min 测定一次电压值，一直测到电阻为零，电流最大，实现完全极化为止。

作出 $E-I$ 曲线，这就是利用腐蚀原电池自身的腐蚀电流变化来测试极化曲线的过程。

（2）借助外加电流实现电极极化来测定极化曲线

有两种方法：

①恒电流法：以电流为自变量，测出 $E-I$ 的关系；

②恒电位法：以电位为自变量，测出 $E-I$ 的关系。

恒电流法简便，只需一个稳定的直流电源，易于掌握。

如图 2-28 所示，用恒电流法测定极化曲线时，在没有进行外加电流通电前，首先测定金属在溶液中的自腐蚀电位。测定阳极极化曲线时，将电源正极接到被测金属（阳极），负极接辅助电极。外加电流的大小由串联在电路中的可调电阻来控制，调节电流 I 由小到大，逐点测定达到稳定状态下相应的极化电位 E。测定阴极极化曲线时，将电源负极接到被测金属（阴极），正极接辅助电极。选用高内阻直流电压表（$>10^6\Omega$）测定电极电位。

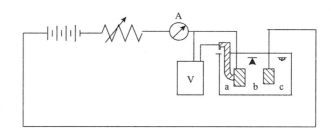

图2-28 恒电流法极化曲线测量装置

a—饱和甘汞电极；b—试验电极；c—辅助电极；V—直流高阻电压表；A—直流电流表

恒定电流法实验步骤如下：

①把加工到一定表面粗糙度的试件用细砂纸打磨光亮，测量其尺寸，安装到夹具上，分别用丙酮和乙醇擦洗脱脂。

②根据图连接好线路，在电解池中注入3%的氯化钠水溶液，装上试件，引出导线，先不接通电源。

③用高阻抗电压表测定碳钢在3%氯化钠水溶液中的自腐蚀电位。一般在几分钟至30min内可取得稳定值。

④确定极化度。极化度为单位电流下的电压变化量。极化度若过大则测定的数据间隔大，难以获得极化曲线拐点的数值，若极化度过小，则测量速度慢。因此，要根据极化曲线的特点，选取适当的极化度，在同一曲线的不同线段，也可以选取不同的极化度。

⑤进行无搅拌极化测量。调节可调电阻箱减小电阻，使极化电流达到一定值，在2~3min内读取相应的电位值。然后，每隔2~3min调节一次电流，记录该电流下相应的电位值，直到阴极电流较大，而电位变化缓慢为止，观察并记录在阴极表面上开始析出氢气泡的电位。

⑥按照步骤③、④测定搅拌下的阴极极化曲线。

然而，恒电流法当电流和电位呈多值函数关系时，是不适用的。例如，它测不出钝化区向活化区或过钝化区的转变过程，如图2-29所示。恒电流法测出极化曲线 *abef*，但测不出 *abcdef*（*bc*—钝化区，*cd*—稳定钝化区），换句话说，对于具有钝化特性的金属，其阳极极化曲线本应呈 *abcdef* 曲线，但恒电流法无法测出这种特征曲线。因为在同一电流下，曲线上出现了几个不同的电位值。

因此，必须采用恒电位法。控制电位就等于控制了热力学状态，即阳极表面状态。所以，用恒电位法能测出活化、钝化、过钝化状态以及这些状态之间过渡的完整曲线。恒电位法测定金属极化曲线的方法如图2-30所示。

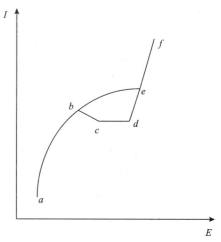

图2-29 金属的钝化极化曲线

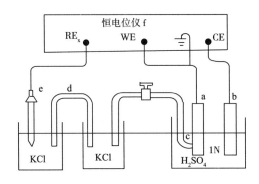

图 2-30　恒电位仪测定极化曲线

a—研究电极；b—辅助电极（铂）；c—鲁金毛细管；d—盐桥；e—参比电极；f—恒电位仪

恒定电位法的实验步骤如下：

①把加工到一定表面度的试件用细砂纸打磨光亮，测量其尺寸，安装到夹具上，分别用丙酮和乙醇擦洗脱脂；

②连接好测试电路，检查各接头是否正确，盐桥是否导通；

③测碳钢在氨水中的自腐蚀电位（相对饱和甘汞电极约 -0.8V）。若电位偏正，可用很小的阴极电流活化 1~2min 再测定；

④调节恒电位仪进行阳极极化。每隔 2~3min 调节一次电位。在电流变化幅度较大的活化区和过度钝化区，每次可调节 20mV 左右；在电流变化较小的钝化区每次可调 50~100mV。记录下对应的电位与电流值，观察其变化规律及电极表面的现象。

恒电位法又分为电位台阶法和电位连续扫描法。

①稳态法即电位台阶法：测定时将电位较长时间地维持在某一稳定值，同时测量基本达到稳定的某一电流值，逐点测量，每次递增 10mV、50mV 或 100mV 不等，如此记录获得完整的极化曲线。

②动态法即电位扫描法：控制电位以慢速连续地变化（扫描），并测出对应电位的瞬时电流值，以获得完整的极化曲线。

推荐电位台阶法的电位增量和时间间隔是 50mV/5min，电位扫描速度为 10mV/min。实验证明二者取得结果完全一样。

2.6.4　极化过电位的计算

1. 活化极化过电位 η_a

前面已经叙述过，由于电极反应速度缓慢所引起的极化，或者说电极反应受到电化学反应速度控制的极化叫活化极化，也称为电化学极化。它可以发生在阳极过程，也可发生在阴极过程，在析氢或吸氧的阴极过程中表现尤为明显。其反应速度 i 与活化极化过电位 η_a 有如下关系：

$$\eta_a = \pm\beta \lg \frac{i}{i_0} \qquad (2-45)$$

式中　β——塔费尔(Tafel)常数(直线的斜率);

　　　i——以电流密度表示的阳极或阴极反应速度;

　　i_0——交换电流密度;

　　η_a——活化极化过电位。

"+"表示阳极极化,"-"表示阴极极化。

Tafel 公式是一个经验公式,该公式与电极动力学推导的公式是一致的。

$$\eta_a = 2.3\frac{RT}{\alpha NF}\lg i_0 - 2.3\frac{RT}{\alpha NF}\lg i = \pm\beta\lg\frac{i_0}{i} = a + b\lg i \tag{2-46}$$

α 称为传递系数,表示过电位对电极反应活化能影响的份额。

a 值与电极材料、表面状况、溶液组成、温度等因素有关,表示通过单位极化电流密度时的过电位。b 值与材料关系不大,$b = 0.05 \sim 0.15V$,一般取 $b = 0.1V$。

由氢电极的活化极化曲线图(图 2-31)可以看出,超电压变化很小,而腐蚀电流变化很大。这里必须指出的是,电极过程中过电位的大小,除了取决于极化电流外,还与交换电流密度 i_0 密切相关。而 i_0 是某特定氧化 - 还原反应的特征函数,i_0 与电极成分有关,与温度有关,还与电极表面粗糙度有关。

交换电流密度 i_0 越小,过电位 η_a 则越大,金属耐蚀性越好。交换电流密度 i_0 大,其超电压 η_a 小,说明电极反应的可逆性大,基本可保持稳定平衡态。

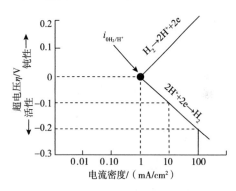

图 2-31　氢电极的活化极化曲线

2. 浓差极化过电位 η_c

电极反应进行过程中,由于反应速度高,反应扩散移动速度不能满足电极反应速度的需要,于是在电极附近反应物质浓度小于电解质本体的反应物质浓度时,电极反应速度受到物质扩散的控制。

(1)浓差极化极限电流密度 i_d

以氧阴极还原速度为例,氧向阴极扩散的速度可由费克定律得出

$$v_1 = \frac{D}{x}(c - c_e) \tag{2-47}$$

式中　x——扩散层的厚度;

　　c——溶解本体氧的浓度;

　　c_e——电极表面氧的浓度;

　　D——扩散系数。

电极反应速度可由法拉第定律得出

$$v_2 = \frac{i_{扩}}{nF} \tag{2-48}$$

若扩散控制电极反应速度，则 $v_1 = v_2$ ，于是

$$i_{扩} = \frac{nFD}{x}(c - c_e) \qquad (2-49)$$

当电极反应稳定进行时，电极上放电的物质总电流密度 i 应等于该物质的迁移电流和扩散电流之和：

$$i = i_{扩} + i_{迁} = \frac{nFD}{x}(c - c_e) + i \cdot t_i \qquad (2-50)$$

$$i = \frac{nFD}{(1-t_i)x}(c - c_e) \qquad (2-51)$$

式中　t_i—i 离子的迁移数。

通电前，$i=0$，$c=c_e$，电极表面与溶液本体浓度一样；

通电后，$i \neq 0$，$c > c_e$，随电极反应的进行，电极附近离子或氧原子消耗，c_e 减少。当 $c_e \to 0$ 时，i 值达到最大，为 i_d。

$$i_d = \frac{nFD}{(1-t_i)x}c \qquad (2-52)$$

由于 $c_e \to 0$，电极表面趋于无反应离子或氧存在，因此该离子的迁移数也自然很小，$t_i \to 0$，故

$$i_d = \frac{nFDc}{x} \qquad (2-53)$$

式中　i_d—极限扩散电流密度，它间接地表示扩散控制的电化学反应速度。

由上式可知，扩散控制的电化学反应速度与反应物质扩散系数 D、反应物质在主体溶液中的浓度 c 及交换电子数 n 成正比，与扩散厚度 x 成反比，因此

①降低温度，使扩散系数 D 减小，i_d 也减小，腐蚀速度减弱；

②减少反应物质浓度 c，如减少溶液中的氧、氢离子浓度等，腐蚀速度（i_d）减小；

③通过搅拌或改变电极的形状，减少扩散层的厚度 x，会增大极限电流密度（i_d），因而加剧阳极溶解，提高腐蚀速度；反之，增加 x，减小极限扩散电流密度（i_d）值，提高其耐蚀性。

极限扩散电流密度通常只在还原过程（即阴极过程中）显示重要作用，在金属阳电极溶解过程中并不主要，可以忽略。

（2）浓差极化过电位 η_c

浓差极化是由电极附近的反应离子与溶液本体中反应离子浓度差引起的。

以氢电极为例，反应前，氢电极电位为

$$E_H = E^{\ominus} + \frac{0.059}{n}\lg c_{H^+} \qquad (2-54)$$

反应后，氢电极电位为

$$E_H{}' = E^{\ominus} + \frac{0.059}{n}\lg c_{eH^+} \qquad (2-55)$$

反应中阴极消耗了反应离子，造成阴极区离子浓度 $c_{eH^+} < c_{H^+}$，促成浓差过电位

$$\eta_c = E_H{}' - E_H = \frac{0.059}{n} \lg \frac{c_{eH^+}}{c_{H^+}} \qquad (2-56)$$

η_c 为负值。

由式(2-51)和式(2-52)可知

$$\frac{i}{i_d} = 1 - \frac{c_{eH^+}}{c_{H^+}} \qquad (2-57)$$

即

$$\frac{c_{eH^+}}{c_{H^+}} = 1 - \frac{i}{i_d} \qquad (2-58)$$

这样有

$$\eta_c = \frac{0.059}{n} \lg\left(1 - \frac{i}{i_d}\right) \qquad (2-59)$$

由此可见，只有当还原反应电流密度 i 增加到接近极限扩散密度 i_d 时，浓差极化才显著出现。

环境的改变(溶液的流速、反应物浓度、温度的增加等)都会导致扩散电流密度 i_d 增加，使阴极极化曲线($\eta_c - \lg i$)发生变化(如图 2-32 所示)，加剧腐蚀过程。

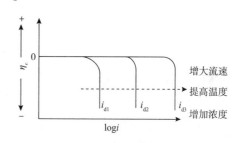

图 2-32　环境变量对浓差极化曲线的影响

3. 混合极化

实际腐蚀过程中，经常在一个电极上同时产生活化极化和浓差极化。在低反应速度下，常常表现为以活化极化为主，而在较高的反应速度下才表现出以浓差极化为主，因此一个电极的总极化由活化极化和浓差极化之和构成，即

$$\eta_T = \eta_a + \eta_c = \pm \beta \lg \frac{i}{i_0} + 2.3 \frac{RT}{nF} \ln\left(1 - \frac{i}{i_d}\right) \qquad (2-60)$$

式中　η_T——混合极化过电位。

应该着重强调指出的是，活化极化过电位公式和混合极化过电位公式是电化学腐蚀中两个重要的基本方程式。除了具有钝化行为的金属腐蚀问题之外，所有的腐蚀反应动力学过程均可由 β、i_d 和 i_0 反映出来，如图 2-33 所示，并用其来表示腐蚀反应中复杂的现象。

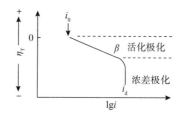

图 2-33　混合极化曲线

4. 电阻极化

在电极表面由于电流通过生成了使欧姆电阻增加的物质(如钝化膜)，由此而产生的极化现象称为电阻极化，所引起的过电位称为电阻过电位。

$$\eta_r = iR \qquad (2-61)$$

凡能生成氧化膜、盐膜、钝化膜等增加阳极电阻的均可构成电阻极化。

2.6.5　腐蚀极化图

1. 伊文思腐蚀极化图

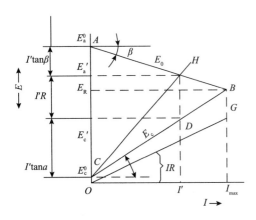

图 2-34　伊文思腐蚀图

为了研究金属腐蚀，在不考虑电极电位及电流变化具体过程的前提下，只从极化性能相对大小、电位和电流的状态出发，伊文思依据电荷守恒定律和完整的原电池中电极是串联于电回路中，电流流经阴极、电解质溶液、阳极，其电流强度应相等的原理，提出了如图 2-34 所示的腐蚀图，称为伊文思腐蚀极化图。

图 2-34 中 AB 表示阳极极化的直线，BC 表示阴极极化的直线，OG 表示原电池内阻电位降的直线，CH 为考虑到内阻电位降和阴极电位降的总的极化曲线。图中，阳极极化曲线和阴极极化曲线（即考虑了电阻极化的阴极总的极化曲线）的交点（如图中的 H）所对应的电流为腐蚀电流。

E_a^0 为阳极平衡电极电位；E_c^0 为阴极的平衡电极电位。

在腐蚀电流为 I' 时，阳极极化电位降 ΔE_a 为：

$$\Delta E_a = E'_a - E_a^0 = I'\tan\beta = I'P_a \tag{2-62}$$

式中，斜率 $\tan\beta = P_a$，称为阳极极化率。

此时，阴极极化电位降 ΔE_c：

$$\Delta E_c = E'_c - E_c^0 = I'\tan\alpha = I'P_c \tag{2-63}$$

式中，斜率 $\tan\alpha = P_c$，称为阴极极化率。

因此有：

$$P_a = \frac{\Delta E_a}{I'}, \quad P_c = \frac{\Delta E_c}{I'}$$

P_a、P_c 分别表示阳极、阴极的极化性能。

电阻电位降 $E_a' - E_c'$ 为 ΔE_r：

$$\Delta E_r = I'R \tag{2-64}$$

对于原电池 $R \neq 0$ 的电池回路（图中 AHC）中，存在阳极极化、阴极极化和电阻电位降三种电流阻力。其总电位降为 $E_c^0 - E_a^0$ 为：

$$E_c^0 - E_a^0 = I'\tan\beta + I'\tan\alpha + I'R = I'P_a + I'P_c + I'R$$

所以

$$I' = \frac{E_c^0 - E_a^0}{P_a + P_c + R} \tag{2-65}$$

上式表明，腐蚀原电池的初始电位差（$E_c^0 - E_a^0$）、系统的电阻（R）和电极的极化性能（P_a、P_c）将影响腐蚀电流（I'）的大小。

当 $R=0$，即忽略了溶液的电阻降(一般指短路电池)时，腐蚀电流可用下式表示：I_{corr} $= I_{max} = \dfrac{(E_c^0 - E_a^0)}{(P_a + P_c)}$，即阳极极化与阴极极化控制直线交于一点 B，B 点对应的电流 I_{max} 为腐蚀电流 I_{corr}，对应的电位 E_R 为腐蚀电位 E_{corr}。

2. 腐蚀控制因素

由公式 $I' = \dfrac{(E_c^0 - E_a^0)}{(P_a + P_c + R)}$ 可知，腐蚀原电池的腐蚀电流大小，取决于下面4个因素：初始电位差 $E_c^0 - E_a^0$、电阻 R、极化率 P_a、极化率 P_c。

当几个因素分别占主导地位时，可能有以下几种控制方式。

①当电阻可以忽略时，即 $R=0$，如果 $P_a \gg P_c$，腐蚀电流的大小将取决于 P_a 的值，即取决于阳极极化性能，此种情况称为阳极控制。在这种情况下，腐蚀电位 E_{corr} 接近于阴极电位 E_c^0，见图2-35(a)；

②$R=0$，$P_a \ll P_c$，为阴极控制。E_{corr} 接近于 E_a^0，见图2-35(b)；

③$R=0$，$P_a = P_c$，为混合控制。$E_{corr} = (E_a^0 + E_c^0)/2$，见图2-35(c)。

④当电池系统中电阻 R 值很大时，则腐蚀受电阻控制，即欧姆控制，见图2-35(d)。

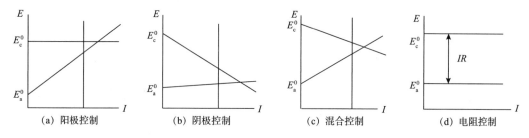

(a) 阳极控制　　　　(b) 阴极控制　　　　(c) 混合控制　　　　(d) 电阻控制

图2-35　腐蚀控制方式

总之，P_a、P_c、R 对腐蚀来说，均是一种阻力，起控制作用。

3. 腐蚀极化图的应用

通过腐蚀极化图可以分析金属在不同情况下的腐蚀速度等状况。

(1)初始电位差对最大腐蚀电流的影响

当腐蚀电池的欧姆电阻 $R \to 0$，且阳极及阴极极化率相同，在不同的初始电位差下，$P_a = P_a'$，$P_c = P_c'$（P_a、P_c、P_a'、P_c' 分别表示某一初始电位下的阳极、阴极极化率）。由腐蚀极化图（图2-36）可以看出，阴极与阳极初始电位差越大，腐蚀电流就越大。

令 $\Delta E_1 = E_c^0 - E_a^0$，$\Delta E_2 = E_c' - E_a^0$，$\Delta E_3 = E_c^0 - E_a'$，可见 $\Delta E_1 > \Delta E_2 > \Delta E_3$，相应地有 $I_I > I_{II} > I_{III}$，即腐蚀原电池的初始电位差是腐蚀的驱动力。

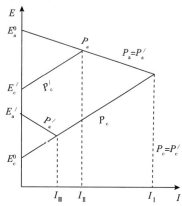

图2-36　初始电位对腐蚀的影响

（2）极化性能的影响

如图 2-37 所示，当初始电位（E_a^0、E_c^0）一定时，电极极化率大，则腐蚀电流 I_{corr} 小，反之亦然，极化性能明显影响腐蚀速度。

（3）过电位的影响

某一极化电流密度下的电极电位与其平衡电位之差的绝对值称为该电极电位的过电位。

在还原酸性介质中，Zn、Fe、Pt 的腐蚀如图 2-38 所示。按平衡电位值排序则为 $E_{Zn} < E_{Fe} < E_{Pt}$，腐蚀速度顺序理应为 Pt→Fe→Zn 递增，然而，由于 Zn 上放氢过电位大于铁上的放氢过电位，锌比铁反而腐蚀速度小，氢在 Pt 上的过电位更小，故加铂盐于盐酸溶液中，使锌、铁的腐蚀速度加快。

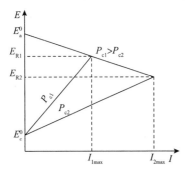

图 2-37　极化性能对腐蚀的影响

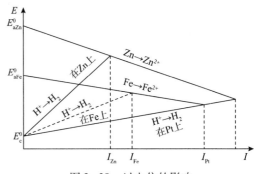

图 2-38　过电位的影响

过电位大，意味着电极过程阻力大。无论是氢阴极还是氧阴极均如此。过电位越大，腐蚀电流 I_{corr} 越小，这对活化腐蚀是相当重要的。

（4）含氧量及络合离子对腐蚀的影响

例如，铜不溶于还原酸介质中而溶于含氧酸或氧化性酸，这是由于铜的平衡电位（铜的氢标电位为 +0.337V）高于氢的平衡电位，不能形成氢阴极，然而氧的平衡电位（+1.229V）高于铜的电位可以成为铜的阴极，组成腐蚀电池。

如图 2-39 的下部所示，含氧多，氧去极化容易，极化率小，腐蚀电流大；含氧少时，氧去极化受阻，极化率大，腐蚀电流小。

铜在不含氧酸中不溶解，是耐蚀的，但当溶液中含有络离子 Cu^{2+}（CN^-）时，铜的电极电位向负偏移，铜才可能溶解在还原酸中（如图 2-39 上部所示）。

CN^- 和 Cu^{2+} 形成络合物，降低金属电极表面的 Cu^{2+} 浓度，从而达到去极化的目的。

络离子是由某些分子、原子或阳离子通过配价键与中性分子（H_2O、NH_3）或阴离子（CN^-、Cl^- 等）形成的复杂

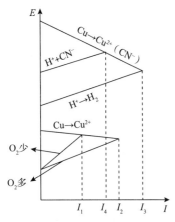

图 2-39　含氧酸及络合对
Cu 腐蚀的影响

离子。

2.6.6　金属的去极化

与极化相反，凡是能消除或降低极化所造成原电池阻滞作用的过程均叫去极化。能够做到去极化作用的物质叫去极化剂，去极化剂是活化剂，它起到加速腐蚀的作用。例如，在原电池中，由于氧扩散缓慢造成浓差极化的现象，可通过搅拌，增加氧的扩散速度，产生去极化作用，此时氧就是一种去极化剂；又如，为使干电池在使用过程中保持其 1.5V 恒压，不因极化而降低电压，需添加 MnO_2 去极化剂。

显然，如果仅从增加耐腐蚀的角度出发，就应该尽量减少去极化剂的去极化作用。如在高压锅炉中加联氨，其目的是把去极化剂——氧除掉，增加极化作用提高耐蚀性。

对腐蚀电池阳极极化起去极化作用的过程叫阳极去极化。对阴极极化起去极化作用的过程叫阴极去极化。

1. 阳极去极化的原因

①阳极钝化膜被破坏。例如，Cl^- 能穿透钝化膜，引起钝化的破坏，活化的增加，实现阳极去极化。

②阳极产物——金属离子加速离开金属/溶液界面、一些物质与金属离子形成络合物，均会使金属表面离子浓度降低。由于浓度降低，加速了金属的进一步溶解。如铜及铜合金的铜氨络离子 $[Cu(NH_3)_4]^{2+}$ 促进了铜的溶解，腐蚀加速。由此可见，络合起到了去极化作用。

2. 阴极去极化的原因

(1)阴极上积累的负电荷得到释放

所有能在阴极上获得电子的过程，都能使阴极去极化，使阴极电位向正方向变化。阴极上的还原反应是去极化反应，是消耗阴极电荷的反应。主要有以下几种类型的反应。

①离子还原

$$2H^+ + 2e \longrightarrow H_2$$

$$Fe^{3+} + e \longrightarrow Fe^{2+}$$

$$Cu^{2+} + 2e \longrightarrow Cu \text{ 及 } Cu^{2+} + e \longrightarrow Cu^+$$

$$Cr_2O_7^{2-} + 14H^+ + 6e \longrightarrow 2Cr^{3+} + 7H_2O(6 \text{ 价铬还原成 } 3 \text{ 价铬})$$

$$NO_3^- + 2H^+ + 2e \longrightarrow NO_2^- + H_2O$$

②中性分子的还原

$$O_2 + 2H_2O + 4e \longrightarrow 4OH^-$$

$$Cl_2 + 2e \longrightarrow 2Cl^-$$

③不溶性膜(氧化物)的还原

$$Fe(OH)_3 + e \longrightarrow Fe(OH)_2 + OH^-$$

$$MnO_2 + H_2O + 2e \longrightarrow MnO + 2OH^-$$

$$Fe_3O_4 + H_2O + 2e \longrightarrow 3FeO + 2OH^-$$

其中，最常见、最重要的是氢离子和氧原子或分子的还原，通常称为氢去极化和氧去极化。

（2）使去极化剂容易达到阴极以及使阴极反应产物容易迅速离开阴极

如搅拌、加络合剂可使阴极过程进行得更快，阴极去极化作用对腐蚀影响极大，往往比阳极去极化作用更为突出。

在实际问题中，阴极去极化反应绝大多数属于氢离子去极化和氧去极化，并起控制作用。例如，Fe、Zn、P$_t$ 等在稀盐酸中的腐蚀，其微电池的阴极过程就是氢离子去极化反应：$2H^+ + 2e \longrightarrow H_2$，称为氢去极化腐蚀或析氢腐蚀。然而 Fe、Zn、Cu 在海水、大气、土壤或中性盐溶液中的腐蚀，其阴极过程就是氧的去极化反应，称为氧去极化腐蚀或吸氧腐蚀。反应方程式为：$\frac{1}{2}O_2 + H_2O + 2e \longrightarrow 2OH^-$。

去极化作用与金属材料和溶液的性质以及外界条件有密切关系。下面将对氢去极化腐蚀和氧去极化腐蚀作较深入的讨论。

3. 氢去极化与析（放）氢腐蚀

（1）析氢腐蚀

阴极反应为 $2H^+ + 2e \longrightarrow H_2$ 的电极过程，在金属腐蚀学中称为氢离子去极化过程，简称氢去极化。以氢离子还原反应为阴极过程的腐蚀，称为氢去极化腐蚀，即析氢腐蚀。阴极放氢是氢去极化腐蚀的标志。

①一般负电性金属，如铁、铝在酸性介质中；电位更负的镁及镁合金在水或中性盐类溶液中，都会发生氢去极化，出现放氢现象；

②两种金属电位不同，放入酸性溶液中相互接触时，电位正的金属有可能成为氢电极（阴极），发生放氢，实现氢去极化腐蚀。

氢电极在一定的酸浓度和氢气分压下，可以建立起如下平衡：

$$2H^+ + 2e \Longleftrightarrow H_2 \tag{2-66}$$

这个氢电极的电位叫氢的平衡电位 E_H。氢的平衡电极电位与氢离子浓度和氢气分压的关系如下：

$$E_H = E_0 + \frac{RT}{nF}\ln\frac{\left[H^+\right]^2}{P_{H_2}} \tag{2-67}$$

根据 pH 值的定义

$$pH = -\lg[H^+] \tag{2-68}$$

则可得到当 25℃，$P_{H_2} = 1$，$E_0 = 0$ 时，$E_H = -0.059pH$。

氢电极的平衡电位对于是否发生析氢是一个重要基准。如果在腐蚀电池中，阳极的电位比氢的平衡电位还正，阴极电位当然会比氢的平衡电位更正，那么腐蚀电位 E_R 必定比氢的平衡电位也正，所以氢不能成为腐蚀电池的阴极，也就不会放氢，如图 2-40 所示。

当阳极电位比氢的平衡电位负时，则腐蚀电位 E_R 才有可能比氢的平衡电位负，这时才可能放氢而实现氢去极化，使阴极极化曲线斜率减小，见图2-41。

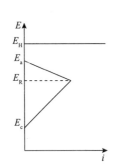 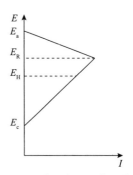

图2-40　阳极电位比氢的平衡电位正时的情况　　　图2-41　阳极电位比氢的平衡电位负的情况

发生氢去极化腐蚀的前提条件是金属的电极电位比析氢反应的电极电位更负，当金属的电极电位比析氢反应的电极电位正时，是不会发生氢去极化腐蚀的，此时如果溶液中含有某种电极电位比金属电极电位正的去极化剂，则有可能发生以该种去极化剂为阴极反应的腐蚀过程。如果金属的电极电位比析氢反应的电极电位负，则当不存在其他去极化剂时肯定会发生氢去极化腐蚀，既使有电极电位更正的去极化剂存在，仍然可能发生氢去极化腐蚀，

因此，发生氢去极化腐蚀的条件为 $E_{阳} < E_H$，发生氢去极化腐蚀的标志是有氢气放出。

对于纯金属而言，氢的去极化腐蚀的阴极反应主要在整个均匀的金属表面上进行，没有明显的阳极区和阴极区的区域划分，此时金属的腐蚀速度除与阳极反应的特点有关外，还在很大程度上取决于该金属析氢反应的过电位。

当金属中含有电位比金属电位更正的杂质时，如果杂质上的氢过电位比基体金属上的过电位低，则阴极反应过程将主要在杂质表面上进行，杂质就成为阴极区，基体金属成为阳极区，杂质过氢电位的高低将对基体金属的腐蚀速度有很大的影响。氢过电位高的杂质将使基体金属的腐蚀速度减小，而氢过电位低的杂质将使金属的腐蚀速度增大。

在酸性介质中加入相同微量的铂盐后，Zn 的腐蚀速度大大加剧，而铁的腐蚀增加得要少一些，铂盐效应使铂盐在锌和铁表面还原成铂，而铂上的氢过电位较低，使氢析出的阴极极化曲线变得平坦。

由 $E_H = -0.059\text{pH}$ 可知，酸性越强，氢离子浓度越高(pH 值越小)，其氢的平衡电位越高(E_H 越正)，越有可能发生氢去极化腐蚀。

从这个意义上讲，许多金属在中性溶液中腐蚀时，之所以不析出氢气，就是因为溶液中氢离子浓度低，氢的平衡电位较低，而阳极电位可能比氢的平衡电位还正所致。但是当选取电位更负的金属(如镁)作阳极时，因为它的电位可能比氢的平衡电位还负，所以又会发生放氢腐蚀。

在阴极上放氢可能发生于下面的情况：

酸性介质中：　　　　　　　　　$2H^+ + 2e \longrightarrow H_2 \uparrow$

中性、碱性介质中：　　　　　　$2H_2O + 2e \longrightarrow 2OH^- + H_2 \uparrow$

（2）氢去极化的基本步骤

①在酸性溶液中

a. 水化氢离子向电极扩散并在电极表面脱水

$$H^+ \cdot H_2O \longrightarrow H^+ + H_2O$$

b. 氢离子与电极表面的电子结合，形成在电极表面上的氢原子

$$H^+ + e \longrightarrow H$$

c. 吸附氢原子的复合脱附

$$H + H \longrightarrow H_2$$

或电化学脱附：$$H + H^+ + e \longrightarrow H_2$$

d. 氢分子形成气泡析出

②在碱性溶液中

在电极上还原的是水分子。

a. 水分子到达电极与氢氧根离子离开电极

b. 水分子电离及氢离子还原，生成吸附在电极表面的氢原子

$$H_2O \longrightarrow H^+ + OH^-$$

$$H^+ + e \longrightarrow H$$

c. 吸附氢原子的复合脱附

$$H + H \longrightarrow H_2$$

或电化学脱附：$$H + H^+ + e \longrightarrow H_2$$

d. 氢分子形成气泡析出

不论是在酸性还是碱性溶液中，对于大多数金属来讲，第二步骤最缓慢，对于 Pt 来讲，第三步骤最缓慢，在有些金属电极上，如镍电极和铁电极，一部分吸附的氢原子会向金属内部扩散，这就是导致金属在腐蚀过程中可能发生氢脆的原因。

（3）氢去极化的阴极极化曲线与氢过电位

由于步骤缓慢形成的阻力，在氢电极的平衡电位下将不能发生析氢过程，只有克服了这一阻力后，才能进行氢的析出，因此，氢的析出电位要比氢的平衡电位更负一些，两者间差值的绝对值叫氢过电位。

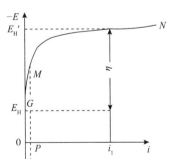

图 2-42　氢的去极化过程的
阴极极化曲线（GMN）

下面通过氢去极化的阴极极化曲线对上述结论加以说明。

图 2-42 中所示的是典型的氢去极化的阴极极化曲线，它是在没有任何其他氧化剂存在、氢离子是唯一的去极化剂的情况下得到的。当电流为零时，氢的平衡电位为 E_H，当有阴极电流通过时，氢的去极化过程中某步骤受阻滞，即发生阴极极化。阴极电流增加，其极化作用亦随着增大，阴极电位越变越负。当电位变负并达到一定数值时（如 E_H'），即会有氢气逸出。实际电位 E_H'

(通常称为氢的析出电位)总要比在该条件下氢的平衡电位负一些。析氢电位 E_H' 与氢的平衡电位 E_H 之差为氢的过电位，$\eta = E_H' - E_H$。

过电位的增加意味着在一定条件下，析氢电位的降低(更负)，结果也就是使腐蚀电池的电位差减少，腐蚀过程减缓。

过电位是电流密度的函数，因此只有在指出对应的电流密度的数值时，过电位才具有确定的意义。

当电流密度大到一定程度时，氢过电位与电流密度的对数之间呈直线关系，服从塔费尔公式(见图2-43)。

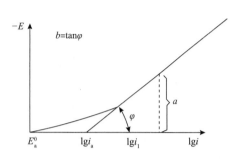

图2-43　氢过电位与电流密度的函数关系

$$\eta_{H_2} = a + b \lg i_{阴} \qquad (2-69)$$

常数 a 与电极材料、表面状况、溶液组成、浓度及温度有关。a 值越大，在一定的电流密度下，过电位越大，a 值一般在 0.1～1.6 之间。氢在不同材料的电极上析出的过电位差别很大，这表明不同材料的电极表面对氢离子还原析出氢的催化效果不同。根据 a 值的大小，可将金属材料分为三类：

①高氢过电位金属，如 Zn、Hg，a 值在 1.0～1.5V；

②中氢过电位金属，如 Fe、Cu、Au、Ni，a 值在 0.5～0.7V；

③低氢过电位金属，如 Pt，a 值在 0.1～0.3V。

常数 b 与电极材料无关，与离子价数及温度有关。

可以通过提高金属的纯度，消除或减少杂质；加缓蚀剂，减少阴极面积，增加过电位；增加过电位大的合金成分，如汞、锌、铂等；降低活性阴离子成分等方法，来提高氢过电位，降低氢去极化，控制金属的腐蚀速度。

4. 氧去极化与吸氧腐蚀

(1)氧去极化与吸氧腐蚀

在中性和碱性溶液中，由于氢离子浓度较小，析氢反应的电位较负，一般金属腐蚀过程的阴极反应往往不是析氢反应，而是溶解在溶液中氧的还原反应。此时作为腐蚀去极化剂的是氧分子，故这类腐蚀称为氧去极化腐蚀，即吸氧腐蚀。

当腐蚀电解质溶液中有氧气存在时，在原电池的阴极上进行氧的离子化反应。

在中性或碱性溶液中：　　$O_2 + 2H_2O + 4e \longrightarrow 4OH^-$

在弱酸性介质中：　　$O_2 + 4H^+ + 4e \longrightarrow 2H_2O$

氧在阴极上吸收电子起到消减阴极极化作用，即所谓的氧去极化作用。只有当阳极电位比氧阴极电位更负时($E_阳 < E_氧$)，才有可能发生氧去极化腐蚀。

因为氧的平衡电位比氢离子要正，因此，氧的去极化腐蚀比氢的去极化腐蚀更为普通。

（2）氧去极化的步骤

对于氢去极化的阴极过程来说，浓度极化很小，这是因为：

①去极化剂是带电的、半径很小的氢离子，它在溶液中有较大的迁移速度和扩散能力；

②去极化剂浓度大；

③还原产物为氢分子，它以气泡的形式离开电极而析出，使金属表面附近的溶液得到了较充分的搅拌。

而氧去极化的阴极过程，浓度极化很大，这是因为：

①氧分子向电极表面的输送只能依靠对流和扩散；

②由于氧的溶解度不大，所以去极化剂浓度很小，一般为 10^{-3}mol/L；

③不发生气体析出，反应产物也只能靠液相传质方式离开金属。

因此，氧去极化的阴极过程可以分为两个基本环节，氧向金属表面的输送过程和氧离子化过程。

氧向金属表面的输送过程可以分为下列几个步骤：

①氧通过空气/溶液界面进入溶液；

②以对流和扩散方式通过溶液的主要厚度层；

③氧通过扩散方式通过金属表面溶液的静止层（扩散层）而到达金属表面。扩散层厚度不大，一般约为 $10^{-2} \sim 5 \times 10^{-2}$cm，但由于只能以扩散这种唯一的方式进行传质，一般来说，最缓慢的是第三个步骤。

（3）氧还原过程的阴极极化曲线

由于氧去极化的阴极过程的速度与氧离子化反应速度 $V_反$ 和氧向金属表面的输送速度 $V_输$ 都有关系，所以氧还原反应过程的阴极极化曲线较复杂。

a）$V_输 \gg V_反$ 时，阴极去极化反应（氧离子化反应）是控制因素。

这种情况是指腐蚀介质中存在大量氧化剂或者虽然氧化剂量少（如溶液中溶解的氧少），但可借助搅拌等方式来补给；或者在大气腐蚀的条件下，有充足的氧化剂（如氧）达到阴极。此时阴极上氧离子的过电位起控制作用。

b）$V_反 \gg V_输$ 时，氧向阴极表面的输送（氧的扩散过程）是控制因素。

在没有高浓度的氧化剂（如溶解氧有限）以及在平静的电解液中，常常发生这类腐蚀。

c）当 $V_输 \approx V_反$ 时，吸氧腐蚀同时受电化学极化和浓差极化控制。

①阴极极化曲线

对于阴极去极化反应为控制因素（$V_输 \gg V_反$）的情况，即活化极化，氧过电位（见图2-44）可用塔费尔公式表示

$$\eta_{O_2} = a + b\lg i \qquad (2-70)$$

式中 a 为常数，并随阴极材料的不同而变化；b 也为常数，但与阴极材料无关。

对于氧向阴极表面的输送是控制因素的情况（$V_反 \gg V_输$），即浓差极化（见图2-45），其过电位

$$\eta_c = \frac{RT}{nF} \times 2.3\ln(1 - \frac{i}{i_d}) \tag{2-71}$$

式中　i_d——极限扩散电流密度；

　　　i——阴极电流密度；

　　　n——交换电子数。

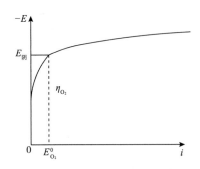

图2-44　氧离子化过电位与电流密度关系

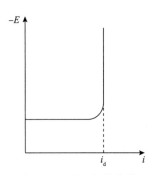

图2-45　浓差极化曲线

对于活化极化(电化学极化)和氧浓差极化共同控制的氧阴极过程的过电位可用如下公式表示

$$\eta = \eta_{O_2} + \eta_c \tag{2-72}$$

即吸氧腐蚀的阴极电位与电流的关系式为：

$$E_c = E_{O_2}^0 - (a + b\lg i) - b\lg(1 - \frac{i}{i_d}) \tag{2-73}$$

图2-46为典型的氧阴极极化曲线。曲线前半部分(i较小的部分)为活化部分。当$i \to i_d$时，极化曲线将有FSN的走向，但实际上电位向负方向移动不可能无限制地继续下去，因为当电位负到一定程度后，在电极上除了氧的还原外，某种新的电极过程也可以进行了。在水溶液中，这一过程通常是析氢反应的还原过程。此时电极上的总阴极电流密度由氧去极化作用的电流密度和氢去极化作用的电流密度共同组成，即：$i = i_{O_2} + i_{H_2}$。也就是说，在电化学极化和浓差极化控制的氧阴极过程中，阴极电位(负值)达到析氢电位E_{H_2}时，极化曲线便有曲线$OPFSG$的形式。

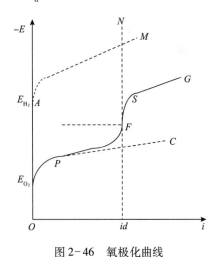

图2-46　氧极化曲线

可以粗略认为，曲线OPC为氧去极化作用，$PFSN$为扩散控制的浓差极化部分，FSG曲线相当于氢去极化AM曲线的平移，为氢去极化部分。

氢去极化的析氢过程对于氧去极化有间接的促进作用，由于氢气泡逸出的搅拌作用，减少了扩散层的厚度，从而增大了氧的极限扩散电流密度i_d值，加速氧去极化腐蚀。

②吸氧腐蚀的特点及影响因素

在氧供给充分的条件下，腐蚀电流 i 永远小于极限扩散电流 i_d（$i \ll i_d$），它取决于氧离子化过电位的大小、阴极面积和溶液的 pH 值。它发生于曲线的第一区段，符合塔费尔方程的氧去极化过程。

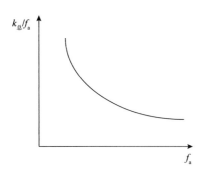

图 2-47　阳极面积对腐蚀
速度的影响

当氧供给不充分，吸氧腐蚀主要由扩散控制时，氧离子化过电位的作用可忽略不计，腐蚀电流取决于 i_d，阴极过程的速度依赖于氧扩散到阴极的速度，所以与材料及其特性无关。但却与阴极、阳极的面积和形状有关。

实验已经表明，阴极面积恒定时，阳极面积（f_a）的变化，对吸氧腐蚀总电流 $I_总$ 影响不大，这是因为它受阴极过程控制。而阳极面积增加却将导致单位面积上腐蚀量减少，腐蚀速度降低，如图 2-47 所示。

$$i = \frac{I_总}{f_a} \quad \left(i = \frac{k_总}{f_a}\right) \quad\quad (2-74)$$

式中　i——腐蚀电流密度；

$I_总$——总腐蚀电流密度；

$k_总$——总腐蚀量。

当阴极面积恒定时，总的腐蚀量 $k_总$ 与阳极面积无关，而当阳极面积恒定时，阴极面积增大，将有利于氧的去极化，增加腐蚀电流 $I_总$，加速阴极反应。因此，在宏腐蚀电池中，只要阴极对阳极面积比增加，阳极金属的腐蚀速度就会显著增加。这是因为电化学过电位与电流密度呈半对数正比关系，阴极面积越大，电流密度越小，过电位越小，越易腐蚀。所以，从防腐的观点来看，大阴极、小阳极的材料结构是最为不利的。如铁钉铆在铜板上，将使铁钉受到快速严重的腐蚀；相反铜钉铆在铁板上，铁板的腐蚀是轻微的。

2.7　金属的钝化

2.7.1　钝化现象

在一定条件下，当金属的电位由于外加阳极电流或局部阳极电流而向正方向移动时，使原先活性溶解着的金属表面状态发生某种突变，会导致金属的溶解速度急剧下降。金属表面状态的这种突变过程称为金属的钝化。

例如，Al 的平衡电极电位比氢负的多，在水溶液中理应迅速腐蚀，但事实上铝却耐水和潮湿大气的腐蚀，广泛被用来作为餐具等器具，这正是由于 Al 很容易被氧所钝化，被称为自钝化金属。如图 2-48、图 2-49 所示，把铁片放在稀硝酸中，它会剧烈的溶解，且铁的溶解速度随硝酸浓度的增加而迅速增大，当硝酸浓度增加到 30% ~ 40%，溶解速度达到最大，然后随着硝酸浓度（大于40%）的继续增大，铁的溶解度却突然成万倍地下降。这时即使把经浓硝酸处理过的铁块再放回到稀硝酸（小于30%浓度），其腐蚀速度也远远小于未经处理过的样品的腐蚀速度。另外，将此铁块浸入$CuSO_4$溶液中，也不会将铜离子置换。以上这种现象就是铁的钝化现象。

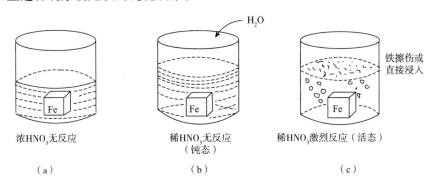

图2-48 法拉第的铁钝化试验示意图

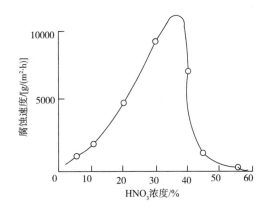

图2-49 工业纯铁（阿姆可铁）的溶解速度与硝酸浓度的变化关系

在特定的环境中金属变得稳定，以至于放入较强的酸中也不溶解，此种高耐蚀状态称为钝态。金属钝化后所获得的耐腐蚀性质称为钝性。腐蚀速率大幅度下降和电位强烈正移是金属钝化的两个显著标志。

应该注意的是金属电极电位朝正值方向移动是引起钝化的原因，发生钝化时，金属表面状态发生某种突然的变化，而不是金属整体性质的变化。

2.7.2 金属钝化的影响因素

金属钝化后，其电极电位向正方向偏移，几乎接近贵金属的电位正值，耐腐蚀。引起金属钝化的因素有化学因素和电化学因素两种。

1. 化学因素引起的钝化

一般是强氧化剂引起的，如硝酸 HNO_3、硝酸银 $AgNO_3$、氯酸 $HClO_3$、氯酸钾 $KClO_3$、重铬酸钾 $K_2C_{r2}O_7$、高锰酸钾 K_2MnO_4 及氧 O_2 等，这些强氧化剂也称为钝化剂。

2. 外加阳极电流引起的钝化（电化学因素引起钝化）

将铁置入硫酸溶液中，一般情况下，铁的溶解腐蚀服从塔费尔关系。当把铁作为阳极，用外加电流使其阳极钝化，电位达到某一值后，阳极电流会突然降低到很低（$1/10^4 \sim 1/10^6$），致使其发生钝化。

至于阳极钝化和化学钝化，二者无本质区别，两种方法都使溶解金属的表面发生某种突变，使溶解速度急剧下降。

2.7.3 钝化的特性曲线

钝化的发生是金属阳极过程中的一种特殊表现，为了对钝化现象进行电化学的研究，就必须研究金属阳极溶解时的特性曲线，如图 2-50 所示。

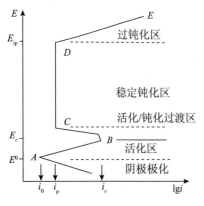

图 2-50 金属的极化曲线

AB——活化区：电流随电位升高而增大，在该段区域内，金属按正常的阳极溶解规律进行，曲线从金属腐蚀电位出发，电流随电位的升高而增大，服从 Tafel 规律。

$$M \longrightarrow M^{n+} + ne \qquad (2-75)$$

BC——活化/钝化过渡区：当电极电位到达某一临界值 $E_{钝化}$ 时，金属的表面状态发生突变，金属开始钝化，电流急剧下降，处于不稳定状态。相应于 B 点的电位 E_c 为致钝电位，i_c 为致钝电流密度。

CD——稳定钝化区：随着电位的正移，电流几乎保持不变。在这个区段内，金属表面形成了钝化膜，阻碍了金属的溶解过程。这个电流 i_p 称为维钝电流密度，即维持稳定钝态所必需的电流密度。

DE——过钝化区：电流再次随电位升高而增大，在过钝化区，金属氧化膜进一步氧化成更高价的可溶性氧化膜。

2.7.4 钝化理论

金属由活性状态变为钝态是一个很复杂的过程，至今尚未形成一个完整的理论。目前比较能被大家所接受的理论是成相膜理论和吸附膜理论。

1. 成相膜理论

这种理论认为，金属在溶解过程中，表面上生成了一层致密的、覆盖性良好的固体产物，这些反应产物可作为一个独立的相（成相膜）存在，它把金属表面和溶液机械地隔离开，使金属的溶解速度大大降低，把金属转为不溶解的钝态。显然，形成成相膜的先决条件是在电极反应中有可能生成固态反应产物。因此不能形成固体产物的碱金属氧化物是不会导致钝化的。液相反应产生的沉淀并不具备引起钝性的可能，因为它是疏松的。在金属表面上只有生成稳定而致密的固相产物才能导致钝化，这些固相产物大多数是金属氧化物。

金属处于钝态时，并不等于它已经完全停止溶解，只是溶解速度大大降低。因为钝化膜具有微孔，钝化后金属的溶解速度由微孔内金属的溶解速度决定，钝态金属的溶解速度和电极电位无关(膜的溶解纯粹是化学过程)。只有直接在金属表面生成的固相产物膜才可能导致金属钝化。

成相膜理论有大量的实验事实作为依据。除了用椭圆偏光法已经直接观察到成相膜的存在外，用 X 射线、电子衍射、电子探针、原子吸收、电化学法等也能测定膜的结构、成分和厚度。膜的厚度一般为 1 ~ 10nm，与金属材料有关。

2. 吸附膜理论

吸附膜理论认为，引起金属钝化并不一定要形成成相膜，而只要在金属表面或部分表面上形成氧或含氧粒子的吸附层就可以了，这些粒子在金属表面上吸附后，改变了金属/溶液界面的结构。吸附膜理论认为金属的钝化是由于金属表面本身的反应能力降低，而不是膜的机械隔离作用。能使金属表面吸附而钝化的粒子有氧原子(O)、氧离子(O^{2-})或氢氧根离子(OH^-)。

吸附膜理论也有许多实验结果。如电化测量表明，要使金属钝化，有时只需零点几毫库仑/厘米^{2}的电量，如此小的电量只能刚刚形成单原子层吸附膜，远远不足以形成成相膜固体产物。

这两种钝化的理论都能解释一些实验事实。它们的共同特点都认为由于在金属表面生成一层极薄的膜阻碍了金属的溶解；不同点在于对成膜原因的解释。吸附膜理论认为形成单分子层厚的二维膜会导致钝化，成相膜理论认为至少要形成几个分子层厚度的三维膜才能保护金属，最初形成的吸附膜只轻微地降低了金属的溶解速度，而完全钝化要靠增厚的成相膜。

事实上，金属在钝化过程中，在不同的条件下吸附膜和成相膜可分别起主要作用。阿基莫夫认为不锈钢表面钝化是成相膜的作用，但在缝隙和孔洞处氧的吸附起保护作用。有的学者认为两种理论的差别涉及对钝化、吸附膜和成相膜的定义问题，并无多大本质区别。

基本可以统一的是，在金属表面直接形成第一层氧层之后，金属的溶解速度大幅度降低。这种氧层是由吸附在金属电极表面上含氧离子参加电化学反应后生成的，称为吸附氧层。这种氧层的生成与消失是可逆的。减小极化或降低钝化剂浓度，金属可以很快再度转变成活态。在这种氧层基础上，继续生成成相膜氧化物层，并进一步阻止金属的溶解。成相膜(氧化物层)的生成与消失是不可逆的，即当改变极化和介质条件后，常常具有一定的钝化性能。成相膜的这种性质与氧化膜有直接关系，所以可以认为金属钝化时，先是生成吸附膜，然后发展成为成相膜。钝化的难易主要取决于吸附膜，而钝化状态的维持主要取决于成相膜。

2.7.5 钝化膜的破坏

去除钝化膜的方法大体上可分为化学、电化学破坏法和机械平衡法两种。

1. 化学、电化学破坏

这种方法是往溶液中添加活性阴离子，如卤素离子（Cl^-、Br^-、I^-）及氢氧根离子（OH^-）等。特别是 Cl^- 对钝化膜的破坏作用最为突出。在含氯离子的溶液中，金属铁难以存在首先应归于氯化物溶解度太大这一事实。其次，氯离子半径小、活性大，常从膜结构有缺陷的地方渗进去，改变氧化物结构。

当氯离子与其他阴离子共存时，氯离子在许多阴离子竞相吸附的过程中被优先吸附，使组成膜的氧化物变成可溶性盐。

氯离子对膜的破坏是从点蚀开始的。钝化电流在足够高的电位下，首先击穿表面膜有缺陷的部位，露出的金属便是活化/钝化原电池的阳极。由于活化区域小、钝化区域大，构成一个大阴极、小阳极结构的活化—钝化原电池，促成小孔腐蚀。钝化膜穿孔发生溶解所需要的最低电位称为击穿电位或点蚀临界电位（E_{br}）。击穿电位是阴离子浓度的函数，氯离子浓度增加，临界击穿电位将减小，见图 2-51。

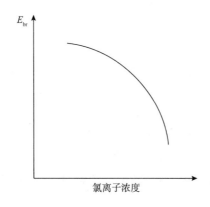

图 2-51　临界击穿电位与氯离子浓度关系

2. 机械应力引起的破坏

一般膜的厚度不过几十埃，膜两侧的电位差为十分之几到几伏，因此膜具有 $10^{6\sim7}V/cm$ 的高电场强度，可产生高达 100MPa 的压力，而金属氧化物或氢氧化物的临界击穿压力在 10～100MPa 数量级内。所以 10^6 量级的场强已足以产生破坏钝化膜的压应力。

钝化膜的表面张力随膜的厚度增加而减小，使膜的稳定性降低。膜厚度增加，使膜的内应力增大，也可导致膜的破裂。其他外界机械碰撞也可破坏钝化膜，从而引起活化。

第3章 金属的腐蚀形态

第 1 章已经提到，金属腐蚀按照腐蚀形态可以分为全面腐蚀和局部腐蚀两大类。如果腐蚀在整个金属表面上进行，则称为全面腐蚀；如果腐蚀只集中在金属表面局部区域，其余大部分不发生腐蚀，这种类型的腐蚀称为局部腐蚀。从腐蚀控制角度来看，全面腐蚀可以预测并能及时防止，危害性较小，但对局部腐蚀而言，目前在预测和防止上仍存在较大困难，腐蚀事故通常在没有明显预兆迹象下突然发生，危害性较大。

3.1　全面腐蚀和局部腐蚀

3.1.1　全面腐蚀/均匀腐蚀

全面腐蚀/均匀腐蚀（general corrosion/ uniform corrosion）是一种常见的腐蚀形态。化学或电化学反应在全部暴露的表面或大部分表面上均匀地进行，腐蚀分布于金属的整个表面，使金属整体逐渐变薄，最终失效。其电化学特点是：腐蚀电池的阴、阳极面积非常小，而且微阳极与微阴极的位置是变化不定的，整个金属在溶液中处于活化状态，只是各点随时间（或地点）有能量起伏，能量高时（处）为阳极，能量低时（处）为阴极。暴露在大气中的桥梁、设备、管道以及其他钢结构的腐蚀基本上都为全面腐蚀。

全面腐蚀可分为均匀全面腐蚀和不均匀全面腐蚀两类，如图 3-1 所示。

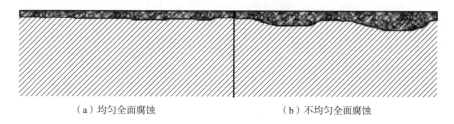

（a）均匀全面腐蚀　　　　　　　　　　（b）不均匀全面腐蚀

图 3-1　全面腐蚀特征

全面腐蚀往往造成金属的大量损失，但从技术观点来看，这类腐蚀并不可怕，不会造成突然的腐蚀事故。其腐蚀速率较易测定，一般用失重或失厚来表示，如通常用 mm/a 来表达全面腐蚀速率。

对于全面腐蚀可采取以下防护措施：

①工程设计时考虑合理的腐蚀裕量；

②合理选材，如在桥梁、输电铁塔和铁道车辆上采用耐候钢；

③涂覆保护层，这是金属腐蚀防护使用最广泛、最普遍的方法之一，如在金属表面上刷涂料，或者喷涂金属材料如铝、锌等；

④加入缓蚀剂，如在循环水系统中加入磷系缓蚀剂，在油田采出液中加入防止 CO_2 腐蚀的缓蚀剂；

⑤阴极保护，埋地管线和海洋环境中的钢结构、桥梁、船舶上普遍采用此方法。

3.1.2　局部腐蚀

局部腐蚀是金属表面某些部分的腐蚀速率或腐蚀深度远大于其余部分的腐蚀速率或深度，因而导致局部区域的损坏。其特点是腐蚀仅局限或集中于金属的某一特征部位，如图 3-2 所示。

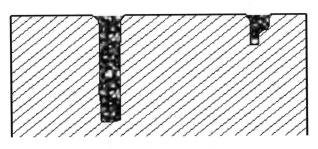

图 3-2　局部腐蚀特征

局部腐蚀时，阳极和阴极一般是截然分开的。腐蚀电池中的阳极溶解反应和阴极区腐蚀剂的还原反应在不同区域发生，而腐蚀产物又有可能在第三个位置生成。

引起局部腐蚀的原因主要有如下几方面：

①异种金属接触引起的宏观腐蚀电池（电偶腐蚀），也包括阴极性镀层微孔或损伤处所引起的接触腐蚀；

②同一金属上的自发微观电池，如晶间腐蚀、选择性腐蚀、点蚀、石墨化腐蚀、剥蚀（层蚀）以及应力腐蚀开裂等；

③由差异充气电池引起的局部腐蚀，如水线腐蚀、缝隙腐蚀、沉积腐蚀等；

④金属离子浓差电池引起的局部腐蚀；

⑤由膜—孔电池或活性—钝性电池引起的局部腐蚀；

⑥由杂散电流引起的局部腐蚀。

3.1.3　全面腐蚀和局部腐蚀区别

全面腐蚀与局部腐蚀的主要区别见表 3-1。

表 3-1　全面腐蚀与局部腐蚀基本特征比较

比较项目	全面腐蚀	局部腐蚀
腐蚀形貌	腐蚀均布在整个金属表面上	腐蚀发生在金属的某一特定部位,其他部分不腐蚀
腐蚀电池	阴阳极在表面上变幻不定,阴阳极不可辨别	阴阳极在微观上可分辨
电极面积	阳极、阴极一般相等	阳极面积一般远小于阴极面积
电位	阴极电位=腐蚀电位(混合电位)	阳极电位=阴极电位
极化图	(极化图)	(极化图)
腐蚀产物	可能对金属具有保护作用	无保护作用

3.2　电偶腐蚀

3.2.1　电偶腐蚀简介

电偶腐蚀又称接触腐蚀或双金属腐蚀,指的是在电解质溶液中,当两种金属或合金相接触(电导通)时,电位较负的金属腐蚀被加速,而电位较正的金属受到保护的腐蚀现象。

在工程技术中,采用不同金属连接是不可避免的,几乎所有的机器、设备和金属结构件都是由不同的金属材料部件组合而成,因此电偶腐蚀非常普遍,甚至会诱发和加速应力腐蚀、点蚀、缝隙腐蚀、氢脆等其他各种类型的局部腐蚀,从而加速设备的破坏。

如图3-3所示,电偶腐蚀主要发生在两种不同金属或金属与非金属导体相互接触的边线附近,而在远离边缘的区域,其腐蚀程度要轻得多。但当在两种金属的接触面上同时存在缝隙时,而缝隙中又存留有电解液,这时构件可能受到电偶腐蚀与缝隙腐蚀的联合作用,其腐蚀程度更加严重。

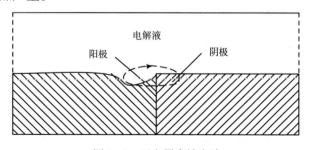

图 3-3　双金属腐蚀电池

3.2.2　电偶腐蚀发生条件

根据电化学腐蚀的机理，可以得到电偶腐蚀发生必须同时满足以下条件：

①同时存在两种不同电位的金属或非金属导体；

②有电解质溶液存在；

③两种金属通过导线连接或直接接触。

3.2.3　电偶电流及电偶腐蚀效应

电偶腐蚀的推动力是电位差，而电偶腐蚀速率的大小与电偶电流成正比，可以用下式表示：

$$I_g = \frac{E_c^0 - E_a^0}{\dfrac{p_c}{f_c} + \dfrac{p_a}{f_a} + R} \tag{3-1}$$

式中　I_g——电偶电流强度；

E_c^0, E_a^0——阴阳极金属偶接前的稳定电位（腐蚀电位）；

p_c, p_a——阴、阳极金属的极化率；

f_c, f_a——阴、阳极金属的面积；

R——欧姆电阻（包括溶液电阻和接触电阻）。

由此可知，电偶电流随电位差的增大和极化率、欧姆电阻的减小而增大，从而使阳极金属腐蚀速率加大、阴极金属腐蚀速率降低。

人们把 A、B 两种金属偶接后，阳极金属（B）的腐蚀电流 i'_B，与未偶合时该金属的自腐蚀电流 i_B 之比 γ 称为电偶腐蚀效应。

$$\gamma = \frac{i'_B}{i_B} = \frac{(i_g + |i_{B_c}|)}{i_B} \approx \frac{i_g}{i_B} \tag{3-2}$$

式中　i_g——电偶电流；

$|i_{B_c}|$——阴极自腐蚀电流。

该公式表示两金属偶接后，阳极金属溶解速率增加了多少倍。γ 越大，则电偶腐蚀越严重。

电偶腐蚀与相互接触的金属在溶液中的电位有关，正是由于接触金属电位的不同，构成了电偶腐蚀原电池，接触金属的电位差是电偶腐蚀的推动力。

3.2.4　电偶腐蚀的影响因素

1. 电偶序电位差

按金属在某种介质中腐蚀电位的大小排列而成的顺序表叫腐蚀电位序，又称电偶序。某些金属与合金在海水中的电偶序见表3-2。若电位高的金属材料与电位低的金属材料相接触，则电位低的金属为阳极，被加速腐蚀。两种材料之间电位差愈大，电位低的金属愈易被加速腐蚀。

表3-2 某些金属与合金在海水中的电偶序

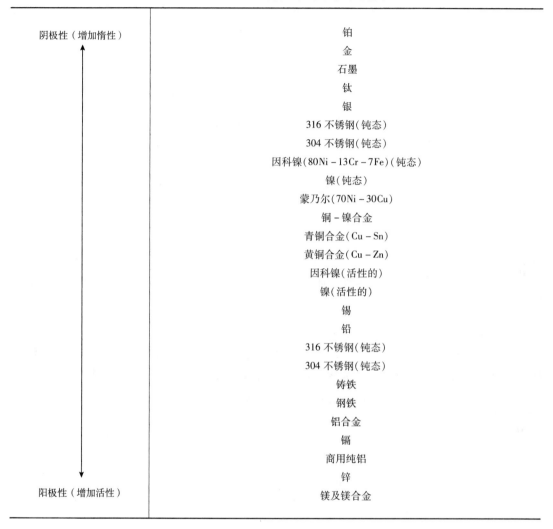

阴极性（增加惰性）	铂
	金
	石墨
	钛
	银
	316 不锈钢（钝态）
	304 不锈钢（钝态）
	因科镍（80Ni－13Cr－7Fe）（钝态）
	镍（钝态）
	蒙乃尔（70Ni－30Cu）
	铜－镍合金
	青铜合金（Cu－Sn）
	黄铜合金（Cu－Zn）
	因科镍（活性的）
	镍（活性的）
	锡
	铅
	316 不锈钢（钝态）
	304 不锈钢（钝态）
	铸铁
	钢铁
	铝合金
	镉
	商用纯铝
	锌
阳极性（增加活性）	镁及镁合金

2. 环境因素

介质的组成、温度、电解质电阻、溶液 pH 值以及搅拌等，都对电偶腐蚀有影响。

（1）介质的组成

同一对电偶在不同的介质中有时会出现电位逆转的情况。例如，水中锡相对于铁是阴极，而在大多数有机酸中，锡对铁来说是阳极。在食品工业中使用的内壁镀锡作为阳极性镀层防止有机酸腐蚀，就是此缘故。

（2）温度

温度不仅影响电偶腐蚀速率，有时还可能改变金属表面膜或腐蚀产物的结构，从而使电偶电位发生逆转的情况。例如，锌—铁电偶，在冷水中锌是阳极，而热水中（约80℃以上）锌是阴极。因此，钢铁镀锌后热水洗的温度不允许超过70℃。

（3）电解质电阻

电解质电阻的大小会影响腐蚀过程中离子的传导过程。一般来说，在导电性低的介质中，电偶腐蚀程度轻，而且腐蚀易集中在接触边线附近。而在导电性高的介质中，电偶腐蚀严重，而且腐蚀的分布也要大些。如浸在电解液中的电偶比在大气中潮湿液膜下的电偶腐蚀更加严重些。

（4）溶液 pH 值

pH 值的变化，可能会改变电解反应，也可能改变电偶金属的极性。例如，Al – Mg 合金在中性或弱酸性低浓度的氯化钠溶液中，铝是阴极，但随着镁阳极的溶解，溶液可变为碱性，电偶的极性随之发生逆转，铝变成了阳极，而镁则变成了阴极。

（5）搅拌

搅拌可使氧向阴极扩散的速率加快，使阴极上氧的还原反应更快，从而加速电偶腐蚀。

此外，搅拌还能改变溶液的充气状况，有可能改变金属的表面状态，甚至改变电偶的极性。例如，在充气不良的静止海水中，不锈钢处于活化状态，在不锈钢－铜电偶腐蚀中，不锈钢为阳极，而在充气良好的流动海水中，不锈钢处于钝化状态，在电偶腐蚀中为阴极。

3. 面积效应

阳极面积减小，阴极面积增大，导致阳极金属腐蚀加剧。在腐蚀电池中，阳极电流 = 阴极电流，阳极面积越小，其电流密度越大，腐蚀速率也就越高。用钢制铆钉固定铜板，即小阳极－大阴极结构，钢制铆钉被强烈腐蚀，见图3-4（b）。

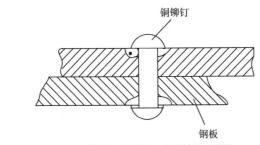

（a）铜铆钉在钢板上，钢板腐蚀不严重

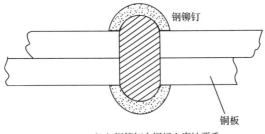

（b）钢铆钉在铜板上腐蚀严重

图3-4　电极面积比与腐蚀速度的关系

图3-5表示了电偶腐蚀中阳极腐蚀速率与阴阳极面积比的关系。随着阴极面积与阳极面积比值的增加，作为阳极体的金属腐蚀速率随之增加。

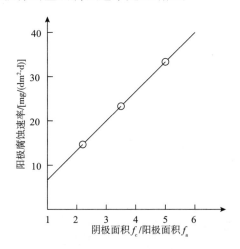

图3-5　电极面积比对阳极腐蚀速度的影响

3.2.5　控制电偶腐蚀的措施

①设计时，在选材方面尽量避免异种材料或合金相互接触，如图3-6所示。若不可避免，尽量选用电偶序相近的材料。

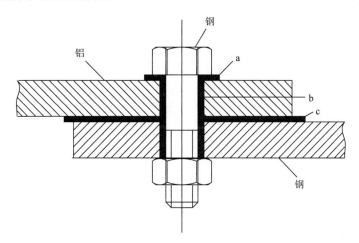

图3-6　铝/钢螺栓连接电偶腐蚀防护

a，b，c——绝缘材料，如氯丁橡胶
②设计时选用容易更换的阳极部件，或将它加大、加厚以延长使用寿命。
③避免大阴极、小阳极面积比的组合。
④施工中可考虑在异种材料连接处或接触面采取绝缘措施。
⑤采用适当的非金属涂层或金属涂层进行保护。
⑥采用电化学方法保护。

⑦在封闭系统或条件允许的情况下，向介质中加入缓蚀剂，如暖气水循环系统。

3.3　小孔腐蚀

3.3.1　小孔腐蚀简介

小孔腐蚀又称点蚀，是一种腐蚀集中在金属表面的很小范围内，并深入到金属内部的小孔状腐蚀形态，蚀孔直径小、深度深，其余地方不腐蚀或腐蚀很轻微。图3-7为典型的金属点蚀图片。点蚀通常发生在易钝化的金属或合金中，往往在有侵蚀性阴离子与氧化剂共存的条件下发生。

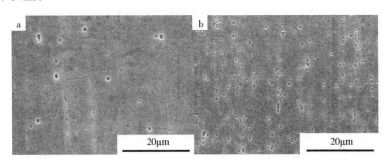

图3-7　金属点蚀图片

点蚀的形貌多种多样，如图3-8所示，有窄深型、宽浅型，有的蚀坑小（一般直径只有数十微米）而深（深度等于或大于孔径）型等多种腐蚀形貌。它在金属表面有些较分散，有些较密集。蚀坑口多数有腐蚀产物覆盖，少数呈开放式。通常蚀坑的形貌与孔内腐蚀介质的组成有关，也与金属的性质、组织结构有关。

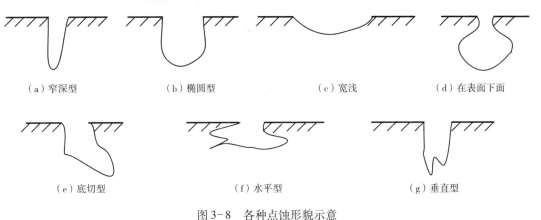

（a）窄深型　　（b）椭圆型　　（c）宽浅　　（d）在表面下面

（e）底切型　　（f）水平型　　（g）垂直型

图3-8　各种点蚀形貌示意

3.3.2　点蚀发生条件

①点蚀多发生于表面生成钝化膜的金属材料上（如不锈钢、铝、铝合金、镁合金、钛

及钛合金等)或表面有阴极性镀层的金属上(如碳钢表面镀锡、铜和镍等)。

②点蚀发生在有特殊离子的介质中，即有氧化剂(如空气中的氧)和同时有活性阴离子存在的钝化液中。如不锈钢对含有卤素离子的腐蚀介质特别敏感，其作用顺序是 $Cl^- > Br^- > I^-$。

③在某一阳极临界电位以上，电流密度突然增大，点蚀发生，该电位称点蚀电位或击破电位(breakdown potential，用 E_b 表示)(见图3-9)。点蚀电位反映了表面钝化膜被击穿的难易程度。如对极化曲线回扫，达到钝态电流时所对应的电位 E_p，称为再钝化电位或保护电位。大于 E_b，点蚀迅速发生、发展；$E_b \sim E_p$ 之间，已发生的蚀坑继续发展，但不产生新的蚀坑；小于 E_p，点蚀不发生，所以电位越高，表征材料耐点蚀性能越好。E_p 与 E_b 越接近，说明钝化膜修复能力越强。

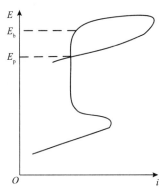

图3-9　钝化金属典型的"环形"阳极极化曲线示意图

3.3.3　点蚀机理

点蚀可分为两个阶段，即点蚀成核(发生)阶段和蚀坑生长(发展)阶段。

1. 点蚀成核(发生)阶段

点蚀从发生到成核之前有一段很长的孕育期，有的长达几个月甚至几年时间。孕育期是指从金属与溶液接触一直到点蚀开始的这段时间，所以点蚀的初始阶段又称为孕育期阶段。孕育期随溶液中 Cl^- 浓度增加和电极电位的升高而缩短。Engell 等人发现低碳钢发生点蚀的孕育期 τ 的倒数与 Cl^- 浓度呈线性关系。即

$$\frac{1}{\tau} = k[Cl^-] \tag{3-3}$$

当然，$[Cl^-]$ 在一定临界值以下时，不发生点蚀。总之，这还只是定性的讨论，并不成熟。

金属材料表面组织和结构的不均匀性使表面钝化膜的某些部位变得较为薄弱，从而成为点蚀容易形核的部位，如晶界、夹杂、位错和异相组织等，如图3-10所示。

点蚀成核理论有钝化膜破坏理论和吸附理论两种。

(1)钝化膜破坏理论

钝化膜破坏理论认为，点蚀坑是由于腐蚀性阴离子在钝化膜表面吸附，并穿过钝化膜形成可溶性化合物(如氯化物)所致。当电极阳极极化时，钝化膜中的电场强度增加，吸附在钝化膜表面上的腐蚀性阴离子(如 Cl^- 离子)，因其离子半径较小而在电场的作用下进入钝化膜，使钝化膜局部变成了强烈的感应离子导体，钝化膜在该点上出现了高的电流密度。当钝化膜-溶液界面的电场强度达到某一临界值时，就发生了点蚀。

(2)吸附理论

吸附理论认为，点蚀的发生是由活性氯离子和氧竞争吸附造成的。当金属表面上氧的吸附点被氯离子所取代后，氯离子和钝化膜中的阳离子结合形成可溶性氯化物，结果在新

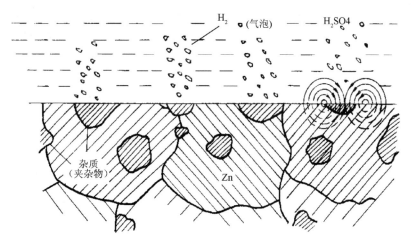

图 3-10　成核位置

露出的基体金属特定点上产生小蚀坑，这些小蚀坑便称为点蚀核。吸附理论认为蚀孔的形成是阴离子（如 Cl^- 离子）与氧竞争吸附的结果。在初期溶液中，金属表面吸附是由水形成的稳定氧化物离子。一旦氯的络合离子取代稳定氧化物离子，该处吸附膜被破坏，而发生点蚀。点蚀的破裂电位 E_b 是腐蚀性阴离子可以可逆地置换金属表面上吸附层时的电位。当 $E > E_b$ 时，氯离子在某些点竞争吸附强烈，该处发生点蚀。

2. 蚀坑生长（发展）阶段

蚀孔内部电化学条件发生的显著改变，对蚀孔的生长有很大的影响，因此蚀孔一旦形成，发展十分迅速。蚀孔发展的主要理论是以"闭塞电池"的形成为基础的，并进而形成"活化-钝化腐蚀电池"的自催化理论。

为此，应首先了解闭塞电池的形成条件。

①在反应体系中具备阻碍液相传质过程的几何条件，如孔口腐蚀产物的塞积可在局部造成传质困难，缝隙及应力腐蚀的裂纹也都会出现类似的情况。

②有导致局部不同于整体的环境。

③存在导致局部不同于整体的电化学和化学反应蚀孔的自催化发展过程。

以不锈钢在含有 Cl^- 的介质中的腐蚀过程为例，说明点蚀生长过程。孔蚀源形成后，孔内金属表面处于活态，电位较负；孔外金属表面处于钝态，电位较正。孔内和孔外金属构成活态-钝态微电偶腐蚀电池。具有大阴极-小阳极的面积比。阳极电流密度很大，蚀孔不断加深，孔外金属表面受到阴极保护，继续维持钝态。孔内发生阳极溶解，反应有：

$$Fe \longrightarrow Fe^{2+} + 2e \qquad Cr \longrightarrow Cr^{3+} + 3e \qquad Ni \longrightarrow Ni^{2+} + 2e \qquad (3-4)$$

若介质为中性或弱酸性，孔外反应为：

$$O_2 + 2H_2O + 4e \longrightarrow 4OH^- \qquad (3-5)$$

随着蚀孔的加深，阴、阳极位置彼此分开，二次腐蚀产物在孔口形成。随腐蚀的进行，孔口介质 pH 值逐渐升高，水中可溶性盐（$Ca(HCO_3)_2$）转化为 $CaCO_3$ 沉淀。锈层和垢层一起在孔口堆积形成闭塞电池。

闭塞电池形成以后，溶解氧不易扩散进入，造成氧浓差。在蚀坑内溶解的金属离子不易向外扩散，造成 Fe^{2+} 浓度不断增加，为保持电中性，坑外氯离子向坑内迁移以维持电中性，形成可溶性盐（$FeCl_3$），使坑内形成氯化物的高浓度溶液，氯离子浓度达到整体溶液的 3～10 倍。坑内氯化物水解（$FeCl_3 + 3H_2O \longrightarrow Fe(OH)_3 + 3H^+ + 3Cl^-$）产生更多的 H^+ 和 Cl^-，使坑内外 pH 值下降，酸度增加，pH 值低达 2～3，促使阳极溶解进一步加快。这样，点蚀以自催化过程不断发展下去。由于自催化作用的结果，加上介质重力的影响，使蚀坑不断向深处发展，甚至严重的可把金属断面蚀穿。由此可见，点蚀的发展是化学和电化学共同作用的结果。

3.3.4　点蚀的影响因素

1. 材料因素

材料因素反应了材料耐点蚀性能的差异。金属本性越易钝化的金属，点蚀敏感性越高。表 3-3 为各种合金元素对点蚀性能的影响。钢材抗点蚀的能力主要由 Cr、Mo、N 元素含量决定，可用 PRE 来表示抗点蚀的当量。

$$PRE = w_{Cr} + 3.3 \times w_{Mo} + 16 \times w_N \qquad （对奥氏体不锈钢）$$
$$PRE = w_{Cr} + 3.3 \times w_{Mo} + 30 \times w_N \qquad （对双相不锈钢） \qquad (3-6)$$
$$PRE = w_{Cr} + 3.3 \times w_{Mo} \qquad （对铁素体不锈钢）$$

式中　w ——该元素在金属中所占的质量分数。

PRE 值越高，不锈钢耐孔蚀性能越好。

因而许多耐蚀合金中不仅加入 Cr、Mo 合金元素，还加入了少量的 N 元素。

表 3-3　合金元素对点蚀性能的影响

合金元素	PRE
Cr	提高 PRE，提高钝化膜的稳定性
Ni	提高 PRE
Mo	提高 PRE，形成保护膜
Si	降低 PRE，当钢中含 Mo 时有好作用
Ti, Nb	在 $FeCl_3$ 中，降低 PRE；在其他介质中，作用不明显
S、P、Se	降低 PRE
C	降低 PRE
N	提高 PRE，可能点蚀初期形成 NH_3，抵消了 pH 值的降低

光滑和清洁的表面不易发生点蚀，而冷加工使金属表面产生冷变硬化时，会导致耐点蚀能力下降。

热处理状态对不锈钢和铝合金来说，在某些温度下进行回火或退火处理，能够生成沉淀相，从而增加点蚀倾向，不锈钢焊缝容易发生点蚀与此有关。但是奥氏体不锈钢经过固溶处理后具有最佳的耐点蚀能力。

2. 环境因素

（1）介质性质

材料通常在特定的介质中发生点蚀。如，不锈钢容易在含有卤素离子 Cl^-、Br^-、I^- 的溶液中发生点蚀，而铜对 SO_4^{2-} 则比较敏感。OH^-、SO_4^{2-}、NO_3^- 等含氧阴离子能抑制点蚀，抑制不锈钢点蚀作用的大小顺序为 $OH^- > NO_3^- > SO_4^{2-} > Cl^-$，抑制铝点蚀的顺序为 $NO_3^- > CrO_4^- > SO_4^{2-}$。

（2）溶液浓度

一般认为，只有当卤素离子的浓度达到一定时，才发生点蚀。产生点蚀的最小浓度可以作为评定点蚀趋势的一个参量。

（3）溶液 pH 值的影响

在质量分数 3% 的 NaCl 溶液中，随着 pH 值的升高，点蚀电位显著地正移。而在酸性介质中，pH 值对点蚀电位的影响，目前还没有一致的说法。

（4）溶液温度

在 NaCl 溶液中，介质温度升高，显著地降低不锈钢的点蚀电位 E_b，使点蚀坑数目急剧增多。当然，点蚀坑数目的急剧增多与 Cl^- 的反应能力增加有关。

5. 溶液流速

介质处于流动状态，金属的点蚀速率比介质静止时小。溶液流动有利于氧向金属表面的输送，减少沉积物在表面沉积的机会。流速增大，点蚀倾向降低。不锈钢有利于减少点蚀的流速，使之为 1m/s 左右，若流速过大，则将发生冲刷腐蚀。

3.3.5 控制点蚀的措施

1. 选择耐蚀合金

近年来发展了很多含有高含量 Cr、Mo，及含 N、低 C（<0.03%）的奥氏体不锈钢。双相钢和高纯铁素体不锈钢抗点蚀性能良好。Ti 和 Ti 合金具有最好的耐点蚀性能。

表 3-4 为几种不锈钢的 PRE 指数，由此可见，双相钢较奥氏体不锈钢的耐点蚀能力强。

表 3-4　几种不锈钢的 *PRE* 指数

	材料	Cr/%	Mo/%	N/%	*PRE*
奥氏体钢	316L（Cr17Ni12Mo2N）	17	2.2	—	24
	2RE69（Cr25Ni22Mo2N）	25	2.1	—	35
双相钢	DP12	25	3	0.2	38
	SAF2304（Cr23Ni4.5N）	23	—	0.1	25
	SAF2205（Cr22Ni5.5 Mo3N）	22	3.2	0.17	35
	SAF2507（Cr25Ni7Mo4N）	25	4	0.3	43

另外，采用精炼方法除去不锈钢中的硫、碳等杂质可以提高不锈钢的耐点蚀性能。例如，瑞典 Sandvik 公司采用 AOD 工艺精炼尿素级不锈钢 2RE69，得到超低碳不锈钢。

2. 改善介质条件

例如，降低溶液中的 Cl^- 含量，除去氧化剂（如除氧和 Fe^{3+}、Cu^{2+}），降低温度，提高 pH 值，使用缓蚀剂，增加介质的流速等均可减少点蚀的发生。

3. 电化学保护

用阳极法抑制点蚀，把金属的极化电位控制在临界孔蚀电位以下，使电位低于 E_b，最好低于 E_p，使不锈钢处于稳定钝化区，这称为钝化型阴极保护，应用时要特别注意严格控制电位。

4. 应用缓蚀剂

对于循环体系，可加入缓蚀剂如磷酸盐、铬酸盐等，以增加钝化膜的稳定性或有利于受损的钝化膜得以再钝化。如在 0.1% NaCl 溶液中加入 4～0.5g/L 的 $NaNO_2$ 可以完全抑制 OCr18Ni9Ti 的孔蚀。

5. 表面钝化处理

对材料表面进行钝化处理，提高其钝态稳定性。

6. 定期清管

尤其是在一些使用湿气集输方式的气田开采过程中，由于温度压力的降低，管线积液是不可避免的，对管道进行定期清管，及时清除管线中的积液也是控制点蚀的重要手段。

3.4　应力腐蚀与腐蚀疲劳

3.4.1　应力腐蚀

1. 应力腐蚀开裂现象

受一定拉伸应力作用的金属材料在某些特定的介质中，由于腐蚀介质和应力的协同作用而发生的脆性断裂现象，如图 3-11 所示。

图 3-11　应力腐蚀开裂形貌

应力腐蚀开裂通常具有如下特点：

①通常在某种特定的腐蚀介质中，材料在不受应力时腐蚀甚微；

②受到一定的拉伸应力时（可远低于材料的屈服强度），经过一段时间后，即使是延展性很好的金属也会发生脆性断裂；

③断裂事先没有明显的征兆，往往造成灾难性的后果。

2. 应力腐蚀发生条件

一般认为发生应力腐蚀开裂需要同时具备三个基本条件。

（1）敏感材料

几乎所有的金属或合金在特定的介质中都有一定的应力腐蚀开裂（SCC）敏感性，合金和含有杂质的金属比纯金属更容易产生SCC。一般认为纯金属不会发生SCC。据报道，纯度达99.999%的铜在含氨介质中没有发生腐蚀断裂，但含质量分数为0.004%P或0.01%Sb时，则发生过应力腐蚀开裂。

（2）拉伸应力（分量）

该拉伸应力来源于外加载荷造成的工作应力或者是加工、冶炼、焊接、装配过程中产生的残余应力、温差产生的热应力及相变产生的相变应力。

（3）特定腐蚀介质

表3-5列出了各种合金发生应力腐蚀的常见环境。每种合金的SCC只对某些特定的介质敏感，并不是任何介质都能引起SCC。

表3-5　各种发生应力腐蚀的合金/环境体系

合金	腐蚀介质
低碳钢	热硝酸盐溶液、过氧化氢
碳钢和低合金钢	氢氧化钠、三氯化铁溶液、氢氰酸、沸腾氯化镁[$w(MgCl_2)$=42%]溶液、海水
高强度钢	蒸馏水、湿大气、氯化物溶液、硫化氢
奥氏体不锈钢	氯化物溶液、高温高压含氧高纯水、海水、F^-、Br^-、$NaOH-H_2S$水溶液、$NaCl-H_2O_2$水溶液、二氯乙烷等
铜合金	氨蒸气、汞盐溶液、含SO_2大气、氨溶液、三氯化铁、硝酸溶液
镍合金	氢氧化钠溶液、高纯水蒸汽
铝合金	氯化钠水溶液、海水、水蒸气、含SO_2大气、熔融氯化钠、含Br^-和I^-水溶液
镁合金	硝酸、氢氧化钠、氢氟酸溶液、蒸馏水、$NaCl-H_2O_2$溶液、$NaCl-K_2CrO_4$溶液、海洋大气、湿空气
钛合金	含Cl^-、Br^-、I^-水溶液，N_2O_4，甲醇，三氯乙烯，有机酸

3. 应力腐蚀特征

（1）典型的滞后破坏

材料在应力和腐蚀介质共同作用下，需要经过一定时间使裂纹形核、裂纹向临界尺寸扩展，并最终达到临界尺寸，发生失稳断裂。

孕育期：裂纹萌生阶段，即裂纹源成核所需时间，约占整个时间的90%左右。

裂纹扩展期：裂纹成核后直至发展到临界尺寸所经历的时间。

快速断裂期：裂纹达到临界尺寸后，由纯力学作用使裂纹失稳瞬间断裂。

整个断裂时间，与材料、介质、应力有关，短则几分钟，长可达若干年。对于一定的材料和介质，应力降低，断裂时间延长。对大多数的腐蚀体系来说，存在一个临界应力 σ_{th}（临界应力强度因子 K_{ISCC}），在此临界值以下，不发生 SCC。

（2）裂纹分为晶间型、穿晶型和混合型

SCC 裂纹分为晶间型、穿晶型和混合型三种，见图 3-12 ~ 图 3-14。晶间型裂纹沿晶界扩展，如软钢、铝合金、铜合金、镍合金等，显微断口呈冰糖块状。穿晶型裂纹穿越晶粒而扩展，如奥氏体不锈钢、镁合金等；混合型如钛合金，微观断口往往具有河流花样、扇形花样、羽毛状花样等形貌特征。

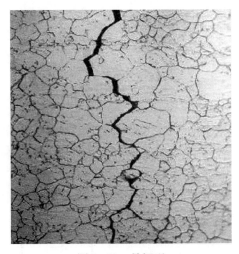

图 3-12　晶间型

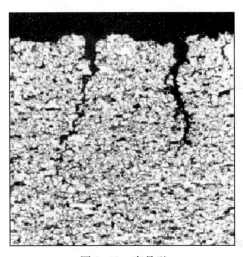

图 3-13　穿晶型

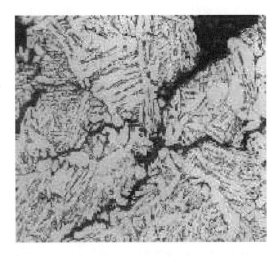

图 3-14　混合型

裂纹的途径取决于材料与介质，同一材料因介质变化，裂纹途径也可能改变。应力腐蚀裂纹的主要特点是：

①裂纹起源于表面；

②裂纹的长宽不成比例，相差几个数量级；

③裂纹扩展方向一般垂直于主拉伸应力的方向；

④裂纹一般呈树枝状；

⑤SCC 裂纹扩展速度快，一般为 $10^{-6} \sim 10^{-3}\,\mathrm{mm/min}$，比均匀腐蚀快约 10^6 倍，仅为纯机械断裂速度的 10^{-10} 倍；

⑥SCC 开裂是一种低应力的脆性断裂。

断裂前没有明显的宏观塑性变形，大多数条件下是脆性断口——解理、准解理或沿晶。由于腐蚀的作用，断口表面颜色暗淡，可见腐蚀坑和二次裂纹。

4. 应力腐蚀发生机理

目前关于应力腐蚀机理有多种不同看法，主要分为阳极溶解型机理和氢致开裂型机理两大类。

(1)阳极溶解型机理

①活性通路——电化学理论

这个理论指出，在合金中存在一条易于腐蚀的大致连续的活性通路。活性通路可能由合金成分和微结构的差异引起，如多相合金和晶界的析出物等。在电化学环境中，此通路为阳极，电化学反应就沿着这条通道进行。有许多实例都证明活性通路的存在。

②表面膜破裂——金属溶解理论

这个理论只是由电化学理论衍生的一支流派，只不过它是着重解释膜破裂对于合金表面裂缝起源后扩展的作用。该理论认为，裂纹尖端由于连续的塑性变形，使表面膜破裂，得到的裸露金属形成了一个非常小的阳极区，在腐蚀介质中发生溶解，金属的其他部位，特别是裂纹的两侧作为阴极。在腐蚀介质和拉应力的共同作用下，合金局部区域表面膜反复破裂和形成，最终导致应力腐蚀裂纹的产生。在这一过程中，裂纹尖端再钝化速度很重要，只有膜的修复速度在一定范围时才能产生应力腐蚀开裂。这个理论能够说明钝化体系SCC 的原因，但不能解释有些非钝化体系也能产生 SCC。

根据膜破裂的细节不同，有滑移溶解机理、蠕变膜破裂机理和隧道腐蚀机理。

滑移溶解机理模型强调应力导致位错滑移，滑移使表面膜破裂。该模型可以很成功地解释诸如应力腐蚀的穿晶扩展、开裂敏感性与应变速率的关系等，但在解释断裂面对晶体学取向方面遇到了困难。另外，它还不能解释合金与特定化学物质组合产生 SCC 这一事实。图 3-15 为滑移-溶解机理模型示意。图 3-15（a）表示膜没有发生破裂的情况，此时应力小，氧化膜完整。若膜较完整，即使外加应力增大，也只能造成位错在滑移面上塞积，不会暴露基体金属，如图 3-15(b)所示。当外力达到一定程度时，位错开动后膜破裂。膜厚 t 与滑移台阶 h 的相对大小也很重要，当 $h \geq t$ 时，容易暴露新鲜的基体金属，如图 3-15(c)所示。基体金属与介质相接触，发生阳极快速溶解，在此过程中形成"隧洞"，如

图3-15(d)所示，阳极溶解遇到障碍时停止则会形成"隧洞"。例如，氧的吸附、活性离子的转换，形成薄的钝化膜等。这些表面膜的形成，使溶解区重新进入钝态。此时位错停止移动，即位错停止沿滑移面滑移，造成位错重新开始塞积，如图3-15(e)所示。在应力或者活性离子的作用下，位错再次开动，表面钝化膜破裂，又开始形成无膜区[图3-15(f)]，暴露金属又产生快速溶解[图3-15(g)]。重复上述步骤，直至产生穿晶应力腐蚀开裂[图3-15(h)]。这种钝化膜理论对铜合金在氨溶液中的应力腐蚀较适宜。SCC速率基本上受表面膜生长速率控制。

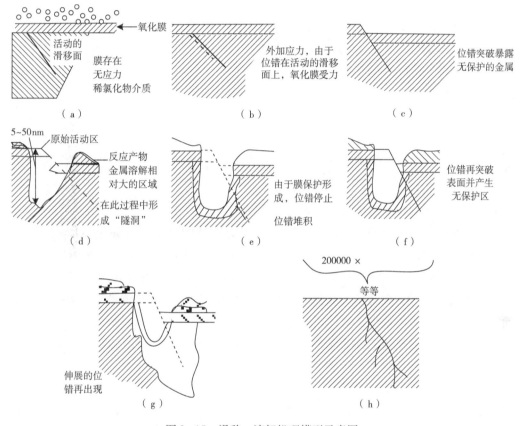

图3-15 滑移-溶解机理模型示意图

蠕变破裂机理模型与滑移溶解机理模型大体相似，差别在于破裂细节不同，认为膜破裂不是滑移台阶造成的，而是宏观蠕变的综合效应。它只能解释SCC的宏观现象，对于微观现象却无法解释。

隧道腐蚀机理模型强调膜破裂后的孔蚀过程。此模型认为，在平面排列的位错露头处或新形成的滑移台阶处，处于高应变的金属原子择优腐蚀，这种腐蚀沿位错线向纵深发展，形成隧洞，在应力的作用下，隧洞之间的金属发生撕裂。当机械撕裂停止后，又重新开始隧道腐蚀，这个过程的反复发生导致了裂纹的不断扩展，直到金属不能承受载荷而发生过载断裂，如图3-16所示。有迹象表明，隧洞腐蚀并不是SCC发生的必要条件，只是一种伴生现象。所以，这个模型虽然有一定的试验基础，但不是SCC机理的主流。

③闭塞电池腐蚀理论

这个理论认为，在设备的某些部位上存在特殊的几何形状，使被闭塞在空腔内的腐蚀液的化学成分与整体溶液产生很大差别，导致空腔内的电位降低成为阳极而溶解产生蚀坑，在应力和腐蚀的联合作用下，蚀坑可以扩展为裂纹（图3-17）。此理论忽视了闭塞腔内腐蚀产物的作用，固体腐蚀产物的锲入作用也是应力的来源之一。

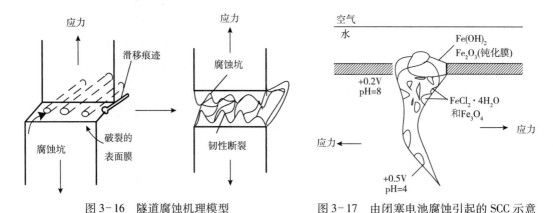

图3-16　隧道腐蚀机理模型　　　　　图3-17　由闭塞电池腐蚀引起的SCC示意

④阳极溶解新机理

近来，人们从微观角度提出了一系列新机理。

a）应力集中提高表面原子活性。此理论认为晶体受拉力时，空位浓度增加，空位运动到裂尖并代替裂尖的一个原子时，裂纹就会前进一个原子距离而扩展。不过这个机理对SCC断口的韧脆转变却无法解释，也不能解释SCC特定晶面的形核和扩展。

b）膜或疏松层导致解理应力腐蚀。此理论认为由于膜的存在使位错阻力增大，从而使位错发射困难，当膜厚使得发射位错的临界应力强度因子大于材料的断裂韧性时，裂纹解理扩展以前并不发射位错，因此应力腐蚀时由于膜的存在导致材料由韧断变为脆断。

c）溶解促进局部塑性变形导致SCC。

Jones理论该理论认为，裂尖高的应力集中使表面膜破裂，合金暴露在介质中，介质中的离子吸附阻碍合金表面再钝化，使金属溶解。溶解产生过饱和空位，它们结合成双空位向合金内部迁移时会使位错攀移，促进局部塑性变形，松弛表层应变强化，降低断裂应力。

Kanfman理论该理论认为，溶解使已钝化的裂纹变尖，而裂纹越尖锐，应力集中程度越高，高的应力集中导致局部应变增大，加速了阳极溶解，促进局部塑性变形，使应变进一步集中。这种溶解和应力集中的协同作用就会导致小范围内的韧断，在小范围内的溶解和形变韧断联合作用下导致宏观裂纹扩展。

Magnin理论滑移使裂尖钝化膜局部破裂，使得新鲜的金属发生局部的阳极溶解。同时腐蚀溶液中的活性离子阻碍金属的再钝化，促进溶解的进行。在裂尖的局部溶解形成滑移台阶，从而导致应力集中。裂尖原子的溶解有利于位错发射，增加了裂尖附近的局部塑性变形。当位错发射到一定程度时，就会在裂纹前端塞积起来。塞积的位错使局部应力升高，达到临界值时，裂纹就在此处形核。

（2）氢致开裂型机理

若阴极反映析氢进入金属后，对应力腐蚀开裂起了决定性或主要作用，叫做氢致开裂。

5. 氢损伤

工程上发生的应力腐蚀现象以上两种机理都存在，有时是共存的。氢以原子的形式渗透到管道钢的内部，对材料造成的各种损失为四种不同类型：氢鼓泡；氢脆；脱碳；氢蚀。氢鼓泡是由于氢进入金属内部而产生的，导致金属局部变形，甚至完全破坏。氢脆也是由于氢进入金属内部引起的，导致韧性和抗拉强度下降。脱碳，即从钢中脱出碳，常常是由于高温氢蚀所引起的，导致钢的抗拉强度下降。氢蚀是由于高温下合金中的组分与氢的反应而引起的。

（1）氢的来源

根据氢的来源不同，可分为内氢和外氢两种。内氢是指材料使用前就已在其内部的氢，是材料在冶炼、热处理、酸洗、电镀和焊接等过程中吸收的氢。外氢是指材料在使用过程中与含氢介质接触或进行电化学反应（如腐蚀、阴极保护）所吸收的氢。

在冶炼过程中，由于原料或环境含有较高的水分，使熔融钢液溶入过量氢，在随后的凝固过程中来不及扩散出去。钢中的"白点"和铝合金中的"亮点"即由此产生。

焊接是一种局部的冶炼过程，由于焊条药皮中含水分或施工环境湿度大，也可将氢带入熔池。

酸洗过程中产生的氢一部分逸出，还有少量氢可能进入金属内部。

电镀过程中工件为阴极，在其表面会有氢气析出，所以难免有部分氢进入工件内部。

在某些氢致气体（如 H_2、H_2S、H_2O 等）中，氢进入金属基体中。例如在合成氨脱硫装置中的设备。

另外，在电化学腐蚀和应力腐蚀、腐蚀疲劳过程中，也可能产生氢，进入金属基体中。

（2）氢的存在形式

在金属中，氢的存在形式多种多样，它以 H^-、H、H^+、H_2、金属氢化物、固溶体、碳氢化合物以及位错气团等形式存在于金属中。当金属中氢含量超过溶解度时，氢原子往往会在金属的缺陷（孔洞、裂纹、晶间）聚集而形成氢分子；氢可与 V、Ti、Nb、Zr 等ⅣB 或ⅤB 族金属以及碱土金属等作用，形成氢化物。

（3）氢鼓泡

当环境中含有硫化物、氰化物、含磷离子等阻止放氢反应的成分时，氢原子就会进入钢内产生鼓泡。石油工业物料常含有上述成分，氢鼓泡是常见的危害。

①机理：对低强度钢，特别是含大量非金属夹杂时，溶液中产生的氢原子很容易扩散到金属内部，大部分 H 通过器壁在另一侧结合为 H_2 逸出，但有少量 H 积滞在钢内空穴，结合为 H_2，因氢分子不能扩散，将积累形成巨大内压，使钢表面鼓泡，甚至破裂，如

图3-18所示。其金属的外部形态见图3-19。

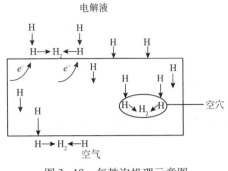

图3-18　氢鼓泡机理示意图　　　　　　图3-19　氢鼓泡形态

②防止方法：除去环境中含有硫化物、氰化物、含磷离子等成分对阻止放氢反应最为有效；也可选用无空穴的镇静钢以代替有众多空穴的沸腾钢。此外，可采用氢不易渗透的奥氏体不锈钢或镍作为衬里，或采用橡胶、塑料、瓷砖衬里，加入缓蚀剂等。

（4）氢脆

氢脆是高强钢中晶格高度变形，当H进入后，晶格应变变大，使韧性及延展性降低，导致脆化，在外力下可引起破裂。不过在未破裂前，氢脆是可逆的。如进行适当的热处理，使氢逸出，金属可恢复原性能。进入金属的氢常产生于电镀、焊接、酸洗、阴极保护等操作中。应力腐蚀的裂尖酸化后，也将产生氢脆。但阳极腐蚀，已造成永久性损害，与单纯氢脆有别，氢脆与钢内空穴无关。

氢脆的特点：时间上属于延迟断裂；对含氢量敏感；对缺口敏感；室温下最敏感；发生在低应变速率下；裂纹扩展不连续；裂纹源一般不在表面，裂纹较少有分支现象。

一般钢的强度越高，氢脆破裂的敏感性越大。它的机理还不十分清楚，有各种理论，如氢分子聚积造成巨大内压；吸附氢后使表面能降低，或影响了原子键结合力，促进了位错运动等。一些迹象表明，铁素体和马氏体铁合金在裂缝尖处与氢产生了反应。钛、钽等易生成氢化物的金属，在高温下容易与溶解的氢反应，生成脆性氢化物。高温下氢还能造成脱碳。

氢脆防护方法与防氢鼓泡稍有不同，包括：

①在容易发生氢脆的环境中，避免使用高强钢，可用Ni，Cr合金钢；

②焊接时采用低氢焊条，保持环境干燥（水是氢的主要来源）；

③电镀液要选择，控制电流；

④酸洗液中加入缓蚀剂；

⑤氢已进入金属后，可进行低温烘烤驱氢，如钢一般在90~150℃脱氢。

6. 影响SCC的因素

影响SCC的因素包括冶金因素、应力因素和环境因素，这些因素的影响如图3-20所示。

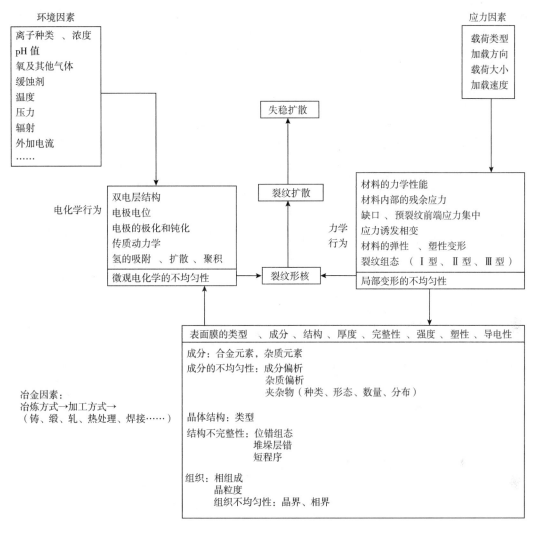

图3-20 影响应力腐蚀开裂的因素

7. 防止 SCC 的措施

①合理选材

根据材料的具体使用环境选材，尽量避免使用对 SCC 敏感的材料。

②消除应力

改进结构设计，减小应力集中且避免腐蚀介质的积存。在部件的加工、制造和装配过程中尽量避免产生较大的残余应力；可通过热处理、表面喷丸等方法消除残余应力。

③使用涂层

使用有机涂层可将材料表面与环境分开或使用对环境不敏感的金属作为敏感材料的镀层，都可减少材料 SCC 敏感性。

④改善介质环境

控制或降低有害的成分；在腐蚀介质中加入缓蚀剂；通过改变电位、促进成膜、阻止氢或有害物质的吸附等，影响电化学反应动力学而起到缓蚀作用，改变环境的敏感性质。

⑤电化学保护

应力腐蚀开裂发生在活化—钝化和钝化—过钝化两个敏感电位区间，可以通过控制电位进行阴极保护或阳极保护防止 SCC 的发生。

8. 点蚀与应力腐蚀的关系

在工业生产中，常常观察到起源于蚀坑或缝隙的 SCC。例如，AISI4340 低合金钢、AISI316 和 304 不锈钢、铝及其合金以及锆合金等。图 3-21 为电位和温度对 304 不锈钢在 0.01mol/L NaCl 溶液中的 SCC 和点蚀的影响。可见，在 100~125℃ 范围内，点蚀电位等于晶间型应力腐蚀开裂（IGSCC）成核电位，显微观察表明，沿晶裂纹萌生于点蚀坑；在 125℃ 以上，形成浅的蚀坑，点蚀电位（SHE）约为 0.0V，位于 IGSCC 与混合型破裂之间的边界区；在更高及低于 0.0V 以下，仅观察到 IGSCC。图中 TGSCC 代表穿晶型应力腐蚀开裂。

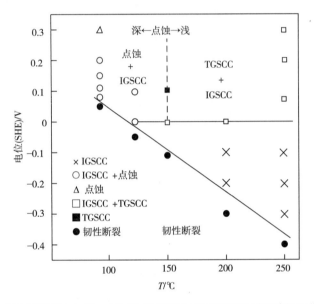

图 3-21 304 不锈钢在 0.01mol/L NaCl 溶液中不同破裂类别区域的电位和温度图

3.4.2 腐蚀疲劳

1. 腐蚀疲劳现象

腐蚀疲劳是材料或构件在交变应力与腐蚀环境的共同作用下产生的脆性断裂。腐蚀疲劳比单纯交变应力造成的破坏（即疲劳）或单纯腐蚀造成的破坏严重得多，而且有时腐蚀环境不需要有明显的侵蚀性。腐蚀疲劳是金属材料在交变应力和腐蚀环境联合作用下的材料损伤和破坏过程。严格地说，实际工程中遇到的大多数疲劳破坏，都属于腐蚀疲劳。不受环境影响的所谓纯疲劳，只有可能出现在真空条件下。研究表明，即使干燥、纯净空气，也会导致疲劳强度的降低和疲劳裂纹扩展速度的加快。只不过大气的这种影响比其他强腐蚀环境要小得多。

腐蚀疲劳是工程实际中各种承受循环载荷的构件所面临的严重问题。例如，海洋结构、石油化工设备、飞机结构等常因循环载荷和腐蚀环境的联合作用而产生疲劳破坏，往往造成灾难性的事故。

1980年3月27日，亚历山大·基尔兰号钻井平台在北海大埃科霏斯克油田作业，在八级大风掀起高达6~8m海浪反复冲击下，五根桩腿中的一根桩腿，因六根撑管先后断裂而发生剪切开裂，10105t的平台在25min内倾翻，123人遇难，其原因是腐蚀疲劳断裂。

2. 腐蚀疲劳的分类

腐蚀疲劳一般按腐蚀介质分类，有气相腐蚀疲劳和液相腐蚀疲劳。从腐蚀介质作用的化学机理来说，气相腐蚀疲劳过程中，气相腐蚀介质对金属材料的作用属于化学腐蚀；而液相腐蚀疲劳通常指在电解质溶液中的腐蚀，液相腐蚀介质对金属材料的作用属于电化学腐蚀。

3. 腐蚀疲劳特征

①腐蚀疲劳的 S – N 曲线(应力 – 寿命曲线，即疲劳曲线)与纯力学疲劳 S – N 曲线形状不同。腐蚀疲劳不存在疲劳极限(图3-22)。

②腐蚀疲劳与应力腐蚀不同，SCC通常发生在敏感的材料与特定的环境条件下，而腐蚀疲劳没有选择性，只要存在腐蚀介质，纯金属也发生腐蚀疲劳。

③腐蚀疲劳强度与抗拉强度之间没有直接的关系(图3-23)。

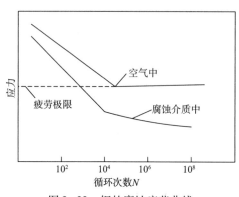

图3-22　钢的腐蚀疲劳曲线

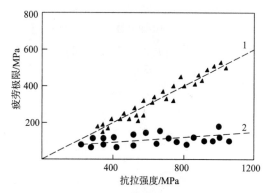

图3-23　介质对钢腐蚀疲劳强度的影响

1-空气　2-海水

④腐蚀疲劳与频率和波形强烈相关(图3-24)。

⑤腐蚀疲劳裂纹多萌生于表面腐蚀坑或表面缺陷处，往往为多裂纹，并沿垂直于拉应力的方向扩展，但在空气中，疲劳裂纹往往只有一条。裂纹主要是穿晶型。在中性腐蚀介质中，如碳钢和低合金钢、镁合金腐蚀疲劳断口呈现多平面特征，并随腐蚀发展裂纹变宽。

⑥腐蚀疲劳断裂是脆性断裂，没有明

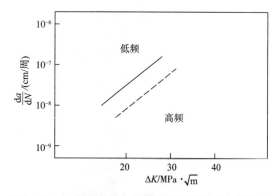

图3-24　加载频率对金属腐蚀疲劳扩展速率的影响

显的宏观塑性变形。断口既有腐蚀的特征，如腐蚀坑、腐蚀产物、二次裂纹等，又有疲劳特征，如疲劳辉纹。

4. 腐蚀疲劳机理

材料腐蚀疲劳的损伤过程可分为以下四个连续阶段：循环塑性变形；微裂纹形核；小裂纹长大、连接和聚集形成单个短裂纹；宏观裂纹扩展。

（1）气相腐蚀疲劳

①衔接受阻模型。加载时金属表面滑移，若有氧的存在，在滑移带处将溶解高浓度的氧，使热效应增加，空位增值，表面形成氧化膜。在相反加载发生相反滑移时，俘获的氧进入滑移带，阻碍了断裂面的衔接，引起裂纹，从而使滑移带转变成疲劳裂纹，使扩展第一阶段的过程提前（相对于惰性气体）。

②氧化膜下空穴堆聚形成裂纹模型。Shen 等认为气相介质与金属表面生成保护膜，表面获得强化。因此在交变应力下，保护膜将阻碍位错通过表面逃逸，使靠近保护膜的下层位错堆积，空穴与凹陷形成，在交变应力作用下形成裂纹。

③气相吸附降低表面能形成裂纹。因气相吸附表面，使表面能降低而导致断裂。

（2）液相中的腐蚀疲劳

①蚀孔应力集中机理。这种理论认为腐蚀环境使金属表面发生蚀孔，在蚀孔底部存在应力集中，促进裂纹萌生。但是，另一些研究表明蚀孔并不是与腐蚀疲劳裂纹萌生必然相关，如 Simnad 观察到低碳钢在酸性溶液中对腐蚀疲劳高度敏感，但并不发生点蚀。尽管材料的腐蚀疲劳裂纹并不一定从蚀孔中萌生，但通常情况下，蚀孔会加速裂纹的扩展，降低材料的腐蚀疲劳寿命（图 3-25）。

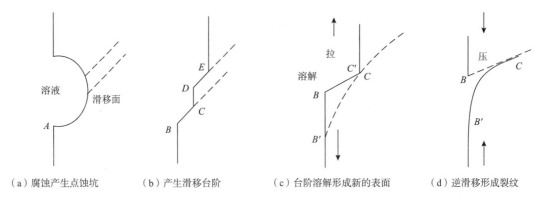

（a）腐蚀产生点蚀坑　　（b）产生滑移台阶　　（c）台阶溶解形成新的表面　　（d）逆滑移形成裂纹

图 3-25　蚀孔应力集中模型示意图

②优先溶解机理。金属和合金在交变应力作用下，其变形区成为强烈的阳极区，未变形区成为阴极区。一系列的试验表明，电化学和力学的协同作用加速了疲劳的开裂过程。在自催化过程中，滑移台阶的择优溶解可以加速进一步的滑移。在循环应力下，处于裂纹尖端的原子比其他部位的原子具有更高的能量，因而具有更大的活性。所以，裂尖的变形金属可以优先溶解并加速裂纹的扩展。研究还表明，金属在交变应力作用下产生驻留滑移带（PSB），它具有高的位错密度、很高的弹性应变能，在腐蚀介质中，PSB 比未变形区具

有更高的化学活性,成为腐蚀的阳极区而优先溶解。需要指出的是,优先溶解不一定都发生在 PSB 上,在很多情况下,特别是腐蚀环境严重恶化时,它可能转移到晶界上或其他高能区而导致裂纹萌生。此外,材料中的杂质在滑移带上沉积,也能提高滑移带的电化学活性,造成优先溶解,促进裂纹萌生。

③表面膜破裂机理。许多金属和合金在腐蚀介质中,表面都会生成一层氧化膜,尽管这些膜的厚度和性质可能不尽相同,但在溶液中相对于基体为阴极。由于疲劳过程中局部塑性变形产生滑移台阶,或者形成所谓挤出和挤入,表面氧化膜局部遭到破坏,形成小阳极而快速溶解,强烈的阳极电流有助于氧化膜的重新生成,但是驻留滑移带使得随后的滑移台阶仍然在这里出现,破坏膜的完整性,这种修复和破坏过程周而复始地进行,最终导致了裂纹萌生。

④表面吸附和氢脆机理。金属在表面活性剂中受循环载荷时,尽管没有发生电化学反应,但其疲劳极限也比空气中低,这说明吸附能够促进固体的变形和破裂。表面吸附导致表面能下降,使得滑移更容易进行,这就是"Rebinder"效应。

尽管对氢的物理作用机理尚不清楚,但大量的试验已表明氢吸附导致表面活性下降,削弱原子之间键能,促使材料脆化。特别是在应变集中区(如微裂纹尖端,PSB)或晶界处,氢和活性物质的吸附尤为严重,它加速了微裂纹的扩展,促进裂纹萌生。

以上的各种疲劳裂纹萌生机制很大程度上是相辅相成的,在实际过程中可几部分或者全部同时起作用,只是随着材料和环境的变化,作用程度可能会有所不同。

5. 影响因素

(1)力学因素

①加载频率 f。当 f 很高时,腐蚀作用不明显,以机械疲劳为主;当 f 很低时,又与静拉伸应力的作用相似;只是在一定频率范围内,最容易产生腐蚀疲劳。在这个范围内,频率越低,腐蚀疲劳裂纹扩展速度越高,腐蚀疲劳强度越低。

②应力比 R。R 越高,疲劳寿命越低。

③加载方式。一般地,加载方式的影响按照下面顺序排列:扭转疲劳 > 旋转疲劳 > 拉压疲劳。

④加载波形方波、负锯齿波影响小;正弦波、三角波或正锯齿波影响较大。

(2)材料因素

①材料耐蚀性。耐蚀性较高的金属,如钛、铜及其合金、不锈钢等,对腐蚀疲劳敏感性小;耐蚀性较差的金属,如高强铝合金、镁合金等,对腐蚀疲劳敏感性大。

②组织结构。碳钢、低合金钢热处理对腐蚀疲劳行为影响较小,提高强度的热处理有降低腐蚀疲劳强度的倾向。对不锈钢来说,某些提高强度的处理可以提高腐蚀疲劳强度,敏化处理则是有害的。细化晶粒可以提高材料的腐蚀疲劳强度。

③表面状态。表面残余应力为压应力对腐蚀疲劳有利,施加保护涂层可以改善材料的腐蚀疲劳性能。

(3)环境因素

①温度。温度升高，对纯疲劳影响小，腐蚀疲劳性能下降。

②pH 值。一般 pH 值 <4 时，疲劳寿命较低；在 pH = 4 ~ 12 时，疲劳寿命逐渐增加；pH >12 时，与纯疲劳寿命相当。

③溶液成分。卤素离子尤其 Cl^- 能加速腐蚀疲劳裂纹的萌生和扩展。

④氧含量。氧含量增加，腐蚀疲劳寿命降低，氧主要影响裂纹扩展速度。

⑤电位。阴极极化可使裂纹扩展速度降低，但阴极极化进入析氢电位后，对高强钢的腐蚀疲劳性能会产生有害作用。对于活化态的碳钢而言，阳极极化将促进腐蚀疲劳。但对于氧化性介质中使用的碳钢，特别是不锈钢来说，阳极极化可提高腐蚀疲劳强度，有的甚至比空气中的还高。

6. 控制措施

①合理选材。一般来说，抗点蚀高的材料，其抗腐蚀疲劳性能也较高。对材料进行抗疲劳腐蚀处理，降低材料表面粗糙度，可显著改善材料的腐蚀疲劳性能。可通过渗气、喷丸和高频淬火等表面硬化处理，在材料表面形成压应力层。

②改进设计。适当降低构件承受交变应力的水平或进行热处理以消除和减小拉应力，表面喷丸处理产生的压应力，电镀锌、铬、镍等，但电镀时注意镀层中不可产生拉应力，也不能有氢渗入。

③改变环境。减轻腐蚀环境的腐蚀性，包括去除环境中的腐蚀剂成分和添加缓蚀剂。改变环境的方法一般是在密闭的腐蚀体系中，如循环冷却水系统中除氧、添加缓蚀剂等。

④阴极保护。在腐蚀疲劳过程中，施加一定的阴极电位，腐蚀疲劳极限可以达到空气中的疲劳极限，腐蚀疲劳裂纹扩展速度也显著降低。通常，对于钢材，在中性腐蚀溶液中，加速裂纹扩展的主要原因与裂纹尖端阳极溶解同时发生的阴极析氢反应有关。由于阴极析氢可在裂纹尖端造成很高的氢浓度，氢从裂纹尖端表面向裂尖三轴应力区扩散导致材料的氢脆。在实施阴极保护时，阴极保护阻止了裂尖金属的阳极溶解，从而降低氢在裂纹尖端的集中浓度，减轻了氢脆对裂纹扩展过程的作用。但是在酸性腐蚀介质以及有氢脆的环境中，不宜使用阴极保护。

3.5 磨损腐蚀

3.5.1 磨损腐蚀分类

磨损是金属同固体、液体或气体接触进行相对运动时，由于摩擦的机械作用引起表层材料的剥离而造成金属表面以至基体的损伤。磨损问题与腐蚀环境的化学、电化学作用有关时，存在材料或部件的磨损与腐蚀的交互作用。

磨损腐蚀是金属表面受高流速和湍流状的流体冲击，同时遭到磨损和腐蚀破坏的现象。主要有湍流腐蚀、冲刷腐蚀及空泡腐蚀三种形式。

3.5.2　湍流腐蚀

1. 湍流腐蚀现象及特征

腐蚀介质与金属表面的相对运动，可加速金属腐蚀，这是在设备或某些特定部位，介质流速急剧增加形成湍流而导致的腐蚀，因与金属表面上的湍流有关，故通常称为湍流腐蚀。

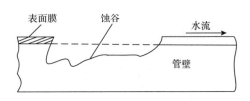

图3-26　冷凝管内壁湍流腐蚀示意图

其特征是在金属表面出现深谷或马蹄形的凹槽，按流体的方向切入金属表面层，蚀谷光滑没有腐蚀产物残存，如图3-26所示。

2. 腐蚀机理

湍流不仅加速了腐蚀剂的供应和腐蚀产物的迁移，而且在流体和金属之间也附加了一个切应力，这种切应力能将金属表面的腐蚀产物剥离。所以湍流腐蚀实际上是在机械磨耗和腐蚀共同作用下产生的。

金属和腐蚀介质的相对速度，对腐蚀行为有明显影响。一方面是静态向动态变化，将消除浓差极化，使腐蚀增强；另一方面，电解质的流动也可能产生有利影响。如电解质的流动增加了溶解 O_2，CO_2 等气体的传递，促进了金属上保护膜的生成，同时介质的流动还有可能增强缓蚀剂的效率；另外，介质的流动还可防止淤泥或其他物体在金属面上聚集，从而消除缝隙腐蚀或减轻孔蚀率。

3. 防止措施

金属耐湍流腐蚀的能力取决于金属的机械性能和耐蚀性能，而这些性能又与金属的成分和冶炼加工条件有关，其中成分是影响金属耐蚀性的主要因素。添加适当的合金元素可以降低湍流腐蚀，如在黄铜中加 Al，Cu－Ni 合金中加铁，不锈钢中加钼，铸铁中加硅，均可以提高金属的耐湍流腐蚀能力。

另外，合理设计金属构件，也能有效降低湍流腐蚀发生的几率及严重程度。

3.5.3　冲击腐蚀

1. 冲击腐蚀现象及特征

冲击腐蚀是磨损腐蚀的主要形态，是金属表面与腐蚀流体之间由于高速相对运动而引起的金属破坏现象。冲击腐蚀时，腐蚀产物在高速流体或含颗粒、气泡的高速流体冲击下而离开金属表面，保护膜破坏，破口处裸金属加速腐蚀。如果流体中含有固体颗粒，磨损腐蚀会更严重。

在静止的或低速流动的腐蚀介质中，腐蚀并不严重，而当腐蚀流体高速运动时，破坏了金属表面能够提供保护的表面膜或腐蚀产物膜，表面膜的减薄或去除加速了金属的腐蚀过程，因而冲蚀是流体的冲刷与腐蚀协同作用的结果。

冲蚀常发生在近海及海洋工程、油气生产与集输、石油化工、能源、造纸等工业领域中的各种管道及过流部件等暴露在流动液体中的各种金属及合金上。在弯头、肘管、三通、泵、阀、叶轮、搅拌器、换热器进出口等改变流体方向、速度和增大紊流的部位比较严重，见图3-27和图3-28。

 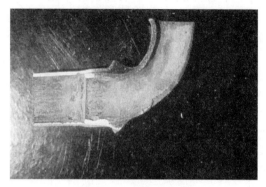

图3-27　旋转机械内的冲蚀　　　　　图3-28　弯管内的冲蚀

冲蚀的金属表面一般呈现沟槽、凹谷、泪滴状及马蹄状，表面光亮无腐蚀产物积存，与流向有明显依赖关系，见图3-29。

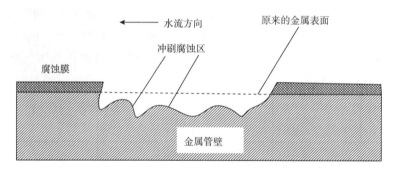

图3-29　冲击腐蚀破坏示意图

2. 腐蚀机理

冲刷腐蚀是以流体对电化学腐蚀行为的影响、流体产生的机械作用以及二者的交互作用为特征的。

（1）冲刷对腐蚀的加速作用

加速传质过程，促进去极化剂到达金属表面和腐蚀产物从金属表面离开；高流速引起的切应力和压应力变化，及多相流动固体颗粒或气泡的冲击作用，使表面膜减薄、破裂，或通过塑性变形、位错聚集、局部能量升高形成"应变差异电池"，从而加速腐蚀；保护膜局部剥离，露出新鲜基体，形成孔—膜的电偶腐蚀作用。

（2）腐蚀对冲刷的加速作用

使表面粗化，形成局部微湍流，溶解金属表面的硬化层，露出较软基体，使耐磨硬化相暴露以致脱落。

3. 影响因素

（1）流态的影响

流体的流动状态有层流和湍流。高流速、管道截面突然变化（突出物、沉积物、缝隙）和流向的突然改变引起的湍流对冲刷腐蚀影响最大。在图3-30中流速或流型突然改变以及在图3-31中由于流通壁面凹陷都会引发湍流腐蚀。

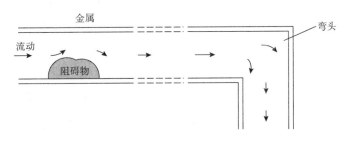

图3-30　流型改变产生的湍流

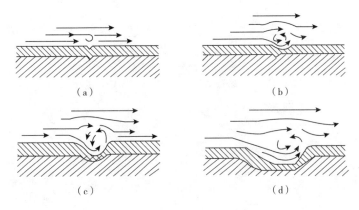

图3-31　壁面凹陷下的流场

（2）流速的影响

流速的变化具有双重作用，在某些情况下增加流速能减轻腐蚀。流速增加时利于缓蚀剂向相界面传输，比静态时用量少。不锈钢在发烟硝酸中的阴极产物 HNO_2 具有自催化作用使腐蚀加速，增大硝酸流速可以使其迅速离开表面，减轻腐蚀，减少钝化金属的局部腐蚀。但在大多数情况下，增加流速加速腐蚀。

（3）多相流的影响

存在第二相（气泡或固体颗粒）的双相流比单相流造成的冲刷腐蚀严重，并使临界流速下降。

（4）表面膜的影响

金属原有的钝化膜和保护性的腐蚀产物膜的成分、厚度、硬度、韧性、与基体附着力及再钝化能力等，对抵御冲刷腐蚀是十分重要的。

4. 防止措施

防止冲击腐蚀措施一般有以下几种：

①改进设计。降低表面流速和避免恶劣的湍流出现。

②控制环境。控制温度、pH 值、氧含量，添加缓蚀剂，澄清和过滤流体中的固体颗粒，避免蒸汽中冷凝水的形成，去除溶解在流体中的气体等，对减轻冲刷腐蚀非常有效。

③正确选材。可以选择更耐蚀的材料。

④表面处理与保护。

⑤阴极保护。

3.5.4　空泡腐蚀

1. 空泡腐蚀现象及特征

空泡腐蚀（空蚀和气蚀）是一种特殊形式的冲刷腐蚀，是由于金属表面附近的液体中空泡溃灭造成表面粗化、出现大量直径不等的火山口状的凹坑，最终丧失使用性能的一种破坏，如图 3-32 所示。

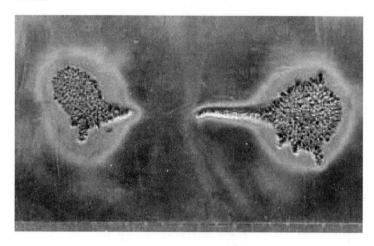

图 3-32　金属面空泡腐蚀照片

空泡腐蚀只发生在高速的湍流状态下，特别是液体流经形状复杂的表面，液体压强变化很大的场合，如水轮机叶片、螺旋桨、泵的叶轮、阀门及换热器的集束管口等。

2. 腐蚀机理

图 3-33 为空泡腐蚀机理示意图。根据流体动力学，在局部位置，当流速变得十分高，以至于静压强低于液体汽化压强时，液体内会迅速形成无数个小空泡。空泡中主要是水蒸气，随着压力降低，空泡不断长大，单相流变成双相流。随着流体一起迁移的空泡在外部压强升高时不断被压缩，最终溃灭（崩破）。由于溃灭时间短，3～10s，其空间被周围液体迅速充填，造成强大的冲击压力，压强可达 103MPa。大量空泡在金属表面某个区域反复溃灭，足以使金属表面发生应变疲劳并诱发裂纹，导致空泡腐蚀。

3. 防止措施

①改进设计，避免高速过流表面的压力突然下降。

②选择更为耐蚀的材料和适当的表面处理，特别是在金属表面涂覆高聚物或弹性体，

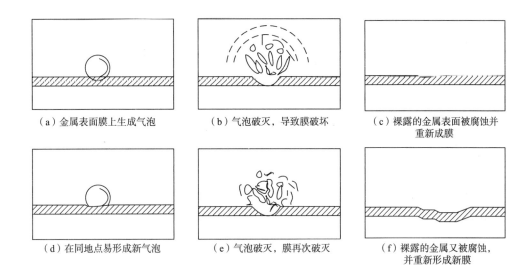

（a）金属表面膜上生成气泡　　（b）气泡破灭，导致膜破坏　　（c）裸露的金属表面被腐蚀并
　　　　　　　　　　　　　　　　　　　　　　　　　　　　　　　　重新成膜

（d）在同地点易形成新气泡　　（e）气泡破灭，膜再次破灭　　（f）裸露的金属又被腐蚀，
　　　　　　　　　　　　　　　　　　　　　　　　　　　　　　　　并重新形成新膜

图 3-33　空泡腐蚀示意

对减轻空泡溃灭的机械破坏有明显效果。

③去除溶解在流体中的气体，可减轻空泡的形成。

④阴极保护有时可有效减轻空泡腐蚀，但原因不是由于腐蚀速度的降低，而是由于阴极反应在表面析出氢气泡的衬垫作用。

⑤正确的操作也可以避免产生严重的空泡腐蚀，如在管路被堵塞而使流体流线不正常时，以及入口处由于空吸形成的低压会促进泵内流体中气泡的形成时，应让水泵停止工作。

3.5.5　微动腐蚀磨损

微动腐蚀磨损是机械构件紧配合界面在电解质或其他腐蚀性介质如海水、酸雨、腐蚀性气氛等中发生的损伤，是一个材料在机械作用与化学、电化学耦合作用的复杂过程；从摩擦学角度来看，它是一种在电解质或其他腐蚀介质中发生的微动现象，从腐蚀学来看，它是在微动摩擦条件下的特殊腐蚀行为。在海洋工程、航空航天、核电站、交通工具、生物医学工程等工程领域，微动腐蚀的实例非常多，如海洋工程的机械装备在海水及盐雾气氛中发生微动腐蚀、核反应堆的热交换器导热管与管支撑件之间在高温高压水汽中的冲击微动腐蚀、高压输电线缆在雨雾中的微动破坏等等。

3.6　其他常见的腐蚀类型

3.6.1　缝隙腐蚀

1. 缝隙腐蚀的特点

由于金属表面上存在异物或结构上的原因会形成 0.025 ~ 0.1mm 的缝隙，这种在腐蚀环境中因金属部件与其他部件（金属或非金属）之间存在间隙，引起缝隙内金属加速腐蚀的现象称为缝隙腐蚀，如图 3-34 所示。

在工程结构中，一般需要将不同的结构件相互连接，缝隙是不可避免的。缝隙腐蚀将减小部件的有效几何尺寸，降低吻合程度。缝内腐蚀产物体积的增大，易形成局部应力，并使装配困难，因此应尽量避免。

2. 缝隙腐蚀产生条件

产生缝隙腐蚀的条件有以下几种。

①不同结构件的连接，如金属和金属之间的铆接、螺纹连接，以及各种法兰盘之间的衬垫等，金属和非金属之间的接触等都可以引起缝隙腐蚀。

②金属表面的沉积物、附着物、涂膜等，如灰尘、沙粒、沉积的腐蚀产物，也会引起缝隙腐蚀，如图 3-35 所示。

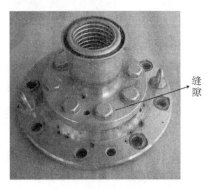

图 3-34　缝隙腐蚀照片

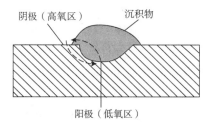

图 3-35　沉积物的缝隙腐蚀

3. 缝隙腐蚀发生地点

①可发生在所有的金属和合金上，特别容易发生在靠钝化作用耐蚀的金属材料表面。

②介质可以是任何酸性或中性的侵蚀性溶液，而含有 Cl^- 的溶液最易引发缝隙腐蚀。

③与点蚀相比，同一种材料更容易发生缝隙腐蚀。当 $E_b < E < E_p$ 时，原有的蚀孔可以发展，但不会产生新的蚀孔；而缝隙腐蚀在该电位区间内，既能发生，又能发展。缝隙腐蚀的临界电位比点蚀电位低。

4. 缝隙腐蚀影响因素

（1）几何因素

缝隙宽度对缝隙腐蚀深度和速率有较大影响。例如，在 0.5mol/L NaCl 溶液中，2Cr13 不锈钢当缝隙宽度变窄时，腐蚀速率增加，最大腐蚀速率的缝宽小于 0.12mm。在该宽度下浸泡 54 天，缝隙内腐蚀深度可达 90μm，当大于 0.25mm 时，在该溶液中不产生缝隙腐蚀。另外，缝内腐蚀速率随着缝隙外面积的增大而加快。

（2）环境因素

①溶液中溶解氧浓度的影响。氧浓度增加，缝外阴极还原反应更易进行，缝隙腐蚀加剧。

②溶液中 Cl^- 浓度的影响。Cl^- 浓度增加，电位负移，缝隙腐蚀加速。

③温度的影响。温度升高加速阳极反应。在敞开系统的海水中，80℃达到最大腐蚀速度，高于80℃时，由于溶液的溶解氧下降，缝隙腐蚀速度下降。在含氯离子的介质中，各种不锈钢存在一个临界缝隙腐蚀温度(CCT)。

④pH值的影响。只要缝外金属能够保持钝态，pH降低，缝隙腐蚀量增加。

⑤腐蚀介质流速的影响。流速有正、反两个方面的作用。当流速适当增加时，增大了缝外溶液的含氧量，缝隙腐蚀加重；但对于由沉积物引起的缝隙腐蚀，流速加大，有可能将沉积物冲掉，因而缝隙腐蚀减轻。

(3)材料因素

金属或合金的自钝化能力越强，发生腐蚀的敏感性就越大。例如Cr、Ni、Mo、N、Cu、Si等能有效提高不锈钢的耐缝隙腐蚀性能，均依赖于它们对钝化膜的稳定性和再钝化能力所起的作用。

5. 缝隙腐蚀控制措施

①合理设计和施工，尽量避免缝隙和死角的存在。少用铆接和螺栓连接，宜用焊接。推荐设计引流孔，可将积液快速排出。

②正确选材，采用高铝、铬、镍不锈钢；垫圈不宜采用吸湿性的石棉等材料，而用聚四氟乙烯等材料。

③采用电化学保护。采用阴极保护，并不一定能完全解决缝隙腐蚀的问题。因为其关键在于是否有足够的电流到达缝内，产生必要的保护电位。

④采用缓蚀剂。例如，磷酸盐、铬酸盐、亚硝酸盐的混合物对钢、黄铜、锌等结构是有效的。

6. 缝隙腐蚀与点蚀的比较

缝隙腐蚀与点蚀有许多相似的地方，尤其是发展机理基本相同，因而有人曾把点蚀看成一种以孔隙作用缝隙的缝隙腐蚀。其实，两种之间还是有本质区别的，如表3-6所示。

表3-6　缝隙腐蚀与点蚀的区别

项目		缝隙腐蚀	点蚀
萌生条件不同	材料	所有金属和合金，特别容易发生在靠钝化而耐蚀的金属及合金上	易发生在表面生成钝化膜的金属材料或表面有阴阳极性镀层的金属上
	部位	发生在使介质的到达受到限制的表面。不仅在金属表面非均质处萌生，而且也在次表面金属层的微观缺陷萌生	仅在金属表面非均质处萌生，如非金属夹杂物、晶界等
	介质	任何侵蚀性介质，酸性(如硫酸)或中性，而含氯离子的溶液容易引起缝隙腐蚀。常发生在静止溶液中	发生于特殊离子的介质中，静止和流动溶液中均能发生
	电位	与点蚀相比，对同一种合金而言，缝隙腐蚀更容易发生，其临界电位要低	发生在某一临界电位(点蚀电位)以上
	原因	介质的浓度差	钝态的局部破坏

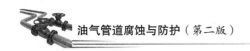
续表

项目	缝隙腐蚀	点蚀
腐蚀形态不同	一般为 0.025 ~ 0.1mm 宽的缝隙	各种形状，如半球状、不定形、开口形、闭口形等
腐蚀过程不同	腐蚀开始很快的便形成闭塞电池而加速腐蚀，闭塞程度小	通过腐蚀逐渐形成闭塞电池，然后才加速腐蚀，闭塞程度较大

3.6.2 晶间腐蚀

1. 晶间腐蚀的特征

金属材料在特定的腐蚀介质中沿着材料的晶粒边界或晶界附近发生腐蚀，使晶粒之间

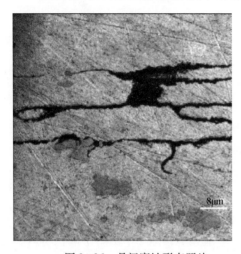

图 3-36 晶间腐蚀形态照片

丧失结合力，是一种局部破坏的腐蚀现象，称为晶间腐蚀，如图 3-36 所示。晶间腐蚀破坏主要发生在金属晶粒的边界上。从外观上看，金属表面没有明显变化，但晶粒间的结合力已大大削弱，严重时材料强度完全丧失，轻轻一击就碎了。不锈钢焊件在其热影响区（敏化温度的范围内）容易引起对晶间腐蚀的敏化。晶间腐蚀常常会转变为沿晶粒的应力腐蚀开裂，从而成为应力腐蚀裂纹的起源。在极端的情况下，可以利用材料的晶间腐蚀过程制造合金粉末。

2. 发生条件

①多晶体的金属和合金本身的晶粒和晶界的结构和化学成分存在差异。

②晶界处的原子排列较为混乱，缺陷和应力集中、位错和空位等在晶界处积累，导致溶质、各类杂质（如 S、P、B、Si 和 C 等）在晶界处吸附和偏析，甚至析出沉淀相（碳化物、（相等），从而导致晶界与晶粒内部的化学成分出现差异，产生了形成腐蚀微电池的物质条件。

③当这样的金属和合金处于特定的腐蚀介质中时，晶界和晶粒本体就会显现出不同的电化学特性。

④在晶界和晶粒构成的腐蚀原电池中，晶界为阳极，晶粒为阴极。由于晶界的面积很小，构成"小阳极 – 大阴极"结构。

3. 影响因素

（1）热处理温度与时间的影响

不锈钢在能够产生晶间腐蚀的电位区是否产生晶间腐蚀以及腐蚀程度如何，都由钢的热处理制度对晶间腐蚀的敏感性决定，即取决于受热的程度、时间的长短和冷却的速度等。

产生晶间腐蚀倾向与加热温度和时间范围的曲线称为温度－时间敏化曲线即TTS曲线（如图3-37所示）。在曲线包络内为晶间腐蚀倾向区，其外部为非晶间腐蚀区。晶间腐蚀与碳化物的析出有关，在高温下（高于750℃），析出的碳化物是孤立的颗粒，高温下Cr也易扩散，所以不产生晶间腐蚀倾向。600～700℃易析出连续的、网状的$Cr_{23}C_6$，晶间腐蚀倾向最大；低于600℃，Cr与C随着温度降低析出变慢，需要更长的时间才能产生碳化物析出；低于450℃，就难以产生晶间腐蚀。

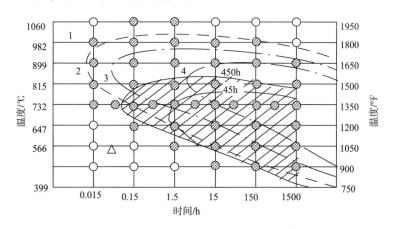

图3-37　1Cr18Ni9钢的温度－时间曲线

（碳化物析出曲线和析出位置以及$H_2SO_4 - CuSO_4$中45h和450h产生的晶间腐蚀区）

1—晶界；2—γ/γ晶界；3—非共格双晶的边界；4—共格的双晶边界

（2）合金成分的影响

①碳。奥氏体不锈钢中碳含量越高，晶间腐蚀倾向越严重，导致晶间腐蚀的碳临界含量为0.2%。

②铬。铬能提高不锈钢抗晶间腐蚀的稳定性。当铬含量较高时，允许增加钢中碳含量。例如，当不锈钢中铬的质量分数从18%增加到22%时，碳的质量分数允许从0.02%增加到0.06%。

③镍。镍增加奥氏体不锈钢晶间腐蚀敏感性。

④钒、铌。它们是强碳化物形成元素，高温时能形成稳定的碳化物，减少了碳在回火时的析出，从而防止铬的贫乏。

4. 晶间腐蚀控制措施

（1）降低含碳量

低碳不锈钢，甚至是超低碳不锈钢，可有效减少碳化物析出造成的晶间腐蚀。一般通过重熔方式将钢中碳的质量分数降至0.03%以下。也可采用AOD法炼制超低碳不锈钢。例如，尿素装置高压容器一般采用超低碳不锈钢316L（OOCr18Ni12Mo2）、25 - 22 - 2（0OCr25Ni22Mo2）。

（2）合金化

加入比碳亲和力大的合金元素，如Ti、Nb等，析出TiC或NbC，避免贫Cr区的形成。

对于含 Ti、Nb 的 18 - 8 不锈钢，在高温下使用，一般都要经过稳定化处理(在常规固溶处理后，还要在 850 ~ 900℃保温 1 ~ 4h，然后空冷至室温，以充分生成 TiC、NbC)。例如，为了提高合成氨装置裂解炉炉管耐高温性能，材料由 HK40 改为加入了 Nb 的 HP50 合金。

(3)适当热处理

含碳量为 0.06% ~ 0.08% 的奥氏体不锈钢，要在 1050 ~ 1100℃进行固溶处理；对具有晶间腐蚀倾向的铁素体不锈钢，如 1Cr17，在 700 ~ 800℃进行退火处理；含钛、铌的钢要进行稳定化处理。

(4)适当的冷加工

在敏化前进行 30% ~ 50% 的冷形变，可以改变碳化物的形核位置，促使沉淀相在晶内滑移带上析出，减少在晶界的析出。

(5)调整钢的成分，形成双相不锈钢

由于相界的能量更低，碳化物择优在相界析出，从而减少了在晶界的沉淀。

3.6.3　选择性腐蚀

广义上来说，所有局部腐蚀都是选择性腐蚀，即腐蚀是在合金的某些部位有选择地发生的。此处所说的选择性腐蚀是一个狭义的概念，指的是从一种固溶体合金表面除去其中某些元素或某一相，其中电位低的金属或相发生优先溶解而被破坏的现象。在二元或三元以上合金中，较贵金属为阴极，较贱金属为阳极，构成腐蚀原电池，较贵金属保持稳定或重新沉淀，而较贱金属发生溶解。比较典型的选择性腐蚀是黄铜脱锌和铸铁的石墨化腐蚀。类似的腐蚀过程还有铝青铜脱铝、磷青铜脱锡、硅青铜脱硅以及钴钨合金脱钨腐蚀等。选择性腐蚀形态如图 3-38 所示。

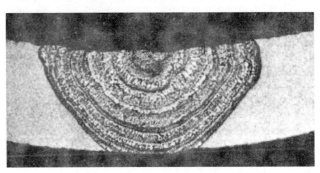

图 3-38　选择性腐蚀形态

第4章　环境腐蚀性

自然环境包括大气、海水、土壤等。而油气管道均是在自然环境中使用的，受自然环境腐蚀的情况最为普遍，造成的经济损失和社会影响也最大。油气管道在运行过程中，由于所接触的介质不同，金属在其中的腐蚀规律不同，采取的防腐蚀措施也不一样。因此，认识和掌握金属管道在自然环境中的腐蚀行为、规律和机理，对于合理地控制油气管道的腐蚀，延长其使用寿命，确保安全生产，降低经济损失具有十分重要的意义。

4.1　大气腐蚀

金属材料暴露在空气中，由于空气中的水和氧的化学和电化学作用而引起的腐蚀，如图4-1所示的照片。大气腐蚀是金属腐蚀中最普遍的一种。各种大气腐蚀若以吨位和损失价值来计算的话，比任何其他单独环境下的腐蚀都要严重。据估计，因大气腐蚀而引起的金属损失，约占总腐蚀损失量的一半以上。大气腐蚀的速度随地理位置、季节而异。

图4-1　暴露于大气中的金属的腐蚀

不同的大气环境，腐蚀程度有明显差别。含有硫化物、氯化物、煤烟、尘埃等杂质的环境中金属腐蚀会大大加重。如钢在海岸上的腐蚀速度要比在沙漠中的大400～500倍，离海岸越近，腐蚀也越严重。又如，一个十万千瓦的火力发电站，每昼夜由烟囱中排出的SO_2就有100t之多，空气对钢、铜、镍、锌、铝等金属腐蚀的速度影响很大。特别是在高湿度情况下，SO_2会大大加速金属的腐蚀。

大气腐蚀基本上属于电化学性腐蚀范围。它是一种液膜下的电化学腐蚀，和浸在电解质溶液内的腐蚀有所不同。由于金属表面上存在着一层饱和氧的电解液薄膜，会使大气腐蚀首先以氧去极化过程进行腐蚀。另一方面，在薄层电解液下很容易造成阳极钝化的适当条件，固体腐蚀产物也常呈层状地沉积在金属表面，因而带来一定的保护性。

我国地域辽阔，有七种气候带。东部主要是东亚季风气候，温湿多雨；西北为内陆干燥气候；青藏高原气候寒冷。由于气候和大气中腐蚀性物质的不同，不同材料的大气腐蚀速度相差很大。我国对大气腐蚀研究非常重视，在典型大气环境中，设立大气腐蚀试验站，积累材料腐蚀数据。目前已遴选整合了覆盖七个气候带，代表了乡村、城镇、工业、海洋四种大气环境的13个大气腐蚀试验站，图4-2为西沙大气腐蚀试验站。

图4-2　西沙大气腐蚀试验站

4.1.1　大气腐蚀类型

全世界在大气中使用的金属材料超过其生产总量的60%。参与大气腐蚀过程的介质主要是氧和水分，其次是二氧化碳。但是当今全球大气中的腐蚀性气体，例如二氧化碳、硫化氢、氯气等却越来越成为大气腐蚀的主要杀手。大气腐蚀还与地域、季节、时间等条件有关，表4-1列出了大气污染物质的主要组成。

表4-1　大气污染物质的主要组成

气体	固体
含硫化合物：SO_2，SO_3，H_2S	灰尘
氯和含氯化合物：Cl_2，HCl	$NaCl$，$CaCO_3$
含氮化合物：NO，NO_2，NH_3，HNO_3	ZnO 金属粉末
含碳化合物：CO，CO_2	氧化物、粉煤尘
其他：有机化合物	

大气腐蚀的分类多种多样。按暴露场地所处地区的环境条件可分为工业性大气、海洋性大气、农村大气、城郊大气等。工业性大气是指在工厂集中的工业区内，被工业性介质（如 SO_2、H_2S、NH_3、煤灰等）污染较严重的大气条件；海洋性大气是指靠海边200m以内的地区，容易受到盐雾污染的大气条件；农村大气是指远离城市的乡村，空气洁净，基本

上是没有被工业性介质及盐雾污染的大气条件；城郊大气是指在城市边缘地区，被工业性介质轻微污染的大气条件。大气还可按气候分成热带、湿热带、温带等类别；也有按水汽在金属表面的附着状态分类的。

从腐蚀条件看，大气的主要成分是水和氧，而大气中水汽是决定大气腐蚀速率和历程的主要因素。因此，可以根据金属表面的潮湿程度（或水汽在金属表面的附着状态）对大气腐蚀进行更为直观的分类。

金属表面的潮湿程度与大气的相对湿度有密切关系。所谓相对湿度，是指在某一温度下，空气中水蒸气含量与该温度下空气中所能容纳水蒸气最大含量的比值（一般以百分比表示），即

$$相对湿度(RH) = \frac{空气中水蒸气的含量}{该温度下空气所能容纳的最大水蒸气含量} \times 100\%$$

不同物质或同一物质的不同表面状态，对大气中水分的吸附能力是不同的。当空气中相对湿度达到某一临界值时，水分在金属表面形成水膜，从而促进电化学腐蚀过程的发展，此时的相对湿度称为金属腐蚀的临界相对湿度。

根据金属表面的潮湿程度或大气的相对湿度，通常把大气腐蚀分成三类，即干的大气腐蚀、潮的大气腐蚀和湿的大气腐蚀。

1. 干的大气腐蚀

干的大气腐蚀也叫干的氧化或低湿度下的腐蚀，即金属表面基本上没有水膜存在时的大气腐蚀，这种腐蚀属于化学腐蚀中的常温氧化。在清洁而又干燥的室温大气中，大多数金属表面生成一层极薄的（1～4nm）氧化膜。在含有微量硫化物的空气中，由于金属硫化物膜的晶格有许多缺陷，它的离子电导和电子电导比金属氧化物大得多，硫化物膜还比氧化物膜厚得多，使铜、银这些金属表面变的晦暗，出现失泽现象。金属失泽和干的氧化作用之间有着密切关系，其膜的成长服从抛物线规律，而膜在室温下的清洁空气中则按对数规律增厚。

2. 潮的大气腐蚀

潮的大气腐蚀是相对湿度在100%以下，金属在肉眼不可见的薄水膜下进行的一种腐蚀。这种水膜是由于毛细管作用、吸附作用或化学凝聚作用而在金属表面上形成的。所以，这类腐蚀是在超过临界相对湿度发生的，如铁在没有被雨、雪淋到时的生锈。

3. 湿的大气腐蚀

这是水分在金属表面上凝聚成肉眼可见的液膜层时的大气腐蚀。当空气相对湿度接近100%或水分（雨、飞沫等）直接落在金属表面上时，就发生这种腐蚀。对于潮的和湿的大气腐蚀都属于电化学腐蚀。由于表面液膜层厚度不同，它们的腐蚀速度也不相同，

4.1.2　大气环境腐蚀性分类

由于大气环境的腐蚀条件对金属材料的腐蚀行为有着重要的影响，因此国际标准组织制定 ISO 9223～9226 标准，根据金属标准试样在环境中自然暴露试验获得的腐蚀速率及综

合环境中大气污染物浓度和金属表面潮湿时间对大气腐蚀进行分类，其总体结构如图4-3所示。

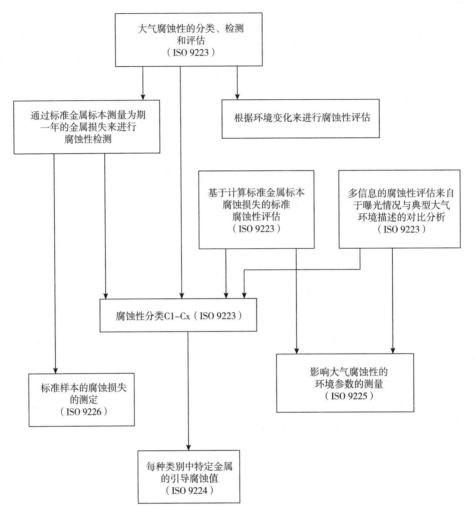

图4-3　金属大气环境腐蚀性的分类标准

按测定金属标准试样腐蚀速率进行分类，将大气腐蚀性分为 C1、C2、C3、C4、C5、CX 即腐蚀性很低、低、中、高、很高、极端6类，如表4-2所示。

表4-2　以不同金属暴露第一年的腐蚀速率进行环境腐蚀性分类

腐蚀类型	金属的腐蚀速率				
	单位	碳钢	锌	铜	铝
C1	g/(m²·a)	$r_{corr} \leqslant 10$	$r_{corr} \leqslant 0.7$	$r_{corr} \leqslant 0.9$	可以忽略
	μm/a	$r_{corr} \leqslant 1.3$	$r_{corr} \leqslant 0.1$	$r_{corr} \leqslant 0.1$	—
C2	g/(m²·a)	$10 < r_{corr} \leqslant 200$	$0.7 < r_{corr} \leqslant 5$	$0.9 < r_{corr} \leqslant 5$	$r_{corr} \leqslant 0.6$
	μm/a	$1.3 < r_{corr} \leqslant 25$	$0.1 < r_{corr} \leqslant 0.7$	$0.1 < r_{corr} \leqslant 0.6$	—

续表

腐蚀类型	金属的腐蚀速率				
	单位	碳钢	锌	铜	铝
C3	$g/(m^2 \cdot a)$	$200 < r_{corr} \leqslant 400$	$5 < r_{corr} \leqslant 15$	$5 < r_{corr} \leqslant 12$	$0.6 < r_{corr} \leqslant 2$
	$\mu m/a$	$25 < r_{corr} \leqslant 50$	$0.7 < r_{corr} \leqslant 2.1$	$0.6 < r_{corr} \leqslant 1.3$	—
C4	$g/(m^2 \cdot a)$	$400 < r_{corr} \leqslant 650$	$15 < r_{corr} \leqslant 30$	$12 < r_{corr} \leqslant 25$	$2 < r_{corr} \leqslant 5$
	$\mu m/a$	$50 < r_{corr} \leqslant 80$	$2.1 < r_{corr} \leqslant 4.2$	$1.3 < r_{corr} \leqslant 2.8$	—
C5	$g/(m^2 \cdot a)$	$650 < r_{corr} \leqslant 1500$	$30 < r_{corr} \leqslant 60$	$25 < r_{corr} \leqslant 50$	$5 < r_{corr} \leqslant 10$
	$\mu m/a$	$80 < r_{corr} \leqslant 200$	$4.2 < r_{corr} \leqslant 8.4$	$2.8 < r_{corr} \leqslant 5.6$	—
CX	$g/(m^2 \cdot a)$	$1500 < r_{corr} \leqslant 5500$	$60 < r_{corr} \leqslant 180$	$50 < r_{corr} \leqslant 90$	$r_{corr} > 10$
	$\mu m/a$	$200 < r_{corr} \leqslant 700$	$8.4 < r_{corr} \leqslant 25$	$5.6 < r_{corr} \leqslant 10$	—

按测定环境中 SO_2 或氯离子的浓度及试样表面潮湿时间进行分类，分别划分污染环境为 P_0，P_1，P_2，P_3 和 S_0，S_1，S_2，S_3 类型（见表4-3、表4-4）。

表4-3　以 SO_2 表示的含硫物质污染的分类

SO_2 沉积速率 $P_d/(mg/(m^2 \cdot d))$	SO_2 浓度/$(\mu g \cdot m^{-3})$	类型
$P_d \leqslant 4$	$P_c \leqslant 5$	P_0
$4 < P_d \leqslant 24$	$5 < P_c \leqslant 30$	P_1
$24 < P_d \leqslant 80$	$30 < P_c \leqslant 90$	P_2
$80 < P_d \leqslant 200$	$90 < P_c \leqslant 250$	P_3

表4-4　以氯化物表示的含盐空气污染的分类

氯化物沉积速率 $S_d/[mg/(m^2 \cdot d)]$	分类	氯化物沉积速率 $S_d/[mg/(m^2 \cdot d)]$	分类
$S \leqslant 3$	S_0	$60 < S_d \leqslant 300$	S_2
$3 < S_d \leqslant 60$	S_1	$300 < S_d \leqslant 1500$	S_3

4.1.3　大气腐蚀机理

金属的表面在潮湿的大气中会吸附一层很薄的湿气层即水膜，当这层水膜达到20~30个分子层厚时，就变成电化学腐蚀所必需的电解液膜。所以在潮和湿的大气条件下，金属的大气腐蚀过程具有电化学腐蚀的本质，是电化学腐蚀的一种特殊形式。金属表面上的这种液膜是由于水分（雨、雪等的直接沉降），或者是由于大气湿度或气温的变动以及其他种种原因引起的凝聚作用而形成的。当金属表面只存在着纯水膜时，因为纯水的导电性较差，还不足以促成强烈的腐蚀，实际上金属发生强烈的大气腐蚀往往是由于薄层水膜中含有水溶性的盐类以及腐蚀性的气体引起的。在实际情况下，随着水分的凝聚，水膜中可能溶入大气中的气体（CO_2，O_2，SO_2 等），还可能落下灰尘、盐类或其他污物。一些产品或金属材料在加工、搬运或使用过程中，还会沾上手汗等，这些都会提高液膜的导电性和腐蚀性，促进腐蚀加速。例如，在低温、潮热、盐雾、风沙等恶劣环境条件下，将会使金属产品产生腐蚀、水解、长霉等现象。

空气中水分的饱和凝结现象也非常普遍。这是由于有些地区，特别是热带、亚热带及大陆性气候地区，气候变化非常剧烈，即使在相对湿度低于100%的气候条件下，也容易造成空气中水分的冷凝。图4-4 示出了能够引起凝露的温度差和空气温度、相对湿度间的关系。由图可知，在空气温度为5~50℃的范围内，当气温剧烈变化达6℃左右时，只要空气相对湿度达到65%~75%左右时就可引起凝露现象。温差越大，引起凝露的相对湿度也会越低。昼夜温差达6℃的气候，在我国各地是常见的，达10℃以上也很多。此外，强烈的日照也会引起剧烈的温差，因而造成水分的凝结现象。即使在中纬度地区的国内各地，向阳面和背阳面的温差达20℃以上的现象也不少见，这样，在日落后的温降过程中水分很容易凝结。

在大气条件下，结构零件之间的间隙和狭缝、氧化物和腐蚀产物及镀层中的孔隙、材料的裂缝，以及落在金属表面上的灰尘和炭粒下的缝隙等，都具有毛细管的特性，它们能促使水分在相对湿度低于100%时发生凝聚。

在相对湿度低于100%，未发生纯粹的物理凝聚之前，由于固体表面对水分子的吸附作用也能形成薄的水膜，这称为吸附凝聚。吸附的水分子层数随相对湿度的增加而增加。吸附的水分子层的厚度也与金属的性质及表面状态有关，一般为几十个分子层厚，如图4-5所示。

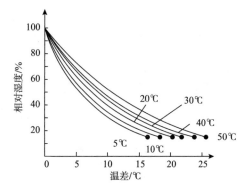

图4-4　在一定温度下，引起凝露的温差与
大气湿度间的关系

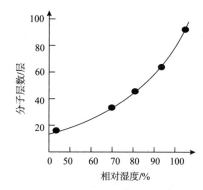

图4-5　空气中相对湿度与金属表面
吸附水膜的关系

当在物质吸附了水分以后，即与水发生化学作用，这种水在物质上的凝聚叫化学凝聚。例如，金属表面落上或生成了吸水性的化合物（$CuSO_4$，$ZnCl_2$，$NaCl$，NH_4NO_3 等），即使盐类已形成溶液，也会使水的凝聚变得容易，因为盐溶液上的水蒸气压力低于纯水的蒸气压力。可见，当金属表面上落上铵盐或钠盐（手汗、盐粒等）时，就特别容易促进腐蚀。在这种情况下，水分在相对湿度70%~80%时便会凝聚，而且又有电解质存在，所以就会加速腐蚀。

①阴极过程。金属发生大气腐蚀时，由于氧很容易到达阴极表面，故阴极过程主要依

靠氧的去极化作用，即氧向阴极表面扩散，作为去极化剂，在阴极进行还原反应。氧的扩散速率控制着阴极上氧的去极化作用的速率，并进而控制着整个腐蚀过程的速率。阴极过程的反应与介质的酸碱性有关，在中性或碱性介质中发生如下反应

$$O_2 + 2H_2O + 4e \longrightarrow 4OH^- \tag{4-1}$$

在酸性介质（如酸雨）中则发生如下的反应

$$O_2 + 4H^+ + 4e \longrightarrow 2H_2O \tag{4-2}$$

由于大气中的阴极去极化剂是多种多样的，因而大气腐蚀也不能排除 O_2 以外的其他阴极去极化剂（如 H^+，SO_2 等）的作用。

②阳极过程。大气腐蚀的阳极过程就是金属作为阳极发生溶解的过程，在大气腐蚀的条件下，阳极过程反应为

$$M + xH_2O \longrightarrow M^{n+} \cdot xH_2O + ne \tag{4-3}$$

式中，M 代表金属；M^{n+} 为 n 价金属离子；$M^{n+} \cdot xH_2O$ 为金属离子化水合物。

一般来讲，随着金属表面电解液膜的减薄，大气腐蚀的阳极过程的阻滞作用增大。其可能的原因包括两个方面：一是当金属表面存在很薄的液膜时，会造成金属离子水化过程较难进行，使阳极过程受到阻滞；另一重要原因是在很薄的液膜条件下，易于促使阳极钝化现象产生，因而使阳极过程受到强烈的阻滞。

总之，极化过程随着大气条件的不同而变化。对于湿的大气腐蚀，腐蚀过程主要受阴极控制，但这种阴极控制已比全浸时大为减弱，并且随着电解液膜的减薄，阳极过程变得困难。可见，随着水膜厚度的变化，不仅表面潮湿程度不同，而且电极过程控制因素也会不同。

大气中腐蚀速率和水膜厚度的关系如图4-6所示。图中Ⅰ区为金属表面上只有几个分子层厚的吸附水膜情况，没有形成连续的电解液，腐蚀速率很小，相当于干大气条件腐蚀，在此条件下发生化学腐蚀。Ⅱ区中，膜开始具有电解质溶液的特点，金属腐蚀性质由化学腐蚀转变为电化学腐蚀，此区域对应于潮的大气腐蚀。腐蚀速率随着膜的增厚而增大，在达到最大腐蚀速率后，进入腐蚀区Ⅲ。Ⅲ区为可见的液膜层下腐蚀，随着液膜厚度进一步增加，氧的扩散变得困难，因而腐蚀速率成下降变化趋势。液膜进一步增厚，就进入Ⅳ区，这与全浸泡在溶液中的行为相同，由于这时氧通过液膜有效扩散层的厚度已经基本上不随液膜厚度的增加而增加了，因此腐蚀速率也只是略有下降。

一般大气环境条件下的腐蚀都是在Ⅱ区和Ⅲ区中进行的，随着气候条件和相应的金属表面状态（氧化物或盐类的附着情况）的变化，各种腐

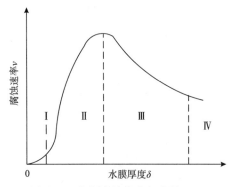

图4-6　大气腐蚀速率与金属
表面水膜厚度的关系
Ⅰ—水膜厚度 $\delta = 1 \sim 10nm$；
Ⅱ—水膜厚度 $\delta = 10nm \sim 1\mu m$；
Ⅲ—水膜厚度 $\delta = 1\mu m \sim 1mm$；
Ⅳ—水膜厚度 $\delta > 1mm$

蚀形式会相互转换。

4.1.4 影响大气腐蚀的因素

大气腐蚀复杂，影响因素颇多，主要包括气候条件、大气中有害杂质及腐蚀产物等影响因素。

1. 气候条件的影响

大气的湿度、气温、日光照射、风向、风速、雨水的 pH 值、各种腐蚀气体沉积速率和浓度、降尘等都对金属的大气腐蚀速率有影响。

（1）大气相对湿度的影响

大气腐蚀强烈地受到大气中水分含量的影响。湿度的波动和大气尘埃中的吸湿性杂质容易引起水分凝结，在含有不同数量污染物的大气中，金属都有一个临界相对湿度。即超过这一临界值，腐蚀速率就会突然猛增；而在临界值以下，腐蚀速率很小或几乎不腐蚀。出现临界值相对湿度，标志着金属表面上产生了一层吸附的电解液膜，这层液膜的存在使金属从化学腐蚀变成了电化学腐蚀，腐蚀大大增强。

一般来说，金属的临界相对湿度在 70% 左右。临界相对湿度随金属种类、金属表面状

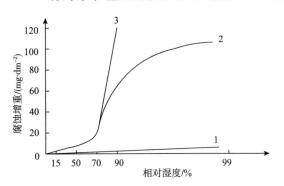

图 4-7　铁的大气腐蚀与空气相对湿度
和空气中 SO_2 杂质的关系

1—纯净空气；2—含体积分数为 0.000 1SO_2 的空气；

3—含体积分数为 0.000 1SO_2 和炭粒的空气

态及环境气氛的不同而有所不同。测试表明，上海地区在 SO_2 污染较重的情况下 $(0.02 \sim 0.1 mg/m^2)$，Al 腐蚀的临界相对湿度为 80% ~ 85%；Cu 约为 60%；钢铁为 50% ~ 70%；Zn 与 Ni 则大于 70%。在大气中，如含有大量的工业气体，或含有易于吸湿的盐类、腐蚀产物、灰尘等情况下，临界相对湿度要低得多。以铁为例（如图 4-7 所示），当大气中有 SO_2 存在时，在相对湿度低于 75% 的情况下，腐蚀速率增加很慢，与洁净空气中的差不多。但当相对湿度达到 75% 左右时，腐蚀速率突然增大，并随着相对湿度增大而进一步增加，且污染情况愈严重，增加趋势愈大。

（2）温度和温度差的影响

空气的温度和温度差也是影响大气腐蚀的主要因素，而且温度差比温度的影响更大，因为它不但影响着水汽的凝聚（见图 4-4），而且还影响着凝聚水膜中气体和盐类的溶解度。对于湿度很高的雨季和湿热带，温度会起较大的作用。一般来说，随着温度的升高，腐蚀加快。

在生产和储存金属产品的车间和库房中应尽可能避免剧烈的温度变化。对于高寒地区或日夜温差较大的地区，可以利用暖气控制温差，并控制相对湿度。当不可避免有剧烈的

温度变化时，则应采用可靠的防锈蚀方法。

（3）日照时间和气温

如果温度较高并且阳光直接照射到金属表面上，由于水膜蒸发速率较快，水膜的厚度迅速减薄，停留时间大为减少。如果新的水膜不能及时形成，则金属腐蚀速率就会下降；如果气温高、湿度大而又能使水膜在金属表面上的停留时间较长，则金属腐蚀速率就会加快。例如，我国长江流域的一些城市在梅雨季节时就是如此。

（4）风向和风速

风向和风速对金属的大气腐蚀影响也很大。在沿海靠近工厂的地区，风将带来多种不同的有害杂质，如盐类、硫化物气体、尘粒等，从海上吹来的风不仅会带来盐分，还会增大空气的湿度，这些情况都会加速金属的腐蚀。

2. 大气中有害物质的影响

大气中有害物质的典型浓度见表4－5。

表4－5　大气杂质的典型浓度

杂质	典型浓度／($\mu g \cdot m^{-3}$)
SO_2	工业区：冬季350，夏季100；乡村区：冬季100，夏季40
SO_3	约为SO_2含量的1%
H_2S	工业区：1.5～90；城市区：0.5～1.7；乡村区：0.15～0.43春季值
NH_3	工业区：4.8；乡村区：2.1
氯化物(空气样品)	工业内地：冬季8.2，夏季2.7；海滨乡村：年平均5.4
氯化物(降雨样品)	工业内地：冬季7.9，夏季5.3；海滨乡村：冬季57，夏季18
烟粒	工业区：冬季250，夏季100；乡村区：冬季60，夏季15(单位 mg/L)

在污染大气的杂质中，SO_2的影响最为严重。实验证明，空气中的SO_2对钢、铜、锌、铝等金属的腐蚀速率影响很大。虽然大气中的SO_2含量很低，但它在水溶液中的溶解度比氧高1300倍，使溶液中SO_2达到很高的浓度，大大加速金属的腐蚀。大气中的SO_2来源于石油、煤燃烧的废气和工厂生产排出的废气等。

SO_2溶于金属表面上的水膜，可反应生成H_2SO_3或H_2SO_4，其pH值可达3～3.5。H_2SO_3是强去极化剂，对大气腐蚀有加速作用，在阴极上去极化反应如下：

$$2H_2SO_3 + 2H^+ + 4e \Longrightarrow S_2O_3^{2-} + 3H_2O \tag{4-4}$$

$$2H_2SO_3 + H^+ + 2e \Longrightarrow HS_2O_4^- + 2H_2O \tag{4-5}$$

上述反应产物的标准电极电位比大多数工业用金属的稳定电位高得多，可使这些金属成为构成腐蚀电池的阳极，而遭受腐蚀。大气中SO_2对Fe的加速腐蚀是一个自催化反应过程，其反应为

$$Fe + SO_2 + O_2 \Longrightarrow FeSO_4 \tag{4-6}$$

$$4FeSO_4 + O_2 + 6H_2O \Longrightarrow 4FeOOH + 4H_2SO_4 \tag{4-7}$$

$$2H_2SO_4 + 2Fe + O_2 \Longrightarrow 2FeSO_4 + 2H_2O \tag{4-8}$$

生成的硫酸亚铁又被水解形成氧化物，重新形成硫酸，硫酸又加速铁的腐蚀，反应生成新的硫酸亚铁，在被水解生成硫酸……如此循环往复而使铁不断被腐蚀。研究表明，碳钢的腐蚀速率与大气中的 SO_2 含量成线性关系增大。

HCl 是一种腐蚀性很强的气体，溶于水膜中生成盐酸，对金属的腐蚀破坏甚大。H_2S 气体在干燥大气中易引起铜、黄铜、银等变色，而在潮湿大气中会加速铜、镍、黄铜、铁和镁的腐蚀。NH_3 极易溶于水膜，增加水膜的 pH 值。这对钢铁有缓蚀作用，但与有色金属生成可溶性的络合物，促进了阳极去极化作用。特别是对铜、锌、镉有强烈的腐蚀作用。

金属受大气中氯化物盐类腐蚀，主要表现在沿海地区受海风吹起的海水形成细雾，这种含盐的细雾称为盐雾。当盐雾降落在金属表面时，由于氯离子的作用，促进金属的腐蚀破坏。氯化物的另一个主要来源是手汗等人体分泌物。一般汗液中，总盐分含量约为 0.5% ~2.5%，水分为 99.5% ~97.5%。

工件热处理后表面附着的残余盐、焊接后的焊药，如果处理不干净也容易引起腐蚀。

3. 固体颗粒、表面状态等因素的影响

空气中含有大量的固体颗粒，它们落在金属表面上会促使金属生锈。当空气中各种灰尘和二氧化硫与水共同作用时，会加速腐蚀。疏松颗粒（如活性炭），由于吸附了 SO_2，会显著增加腐蚀速度。在固体颗粒下的金属表面常发生缝隙腐蚀或点蚀。

一些虽不具有腐蚀性的固体颗粒，由于具有吸附腐蚀性气体的作用，会间接地加速腐蚀。有些固体颗粒虽不具腐蚀性，也不具吸附性，但由于能造成毛细凝聚缝隙，促使金属表面形成电解液薄膜，形成氧浓差电池，从而导致缝隙腐蚀。

金属表面状态对腐蚀速度也有明显的影响。与光洁表面相比，加工粗糙的表面容易吸附尘埃，暴露于空气中的实际面积也比本体面积大，耐蚀性差。已生锈的钢铁表面由于腐蚀产物具有较大的吸湿性，会降低临界相对湿度，其腐蚀速度大于光洁表面的钢铁件，因此应及时除锈。

4. 腐蚀产物膜的影响

腐蚀产物膜在金属表面有一定保护作用，各种金属锈膜结构不同，纯铁上的锈膜为粉状疏松物，腐蚀速度较大，低合金钢锈膜完整致密，附着力好，耐腐蚀。

4.1.5 控制大气腐蚀的方法

控制大气腐蚀的方法很多，主要途径有三种：一是材料选择，可以根据金属制品及构件所处环境的条件及对防腐蚀的要求，选择合适的金属或非金属材料；二是在金属基体表面制备金属、非金属或其他种类的涂层、渗层、镀层；三是改变环境，减少环境的腐蚀性。

1. 提高金属材料自身的耐蚀性

金属或合金材料自身的耐蚀性是金属是否容易遭到腐蚀的最基本因素，合金化是提高金属材料耐大气腐蚀性能的重要技术途径。例如，在普通碳钢的基础上加入适量的 Cr、

Ni、Cu 等元素，可显著改善其大气腐蚀性能。此外，优化热处理工艺，严格控制合金中有害杂质元素的含量也是改进耐蚀性的重要方法，表4-6 为我国生产的部分耐大气腐蚀钢。

表4-6　我国常用的耐大气腐蚀钢

牌号	化学成分(质量分数)/%								
	C	Si	Mn	P	S	Cu	Cr	Ni	其他元素
Q265GNH	≤0.12	0.10~0.40	0.20~0.50	0.07~0.12	≤0.020	0.20~0.45	0.30~0.65	0.25~0.50[e]	a, b
Q295GNH	≤0.12	0.10~0.40	0.20~0.50	0.07~0.12	≤0.020	0.20~0.45	0.30~0.65	0.25~0.50[e]	a, b
Q310GNH	≤0.12	0.25~0.75	0.20~0.50	0.07~0.12	≤0.020	0.20~0.50	0.30~1.25	≤0.65	a, b
Q355GNH	≤0.12	0.20~0.75	≤1.00	0.07~0.15	≤0.020	0.25~0.55	0.30~1.25	≤0.65	a, b
Q235NH	≤0.13[f]	0.10~0.40	0.20~0.60	≤0.030	≤0.030	0.25~0.55	0.40~0.80	≤0.65	a, b
Q295NH	≤0.15	0.10~0.50	0.30~1.00	≤0.030	≤0.030	0.25~0.55	0.40~0.80	≤0.65	a, b
Q355NH	≤0.16	≤0.50	0.50~1.50	≤0.030	≤0.030	0.25~0.55	0.40~0.80	≤0.65	a, b
Q415NH	≤0.12	≤0.65	≤1.10	≤0.025	≤0.030[d]	0.20~0.55	0.30~1.25	≤0.12~0.65[e]	a, b, c
Q460NH	≤0.12	≤0.65	≤1.50	≤0.025	≤0.030[d]	0.20~0.55	0.30~1.25	≤0.12~0.65[e]	a, b, c
Q500NH	≤0.12	≤0.65	≤2.0	≤0.025	≤0.030[d]	0.20~0.55	0.30~1.25	≤0.12~0.65[e]	a, b, c
Q550NH	≤0.16	≤0.65	≤2.0	≤0.025	≤0.030[d]	0.20~0.55	0.30~1.25	≤0.12~0.65[e]	a, b, c

[a] 为了改善钢的性能，可以添加一种或一种以上的微量合金元素，Nb 0.015%~0.060%，V 0.02%~0.12%，Ti 0.02%~0.10%，At≥0.020%，若上述元素组合使用时，应至少保证其中一种元素含量达到上述化学成分的下限规定。

[b] 可以添加下列合金元素：Mo≤0.30%，Zr≤0.15%。

[c] Nb、V、Ti 等三种合金元素的添加总量不应超过0.22%。

[d] 供需双方协商，S 的含量可以不大于0.008%。

[e] 供需双方协商，Ni 含量的下限可不做要求。

[f] 供需双方协商，C 的含量可以不大于0.15%。

2. 采用覆盖保护层

利用涂、镀、渗等覆盖层把金属材料与腐蚀性大气环境有效地隔离，可以达到有效防腐蚀的作用。用于控制大气腐蚀的覆盖层有两类：①长期性覆盖层。例如，渗镀、热喷涂、浸镀、刷镀、电镀、离子注入等；钢铁磷化、发蓝；铜合金、锌、镉的钝化；铝、镁合金氧化或阳极极化；珐琅涂层、陶瓷涂层和油漆涂层等。②暂时性覆盖层，指在零部件或机件开始使用时可以除去（或用溶剂去除）的一些临时性防护层。如各种防锈油、脂，可剥性塑料等。

3. 控制环境

（1）充氮封存

将产品密封在金属或非金属容器内，经抽真空后充入干燥的而纯净的氮气，利用干燥剂使内部保持在相对湿度40%以下，因低水分和缺氧，故金属不易生锈。

（2）采用吸氧剂

在密封容器内控制一定的湿度和露点，以除去大气中的氧，常用的吸氧剂是 Na_2SO_3。

（3）干燥空气封存

亦称控制相对湿度法，是常用的长期封存方法之一。其基本依据是，在相对湿度不超过35%的洁净空气中一般金属不会生锈，非金属不会长霉，因此，必须在密封性良好的包装容器内充以干燥空气或用干燥剂降低容器内的湿度，形成比较干燥的环境。

（4）减少大气污染

开展环境保护，减少大气污染有利于缓解金属材料的大气腐蚀。

4. 使用缓蚀剂

防止大气腐蚀所用的缓蚀剂有油溶性缓蚀剂、气相缓蚀剂和水溶性缓蚀剂。

5. 合理设计和环境保护

防止缝隙中存水，避免落灰，加强环保，减少大气污染。

4.2 水环境腐蚀

水在循环过程中，不仅可能在设备的受热面产生结垢，同时由于水与空气不断接触，大量的氧气和微生物溶于水中造成并促进了金属（主要是钢铁）在淡水中的腐蚀。因此，研究钢铁在淡水中的腐蚀问题，显得特别重要。

4.2.1 淡水腐蚀

1. 淡水腐蚀的特点

淡水中钢铁的电化学腐蚀通常是受溶解氧的去极化作用所控制。电化学反应式如下：

阳极反应

$$Fe \longrightarrow Fe^{2+} + 2e \tag{4-9}$$

阴极反应

$$O_2 + 2H_2O + 4e \longrightarrow 4OH^- （吸氧过程）\qquad(4-10)$$

溶液中

$$Fe^{2+} + 2OH^- \longrightarrow Fe(OH)_2 \qquad(4-11)$$

$$Fe(OH)_2 + O_2 \longrightarrow Fe_2O_3 \cdot H_2O 或 FeOOH \qquad(4-12)$$

2. 影响淡水腐蚀的主要因素

淡水中钢铁的腐蚀受环境因素的影响较大，其中以水的 pH 值、溶解氧浓度、水的流速及水中的溶解盐类、微生物等较为重要。

（1）pH 值对钢铁腐蚀的影响

pH 值对钢铁腐蚀的影响如图 4-8 所示。

当 pH = 4 ~ 10 时，由于溶解氧的扩散速度几乎不变，因而碳钢腐蚀速度也基本保持恒定。

当 pH < 4 时，覆盖层溶解，阴极反应既有吸氧又有析氢过程，腐蚀不再单纯受氧浓度扩散控制，而是两个阴极反应的综合，腐蚀速度显著增大。

当 pH > 10 时，碳钢表面钝化，因而腐蚀速度下降；但当 pH > 10 时，因碱度太大可造成碱腐蚀，所以一般控制在 pH < 11，防止碱在局部浓缩而发生碱脆。

如上所述，碳钢在 pH = 4 ~ 10 范围内的腐蚀为氧浓度差腐蚀，所以凡能加速氧扩散速度促进氧的去极化作用的因素都会加速腐蚀，而能阻滞氧扩散速度减缓氧的去极化作的因素则能抑制腐蚀。对氧的扩散影响较大的因素有温度、溶解氧的浓度及水的水流速度。

（2）温度的影响

水温每升高 10℃，碳钢的腐蚀速度约加快 30%。但是温度的影响对于密闭系统与敞口系统是不同的，在敞开系统中，由于水温不断升高时，溶解氧减少，在80℃左右腐蚀速度达到最大值，此后当温度继续升高时，腐蚀速度反而下降，见图 4-9 中曲线 a，但在密闭系统中，由于氧的浓度不会减少，腐蚀速度与温度保持直线关系，见图 4-9 中曲线 b。

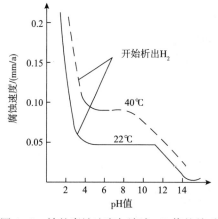

图 4-8　铁的腐蚀速度与溶液 pH 值的关系

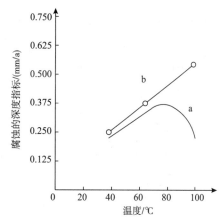

图 4-9　钢在水中的腐蚀速度与温度的关系
曲线 a 为敞口系统；曲线 b 为封闭系统

（3）溶解氧浓度的影响

在淡水中，当溶解氧的浓度较低时，碳钢的腐蚀速度随水中氧浓度的增加而升高；但当水中氧浓度很高且不存在破坏钝态的活性离子时，会使碳钢钝化而使腐蚀速度剧减。

溶解氧对钢铁的腐蚀作用有两个方面：

①氧作为阴极去极化剂把铁氧化成 Fe^{2+} 离子，起促进腐蚀的作用；

②氧使水中的 $Fe(OH)_2$ 氧化为 $Fe(OH)_3$、$Fe_2O_3 \cdot H_2O$ 等的混合物，在铁表面形成氧化膜，在一定条件下起抑制腐蚀的作用。

（4）水流速的影响

一般情况下，水的流速增加，腐蚀速度增加，见图 4-10。但当流速达到一定程度时，

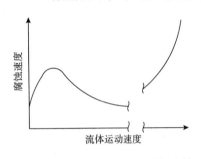

图 4-10　钢铁腐蚀速度与液体流速的关系示意图

由于到达铁表面的氧超过使铁钝化的氧临界浓度而导致铁钝化，腐蚀速度下降；但在极高流速下，钝化膜被冲刷破坏，腐蚀速度又增大。水的流速如能合适，可使系统内氧的浓度均匀，而避免出现沉积物的滞留，可防止氧浓差电池的形成，尤其对活性/钝化型金属影响更大。但实际上不可能简单地通过控制流速来防止腐蚀，这是因为流动水中钢铁的腐蚀还受其表面状态、溶液中杂质含量和温度等影响因素的影响。在含大量 Cl^- 的水中，任何流速也不会产生钝化。

（5）水中溶解盐类的影响

当水中含盐量增加时，溶液电导率增大，使腐蚀速度增加；但当含盐量超过一定浓度后，由于氧的溶解度降低，腐蚀速度反而减小。

从淡水中所含离子性质来看，当含有氧化性金属阳离子，如 Cu^{2+}、Fe^{3+}、Cr^{3+} 等，能起促进阴极过程的作用，因而使腐蚀加速；而一些碱土金属或还原性金属离子，如 Ca^{2+}、Zn^{2+}、Fe^{2+} 等，则具有缓蚀作用。

淡水中含有的阴离子，有的有害。例如，Cl^- 离子是使钢铁特别是不锈钢产生点蚀及应力腐蚀破裂的重要因素之一，其他还有 S^{2-}、ClO^- 等离子。也有的阴离子，如 PO_4^{3-}、NO_2^-、SiO_3^{2-} 等，则有缓蚀作用，它们的盐类常用作缓蚀剂。

当水中 Ca^{2+} 与 HCO_3^- 离子共存时，有抑制腐蚀的效果，这是因为它们在一定条件（例如 pH 值增大或温度上升）下，可在金属与水的界面上生成 $CaCO_3$ 沉淀保护膜，阻止了溶解氧向金属表面扩散，使腐蚀受到抑制。

（6）微生物的影响

微生物会加速钢铁腐蚀，这在冷却水中是不可忽视的因素，微生物对金属的腐蚀主要有以下几种途径。

①厌氧性硫酸盐还原菌。它能在缺氧时还原为 S^{2-} 或 S，即

$$SO_4^{2-} + 8H \xrightarrow{细菌} S^{2-} + 4H_2O \qquad (4-13)$$

其中 H 来自阴极过程的析氢反应：$H^+ + e \longrightarrow H$

$$Fe^{2+} + S^{2-} \longrightarrow FeS \tag{4-14}$$

其中 Fe^{2+} 来自阳极金属溶解过程：$Fe \longrightarrow Fe^{2+} + 2e$

由此可见，这种细菌的活动对阴极、阳极反应都有促进作用，结果增大了两极间的电位差而使钢铁腐蚀更为严重。硫酸盐还原菌能使硫酸盐变为硫化氢从而营造了一个没有氧的还原性环境，产生的硫化氢对一些金属有腐蚀性。

②好氧性硫杆菌。在氧存在时，这种细菌能使 S^{2-} 氧化成 S^{6+}，可以使循环冷却水的 pH 值达到 1 左右，导致金属及水泥结构产生酸性腐蚀，严重时会使水泥结构的冷却塔产生开裂，甚至倒塌。

③铁细菌。铁细菌是好氧菌，其特点是在含铁的水中生长，通常被包裹在铁的化合物中，生成体积很大的红棕色黏性沉积物。这种细菌吸附在钢铁的局部表面，随着微生物对氧的消耗，使氧的浓度不均，造成氧浓差腐蚀。

3. 防止淡水腐蚀的途径

①减少含有氯化物环境中氧的含量，但是当使用某些缓蚀剂(如聚磷酸盐)时，氧的浓度又不能过低。

②用于工业冷却水系统时，应调整和稳定水中溶解盐类的成分；可根据水质具体情况加入一定量的阻垢剂控制结垢，加入适量的缓蚀剂(如锌盐、铬酸盐、磷酸盐等)和杀菌灭藻剂(如杀生剂氯气或季铵盐等)防止腐蚀；这种工艺称为循环水的水质稳定处理。

③采用涂料及镀层保护。

④采用阴极保护。

4.2.2　海水腐蚀现象

海水腐蚀是金属在海水环境中遭受腐蚀而失效破坏的现象，如图 4-11 所示。海洋约占地球面积的 70%，海水中含有腐蚀性很强的天然电解质，从而为电化学腐蚀创造了良好的条件。随着海洋石油工业的发展，海上采油平台，浮式生产设施(FPSO)、海底管线等不断增加，它们都有可能遭受海水腐蚀。

图 4-11　海水中常见金属构件的腐蚀

图 4-12 为某海上油田集输管线图。海底输油(气)管道是海上油(气)田开发生产系统的主要组成部分，是连续输送大量油(气)最快捷、最安全和经济可靠的运输方式。通过海底管道能把海上油(气)田的生产集输和储运系统联系起来，也使海上油(气)田和陆上石

油工业系统联系起来。近几十年来，随着海上油（气）田的不断开发，海底输油（气）管道实际上已经成为广泛应用于海洋石油工业的一种有效运输手段。

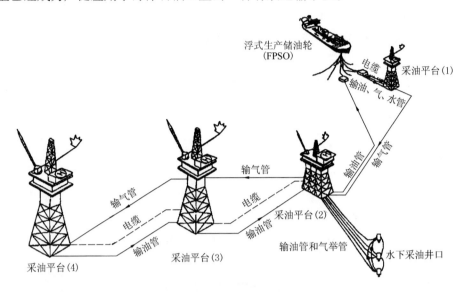

图 4-12　我国南海某油田群的油气集输管线

据资料介绍，经过几十年的不断建设，美国墨西哥湾已经建成长达约 37000km 的海底管道，将该海域 3800 多座大小平台和沿岸的油气处理设施连成一张四通八达的海底管网，为经济有效地开发墨西哥湾的石油资源，发挥了巨大作用。这些管道直径由 51mm（2in）到 1321mm（52in）之间。铺设在几米到数百米水深的海底。在欧洲的北海，近 30 多年来，由于许多大型天然气田的发现和开发，使远距离输送并销售天然气至西欧各国的海底管道建设发展迅速，现已建成上万公里的国际输气管网。

我国海洋石油经过近 20 年的开发，据统计到目前为止，已经建成的海底管道约 2000km，其中渤海 8 个油（气）田建成的海底管道累计约 186km。南海 13 个油（气）田铺设的海底管道累计超过 1000km，其中从海南岛近海某气田至香港的一条直径 711mm（28in）的海底输气管道长达 800km 左右，是我国目前最长的一条海底管道。另外，东海某气田到上海附近铺设的一条输油、一条输气海底管道共 751km，也于 1999 年投入运行。

在 20 世纪 30 年代，Hudson 等人就开始关注海水腐蚀，美国 USS 公司在 1967 生产了含有 Cu—Ni—Cr 的低合金钢。

我国海域辽阔，大陆海岸线长 18000km，6500 多个岛屿的海岸线长 14000km，拥有近 300 万平方公里的海域。海上油气资源非常丰富，建造海洋及滩涂石油开发设施的材料大多数是钢铁。导致这些设施破坏的原因有各种各样，然而，除了事故性的原因外，主要的破坏因素来自于海洋环境，而环境对设施的破坏原因可以大致的归纳为作用力和腐蚀。研究钢铁在海洋及滩涂环境中的腐蚀行为，对采取有效的防腐蚀措施，预防开发设施遭受意外破坏，具有重要的意义。

我国已经建立材料海水腐蚀试验网站，分别分布在我国的黄海、东海和南海，代表不同海域的海洋环境特征。

4.2.3　海水腐蚀因素

海水是丰富的天然电解质，海水中几乎含有地球上所有化学元素的化合物，成分非常复杂。除了含有大量盐类外，海水中还含有溶解氧，海洋生物和腐败的有机物。海水的温度、流速与 pH 值等都对海水腐蚀有很大的影响。

1. 盐含量

海水区别于其他腐蚀环境的一个显著特征是含盐量大。世界性的大洋中，水的成分和含盐度是相对恒定的，而内海的含盐量差别较大，因地区条件的不同而异，例如，地中海的总盐度高达 3.7%～3.9%，而里海为 1.0%～1.5%。海水中主要盐分含量见表 4-7，黄海、渤海海水的主要组成见表 4-8。

表 4-7　海水中主要盐类含量

成分	100g 海水中的含盐量/g	占总盐量/%	成分	100g 海水中的含盐量/g	占总盐量/%
NaCl	2.7213	77.8	K_2SO_4	0.0863	2.5
$MgCl_2$	0.3807	10.9	$CaCO_3$	0.0123	0.3
$MgSO_4$	0.1658	4.7	$MgBr_2$	0.0076	0.2
$CaSO_4$	0.1260	3.6	合计	3.5	100

表 4-8　黄海、渤海沿海海水主要组成　　　　　　　　　　　%

地点		NaCl	$MgCl_2$	$MgSO_4$	$CaSO_4$	全盐量
黄海	貔子窝	2.533	0.239	0.182	0.124	3.078
黄海	胶县	2.392	0.319	0.173	0.13	3.014
渤海	营口	2.373	0.328	0.172	0.148	3.021
渤海	金州	2.441	0.327	0.176	0.135	2.979
渤海	塘沽	2.460	0.348	0.163	0.134	3.105

水中含盐量直接影响到水的导电率和含氧量，因此必然对腐蚀产生影响。随着水中含盐量增加，水的电导率增加而含氧量降低，所以在某一含氧量时将存在一个腐蚀速度的最大值，而海水的含盐量刚好接近腐蚀速度最大时所对应的含盐量。

2. 溶解氧

海水中含有的溶解氧是海水腐蚀的重要因素，因为绝大多数金属在海水中的腐蚀受氧去极化作用控制。海水表面始终与大气接触，而且接触表面积非常大，海水还不断受到波浪的搅拌作用并有剧烈的自然对流。所以，通常海水中含氧量比较高。可以认为，海水的表层已被氧饱和。随着海水中盐浓度增大和温度的升高，海水中溶解的氧量将下降。表 4-9 列举出溶解氧量、海水中盐的浓度与温度之间的关系。由表可见，盐的浓度和温度愈高，氧的溶解度愈小。

表4-9　氧在海水中的溶解度　　　　　　　　　　cm³/L

温度/℃	盐的浓度(质量分数)/%					
	0.0	1.0	2.0	3.0	3.5	4.0
0	10.30	9.65	9.00	8.36	8.04	7.72
10	8.02	7.56	7.09	6.63	6.41	6.18
20	6.57	6.22	5.88	5.52	5.35	5.17
30	5.57	5.27	4.95	4.65	4.50	4.34

图4-13表示了盐的浓度、温度以及溶氧量随海水深度的变化关系。自海平面至80m深，氧含量逐渐减少并达到最低值。这是因为海洋动物要消耗氧气，从海水上层下降的动物尸体发生分解时也要消耗氧气。然而，通过对流形式补充的氧不足以抵消消耗了的氧，所以出现了缺氧层。从80m再降至100m深，溶解氧量又开始上升，并接近海水表层的氧浓度。这是深海海水温度较低、压力较高的缘故。

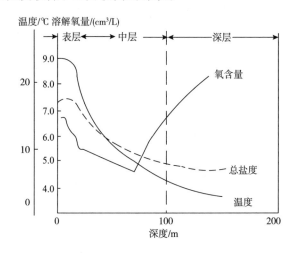

图4-13　海水中盐的浓度、温度、溶解氧随深度变化的关系曲线

表面海水的氧浓度通常与所在海域海水中的氧含量不同。当船舶或海上构筑物表面上附着了海洋动物，其上方的表面海水将缺氧，而CO_2量很高，如果海洋表面上长满了海洋植物时，则氧浓度可高出海中的氧含量。

3. 温度

海水温度随纬度、季节和深度的不同而发生变化。愈靠近赤道(即纬度愈小)，海水的温度愈高，金属腐蚀速度也大。而海水愈深、温度愈低，则腐蚀速度愈小。海水温度每升高10℃，化学反应速度提高大约14%，海水中的金属腐蚀速度将增大1倍。但是，温度升高后氧在海水中的溶解度下降，温度每升高10℃，氧的溶解度约降低20%，引起金属腐蚀速度的减小。此外，温度变化还给海水的生物活性和石灰质水垢沉积层带来影响。由于温度的季节性变化，铁、铜和它们的多种合金在炎热的季节里腐蚀速度较大，表4-10

列出了我国各海域冬夏两季的水温。

表 4-10　我国各海域冬夏两季的水温　　　　　　　　　℃

季节	渤海	黄海	东海	南海
冬季	~0	2~8	9~20	18~26
夏季	24~25	24~26	27~28	28

4. pH 值

海水的 pH 值在 7.2~8.6 之间，接近中性。海水深度增加，pH 值逐渐降低。海水的 pH 值因光合作用而稍有变化。白天，植物消耗 CO_2，影响 pH 值。海面处，海水中的 CO_2 同大气中的 CO_2 相交换，从而改变 CO_2 含量。海水 pH 值远没有含氧量对腐蚀速度的影响大。海水中的 pH 值主要影响钙质水垢沉积，从而影响到海水的腐蚀性。尽管表层海水 pH 值比深处海水高，但由于表层海水含氧量比深处海水高，所以表层海水对钢的腐蚀性比深处海水大。

深海区海水压力增加，反应 $CaCO_3 \rightleftharpoons CaO + CO_2$ 的平衡向生成 CO_2 的方向进行，因而 pH 值减小，不易生成保护性碳酸盐水垢，使金属腐蚀速度增大。

5. 流速

许多金属发生腐蚀时与海水流速有较大关系，尤其是铁、铜等常用金属存在一个临界流速，超过此流速时金属腐蚀明显加快，海水运动易溶入空气，并且促使溶解氧扩散到金属表面，所以流速增大后氧的去极化作用加强，使金属腐蚀速度加快。但钝态金属在高速海水中更能抗腐蚀。海水的流速与碳钢的腐蚀速度之间关系见表 4-11。

表 4-11　碳钢腐蚀速率与海水流速的关系

海水流速/m·s^{-1}	0	1.5	3.0	4.5	6.0	7.5
腐蚀速率/ mg·(cm^2·d)$^{-1}$	0.3	1.1	1.6	1.8	1.9	1.95

浸泡在海水中的钢桩，其各部位的腐蚀速度是不同的。水线附近，特别是在水面以上 0.3~1.0m 的地方由于受到海浪的冲击，供氧特别充分而且腐蚀产物不断被带走，因此该处的腐蚀速度要比全浸部位大 3~4 倍。

6. 海洋生物

金属新鲜表面浸入海水中数小时后表面上即附着一层生物黏泥，便于海洋生物寄生。对金属腐蚀影响最大的是固着生物，它们以黏泥覆盖表面，并牢牢地附着在金属构件表面上，随后便很快长大，并固定不动。微生物腐蚀并非它本身对金属的腐蚀作用，而是微生物生命活动的结果间接地对金属的电化学过程产生影响。微生物生理作用会产生氨、二氧化碳、硫化氢等，这些产物都能使腐蚀加速。

海洋生物如藤壶、牡蛎、海藻等的繁殖和其附着于金属表面以及硫酸盐还原菌的生理

·121·

作用对金属的影响很大。海洋生物的繁殖与季节有关，从五月至十一月是繁殖期。由于植物叶绿素的作用易释放出氧，或是由于动物的生理作用而释放出二氧化碳，使其附近海水的腐蚀速率要比别的时期大。海洋生物在金属表面上的附着，会在附着处形成缝隙，里面氧含量减少成为阳极，结果在金属表面上产生蚀坑。

海底泥下区，由于氧气缺乏、电阻率较大等原因，腐蚀速率一般是各种环境中最小的。但是对于有污染物质和大量有机物沉积的软泥区，由于微生物存在、硫酸盐还原菌繁殖等原因，其腐蚀量也可能达到海水的 2~3 倍。表 4-12 表明海泥中硫酸盐还原菌对钢铁的腐蚀作用。对于部分埋在海底、部分裸露在海水中的金属结构，由于氧浓差电池作用，加快了埋在海底中那部分金属的腐蚀。

表 4-12　硫酸盐还原菌对泥中钢铁腐蚀速率的影响（35℃）　　mg/(dm² · d)

细菌	碳钢	铸铁	不锈钢（1Cr18Ni9）
无菌	1.7	2.0	微量
有菌	37.0	47.5	微量

在辽河油田滩海中测得几项腐蚀因子数据列于表 4-13，供供参考。

表 4-13　海水中腐蚀因子测试结果

水温/℃	盐度/%	pH 值	溶解氧/(mg/L)	氧化一还原电位/mV	硫化物电位/mV	电阻率/Ω · cm
17.0~20.3	3.090~3.227	7.88~8.14	5.0~9.2	10~190	-15~-110	21.03~22.00

注：参比电极为饱和甘汞电极，测试时间为 1994 年 6 月。

4.2.4　海水腐蚀特点

1. 腐蚀特点

海水是典型的电解质溶液，有关电化学腐蚀的基本规律对于海水中金属的腐蚀都适用。海水腐蚀时的电化学过程具有自己的特征，可归纳为以下几方面：

①海水的 pH 值在 7.2~8.6 之间，接近中性，并含有大量溶解氧，因此除了特别活泼的金属，如 Mg 及其合金外，大多数金属和合金在海水中的腐蚀过程都是氧的去极化过程，腐蚀速度由阴极极化控制。

②海水中 Cl⁻ 浓度高，对于钢、铁、锌、镉等金属来说，它们在海水中发生电化学腐蚀时，阳极过程的阻滞作用很小，增加阳极过程阻力对减轻海水腐蚀的效果并不显著。如将一般碳钢制造结构件改用不锈钢，很难达到显著减缓海水腐蚀速度的目的。其原因在于，不锈钢在海水中易因点蚀而遭到破坏。只有通过提高合金表面钝化膜的稳定性，例如添加合金元素铝等，才能减轻 Cl⁻ 对钝化膜的破坏作用，改进材料在海水中的耐蚀性。另外，以金属钛、锗、钽、铌等为基础的合金也能在海水中保持稳定的钝态。

③海水是良好的导电介质，电阻比较小，因此在海水中不仅有微观腐蚀电池的作用，

还有宏观腐蚀电池的作用。在海水中由于异种金属接触引起的电偶腐蚀对金属有重要破坏作用，大多数金属或合金在海水中的电极电势不是一个恒定的数值，而是随着水中溶解氧含量、海水流速、温度以及金属的结构与表面状态等多种因素的变化而变化。表4-14为一些常用金属在充气流动海水中的电势（相对饱和甘汞电极）。

表4-14　一些金属在充气流动海水中的电势

金属	电势/V	金属	电势/V
镁	-1.5	铝黄铜	-0.27
锌	-1.03	铜镍合金(90/10)	-0.26
铝	-0.79	铜镍合金(80/20)	-0.25
镉	-0.70	铜镍合金(70/30)	-0.25
钢	-0.61	镍	-0.14
铅	-0.50	银	-0.13
锡	-0.42	钛	-0.10
黄铜	-0.30	18-8不锈钢(钝态)	-0.08
铜	-0.28	18-8不锈钢(活化态)	-0.53

海水中不同金属之间相接触时，将导致电势较低的金属腐蚀加速，而电势较高的金属腐蚀减缓。海水的流动速度、金属的种类以及阴、阳极面积的大小都是影响电偶腐蚀的因素。例如，在静止或流速不大的海水中，碳钢由于电偶腐蚀，其腐蚀速度增加的程度仅与阴极电极面积大小成比例，而与所接触的阴极金属本性几乎没有关系，碳钢的腐蚀速度由氧去极化控制。而当海水流速很大，氧去极化已不成为腐蚀的主要控制因素时，与碳钢接触的阴极金属极化性能将对腐蚀速度带来明显的影响。碳钢与铜组成电偶时引起腐蚀速度增大的程度要比碳钢与钛相接触时大得多，原因是阴极钛比铜更容易极化。

④海水中金属易发生局部腐蚀破坏，除了上面提到的电偶腐蚀外，常见的破坏形式还有点蚀、缝隙腐蚀、湍流腐蚀和空泡腐蚀等。

⑤不同地区的海水组成及盐的浓度差别不大，因此地理因素在海水腐蚀中显得并不重要。

2. 海水常见腐蚀类型

在海水环境中，最常见的腐蚀类型是电偶腐蚀、点蚀、缝隙腐蚀、冲击腐蚀和空泡腐蚀。

(1)电偶腐蚀

因为海水是一种极好的电解质，电阻率比较小，因此在海水中不仅有微观腐蚀电池的作用，还有宏观腐蚀电池的作用。在海水中由于异种金属接触引起的电偶腐蚀有重要破坏作用。大多数金属或合金在海水中的电极电位不是一个恒定的数值，而是随着水中溶解氧含量、海水的流速、温度以及金属的结构与表面状态等多种因素的变化而变化。

在海水中，不同金属之间的接触，将导致电位较负的金属腐蚀加速，而电位较正的金属腐蚀速度将降低。海水的流动速度、金属的种类以及阴、阳极电极面积的大小都是影响电偶腐蚀的因素。表4-15列出某些金属的接触对低碳钢在海水中腐蚀速率的影响（试件面积为$0.2m^2$，海水温度为10℃，试验时间为18d）。

表4-15　某些金属的接触对低碳钢在海水中腐蚀速率的影响

电偶	海水流动速度为0.15m/s		海水流动速度为2.4m/s	
	腐蚀速率/ $mg \cdot (dm^2 \cdot d)^{-1}$	接触效应/ $mg \cdot (dm^2 \cdot d)^{-1}$	腐蚀速率/ $mg \cdot (dm^2 \cdot d)^{-1}$	接触效应/ $mg \cdot (dm^2 \cdot d)^{-1}$
钢—钢	60	—	170	—
钢—1Cr18Ni9	141	81	195	25
钢—钛	139	79	224	54
钢—铜	119	59	525	335
钢—镍	117	57	607	427

由于1Cr18Ni9、钛、铜、镍在海水中的电位都比钢的电位正，当这几种金属单独或多种与钢接触时都使钢的腐蚀速率加大，所加大的程度即为接触效应。当海水流速较小（0.15m/s）时，金属的腐蚀速率主要由氧扩散控制，而阴极金属的种类所引起的作用较小，即接触效应相差不大。但是当海水流速较大（2.4m/s）时，金属的腐蚀速率不是主要由氧扩散控制，而主要是由相接触的金属来决定，铜或镍对钢腐蚀的加速作用比不锈钢或钛大很多。

为了控制或阻止海水中电偶的加速作用，可以考虑在两种金属连接处加上绝缘层，或者在组成电偶的阴、阳极表面涂上一层不导电的保护层，千万不能只给电偶中的阳极金属上漆，因为阳极涂层的任何破损，都会导致整个阴极面积与微小的阳极（涂层破损处）组成局部腐蚀电池，使阳极很快腐蚀穿孔。在海水中金属间的电偶腐蚀作用距离可达30m或更远，而在海洋大气中电偶腐蚀仅局限在一个很短的距离内，一般不超过25.4mm。

（2）缝隙腐蚀

金属部件在电解质溶液中，由于金属与金属或金属与非金属之间形成缝隙，其宽度足以使介质进入缝隙而又处于停滞状态，使得缝隙内部腐蚀加剧的现象叫做缝隙腐蚀。

如图4-14所示，若缝隙内滞留的海水中的氧为弥合钝化膜中的新裂口而消耗掉的速度大于新鲜氧可从外面扩散进去的速度，则在缝隙下面就有发生快速腐蚀的趋势。腐蚀的驱动力来自氧浓差电池，缝隙外侧同含氧海水接触的表面起阴极作用。因为缝隙下阳极的面积很小，故电流密度或局部腐蚀速率可能是极高的。这种电池一旦形成便很难加以控制。缝隙腐蚀通常在全浸条件下或者在飞溅区最严重。在海洋大气中也发现有缝隙腐蚀。凡属需要充足的氧气不断弥合氧化膜的破裂从而保持钝性的那些金属，在海水中都有对缝隙腐蚀敏感的倾向。

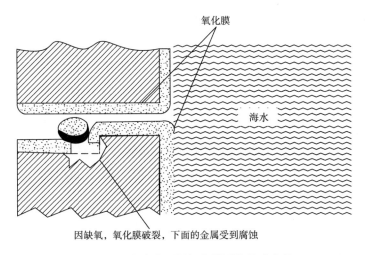

氧化膜

海水

因缺氧，氧化膜破裂，下面的金属受到腐蚀

图4-14 海水中不锈钢密封圈的缝隙腐蚀

图4-15所示的是各种金属对缝隙腐蚀的相对敏感性，可以看出不锈钢和铝金属最敏感。

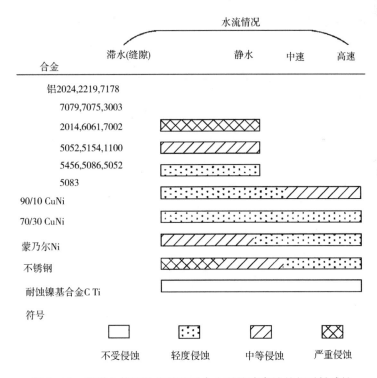

图4-15 海洋中使用的几种重要合金对缝隙腐蚀的相对敏感性

缝隙有些是因设计如密封垫垫圈、铆钉等造成的，也可能是因海洋污损生物(如藤壶或软体动物)栖居在表面所致。

(3)点蚀

暴露在海洋大气中金属的点蚀，可能是由分散的盐粒或大气污染物引起的，表面特性或冶金因素，如夹杂物、保护膜的破裂、偏析和表面缺陷，也可能引起点蚀。

（4）冲击腐蚀

在涡流情况下，常有空气泡卷入海水中，夹带气泡的快速流动的海水冲击金属表面时，保护膜可能被破坏，金属便可能产生局部腐蚀。

（5）空泡腐蚀

在海水温度下，如周围的压力低于海水的蒸气压，海水就会沸腾，产生蒸汽泡，这些蒸汽泡的破裂，反复冲击金属的表面，使其受到局部破坏。金属碎片掉落后，新的活化金属便暴露在腐蚀性的海水中，所以海水中的空泡腐蚀造成的金属损失既有机械损伤又有海水腐蚀。

空泡腐蚀常可用增加海水压力的方法加以控制。

4.2.5 海水腐蚀机理

海洋环境中钢铁的腐蚀特征，人们已经开展了许多富有成果的研究，对它们已有相当的了解。一般地，根据环境介质的差异以及钢铁在这些介质中受到的腐蚀作用不同，海洋腐蚀环境划分为海洋大气区、飞溅区、潮差区、全浸区和海泥区五个区域，如图 4-16 所示。

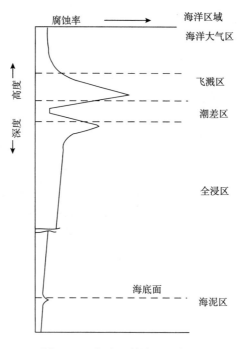

图 4-16　海底立管腐蚀示意图

1. 海洋大气区

海洋大气与内陆大气有显著的不同，它不仅湿度大，容易在物体表面形成水膜，而且其中含有一定数量的盐分，使钢铁表面凝结的水膜和溶解在其中的盐分组成导电性良好的液膜，提供了电化学腐蚀的条件。因此，海洋大气中的腐蚀速度，比内陆地区高4～5倍。

影响海洋大气中钢铁腐蚀的主要因素是大气中盐分的含量和大气的湿度、温度。日晒雨淋和微生物活动也是影响腐蚀的重要因素。随着与海面高度和深入内陆距离的增大，大气中的含盐量下降，腐蚀速度也明显减少。在无强风暴情况下，离岸2km的陆上大气含盐量趋近于0。阳光辐射促进钢表面的光能腐蚀反应，但有时阴面比阳面腐蚀更为严重，这是由于霉菌在阴面更具活性，它们会保持水分和盐分，增强腐蚀性。在不同海域，由于温度不同，大气含盐量不一样，腐蚀会有很大差异。例如，我国南海的海洋平台，其大气腐蚀比渤海要严重得多。

与其他区域相比，海洋大气中的钢铁腐蚀是比较均匀的。

2. 飞溅区

飞溅区位于高潮位上方，因经常受海浪泼溅而得名，又称浪花飞溅区。飞溅区范围的大小因不同海域的条件不同有很大差别。飞溅区中钢铁构件的表面经常是潮湿的，并且又与空气接触，供氧充足，因此，也为海洋石油开发腐蚀最为严重的区域。不少文献都指出，碳钢在飞溅区的腐蚀速度达到甚至超过0.5mm/a，并且腐蚀表面极不均匀。

影响飞溅区腐蚀的因素有阳光、漂浮物等。在恶劣的海况下，浪高流急，不仅使飞溅区范围增大，而且对钢铁表面的冲击力也增大，破坏保护层。水中漂浮物随波浪拍击结构物，引起机械损伤。不同海域的海浪高度相差很大，气温和水温也很不一样，因此，飞溅区腐蚀在不同海域差别很大。

当海浪拍击结构物时，混在海水中的气泡与结构物表面撞击而破裂形成"空泡"现象，对结构物有很大的破坏作用。在设计飞溅区保护层时，应该引起注意。

3. 潮差区

高潮位和低潮位之间的区域为潮差区。位于潮差区的海洋结构物构件，由于经常出没于海水，和饱和了空气的海水相接触，会受到严重的腐蚀。碳钢在潮差区的腐蚀速度受海洋生物附着和气温因素的影响。在高潮位附近，腐蚀类似于飞溅区，要特别注意防护。当采用单独的小试片进行挂片实验时，钢铁在潮差区的腐蚀速度要比全浸区高得多。但是如果试样是连续的长尺，则情况却不一样，潮差区的腐蚀速度却比全浸区要小。出现这种情况的原因是由于在连续的钢表面上，潮差区的水膜富氧，全浸区相对地缺氧，因此形成氧浓差电池，潮差区电位较正为阴极，腐蚀较轻。对于不连续的试件（短尺），由于不存在电连接，即便自然腐蚀电位有所差异，但不能组成腐蚀大电池，钢的腐蚀情况与长尺不一样。立管结构是上下连续的，与长尺腐蚀试件模拟的工况类似，其潮差区受到的腐蚀比全浸区轻。

4. 全浸区

长期浸没在海水中的钢铁，比在淡水中腐蚀要严重，其腐蚀速度0.07～0.18mm/a。海水中的溶解氧、盐度、pH值、流速、海生物对全浸区的腐蚀都有影响，尤其以溶解氧和盐度影响程度最大。较大的海洋流速，不断地给钢铁表面供氧，同时冲走腐蚀产物，加速钢铁的腐蚀。海水中温度对钢铁腐蚀的影响是相当复杂的。有人指出，温度每升高10℃，腐蚀速度会提高30%，甚至一倍。但是温度升高后，海水中溶解氧量降低，石灰质垢较易形成，腐蚀速度减小，这些影响现在还没有一致的定量评价。一般来说，20m水深以内的海水较深层海水具有较强的腐蚀性，因为浅水中溶解氧趋于饱和，而且温度高、流速大。深层海水温度较低，含氧量少，流速也低，腐蚀性较低。另一方面，浅层海水中附着的生物和石灰质垢，对钢铁有一定的保护作用，而深层海水中$CaCO_3$低于饱和，pH值又较低，在阴极保护状态下，也不易形成碳酸盐保护层。

值得注意的是，开发滩涂和极浅海洋石油时，在淡水和海水交会区域，往往腐蚀环境更为复杂。在进行工程设计之前应进行水质调查，了解盐度、溶解氧、生物活动、污染情况等等，以便确定防腐对策。

5. 海泥区

海底泥沙和滩涂泥沙是很复杂的沉积物，尤其是有污染和大量有机质沉积的软泥，更是如此。截至目前，关于海泥区的腐蚀研究很不充分。一般认为，由于缺氧和电阻率较大等原因，海泥区中钢铁的腐蚀速度要比海水中低一些，随着深度的增加，腐蚀降低。在辽河湾营口和兴城滩涂埋片2年取得的数据表明，钢铁的腐蚀速度在$0.02\sim0.07mm/a$。其趋势是疏松沙土比黏土腐蚀严重，腐蚀速度随着深度的增加而减轻。

海泥区影响钢铁腐蚀的主要因素有微生物、电阻率、沉积物类型、温度等。海泥中的硫酸盐还原菌(SBR)对腐蚀起着极其重要的作用，一些研究结果表明，在SRB大量繁殖的海泥中，钢铁腐蚀速度比无菌海泥要高出10多倍，甚至比海水中高出$2\sim3$倍。海泥中的电阻率一般在几十到几百$\Omega\cdot cm$之间，相对陆地土壤而言，是特别强的腐蚀环境。电阻率的差异对宏观腐蚀起着重要作用，沉积物颗粒越粗，越有利于透水和氧的扩散，腐蚀性越强。温度对海泥区的腐蚀性也有很大的作用，其影响程度与海水中相似。

如同潮差区和全浸区一样，在全浸区与海泥区之间也会形成氧浓差电池。当海管穿过海水和海泥时，泥线以下的钢铁由于缺氧而成为阳极会加速腐蚀。滩涂上的结构物没有全浸区，只有潮水上涨时，被海水浸泡的结构才会与海泥中的结构部分形成腐蚀大电池。

4.2.6 防止海水腐蚀的措施

1. 合理选材

表4-16为部分金属在海水中的耐蚀性。钛及镍铬铝合金的耐蚀性最好，铸铁和碳钢较差，铜基合金如铝青铜、铜镍合金也较耐蚀。不锈钢虽耐均匀腐蚀，但易产生点蚀。

表4-16 金属材料耐海水腐蚀性能

合金	全浸区腐蚀率/ mm·a⁻¹		潮差区腐蚀率/ mm·a⁻¹		冲击腐蚀性能
	平均	最大	平均	最大	
低碳钢(无氧化皮)	0.12	0.40	0.3	0.5	劣
低碳钢(有氧化皮)	0.09	0.90	0.2	1.0	劣
普通铸铁	0.15		0.4		劣
铜(冷轧)	0.04	0.08	0.02	0.18	不好
黄铜(含质量分数10%Z)	0.04	0.05	0.03		不好
黄铜(70Zn-30Zn)	0.05				满意
黄铜(22Zn-2Al-0.02As)	0.02	0.18			良好
黄铜(20Zn-1Sn-0.02As)	0.04				满意
黄铜(60Cu-40Zn)	0.06	脱Zn	0.02	脱Zn	良好
青铜(Sn质量分数5%-0.1P)	0.03	0.1			良好
铝青铜(Al质量5%和Si质量分数2%)	0.03	0.08	0.01	0.05	良好
铜镍合金(70Cu-30Ni)	0.003	0.03	0.05	0.3	质量分数0.15Fe,良好 质量分数0.45Fe,优秀
镍	0.02	0.1	0.4		良好
蒙乃尔[65Ni-31Cu-4(Fe+Mn)]	0.03	0.2	0.5	0.25	良好
因科镍尔合金(80Ni-13Cr)	0.005	0.1			良好
哈式合金(53Ni-19Mo-17Cr)	0.001	0.001			优秀
Cr13		0.28			满意
Cr17		0.20			满意
Cr18Ni9		0.18			良好
Cr28-Ni20		0.02			良好
Zn(质量分数99.5%)	0.028	0.03			良好
Ti	0.00	0.00	0.0	0.00	优秀

2. 电化学保护

阴极保护是防止海水腐蚀常用的方法之一,但只是在全浸区才有效。可在船底或海水中金属结构上安装牺牲阳极,也可采用外加电流的阴极保护法。

3. 涂层保护

防止海水腐蚀最普通的方法是采用油漆层,或采用防止生物沾污的防污涂层。这种防污涂层是一种含有 Cu_2O、HgO、有机锡及有机铅等毒性物质的涂料。涂在金属表面后,在海水中能溶解扩散,以散发毒性来抵抗并杀死停留在金属表面上的海洋生物,这样可减少或防止因海洋生物造成的缝隙腐蚀。

4. 腐蚀区域的特殊保护

根据滩海的不同腐蚀环境,在每个区域可采用一种或多种防腐蚀方法来达到最佳的保护效果。

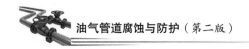

（1）滩涂区

滩涂区的防腐蚀应采用阴极保护与涂层联合保护。

（2）海洋大气区

海洋大气区的防腐蚀多采用涂层保护，也可采用镀层保护或喷涂金属层保护。

在结构设计时，应尽量采用无缝、光滑的管形构件，选材时，应选用耐大气腐蚀的材料，如海上平台的生活模块应尽量采用铝合金、工程塑料及其他非金属材料；导管架、甲板、支撑件和钢桩应选用类似于 ASTM A537CLI 钢较为合适。

（3）飞溅区特殊保护

海洋金属构件，飞溅区的腐蚀是最为严重的。当其他方法还不能确保成功之前，增加结构壁厚或附加"防腐蚀钢板"是飞溅区有效的防腐蚀措施，至今，为了防止腐蚀失效，有关规范仍要求飞溅区结构要有防腐蚀钢板保护，厚度达到 13～19mm，并且要用防腐层或包覆层保护。

含有玻璃鳞片或玻璃纤维的有机防腐层可以用来对飞溅区结构进行保护，其膜厚度为 1～5mm，厚度为 250～500μm 的重防腐涂层在平台飞溅区也能维持较长的时间。

比较经典的防腐措施是使用包覆层。70/30Ni－Cu 合金或 90/10Cu－Ni 合金已有较长的使用历史。用箍扎或焊接的方法把这种耐蚀合金包覆在飞溅区的平台构件上，有很好的防腐蚀作用。然而由于易受冲击破坏，并且材料和施工费用较高，现已较少采用。包覆 6～16mm 的硫化氯丁橡胶效果也很好，但不能在施工现场涂敷，应用受到一定的限制。

热涂层在海洋大气中有很好的防腐效果，在飞溅区也有较长的防腐寿命。通常在其表面上要涂封闭层。

对飞溅区进行保护时，必须清楚金属构件周围的风浪情况，准确确定飞溅区的范围。

（4）全浸区

全浸区的防腐蚀应采用阴极保护与涂层联合保护或单独采用阴极保护。当单独采用阴极保护时，应考虑施工期的防腐蚀措施。

在结构设计上，形状应尽量简单，宜选用环形断面，避免 L 形、T 形断面，不要设螺栓或铆钉。焊接要采用连续焊，焊缝质量要特别重视。结构设计还要尽量避免产生电流屏蔽现象，施工完毕后不需要的管子应尽量拆除。

4.3 土壤腐蚀

4.3.1 土壤腐蚀性及影响因素

1. 土壤腐蚀和国内外研究状况

（1）土壤腐蚀性

土壤环境中的材料腐蚀问题不仅是腐蚀科学研究领域中的一个重要课题，而且也是地下工程应用所急需解决的一个实际问题。众所周知，土壤是一个由气、液、固三相物质构成的复杂系统，其中还生存着数量不等的若干种土壤微生物，土壤微生物的新陈代谢产物也会对材料产生腐蚀。有时还存在杂散电流的腐蚀问题。因此，在材料的土壤腐蚀研究领域中，土壤腐蚀这一概念是指土壤的不同组分和性质对材料的腐蚀，土壤使材料产生腐蚀的性能称土壤腐蚀性。本节主要介绍金属在土壤的作用下所产生的腐蚀，如埋在地下的水管线、蒸汽管线、石油输送管线等金属管道，由于土壤中存在的水分、杂散电流和微生物的作用，都会遭受腐蚀，如图4-17所示。

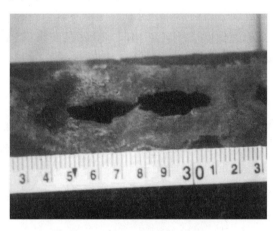

图4-17 地下管道土壤腐蚀

土壤腐蚀性不是用一个简单的量就可以表达出来的，也不是从土壤中很容易测得的，它与许多因素有关，而且随时间变化。同时，某一种类型土壤的腐蚀性还与被测材料有关。因此，一般人们所说的土壤腐蚀性，主要指对碳钢而言的，对其他埋地材料的土壤腐蚀性，还不能完全照用土壤腐蚀性数据，必须要进行长期的土壤腐蚀试验，积累数据，找出其相互关系和规律性。由此可以看出，土壤腐蚀性的研究工作是长期的、大量的、连续的实验研究工作。

从以上分析不难看出，土壤腐蚀性不能单独由土壤物理化学性能来决定，还与被测材料及两者相互作用的性质密切相关。因此，研究工作者除了注意土壤性质的分析外，还要注意被测试材料的性质，材料在土壤环境中的化学和电化学的反应，以及反应生成物的性质等，这样才能较全面地掌握土壤腐蚀性研究内容，较正确的理解土壤腐蚀性的概念。

（2）国内外研究状况

世界上工业发达国家对土壤环境下材料腐蚀的研究非常重视。从1982~1983年的统计表明，世界上有关地下腐蚀方面的文章已达1100多篇，这些文章目录发表在Materials Performance杂志上。美国是土壤腐蚀性研究开展最早的国家，从1910年开始，陆续在全国建立起128个试验点，历经45年，取得333种材料，36500个试件的土壤腐蚀数据，对碳钢、铸铁、铝、铅、铜及非金属材料的腐蚀规律进行了总结。20世纪70年代又进行了不锈钢的土壤腐蚀研究。现在，美国的NBS和贝尔实验室还在从事土壤腐蚀的研究工作。前苏联在20世纪30年代就开始了地下腐蚀的研究，20世纪四五十年代，在土壤腐蚀与防护方面开展了大量的试验工作。他们的工作更具有理论性，从电化学方面对土壤腐蚀规律作了全面地分析和总结。英国、澳大利亚、瑞典、德国和日本等也都进行了大量的土壤腐蚀试验和规律的研究工作。

我国地域广阔，土壤类型多达 40 多种。土壤性质呈地带性分布，在东部湿润、半湿润地区，表现为自南向北随着气温带而变化的规律，大体上说热带为砖红壤，南亚热带为赤红壤，中亚热带为红壤和黄壤，北亚热带为黄棕壤和黄褐土，暖温带为棕壤和褐土，温带为暗棕壤，寒温带为漂灰土，其分布与纬度基本一致。由于气候条件不同，生物因素的特点也不同，对土壤的形成和分布必然带来重大的影响。土壤的 pH 值从酸性、中性到碱性，分布不同。土壤的其他理化性质也各不相同。我国的土壤腐蚀研究工作，开展较晚，直到 1958 年才开始材料土壤腐蚀试验工作，在全国不同类型土壤中建立了 19 个试验站，从 1959 ~ 1961 年，埋藏碳钢、铅、电缆、塑料及混凝土试件 4349 件，对 1964 年前和 1983 年后的数据进行了分析研究，积累了一些材料土壤腐蚀数据，并于 1987 年和 1992 年分别出版《全国土壤腐蚀试验网站资料选编》（一、二集）。目前由原来的试验站中遴选整合出代表我国典型土壤环境的 8 个试验站，分布在 8 个省市，从南到北从西到东，全面考虑到了国家重点建设地区腐蚀性比较强的主要土壤种类，如酸性土、滨海盐土、内陆盐渍土等土壤环境。

2. 土壤腐蚀影响因素

土壤腐蚀性的影响因素众多，研究各主要影响因素的作用及其之间的交互作用是对各类土壤腐蚀性的评价、分类和预测的基础。

（1）被测材料（碳钢）

一般来说，碳钢的成分对土壤腐蚀性的影响不大，影响较大的是金属材料本身的相结构和组织等，如碳钢的焊缝及其热影响区的土壤腐蚀较重，此外，材料中的夹杂物周围和晶界常常产生优先腐蚀。

（2）土壤电阻率

土壤电阻率是一个综合性因素，是土壤介质导电能力的反映，因此，土壤电阻率是一个研究最多的重要影响因素。如果 R 是导电材料的电阻，L 为长度，A 为横截面积，那么电阻率 ρ 可以用下式表示：

$$\rho = \frac{RA}{L} \tag{4-15}$$

电阻率单位是欧姆与长度单位的乘积，通常采用 $\Omega \cdot cm$ 或 $\Omega \cdot m$ 表示。

一般来说，对于宏腐蚀电池起主导作用的地下腐蚀，特别是阴极与阳极相距较远时，电阻率起着主导作用，但当微腐蚀电池起主导作用时，由于阴阳两极处于同一地点，它们之间的土壤电阻可以不计，所以，这种类型的腐蚀不是由电阻率起决定作用，而是其他因素起主要作用。由此可以了解到影响材料土壤腐蚀的因素不是单一的，而是多个因素的综合作用结果。

不少学者认为，土壤表观电导（E_{ca}）由两部分组成，一个是液相表观电导（E_{cb}）；另一个是表面表观电导(E_{cs})，前者由液相中离子导电，后者由固相中离子(主要指土壤颗粒表面交换性离子)导电。土壤表观电导为：

$$E_{ca} = E_{cb} + E_{cs} \tag{4-16}$$

E_{cb}与以下几个因素有关：土壤溶液实际电导率E_{cw}，土壤含水量H，土壤几何因素T。上式可以写成

$$E_{ca} = E_{cw} \cdot H \cdot T + E_{cs} \tag{4-17}$$

所以土壤含水量、含盐量、土壤质地等都将影响到E_{ca}的变化。

土壤含水量对电阻率(电导的倒数)的影响不是单调变化的。当土壤含水未饱和时，土壤电阻率随含水量的增加而减少，当达到饱和时，由于土壤孔隙中的空气被水所填满，含水量再增加时，因为稀释效应，电阻率有所增加。

土壤含盐量也是影响电阻率的一个因素。一般土壤含盐量较低，当土壤中的含盐量增加时，其电阻率明显降低。

土壤质地是影响电阻率的另一个重要因素。土壤质地也称机械组成(即由砂粒、粉粒、黏粒组成，土壤的矿物颗粒大小，以及有机质组成的比例)，含黏粒比例高的土壤电阻率低，含沙粒比较大且比例又高的土壤电阻率高。

土壤温度对电阻率的影响也是明显的，温度每相差1℃，土壤电阻率约变化2%，随着地理纬度、海拔、高度以及气候条件、季节和昼夜的不同，土壤温度波动很大。全国土壤腐蚀网站沈阳中心站试验结果表明，土壤电阻率随着季节变化很大，在冬季电阻率变得最大。随着温度的降低，电阻率迅速地升高。这可能与冬天土壤中水分冻结有关。

（3）土壤氧化还原电位

将土壤作为一种腐蚀性介质来研究，必须对该介质中存在的许多氧化剂和还原剂以及在复杂的化学和生物化学反应中存在的氧化还原反应给予足够的重视。

氧化还原电位是一个综合反映土壤介质氧化还原程度的强度指标。当土壤介质呈现出较高的氧化还原电位时，表明该介质氧化剂占主导地位，土壤介质的氧化性强；氧化还原电位低时，则表明该介质的还原剂占优势，土壤介质的还原性强。

如果土壤介质的pH在5.5~8.5范围内，氧化还原电位愈低，表明土壤中微生物对金属的腐蚀作用愈强，反之亦然。因此，借助土壤氧化还原电位的测量，对有机质高的土壤介质微生物腐蚀进行预测。

影响土壤介质氧化还原电位的主要因素，除了土壤的有机质和pH值外，就是土壤中氧的含量。因为对金属材料产生腐蚀的主要氧化剂就是氧。当土壤透气性好，氧含量较高，土壤介质处于强氧化条件，土壤对金属材料腐蚀加速，当土壤中含有机质高，黏性大时，土壤的透气性差，氧含量很低，则土壤介质处于还原性较强的条件，土壤对金属材料腐蚀减慢。

土壤的透气性通常用孔隙度来表示。土壤孔隙度是指土壤孔隙的体积与整个土壤体积的百分比。因此，土壤质地的松紧程度，表明土壤的孔隙多少。砂质土壤透气性较好，水分不易保存，而黏质土壤透气性差，排水性也差。由于氧在水中的溶解度很低，主要分布

在孔隙的气体中，因此，土壤含水量的增加将导致土壤含氧量的降低。由此可见，土壤的透气性能是土壤氧化还原电位的主要影响因素。

土壤有机质是微生物生活的源泉，在合适的温度及含水量条件下，土壤微生物活动增强。微生物新陈代谢可以消耗氧，可以降低氧化还原电位，因此，可以用氧化还原电位作为微生物腐蚀的一个指标。然而，从我国土壤腐蚀试验网站的结果来看，测出的氧化还原电位(Eh_7)值与土壤介质中的微生物数量没有很好的对应关系。目前看来，单独用Eh_7指标衡量微生物对材料腐蚀的强弱值得进一步研究。

此外，土壤中还有很多氧化剂和还原剂参与氧化还原反应。例如，在长期水饱和的土壤中，氢气积累较多，成为强烈的还原剂。所以，土壤中的氧化还原动态过程是非常复杂的。

（4）土壤盐分

土壤中的盐分对材料腐蚀的影响，从电化学角度讲，除了对土壤腐蚀介质的导电过程起作用外，还参与电化学反应，从而对土壤腐蚀性有一定的影响。土壤中可溶盐含量一般在2%以内，很少超过5%。由于它是电解液的主要成分，所以土壤介质中含盐量与土壤电阻率有明显的反相关系，即土壤含盐量愈高，土壤电阻率愈低，土壤腐蚀性愈强。含盐量还能影响到土壤溶液中氧的溶解度，含盐量高，氧气溶解度就会下降，于是削弱了土壤腐蚀的电化学阴极过程，同时还会影响土壤中金属的电极电位。

土壤中可溶性盐的种类很多，但不同类型的盐分对腐蚀作用不完全相同，除了讨论含盐量多少的作用外，还要对土壤腐蚀性作用较大的个别离子加以说明。土壤中的阴离子对金属腐蚀的影响大，因为阴离子对土壤腐蚀电化学过程有直接的关系。

Cl^-对金属材料的钝性破坏较大，促进土壤腐蚀的阳极过程，并能渗透金属腐蚀层，与钢铁反应生成可溶性腐蚀产物，所以，土壤中Cl^-含量愈高，土壤腐蚀性愈强，Cl^-是土壤中腐蚀性最强的一种阴离子，这一点在土壤腐蚀性调查中已经得到证实。

SO_4^{2-}不仅对钢铁腐蚀有促进作用，对某些混凝土材料的腐蚀也是很显著的。对于铅的腐蚀，SO_4^{2-}有抑制作用。硫离子会与钢铁反应，生成硫化亚铁，主要与硫酸盐还原菌的生命活动有关。

CO_3^{2-}及HCO_3^-对碳钢的腐蚀有较重要的作用，但两者的作用稍有不同。因为CO_3^{2-}与Ca^{2+}形成$CaCO_3$，它与土壤中的砂粒结合成坚固的"混凝土"层，使腐蚀产物不易剥离，抑制了电化学反应的阳极过程，对腐蚀起阻碍作用。银耀德等人对碳钢局部腐蚀产物分析发现，$FeCO_3$占用相当的比例，并对CO_3^{2-}在土壤中的作用进行了详细的分析。而由HCO_3^-形成的$NaHCO_3$没有这种阻碍作用。

土壤中阳性离子有K^+、Na^+、Ca^{2+}、Mg^{2+}、Al^{3+}等，这些离子除了起导电的作用外，并不直接影响土壤腐蚀的电极过程，因而对土壤腐蚀性的影响不大。其中Ca^{2+}的影响比较特殊，它在中、碱性土壤中，尤其是在含有丰富碳酸盐的土壤中，能形成不溶性碳酸钙，从而阻止电化学阳极过程，降低土壤腐蚀性。

总之，土壤介质中含盐量的多少，以及阴离子的种类及含量都会影响土壤腐蚀性。

（5）土壤含水量

水分是使土壤成为电解质，造成电化学腐蚀的先决条件。如果土壤中含水量极低，土壤腐蚀将成为以化学反应为主的腐蚀过程，当然这种情况是极少见的。因为土壤是一种胶体物质，它的吸收和保持水分子的能力很强，这也是人们把土壤介质作为电解质来进行研究的主要出发点。

国内外一些学者的研究结果表明，土壤含水量对铅和钢腐蚀率的影响都存在一个最大值。当含水量低时腐蚀率随着含水量的增加而增加，达到某一个含水量，材料的腐蚀率最大，再增加含水量，其腐蚀率反而下降。如果把土壤介质中的金属腐蚀看作一个腐蚀电池的话，在含水量比较低时，含水量增加，使腐蚀电池回路电阻变小，腐蚀性增加，直到某一临界值，土壤中可溶性盐全部溶解，回路电阻达到最小。进一步提高含水量，则可溶性盐浓度降低，土壤胶粒膨胀，孔隙变小，阴极过程受阻，土壤腐蚀性降低。

当然，在金属腐蚀过程中，氧是一个不可缺少的因素。由于土壤介质中水含量的增加，土壤中的孔隙被水充满，透气能力下降，氧的去极化作用减慢，土壤腐蚀性也会降低。可以看出，土壤中的水与氧是此升彼降的关系，只有两者达到一个合适的比例，土壤腐蚀性才能达到最大值。

土壤的含水量不仅依赖于降雨量，而且还取决于土壤保持水分的能力，例如蒸发和渗漏等，这些又决定于土壤的理化性质，尤其是胶体的性质，土壤含水量不是固定不变的，它是一个时间函数，并受季节的影响。一般来说，含水量交替变化也会使土壤腐蚀性增强。可见，土壤含水量对土壤腐蚀性的影响是非常复杂的，也是非常重要的。

（6）土壤含气量

从上面的分析中，不难看出氧是金属腐蚀不可缺少的一个主要因素，它直接关系到土壤腐蚀阴极过程的顺利与否，也关系到金属成膜的难易程度，从而间接地影响到阳极过程。因为氧的去极化作用是随着氧含量的增加而加快的。即

$$O_2 + 2H_2O + 4e \longrightarrow 4OH^- \tag{4-18}$$

氧的来源主要是空气的渗透，因此，土壤的透气性好坏直接与土壤的孔隙度、松紧度、土粒结构有密切的关系，特别是大小孔隙的比例显著地影响土壤的透气性能。在紧密的土壤中氧传递比较困难，土壤腐蚀的阴极过程减慢；在疏松的土壤中，氧传递较快，则氧的去极化作用增强。在一定的范围内，腐蚀率随着土粒体积的增大而增加，随着微细胶状粒子的增加而下降。

土壤中的含气量通过改变电化学阴阳极反应速度，间接地影响土壤的腐蚀过程，同时它还影响土壤中金属腐蚀电极电位，从而影响土壤的腐蚀性。

土壤含气率是指单位体积的土壤中，孔隙中气体体积占有的比率。可以看出，土壤的含气率与土壤容重和含水量有密切的相关性。土壤容重愈小，土壤含水量愈低，土壤的含气量愈高。所以土壤的含气量是随时间而变化的，也随季节而变化。

（7）土壤酸度

土壤酸度就是土壤酸碱性强弱的代表，通常用 pH 来表征。即

$$pH = -\lg[H^+] \tag{4-19}$$

它是土壤中所含盐分的综合反映。土壤中 H^+ 的主要来源是 CO_2 溶于水生成的活性 H_2CO_3，有机质分解产生的有机酸，FeS 氧化产生的 H_2SO_4，以及氧化作用产生的无机酸。土壤中的 OH^- 主要来源于 Na_2CO_3、$NaHCO_3$ 和 $CaCO_3$ 等的水解。当土壤 pH 值在 6.5 ~ 7.5 范围内时，为中性土壤；pH 值小于 6.5 为酸性土壤；pH 值大于 7.5 为碱性土壤。文献也表明，我国土壤类型较多，各类土壤的酸碱性差别很大。新疆、内蒙古有的土壤 pH 值高达 9 ~ 10，而在广东南部，有的土壤 pH 值低到 3.6 ~ 3.8。就全国而言，pH 值为中性土壤的面积只占不到全国面积的 1/3。

金属在酸性较强的土壤中，腐蚀也比较强。中、碱性土壤对金属的腐蚀影响不大。由于土壤具有较强的缓冲能力，即使在 pH 值为中性的土壤中，有的土壤腐蚀性也较强，这可能与土壤中的总酸度有关系。总酸度是指单位质量的土壤中吸附氢离子的总量。它反映土壤中无机酸性物质及有机酸性物质的综合效应。

（8）土壤温度

材料在土壤中的腐蚀主要是电化学过程，土壤温度的提高，会加速阴极的扩散过程和电化学反应的离子化过程。土壤温度对土壤腐蚀性的影响，是通过对其他一些影响因素的作用而间接起作用的。温度的变化还会影响微生物的生命活动。一般说来，不同的微生物都有一个最适宜的温度，当土壤温度低于零下时，微生物的活动将趋于停滞，随着温度的升高，微生物的活动增强，微生物对材料的腐蚀作用很大。

土壤温度并不是评价土壤腐蚀性的一个独立指标，它主要通过影响土壤理化性质的途径来对土壤的腐蚀性施加影响。它的影响范围很广，可以影响土壤的含水量、含盐量、电阻率、微生物等因素。因此，在对土壤腐蚀性进行评价时，以其中任何一个因素的作用来判断都是片面的。由于影响土壤腐蚀性的因素很多，如果不在特定条件下找出主要影响因素，那么要对土壤腐蚀性作出正确的判断是十分困难的。

（9）土壤微生物

土壤微生物除促进金属材料腐蚀过程外，还能降低非金属材料的稳定性，加速地下构件的破坏。与材料土壤腐蚀有关的微生物有四类，即异氧菌、硫化菌（SOB）、厌氧菌（SRB）、真菌。异氧菌和真菌属于好氧菌。好氧菌的生机活动是在含氧的条件下进行，厌氧菌的生机活动是在缺氧的条件下进行。如硫酸盐还原菌属于此类。硫化菌属于中性菌，是有氧无氧都可生活的细菌。土壤有机质、含氧量、含水量、pH 值、温度等都是影响土壤中腐蚀菌含量高低的主要因素。

已有资料表明，硫酸盐还原菌倾向于聚焦在钢铁试件附近，导致金属材料腐蚀。它主要是促进阴极去极化作用。

$$SO_4^{2-} + H^+ \longrightarrow S^{2-} + 4H_2O \tag{4-20}$$

$$Fe^{2+} + S^{2-} \longrightarrow FeS(腐蚀产物) \tag{4-21}$$

所以在钢铁材料的腐蚀产物中存在 FeS，这是微生物腐蚀的一个佐证。

当土壤在好氧条件下，硫化菌生长，它能氧化厌氧的硫酸盐还原菌代谢产物，产生硫酸，破坏钢铁材料的钝化膜，使材料发生严重腐蚀。硫化菌产酸反应为：

$$2H_2S + 2O_2 \longrightarrow H_2S_2O_3 + H_2O \tag{4-22}$$

$$5Na_2S_2O_3 + H_2O + 4O_2 \longrightarrow 5Na_2SO_4 + H_2SO_4 + 4S \tag{4-23}$$

$$4S + 6O_2 + 4H_2O \longrightarrow 4H_2SO_4 \tag{4-24}$$

有的土壤还可能存在二种细菌交替腐蚀的情况。由于细菌作用，可能改变局部土壤的理化性质，引起氧浓度差电池和酸浓差电池的腐蚀。

好氧异氧菌和真菌对电缆油麻护套腐蚀严重。因为异氧菌能分解油麻产生有机酸及碳酸，继而腐蚀铅护套。

土壤微生物不论是异氧菌代谢产生有机酸、无机酸，硫化菌氧化还原硫化物产生硫酸，还是硫酸盐还原菌还原硫酸盐经氧化产生的酸，都能与钢筋混凝土中的硬化水泥石 $Ca(OH)_2$ 反应，降低混凝土的碱度，加速中性化进程。并可能使混凝土构件产生破坏，氯和硫酸根离子渗入其中，加剧钢筋的锈蚀。

一般用 pH 值的大小来判断土壤微生物的腐蚀等级。从我国土壤腐蚀研究来看，用这单一指标来判断也是困难的。

（10）土壤有机质

土壤的固相组分中除了矿物质外，还含有有机质。它的组成相当复杂，但都是以碳原子为骨架的有机化合物。有机质一般占土壤总量的 1% ~5%。不同类型的土壤含有机质的数量有很大的差别。如我国东北黑土地区，有机质含量有的可达 7.47%，而有的地区有机质含量可低两个数量级以下。

土壤中的有机胶体会影响土壤胶体电导和吸附性能，有机络合物会影响金属的电极电位和阳极极化。作为有机能源，它还直接影响土壤微生物的生长和活动，其生命活动的产物还会影响阴极极化。

土壤中的有机质经微生物化学作用，分解过程中释放出的气体和有机酸有较强的氧化作用，使钢铁及铅材料在土壤中可产生直接溶解。

另外，在有机质含量较高的黏土中，随着在有机质含量的提高，土粒胶体发生膨胀，使孔隙度降低，直接影响土壤的透气性，从而使腐蚀的阴极过程受阻。

由于取得相关数据的不足，很难对土壤有机质作为影响土壤腐蚀性的因素而给出一个准确的判定。

（11）杂散电流

杂散电流是指在土壤介质中存在的一种大小、方向都不固定的电流。这种电流对材料的腐蚀称为杂散电流腐蚀。杂散电流分为直流杂散电流和交流杂散电流两类。

直流杂散电流来源于直流电气化铁路、有轨电车、无轨电车、地下电缆漏电、电解电镀车间、直流电焊机以及其他直流电接地装置。

直流杂散电流对金属的腐蚀，同电解原理是一致的，即阳极为正极，阴极为负极，进行还原反应。埋地金属腐蚀的数量可以很容易计算出来，即在电流为 $i(A)$ 时，$t(s)$ 时间内电解出的金属量 $w(g)$ 可以用下式计算

$$w = Kit \tag{4-25}$$

其中电化当量 K 可用下式计算：

$$K = Z/n \tag{4-26}$$

式中　Z——金属的化学当量；

　　　n——金属的化学价。

电流从土壤进入金属管道的地方带有负电，这一地区为阴极区，阴极区容易析氢，造成金属构件表面防腐涂层剥落。由管道流出的部位带正电，该区域为阳极区，阳极将以铁离子溶入土壤介质中而受到严重腐蚀。

杂散电流造成的集中腐蚀破坏是非常严重的，一个壁厚 8~9mm 的钢质管道，快则几个月就可能穿孔。

交流杂散电流对地下材料具有一定的腐蚀作用，腐蚀原理尚不十分清楚。一般认为高压电力线在附近地下金属管道上产生感应电流，当这些电流叠加在腐蚀电流上，相当于去极化作用。它与直流杂散电流相比，由交流杂散电流引起的腐蚀量更为明显，腐蚀穿孔的可能性更大。

杂散电流对材料腐蚀的严重程度与土壤电阻率成反比。土壤电阻率愈高，材料腐蚀速度愈低，这与宏腐蚀电池造成的腐蚀情况相似。

由于大地是一个大磁场，土壤中也会产生一定的电流，但是它在量上比较小，危害也不大，所以杂散电流主要指直流杂散电流。

(12)气候条件

上述的若干因素对土壤腐蚀性的影响都要受到气候条件的影响，即使是同一类土壤，同一地区，其理化性质也不尽相同。所以土壤腐蚀性不是十分恒定的，而是常常有周期性和季节性变化。例如，在东北的沈阳土壤腐蚀中心站进行了一系列试验，发现碳钢的腐蚀率在一年四季中是不相同的。由于地温的变化不如大气温度变化快，所以春季和冬季的低温相差不大，二者的腐蚀率也相近，在夏季和秋季的地温升高，腐蚀率也比较高，两者相差近 4 倍。所以一年的腐蚀率实际是四季的平均值。温度的变化，促进土壤中气体的传输，加快了阴极过程。

另外，大气的温度、通风状况、降雨、蒸发等都会对土壤的电阻率、含气率、含水率、含盐量、微生物活动等产生一定影响。

总之，气候条件是一个间接影响因素，是通过影响土壤理化性质及微生物活动来影响土壤腐蚀性的，也是一个重要因素。

另外，土壤的排水能力也会影响埋地钢管的腐蚀速度。排水状况与土壤质地有关，也与所处的地理环境有关。一般来讲，沙土排水快于黏土，但在低洼地区，土壤周围的地质结构又比较致密，这时水就长期无法排入地下，处于水饱和状态，若没有宏电池的作用，金属的腐蚀率就会很低。

综上所述，影响土壤腐蚀性的因素很多，影响的途径也多种多样，而且大多数因素间又存在交互作用，这些因素中有的还随时间而变化。要弄清这些因素如何影响土壤腐蚀的规律是相当困难的。

目前的做法是通过金属和非金属材料在现场进行埋设试验，研究材料的腐蚀情况与土壤理化性质及微生物的种类、数量、分布之间关系，通过积累大量的材料土壤腐蚀数据，经过数学处理，找出若干主要因素，研究这些主要影响因素与土壤腐蚀性的相关性，最终达到对不同类型土壤的腐蚀性进行分级和分类的目的，为地下工程设计提供科学依据。

4.3.2 土壤腐蚀特点

①土壤多相性。土壤是由土粒、空气、水、有机物等多种组分构成的复杂的多相体系。实际的土壤一般由这几种不同组分按一定的比例组合在一起。

②土壤的导电性。由于在土壤中的水分能以各种形式存在，土壤中总是或多或少地存在一定的水分，因此土壤具有导电性。土壤也是一种电解质，土壤中的空隙及含水程度又影响着土壤的透气性和电导率的大小。

③不均匀性。在微观上，土壤微结构松紧程度以及固、液、气成分含量均有差异，在宏观上不同区域土壤类型、理化性质不同，由于土壤的不均匀容易引起氧浓差腐蚀。土壤中的氧气，有的溶解在水中，有的存在于土壤的缝隙中。土壤中氧浓度与土壤的湿度和结构都有密切的关系，含氧量在干燥沙土中最高，在潮湿的沙土中次之，而在潮湿密实的黏土中最少。这种充气的不均匀容易造成氧浓差电池。

④土壤的酸碱性。大多数土壤是中性的，pH 值在 6.0 ~ 7.5 之间。有的土壤是碱性的，如我国西北的盐碱土，pH 值为 7.5 ~ 9.0。也有一些土壤是酸性的，如腐殖土和沼泽土，pH 值为 3 ~ 6。一般认为土壤的 pH 值越低，其腐蚀性越大。

⑤土壤的不流动性。固相相对固定，气、液相有限流动，腐蚀产物扩散不容易。

4.3.3 土壤腐蚀机理

1. 金属土壤腐蚀的电化学过程

电化学反应过程包括氧化和还原反应，下面通过一个简化的腐蚀电化学反应来进行说明。

$$Zn \longrightarrow Zn^{2+} + 2e \quad 氧化反应(阳极反应) \qquad (4-27)$$

$$2H^+ + 2e \longrightarrow H_2 \uparrow \quad 还原反应(阴极反应) \qquad (4-28)$$

$$Zn + 2H^+ \longrightarrow Zn^{2+} + H_2 \uparrow \qquad (4-29)$$

在式(4-27)中，金属锌失去两个电子，表明是氧化反应。在式(4-28)中，氢离子获得两个电子，表明是还原反应。在腐蚀术语中，氧化反应通常被称为阳极反应。也就是说腐蚀反应至少要由一对氧化和还原反应所构成。在式(4-29)的总反应中，发生了电子的转移，因此，电化学反应也称电子转移的化学反应。

(1)电极电位

金属/土壤界面与金属/溶液界面类似，也会形成双电层，使金属与土壤介质之间产生电位差，这个电位差就称作该金属在土壤中的电极电位，或称自然腐蚀电位。

金属在土壤中的电极电位，取决于下面两个因素，一是金属的种类及表面的性质，二是土壤介质的物理化学变化。由于土壤是一种不均匀的、相对固定的介质，因此，土壤的理化性质在不同的部位往往是不相同的。这样，在土壤中埋设的金属构件上，不同部位的电极电位也是不相等的。只要有两个不同电极电位系统，在土壤介质中就会形成腐蚀电池，电位较正的是阴极，电位较负的是阳极，构成了土壤腐蚀的电化学过程。

（2）金属土壤腐蚀的阴极过程

土壤中的常用结构金属是钢铁，在发生土壤腐蚀时，阴极过程是氧的还原，在阴极区域生成 OH^- 离子

$$O_2 + 2H_2O + 4e \longrightarrow 4OH^- \tag{4-30}$$

只有在酸性很强的土壤中，才会发生氢的析出：

$$2H^+ + 2e \longrightarrow H_2 \uparrow \tag{4-31}$$

在缺氧条件的土壤中，在硫酸盐还原菌的参与下，硫酸根的还原也可作为土壤腐蚀的阴极过程：

$$SO_4^{2-} + 4H_2O + 8e \longrightarrow S^{2-} + OH^- \tag{4-32}$$

金属离子的还原，当金属（M）由高价离子获得电子变成低价离子，也是一种土壤腐蚀的阴极过程

$$M^{n+} + e \longrightarrow M^{(n-1)} \tag{4-33}$$

实践证明，金属构件在土壤中的腐蚀，阴极过程是主要控制步骤，而这种过程受氧输送所控制。因为氧从地面向地下的金属构件表面扩散，是一个非常缓慢的过程，与传统电解液中的腐蚀不同，在土壤条件下，氧的进入不仅受到紧靠着阴极表面电解质（扩散层）的限制，而且还受到阴极上面整个土层的阻碍，输送氧的主要途径是氧在土壤气相中（孔隙）的扩散。氧的扩散速度不仅决定于金属构件的埋设深度、土壤结构、湿度、松紧程度（搅动土还是非搅动土），还和土壤中胶体粒子含量等因素有关。

土壤中钢铁构件电极表面上氧还原反应，仍与普通电解质溶液中一样，符合塔费尔关系

$$I_c = Kc_1 e^{\frac{-nFE}{2RT}} \tag{4-34}$$

式中　E——阴极电位；

　　　I_c——阴极电流密度；

　　　c_1——氧的表面密度；

　　　R——气体常数；

　　　T——热力学温度；

　　　n——在该阴极反应中一个氧分子所吸收的电子数；

　　　F——法拉第常数；

　　　K——常数。

可以认为，对于颗粒状的疏松土壤来讲，氧的输送还是比较快的。相反，在紧密的高度潮湿土壤中，氧的输送效果是非常低的。尤其是在排水和通气不良，甚至在水饱和的土

壤中，因土壤结构很细，氧的扩散速度更低。

（3）金属土壤腐蚀的阳极过程

钢铁构件在土壤中腐蚀的阳极过程，像在大多数中性电解液中那样，是两价铁离子进入土壤电解质，并发生两价铁离子的水合作用：

$$Fe + nH_2O \longrightarrow Fe^{2+} \cdot nH_2O + 2e \qquad (4-35)$$

或简化为

$$Fe \longrightarrow Fe^{2+} + 2e \qquad (4-36)$$

只有在酸性较强的土壤中，才有相当数量的铁成为两价和三价离子，以离子状态存在于土壤中。在稳定的中性和碱性土壤中，由于 Fe^{2+} 和 OH^- 之间的次生反应而生成 $Fe(OH)_2$：

$$Fe^{2+} + 2OH^- \longrightarrow Fe(OH)_2（绿色产物） \qquad (4-37)$$

在阳极区有氧存在时，$Fe(OH)_2$ 能氧化成为溶解度很小的 $Fe(OH)_3$

$$2 Fe(OH)_2 + 1/2O_2 + H_2O \longrightarrow 2Fe(OH)_3 \qquad (4-38)$$

通过对大量的低碳钢土壤腐蚀产物的分析发现，$Fe(OH)_3$ 产物是很不稳定的，它转变成更稳定的产物：

$$Fe(OH)_3 \longrightarrow FeOOH + H_2O \qquad (4-39)$$

和

$$2 Fe(OH)_3 \longrightarrow Fe_2O_3 \cdot 3H_2O \rightarrow Fe_2O_3 + 3H_2O \qquad (4-40)$$

$FeOOH$（赤色产物）有三种主要结晶形态：$\alpha - FeOOH$、$\beta - FeOOH$、$\gamma - FeOOH$。$Fe_2O_3 \cdot 3H_2O$ 是一种黑色的腐蚀产物，在比较干燥条件下转变成 Fe_2O_3。

当土壤中存在 HCO_3^-、CO_3^{2-} 和 S^{2-} 阴离子时，与阳极区附近的金属阳离子反应，生成不溶性的腐蚀产物：

$$Fe^{2+} + CO_3^{2-} \longrightarrow Fe_2CO_3 \qquad (4-41)$$

$$Fe^{2+} + S^{2-} \longrightarrow FeS \qquad (4-42)$$

低碳钢在土壤中生成的不溶性腐蚀产物与基体结合不牢固，与土壤中细小土粒黏合在一起，可以形成一种紧密层，有效地阻碍阳极过程，尤其在土壤中存在钙离子时，生成的 $CaCO_3$ 与铁的腐蚀产物黏合在一起，阻碍阳极过程的作用就更大。这是影响阳极过程的一个重要原因。

铅包电缆在土壤中的阳极过程与低碳钢相似，两价铅离子进入土壤电解质中，并发生水合作用

$$Pb + nH_2O \longrightarrow Pb^{2+} \cdot nH_2O + 2e \qquad (4-43)$$

$$Pb \longrightarrow Pb^{2+} + 2e \qquad (4-44)$$

$$Pb^{2+} + 2OH^- \longrightarrow Pb(OH)_2 \rightarrow PbO + H_2O \qquad (4-45)$$

同理，铅离子与 CO_3^{2-} 和 SO_4^{2-} 反应：

$$Pb^{2+} + CO_3^{2-} \longrightarrow PbCO_3 \qquad (4-46)$$

$$Pb^{2+} + SO_4^{2-} \longrightarrow PbSO_4 \qquad (4-47)$$

PbCO$_3$和PbO都是白色产物，通过对埋设在土壤中20多年的铅包电缆腐蚀产物分析，已证实上述反应确实存在。

一般在潮湿土壤中，较低电流密度下，电位E与电流I仍可用类似于塔费尔关系式的方程来表示：

$$E = a + b\lg I \qquad (4-48)$$

在土壤介质中，影响阳极过程的第二个原因是阳极钝化。在土壤中，铁的阳极钝化的历程与在其他电解质中相近，活性离子（如Cl$^-$）的存在阻碍阳极钝化的产生；反之，在疏松、透气性好的土壤中，空气中的氧很容易扩散到金属电极表面，促使阳极钝化。

根据对土壤腐蚀阴极过程和阳极过程的分析，可以设想可能存在以下几种典型情况。

①对大多数土壤来讲，尤其是潮湿和密实的土壤，腐蚀过程主要由阴极过程所控制。

②对于疏松和干燥的土壤，腐蚀特征已接近于大气条件的腐蚀，腐蚀过程由阳极过程所控制。

③对于长距离宏电池起作用的土壤来说，电阻因素所引起的作用增加，在这种情况下，土壤的腐蚀可能由阴极－电阻控制，甚至是电阻控制占优势。

4.3.4 土壤腐蚀的分类

1. 由于充气不均匀引起的腐蚀－氧浓差电池腐蚀

当金属管道通过结构不同和潮湿程度不同的土壤时（如通过沙土和黏土时），由于充气不均匀形成氧浓差腐蚀电池，如图4-18所示。处在沙土中的金属管段，由于氧容易渗入，电位高而成为阴极；而处在黏土中的金属管段，由于缺氧，电位低而成为阳极。这样就构成了氧浓差腐蚀电池，因而使黏土中的金属管段加速腐蚀。

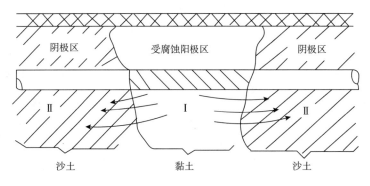

图4-18　管道通过不同土壤时形成的氧浓差电池腐蚀

同样，埋在地下的管道（特别是水平埋放，并且直径较大的管子）、金属钢桩、设备底架等，由于各部位所处的深度不同，氧到达的难易程度就会有所不同，因此，就会构成氧浓差电池。埋得较深的地方（如管子的下部），由于氧不容易到达而成为阳极区，腐蚀主要就集中在这一区域。

另外，石油化工厂的储罐底部若直接与土壤接触，则底部的中央，氧到达困难，而边缘处，氧则容易到达。这样就形成充气不均的宏观氧浓差电池，导致罐底的中部遭到加速腐蚀。

2. 由杂散电流引起的腐蚀

杂散电流是地下的导电体因绝缘不良而漏失出来的电流，或者说是正常电路流出的电流。地下埋设的金属构筑物在杂散电流影响下所发生的腐蚀，称为杂散电流腐蚀或干扰腐蚀。杂散电流的主要来源是直流大功率电气装置，如电气化铁道、有轨电车、电解及电镀车间、电焊机、电化学保护设施和地下电缆等。图4-19为一实例的示意图。

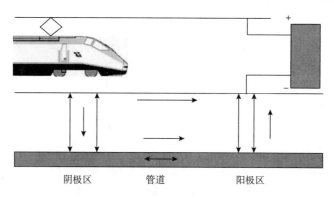

图4-19 土壤中杂散电流腐蚀实例的示意图

在正常情况下，电流自电源的正极通过电力机车的架空线，再沿铁轨回到电源负极，但当铁轨与土壤间绝缘不良时，有一部分电流就会从铁轨漏失到土壤中。若附近埋设金属管道等构件，杂散电流就会由此良导体通过，再流经土壤及轨道回到电源。此时，土壤作为电解质传递电流，有两个串联的电池存在，即

①路轨(阳极)→土壤→管线(阴极)
②管线(阳极)→土壤→路轨(阴极)

杂散电流从金属管道或路轨流入土壤(电解质)的部位是电解池的阳极区，腐蚀就发生在此处。金属腐蚀量与流过的杂散电流的电量成正比，符合法拉第定律。计算表明，每流入1A的电流，每年就会腐蚀掉9.15kg左右的铁或11kg左右的铜或34kg左右的铅。可见，杂散电流引起的腐蚀是相当严重的。例如，壁厚为7~8mm的钢管，4~5个月即可发生腐蚀穿孔。

已发现交流电也会引起杂散电流腐蚀，但破坏作用较直流电小的多。例如，对于频率为60Hz的交流电来说，其作用约为直流电的1%。

3. 由微生物引起的腐蚀

引起腐蚀作用的微生物，最主要的是嗜氧的硫杆菌和厌氧的硫酸盐还原菌。

在地下管道附近，由于污物发酵，结果产生硫代硫酸盐，硫杆菌就在其上大量繁殖，产生元素硫，然后，氧化硫杆菌将元素硫氧化成硫酸，造成对金属的严重腐蚀。

如果土壤中严重缺氧，并且又不存在氧浓差电池及杂散电流等腐蚀宏电池时，腐蚀过程是很难进行的。但是，对于含有硫酸盐的土壤，如果有厌氧的硫酸盐还原菌存在，腐蚀不但能顺利进行，而且更加严重。这主要是由于生物的催化作用而加速腐蚀的缘故。硫酸

盐还原菌生存在土壤中，是一种厌氧菌，它参加电极反应，将可溶的硫酸盐转化为硫化氢，并与铁作用生成硫化亚铁。由于生成硫化氢，使土壤中 H^+ 浓度增大，因此阴极反应过程氢的去极化作用加强，加速了腐蚀作用。电极反应如下

阳极：
$$Fe - 2e \xrightarrow{\text{细菌反应}} Fe^{2+} \tag{4-49}$$

阴极：
$$H^+ + e \longrightarrow H \tag{4-50}$$

细菌参加反应的阴极反应为
$$8H + CaSO_4 \longrightarrow H_2S + 2H_2O + Ca(OH)_2 \tag{4-51}$$
$$H_2S \Longrightarrow H^+ + HS^- \tag{4-52}$$

腐蚀产物：
$$Fe^{2+} + HS^- \longrightarrow FeS \downarrow + H^+ \tag{4-53}$$
$$Fe^{2+} + 2OH^- \longrightarrow 2Fe(OH)_2 \downarrow \tag{4-54}$$

总反应：
$$4Fe + CaSO_4 + 4H_2O \Longrightarrow FeS \downarrow + Ca(OH)_2 + 3Fe(OH)_2 \tag{4-55}$$

这种细菌肉眼是看不见的，生长在潮湿并含有硫酸盐及可转化的有机物和无机物的缺氧土壤中。当土壤 pH 值在 5~9 之间，温度在 25~30℃ 时最有利于细菌的生长繁殖。尤其在 pH 值为 6.2~7.8 的沼泽地带和洼地中，细菌活动最激烈。当 pH 值在 9 以上时，硫酸盐还原菌的活动受到抑制。

海底的沉积物，不管深浅如何，都会有细菌，沉积物中的细菌通常都是厌氧的。由细菌作用产生的气体有 NH_3、H_2S 和 CH_4，因此生物腐蚀对海底管线具有较大的威胁。

4. 其他类型的腐蚀

除上述几种形式的土壤腐蚀外，还有土壤中异类金属或新旧管线电接触引起的电偶腐蚀，土壤中含盐量不均匀引起的盐浓度差宏观电池腐蚀，土壤中温度不均匀造成的温差电池引起管线或构筑物局部加速腐蚀等。

4.3.5 土壤腐蚀的评价

在油气储运和油田生产系统中，遇到最多最普遍的外腐蚀就是土壤腐蚀，因此，对土壤的腐蚀性进行测定和评价，根据腐蚀等级，有针对性地采取相应的防护措施，保证正常生产是非常必要的。

1. 土壤腐蚀性的评价

一般地，土壤的腐蚀性通常按土壤电阻率大小分级，见表 4-17。

表 4-17　一般地区土壤腐蚀性分级标准

腐蚀等级	土壤电阻率/$\Omega \cdot m$
强	<20
中	20~50
弱	>50

又因土壤是一个极为复杂的、不均一的多相体系，所以凡能影响土壤中金属电极电位、土壤电阻和极化电阻的各种土壤物理化学性质，都能直接或间接地影响土壤腐蚀性，仅用土壤电阻率来划分土壤腐蚀性等级就不够全面，建议采用 SY/T0087 - 2006 土壤腐蚀性评价指标，见表 4-18。

表 4-18　土壤腐蚀性评价指标

指标	级别				
	极轻	较轻	轻	中	强
电流密度/μA·cm^{-2}（原位极化法）	<0.1	0.1 ~ <3	3 ~ <6	6 ~ <9	≥9
平均腐蚀速率/g·(dm^2·g)$^{-1}$（试片失重法）	<1	1 ~ <3	3 ~ <5	5 ~ <7	≥7

2. 土壤细菌腐蚀性评价

土壤细菌腐蚀性评价标准见表 4-19。

表 4-19　土壤细菌腐蚀性评价指标

腐蚀等级	强	较强	中	小
氧化还原电位/mV	<100	100 ~ <200	200 ~ <400	≥400

4.3.6　土壤腐蚀防护

1. 覆盖层保护

在金属表面施加保护涂层的作用是使金属表面与土壤介质隔离开来，以阻碍金属表面上微电池的腐蚀作用。地下金属构件上施加的涂层，通常是有机或无机物质做成的。常用的有石油沥青、煤焦油沥青、环氧煤沥青、聚乙烯胶黏带、聚氨酯泡沫塑料、环氧树脂等。目前用得比较普遍的是煤焦油沥青、环氧树脂涂料和聚氨酸泡沫塑料等。

2. 阴极保护

阴极保护是利用外加电流或牺牲阳极法对金属施加外加阴极电流以减小或防止金属腐蚀的一种电化学保护方法。

3. 联合保护

延长地下管线寿命的最经济有效的方法是把适当的覆盖层和电化学阴极保护法联合使用。涂层与阴极保护联合使用法，不仅可以弥补保护涂层的针孔或破损缺陷造成的保护不完整，而且可以避免单独阴极保护时高电能的消耗。目前为止，金属管线的土壤腐蚀防护都采用涂层和阴极保护联合防腐措施。

4. 土壤处理

利用石灰处理酸性土壤可有效地降低其浸蚀性。在地下构件周围填充石灰石碎块，或

移入浸蚀性小的土壤，并设法降低土壤中的水分，也可达到有效控制土壤腐蚀的目的。

4.4 酸性油气环境下的管道腐蚀

湿的含 H_2S、CO_2 等酸性组分的油气通称酸性油气。地层中的油气除了含 H_2S、CO_2 外，一般均含有矿化水，在高温高压下，有时还含有多硫和单质硫类络合物，因此具有很强的腐蚀性。另外，在开采油气田的过程中，有时必须对低渗透地层进行酸化处理，残留于井下的无机酸，使产出液的 pH 值降低；某些特定的部位，由于微生物活动，特别是硫酸盐还原菌，也会生成强腐蚀性的 H_2S；修井、添加化学药剂等作业均可能把氧带入井下，这些因素无疑会促进酸性油气的腐蚀进程。

在引起酸性油气环境下金属腐蚀的众多因素中，H_2S 和 CO_2 是最危险的。特别是 H_2S，不仅会导致金属材料突发性的硫化物应力开裂，造成巨大的经济损失，而且硫化氢的毒性将威胁着人身安全。然而，也不能低估矿化水的腐蚀作用，特别在油气田这个特定的运行条件下，水在油气田金属材料腐蚀过程中起着主导作用，是唯一不可缺少的因素。H_2S 和 CO_2 只有溶于水才具腐蚀性。大量的研究表明，溶有盐类、残酸、H_2S 和 CO_2 的水溶液往往比单一的 H_2S、CO_2 水溶液腐蚀要严重得多，腐蚀速率要高几十倍，甚至几百倍。

酸性油气田开发实况表明，采用 NACE MR0175 规定的抗硫化物应力开裂材料的酸性天然气井，在开采初期由于产水量小，均匀腐蚀和点蚀等均表现轻微，随着开采时间增长，产水量的增加，腐蚀也随之严重。特别是集水部位，因腐蚀导致局部壁厚减薄和穿孔的速度有时是惊人的。

在酸性油气环境下常见的腐蚀破坏通常可分为两种类型：一类为电化学反应过程，阳极铁溶解导致的均匀腐蚀和局部腐蚀，表现为金属设施与日俱增的壁厚减薄和点蚀穿孔等局部腐蚀破坏；另一类为如图 4-20 所示的氢诱发裂纹与硫化物应力开裂，化学反应过程中阴极析出的氢原子，进入钢中后，导致金属构件两种不同类型的开裂，即硫化物应力开裂（Sulfide Stress Cracking，简称 SSC）和氢诱发裂纹（Hydrogen Induced Cracking，简称 HIC），HIC 常伴随着钢表面的氢鼓泡（Hydrogen Blistering，简称 HB）。

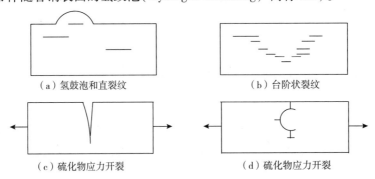

（a）氢鼓泡和直裂纹   （b）台阶状裂纹

（c）硫化物应力开裂   （d）硫化物应力开裂

图 4-20 氢诱发裂纹与硫化物应力开裂示意图

近半个世纪来，随着含 H_2S、CO_2 酸性油气田的大量开发，为确保酸性油气田的正常开采，间接地促进了含 H_2S、CO_2 酸性油气的腐蚀与防护技术的发展。

4.4.1 硫化氢的腐蚀与防护

1. 硫化氢腐蚀机理

40 多年前就已发现钢在 H_2S 介质中的腐蚀破坏现象，各国学者为此进行了大量的研究工作。虽然现已普遍承认 H_2S 不仅对钢材具有很强的腐蚀性，而且 H_2S 本身还是一种很强的渗氢介质，H_2S 腐蚀破裂是由氢引起的。但是，关于 H_2S 促进渗氢过程的机制，氢在钢中存在的状态、运行过程以及氢脆本质等至今看法还不统一。关于这方面的文献资料虽然很多，但假说推论者占多数，而真正以试验为依据的却显得不足。

在开发含 H_2S 酸性油气田过程中，为防止 H_2S 腐蚀破裂，了解 H_2S 腐蚀的基本机理，对采取经济、可靠的防护措施是非常必要的。

(1)硫化氢电化学腐蚀过程

硫化氢是可燃性无色气体，具有典型的臭鸡蛋味，相对分子质量为 34.08，密度为 $1.539kg/m^3$。硫化氢在水中的溶解度随着温度升高而降低。在 760mmHg，30℃时硫化氢在水中的饱和浓度大约 3580mg/L。

干燥的 H_2S 对金属材料无腐蚀破坏作用，H_2S 只有溶解在水中才具有腐蚀性。在油气开采中与 CO_2 和氧相比，H_2S 在水中的溶解度最高。H_2S 一旦溶于水，便立即电离，使水具有酸性。H_2S 在水中的离解反应为：

$$H_2S \longrightarrow H^+ + HS^- \tag{4-56}$$

$$HS^- \longrightarrow H^+ + S^{2-} \tag{4-57}$$

释放出的氢离子是强去极化剂，极易在阴极夺取电子，促进阳极铁溶解反应而导致钢铁的全面腐蚀。人们习惯用如下的反应式表示 H_2S 水溶液对钢铁的电化学腐蚀过程。

阳极反应： $$Fe - 2e \longrightarrow Fe^{2+} \tag{4-58}$$

阴极反应： $$2H^+ + 2e \longrightarrow H_2 \tag{4-59}$$

阳极反应的产物： $$Fe^{2+} + S^{2-} \longrightarrow FeS \tag{4-60}$$

阳极反应生成的硫化亚铁腐蚀产物，通常是一种有缺陷的结构，它与钢铁表面的粘结力差，易脱落，易氧化，它电位较正，于是作为阴极与钢铁基体构成一个活性的微电池，对钢基体继续进行腐蚀。

扫描电子显微镜和电化学测试结果均证实了钢铁与腐蚀产物硫化亚铁之间的这一电化学电池行为。对钢铁而言，附着于其表面的腐蚀产物(Fe_xS_y)是有效的阴极，它将加速钢铁的局部腐蚀。于是有些学者认为在确定 H_2S 腐蚀机理时，阴极性腐蚀产物(Fe_xS_y)的结构和性质对腐蚀的影响，相对 H_2S 来说，将起着更为主导的作用。

腐蚀产物主要有 Fe_9S_8、Fe_3S_4、FeS_2、FeS。它们的生成是随 pH 值、H_2S 浓度等参数而变化。其中 Fe_9S_8 的保护性最差，与 Fe_9S_8 相比，FeS 和 FeS_2 具有较完整的晶格点阵，因此保护性较好。

（2）硫化氢导致氢损伤过程

H_2S 水溶液对钢材电化学腐蚀的另一产物是氢。被钢铁吸收的氢原子，将破坏其基体的连续性，从而导致氢损伤。在含 H_2S 酸性油气田上，氢损伤通常表现为硫化物应力开裂（SSC）、氢诱发裂纹（HIC）和氢鼓泡（HB）等形式的破坏。

H_2S 作为一种强渗氢介质，不仅是因为它本身提供了氢的来源，而且还起着毒化的作用，阻碍氢原子结合成氢分子，于是提高了钢铁表面氢浓度，其结果加速了氢向钢中的扩散溶解过程。

至于氢在钢中存在的状态，导致钢基体开裂的过程，至今也无统一的认识。但普遍承认，钢中氢的含量一般是很小的，有试验表明通常只有百万分之几。若氢原子均匀地分布于钢中，则难以理解它会萌生裂纹，因此，萌生裂纹的部位必须有足够富集氢的能量。实际工程中使用的钢材都存在着缺陷，如面缺陷（晶界、相界等）、位错、三维应力区等，这些缺陷与氢的结合能强，可将氢捕捉陷住，使之难以扩散，便成为氢的富集区，通常把这些缺陷称为陷阱。富集在陷阱中的氢一旦结合成氢分子，积累的氢气压力很高，有学者估算这种氢气压力可达3000atm，于是促使钢材脆化，局部区域发生塑性变形，萌生裂纹最后导致开裂。

2. 含 H_2S 酸性油气腐蚀破坏类型

油气中的 H_2S 除了来自地层外，滋长的硫酸盐还原菌，在转化来自地层和化学添加剂中的硫酸盐时，也会释放出 H_2S。因此，要谨防不含 H_2S 的油气田随着年代的老化，加之防范不周而出现 H_2S 腐蚀。

H_2S 引起的腐蚀破坏主要表现为如下类型：

（1）均匀腐蚀或（和）点蚀

这类腐蚀破坏主要表现为局部壁厚减薄、蚀坑或/和穿孔，它是 H_2S 腐蚀过程阳极铁溶解的结果。

（2）硫化物应力开裂（SSC）

SSC 是一种由 H_2S 腐蚀阴极反应析出的氢原子，在 H_2S 的催化下进入钢中后，在拉伸应力作用下，生成的垂直于拉伸应力方向的氢脆型开裂。开裂的形状如图4-20(c)、(d)所示。

（3）氢诱发裂纹（HIC）和氢鼓泡（HB）。

HIC 和 HB 是一种由 H_2S 腐蚀阴极反应析出的氢原子，在 H_2S 的催化下进入钢中后，在没有外加应力作用下，生成的平行于板面，沿轧制方向有鼓泡倾向的裂纹，而在钢表面则为 HB，其形状如图4-20(a)、(b)所示。

3. 均匀腐蚀或/和点蚀

（1）腐蚀破坏的特点

含 H_2S 酸性油气田上使用的钢材绝大部分是碳钢和低合金钢，于是在酸性油气系统的腐蚀中，H_2S 除作为阳极过程的催化剂，促进铁离子的溶解，加速钢材重量损失外，同时还为腐蚀产物提供 S^{2-}，在钢表面生成硫化铁腐蚀产物膜。对钢铁而言，硫化铁为阴极，它在钢表面沉积，并与钢表面构成电偶，使钢表面继续被腐蚀。因此，许多学者认为，在 H_2S 腐蚀过程中，硫化铁产物膜的结构和性质将成为控制最终腐蚀速率与破坏形状的主要因素。

硫化铁膜的生成、结构及其性质受 H_2S 浓度、pH 值、温度、流速、暴露时间以及水的状态等因素影响。尤其对从井下到地面整个油气开采系统来说，这些因素都是变化着的，于是硫化铁膜的结构和性质及其反映出的保护性也就各异。因此，在含 H_2S 酸性油气田上的腐蚀破坏往往表现为由点蚀导致局部壁厚减薄、蚀坑或/和穿孔。局部腐蚀发生在局部小范围区域内，其腐蚀速率往往比预测的均匀腐蚀速率快数倍或数十倍，控制难度较大。

（2）腐蚀的影响因素

①H_2S 浓度

H_2S 浓度对钢材腐蚀速率的影响如图 4-21 所示。软钢在含 H_2S 蒸馏水中，当 H_2S 含量为 200~400mg/L 时，腐蚀率达到最大，而后又随着 H_2S 浓度增加而降低，到 1800mg/L 以后，H_2S 浓度对腐蚀率几乎无影响。如果含 H_2S 介质中还含有其他腐蚀性组分，如 CO_2、Cl^-、残酸等时，将促使 H_2S 对钢材的腐蚀速率大幅度增高。

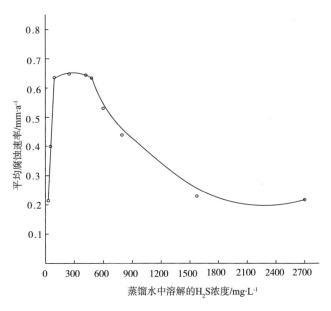

图 4-21　软钢的腐蚀速率与 H_2S 浓度之间的关系

H_2S 浓度对腐蚀产物 FeS 膜也有影响。有研究资料表明，H_2S 为 2.0mg/L 的低浓度时，腐蚀产物为 FeS_2 和 FeS；H_2S 浓度为 2.0~20 mg/L 时，腐蚀产物除了 FeS_2 和 FeS 外，还有少量的 Fe_9S_8；腐蚀产浓度为 20~600 mg/L 时，腐蚀产物中的 Fe_9S_8 的含量最高。

②pH 值

H_2S 水溶液的 pH 值将直接影响着钢铁的腐蚀速率。通常表现出在 pH 值为 6 时是一个临界值。当 pH 值小于 6 时，钢的腐蚀率高，腐蚀液呈黑色且浑浊。

pH 值将直接影响着腐蚀产物硫化铁膜的组成、结构及溶解度等。通常在低 pH 值的 H_2S 溶液中，生成的是以含硫量不足的硫化铁，如 Fe_9S_8 为主的无保护性的膜，于是腐蚀加速；随着 pH 值的增高，FeS_2 含量也随之增多，于是在高 pH 值下生成的是以 FeS_2 为主的具有一定保护效果的膜。

③温度

温度对腐蚀的影响较复杂。钢铁在 H_2S 水溶液中的腐蚀率通常是随温度升高而增大。有试验表明在 10% 的 H_2S 水溶液中，当温度从 55℃ 升至 84℃ 时，腐蚀速率大约增大 20%。但温度继续升高，腐蚀速率将下降，在 110~200℃ 之间的腐蚀速率最小。

温度对硫化铁膜也有影响。通常，在室温下的湿 H_2S 气体中，钢铁表面生成的是无保护性的 Fe_9S_8。在 100℃ 含水蒸气的 H_2S 中，生成的也是无保护性的 Fe_9S_8 和少量 FeS；在饱和 H_2S 水溶液中，碳钢在 50℃ 下生成的是无保护性的 Fe_9S_8 和少量的 FeS；当温度升高到 100~150℃ 时，生成的是保护性较好的 FeS 和 FeS_2。

④暴露时间

在硫化氢水溶液中，碳钢和低合金钢的初始腐蚀速率很大，约为 0.7mm/a，但随着时间的增长，腐蚀速率会逐渐下降，有试验表明 2000h 后，腐蚀速率趋于平衡，约为 0.01mm/a。这是由于随着暴露时间增长，硫化铁腐蚀产物逐渐在钢铁表面上沉积，形成了一层具有减缓腐蚀作用的保护膜。

⑤流速

碳钢和低合金钢在含 H_2S 流体中的腐蚀速率，通常是随着时间的增长而逐渐下降，平衡后的腐蚀速率均很低，这是相对于流体在某特定的流速下而言的。如果流体流速较高或处于湍流状态时，由于钢铁表面上的硫化铁腐蚀产物膜受到流体的冲刷而被破坏或粘附不牢固，钢铁将一直以初始的高速腐蚀，从而使设备、管线、构件很快受到腐蚀破坏。为此，要控制流速的上限，以使冲刷腐蚀降到最小。通常规定阀门的气体流速低于 15m/s。相反，如果气体流速太低，可造成管线、设备低部集液，而发生因水线腐蚀、垢下腐蚀等导致的局部腐蚀破坏。因此，通常规定气体的流速应大于 3m/s。

⑥氯离子

在酸性油气田水中带有负电荷的氯离子，基于电价平衡，它总是争先吸附到钢铁的表面上，因此，氯离子的存在往往会阻碍保护性的硫化铁膜在钢铁表面的形成。氯离子可以通过钢铁表面硫化铁膜的细孔和缺陷渗入其膜内，使膜发生显微开裂，于是形成孔蚀核。由于氯离子的不断移入，在闭塞电池的作用下，加速了孔蚀破坏。在酸性天然气气井中与矿化水接触的油套管腐蚀严重，穿孔速率快，与氯离子的作用有着十分密切的关系。

⑦CO_2

CO_2 溶于水便形成碳酸，使介质的 pH 值下降，增加介质的腐蚀性。CO_2 对 H_2S 腐蚀过程的影响尚无统一的认识，有资料认为，在含有 CO_2 的 H_2S 体系中，如果 CO_2 与 H_2S 的分压之比小于 500:1 时，硫化铁仍将是腐蚀产物膜的主要成分，腐蚀过程受 H_2S 控制。

（3）防护措施

①添加缓蚀剂

实践证明，合理添加缓蚀剂是防止含 H_2S 酸性油气对碳钢和低合金钢设施腐蚀的一种有效方法。缓蚀剂对应用条件的选择性要求很高，针对性很强。不同介质或材料往往要求的缓蚀剂也不同，甚至同一种介质，当操作条件（如温度、压力、浓度、流速等）改变时，所采用的缓蚀剂也可能需要改变。在油气从井下到井口，随后进处理厂的生产过程中，温度、压力、流速都发生了很大变化，特别是深层气井，井底温度、压力高。另外，油气井开采的不同时间阶段，从井中采出的油、气、水比例也不同，通常随着油气井产水量的增加，腐蚀破坏将加重。因此，为了能正确选取适用于特定系统的缓蚀剂，不仅要考虑系统中介质的组成、运行参数及可能发生的腐蚀类型，还应按实际使用条件进行必要的缓蚀剂评价试验。

a）缓蚀剂类型及其缓蚀效果的影响因素

用于含 H_2S 酸性环境中的缓蚀剂，通常为含氮的有机缓蚀剂（成膜型缓蚀剂），有胺类、咪唑啉、酰胺类和季胺盐，也包括含硫、磷的化合物。经长期的研制，大量成功的缓蚀剂已商品化。如四川石油管理局天然气研究所研制的 CT2-1 和 CT2-4 油气井缓蚀剂及 CT2-2 输送管道缓蚀剂，在四川及其他含硫化氢油气田上应用均取得良好的效果。

在含 H_2S 酸性油气环境中，影响缓蚀剂效果的因素主要有以下几点：

金属材料的表面状态：在含 H_2S 环境中使用的成膜型缓蚀剂是通过与金属表面的硫化铁腐蚀产物膜结合，在金属表面与环境之间形成非渗透性的缓蚀剂膜而起作用。缓蚀剂膜的形成又将阻止硫化铁的电偶腐蚀。因此，这类成膜型缓蚀剂的缓蚀效果取决于金属表面的硫化铁腐蚀产物膜是否能与缓蚀剂结合成完整的、稳定的缓蚀膜。

pH 值：几乎所有的缓蚀剂都有一个有效缓蚀作用的 pH 值范围。吸附型成膜缓蚀剂一般 pH 值在 4~9 范围内缓蚀效果较好，pH 值低或高都会降低其缓蚀效果。

温度：成膜缓蚀剂对温度比较敏感。一旦使用环境的温度超过其正常使用温度时，就会分解失效。因此对深层高温高压酸性油气井使用的缓蚀剂应具有较宽的使用温度范围。

缓蚀剂的浓度：所有的缓蚀剂都存在着一个具有一定缓蚀效率的最低浓度值。在金属表面生成的缓蚀膜是不稳定的，处于变化状态。如系统中残留的缓蚀剂不足，缓蚀膜将得不到及时的修补，防蚀作用很快会丧失。有资料表明，一旦残留缓蚀剂不足，其膜的寿命只能维持数分钟至数小时。

b）缓蚀剂注入与腐蚀监测

缓蚀剂的防腐蚀效果必须通过合理的缓蚀剂加注技术来实现。缓蚀剂未到达的腐蚀区，或采出油气流将缓蚀剂冲刷剥落的部位，均起不到保护作用。因此，缓蚀剂注入的方法及注入位置的选择应能确保整个生产系统受益。即注入的缓蚀剂不仅能在起始浓度下足以在整个系统的金属表面形成一有效的缓蚀膜，而且在缓蚀膜被气流冲刷剥落后，能及时不断提供足够浓度的剩余缓蚀剂来修补缓蚀膜。

通常，缓蚀剂的加注采用连续式或间歇式两种方法，其中间歇式法比较普遍。注入器可采用重力式注入器，也可用化学比例注射泵及文丘里喷嘴注入器。

为确定最佳的缓蚀剂添加方案，在油气开采系统中，必须设置在线腐蚀监测系统。通过监测腐蚀速率的变化来调整缓蚀剂的添加方案，以确保腐蚀得到较好的控制。腐蚀监测采用的技术主要使用挂片和电阻探头来进行。由于硫化铁不溶于水，故含铁量分析无实际作用。

②覆盖层和衬里

覆盖层和衬里为钢材与含 H_2S 酸性油气之间提供一个隔离层，从而起到防止腐蚀作用。覆盖层和衬里技术发展很快，品种繁多，通常应本着因地制宜、可靠、节省投资的原则来选用。

由于覆盖层不易做到百分之百无针孔，且生产或维修保养过程中易受损伤，加之焊接接头涂覆困难，质量不易保证，所以使用覆盖层的同时，通常需添加适量的缓蚀剂。

有资料表明，对于高温高压的天然气井，内覆盖层易在针孔处起泡剥落而导致坑、孔腐蚀。因此，认为在含 H_2S 酸性天然气气井中，使用内覆盖层并不是一种好的选择。

③耐蚀材料

可根据设备、管道等运行的条件(温度、压力、介质的腐蚀性，要求的运行寿命等)经济合理地选用耐蚀材料。

随着非金属耐蚀材料的不断发展，热塑性工程塑料型和热固性增强塑料型管材及其配件，近年来迅速地进入油气田强腐蚀性系统。尤其是随着玻璃纤维型热固性增强塑料油管及内衬玻璃纤维型热固性增强塑料油管的耐温、耐压性能的提高，人们对它的兴趣也越来越浓厚。

耐蚀合金虽然价格昂贵，但使用寿命长。有资料表明，耐蚀合金油管的使用寿命相当几口气井的生产开采寿命，它可以重复多井使用，不需加注缓蚀剂以及修井、换油管等作业。因此，从总的成本算并不显得昂贵，对腐蚀性强的高压高产油气井来说，可能是一种有效的、经济的防护措施。

④井下封隔器

油管外壁和套管内壁环形空间的腐蚀防护，通常是在采用井下封隔器的同时，向环形空间注入添加有缓蚀剂的密封液。

⑤含 H_2S 酸性油气田集输管道的内腐蚀控制，可按 SY/T 0078—93《钢质管道内腐蚀控制标准》中的规定进行。

4. 硫化物应力开裂(SSC)

(1)SSC 特点及破坏事例

在含 H_2S 酸性油气系统中，SSC 主要出现于高强度钢、高内应力构件及硬焊缝上。它是由 H_2S 腐蚀阴极反应所析出的氢原子，在 H_2S 的催化下进入钢中后，通过扩散，在拉伸应力(外加的或/和残余的)作用下，在冶金缺陷提供的三向拉伸应力区富集而导致的开裂，开裂垂直于拉伸应力方向。

普遍认为 SSC 的本质是氢脆。SSC 属低应力破裂，发生 SSC 的应力值通常远低于钢材的抗拉强度。SSC 具有脆性机制特征的断口形貌。穿晶和沿晶破坏均可观察到，一般高强度钢多为沿晶破裂。

SSC 破坏多为突发性，裂纹产生和扩展迅速。对 SSC 敏感的材料在含 H_2S 酸性油气中，经短暂暴露后，就会出现破裂，以数小时到三个月情况为多。

发生 SSC 钢的表面无须有明显的一般腐蚀痕迹。SSC 可以起始于构件的内部，不一定需要一个作为开裂起源的表面缺陷。因此，它不同于应力腐蚀开裂（SCC）必须起始于正在发展的腐蚀表面。

20 世纪 40 年代末以来，美国及法国在开发含 H_2S 酸性油气田时，发现了大量 SSC 脆断事故。我国 20 世纪 60 年代以来，在四川地区相继开发威远、卧龙河、中坝等含 H_2S 酸性油气田的过程中，特别是威远气田开发初期，仅在短短的几个月内就有 8 口井发生 9 次油管断裂，半年内就有 38 支压力表的弹簧管破裂。威二井从测试至投产，井口装置阀门丝杆就断裂了 10 根，阀板脆裂 6 个，使得井口难以控制。特别是威 230 井井口底法兰与套管联接处，错误地使用了焊接加固措施，完井后不久，焊缝发生 SSC，引起井口爆破，导致冲天大火，造成了巨大的损失。国产优质高碳钢录井钢丝（T_9A）下井 2～3h 就断裂，造成较长时间无法采集井下参数的被动局面。威远内部集输气管线，使用的 16Mn 钢 $\phi529 \times 6$ 螺旋焊管，在试压过程中两次破裂，均起裂于焊缝补焊处的马氏体硬点。表 4-20 中列出的是四川含 H_2S 酸性气田开发过程中，部分的 SSC 典型事例。

表 4-20 四川气田 SSC 破坏部分典型事例表

断裂起因	事例	情况说明
材料因素	威远气田（H_2S 约 1.2%，CO_2 4.6%～5%）9 次 N-80、DZ4-1 油管断裂，6 个 2Cr13 和 40Mn 的丝杆断裂，国产优质高碳录井钢丝断裂	均因材料强度高，未采取合理的热处理，硬度超过 HRC22
	卧 11 井（H_2S 5.7%）针阀丝杆（材料为 35CrMo）断裂	未经热处理，轧制向偏折带（马氏体 + 粒状贝氏体）
	卧 22 井（H_2S 5.6%）错把 DZ4-1 接箍当 DZ-2 使用，发生断裂	DZ4-1 热处理不佳，起裂处为孤岛状马氏体组织
	卧 9 井（H_2S 7.07%）集气汇管，采用 YB231-70 的管材，发生断裂	管材强度高，则显微组织为铁素体 + 马氏体 + 碳化物。马氏体 HM：769
焊接或热处理	威 23 井（H_2S 1.2%）井口底法兰与套管联接处错误使用焊接加固，完井后，焊缝破裂	高强钢焊后又未经热处理，则焊缝为硬焊缝，硬度高于 HRC22
	威远内部集气管线（材料：16Mn 螺旋焊管）再用含硫原料气势压降压期间发生两次破裂	两次破裂均起裂于焊缝补焊的马氏体硬点
	合-佛输气管线（H_2S 400～600mg/m³）采用 16Mn 螺旋焊管，运行 2 年，破裂十多起	均起裂于焊管补焊热影响区的低碳马氏组织 HM：301 左右
	卧二号站 33 井进气管与法兰的焊缝断裂	法兰错选为 45 号钢，则焊口补焊处有马氏体组织
	卧龙河 1 号站排污阀阀板吊点（材料为 2Cr13 基体堆焊 Co-Cr-W）断裂	堆焊后未经保温或焊后高温回火，则出现马氏体组织

续表

断裂起因	事例	情况说明
冷变形	卧31井（H₂S9.55%）C-75油管断裂	起裂于大钳咬痕处，咬痕处冷变形而硬化HV260（相等于HRC26），而管体硬度为HRC18.5
	中46井（H₂S6.37%）用C-75油管制成的防喷盒破裂	起裂处大钳咬痕处，其硬度为HM310.5（相当HRC33.5）
钻进过程	关基井（深井）固井过程中，发生钻井液短路循环，固井中断，造成P110接箍（套管）断裂	钻井液中的木质素磺酸盐分解出的H₂S引起不抗SSC的P110断裂
	川东磨深2井，钻井中，地层出黑水，（H₂S200ppm）边喷边钻中S-135钻杆断裂三次	S-135为不抗SSC材料
	天东五井钻进过程中，发现有H₂S则放喷，首先G105钻杆的放喷管破裂，随后S-135钻杆断入井中	G105和S-135均为不抗SSC材料

（2）影响SSC的因素

①环境因素

a）H_2S浓度

含H_2S酸性油气环境导致敏感材料产生SSC的最低H_2S含量，在NACE（美国腐蚀工程师学会）MR0175《油田设备抗硫化物应力开裂的金属材料》和SY/T 0599—2006《天然气地面设施抗硫化物应力开裂金属材料要求》两标准中都明确作了规定。

含H_2S酸性天然气系统，当其气体总压等于或大于0.448MPa（绝），气体中的硫化氢分压等于或大于0.00034MPa（绝）时，可引起敏感材料发生SSC。天然气中硫化氢气体分压等于天然气中硫化氢气体的体积分数与天然气总压的乘积。

含H_2S酸性天然气—油系统，当其天然气与油之比大于1000m³/t时，作为含硫酸性天然气系统处理；当天然气与油之比等于或小于1000m³/t时，即系统总压大于1.828MPa（绝），天然气中硫化氢分压大于0.00034MPa（绝）；或天然气中H_2S分压大于0.069MPa（绝）；或天然气中H_2S体积分数大于15%时，可引起敏感材料发生SSC。

b）温度

高温对材料抗SSC是有益的。温度约24℃时，其断裂所需时间最短，SSC敏感性最大。当温度高于24℃后，随着温度的升高，断裂所需时间延长，SSC敏感性下降。通常对SSC敏感的材料均存在着一个不发生SSC的最高温度，此最高温度值随着钢材的强度极限而变化，一般为65~120℃。如NACE MR0175规定了API5CT N-80（Q和T）级和C-95（Q和T）级油套管可用于65℃或65℃以上的酸性油气环境；而P105和P110级油套管可用于80℃或80℃以上的酸性油气环境。

c）pH值

pH值表示介质中H^+浓度的大小。根据SSC机理可推断随着pH值的升高，H^+浓度下降，SSC 敏感性降低。

d) CO_2

在含 H_2S 酸性油气田中，往往都含有 CO_2，CO_2 一旦溶于水便形成碳酸，释放出氢离子，于是降低了含 H_2S 酸性油气环境的 pH 值，从而增大 SSC 的敏感性。

②材料因素

a) 硬度

钢材的硬度(强度)是钢材 SSC 现场失效的重要变量，是控制钢材发生 SSC 的重要指标。钢材硬度越高，开裂所需的时间越短，SSC 敏感性越高。因此，在 NACE MR0175 中规定的所有抗 SSC 材料均有硬度要求。例如，要保证碳钢和低合金钢不发生 SSC，就必须控制其硬度小于或等于 HRC22。

近年来随着炼钢、制造、热处理技术的发展，在控制硬度的基础上，抗 SSC 钢材的强度有很大的突破，如抗 SSC 的 80 级、90 级、95 级油套管的生产，以及更高强度的抗 SSC 材料的研制。

b) 显微组织

钢材的显微组织直接影响着钢材的抗 SSC 性能。对碳钢和低合金钢，当其强度相似时，不同显微组织对 SSC 敏感性由小到大的排列顺序为：铁素体中均匀分布的球状碳化物、完全淬火 + 回火组织、正火 + 回火组织、正火组织、贝氏体及马氏体组织。淬火后高温回火获得的均匀分布的细小球状碳化物组织是抗 SSC 最理想的组织，而贝氏体及马氏体组织对 SSC 最敏感，其他介于这两者间的组织，对 SSC 敏感性将随钢材的强度而变化。

c) 化学成分

钢材的化学成分对其抗 SSC 的影响迄今尚无一致的看法。但一般认为在碳钢和低合金钢中，镍、锰、硫、磷为有害元素。

镍已被普遍认为是一种不利于防止 SSC 的元素。含镍钢即使硬度低于 HRC22，其抗 SSC 性能仍很差。NACE MR0175 和 SY/T 0599—2006 都规定抗 SSC 的碳钢和低合金钢含镍量不能大于 1%。

锰是一种易偏析的元素。当偏析区 Mn、C 含量一旦达到一定比例时，极易在热轧或焊后冷却过程中，产生对 SSC 极为敏感的马氏体组织、贝氏体组织，而成为 SSC 的起源。对于碳钢，一般限制锰含量小于 1.6%。近年来大量的研究表明，适当提高 Mn/C 比对改善钢材的抗 SSC 性能是有益的。

硫和磷几乎一致被认为是有害的元素，它们具有很强的偏析倾向，易在晶界上聚集，对以沿晶方式出现的 SSC 起促进作用。锰和硫生成的硫化锰夹杂是 SSC 最可能成核的位置。

d) 冷变形

经冷轧制、冷锻、冷弯或其他制造工艺以及机械咬伤等产生的冷变形，其不仅使冷变形区的硬度增大，而且还产生一个很大的残余应力，有时可高达钢材的屈服强度，从而导致对 SSC 敏感。管材随着冷加工变形量(冷轧压缩率)的增加，硬度增大，S_c 值下降，SSC

敏感性增大。NACE MR0175 和 SY/T 0599—2006 对抗 SSC 钢材的冷加工量都作了明确规定。例如，对于铁基金属，当其因冷变形导致的纤维性永久变形量大于 5%时，必须进行高温消除应力热处理，使其最大硬度不超过 HRC22；对于 ASTM A53B 级、ASTM A106B 级、API 5LX‑42 级或化学成分类似的低强度钢管及其配件，当其冷变形量等于或小于 15%时，变形区硬度不超过 190HB 时是容许的。

（3）防止 SCC 措施

①控制环境因素

a）脱水是防止 SSC 的一种有效方法。对油气田现场而言，经脱水干燥的 H_2S 可视为无腐蚀性，因此，脱水使 H_2S 露点低于系统的运行温度，就不会导致 SSC。

b）脱硫是防止 SSC 广泛应用的有效方法。脱除油气中的 H_2S，使之含量达到允许的水平，如 NACE MR0175 和 SY/T 0599—2006 的规定。

c）控制 pH 值。提高含 H_2S 油气环境的 pH 值，可有效地降低环境的 SSC 敏感性。因此，对有条件的系统，采取控制环境 pH 值可达到减缓或防止 SSC 的目的。但必须保证生产环境始终处于控制的状态下。

d）添加缓蚀剂。从理论上讲，缓蚀剂可通过防止氢的形成来阻止 SSC。但现场实践表明，要准确无误地控制缓蚀剂的添加，保证生产环境的腐蚀处于被控制的状态下，是十分困难的。因此，缓蚀剂不能单独用作防止 SSC，它只能作为一种减缓腐蚀的措施。

②选用抗 SSC 材料及工艺

在进行含 H_2S 酸性油气田开发设计时，为防止 SSC，存在着控制环境和控制设施用材间的一种选择。脱硫、脱水只能对脱硫厂和脱水厂下游的设备、管线起作用；采用添加缓蚀剂和控制 pH 值，在理论上可行，但在实际生产中是不可靠的。因此，采用抗 SSC 材料及工艺是防止 SSC 最有效的方法。

a）按 NACE 标准 MR0175 选用材料及工艺：20 世纪 50 年代以来，为安全地开发含 H_2S 酸性油气田，美国腐蚀工程师协会（NACE）成立了专题研究小组，对金属材料 SSC 问题进行了系统的研究。经近半个世纪的研究探索，随着对 SSC 机制认识的深化，抗 SSC 金属材料的研制，以及对现场生产实践不断总结提高，抗 SSC 材料得到迅速发展并规范化。

1963 年由 NACE T‑1B 分组委员会根据加拿大卡耳加里地区防止油气井设施腐蚀的规定编制了 NACE 出版物 1B163《用于酸性环境材料的推荐准则》；1966 年由 NACE T 1F 分组编制了 NACE 出版物 1F166《适用于开采和管线阀门的抗 SSC 金属材料》，并于 1973 进行了修定；1975 年取代上述两出版物编制成 MACE MR0175《适用于开采和管线阀门抗 SSC 金属材料》；1980 年经对 NACE MR0175 修定后，改名为《油田设备用抗硫化物应力开裂金属材料》；随后进行了多次修定，增补了大量的研究成果及现场经验。现 NACE MR0175 最新版本为 2009 年版。NACE MR0175 为含 H_2S 酸性油气田设施用材及制造工艺提供了可靠的依据。

NACE MR0175 明确规定了可导致敏感材料发生 SSC 的最低 H_2S 含量，它为设计者提供了判断其所设计的油气系统是否会发生 SSC，是否需按 NACE MR0175 规定选用抗 SSC 材料及工艺。

NACE MR0175 不仅提供了各种类型的抗 SSC 铁基金属和非铁基金属，而且还为油气田上的各具体构件推荐了应采用的抗 SSC 材料。值得注意的是，NACE MR0175 所提供的金属材料均必须在其标准规定的热处理状态下及硬度值范围内才具抗 SSC 性能。任何不符合其标准规定的设计、制造和安装等均可能导致抗 SSC 材料对 SSC 敏感。

b) 按 NACE TM 0177 评定金属材料抗 SSC 性能：为评定金属材料的抗 SSC 性能，NACE T-1F 项目组于 1977 年编制了 NACE TM0177《常温下抗硫化物应力开裂金属的试验》，1986 年、1990 年进行了修定。2005 年修定并命名为 NACE TM0177-05《在含 H_2S 环境中金属抗硫化物应力开裂的实验室试验》，并增补了弯梁试验、C 形环试验和双悬臂梁试验。NACE TM0177-05 为用于含硫化氢环境中的各种形状及用途的金属材料，提供了评定和选择的方法。

c) 按 API 标准 RP-942 控制焊缝硬度：20 世纪 60 年代后期，由于符合 NACE 出版物规定的抗 SSC 碳钢，其焊缝多次发生破裂事故，于是 API 制定了 API RP-942《控制碳钢炼油设备焊缝硬度，防止环境破裂（氢应力破裂）》，为防止出现 SSC 敏感的硬焊缝，提供了有效的措施。

d) 四川含 H_2S 气田防止 SSC 措施：在四川开发含 H_2S 气田的过程中，为防止气田设施的 SSC，在分析借鉴国外开发含 H_2S 气田技术的同时，通过对气田常用金属材料的现场和室内抗 SSC 性能测试评定；对包括表 4-20 在内的所有 SSC 事故的分析以及对所需高强度抗 SSC 材料的研制，不仅促进了对金属材料抗 SSC 性能认识的深化，而且逐步建立起一套防止 SSC 措施。

通过大量的研究和生产实践，对含 H_2S 气田选用的油气田常用金属材料有如下认识：

碳钢和低合金钢的强度（硬度）越低，其抗 SSC 性能越好。NACE MR0175 也明确规定，抗 SSC 碳钢和低合金钢硬度必须小于或等于 HRC22。如 Q235 钢和优质 20 号钢的各种类型的焊接构件及设备均未发生过 SSC。16Mn 钢母体也均未发生过 SSC，但焊接接头例外。对于丝扣连接的油套管，API 5CT C-75 和低于 C-75 强度级别的均可用于 SSC 的油气环境。

碳钢和低合金钢经调质处理的细小球状碳化物组织是抗 SSC 最理想的显微组织。贝氏体和马氏体组织对 SSC 最敏感，不容许用于发生 SSC 油气环境。如含 H_2S 气田上大量采用的 35CrMo 锻件，也出现过 SSC，其原因是热处理不当，存在马氏体和/或贝氏体组织所致。又如用于输送低含 H_2S 天然气的 16Mn 钢螺旋埋弧焊管，曾发生过多起 SSC 事故，均起裂于螺旋焊缝补焊处呈低碳马氏组织的热影响区。

经各种形式的冷加工导致的冷变形硬化，均将降低钢材的抗 SSC 性能。NACE MR0175 在 3.2.2 条、3.5.1 条、5.4.2 条中对此有明确规定。

油气田上常用的高强度碳钢和低合金钢材料及构件均易发生 SSC。因此，含 H_2S 气田上用的高强度构件和设备均应选用经研制和抗 SSC 评定的专用材料。

5. 氢诱发裂纹

(1) 氢诱发裂纹的特点及破坏事例

在含 H_2S 酸性油气田上，氢诱发裂纹（HIC）常见于具有抗 SSC 性能的、延性较好的、

低中强度管线用钢和容器用钢上。

HIC 是一组平行于轧制面，沿着轧制向的裂纹。它可以在没有外加拉伸应力的情况下出现，也不受钢级的影响。HIC 在钢内可以是单个直裂纹，也可以是阶梯状裂纹，还包括钢表面的氢鼓泡。钢表面的氢鼓泡常呈椭圆形，长轴方向与轧制向一致，钢内的 HIC 也可视为被约束的氢鼓泡。氢鼓泡的表面通常发生开裂。

HIC 极易起源于呈梭形、两端尖锐的 MnS 夹杂，并沿着碳、锰和磷元素偏析的异常组织扩展，也可产生于带状珠光体，沿带状珠光体和铁素体间的相界扩展。

HIC 作为一种缺陷存在于钢中，对使用性能的影响至今尚无统一的认识。大量的研究和现场实践表明，这种不需外力生成的 HIC 可视为一组平行于轧制面的面缺陷。它对钢材的常规强度指标影响不大，但对韧性指标有影响，会使钢材的脆性倾向增大。对 H_2S 环境断裂而言，具有决定意义的是材料的 SSC 敏感性，因此，通常认为抗 SSC 的设备、管材等夹带 HIC 运行不失安全性。但 HIC 的存在仍具有一定的潜在危险性，HIC 一旦沿阶梯状贯穿裂纹方向发展，将导致构件承载能力下降，当然这一般需要时间。对强度日益增高的管线用钢，HIC 往往是其发生 SSC 的起裂源，于是研制抗 HIC 输送管是十分必要的。

（2）影响 HIC 因素

研究资料表明，钢材发生 HIC 可以用能够独立测定的两个因素 C_o 和 C_{th} 来论述。C_o 为钢材从环境中吸收的氢含量；C_{th} 为钢材萌生裂纹所需的最小氢含量。当 $C_o > C_{th}$ 时就会发生 HIC。C_o 和 C_{th} 值随钢种和环境而异，其主要受下列因素影响：

①环境因素

a）H_2S 浓度

硫化氢浓度越高，则 HIC 的敏感性越大。发生 HIC 的临界 H_2S 分压随钢种而异，研究表明，对于低强度碳钢一般为 0.002MPa；加入微量 Cu 后可升至 0.006MPa；经 Ca 处理的可达到 0.15MPa。

b）pH 值

研究表明，当 pH 值在 1~6 范围内，HIC 的敏感性随着 pH 值的增加而下降，当 pH 值大于 6 时则不发生 HIC。

c）CO_2

CO_2 溶于水形成碳酸，释放出氢离子，于是降低环境的 pH 值，从而增大 HIC 的敏感性。

d）Cl^-

有研究资料表明，在 pH 值为 3.5~4.5 的范围内，Cl^- 的存在使腐蚀速度增加，HIC 敏感性也随之增大。

e）温度

HIC 敏感性最大的温度约 24℃，当温度高于 24℃后，随着温度的升高 HIC 的敏感性下降。当温度低于 24℃时，HIC 敏感性随着温度的升高而增大。

②材料因素

a)显微组织

热力学平衡而稳定的细晶粒组织是抗 HIC 理想的组织。对中、低强度管线用钢和容器用钢而言，HIC 易出现于带状珠光体组织及板厚中心 C、Mn、P 等元素偏析区的硬显微组织。

b)化学成分

研究表明，含碳量为 0.05% ~ 0.15% 的热轧态钢，当含锰量超过 1.0% 时，HIC 敏感性突然增大；而低碳(小于 0.05%)的热轧钢，在锰含量达到 2.0% 时仍具有优良的抗 HIC 性能。因此，提高 Mn/C 比，对改善轧制钢的抗 HIC 性能极为有益。经淬火 + 回火的钢，其含碳量从 0.05% 到 0.15%，锰含量达 1.6% 时，同样表现出良好的抗 HIC 性能。

在热轧钢中，Mn、P 高，极易在中心偏析区生成对 HIC 敏感的硬显微组织；C 高会增加钢中的珠光体量，从而降低 HIC 抗力。加 Cu，在环境 pH 值大于 5 时，钢表面可形成保护膜以阻碍氢的渗入，提高抗 HIC 能力。S 对 HIC 是极有害的元素，它与 Mn 生成的 MnS 夹杂，是 HIC 最易成核的位置。Ca 可以改变夹杂物的形态，使之成为分散的球状体，从而提高钢的抗 HIC 能力。

c)非金属夹杂物

非金属夹杂物的形状和分布直接影响着钢的抗 HIC 性能，特别是 MnS 夹杂。钢板热轧后，沿轧制方向分布的被拉长呈梭形状的 MnS 夹杂，由于其热膨胀系数大于基体金属，于是冷却后就会在其周围造成空隙，是氢集聚处，最易导致 HIC。

(3)控制 HIC 的措施

①添加缓蚀剂

缓蚀剂能减缓金属表面腐蚀反应，从而降低可供钢材吸收的氢原子。

②涂层

涂层可起到保护钢材表面不受腐蚀或少受腐蚀的作用，从而降低氢原子的来源；涂层还可起到阻止氢原子向钢中渗透的作用。

③提高热轧钢的抗 HIC 性能

对于 pH 值等于或大于 5 的环境，添加 Cu，可使钢材表面形成保护膜，从而抑制氢进入钢中；拉长的 MnS 和聚集的氧化物都是 HIC 最可能成核的位置，通过净化钢水，降低 S 含量和加 Ca 处理，可降低钢中非金属夹杂物的含量和控制其形态，对提高钢材 HIC 抗力非常有效；降低具有强烈偏析倾向的合金元素，如 C、Mn、P 等的含量，可避免偏析区生成对 HIC 敏感的硬显微组织；控制钢的轧制工艺，使显微组织均匀化。

(4)评定材料的 HIC 性能

按 NACE TM0284—2011《管道、压力容器抗氢致开裂钢性能评价的试验方法》和 GB/T8 650—2006《管线钢和压力容器钢抗氢致开裂评定方法》的规定评定金属材料的 HIC 性能。

4.4.2　二氧化碳的腐蚀与防护

二氧化碳（CO_2）俗称碳酸气，又名碳酸酐。在标准状况下，CO_2 是无色无臭或略有酸性的气体，相对相对分子质量为 44.01，不能燃烧，容易被液化。

在自然界中，二氧化碳（CO_2）是最丰富的化学物质之一，为大气的一部分，也包含在天然气或油田伴生气中或以碳酸盐形式存在于矿石中。大气中 CO_2 的含量为 0.03% ~ 0.04%。

"CO_2 腐蚀"一词最初在 1925 年为 API（美国石油学会）所采用，1943 年首次认为出现在 Texas 油田的油井中井下管道的腐蚀为 CO_2 腐蚀。1961 ~ 1962 年前苏联在开发克拉斯诺尔边疆油气田时也发现了油田设备的 CO_2 腐蚀，设备内表面的腐蚀速度达到 5 ~ 8mm/a。

CO_2 在水介质中能引起钢铁的全面腐蚀和严重的局部腐蚀，使得管道和设备发生早期腐蚀失效。二氧化碳溶于水后对部分金属材料有极强的腐蚀性，在相同的 pH 值下，由于 CO_2 的总酸度比盐酸高，因此它对钢铁的腐蚀比盐酸更为严重。CO_2 腐蚀能使油气管道的寿命大大低于设计寿命，低碳钢的腐蚀速率可达 7mm/a，有的甚至更高。

在油气田开发的过程中，往往有 H_2S 和 CO_2 相互伴随的油气井，在 H_2S 协同作用下其腐蚀过程更加复杂。

1. 二氧化碳腐蚀破坏的特征

二氧化碳对设备可形成全面腐蚀，也可形成局部腐蚀。随着温度的不同，铁和碳钢的 CO_2 腐蚀往往有三种情况。

①60℃以下，钢铁表面存在少量软而附着力小的 $FeCO_3$ 腐蚀产物膜，金属表面光滑，易发生均匀腐蚀；

②100℃附近，腐蚀产物厚而松，易发生严重的均匀腐蚀和局部腐蚀；

③150℃以上，腐蚀产物细致、紧密、附着力强，具有保护性的 $FeCO_3$ 和 Fe_3O_4，从而降低了金属的腐蚀速率。

一般来说，介质中的 CO_2 分压对钢铁的腐蚀也有显著影响。当二氧化碳分压低于 0.483×10^{-1}MPa 时，易发生 CO_2 均匀腐蚀；当分压在 0.483×10^{-1} ~ 2.07×10^{-1}MPa 之间可能发生不同程度的小孔腐蚀；当分压大于 2.07×10^{-1}MPa 时，会发生严重的局部腐蚀。

2. 二氧化碳腐蚀机理

多年来，二氧化碳的腐蚀机理一直是研究的热点。干燥的 CO_2 气体本身没有腐蚀性。CO_2 较易溶解在水中，而在碳氢化合物（如原油）中的溶解度则更高，气体 CO_2 与碳氢化合物的体积比可达 3:1。当 CO_2 溶解在水中时，会促使钢铁发生电化学腐蚀。根据 CO_2 腐蚀的不同腐蚀破坏形态，能提出不同的腐蚀机理。以 CO_2 对碳钢和含铬钢的腐蚀为例，有全面腐蚀，也有局部腐蚀。表 4-22 表明，根据介质温度的差异，腐蚀的发生分为三类：在温度较低时，主要发生金属的活性溶解，对碳钢主要发生金属的溶解，为全面腐蚀，而对于含铬钢可以形成腐蚀产物膜（类型 1）；在中间温度区，两种金属由于腐蚀产物在金属表面的不均匀分布，主要发生局部腐蚀，如点蚀等（类型 2）；在高温时，无论碳钢还是含铬钢，腐蚀产物可较好的沉积在金属表面，从而抑制金属的腐蚀（类型 3）。

表 4-22　CO_2 腐蚀机理模型

铁在 CO_2 水溶液中腐蚀基本过程的阳极反应为:

$$Fe + OH^- \longrightarrow FeOH + e \tag{4-61}$$

$$FeOH \rightarrow FeOH^+ + e \tag{4-62}$$

$$FeOH^+ \longrightarrow Fe^{2+} + OH^- \tag{4-63}$$

G. Schmitt 等的研究结果表明在腐蚀阴极主要有以下两种反应(下标 ad 代表吸附在钢铁表面上的物质, sol 代表溶液中的物质)。

一是非催化的氢离子阴极还原反应:

当 pH < 4 时

$$H_3O^+ + e \longrightarrow H_{ad} + H_2O \tag{4-64}$$

$$H_2CO_3 \longrightarrow H^+ + HCO_3^- \tag{4-65}$$

$$HCO_3^- \longrightarrow H^+ + CO_3^{2-} \tag{4-66}$$

当 4 < pH < 6 时

$$H_2CO_3 + e \longrightarrow H_{ad} + HCO_3^- \tag{4-67}$$

当 pH > 6 时

$$2HCO_3^- + 2e \longrightarrow H_2 + 2CO_3^{2-} \tag{4-68}$$

二是表面吸附 $CO_{2,ad}$ 的氢离子催化还原反应:

$$CO_{2,sol} \longrightarrow CO_{2,ad} \tag{4-69}$$

$$CO_{2,ad} + H_2O \longrightarrow H_2CO_{3,ad} \tag{4-70}$$

$$H_2CO_{3,ad} + e \longrightarrow H_{ad} + HCO_{3,ad}^- \tag{4-71}$$

$$HCO_{3,ad}^- + H_3O^+ \longrightarrow H_2CO_{3,ad} + H_2O \tag{4-72}$$

两种阴极反应的实质都是由于 CO_2 溶解后形成的 HCO_3^- 电离出 H^+ 的还原过程。

总的腐蚀反应为:

$$CO_2 + H_2O + Fe \longrightarrow FeCO_3 + H_2 \tag{4-73}$$

金属材料在 CO_2 水溶液中的腐蚀，从本质上说是一种电化学腐蚀，符合一般的电化学腐蚀特征。

①当电极反应主要由电荷传递控制时，对于阳极、阴极反应及混合反应的电流密度可表示为：

阳极反应

$$i_a = i_a^0 \exp \frac{2.303(E - E_a^0)}{b_a} \tag{4-74}$$

式中　i_a——阳极反应电流密度；

i_a^0——阳极反应交换电流密度；

E——电极电位；

E_a^0——阳极反应平衡电位；

b_a——阳极反应 Tafel 斜率。

阴极反应

$$i_c = i_c^0 \exp \frac{-2.303(E - E_c^0)}{b_c} \tag{4-75}$$

式中　i_c——阴极反应电流密度；

i_c^0——阴极反应交换电流密度；

E_c^0——阴极反应平衡电位；

b_c——阴极反应 Tafel 斜率。

在自腐蚀电位下，腐蚀电流 i_{corr} 可表示为：

$$i_{corr} = i_a^0 \exp \frac{2.303(E_{corr} - E_a^0)}{b_a} = i_c^0 \exp \frac{-2.303(E_{corr} - E_c^0)}{b_c} \tag{4-76}$$

在任意电位下，金属的电流密度可表示为：

$$I = i_{corr} \left(\exp \frac{2.303\Delta E}{b_a} - \exp \frac{-2.303\Delta E}{b_c} \right) \tag{4-77}$$

或

$$I = i_{corr} \left(10^{\frac{\Delta E}{b_a}} - 10^{\frac{-\Delta E}{b_c}} \right) \tag{4-78}$$

式中　E_{corr}——腐蚀电位，$\Delta E = E - E_{corr}$；

I——电极反应电流密度。

②当阴极反应浓差极化不可忽略时，整个腐蚀反应由阳极反应和阴极反应控制，阴极反应的电流密度可表示为：

$$i_c = \left(1 - \frac{i_c}{i_d}\right) i_c^0 \exp \frac{-2.303(E - E_c^0)}{b_c} \tag{4-79}$$

式中 i_d 为阴极反应极限扩散电流密度。此时自腐蚀电流密度为：

$$i_{corr} = \left(1 - \frac{i_c}{i_d}\right) i_c^0 \exp \frac{-2.303(E_{corr} - E_c^0)}{b_c} \tag{4-80}$$

在任意电位下，金属的电流密度可由如下式表示

$$I = i_{\text{corr}} \left[\exp\frac{2.303\Delta E}{b_a} - \frac{\exp\dfrac{-2.303\Delta E}{b_c}}{1 - \dfrac{i_{\text{corr}}}{i_d}(1 - \exp\dfrac{-2.303\Delta E}{b_c})} \right] \qquad (4-81)$$

③腐蚀反应由阴极反应的扩散控制时，金属的腐蚀电流密度可表示为

$$i_{\text{corr}} = i_d \qquad (4-82)$$

另外，二氧化碳的局部腐蚀现象主要包括点蚀、流动诱使局部腐蚀等等。CO_2 的腐蚀破坏往往是由局部腐蚀造成的，然而对局部腐蚀机理仍缺少深入的研究。总的来讲，在含 CO_2 的介质中，腐蚀产物($FeCO_3$)、垢($CaCO_3$)或其他的生成物膜在钢铁表面不同的区域覆盖度不同，这样，不同覆盖度的区域之间形成了具有很强自催化特性的腐蚀电偶或闭塞电池。CO_2 的局部腐蚀就是这种腐蚀电偶作用的结果。这一机理能很好地解释电化学作用在发生及扩散过程中所起的作用。

3. 影响 CO_2 腐蚀的因素

(1)CO_2 分压的影响

许多学者均认为，CO_2 分压是腐蚀危害的主要因素。Cron 和 Marsh 对此作了估计，其结果为：当分压低于 0.021MPa 时腐蚀可以忽略；当 CO_2 分压为 0.021MPa 时，通常表示腐蚀将要发生；当 CO_2 分压为 0.021 ~ 0.21MPa 时，腐蚀可能发生。

也有学者在研究现场低合金钢点蚀的过程中，总结得到一个经验规律，即当 CO_2 分压低于 0.05MPa 时，将观察不到任何因点蚀而造成的破坏。

对于碳钢、低合金钢的裸钢，腐蚀速率可用 De. Waard 和 Millians 等的经验公式计算

$$\lg v = 0.67\lg p_{CO_2} + C \qquad (4-83)$$

式中　v ——腐蚀速率，mm/a；

p_{CO_2} ——CO_2 分压，MPa；

C ——温度校正常数。

从式3-83中可见，钢的腐蚀速率随着 CO_2 分压增加而加速。在 $p_{CO_2} < 0.2MPa$，$T < 60℃$ 且介质为层流状态时，该式与许多实验结果吻合。而在较高的 CO_2 分压和温度下，测到的腐蚀速率一般低于该公式的计算值，这可能与腐蚀产物膜有关。

油气工业设备中的 CO_2 分压可采用下面的计算方法：

输油管线中 CO_2 分压 = 井口回压×CO_2 体积分数；

井口 CO_2 分压 = 井口油压×CO_2 体积分数；

井下 CO_2 分压 = 饱和压力(或流压)×CO_2 体积分数。

(2)H_2S 含量的影响

H_2S、CO_2 是油气工业中的主要腐蚀性气体。在钢质设备上，硫化氢可形成 FeS 膜，引起局部腐蚀，导致氢鼓泡、硫化物应力腐蚀开裂、并能和 CO_2 共同引起应力腐蚀开裂。不同浓度的 H_2S 对 CO_2 腐蚀的影响可分为三类，见表4-22。

表 4-22　不同浓度的 H_2S 对 CO_2 腐蚀的影响

H_2S 浓度/ $(mg \cdot kg^{-1})$	类型 1	类型 2	类型 3
<3.3	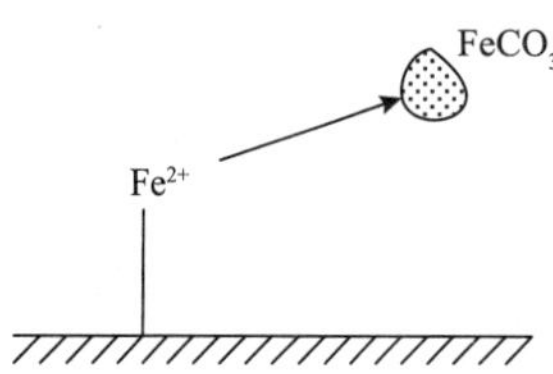	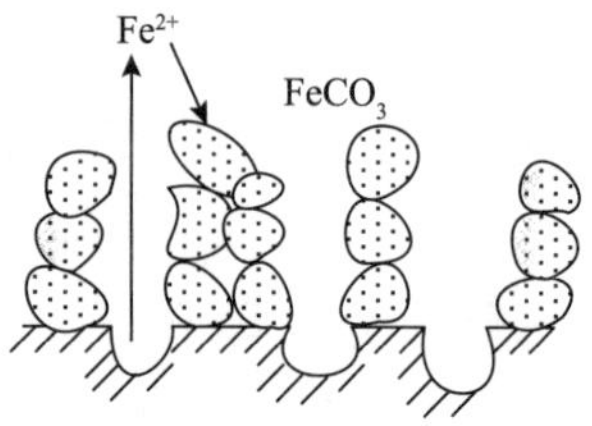	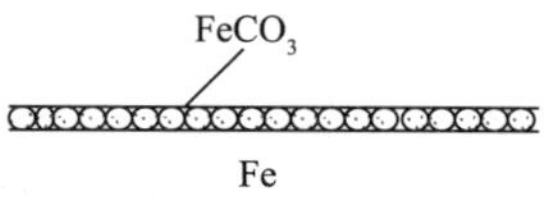
33	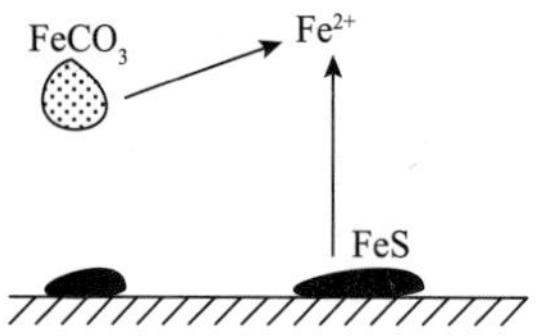	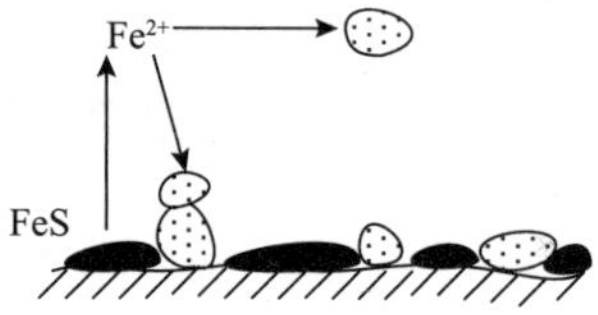	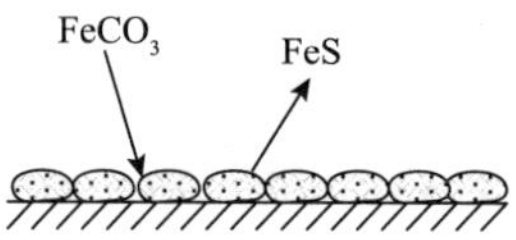
330	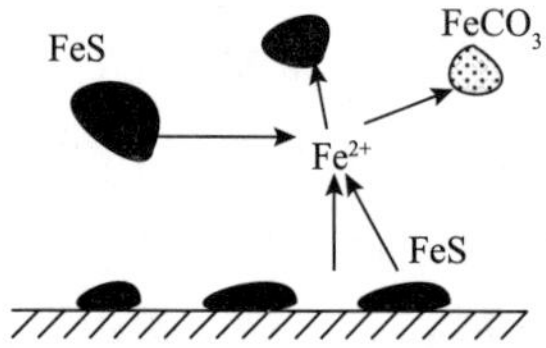	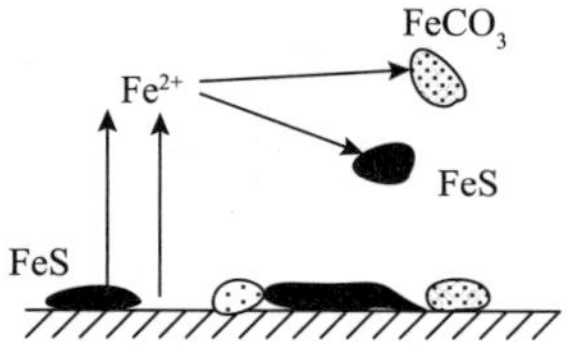	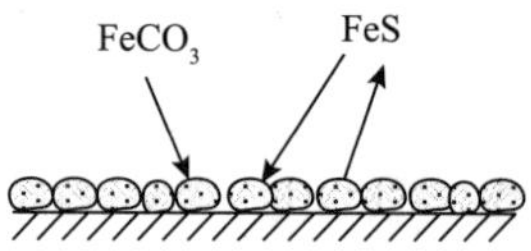

（3）温度的影响

温度是影响 CO_2 腐蚀的重要因素。许多学者的研究结果表明，温度在 60℃ 附近，CO_2 的腐蚀机制有质的变化。当温度低于 60℃ 时，由于不能形成保护性的腐蚀产物膜，腐蚀速率是由 CO_2 水解生成碳酸的速度和 CO_2 扩散至金属表面的速度共同决定，于是以均匀腐蚀为主；当温度高于 60℃ 时，金属表面有碳酸亚铁生成，腐蚀速率由穿过阻挡层传质过程决定，即垢的渗透率，由垢本身固有的溶解度和流速的联合作用而定。由于温度 60～110℃ 范围时，腐蚀产物厚而松，结晶粗大，不均匀，易破损，所以局部孔蚀严重。而当温度高于 150℃ 时，腐蚀产物细致、紧密、附着力强，于是有一定的保护性，则腐蚀率下降。因此，含 CO_2 油气井的局部腐蚀由于受温度的影响常常选择性地发生在井的某一深处。

（4）腐蚀产物膜的影响

钢表面腐蚀产物膜的组成、结构、形态是受介质的组成、CO_2 分压、温度、流速等因素的影响。

钢被 CO_2 腐蚀最终导致的破坏形式往往受碳酸盐腐蚀产物膜的控制。当钢表面生成的是无保护性的腐蚀产物膜时，将遵循 De. Waard 的关系式，以"最坏"的腐蚀速率被均匀腐蚀；当钢表面的腐蚀产物膜不完整或被损坏、脱落时，会诱发局部点蚀而导致严重穿孔破坏。当钢表面生成的是完整、致密、附着力强的稳定性腐蚀产物膜时，可降低均匀腐蚀速率。

另外有资料报导，当油气中有 H_2S 存在时，CO_2 与 H_2S 的分压之比大于 500:1 时，腐蚀产物膜才以碳酸铁为主要成分。在含 H_2S 系统中，有少量 H_2S 也会生成 FeS 膜，它既具有改善膜的防护性作用，但作为有效阴极的 FeS 会诱发局部点蚀。

（5）流速的影响

现场实践和研究均表明，流速对钢的 CO_2 腐蚀有着重要的影响。高流速易破坏腐蚀产物膜或妨碍腐蚀产物膜的形成，使钢始终处于初始的腐蚀状态下，于是腐蚀速率高。有研究者研究表明，在低流速时，腐蚀速率受扩散控制；而高流速时受电荷传递控制。A. Ikeda 认为流速为 0.32m/s 是个转折点。当流速低于它时，腐蚀速率将随着流速的增大而加速，当流速超过这一值时，腐蚀速率完全由电荷传递所控制，于是温度的影响远超过流速的影响。

（6）Cl^- 的影响

Cl^- 的存在不仅会破坏钢表面腐蚀产物膜或阻碍产物膜的形成，而且还会进一步促进产物膜下钢的点蚀。

4. CO_2 腐蚀的防护措施

（1）选用耐腐蚀钢

在含 CO_2 油气中，含 Cr 的不锈钢有较好的耐蚀性能。诸多的研究也表明，腐蚀速率随钢中铬组分的增加而减小。9Cr-1Mo、13Cr 和高 Cr 的双相不锈钢等均已成功地用于含 CO_2 油气井井下管串。但当油气中还含有硫化氢和氯化物时，应注意含 Cr 钢对 SSC 和氯化物应力腐蚀的敏感性。

9Cr-1Mo 和 13Cr 型不锈钢，在高温或高含 Cl^- 的环境中，耐蚀性将会劣化。当温度超过 100℃时，9Cr-1Mo 的腐蚀速率加快；当温度超过 150℃时，13Cr 钢易发生点蚀，且对含量在 10% 以上的氯化物很敏感。9Cr-1Mo 和 13Cr 钢均对 SSC 敏感，不能用于含 H_2S 的油气环境。

含 Cr22%~25% 的双相不锈钢和高含镍的奥氏体不锈钢，在 250℃以上和高氯化物环境中仍表现出良好的耐腐蚀性能，并抗 SSC。

在 175℃和高氯化物环境中，蒙乃尔 K-500 合金，也有良好的耐腐蚀性能。

对于碳钢和低合金钢，金相组织均匀化将会提高其耐腐蚀性能。

（2）其他措施

添加缓蚀剂或采用覆盖层及非金属材料是目前广泛采用的防止 CO_2 腐蚀的防护措施。它们相对各种耐 CO_2 腐蚀的含 Cr 钢，特别是高 Cr 双相不锈钢价格要低廉得多。虽然其保护效果不如含 Cr 钢好，但可以满足某些含 CO_2 油气系统的防护要求。

缓蚀剂、覆盖层及非金属材料，目前在市场上的产品繁多，因此应根据油气中含腐蚀性杂质的组分及其可能发生的腐蚀破坏，进行全面的评价选用。

4.5 多相流腐蚀

4.5.1 油气混输管内的多相腐蚀现象

在矿场条件下，混输管路在经济上往往优于用两条管路分别输送原油和天然气，因而在油气田生产中，混输管路的应用十分广泛。在特定的条件下，混输管路更有单相管路不可比拟的优点。例如，在不便于安装油气分离器和加工设备的地区（城市地区、沙漠、湖泊、生态保护区、沼泽地等），就必须采用混输管路把油气井所产油气输送至附近的工业区进行加工。在海洋平台开采中，若采用混输管路直接将生产的油气送往陆上加工厂，就可以大大减少海洋平台的面积和建造、操作费用，降低海底管线的敷设和海上油气加工设备的安装和经营费用。将多相流工艺和海底装置相结合，具有显著的经济潜力，据估计，采用海底多相流工艺方案的基本建设投资费用可降低40%。因此，随着海洋石油的开发开采，油气混输管路已从小直径、短距离逐渐向直径大、输送距离长的方向发展。位于北海的Flags海底管道（直径36in、管长448km，气体输量28.3Nm³/d，油输量15900m³/d，气油比1780m³/m³）是一条长距离的凝析天然气混输管路。我国1999年4月投产的东海平湖油气田距上海365.2km，也是通过14in的海底油气混输管道将所产油气送至陆上气体处理厂进行油气加工。图4-22为海底井口到FPSO的油气混输管道系统。

图4-22 海底多相混输管线

在油气混输过程中，输送介质有以下特点：

①气、水、烃、固共存的多相流腐蚀介质。油气多相混输过程主要是气相（CO_2、H_2S、O_2）、液相（水相和烃相）和固相（固体沙粒）共存的多相流动过程，由于各相间的交互作用，其腐蚀性有时比单相介质强得多。

②高温、高压环境。对于油气井，石油管材多在高温高压的环境中服役，特别是随着油气混输技术的发展，油气开采向着高参数方向发展，采油深度和采油压力、温度都显著提高。集输管线和油气长输管线也在高参数下工作，高温高压环境材料的腐蚀规律和机理往往不同于室温常压环境下的腐蚀规律和机理。

随着多相混输技术应用的日益增多，管路的多相腐蚀机理及控制是必须解决的一个重要问题。而多相混输管路的腐蚀与管路内的流型有密切的关系，不同流型下有不同的腐蚀机理。

4.5.2 油气混输管内的流型

在多相混输管内，在不同的气液相流速和管路条件下，管截面上的相分布会呈现不同的形式，简称流型。图4-23、图4-24分别为水平管及垂直管内气液混输管路典型的流型特征图。

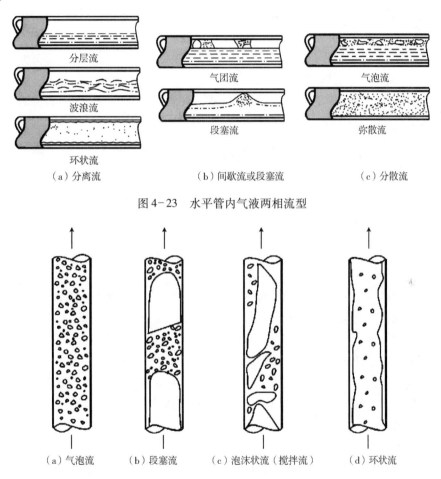

图4-23　水平管内气液两相流型

图4-24　垂直管内气液两相流型

间歇流型中的团状流和段塞流对管道有较大的振动和冲击，易造成腐蚀和磨损及疲劳腐蚀等损伤。

4.5.3 多相腐蚀的影响因素

影响多相流腐蚀的因素很多，流体力学影响因素包括流速、流态、攻角、颗粒性质、流体性质等，流体力学因素一般通过冲刷强度大小或传压过程来影响冲刷腐蚀性能。液相速度和较高的内在紊流度也是影响流动腐蚀的因素。另外管道的焊缝以及内壁表面也影响流动腐蚀。

（1）流速的影响

在3%的盐水介质中，保持温度为50℃，依次改变流速，得到腐蚀速率随介质流速的变化关系，见图4-25。从图中可以看到，碳钢的腐蚀速度随着介质流速的增大而增大。研究表明，碳钢在中性盐水中腐蚀反应的阴极过程以氧去极化为主，溶液中氧的输送受扩散的影响很大，随着介质流速的增加，氧扩散浓度梯度上升，扩散层变薄，从而使氧的传质阻力减少，加速了碳钢的腐蚀。当流态处于湍流时，不仅可以促进阴极去极化剂的供给，而且金属和流体间的剪切应力会使腐蚀产物脱落，使得金属表面腐蚀更为严重。

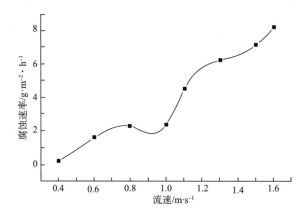

图4-25 介质流速对腐蚀速率的影响

（2）含油比的影响

当含油比较高时，油润湿管子表面而减小了水的侵蚀，腐蚀速度随含油比的升高而有所下降；当含油比达到突变值（混合流体从连续水相转变为连续油相时的值）时，油膜变得厚且牢固，有效抑制了水的侵蚀；当含油比超过突变值时，可以形成牢固的油膜，油为连续相。突变值主要由流体剪切应力和烃的黏度所决定。但在高流速下时，由于边界层变薄导致油膜厚度减薄，并且水的流动性增大，因此保护油膜需要的含油比值较高。总体来讲，当含油比不超过突变值时，含油比增大，腐蚀速度降低；当含油比超过突变值时，腐蚀速度迅速降低至很小值。

（3）产物膜特性

碳钢表面 $FeCO_3$ 保护膜能大大降低碳钢的腐蚀速度。有膜与无膜的碳钢腐蚀速度相差近1000倍。这是多相流环境腐蚀的特点之一，其他环境腐蚀速度很少有如此之大的差异。膜的产生可根据环境介质成分来判别。但这只是膜产生的基本条件，并非充分条件。因为在高流速或有砂粒磨损时，即使膜可以产生，也难以在金属表面附着和保存。

（4）磨损

同时具有腐蚀和磨损是多相流腐蚀的另一特点。对高流速或含砂粒环境的磨损作用不可忽视。磨损不仅造成材料流失，而且极大地影响材料的腐蚀行为。常用最大临界流速 v_t 判断磨损作用。当砂流速超过 v_t 时，碳钢表面无法生成保护膜，使材料总流失量增大，出现接近裸钢的极高腐蚀速度。v_t 和许多因素有关，其中磨粒粒径的影响明显，磨粒越大，临界流速越低。

4.5.4　混输管线中的流动腐蚀机理

油、气、水多相流体管线中通常含有 H_2S、CO_2、盐（氯化物）、砂子和蜡等，且多相流的流动受多种因素的影响，因而，多相流内壁材料的损失十分复杂，是一种腐蚀和冲蚀联合交互作用的过程。介质流动对材料失效加剧有两种作用：质量传递效应和表面切应力效应，特别在两相流或多相流中，影响更为强烈。研究发现，在低流速阶段，失效反应过程全部或部分由传质过程控制，在高流速阶段，腐蚀是由于介质对材料表面产生切应力作用，导致表面层破坏引起的，这里包含了氧的扩散及反应阶段以及反应原电池的形成阶段。即使形成了原电池，整个反应速度仍为传质过程所控制。失效速度主要由介质中的传质过程控制，流速较高时，流体力学作用加强，与传质过程共同引起失效加剧。可见，流动失效中，既有流体力学因素，又有电化学因素。材料的流动失效时，其电化学反应速度受传质的影响，而材料的力学失效速度明显依赖于占优势的电化学过程。综合文献的报道，可以认为金属材料在流动体系中的加速失效主要由于流体力学作用因素和腐蚀电化学因素的协同效应所致，但协同效应的机制目前仍不清楚。

多相输送管道的腐蚀主要包括以下几个方面。

①流体与管壁的剪切力造成管壁金属机械疲劳；

②流体夹带的固体杂质（砂粒、铁屑、腐蚀产物碎粒等）对管壁的直接撞击；

③由冲蚀形成的"微坑"和"擦痕"也为众多的微腐蚀电池创造了良好的条件。

国外内外部分学者将总的腐蚀质量损失表示为

$$W_t = W_e + W_c + W_{ec} \tag{4-84}$$

式中　W_e——电化学腐蚀导致的质量损失；

W_c——冲刷腐蚀导致的质量损失；

W_{ec}——电化学和流体力学冲刷交互作用产生的质量损失。

对于式 4-84 中的 W_{ec} 项，不同的测量方法得到的协同效应部分差别很大。事实上，在流动腐蚀过程中，电化学与流体力学因素交互作用，并不是简单叠加而是相互促进、难以分开的。

单纯的冲蚀磨损包括液体、气体、液体或气体中的固体颗粒对材料的磨蚀作用。作为一种磨损形式，冲蚀被广泛地进行了研究。在多相流中存在液体、气体和砂粒，因而也存在冲蚀磨损，但这种冲蚀往往发生在腐蚀环境下，因而存在着腐蚀和冲蚀的联合作用，即冲刷（蚀）腐蚀（Erosion-Corrosion）。这类环境中，管壁的腐蚀并不是腐蚀和冲蚀的简单叠加，其交互作用非常复杂，液滴、气泡、颗粒都可冲击管壁，使表面产生的腐蚀物脱落，同时，也可直接作用于表面产生磨损。在多相流中，段塞流型对管道的腐蚀最严重，段塞前部能产生水击，同时混有大量气体，因而旋涡中的气泡撞击管底后破裂，产生气穴效应，将防腐膜撕裂，使其性能退化，同时，气泡的冲击作用也可使缓蚀剂失效，即气泡冲击管壁导致缓蚀剂膜和腐蚀沉积物的剥落加剧了流动腐蚀。段塞前段和混合区域的卷吸运动对管壁能产生冲刷和剪切作用，因此，段塞流条件下的水击现象以及流速和压力的突然变化加剧了液体对管壁的冲刷和剪切作用，使腐蚀速度增大。综上所述，流体对管壁的冲刷和剪切作用，再加上气泡对管壁的碰撞作用，导致了段塞流型下的腐蚀/冲蚀效应。可见多相流体系中，管道材料的损伤已不仅仅来自于电化学腐蚀或化学损伤，而且来自冲蚀引起的力学损伤，存在腐蚀/冲蚀的协同作用。

因此，协同效应造成的质量损失可以表达为

$$W_{ec} = \Delta W_e + \Delta W_c \tag{4-85}$$

其中，ΔW_c、ΔW_e 分别是冲刷腐蚀中电化学腐蚀失重量和流体力学冲刷重量的增量。

1. 段塞流流型下的腐蚀效应

段塞流是所有流型中结构最为复杂、在石油工业生产中最为常见的一种流型。其特点是气体和液体交替流动，充满整个管道流通面积的液塞被气团分割，气团下方沿管底部流动的是分层液膜，液膜内含有小气泡，小气泡主要集中在液塞前沿而且聚集在管道顶部。段塞流单元如图 4-26 所示，主要包含三个区：液塞区（液塞内可能含有气泡）、液膜区、气囊区。流动机理是：液塞在气体的推动下以较快的速度超过其前面缓慢移动的液膜，液塞前峰从液膜拾取液体，液塞尾部向液膜脱液。

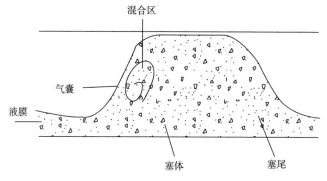

图 4-26　段塞区剖面图

段塞前部不断前移的过程中产生水击，同时混入大量的气体。段塞前部做卷吸运动，将气体和液体都卷入液塞，在段塞前部和稍后的位置形成旋涡。当旋涡前面的泡沫状混合物接触到管顶时，段塞长度突然增大，旋涡继续向前移动，此时泡沫混合物中的气泡被释放出来，混在旋涡中冲向管底，气泡冲击管底后破裂，产生气穴效应。该过程可将防腐膜撕裂，使其性能退化。段塞前段和混合区域的卷吸运动对管壁产生冲刷和剪切作用。SEM显微照片可以清晰地显示气泡脉冲对防腐蚀膜造成的破坏，在碰撞点的周围有一层相对均匀的防腐蚀膜，只是碰撞点处的薄膜从管壁上剥落，腐蚀沉积物也剥落，显然是气泡脉冲冲击管壁所致。该过程可使缓蚀剂在段塞流条件下失效。

在段塞流条件下出现水击现象，流速和压力的突然变化使得液流对管壁的冲刷和剪切加剧，使腐蚀程度增大。流动对管壁的冲刷和剪切加上气泡对管壁的碰撞导致了段塞流型下的腐蚀/冲蚀效应。气泡冲击管壁使缓蚀剂膜剥落也加剧了流动腐蚀。

　　从海底管线两端的总铁的分析数据表明，段塞流捕集器内部及海底管线也同样会受到腐蚀，特别是海底管线低洼处长年积液腐蚀会更严重。引起腐蚀的原因是少量未分离完全的乙二醇水溶液的输送和黑色黏油的输送引起的，另外，有关资料表明在管线内部有腐蚀凹陷处会增大紊流强度，会使腐蚀加快，如图4-27所示。同样管线内部焊缝也会增大紊流强度而使腐蚀加快，如图4-28所示。

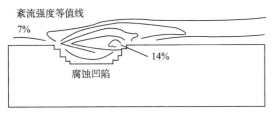

图4-27　高速段塞流流经腐蚀凹陷处

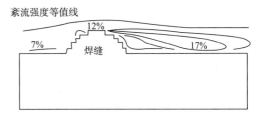

图4-28　高速段塞流在焊缝处的紊流

　　对于海底立管，经常会出现严重段塞流，在此种情况下腐蚀更为严重。强烈段塞流通常发生在油田生产的早期或末期，管道中流量较低时，由于立管段低洼处容易形成分层流，液体积聚在立管底部弯道处堵塞管内气体通过而形成小液塞，然后液塞长度越积越长，甚至会超过立管高度。而水力段塞流通常发生在油田产量的中高期，管道内流量较高时，通常是由分层流发展而来，当管道中流型为分层流时，如果受到意外振动或气液相流量发生变化时，液体发生波动，液膜向前移动，堵塞管道，分层流演变为段塞流。通常，将液塞长度能达到一个或几个立管高度的段塞流称为"强烈"段塞流，而水力段塞流的液塞长度一般仅为30倍管径。

　　如图4-29所示，典型的强烈段塞流呈现周期性运动，一个周期大约可以分为液塞形成、液塞增长、液塞排出立管、液体回流四个过程。

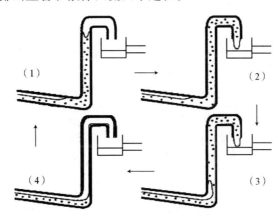

图4-29　强烈段塞流的循环过程

(1)—液塞形成；(2)—液塞增长；(3)—液塞排出立管；(4)—液体回流

　　强烈段塞流的特点是压力波动剧烈、管道出口气液瞬时流量变化大，冲击腐蚀更为严重。

　　Kouba和Jepson指出段塞的特性是由段塞前液膜的无量纲数－弗劳德数决定的。液膜

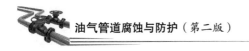

的弗劳德数可以用下式计算：

$$F_{rf} = \frac{v_t - v_{LF}}{\sqrt{gh_{EFF}}} \tag{4-86}$$

式中　　F_{rf}——液膜的弗劳德数；

　　　　v_t——液塞的移动速度，m/s；

　　　　v_{LF}——段塞前液膜的移动速度，m/s；

　　　　h_{EFF}——液膜的有效高度，m；

　　　　g——重力加速度，m/s^2

从图4-30可以看出，腐蚀速率随着弗劳德数的增大而增大，这是由于段塞前孔隙率的增加和高紊流度导致的管壁剪切应力增加所致。

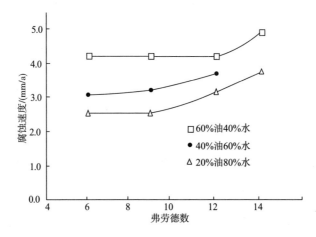

图4-30　段塞流条件下管底部的腐蚀速度随弗劳德数的变化情况

2. 分层流型腐蚀效应

在气液流量较小时，混输管道中可能形成分层流型。呈分层流的混输管道内管子顶部也会发生腐蚀。这是由于从气体中凝析出的水具有较强的腐蚀性，凝析液在管顶部析出使顶部管壁出现腐蚀。这种腐蚀称为结露腐蚀。有人采用了环道和高压釜两种实验系统，分别测量了CO_2气体在流动和静止两种情况下的结露腐蚀数据。实验结果表明：

①由凝析水所引起的结露腐蚀速度比含水CO_2气体的腐蚀速度小；

②温度高于60℃和凝析液速度中等或较低时，可形成保护膜减缓结露腐蚀速度，结露腐蚀速度受凝析速度和碳酸铁在水中溶解度的限制；

③在气体温度较低时，所形成的保护膜是多孔的，几乎没有保护作用；

④腐蚀速度随着气体和管壁温差的增大而增大，随气体的流速增大而增大。

多数缓蚀剂的挥发性差，只溶于混输管道中的水相，不能够显著降低结露腐蚀的速度。

3. 多相流介质磨损腐蚀

当多相流中含有固体微粒且流速又较高时，磨损作用不可忽视。磨损是因微粒对材料表面冲击造成的，预测比较困难，因为涉及到流体流动、微粒粒径分布和管道直径、形状等参数。美国 API O14E 标准中提出磨损的计算公式为：

$$E = 5.33Wv^2/D^2 \qquad (4-87)$$

式中　E——磨损速度，mm/a；

　　　W——砂产量，g/s；

　　　v——流体速度，m/s；

　　　D——管内径，mm。

上式是在假定流动类型和气/液值恒定，并假定微粒尺寸影响可以不考虑的条件下提出的。显然，小微粒的磨损作用小于大微粒的作用，即使在它们总质量相等的条件下也是如此。可以合理地假设微粒存在最小临界粒径，即小于此粒径的微粒不会引起磨损作用。Salama 等人考虑了沙粒粒径和流体混合物的冲击作用，将公式修正为：

$$E = 5 \times 10^{-4}Wv^2d/(D^2 \times \rho) \qquad (4-88)$$

式中　W——砂产量，kg/d；

　　　d——砂粒径，μm；

　　　ρ——混合物密度，kg/m³。

Shadley 等人使用碳钢弯头进行了环道试验，观察到 $FeCO_3$ 膜形成的特点如下。

①低流速下，$FeCO_3$ 膜可在整个弯头内壁形成，相应的碳钢腐蚀速度很低；

②高流速下，砂粒阻止了膜在管壁粘附，整个弯头均无 $FeCO_3$ 膜层，腐蚀速度很高；

③中等流速时，弯头内壁被砂粒冲击部位无膜层（或膜破裂），其余部位则保留膜层。此时碳钢的点蚀倾向很大，导致局部位置有很高的穿透速度。

这 3 个阶段的流速阈值与环境因素和磨损条件密切相关。通过对某些油田实例中的流速阈值计算发现，使用一种水溶性、非离子型缓蚀剂可使流速阈值升到更高数值。

临界最大流速 v_t 定义为金属表面膜开始破裂、出现严重点蚀的流速。当多相流流速低于此临界流速时，流体对碳钢的磨损速度低于抗磨蚀-腐蚀阻力（ECR）值，碳钢表面可生成保护膜；反之，磨损速度则大于 ECR 值，保护膜从碳钢表面剥落，出现严重点蚀或不均匀腐蚀。

从以上分析可知，随着砂粒流速的增加，ECR 不断减小，而实际磨损程度也不断增加。临界最大流速正是两者相等时的流速，所以在同一个流体速度与砂粒流速的坐标中，画出 ECR-流速和实际磨损-流速的关系曲线。两条曲线交点对应的流速就是临界最大流速 v_t，它取决于环境因素（温度、二氧化碳压力、溶液成分），磨损因素（含砂量、砂流速、载体性质）和几何因素（直管、弯管）。其中砂粒直径的影响较大。有一组实验发现，砂粒直径为 150μm 时，$v_t = 2m/s$；砂粒径为 50μm 时，$v_t = 12m/s$；无砂时，$v_t = 15m/s$。

图 4-31 给出了在 pH 值为 5.2，温度为 77℃ 及二氧化碳分压为 0.20MPa 条件下，用含 10×10^{-6} 铁离子和磨速为 5.0kg/d 带棱角砂粒的 3% NaCl 溶液流过 76.2mm 碳钢弯头装置，试验得到了临界流速随砂粒直径变化曲线，其临界流速明显随砂粒的增大而下降。

当砂流速超过临界流速时，才观察到明显的磨损损伤，此时相应的腐蚀速度也很大，

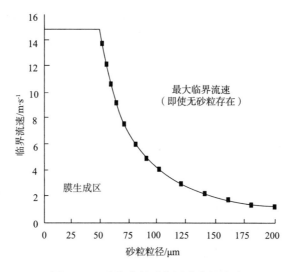

图 4-31 沙粒直径对临界速度的影响

相当于裸钢的腐蚀速度（$14 \sim 15\mathrm{mm/a}$）；当低于临界流速时，腐蚀和磨损都较小，并可用常规公式进行预测，可以忽略磨损的影响，腐蚀速度只有 $0.2 \sim 0.3\mathrm{mm/a}$，符合腐蚀裕量设计范围。

4.5.5 多相流腐蚀的控制

1. 控制流速

在工程实际中或实验研究中，流速往往是唯一可以控制的力学指标，控制了流速就可以控制管壁的损耗，因而，人们提出了临界或极限流速的概念。API RP 14E 的设计准则建议将两相（气/液）管道中的流体速度限制到冲蚀速度极限 v_c：

$$v_c = C/ \sqrt{\rho_{\mathrm{m}}} \tag{4-89}$$

式中 C——经验常数；

  ρ_{m}——混合物密度。

在管子没有砂子存在的连续运行条件下，$C=100$，间断运行条件下，$C=125$；当有缓蚀剂对腐蚀进行控制时，$C=150 \sim 200$。有固体（砂）时，要求将冲蚀速度降低到计算速度之下。

2. 控制流型

强烈段塞流型下的腐蚀最为严重，因此通过消除强烈段塞流可有效降低对油气立管的冲击腐蚀。消除强烈段塞流的目的是使立管底部出现的新液塞在增长至顶部之前就被排出，从而使气液混合物在立管中以气泡流、小段塞流等状态连续流动，最终达到稳定流动状态（压力波动、管道出口气液相流量变化都较小）。

从强烈段塞流的形成机理进行分析，可以得出多种消除方法。归纳起来，主要有三种途径：其一是减小立管中的液塞长度，从而降低液体的静压力，如注气举升法；其二是增大立管上游管道中气体的压力，如节流法；其三是改变进入立管底部流体的流型，使出现强烈段塞流的有利条件消除，如扰动法。目前国内外的常用控制方法大都是基于这三种途径而得到的。但多数方法都是以一种途径为主，三种途径的综合作用。下面详细介绍国内外各种消除严重段塞流的方法。

（1）节流法

1979 年 Schmidt 等人首次提出了节流法（在分离器前安装节流阀）来消除强烈段塞流，如图 4-32 所示。节流法减小了立管中液体的速度，增加了系统压力。节流法消除段塞流的效果较好，但须对节流阀进行仔细调节。为使系统稳定运行，必须在立管底部出现新液塞并增长到立管顶部前，将其排出，使气液混合物在立管中连续流动。因而把混合速度作为控制参数，若混合速度减小表示发生阻塞，为举升形成的液塞，上游管道中的压力应高于立管下游分离器或捕集器正常平均操作压力。立管顶部节流可增大管道和捕集器之间的差压，有利于在立管内形成的小液塞流向捕集器。

节流法的优点是设备简单，缺点是增加上游管道背压、最终使油井产量降低，要达到良好的效果，必须仔细调节节流阀。目前国外仅有为数不多的几条海底管线单独使用节流法来控制强烈段塞流的发生。

（2）气举法

1996 年 Jansen 等人提出了采用气举法来消除强烈段塞流。气举法控制段塞流是在管道的某一位置处注入压缩气体，注入压缩气体的位置有两种：一是在立管底部弯管下游，二是在立管底部弯管上游，如图 4-33 所示。

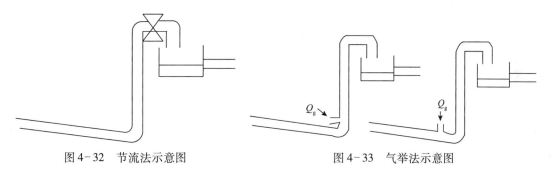

图 4-32　节流法示意图　　　　　　图 4-33　气举法示意图

气举法的原理是注入压缩气体后，压缩气体沿着管线上升，增大立管中气体的压力，使液体速度增大；减小立管中的持液率，使立管中液体的静压力减小。最终导致系统达到稳定状态，压力波动幅度减小。但采用气举法须向管道中注入大量的气体，且要求注入的气体尽量洁净，减小对管道的腐蚀。

在注入压缩气体的两种位置中，在立管底部弯管上游注入压缩气体效果较好，因此一般采用这种控制方式。

气举法的优点是在一定程度上可有效控制强烈段塞流的发生，缺点是注气成本太高而且注气量不易控制。如果注气量太低，达不到控制段塞流的目的，如果注气量太高，增大立管的摩阻损失，发生 Joule-Thomson 效应，产生较大的温降，导致水合物在立管中形成，阻塞管道。另外，需要在平台上增加压缩机等许多辅助设备。

最近 Weihong Meng 等人认为将节流和气举两种方法结合起来使用，即在立管底部弯管上游注入气体，同时在分离器前的水平管段安装节流调节阀。这种方法可以适当减小注气量，减弱 Joule-Thomson 效应，减小背压的增大幅度。这种联合控制方法，效果较好，使系统压力趋于稳定。

（3）接泵法

1997 年 Johal 等人提出安装多相泵来消除强烈段塞流。泵的安装位置有两种：其一是安装在分离器前的水平管段上，这种方法中使用泵来吸立管中的液体，以免液体在立管底低洼处积聚，从而达到控制强烈段塞流发生的目的；其二是安装在立管底低洼处，这种方法使用泵来举升液体，加速液体在立管中的流动，也避免了液体在低洼处积聚。在这两种方法中，后者效果较好，但是后者不如前者安装方便。

接泵法控制段塞流发生的效果与泵的型号和接泵位置有关，该方法中多相泵的安装比较困难，而且泵在操作过程中经常发生故障，这些因素都严重的限制了该方法在现场中的应用。

（4）节流阀门和差压变送器组合法

1997 年 Henriot 等人提出在分离器终端水平段安装阀门，然后阀门和立管底部之间连接一个差压变送器来控制底部压力，从而达到控制或消除强烈段塞流的目的，如图 4-34 所示。

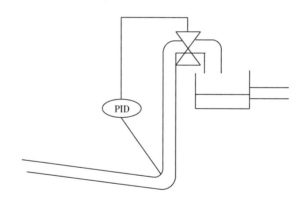

图 4-34　节流阀和差压变送器组合法示意图

该方法的原理是利用旁通的差压变送器检测立管底和出口前水平段节流阀处的压差信号，然后通过差压变送器自动控制节流阀的开度，达到控制或消除强烈段塞流的目的。克服单独使用节流法难以调节的问题。该方法已在英国北海的 Dunbar 海底管线上应用。缺点是需要在海底立管底部和节流阀之间连接差压变送器，施工不方便。

（5）扰动法

1999 年 Almeida 等人提出在靠近立管底部的上游管线适当位置处安装一个文丘里管，文丘里管使流体加速，管内流体剧烈扰动，立管入口处的分层流消失，以致立管底部不产生积液现象，最终实现消除强烈段塞流的目的。该方法的原理是通过扰动改变了产生强烈段塞流的必要流型条件（分层流），但形成的新流型是不稳定的，经过一段距离又要变回分层流，因而，维持扰动后的流态到达立管底部是能否有效消除强烈段塞流的关键。

（6）自供气举法

2000 年 Sarica 等人提出了自供气举法来控制立管中强烈段塞流的发生。自供气举法的原理和普通气举法完全相同，目的还是向立管供气，降低液柱产生的静压力，加快立管中的液体向终端的运移速度。但是它和普通气举法不同的是，普通气举法需要从外部注入气体，而自供气举法是将立管底部低洼处上游的气体通过适当方法引入到立管中的适当位置，完成气举过程。Sarica 等人提出了两种类型的自供气举法：旁通管法和内插管法，如图 4-35、图 4-36 所示。其中旁通管法是从立管底部低洼处上游的海底管道上适当位置旁通一条管道到立管中的适当位置，内插管法是从立管底部低洼处上游的海底管道内适当位置插入一根直径较小的管道。

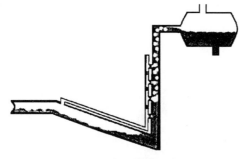
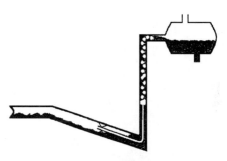

图 4-35　旁通管法示意图　　　　　　　图 4-36　内插管法示意图

2002 年 Tengesdal 和 Sarica 等人建立了自供气举法的物理数值模型，该模型是基于漂移流动模型而建立的一维重力模型，同时结合试验环道验证了这两种自供气举法的有效性和适用性，认为旁通管法比内插管法更有效。这两种方法的优点是不需要外加气源，缺点是均需要选择合适的安装位置。由于海底安装复杂，投入生产应用比较困难。因而，虽然在理论上和试验环道上适用，在目前还没有投入现场使用。

第5章　油气管道腐蚀防护

腐蚀是材料和环境间反应造成的损伤，发生于材料/环境界面。腐蚀理论指出，金属材料腐蚀的原因是表面形成工作着的腐蚀电池，即：存在不同电位的电极及电极间的电子通道和离子通道。金属腐蚀防护技术主要是破坏其条件，使腐蚀电池无法工作。目前工程上有四类防腐蚀技术，它们分别是选材和材料表面改性、缓蚀剂技术、覆盖层技术、电化学保护技术，如图 5-1 所示。

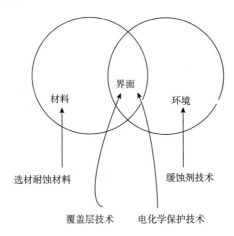

图 5-1　防腐技术示意图

第一种技术着眼于材料本身，通过合理选择材料、研制更耐腐蚀新材料或者改变材料工作表面性质来达到克服或减缓材料腐蚀问题。这项技术依靠材料科学工作者配合，某种程度上以材料科学工作者为主力进行开发。例如：石油化工、炼油工业不断提出新的耐腐蚀要求，促使新的耐腐蚀材料发展。实际上，材料服役过程中只有界面和环境接触，所以材料表面改性可能是更经济有效的手段。所谓"三束改性"技术是利用电子束、离子束、激光束等高能粒子对材料表面局部加工，以获得耐腐蚀性更好的表面层。例如，在普通碳钢工件表面沉积含铬、镍金属层后，再用激光束进行局部熔融，获得类似不锈钢成分的表面层。这样得到的零部件，具有碳钢的低成本和不锈钢的高使用性能。

第二种防腐蚀技术着眼于环境。通过向环境加入少量化学物质，使环境腐蚀性在数量级上成倍降低，这类物质称为缓蚀剂。缓蚀剂多是一些化工生产的有机下脚料，具有较复杂的分子结构，其之所以能靠少量分子改变环境对材料的腐蚀速度，是因为它们能被金属表面吸附，最终还是在界面上起作用。缓蚀剂本身属于精细化工或应用化学研究领域，但缓蚀剂效率测量和评价方法是腐蚀研究的重要组成部分。

虽然前两种技术最终还都在界面起作用，但后两种技术——覆盖层技术和电化学保护技术，可以算是更直接地着眼于材料/环境界面，是应用范围广泛的防腐蚀技术，也是腐蚀科学与现实工程重点研究内容之一。

5.1 合理选材和优化设计

5.1.1 正确选用金属材料和加工工艺

在设计和制造产品或构件时，首先应选择对使用介质具有耐蚀性的材料。正确选材是一项十分重要而又相当复杂的工作，选材的合理与否直接影响产品的性能。选材时，除了注意耐蚀性外，还要考虑到机械性能、加工性能及材料本身的价格等综合因素，选材时应遵循如下原则：

①应根据使用条件全面综合地考虑各种因素。如有介质存在时，除考虑材料的断裂韧性 K_{IC} 外，更应考虑产品的门槛应力强度因子 K_{ISCC} 或应力腐蚀断裂门槛应力 σ_{th} 值。

②对初选材料应查明它们对哪些类型的腐蚀敏感；可能发生哪种腐蚀类型以及防护的可能性；与其接触的材料是否相容，能否发生接触腐蚀；以及承受应力的状态等。

③在容易产生腐蚀和不易维护的部位，应选择耐蚀性高的材料。

④选择腐蚀倾向小的材料和热处理状态。例如，30CrMnSiA 钢拉伸强度在 1176MPa 以下时，对应力腐蚀和氢脆的敏感性相对一般；但经热处理使其拉伸强度达到 1373MPa 以上时，材料对应力腐蚀和氢脆的敏感性明显增高。因此，合理地选择材料的热处理状态，控制材料使用的拉伸强度上限是非常必要的。铝合金、不锈钢在一定的热处理状态或加热条件下，可产生晶间腐蚀，选材时也应予以考虑。

⑤选用杂质含量低的材料，以提高耐蚀性。对高强度钢、铝合金、镁合金等强度高的材料，杂质的存在会直接影响其抗均匀腐蚀和应力腐蚀的能力。

5.1.2 结构设计

金属结构设计是否合理，对均匀腐蚀、缝隙腐蚀、接触腐蚀、应力腐蚀和微生物腐蚀的敏感性影响很大，为减少或防止这些腐蚀，应注意下列各点。

1. 避免死角

设备局部出现的液体残留或固体物质沉降堆积，不仅会使介质因局部浓度增加而导致腐蚀性加强，并且很可能会导致微生物的繁殖生长，引起腐蚀。为此，设计结构形状时不仅要求尽量简单，而且要合理，从而避免死角和排液不尽的死区。图 5-2 介绍了几种合理与不合理的设计。

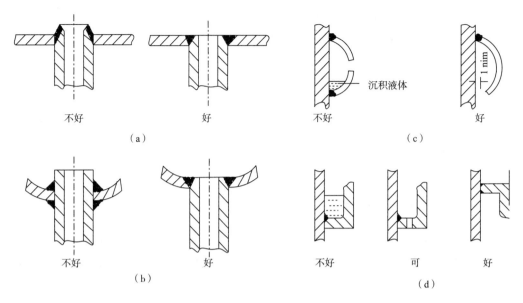

图 5-2　几种合理与不合理的设计

2. 避免间隙

许多金属(如碳钢、铝、不锈钢、钛等)都容易在有缝隙、液体流动不畅的地方形成缝隙腐蚀，并且缝隙腐蚀产生后又往往会引发点蚀和应力腐蚀，造成更大的破坏。良好的结构设计是防止缝隙腐蚀最好的方法。

最常出现间隙腐蚀的部位是密封面和连接部位，如图 5-3 所示。由于焊接能避免连接部位的间隙，因此应尽量以焊接替代螺栓连接或铆接。焊接时，采用连续焊、密封焊，并应避免出现焊缝根部未焊透等焊接缺陷。

3. 妥善处理异种金属接触

异种金属接触会由于它们在腐蚀介质中的腐蚀电位不同而引起电偶腐蚀。由于在许多连接部位和设备中必须采用不同金属，那么在设计中要妥善处理以减缓腐蚀速度，如果异种金属连接是靠焊接等方法，就不能采用常规的绝缘措施(如加合成橡胶、聚四氟乙烯等绝缘连接片)来防止电偶腐蚀。这时，就要注意以下问题。

(1)避免大阴极小阳极的不利结构

不同金属连接时，应尽量采用大阳极小阴极的有利结合，这样腐蚀电流分散在大的阳极表面上，电流密度小，腐蚀速度慢；反之，如果阳极面积小，阳极电流密度就大，腐蚀速度就快，会导致整个设备出现严重的局部腐蚀。解决的具体办法是在容易产生腐蚀的部位采用耐蚀性好的材料。

(2)避免焊接腐蚀

就焊接接头而言，由于焊缝组织粗大、夹杂多，而且还会存在焊接残余应力，因而即使焊缝和母材化学成分相同，焊缝的电位也往往低于母材的电位，导致焊缝首先被腐蚀。而且，焊缝的表面积大大小于母材，又构成大阴极与小阳极的不利结构，使焊缝腐蚀速度

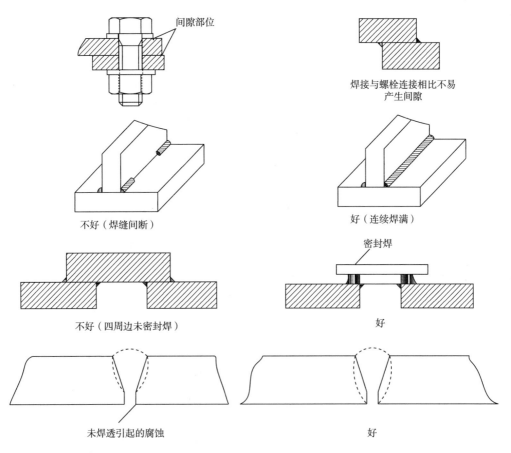

图5-3 最常出现问题的部位

加大。对于这种情况，可以选用较母材耐蚀性高的焊条，使实际焊缝由于含有合金(或合金量高)而具有较母材更高的电极电位。

(3)尽量减小两直接接触金属之间的电位差

同一结构中，不能采用相同材料时，尽量选用在电偶序中相近的材料。如果结构不允许，所用的两种材料腐蚀电位相差很大时，可以采取在偶接处加入腐蚀电位介于两者之间的第三种金属的方法，使两种金属间的电位差下降。

(4)避免应力过分集中

应力集中将导致局部区域腐蚀加快同时会增大产生应力腐蚀的可能性，所以应予以避免。为此，应从以下几个方面着手。

①避免使用应力、装配应力和焊接残余应力在同一个方向上叠加。如图5-4所示，应避免焊缝安排在受力最大处或应力集中处。

②几何形状或尺寸发生变化时，应避免出现尖角、凸出，而应以圆角过渡[图5-5(a)]。当待连接的两母材厚度不等时，应当把焊口加工成相同的厚度[图5-5(b)]。

③设备上尽量避免焊缝聚集、交叉焊缝和闭合焊缝，以减小焊接残余应力(图5-6)。

④尽量采用双面焊缝。单面焊接时根部往往未焊透，导致产生应力集中。

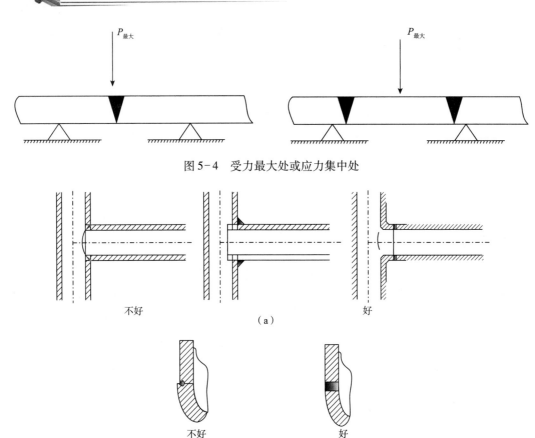

图5-4　受力最大处或应力集中处

不好　　　　　　　　（a）　　　　　　　　好

不好　　　　　　　好

（b）

图5-5　几何形状或尺寸发生变化和当待连接的两母材厚度不等时的处理方法

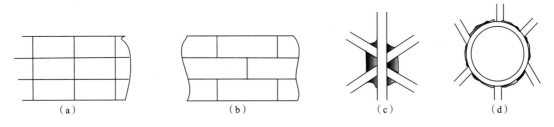

（a）　　　　　（b）　　　　（c）　　　（d）

图5-6　尽量避免焊缝聚集、交叉焊缝和闭合焊缝

5.1.3　强度设计

腐蚀的强度设计就是在设计结构以及校核强度时，考虑腐蚀对结构强度的影响，以避免结构产生早期破坏。力学因素和腐蚀因素是相互作用的。首先，均匀腐蚀状态下强度因素既可以减缓腐蚀也可以加速腐蚀，从而改变设备的预期使用寿命；其次，一些局部腐蚀形态（如点蚀、缝隙腐蚀、晶间腐蚀等）往往会成为结构使用中表面的裂纹源或应力集中部位，从而对强度造成较大影响；再次，腐蚀介质和机械力的联合作用会使结构发生应力腐

蚀、氢脆等破坏，其危险性更大，设计时必须认真对待。

考虑到腐蚀与强度之间的关系，设计时需采取以下措施。

(1)增加腐蚀裕量。如果材料在介质中只产生均匀腐蚀，那么常用的处理方法是设计时把腐蚀与强度的问题分开处理。首先根据强度选取构件的尺寸和厚度，然后再根据材料在介质中的平均腐蚀速率确定一个附加厚度(腐蚀速率乘以预期工作时间，称为"腐蚀裕量")，两者相加即为实际确定的构件厚度。

(2)尽可能减小结构或焊接接头部位的应力集中，以避免外加应力、焊接应力在应力集中区重叠后增大应力峰值。

多数金属材料在外力作用下，腐蚀行为都会产生不同程度的变化。一般认为，拉应力作用下电位降低，腐蚀电流增加。应力较小时，材料仅仅产生弹性变化，上述变化还不大，但是当应力超过材料的屈服极限产生塑性变形时，影响就急剧增大，电位降低值较弹性变化时要高出几十倍甚至几百倍。应变的影响在腐蚀行为上则表现出腐蚀电流密度增加以及与其他未产生塑性变形部位之间由于电位差而引起腐蚀。由于应力越大对腐蚀影响越大，所以应尽量从结构上避免应力集中。例如，避免尖锐过渡而采用平滑过渡；避免采用应力集中系数较大的焊接搭接接头而采用应力集中系数小的对接接头；不同厚度的对接接头采用圆滑过渡的等厚连接；避免焊接交叉密集等。

(3)可能遭受应力腐蚀的结构在设计时要考虑应力腐蚀临界应力 σ_{cr}、应力腐蚀门槛应力强度因子 K_{ISCC} 以及应力腐蚀裂纹亚临界扩展速率 da/dt。

5.2　电化学保护

5.2.1　阴极保护概述

1. 阴极保护原理

图5-7的极化图解可以清楚地说明阴极保护的工作原理。以外加电流阴极保护为例，暂不考虑腐蚀电池的回路电阻，则在未通保护电流以前，腐蚀原电池的自然腐蚀电位为 E，相应的最大腐蚀电流为 I_C。通上外加电流后，从电解质流入阴极的电流量增加，由于阴极的进一步极化，其电位将降低。如流入阴极电流为 I_D，则其电位降至 E'，此时由原来的阳极流出的腐蚀电流将由 I_C 降至 I'。I_D 与 I' 的差值就是由辅助阳极流出的外加电流量。为了使金属构筑物得到完全保护，即没有腐蚀电流从其上流出，就需进一步将阴极极化到使总电位降至等于阳极的初始电位 E_a^0，此时外加的保护电流值为 I_P。从图上可以看出，要达到完全保护，外加的保护电流要比原来的腐蚀电流大得多。

显然，保护电流 I_P 与最大腐蚀电流 I_C 的差值取决于腐蚀电池的控制因素。受阴极极化控制时，二者的差值要比受阳极极化时小得多。因此，采用阴极保护的经济效果较好。

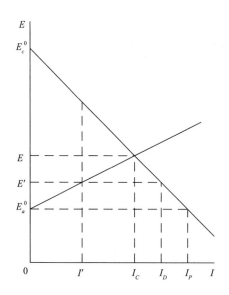

图 5-7　阴极保护的极化图解

E_c^0—阴极开路电位；E_a^0—阳极开路电位；E—自然腐蚀电位；

I_C—自然腐蚀电流；I'—对应电位 E' 的腐蚀电流；I_P—保护电流

2. 阴极保护的方法

本部分主要介绍埋地金属油气管道的阴极保护。

实现阴极保护的方法通常有强制电流法和牺牲阳极法。由于杂散电流排除过程中，在管道上保留有一定的负电位，使管道得到了阴极保护，所以排流保护也是一种限定条件下的阴极保护方法。

（1）强制电流法

根据阴极保护的原理，用外部的直流电源作阴极保护的极化电源，将电源的负极接至管道（被保护的构筑物），电源的正极接至辅助阳极，在电流的作用下，使管道发生阴极极化，实现阴极保护，如图 5-8（a）所示。

强制电流法的电源常用的有整流器，还有太阳能电池、热电发生器、风力发电机等。辅助阳极的常用材料有高硅铸铁、石墨、磁性氧化铁及废钢铁等。强制电流法是目前长距离管道最主要的保护方法。

（2）牺牲阳极法

在腐蚀电池中，阳极腐蚀，阴极不腐蚀。利用这一原理，以牺牲阳极优先被溶解，使金属构筑物成为阴极而实现保护的方法称为牺牲阳极法，如图 5-8（b）所示。

为了达到有效保护，牺牲阳极不仅在开路状态（牺牲阳极与被保护金属之间的电路未接通）有足够负的开路电位（即自然腐蚀电位），而且在闭路状态（电路接通后）有足够的闭路电位（即工作电位）。这样，在工作时可保持足够的驱动电压。驱动电压指牺牲阳极的闭路电位与金属构筑物阴极极化后的电位之差，亦称为有效电压。因此，可以得到作为牺牲阳极材料，必须具有下列条件：

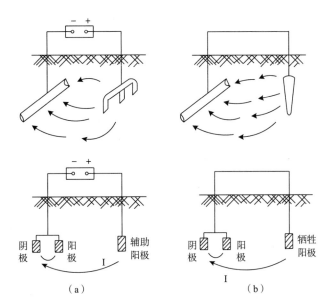

图5-8　阴极保护原理图

①要有足够负的电位，且很稳定；

②工作中阳极极化要小，溶解均匀，腐蚀产物易脱落；

③阳极必须有高的电流效率，即实际电容量和理论电容量之比的百分数要大；

④电化当量高，即单位质量的电容量要大；

⑤腐蚀产物无毒，不污染环境；

⑥材料来源广，加工容易，价格便宜。

在土壤环境中常用的阳极材料有镁和镁合金、锌和锌合金；在海洋环境中还有铝和铝合金。这三类牺牲阳极已在世界范围内广泛应用。

（3）排流保护

当有杂散电流存在时，通过排流可以实现对管道的阴极极化，这时杂散电流就成了阴极保护的电流源。但排流保护是受杂散电流限制的。通常的排流方式有直接排流、极性排流、强制排流三种形式。各种形式都有一定的局限性，在本节后面将作较详细的讨论。

对被保护构筑物选用阴极保护方式时主要考虑如下因素：

①保护范围的大小：保护范围大者强制电流保护优越，保护范围小者牺牲阳极保护经济；

②土壤电阻率的限制：电阻率太高不宜采用牺牲阳极保护法；

③周围邻近的金属构筑物：有时因干扰项限制了强制电流保护的应用；

④覆盖层的质量：对于覆盖层太差或裸露的金属表面，因其所需保护电流太大而使牺牲阳极保护不适用；

⑤可利用的电源因素；

⑥经济性。

表5-1是阴极保护与排流保护的比较。

表 5-1　阴极保护与排流保护的比较

方法		优点	缺点
阴极保护	强制电流	1. 输出电流，电压连续可调； 2. 保护范围大； 3. 不受土壤电阻率的限制； 4. 工程量越大越经济； 5. 保护装置寿命长	1. 必须要有外部电流； 2. 对临近金属构筑物有干扰； 3. 管理、维护工作量大
	牺牲阳极	1. 不需要外部电源； 2. 对临近金属构筑物无干扰或较小； 3. 管理工作量小； 4. 工程小时，经济性好； 5. 保护电流均匀且自动调节，利用率高	1. 高电阻率环境不经济； 2. 覆盖层差时不适用； 3. 输出电流有限
排流保护	极性排流	1. 利用杂散电流保护管道； 2. 经济实用； 3. 方法简单易行，管理量小； 4. 对杂散电流无引流之忧	1. 对其他构筑物有干扰影响； 2. 电铁停运时，管道得不到保护； 3. 负电位不易控制
	强制排流	1. 保护范围广； 2. 电压电流连续可调； 3. 以轨道代替阳极，结构简单； 4. 电铁停运时，管道仍有保护； 5. 不存在阳极干扰	1. 对其他构筑物有干扰影响； 2. 需要外部电源； 3. 排流点易过保护

3. 阴极保护参数

在图 5-7 中，可以看到与阴极保护相关的几个参数：自然腐蚀电位、保护电位、保护电流(可以换算成电流密度)。正确选择和控制这些参数是决定保护效果的关键。为了直观、定量地比较阴极保护的效果，有时还要引用阴极保护保护度参数。而在实际保护中，人们仅把保护电位作为控制参数，因为它受自然腐蚀电位和保护电流所控制，而且在实践中容易操作。

(1)自然腐蚀电位

无论采用牺牲阳极保护还是采用强制电流阴极保护，被保护金属构筑物的自然腐蚀电位都是一个极为重要的参数。它体现了金属构筑物本身的活性，决定了阴极保护所需电流的大小，同时又是阴极保护准则中重要的参考点。

(2)保护电位

按 GB/T 10123—2001 的定义，保护电位为"为进入保护电位区所必须达到的腐蚀电位的界限值"。保护电位是阴极保护的关键参数，它标志了阴极极化的程度，是监视和控制阴极保护效果的重要指标。

为使腐蚀过程停止，金属经阴极极化后所必须达到的电位称为最小保护电位，也就是腐蚀原电池阳极的起始电位。其数值与金属的种类、腐蚀介质的组成、浓度及温度等有关。根据实验测定，碳钢在土壤及海水中的最小保护电位为 $-0.85V(CSE)$ 左右。

管道通入阴极电流后，其负电位提高到一定程度时，由于 H^+ 在阴极上的还原，管道表面会析出氢气，减弱甚至破坏防腐层的粘结力，不同防腐层的析氢电位不同。沥青防腐层在外加电位低于 $-1.20V(CSE)$ 时开始有氢气析出，当电位达到 $-1.50V(CSE)$ 时将有大量氢析出。因此，对于沥青防腐层取最大保护电位为 $-1.20V(CSE)$。若采用其他防腐层，最大保护电位值也应经过实验确定。聚乙烯防腐层的最大保护电位可取 $-1.50V(CSE)$。

（3）保护电流密度

在 GB/T 10123—2001 中，保护电流密度的定义是："将腐蚀电位维持在保护电位区内所要求的电流密度"。此定义适用于阴极保护和阳极保护，对于阴极保护来说只能是"流入"。保护电流密度与金属性质、介质成分、浓度、温度、表面状态（如管道防腐层状况）、介质的流功、表面阴极沉积物等因素有关。对于土壤环境而言，有时还受季节因素的影响。

因保护电流密度不是固定不变的数值，所以，一般不用它作为阴极保护的控制参数；只有无法测定电位时，才把保护电流密度作为控制参数。例如，在油井套管的保护中，电流密度是一个重要参数，可以作为控制参数用。

不同表面状况钢管的最小保护电流密度值见表 5-2。从表中可以看出，裸管比有防腐层管道需要的保护电流密度大得多；土壤电阻率愈小，需要的保护电流密度愈大。由于在实际工作中很难测定腐蚀电池的阴、阳极的具体位置和面积大小，故表中所列数据都是按与电解质接触的整个被保护金属表面积计算的。类似的试验数据对于较小的金属构筑物，如油罐的箱底、平台的桩等是适用的；对于沿途土壤电阻率和防腐层质量变化较大的长距离管道，则往往偏差较大。故对于长距离管道的阴极保护，常以最小保护电位和最大保护电位作为衡量标准。

表 5-2　不同表面状况钢管的最小保护电流密度

管道表面状况	土壤电阻率/Ω·m	电流密度/mA/m^2
带有沥青、玻璃布防腐层	130~35	0.01~0.1
	30~1.4	0.16
裸管	<3	30~50
	3~10	20~30
	10~50	10~20
	>50	5~10

（4）保护度

按 GB/T 10123—2001 的定义，保护度是"通过腐蚀保护措施实现的腐蚀损伤减小的百分数"。这一参数可以直观地看出阴极保护的效果。它是通过试样在阴极保护状态下和非保护状态下的检测结果对比得来。在管道实践中通常用检查片来测定。

设非保护状态下自然埋设的检查片原始质量为 W_0，试样腐蚀后经清除腐蚀产物后的质量为 W_1，试样的表面积为 S_0，埋设时间为 t，检查腐蚀前后的质量损失 $G_0 = W_0 - W_1$，俗称失重。由失重法计算检查片的腐蚀速率为：

$$V_0 = \frac{W_0 - W_1}{S_0 t} = \frac{G_0}{S_0 t} \tag{5-1}$$

同理，在阴极保护状态下试样原始质量为 W_0'，试样清除腐蚀产物后的质量为 W_1'，其表面积为 S_1，埋没时间为 t，此时的质量损失 $G_1' = W_0' - W_1'$。则检查片的腐蚀速率为：

$$V_1 = \frac{W_0' - W_1'}{S_1 t} = \frac{G_1'}{S_1 t} \tag{5-2}$$

阴极保护度的计算公式如下：

$$P = \frac{V_0 - V_1}{V_0} \times 100\% = \frac{\frac{G_0}{S_0} - \frac{G_1'}{S_1}}{\frac{G_0}{S_0}} \times 100\% \tag{5-3a}$$

当用电流表示腐蚀速率时，保护度又可表示为以下形式：

$$P = \frac{i_{corr} - i_a}{i_{corr}} \times 100\% = \left[1 - \frac{i_a}{i_{corr}}\right] \times 100\% \tag{5-3b}$$

式中　i_{corr}——未加阴极保护时金属的腐蚀电流密度；

　　　i_a——阴极保护时金属的腐蚀电流密度。

最适宜的阴极保护是能达到较高的保护度，同时又可得到较大的保护效率。保护效率可由下式表示：

$$Z = \frac{P}{\frac{i_{appl}}{i_{corr}}} = \frac{i_{corr} - i_a}{i_{appl}} \times 100\% \tag{5-4}$$

式中　i_{appl}——阴极保护时外加保护电流密度。

通过上述公式的比较，可以看出保护效率的概念区别于保护度。保护效率是以施加的保护电流密度作为对比量的，而保护度是以腐蚀电流密度为对比量的。

由表5-3可以看出，随着阴极保护电流增大，腐蚀电流密度 i_a（i_a / i_{corr}）减小，阴极极化值（ΔE）增大，保护度 P 不断提高，而保护效率 Z 却下降了。当保护度为80%时，保护效率为39.6%；在达到完全保护时（$i_a = 0$），保护效率为0.27%。据报道，在静止条件下，钢在海水中完全阻止金属的均匀腐蚀，阴极极化电流要超过它在自腐蚀电位（E_{corr}）下腐蚀电流的380倍。可见达到完全保护时所需能耗之大。以上说明一个问题，达到完全保护并非是最佳保护状态。为此，采取措施优化阴极保护参数，使能量利用合理，并达到最佳保护效果是我们的目的。在实际应用中，在阴极保护状态下允许管体在不大的腐蚀速度下工作，管子壁厚在设计时应能满足在此腐蚀速度下预期寿命的要求。

表5-3　阴极保护的计算指数

i_a/i_{corr}	i_{appl}/i_{corr}	$\Delta E/V$	$P/\%$	$Z/\%$
1.0	0.0	0.0	0.0	0.0
0.9	0.16	0.0027	10	64.2
0.8	0.31	0.0054	20	62.5
0.7	0.49	0.0093	30	60.4
0.6	0.69	0.0127	40	57.8
0.5	0.91	0.0174	50	54.7
0.4	1.18	0.0230	60	50.8
0.3	1.52	0.0310	70	46.0
0.2	2.02	0.0404	80	39.6
10^{-1}	3.06	0.0580	90	29.4
10^{-2}	9.99	0.116	99	19.9
10^{-3}	31.6	0.174	99.9	3.16
10^{-4}	99.99	0.232	99.99	1.0
10^{-5}	299	0.290	99.999	0.334
10^{-6}	361	0.302	99.9999	0.227
10^{-7}	369	0.303	99.99999	0.271
$i_a = 0$	370	0.034	100.0	0.270

4. 阴极保护准则

自从1928年美国 J. 柯恩通过试验发现 $-0.85\text{V}(\text{CSE})$ 电位能控制电化学腐蚀之后，这一标准经过实践考验，成为公认的最小保护电位。

从电化学理论上分析，铁在腐蚀时，以二价离子形式出现，用能斯特方程式表达为

$$E_{Fe/Fe^{2+}} = E^0_{Fe/Fe^{2+}} + \frac{RT}{2F}2.303\log a_{Fe^{2+}} \tag{5-5}$$

式中　$E^0_{Fe/Fe^{2+}}$——铁的标准电极电位；

　　　R——气体常数；

　　　T——绝对温度；

　　　F——法拉第常数；

　　　$a_{Fe^{2+}}$——靠近电极的电解液层中铁离子的活度。

当 pH > 5.5 时，Fe^{2+} 和 OH^- 作用生成难溶的 $Fe(OH)_2$，此时，$a_{Fe^{2+}}$ 取决于 $Fe(OH)_2$ 的溶度积 $L_{Fe(OH)_2}$ 和 a_{OH^-}、a_{H^+} 的离子积 K_{H_2O}，$K_{H_2O} = a_{OH^-} \cdot a_{H^+}$，$pH = -\log a_{Fe^{2+}}$。25℃时，$E^0_{Fe/Fe^{2+}} = -0.44\text{ V}$，$2.303\frac{RT}{2F} = 0.0296$，$L_{Fe(OH)_2} = 1.65 \times 10^{-15}$，$K_{H_2O} = 1.008 \times 10^{-14}$。

按 $E^0_{Fe/Fe^{2+}} = -(0.05 + 0.0592\,pH)$，在 pH 值为 5.5~10 的电解液中，计算出保护电位

在 $-0.38 \sim 0.64\text{V}(\text{SHE})$ 之间变化。换算成相对饱和 Cu/CuSO_4 电极的电位为 $-0.7 \sim -0.96\text{V}$。钢在土壤中（$\text{pH} = 8.3 \sim 9.6$）的保护电位为 $-0.541 \sim -0.618\text{V}(\text{SHE})$，平均为 $-0.58\text{V}(\text{SHE})$，相对饱和 Cu/CuSO_4 电极的电位为 -0.90V。

计算出钢的保护电位与钢在该电解液中的初始电位值之差，即可认为是阴极极化值或负向偏移。例如，钢在干燥土壤中的自然电位 $V_X = -0.3\text{V}(\text{SHE})$，其阴极极化值计算得：

$$\Delta V = E_{保} - V_X = -0.58 - (-0.3) = -0.28\text{V} \approx 0.3\text{V}(\text{SHE})$$

根据电化学理论，阴极保护判据是多因素决定的，相当复杂。但 $-0.85\text{V}(\text{HSE})$ 是既有理论基础，又有实践依据，已为世界各国所接受。

对于钢铁的阴极保护准则，各国标准的表达方式也不相同，采用下述之一或几个作为判据：

①施加阴极保护时阴极的负电位至少为 850mV，这一电位是相对于接触电解质的饱和 Cu/CuSO_4 参比电极测量的，测量中必须排除 IR 降的影响。

②在构筑物表面与接触电解质的参比电极之间的阴极极化值最小为 100mV。这一数据的测定可以在极化的形成过程或是衰减过程中进行。

$-850\text{mV}(\text{CSE})$ 适用于各种土壤环境中钢铁构筑物的阴极保护，是世界公认的通用准则。对于有良好覆盖层的管道，这一准则很实际。但是当覆盖层的质量太劣或是裸管，采用 -850mV 的准则就显得过保护和浪费，所以国外学者主张在这种条件下采用 -100mV 极化电位准则。其理由是腐蚀体系 $i_c = \dfrac{E_c - E_a}{R_c + R_a}$，式中 i_c 为腐蚀电流，要使 i_c 很小，必须使阴极电位 E_c 和阳极电位 E_a 很接近，即 $E_c = E_a$ 或 $\Delta E = E_c - E_a$ 很小。在裸管上就是 ΔE 很小，故 100mv 极化值远远大于这个 ΔE，足以达到保护要求。

采用 -100mV 极化电位准则，有个基准点的问题。虽然准则在阴极极化建立或衰减过程中都可以用，但在建立过程中由于有 IR 降的影响，使得 100mV 的精度受到了限制，故在衰减过程中采用该准则比较实际。表 5-4 是在一条 109mm 直径的裸管道上测得的电位，表 5-5 是在一条直径为 319mm 的旧防腐层管道上测得的电位。前者的保护电流密度是 13.67mA/m^2，后者为 1.51mA/m^2。

表 5-4 ϕ109 裸管 100mV 极化测量

测点位置/m	管/地电位/V（CSE）			ΔE/V	整流器/（V/A）
	on	off	断电去极化		
0	-0.855	-0.658	-0.412	0.246	16/16
7.32	-0.840	-0.656	-0.418	0.238	
9.44	-0.821	-0.698	-0.408	0.290	
20.92	-0.994	-0.831	-0.672	0.159	
23.34	-0.795	-0.695	-0.456	0.239	10.9/29.3
45.11	-1.410	-1.069	-0.365	0.704	
66.00	-0.777	-0.680	-0.356	0.324	

续表

测点位置/m	管/地电位/V（CSE）			ΔE/V	整流器/（V/A）
	on	off	断电去极化		
78. 92	−1. 111	−0. 882	−0. 346	0. 536	6. 8/18. 8
88. 61	−0. 733	−0. 657	−0. 416	0. 241	
99. 91	−0. 913	−0. 750	−0. 423	0. 327	
112. 86	−0. 040	−0. 819	−0. 431	0. 388	
136. 79	−1. 400	−0. 924	−0. 367	0. 557	8. 8/25. 6
159. 33	−0. 825	−0. 745	−0. 461	0. 284	
167. 47	−0. 811	−0. 767	−0. 479	0. 288	
178. 80	−1. 500	−0. 762	−0. 297	0. 465	9. 4/21. 3
209. 10	−0. 855	−0. 748	−0. 479	0. 269	
214. 12	−0. 817	−0. 728	−0. 470	0. 258	
226. 91	−0. 730	−0. 670	−0. 409	0. 261	

表 5-5　ϕ319 旧防腐层管道 100mV 极化测量

测点位置/m	管/地电位/V（CSE）			ΔE/V	整流器/（V/A）
	on	off	断电去极化		
1. 57	−0. 869	−0. 859	−0. 460	0. 399	99. 0/5. 9
27. 22	−0. 820	−0. 700	−0. 410	0. 360	
38. 41	−0. 660	−0. 600	−0. 290	0. 310	
42. 07	−1. 000	−0. 880	−0. 340	0. 540	
48. 61	−1. 150	−0. 920	−0. 450	0. 470	
52. 82	−0. 951	−0. 884	−0. 410	0. 474	
56. 30	−1. 670	−1. 220	−0. 560	0. 660	
61. 03	−1. 710	−1. 250	−0. 560	0. 690	
62. 48	−3. 030	−1. 320	−0. 530	0. 790	
64. 29	−2. 200	−1. 220	−0. 550	0. 670	
66. 83	−0. 870	−0. 610	−0. 490	0. 120	
96. 62	−2. 500	−1. 200	− 0. 490	0. 710	24. 0/50
100. 42	−1. 820	−0. 980	−0. 410	0. 570	
11 14	−0. 700	− 0. 640	0. 440	0. 200	
111. 88	−0. 760	−0. 610	−0. 490	0. 120	
139. 45	−1. 440	−0. 950	−0. 530	0. 420	41. 0/9. 2

在考虑通气程度时，英国 BS 7361 标准中，通气环境为 − 0.85V，不通气环境为

-0.95V。德国的 DIN 30676 标准则给出温度和砂土两个条件：温度高于 60℃ 为 -0.95V；在砂土中，土壤电阻率 $\rho > 5000\Omega \cdot \text{m}$ 时，为 -0.75V。以上电位测量均相对于 Cu/CuSO_4 参比电极。

5. 管道实施阴极保护的基本条件

管道实施阴极保护的基本条件为：有可靠的直流电源，以保证充足的保护电流；管道必须处于有电解质的环境中（如土壤、河流、海水等）；保持管道纵向导电连续性；为确保管道系统阴极保护的有效性和提高保护效率，必须做好管道的电绝缘，如选用高质量的管道覆盖层以及合理布局绝缘连接体。以下主要讨论管道绝缘连接及管道纵向导电连续性的问题。

（1）管道的电绝缘

①绝缘接头

管道的绝缘接头有法兰型、整体型（埋地）、活接头型等各种型式。近几年开发的整体埋地型绝缘接头具有整体结构、直接埋地和高绝缘性等特点，克服了绝缘法兰密封性能不好、装配影响绝缘质量、不能埋地、外缘盘易集尘等缺点，是管道理想的绝缘连接装置。图 5-9 是整体型绝缘接头的结构图。

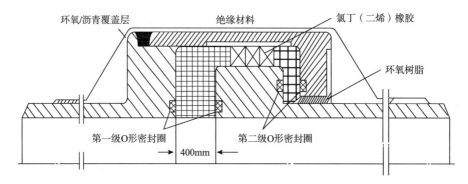

图 5-9　整体型绝缘接头结构示意图（高压型）

需要设置绝缘连接的场所有：管道与井、站、库的连接处；管道与设备所有权的分界处；支线管道与干线管道的连接处；不同材质、新旧管道及有防腐层与无防腐层管道间连接处；大型穿、跨越段的两端；杂散电流干扰段；使用不同阴极保护方法的交界处。

②绝缘支墩（垫）

当管道采用套管形式穿墙或穿越公路、铁路时，管道与套管必须电绝缘。通常采用绝缘支墩或绝缘垫。

管道及支撑架、管桥、穿管隧道、桩、混凝上中的钢筋等必须电绝缘。若管段两端已装有绝缘接头，使架空管段与埋地管道相绝缘，则此时管道可以直接架设在支撑架上而无需电绝缘。

③其他电绝缘

当管道穿越河流，采用加重块、固定锚、混凝土、加重覆盖层时，管道必须与混凝土钢筋电绝缘，安装时不得损坏管道原有防腐层。

管道与所有相遇的金属构筑物(如电缆、管道)必须保持电绝缘。

(2)管道纵向导电的连续性

对于非焊接的管道接头,应焊接跨接导线来保证管道纵向导电的连续性,确保电流流动。

对于预应力混凝土管道,施加阴极保护时,每节管道的纵向钢筋必须首尾跨接,以保证阴极保护电流的纵向导通。有时还可平行敷设一条电缆,通过每节预应力管道与之相连来实现导电的连续性。

(3)阴极保护管道的附件

①检查片

检查片材质应与被保护的管道相同,用于定量分析阴极保护的效果及土壤的腐蚀性。也有用于其他目的的检查片,如在牺牲阳极保护段,用于代表管道,测量管道的自然腐蚀电位。

检查片的推荐尺寸为 $100mm \times 50mm \times 5mm$,采用锯、气割方法制取。为了不改变检查片的冶金状态,气割边缘应去掉 $20 \sim 30mm$。检查片应有安装孔和编号,编号可用钢字模打印。

一般检查片应埋设在有代表意义的腐蚀性地段(环境中),如污染区、高盐碱地带、杂散电流严重地区以及管道阴极保护管道范围末端。

②测试桩

为了测量阴极电流保护管道的电参数,必须在管道沿线设计不同功能的测试桩,在国外的文献中称之为防腐测试站(test station),测试桩设置原则如下:

a)电位测试桩,一般每公里处设一支,需要时可以加密或减少;

b)电流测试桩,每 $5 \sim 8km$ 处设一支;

c)套管测试桩,套管穿越处一端或两端设置;

d)绝缘接头测试桩,每一绝缘接头处设一支;

e)跨接测试桩,与其他管道、电缆等构筑物相交处设一支;

f)站内测试桩,视需要而设;

g)牺牲阳极测试桩,一般设在两组阳极的中间部位。

以上设置的测试桩,可以测取管道的保护电位、管道保护电流的大小和流向、电绝缘性能及干扰等方面的参数。

测试桩的功能主要区别在接线上。最简单的是电位测试桩,只需引接两根导线;测管道电流要接四根导线;测两者间的干扰或绝缘要在相邻构筑物上各引出两根导线。一般来说,测试桩的功能可以结合在一起使用,有时测试桩还可以和里程桩相结合。

5.2.2　强制电流法阴极保护

1. 强制电流阴极保护的工艺计算

管道阴极保护范围的制约因素是管道防腐层电阻和管径,它以最大保护电位的临界点来划分。这样保护一条管道常常需要设一个或几个阴极保护站，因此，必须知道当管道上通入阴极极化电流后所产生的极化电位沿线分布情况，即电位经过多远的距离降低到最小保护电位。

（1）管道沿线外加电位与电流的分布规律

如图5-10所示，外加电流的电源正极接辅助阳极，负极接在被保护管段的中央，这一点称为汇流点或通电点。电流自电源正极流出，经阳极和大地流至汇流点两侧管道，在两侧金属管壁中流动的电流是流向汇流点的。因此，沿线电流密度和电位的分布是不均匀的。为了在理论上推导出汇流点处的管道沿线电位分布的基本公式，需做出以下假设。

①管道防腐层均匀一致，并具有良好的电绝缘性能，与土壤接触且土质均匀一致，因此管道沿线各点的单位面积过渡电阻相等。过渡电阻指电流从土壤沿径向流入管道时的电阻，其数值主要决定于防腐层电阻。

②因土壤截面积很大，土壤电阻可以忽略不计。

如图5-10所示，在离汇流点 x 公里处取一微元段 $\mathrm{d}x$，由于通入外电流以后的阴极极化作用，$\mathrm{d}x$ 小段处的管地电位往负的方向上偏移，设其偏移值为 E，E 等于通电后的保护电位与自然电位之差。

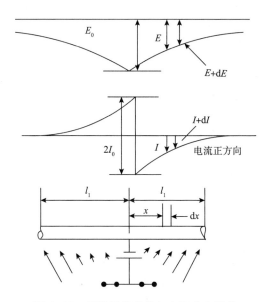

图5-10 管道沿线电位与电流分布规律

设单位长度金属管道的电阻为 r_{T}，单位面积的防腐层过渡电阻为 R_{P}，单位长度上电流从土壤流入金属管道的过渡电阻为 R_{T}，如管外径为 D，则 $R_{\mathrm{T}} = \dfrac{R_{\mathrm{P}}}{(\pi D)}$。

在 $\mathrm{d}x$ 小段上电流的增量 $\mathrm{d}I$ 就是在该小段上从土壤流入管道的保护电流，由于忽略土壤电压降，故

$$\mathrm{d}I = -\frac{E}{R_{\mathrm{T}}}\mathrm{d}x \text{ 即} \frac{\mathrm{d}I}{\mathrm{d}x} = -\frac{E}{R_{\mathrm{T}}} \tag{5-6}$$

负号表示电流的流动方向与 x 的增量方向相反。

当电流 I 轴向流过管道时，由于管道金属本身的电阻所产生的压降为

$$dE = -Ir_T dx \text{ 即 } \frac{dE}{dx} = -Ir_T \tag{5-7}$$

对以上二式求导，并取 $a = \sqrt{\dfrac{r_T}{R_T}}$（定义为衰减因数），可得

$$\frac{d^2 I}{dx^2} - a^2 I = 0 \tag{5-8}$$

$$\frac{d^2 E}{dx^2} - a^2 E = 0 \tag{5-9}$$

式(5-8)和式(5-9)为二阶常系数齐次线性方程，其通解为

$$I = A_1 e^{ax} + B_1 e^{-ax} \tag{5-10}$$

$$E = A_2 e^{ax} + B_2 e^{-ax} \tag{5-11}$$

式中，系数 A_1、A_2、B_1、B_2 可根据边界条件求出。边界条件通常有以下三种情况决定。

①无限长管段的计算：即全线只有一个阴极保护站，线路上没有用绝缘法兰。

②有限长管段的计算：即全线有多个阴极保护站，两个相邻站之间的管道由两个站共同保护。

③保护段终点有绝缘法兰的计算：一般设有阴极保护的管道在进入输油站或油库以前必须装设绝缘法兰，以免保护电流向站内或库内流失。

（2）保护范围的计算

①无限长管道的计算

在汇流点处 $x = 0$，$I = I_0$，$E = E_0$。I_0 为管道一侧的电流，距汇流点无限远处，$x \to \infty$，$E = 0$。将此边界条件代入通解式(5-10)和式(5-11)得 $A_1 = 0$，$B_1 = I_0$；$A_2 = 0$，$B_2 = E_0$。故无限长管道的外加电位及电流的分布方程式为

$$E = E_0 e^{-ax} \tag{5-12}$$

$$I = I_0 e^{-ax} \tag{5-13}$$

由式(5-12)、式(5-13)可解出沿线各处电位与电流的相互关系为

$$\frac{dE}{dx} = -r_T I = \frac{d(E_0 e^{-ax})}{dx} = -a E_0 e^{-ax} \tag{5-14}$$

$$I = \frac{a}{r_T} E_0 e^{-ax} \tag{5-15}$$

在汇流点处，$x = 0$，故汇流点一侧的电流为

$$I_0 = \frac{a}{r_T} E_0 = \frac{E_0}{\sqrt{R_T r_T}} \tag{5-16}$$

在汇流点处的总电流就是该保护装置的输出电流，它等于管道一侧流至汇流点电流的两倍，即 $I = 2I_0$。

式(5-12)和式(5-13)说明当全线只有一个阴极保护站时，管道沿线的电位及电流值按指数曲线规律下降。在汇流点附近的电位和电流值变化激烈，离汇流点愈远变化愈平缓。曲线的陡度决定于衰减因数 $a = \sqrt{\dfrac{r_T}{R_T}}$，主要是防腐层过渡电阻 R_T 的影响。

如前所述，由于最大保护电位是有限度的，故汇流点处的电位应小于或等于最大保护电位 E_{max}。当沿线的管/地电位降至最小保护电位 E_{min} 处，就是保护段的末端。故一个阴极保护站所可能保护的一侧的最长距离，可由式(5-12)算出。取 $E_0 = E_{max}$，$E = E_{min}$，$x = L_{max}$ 代入，可得

$$E_{min} = E_{max}e^{-aL_{max}} \tag{5-17}$$

$$L_{max} = \frac{1}{a}\ln\frac{E_{max}}{E_{min}} \tag{5-18}$$

由式(5-16)和式(5-18)可见，阴极保护管道所需保护电流 I_0 的大小和可保护段长度受防腐层电阻的影响很大。防腐层质量好，则电能消耗少，保护距离也长。根据国内经验，当沥青防腐层的施工质量较好时，管道单位面积防腐层过渡电阻能达到 $10000\Omega \cdot m^2$ 以上，有的高达 $20000 \sim 30000\Omega \cdot m^2$。故目前按标准规范要求，在设计计算中常取防腐层的 $R_p = 10000\Omega \cdot m^2$，对于合成树脂类防腐层均会高出此值。

计算中需要注意的是，式(5-18)中的 E_{max} 和 E_{min} 均为阴极极化值相对于自然电位的偏移值，而前面所述最大和最小保护电位系相对于硫酸铜电极测得的极化电位。在大多数土壤中，用硫酸铜电极测得的钢管自然电位约在 $-0.50 \sim -0.60V$ 之间。若实测平均值为 $-0.55V$，则当取最大保护电位为 $-1.20V$，最小保护电位为 $-0.85V$ 时，其阴极极化值为：

$$E_{max} = -1.20 - (-0.55) = -0.65V$$
$$E_{min} = -0.85 - (-0.55) = -0.30V$$

对于管线长度超出一个阴极保护站保护范围的长距离管道的情况，常需在沿线设若干个阴极保护站，其保护段长度应按有限长管道计算。

②有限长管道的计算

有限长管道的保护段即指两个相邻阴极保护站之间的管段，两端设有绝缘接头的管段近似按有限长考虑。其极化电位和电流的变化受两个站共同作用。由于两个站的相互影响，将使极化电位变化曲线抬高，如图5-11所示。因此，有限长管道比无限长管道的保护距离长，$l_2 > l_1$。

设两个站间距离为 $2l$，在中点处 $(x = l)$ 正好达到保护所需的最小保护电位，$E_l = E_{min}$。电位变化曲线在中点处发生转折，即 $\dfrac{dE_l}{dx} = 0$。由于保护电流来自两个站，其电流流动方向相反，故在中点处电流为零，因此边界条件为：

$$x = 0，I = I_0，E = E_0；$$
$$x = l，I = 0，E_l = E_{min}，\frac{dE_l}{dx} = 0$$

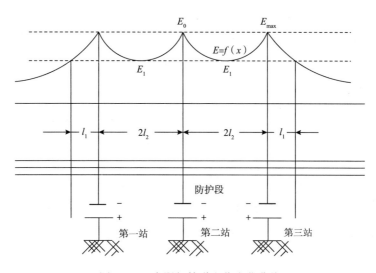

图5-11　有限长管道电位变化曲线

代入式(5-10)和式(5-11)，可得：

$$E = E_0 \frac{\text{ch}\left[a(l-x)\right]}{\text{ch}(al)} \tag{5-19}$$

$$I = I_0 \frac{\text{sh}\left[a(-x)\right]}{\text{sh}(al)} \tag{5-20}$$

式中，$\text{ch}(m)$和$\text{sh}(m)$分别为双曲函数的余弦和正弦。

由式(5-7)、式(5-19)得：

$$I = -\frac{1}{r_T} \cdot \frac{\text{d}E}{\text{d}x} = -\frac{1}{r_T} \cdot \frac{\text{d}}{\text{d}x}\left\{E_0 \cdot \frac{\text{ch}\left[a(l-x)\right]}{\text{ch}(al)}\right\} = \frac{E_0}{\sqrt{r_T R_T}} \cdot \frac{\text{sh}\left[a(l-x)\right]}{\text{sh}(al)} \tag{5-21}$$

在汇流点处$x=0$，$I=I_0$，代入上式得汇流点一侧电流为：

$$I_0 = \frac{E_0}{\sqrt{r_T R_T}}\text{th}(al) \tag{5-22}$$

由公式(5-19)可求出

$$E_{\min} = \frac{E_{\max}}{\text{ch}(aL_{\max})} \tag{5-23}$$

所以，有限长管道一侧的保护长度

$$L_{\max} = \frac{1}{a}\text{Arch}\frac{E_{\max}}{E_{\min}} = \frac{1}{a}\ln\left[\frac{E_{\max}}{E_{\min}} + \sqrt{\left(\frac{E_{\max}}{E_{\min}}\right)^2 - 1}\right] \tag{5-24}$$

考虑到双曲余弦函数$\text{ch}(al) = \frac{1}{2}(e^{al} + e^{-al})$中$e^{-al}$这项很小，可以近似忽略，将上式简化为：

$$L_{\max} = \frac{1}{a}\ln 2\frac{E_{\max}}{E_{\min}} \tag{5-25}$$

将有限长管道与无限长管道的公式进行比较可得如下结论：

①无限长管道上的电位和电流的分布按指数函数的规律变化，而有限长管道上的电流和电位分布是按双曲函数的规律变化的，故有限长管道电位和电流分布的变化较缓慢，其保护距离比无限长管道长；

②有限长管道消耗的电能比无限长管道少。

管道末端有绝缘法兰的计算与有限长管道的计算结果相近，故实际工作中都按有限长计算，不再另述。

根据上述公式，可以估算被保护管道全线所需的阴极保护站的数量及其位置（通常尽可能设在泵站或压缩机站上）。但必须强调指出的是，在上述推导过程中忽略了土壤中的 IR 降，并认为沿线防腐层过渡电阻均匀一致，而实际上在长距离输油（气）的管道沿线，不仅土壤电阻率变化较大，防腐层质量也很难保持一致，故在设计中要留有一定的余地。

（3）图解法估算

埋地管道阴极保护的范围主要与平均电流密度和管道纵向电阻所允许电压降的大小有关。设管道的保护电流密度为 J_s，管道上的电压降为：

$$\Delta V_L = \frac{1}{2} I \cdot r_T \cdot L = \frac{\pi \cdot d \cdot J_s \cdot r_T \cdot L^2}{2} \qquad (5-26)$$

所以保护范围为：

$$2L = \sqrt{\frac{8\Delta V_L}{\pi d J_s r_T}} \qquad (5-27)$$

$$r_T = \frac{\rho_T}{\pi(d-\delta)\delta} \qquad (5-28)$$

式中　　L——单侧保护长度，m；

　　ΔV_L——管道上纵向压降，V；

　　　d——管道直径，mm；

　　　J_s——保护电流密度，mA/mm^2；

　　　r_T——单位长度管道纵向电阻，Ω/m；

　　　ρ_T——钢管电阻率，$\Omega \cdot$mm^2/m；

　　　δ——管壁厚度，mm。

对应式（5-27），I_0 的计算如下：

管道阴极保护系统的总电流就是汇流点处的总电流 $I = 2I_0$。

$$2I_0 = \pi d J_s 2L \qquad (5-29)$$

$$2I_0 = \sqrt{8\Delta V_L \pi d J_s / r_T} \qquad (5-30)$$

式中　　I_0——单侧管道的保护电流，A。

图5-12绘出了已知保护范围为 $2L$，需要阴极保护电流 $2I_0$、电流密度 J_s 和管径的关系。

2. 电源功率的计算

根据被保护系统所需的总电流和总电压来选择直流电源的类型和规格。系统的总电流

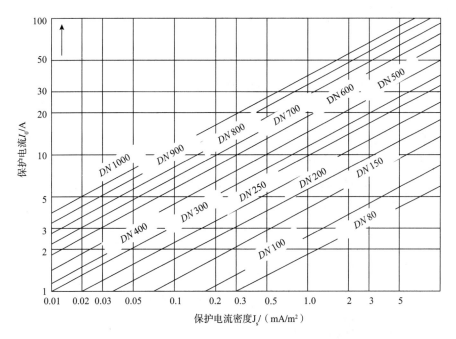

图5-12 管道 $2L$ 范围所需保护电流 $2I_0$ 、电流密度 J_s 和管径的关系

$I = 2I_0$ ，系统的总电压为：

$$V = I(R_a + R_L + R_c) + V_r \qquad (5-31)$$

式中 R_a——阳极接地电阻，Ω；

R_c——阴极土壤界面的过渡电阻，Ω，对于无限长管道，$R_c = \dfrac{\sqrt{R_T r_T}}{2}$ ，对于有限长

管道，$R_c = \dfrac{\sqrt{R_T r_T}}{2\mathrm{th}(al)}$ ；

R_L——导线总电阻，Ω；

V_r——阳极和阴极断路时的反电动势，V，焦炭地床为 2V。

强制电流阴极保护系统的电源功率可按式(5-32)计算：

$$P = \frac{IV}{\eta} \qquad (5-32a)$$

式中 V——电源设备的输出电压，V；

I——电源设备输出电流，A，取 $I = 2I_0$；

P——电源功率，W；

η——电源效率，取 0.7。

根据经验，在一般条件下，阳极接地电阻约占回路电阻的 70%·80%，故阳极材料的选择及其埋置场所的处理，对节省电能至关重要。值得注意的是，在选择电源设备和其运行期间，应考虑阴极保护系统辅助阳极的接地电阻值与电源额定负载（$R_{额}$）相匹配。

$$R_{额} = \frac{V_{额}}{I_{额}} \qquad (5-32b)$$

式中　　$V_{额}$——额定输出电压，V；

　　　　$I_{额}$——额定输出电流，A。

阳极地床的接地电阻必须比额定负载小，才能保证所设计的保护电流的输出，同时也要从技术经济角度分析，使该保护系统阳极地床的设计与电源设备的选择经济合理。

3. 阳极接地装置的计算

（1）接地电阻的计算

辅助阳极的接地电阻，因地床结构不同而有所区别。各种结构的接地电阻计算公式可参见相关手册，这里给出三种常用埋设方式的阳极接地电阻计算公式。

①单支立式阳极接地电阻的计算：

$$R_{v1} = \frac{\rho}{2\pi L} \cdot \ln \frac{2L}{d} \cdot \sqrt{\frac{4t+3L}{4t+L}} \quad (t \gg d) \tag{5-33}$$

②深埋式阳极接地电阻的计算：

$$R_{v2} = \frac{\rho}{2\pi L} \cdot \ln \frac{2L}{d} \quad (t \gg L) \tag{5-34}$$

③单水平式阳极接地电阻的计算：

$$R_H = \frac{\rho}{2\pi L} \cdot \ln \frac{L^2}{td} \quad (t \ll L) \tag{5-35}$$

式中　　R_{v1}——单支立式阳极接地电阻，Ω；

　　　　R_{v2}——深埋式阳极接地电阻，Ω；

　　　　R_H——单支水平式阳极接地电阻，Ω；

　　　　L——阳极长度（含填料），m；

　　　　d——阳极直径（含填料），m；

　　　　t——埋深，m；

　　　　ρ——土壤电阻率，Ω·m。

④组合阳极接地电阻的计算：

$$R_g = F \frac{R_v}{n} \tag{5-36}$$

式中　　R_g——阳极组接地电阻，Ω；

　　　　n——阳极支数；

　　　　F——修正系数（查图5-13）；

　　　　R_v——单只阳极接地电阻，Ω。

（2）辅助阳极寿命计算

辅助阳极的工作寿命是指阳极从开始工作到因消耗致使阳极电阻上升导致其与电源设备输出不匹配，而不能正常工作的时间。当然，这里的寿命计算不包括地床设计不合理造成的"气阻"，施工质量不可靠造成的阳极电缆断线等因素引起的阳极报废。

通常阳极的工作寿命由式(5-37)计算：

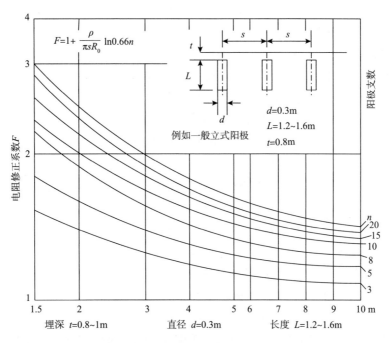

图5-13 阳极接地电阻的修正系数

$$T = \frac{KG}{gI} \qquad (5-37)$$

式中 T——阳极工作寿命，a；

K——阳极利用系数，常取 $0.7 \sim 0.85$；

G——阳极质量，kg；

g——阳极消耗率，$kg/(A \cdot a)$，查表5-6。

I——阳极工作电流，A。

表5-6 常用辅助阳极的性能

阳极材料	允许电流密度/(A/m^2)		消耗率/[$kg/(A \cdot a)$]	
	土壤	水中	土壤	水中
废钢铁	5.4	5.4	8.0	10.0
废铸铁	5.4	5.4	6.0	6.0
高硅铸铁	32	$32 \sim 43$	<0.1	0.1
石墨	11	21.05	0.25	0.5
磁性氧化铁	10	400	约0.1	约0.1
镀铂钛	400	1000	6×10^{-6}	6×10^{-6}

（3）所需辅助阳极支数的计算

所需辅助阳极的支数由阳极的设计寿命及消耗率所决定。可按式(5-37)换算得到阳极的总质量 $G = TgI/K$，再从接地电阻和规格型号选取阳极的支数。一般阳极的设计寿命为 15 年或 20 年。例如，当计算阳极的总质量为 200kg 时，可选择 40kg/支的 5 支，或 20kg/支的 10 支。前者接地电阻大，所耗电费比后者要多而不经济；但前者的寿命要比后者长，当耗电量大时，这一经济因素更为重要。例如，20 世纪 70 年代时华北地区某输水管道，管径 1200mm，防腐层质量极差，所以单站耗电量达 70～100A。假定回路总电阻为 1Ω，阳极接地电阻为 0.8Ω，则仪器输出电压为：

$$V = 100\text{A} \times 1\Omega + 2\text{V} = 102\text{V}$$

有效功率为：

$$102\text{V} \times 100\text{A} = 10200\text{W}$$

取整流效率为 0.7，则实耗功率为：

$$10200\text{W} \div 0.7 = 14600 \text{ W}$$

每年耗电为：

$$14600 \times 8760 = 127900 \text{ kW} \cdot \text{h}$$

按当时电价 0.08 元/(kW·h)计，每年电费为：

$$0.08 \times 127900 = 10232 \text{ 元}$$

阳极寿命按 20 年计，则 20 年电费总计为：

$$10232 \times 20 = 204640 \text{ 元}$$

如果从设计考虑，将阳极接地电阻从 0.80Ω 降至 0.50Ω，则这笔费用就变成了 7218 元/年，20 年电费为 144365 元，节约了 60275 元。而降低接地电阻所需的一次投资仅为 2000 元左右（当时价格），远远小于节约下来的运行费用。

对于阳极数量的最经济选择，可由式(5-38)计算。

$$y = an + b/n + c \tag{5-38}$$

将式(5-38)微分求解得：

$$\frac{\text{d}y}{\text{d}n} = a - \frac{b}{n^2} = 0 \tag{5-39}$$

则

$$a = b/n^2 \tag{5-40}$$

所以

$$n = \sqrt{\frac{b}{a}} \tag{5-41}$$

式中 y ——阳极系统总年均费用；

n ——阳极支数；

c ——不依赖 n 的一个常数；

a ——单支阳极资金年回收混合利息系数；

b ——单支阳极年运行电费。

例：对于在 50Ω·m 土壤中用焦炭回填的立式阳极地床 φ300mm×2000mm，排流量为 10A，求其最佳阳极数量 n 。

已知：①单支阳极接地电阻为 11.26 Ω；②单支阳极费用 250 元；③整流器效率为 0.7；④电费 0.10 元/(kW·h)；⑤折旧系数 10%；⑥利用系数取 1.3；⑦阳极设计寿命

20a；⑧ CRF(20 年寿命10%折旧下综合投资回收的计算及年均费用的系数)取0.11。

解：

$$b = \frac{I^2 \times R \times 1.3 \times 8760}{1000 \times 0.7} = 1831.8411$$

$$a = CRF \times 250 = 0.11 \times 250 = 27.5$$

$$n = \sqrt{\frac{1831.8411}{27.5}} = 8.16(取\,9\,支)$$

5.2.3　牺牲阳极法阴极保护

1. 牺牲阳极材料

牺牲阳极材料的选择主要是看合金的性能及其化学成分，特别是合金元素的含量。合金的金相组织对阳极性能也有着重要的影响。

(1)镁及镁合金

镁是周期表中第二族化学元素，原子序数为12，熔点为651℃，密度为1.74g/cm³。镁及镁合金是理想的牺牲阳极材料。它的优点是密度小，电位负，极化率低，单位质量发生电量大；不足之处是电流效率低(约50%)。

作为牺牲阳极应用的镁及镁合金有三大系列：高纯 Mg、Mg-Mn、Mg-Al-Zn-Mn，它们的性能如表5-7所示。

表5-7 镁合金牺牲阳极的性能

性能		Mg、Mg-Mn	Mg-Al-Zn-Mn
密度/(g/cm³)		1.74	1.77
开路电位/[V(SCE)]		−1.56	−1.48
对铁的驱动电位/V		−0.75	−0.65
理论发生电量/(A·g/h)		2.20	2.21
海水中(3mA/cm²)	电流效率/%	50	55
	发生电量/(A·h/g)	1.10	1.22
	消耗率/[kg/(A·a)]	8.0	7.2
土壤中(0.03mA/cm²)	电流效率/%	40	50
	发生电量/(A·h/g)	0.88	1.11
	消耗率/[kg/(A·a)]	10.0	7.92

①高纯镁

作为牺牲阳极用的镁材料应是高纯镁(含镁大于99.95%)。它具有电位负、机械加工性好的优点。因其负电位大，故有时又称为高电位镁阳极。它适合于加工成带状阳极，在电阻率较高的土壤和水中使用。

高纯镁中的杂质含量对其阳极性能影响很大。主要的杂质有 Fe、Cu、Ni、Co，特别是 Fe 的含量较高。由于这些金属在电位序中有较正的电位，引起自腐蚀而使镁阳极效率降低。锰的加入可以抑制铁的影响，因为锰可以使铁在熔铸过程中沉淀出来。留在合金中的铁元素，则被锰包围起来，使铁不能产生阴极性杂质的有害作用。影响较小的有 Cd、Mn、Na、Si、Zn、Al、Pb、Ca、Ag 等。

②Mg－Mn 合金

加入锰时，镁合金的耐蚀性提高，这是因为锰易于发生偏析，而与沉积在坩埚底的铁生成化合物的缘故。镁锰合金的强度极限随着温度的升高显著降低，而其延伸率却大大增加。

当 Mg－Mn 合金作为牺牲阳极用时，其电流效率的高低取决于 Mg 原料的纯度，越纯电流效率越高，电位也越负。镁锰也是高电位阳极，它适合于铸造和挤压两种加工方式，主要用于高电阻率环境中。

③Mg－Al－Zn－Mn 合金

这类合金有 Mg-6Al-3Zn-Mn、Mg-3Al-Zn-Mn、Mg-8Al-Zn-Mn 几种。其中性能较好，广泛使用的牺牲阳极是 Mg-6Al-Zn-Mn 合金。

Mg-6Al-3Zn-0.15Mn 合金阳极的开路电位为 －1500mV（SCE），在试验室试验的电流效率为 60% 左右，表面溶解均匀，是土壤中应用最广泛的阳极材料。

影响这类阳极电流效率的是含铁量，GB/T 21448 中要求 Fe 含量小于 0.005%。用普通的电解镁锭作原料是不合适的，必须要用高纯的蒸馏镁，因此制造的成本较高。

近年来全国各地陆续诞生了一些小镁厂，采用硅热法生产镁，此法又叫皮江法（Pidgeon）。用硅铁在真空和高温的条件下还原煅烧白云石，直接制取金属镁，此法生产的镁是镁蒸馏后结晶得来，所以含杂质很少，非常适合用来制造镁合金阳极。

上述三种镁阳极，习惯上称前两种叫高电位镁阳极，后一种为标准镁阳极。按阳极形状又可分为块状（棒形）镁阳极和带状镁阳极。因带状镁阳极局限在高电阻率环境中应用，所以一般只能用高电位材料来制造，目前多以高纯镁制造。

（2）锌及锌合金

锌是一种很普通的金属，相对原子质量为 65.4，相对密度为 7.14，化合价为 2，熔点为 420℃。锌阳极的种类主要有高纯锌、Zn-Al、Zn-Al-Cd。锌的电极电位比铁负，表面不易极化，是理想的牺牲阳极材料。锌不仅可以用于低电阻率土壤中，还可广泛用于海洋中。锌阳极的电化学性能如表 5-8 所示。

表 5-8 锌阳极的电化学性能

材料	开路电位/ V(SCE)	工作电压/ V	理论电容量/ (A·h/kg)	实际电容量/ (A·h/kg)	电流效率(海水)/ %
纯锌	－1.03	－0.20	820	—	≥95
Zn-Al-Cd	－1.05～－1.09	－0.20	820	≥780	≥95
Zn-Al	≥－1.1	－0.25	820	—	≥90(土壤)

①高纯锌

锌的标准电位为 $-0.76V$（SHE），在海水中高纯锌的稳定电位向负向偏移，为 $-1.06V$（SCE）。在 pH 值约为 $6 \sim 12$ 范围内，锌的自溶性不大；在 pH 值为 $7 \sim 9$ 的海水中，热力学上唯一可能的过程是锌溶解形成不溶性的 $Zn(OH)_2$。$Zn(OH)_2$ 不溶于海水中，而积聚在锌的表面上，阻止了它的自溶。锌表面上形成碳酸盐，也使锌在海水中易钝化。

杂质对阳极行为和自溶性有很大影响。当杂质存在时，微电池的作用使金属表面上坚固的氢氧化物和氢氧化物 – 碳酸盐沉淀物的形成速度上升。这些沉淀物阻止锌的进一步溶解。

世界各国对锌阳极的开发通过两个途径：一是采用未合金化的锌，但限制杂质含量，如 ASTM B418 –73 中 II 型阳极，其 Fe 含量 $< 0.0014\%$；二是采用低合金化的合金，同时减少其杂质，如 Zn – Al – Cd、Zn – Al 合金。

② Zn-Al-Cd 三元锌合金

Zn-Al-Cd 溶解性能好，电流效率高，制造容易，价格低廉，所以得到广泛应用。添加元素 Al 和 Cd 的作用是使晶粒细化和消除杂质的不利影响。添加 0.1% 的 Al，可与 0.003% 的 Fe 形成固溶体。这种固溶体的电位比纯铁负，减弱了锌合金的自腐蚀作用。添加 0.3% 的 Al，形成的腐蚀产物变得疏松并容易脱落。

在锌内添加 0.3% 的 Al 和 0.06% 的 Cd，可使锌内 Fe 和 Pb 的允许含量分别为 0.003% 和 0.006%，使得阳极生产变得容易些。当 Fe 的含量大于 0.005% 时，会使阳极表面的均匀溶解受到影响，而且阳极的工作电位正向偏移，阳极效率也明显下降。

③ Zn – Al 二元锌合金

和其他锌合金一样，对于 Zn – Al 合金的研究也是从合金元素 Al 的作用及杂质 Fe 含量对阳极电化学性能的影响两个方面进行。研究结果表明，含有 0.3% ~0.6% Al 和 0.001% ~0.005% Fe 时，Zn – Al 合金具有良好的电化学性能。

Zn-Al 合金在共晶温度时，铝在锌中最大溶解度是 1.02%；随着温度的降低，溶解度下降，在室温时为 0.05% ~0.08%。合金的电位随着含 Al 量变化而变化，当含 Al 量从 0 到 0.4% ~0.6%，电位从 $-690mV$ 变化到 $-740mV$；进一步增加含 Al 量，合金的负电位就下降。含 Al 为 3.0% 时，电位值为 $-690mV$。合金的电流效率随着含 Al 量从 0 到 0.4% ~ 0.6% 变化，其值从 91.3% 增加到 96.5%；当含 Al 量大于 1% 时，电流效率急剧下降，在 3.0% Al 时，电流效率为 81.3%。铁杂质对 Zn – Al 合金的电流效率影响非常明显。当铁含量从 0.004% 提高到 0.01% 时，含有 0.6% Al 的 Zn-Al 合金的电流效率从 88.5% 降到 76.0%。

目前，这三种锌阳极在国内均已商品化，且广泛应用在海水和土壤中。由于锌阳极的驱动电压只有 0.2 ~0.25V，所以产生的电流只有镁阳极的三分之一。国内外的文献均对锌阳极在土壤中的应用加以限制，GB/T4950 –2002 限制为 $15\Omega \cdot m$ 以下，GB/T 21448—2008 指出在多水的环境下可提高到 $300\Omega \cdot m$ 以下使用，还有不少文献把锌阳极限制在 $100\Omega \cdot m$ 以下，这主要是考虑经济性。

（3）铝合金

铝在电动序中位于镁和锌之间。相对原子质量为 27.0，化合价为 3，相对密度为 2.7，熔点为 660℃；理论电容量为 2980A·h/kg，是锌的 3.6 倍，镁的 1.35 倍。原料来源容易，制造工艺简单，价格低廉。无论是金属铝还是铝合金，表面都极易钝化，只能通过合金化来限制和阻止表面形成连续性氧化膜，促进表面活化，使合金具有较负的电位和较高的电流效率。常用的铝合金阳极电化学性能如表 5-9 所示。

表 5-9　Al-Zn-In 系合金的电化学性能

项目	开路电位/ V（CSE）	工作电位/ V（CSE）	实际发生电量/ （A·h/kg）	电流效率/ %	溶解情况
电化学性能	-1.18~1.10	-1.12~1.05	≥2400	≥85	腐蚀产物易脱落表面溶解均匀

铝阳极材料来源丰富，且在海水中有良好的电化学性能，所以在船舶、港口码头、钻井平台等领域应用前景广泛。但在土壤中到目前为止还未有成功的报道，主要是阳极的腐蚀产物氢氧化铝胶体在土壤中无法疏散，使阳极钝化而失效。即使在海泥中，其性能也不如锌阳极。

在 20 世纪 70 年代，美国 DOW 化学公司研制的 Galvalum Ⅲ 型 Al-3Zn-0.015In-0.1Si 合金，把铝阳极的应用范围扩展到海泥、热盐水及电阻率较高的淡盐水里，保护海湾和河口的钢构筑物，这种阳极的性能如表 5-10 所示。

表 5-10　Al-3Zn-0.015In-0.1Si 合金的性能

电解质	电位/ V（CSE）	电容量/ （A·h/kg）	电流效率/ %	典型的电流密度/ （mA/m²）
15% NaCl，75℃	-1.06	2096	70	2150
盐水淤泥	-1.05	1580	53	480
低度盐水（200Ω·cm）	-1.03	2425	82	1080~2150
海水	-1.08	2550	86	1600~3200

从国内的实践看，当在土壤电阻率小于 5Ω·m，氯离子含量高的海边滩地使用时，铝阳极还有一定的应用价值。

pH 值对铝的腐蚀速度和电位影响很大。pH 值在 3~9 的范围时，铝溶解在其表面形成含水氧化物（$Al_2O_3·H_2O$），从而形成高电阻膜引起铝的纯化，电位较高，溶解速度很慢；当 pH >9 时，铝的溶解部分形成铝酸盐，含水氧化物开始溶解，这时铝的溶解速度增加，电位急剧地向负向移动。在实用中，无论海水、淡水，还是土壤中 pH 值都很少大于 9，因此铝具有相当的钝化性。

以上介绍的各种牺牲阳极的规格、成分及性能，详见 GB/T 4948—2002 及 GB/T 21448—2008。

2. 牺牲阳极的设计

(1)阳极种类的选择

牺牲阳极种类的选择主要根据土壤电阻率、土壤含盐类型及被保护管道覆盖层状态来进行。表5-11列出了不同电阻率的水和土壤中阳极种类的选择。一般来说，镁阳极适用于各种土壤环境中；锌阳极适用于电阻率低的潮湿环境；而铝阳极还没有统一的认识，国内已有不少实践推荐用于低电阻率、潮湿和氯化物的环境中。

表5-11　牺牲阳极种类的应用选择

水中		土壤中	
阳极种类	电阻率/Ω·cm	阳极种类	电阻率/Ω·m
铝	<150	带镁状阳极	>100
		镁(-1.7V)	60~100
锌	<500	镁(-1.5V 或-1.7V)	40~60
		镁(-1.5V)	<40
镁	>500	镁(-1.5V)，锌	<15
		锌或 Al-Zn-In-Si	<5（含 Cl^-）

(2)工艺计算

①牺牲阳极接地电阻的计算

单支立式圆柱形牺牲阳极无填料时，接地电阻按式(5-42)计算，有填料时，则按式(5-43)计算：

$$R_v = \frac{\rho}{2\pi L}\left[\ln\frac{2L}{d} + \frac{1}{2}\ln\frac{4t+L}{4t-L}\right] \tag{5-42}$$

$$R_v = \frac{\rho}{2\pi L}\left[\ln\frac{2L_a}{D} + \frac{1}{2} + \frac{4t+L_a}{4t-L} + \frac{\rho_a}{\rho}\ln\frac{D}{d}\right] \tag{5-43}$$

单支水平式圆柱形牺牲阳极有填料时，接地电阻按式(5-44)计算：

$$R_H = \frac{\rho}{2\pi L_a}\left[\ln\frac{2L_a}{D} + \ln\frac{L_a}{2t} + \frac{\rho_a}{\rho}\ln\frac{D}{d}\right] \tag{5-44}$$

上述三式的适用条件为 $L_a \gg d$, $t \gg L/4$

式中　R_v——立式阳极接地电阻，Ω；

　　　R_H——水平式阳极接地电阻，Ω；

　　　ρ——土壤电阻率，Ω·m；

　　　ρ_a——填包料电阻率，Ω·m；

　　　L——阳极长度，m；

　　　L_a——阳极填料层长度，m；

　　　d——阳极等效直径，m；

　　　D——填料层直径，m；

　　　t——阳极中心至地面的距离，m。

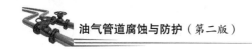

多支阳极并联总接地电阻比理论值要大，这是阳极之间屏蔽作用的结果。可根据阳极之间的间距加以修正，修正系数 η 由图 5-14 查出。

$$R_{总} = \frac{R_v}{N} \cdot \eta \qquad (5-45)$$

式中　$R_{总}$——阳极组总接地电阻，Ω；

　　　R_v——单支阳极接地电阻，Ω；

　　　N——并联阳极支数；

　　　η——修正系数，查图 5-14。

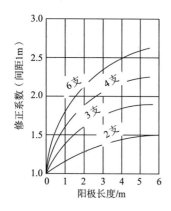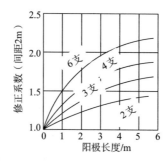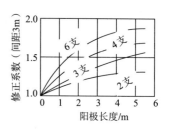

图 5-14　阳极接地电阻修正系数

②阳极输出电流的计算

阳极输出电流由阴、阳极极化电位差除以回路电阻来计算，见式（5-46）。

$$I_a = \frac{(E_c - e_c) - (E_a + e_a)}{R_a + R_c + R_w} \approx \frac{\Delta E}{R_a} \qquad (5-46)$$

式中　I_a——阳极输出电流，A；

　　　E_a——阳极开路电位，V；

　　　E_c——阴极开路电位，V；

　　　e_a——阳极极化电位，V；

　　　e_c——阴极极化电位，V；

　　　R_a——阳极接地电阻，Ω；

　　　R_c——阴极接地电阻，Ω；

　　　R_w——回路导线电阻，Ω；

　　　ΔE——阳极有效电位差，V。

当忽略 R_c、R_w 时，就成了右边的简式。

③阳极支数的计算

根据保护电流密度和被保护的表面积可算出所需保护总电流 I_A，再根据单支阳极输出电流，即可计算出所需阳极支数。一般要取 2~3 倍的裕量。

$$N = \frac{(2 \sim 3) I_A}{I_a} \qquad (5-47)$$

式中 N——所需阳极支数；

I_A——所需保护总电流，A；

I_a——单支阳极输出电流，A。

④阳极寿命的计算

根据法拉第电解原理，牺牲阳极的使用寿命可按式(5-48)计算，阳极利用率取0.85。

$$T = 0.85 \frac{W}{\omega I} \qquad (5-48)$$

式中 T——阳极工作寿命，a；

W——阳极质量，kg；

I——阳极输出电流，A；

ω——阳极实际消耗率，kg/(A·a)。

在实际工程中，牺牲阳极的设计寿命可选为10~15a。

(3)牺牲阳极地床

①地床的构造

为保证牺牲阳极在土壤中性能稳定，阳极四周要填充适当的化学填包料。其作用有，使阳极与填料相邻，改善了阳极工作环境；降低阳极接地电阻，增大阳极输出电流；填料的化学成分有利于阳极产物的溶解，不结痂，减少不必要的阳极极化；维持阳极地床长期湿润。对化学填包料的基本要求是电阻率低、渗透性好、不易流失、保湿性好。

牺牲阳极填包料用袋装和现场钻孔填装两种方法。注意袋装用的袋子必须是天然纤维织品，严禁使用化纤织物。现场钻孔填装效果虽好，但填料用量大，稍不注意容易把土粒带入填料中，影响填包料质量。填料的厚度应在各个方向均保持5~10cm为好。表5-12为目前常用牺牲阳极填包料的化学配方。

表5-12 牺牲阳极填包料配方

阳极类型	填包料配方(质量分数)/%				适用条件
	石膏粉	工业硫酸钠	工业硫酸镁	膨润土	
镁阳极	50	—	—	50	≤20Ω·m
	25	—	25	50	≤20Ω·m
	75	5	—	20	>20Ω·m
	15	15	20	50	>20Ω·m
	15	—	35	50	>20Ω·m
锌阳极	50	5	—	45	
	75	5		20	
铝阳极	食盐	生石灰			
	40~60	30~20		30~20	

②阳极形状

针对不同的保护对象和应用环境，牺牲阳极的几何形状也各不相同。主要有棒形、块（板）形、带状、镯式等几种。

在土壤环境中多用棒形牺牲阳极，阳极多做成梯形截面或 U 形截面。根据阳极接地电阻的计算而知，接地电阻值主要决定于阳极长度，也就决定了阳极输出功率，其截面的大小才决定阳极的寿命。

带状阳极主要应用在高电阻率土壤环境中，有时也用于某些特殊场合，如临时性保护、套管内管道的保护、高压干扰的均压栅（环）等。镯形阳极只适用于水下或海底管道的保护。块（板）状阳极多用于船壳、水下构筑物、容器内保护等。

③阳极地床的布置

牺牲阳极的分布可采用单支或集中成组两种方式；阳极埋设分为立式、水平式两种；埋设方向有轴向和径向两种形式。阳极埋设位置一般距管道外壁 3~5m，最小不宜小于0.3m。埋设深度以阳极顶部距地面不小于 1m 为宜。对于北方地区，必须在冻土层以下。成组埋设时，阳极间距以 2~3m 为宜。

在地下水位低于 3m 的干燥地带，牺牲阳极应当加深埋设；对河流、湖泊地带，牺牲阳极应尽量埋设在河床（湖底）的安全部位，以防洪水冲刷和挖泥清淤时损坏。

在城市和管网区使用牺牲阳极时，要注意阳极和被保护构筑物之间不应有其他金属构筑物，如电缆、水或气管道等。阳极组的间距，对于长输管道为 1~2 组/km，对于城市管道及站内管网以 200~300m 一组为宜。

牺牲阳极埋设示意如图 5‑15 所示。

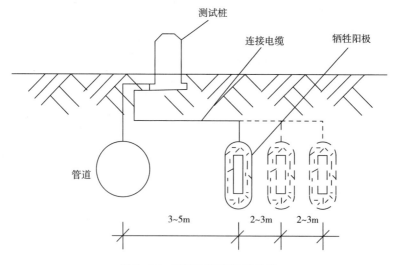

图 5‑15　牺牲阳极埋设示意图

5.2.4　阳极保护

将被保护的金属设备与外加直流电源的正极相连，在腐蚀介质中使其阳极极化到稳定的钝化区，金属设备就得到保护，这种方法称为阳极保护法。这种防护技术已成功地用于工业生产，以防止碱性纸浆蒸煮锅的腐蚀。现在逐渐用到硫酸、磷酸、有机酸和液体肥料生产系统中，取得了很好的效果。

阳极保护的基本原理已在前面讨论，如图 5-16 所示。对于具有钝化行为的金属设备，用外电源对它进行阳极极化，使其电势进入钝化区，腐蚀速度甚微，即得到阳极保护。

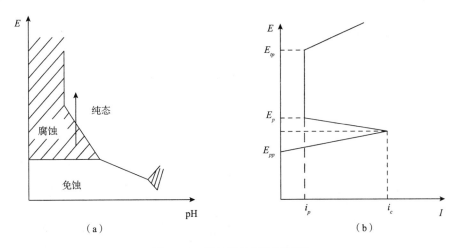

图 5-16　阳极保护原理示意图

为了判断给定腐蚀体系是否可采用阳极保护，首先要根据恒电位法测得的阳极极化曲线来分析。在实施阳极保护时，主要考虑下列三个基本参数：

(1)致钝电流密度 i_c

金属在给定介质中达到钝态所需要的临界电流密度，也叫初始钝化电流密度或临界钝化电流密度。一般 i_c 越小越好，否则，需要容量大的整流器，设备费用高，而且增加了钝化过程中金属设备的阳极溶解。

(2)钝化区电势范围

开始建立稳定钝态的电势 E_p 与过钝化电势 E_{tp} 间的范围($E_p \sim E_{tp}$)叫稳定钝化区的电位范围。在可能发生点蚀的情况下为 E_p 与点蚀电势 E_{br} 间的范围($E_p \sim E_{br}$)。显然钝化区电势范围越宽越好，一般不应小于 50mV。否则，由于恒电势仪控制精度不高，使电势超出这一区域，可造成严重的活化溶解或点蚀。

表 5-13　金属材料在某些介质中阳极保护的主要参数

材料	介质	介质质量分数	温度/℃	i_c/(A·m²)	i_p/(A·m²)	钝化电势范围
碳钢	H_2SO_4	96%	49	1.55	0.77	> +800
		96%~100%	93	6.2	0.46	> +600
		96%~100%	270	930	3.1	> +800
		10%	27	62	0.31	> +100

续表

材料	介质	介质质量分数	温度/℃	i_c/(A·m²)	i_p/(A·m²)	钝化电势范围
	HNO_3	20%	20	10 000	0.07	+900 ~ +1 300
		50%	30	1500	0.03	+900 ~ +1 200
	H_3PO_4	75%	27	232	23	+600 ~ +1 400
	NH_4NO_3	25%	25	2.65	<0.3	−800 ~ +400
	NH_4NO_3	60%	25	40	0.002	+100 ~ +900
		80%	120 ~ 130	500	0.004 ~ 0.02	+200 ~ +800
不锈钢	HNO_3	80%	24	0.01	0.001	
		80%	82	0.48	0.0045	
	H_2SO_4	67%	24	6	0.001	+30 ~ +800
		67%	66	43	0.003	+30 ~ +800
		70%	沸腾	10	0.1 ~ 0.2	+100 ~ +500
	H_3PO_4	85%	135	46.5	3.1	+200 ~ +700
	草酸	30%	沸腾	100	0.1 ~ 0.2	+100 ~ +500
	NaOH	20%	24	47	0.1	+50 ~ +350

（3）维钝电流密度

i_p 代表金属在钝态下的腐蚀速度。i_p 越小，防护效果越好，耗电也越少。

以上三个参量与金属材料和介质的组成、浓度、温度、压力及 pH 值有关。因此，要先测定出给定材料在腐蚀介质中的阳极极化曲线，找出这三个参量作为阳极保护的工艺参数，或以此判断阳极保护的效果。表 5-13 为部分金属在不同介质中阳极保护的主要参数。

阳极保护系统主要有恒电位仪（直流电源）、辅助阴极以及测量和控制保护电位的参比电极组成。对辅助阴极材料的要求是：在阴极极化下耐蚀、一定的强度、来源广泛、价廉、易加工。对浓硫酸可用铂或镀铂电极、金、钽、铝、高硅铸铁或普通铸铁等；对稀硫酸可用银、铝青铜、石墨等；碱溶液可用高镍铬合金或普通碳钢，在布置辅助阴极时也要考虑被保护体上电流均匀分布的问题。若开始电流达不到致钝电流，则会加速腐蚀。

对于不能钝化的体系或者在含 Cl⁻ 离子的介质中，阳极保护不能应用。因而阳极保护的应用还是有限的。目前主要用于硫酸和废硫酸储槽、储罐，硫酸槽加热盘管，纸浆蒸煮锅，碳化塔冷却水箱，铁路槽车，有机磺酸中和罐等的保护，如图 5-17 所示。

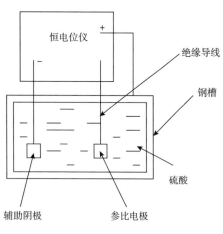

图 5-17　硫酸 – 碳钢系统阳极保护示意图

5.2.5　直流杂散电流腐蚀的防护

1. 概要

杂散电流腐蚀的防护是一个系统工程，它包括干扰腐蚀的调查与测定、防护工程设计、施工及效果评定等几个程序。在进行防干扰系统工程中，应注意工程的特点和由此形成的总的原则和要求。

（1）干扰的判定标准

埋地管道是否受到干扰以管地电位的变化为判据，其中管地电位正、负交变为其最明显的特征。有时管道上的电位值并不出现正、负交变，而是出现电位的变化。对此，不少国家都制定出切合本国国情的指标。例如英国标准（BSI）以 +20mV 为指标，日本标准定为 +50mV，而德国标准定为 +100mV。一般认为，管地电位正向偏移 20mV 是干扰存在和需要采取措施的判定指标。然而日本的防腐专家认为，日本直流电铁和埋地管道数量较多，且分布密集，故结合本国实际确定管地电位正向偏移 50mV 作为判定标准。在我国，直流电铁和埋地管道数量虽不算多，但同样存在分布集中在某一地区的问题；再则，我国已有的直流电铁和埋地管道对地绝缘水平较低，在法律上对泄漏电流量也没有限制和制约，所以干扰或干扰腐蚀特别严重；更令人焦虑的是，这种严重情况并未真正引起社会的重视。为此，在防护管理的实施中，应严格以正向偏移 20mV 的指标为依据，加强监测。我国石油行业标准（SY/T 0017—2006）中规定：管地电位正向偏移 100mV 为应采取防护措施的限定指标。之所以采用 100mV 作为界限，主要是基于下述原因：

①干扰电位越小，降低其措施技术难度越大，费用越高。而且目前采用的"排流法"的效果，很难达到控制在 20mV 以下的要求。相反这样小的干扰电位，可通过阴极保护的调控达到有效的缓解。

②根据我国直流电铁、管道建设标准和现状，防护工程效果难以得到保证。同时我国技术水平和经济能力上与发达国家尚存在一定的差距。

综上所述，干扰指标的确定不单纯是技术问题，也要考虑经济因素和实施的可能性。

（2）干扰防护工程总体设计思想和原则

①最大可能地降低和消除管地电位的正向偏移

在干扰防护中通常以排流法保护最为有效，并普遍得到应用。当采用排流保护时，在管地正电位下降的同时，伴随着管地电位的负向增大，所以就会出现局部管段电位过负的"过保护"问题，而过保护是有害的。在防干扰中，应该坚持以最大限度使管地电位正向偏移的降低和消除为目的，这是降低干扰腐蚀的唯一途径。以牺牲防护实际效果，换取对"过保护"的担心，是不适宜的。在实施中要以最大的努力去谋求管地电位的均衡分布，避免局部管段产生"过保护"。

②综合治理

综合治理包括两个方面的内容：其一，是干扰源和被干扰体双方都应采取相应的措施；其二，在防干扰过程中，应该并用多种方法，只依靠某一种方法不可能彻底解决干扰问题。

被干扰体受干扰的严重程度，首先决定于干扰源漏泄的电流量，其次才由被干扰体的技术状态（主要是对地绝缘）所支配。采取措施最大限度地减小干扰源漏泄到大地中的电流量，甚至通过立法予以限制，无疑是解决干扰问题的最好途径，在经济上也最合理。实践证明，控制干扰源漏泄电流的方法，比对被干扰体的防护更为简单和容易。

另一方面，"排流法"作为干扰防护普遍采用的主要方法，其排流效果往往受到某些局限，需要采用多种方法给予补充或提供条件。这些方法包括防腐层的维修、更换绝缘连接、短路连接（含可作电流调节的）、绝缘与屏蔽（含有源的电场屏蔽）等。只有采取多种方法，包括干扰源侧应采取的方法，综合治理，才能减少干扰源的干扰程度，降低对被干扰体的干扰影响，从两方面保证和提高防护效果。

③共同防护

采取防护措施的某一管道系统，对其他埋地金属体会造成次生干扰。这是由于某管道采取了防护措施（如排流法），则在电气上如同铁轨的延长；同时，如果另一个系统的管道再采取措施，往往会对已采取防护的管道造成影响。如此反复，使干扰趋于复杂化。解决干扰影响交互作用的方法就是予以综合考虑，将某一干扰区内的所有被干扰体都纳入一个系统中进行防护，即"共同防护"原则。不难看出，共同防护包含两个方面，一是将处于同一个干扰环境中的不同被干扰体作为一个防护系统对待；二是将明确受此排流系统干扰的被干扰体都纳入该排流保护系统中。由于形成共同防护的系统产权关系不同，在防护效果中亦可以按两个层次考虑，第一达到规定的标准；第二，使某一受到干扰影响的干扰体的对地电位，恢复到未受干扰时的水平。

至于在共同防护中，应达到怎样的层次和水平，往往需要各管理部门之间经过平等协商确定。

④联合设防

"综合治理"包含着干扰源和被干扰对象两个方面，共同防护中也包括了不同的被干扰对象。归根到底，都是由不同部门、不同产权隶属关系的单位群体所组成，各自代表着本部门的权益。显而易见，"综合治理"和"共同防护"的实施，需要协调、仲裁各部门之间的关系，联合起来，共同行动才能实现。所以联合设防是干扰预防的客观需要，最终形成一个组织机构是很自然的过程。在日本，不仅全国设有电蚀防止委员会，各地区也有相应的组织机构，包括电气铁路部门，管道、电力、通信和科学研究部门，厂商和防腐公司，政府部门也参与其中的工作，目前已发展会员团体295个。这些机构不仅仅在于技术研究和开发交流，更重要的是仲裁，协调各方面技术、经济、责任、权力，是干扰防护工作的最具权威性的组织机构。

我国也在实践中进行过成功的尝试。如抚顺地区防止杂散电流腐蚀的工程，东北输油管理局和抚顺石油一、二、三厂等单位，根据干扰防护的需要，由技术人员在工程建设初期成立了相应的联防协调机构。在"统一测试，统一设计，统一运行，统一评价，分别实施"的原则下，明确各方的责任、义务和权力，取得了较满意的防护效果，使整个地区防干扰工作简化，难度降低，在经济上也收到了明显的效益。由此说明，防干扰的综合治理还必须要有地方政府或企业有关行政机构的高度重视、参与并给予有力的支持。

"综合治理"、"共同防护"、"联合设防"是我国石油系统防腐工作者在长期的防干扰工作中,从深刻的教训中总结出来的经验,并解决了一些较为复杂的干扰问题,取得了较好的成果。它是符合干扰及防护科学规律的,也是切合我国实际的有效方法。

2. 排流法的种类

为了把在管道中流动的杂散电流直接流回(不再经大地)至电铁的回归线(铁轨等),需要将管道与电铁回归线(铁轨等)用导线作电气上的连接,这一作法称排流法。利用排流法保护管道不遭受电蚀,称为排流保护。

依据排流接线回路的不同,排流法分为直接、极性、强制、接地四种排流方法,其接线示意图如图5-18所示。

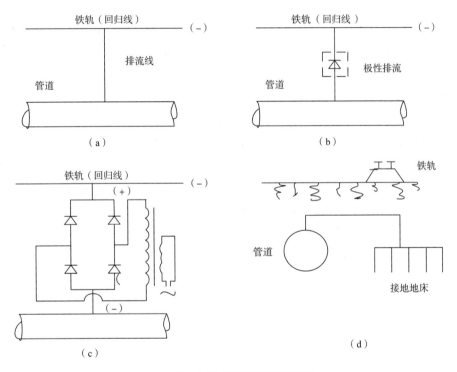

图5-18 四种排流法接线示意图

(1)直接排流法

如图5-18(a)所示,把管道与电铁变电所中的负极或回归线(铁轨),用导线直接连接起来。这种方法无需排流设备,最为简单,造价低,排流效果好。但是当管道对地电位低于铁轨对地电位时,铁轨电流将流入管道内(称作逆流)。所以这种排流法,只能适用于铁轨对地电位永远低于管道对地电位,且不会产生逆流的场合。而这种可能不多,限制了该方法的应用。

(2)极性排流法

由于负荷的变动,变电所负荷分配的变化等,管道对地电位低于铁轨对地电位而产生逆流的现象比较普遍。为了防止逆流，使杂散电流只能由管道流入铁轨，必须在排流线中设置单向导通的二极管整流器、逆电压继电器等装置，这种装置称排流器。而具有这种防止逆流的排流法称极性排流法，如图5-18(b)所示。

极性排流法是国内外最经常使用的排流方法。极性排流的目的是阻止逆流，使排流电流只能向铁轨一个方向流动。极性排流器应具备下列条件：轨-管间电压在较大范围内变化时能可靠工作；正向电阻小，反向耐压大，逆电流小；耐久性好，不易发生故障；能适应现场恶劣环境条件；维修简单、方便；能自动切断异常电流，防止对排流器和管道造成损伤。

极性排流器一般有半导体式和继电器式两种。一般情况下，使用半导体式。半导体式排流器，没有机械动作部分，维护容易，逆电流小，耐久性好，造价低。但与继电器式相比较，当轨-管电压(排流驱动电压)低时，排流量小，甚至不能动作排流。

过去一般使用硒堆，硒半导体结压降小，即正向电阻较小。目前大多使用硅导体(硅二极管)，硅二极管整流特性好，但是耐电压冲击和过电流性能不好，所以要附加电压冲击波吸收回路和使用快速切断熔断器。硅二级管并联使用时。必须注意两个或几个二极管之间电流平衡。

为了限制和调节排流电流量，一般在排流回路中串入调节电阻。利用这个办法调节电流时，当管-轨电压小时，排流效果下降。为了弥补这个缺点，可以使用自动控制式排流器。

继电式排流器，即使管-轨间电压较低时，也能排出电流，可靠工作。但是有机械动作部分，开关接点由于较频繁的动作，极易磨损烧坏或发生故障，维修量大，造价高。在日本，按新标准，一般已很少使用。在我国应用的亦不多。

目前我国排流器生产还没有形成商品化，图5-19是日本硅二极管排流器。

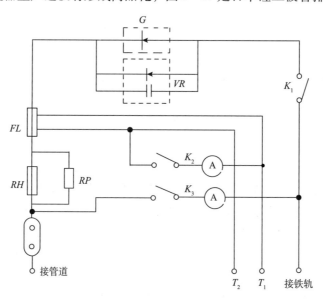

图5-19　硅二极管极性排流器接线图

（3）强制排流法

强制排流法是在管道和铁轨的电气接线中加入直流电流促进排流的方法。这种方法也可看作是辅助阳极利用铁轨的强制电流的阴极保护法。由于铁轨对地电位变化大，所以也存在逆流问题，需要有防逆流回路。

如图5-18（c）所示，将一台阴极保护用整流器的正极接铁轨，负极接管道，就构成了强制排流法。接通电源后，进行电流调节，即实现排流。全部铁轨接地电阻很低，作接地阳极是非常适宜的。强制排流法主要用在一般极性排流法不能进行排流的特殊形态的电蚀，如前文所述的B型电蚀的场合，铁轨对地电位正值很大，在铁轨附近杂散电流流入管道，又从远离铁轨的管道一端流出。这种方法可能使管道过保护，会加重铁轨的腐蚀，同时可能对其他埋地管道等有恶劣的干扰影响。所以不能随意采用，对排流量也必须限制到最小。例如，在日本采用强制排流法，要通过地区的电蚀防止委员会确定采用与否，和提出对排流量的限制要求。

强制排流器的输出电压，应比管-轨电压高。由于管-轨电压可能是激烈变化的，要求排流器输出电压亦同步变化。由于轨-管电压变化大而频繁，且安装地点距电蚀发生点又远，所以实现输出电压同步变化很困难，建议采用定电流输出整流器。

（4）接地排流法

如图5-18（d）所示，与前三种排流法不同的是，管道中的电流不是直接通过排流线和排流器流回铁轨，而是流入接地极，散流于大地，然后再经大地流回铁轨，这种排流法还可以派生出极性排流法和强制性排流法。虽然排流效果较差，但是在不能直接向铁轨排流时却有优越性，缺点是需要定期更换阳极。

在下列一些特殊的情况下，其他的排流法都不能被采用，可以考虑使用接地排流法。

①需要排流处距离电铁太远，排流线过长，其导线电阻较大，影响排流效果；

②有的干扰源在地下深层，如矿井巷道中输送矿石的直流电机车铁路，对位于其上层的埋地管道的干扰，若采用其他排流法，其排流线很难或无法与井下铁轨相连接。

③B型电蚀的场合下排流，设置接地排流，亦可使电蚀得到缓解。

④直接、极性、强制等排流法，都会对铁路运行信号有干扰影响，预防的措施较难，难以在铁路上实施。强制排流法还会造成铁轨的腐蚀，防护系统涉及到铁轨排流的协调工作比较麻烦。因而，接地排流法几乎成了唯一可采用的排流法。

接地排流法一般可构成直接接地排流法和极性接地排流法两种方式。其中极性接地排流法的排流器，多使用半导体排流器，结构与图5-19所示一致。其接铁轨端子改接到接地极上即可。

接地排流法所用的接地极，可采用镁、铝、锌等牺牲阳级。为了得到较大的排流驱动电压，适应管地电位较低的场合，接地极的接地电阻越小越好，标准要求不应小于0.5Ω。所以需要多只牺牲阳极并联成组埋设，其埋设方法与牺牲阳极组埋设方法相同。埋设地点距管段垂直距离20m左右为宜，且埋设在靠铁路一侧。

接地排流法，实施简单灵活，由于排流功率小，所以影响距离短，有利于排流工程中管地电位的调整。由于接地极采用牺牲阳极组，可对管道提供正常的阴极保护电流。除非管地电位比牺牲阳极的闭路电位更负时才能产生逆流。

接地排流法最大的缺点是排流驱动电压低，排流效果不明显。同时接地体应经常检查，并进行更换。

3. 排流工程的设计

排流工程是实践性很强的工程，其设计及计算都带有试验和估计性质，实施的结果与设计有差别，甚至存在较大的差别都是允许的。

(1) 排流保护类型的选择

排流保护类型的选择，主要依据排流保护调查测定的结果、管地电位、管轨电位的大小和分布、管道与铁路的相关状态，结合四种排流法的性能、适用范围和优缺点，综合确定。一条管道或一个管道系统可能选择一种或多种排流法混合使用。表 5-14 是四种排流法的比较。

表 5-14　各种排流法比较

排流类型 项目	直接排流法	极性排流法	强制排流法	接地排流法
电源	不要	不要	要	不要
电源电压	—	—	由铁轨电压决定	—
接地地床	不要	不要	铁轨代替	要（牺牲阳极）
电流调整	不可能*	不可能*	可能	不可能*
对其他设施干扰	有	有	较大	有
对电铁影响	有	有	大	有
费用	小	小	大	小
应用条件与范围	1）管地电位永远比轨地电位高 2）直流变电所负接地极附近	1）A 型电蚀 2）管地电位正负交变	1）B 型电蚀 2）管轨电压较小	不可能向铁轨排流的各种场合
优点	1）简单经济 2）维护容易 3）排流效果好	1）应用广，主要方法 2）安装简便	1）适应特殊场合 2）有阳极保护功能	1）适用范围广，运用灵活 2）对电铁无干绕 3）有牺牲阳极功能
缺点	1）适应范围有限 2）对电铁有干扰	1）管道距电铁远时，不宜采用 2）对电铁有干扰 3）维护量稍大	1）对电铁和其他设施干扰大采用时需要认可 2）维护量大，需运行费（耗电）	排流效果差

注：* 为基本不可能，但串入调节电阻后，可用小幅度的调整。

（2）排流点的选择

排流点选择的正确与否，对排流效果影响甚大。选择原则是以获得最佳排流效果为目的，在被干扰管道上可选取一个或多个排流点，一般都选多个排流点。排流点宜通过现场模拟排流量实验来确定，如果模拟实验较困难，亦可依据干扰调查和测定结果选择。如果实施分二期进行，那么一期实施后，初步评价排流效果不理想，再进行补充。

①管道上排流点的选择条件

a）管地电位为正，管地电位和管轨电压最大的点；

b）管地电位为正，数值较大，且正电位持续时间最长的点；

c）管道与铁轨间距离较小，且基本满足上述二条之一者；

d）对于接地排流法，除上述管地电位的条件首先应满足要求外，其辅助接地极应选择在土壤电阻率较低便于接地体埋设分布的场所；

e）便于管理，交通方便的场所。

②铁轨上排流点连接点的选择条件

a）扼流线圈的中点或交叉跨线处；

b）直流供电所负极或负回归线上；

c）轨地电位为负，且轨管电压最大的点；

d）轨地电位为负，持续时间最长的点。

③排流电流的确定

一般情况下，在选择了排流点之后，应进行模拟排流实验，确定排流电流量，并依据排流电流量来选择排流器及排流线的载流量等。但不具备条件时，可利用下式估算。

$$J = \frac{V}{R_1 + R_2 + R_3 + R_4} \tag{5-49}$$

$$R_3 = \sqrt{r_3 \cdot \omega_3} \tag{5-50}$$

$$R_4 = \sqrt{r_4 \cdot \omega_4} \tag{5-51}$$

式中　J——排流电流量，A；

　　　V——未排流时排流点处管轨电压，V；

　　　R_1——排流器电阻，Ω；

　　　R_2——排流器内阻，Ω；

　　　R_3——管道漏泄电阻，Ω；

　　　R_4——铁轨漏泄电阻，Ω；

　　　r_3——管道钢管纵向电阻，Ω；

　　　ω_3——管道防腐层漏泄电阻，Ω；

　　　r_4——铁轨纵向电阻，Ω；

　　　ω_4——铁道道床漏泄电阻，Ω。

当采用接地排流法时，排流电流的计算公式与式（5-49）相同，但其中，R_4 用接地地床的接地电阻代入，R_4 一般应在 0.5Ω 以下，以越低越好为原则。电压 V 为：

$$V = V_{\mathrm{G}} - V_{\mathrm{J}} \qquad\qquad (5-52)$$

式中　V_{G}——管地电位，V；

　　　V_{J}——接地地床对地电位，V。

④排流电流的调节

排流量要尽量的大，虽然人们普遍追求这一目标是基于下面的原因，但在一些场合下，排流电流量需要作适当的调节限制，原则上调节排流电量不能以牺牲排流保护效果为代价。

a)管地电位过负，将引起管道防腐层的破坏。能促成防腐层破坏的氢过电位值应根据防腐层种类有所不同。防腐层的阴极剥离值则由实验确定。

b)对附近的其他埋设金属体，造成激烈的干扰，其性质为阴极干扰，故其他的埋地金属体将受到干扰腐蚀。

c)对有些金属或埋地金属体，如铅皮电缆，可能会产生阴极干扰腐蚀。

d)对电气铁路回归线(铁轨)电位分布有较大的影响，从而给电气铁路造成不良影响。

e)为了使排流保护管道的管地电位分布均匀，也可通过调节各种排流点的排流电流来调节。

调节排流电流的方法很简单，在排流回路中串入一只调节电阻即可达到。需串入的调节电阻值，按下式计算：

$$R' = \left[\frac{I}{I'} - 1 \right] \cdot \frac{V}{I} \qquad\qquad (5-53)$$

式中　R'——将排流电流由I调节到I'的限流值，Ω；

　　　I——未串入电阻R'的排流量，A；

　　　I'——欲限定的排流量，A；

　　　V'——管—轨电压，V。

R'只是将排流电流由I调节到I'的一个阻值，不是排流回路中串入的电阻R。电阻是一个包含R'在内的有一个可调节范围的可调电阻，一般为铸铁电阻等。

⑤排流器等额定容量的确定

排流器、排流线、排流电流调节电阻等实验容量或额定电流，一般通过模拟排流试验，或利用式(5-49)计算值确定。但由于电铁负荷变化、变电所运行状态变化和管道漏泄电阻的减小等，必须留有充足的裕量。一般应为试验值或计算值的$2 \sim 3$倍。特别是排流线截面大一些，对增大排流量是有益的。无论排流量是试验值还是计算值，最低也应该是24h连续测量的结果。

5.2.5　交流杂散电流腐蚀的防护

1. 交流杂散电流干扰的危害

交流干扰对地下金属管道的危害很大，交流电气化铁道、强电线路对埋地管道的干扰影响是客观存在的。现场实验证实，正常运行的强电线路附近的持续干扰电压可达57V以上，间歇干扰电压可达33V，故障时管道上瞬间干扰电压高达几百伏，管内电流曾实测出63A，所以会给管道造成十分不利的干扰影响，引起或加速管道的腐蚀。一般在电流相等的情况下，交流的附加腐蚀与直流腐蚀的比率大致为0.05左右，但是交流腐蚀比直流腐蚀更具集中腐蚀的特点，所以从孔蚀生成率上看，交流与直流的差别并不很大。

干扰管道电化学保护照常运行，但管道对地电位测量指示不稳，有时出现恒电位仪失控等现象，对于镁阳极会造成极性逆转，危及与管道有金属性或电气连接的设备仪器的安全。如曾发生防腐用恒电位仪或整流器，其出口滤波电容多以被击穿或过热损坏的事故；当强电线路故障时，有高达上万安培的大电流入地，形成电场，可能发生电弧烧穿管壁等，可能给接触管道的作业人员造成电击伤害。很多从事过交流干扰测量和防护人员都有遭受电击的体验。

2. 交流杂散电流干扰的分类

交流干扰引起的有害结果和其作用时间有密切的关系，所以把干扰电压分为瞬间干扰、间歇干扰和持续干扰。

（1）瞬间干扰

表现干扰持续时间特别的短暂，一般不会超过几秒钟，大都在强电线路故障时产生，电流很大，干扰电压甚高，有达到千伏以上的可能，但因作用时间短暂，事故出现的几率较低，故瞬间干扰安全电压临界值可略高一些，很多国家定为600V。这种干扰下，不考虑交流腐蚀导致氢损伤、防腐层剥离和牺牲阳极极性逆转等。

（2）间歇干扰

表现出干扰电压随干扰源和负荷变化，或随时间的变化，如电气化铁路的干扰，间歇性表现的就很明显，当电铁负荷处在某一位置或区段时，对临近管道形成短时干扰，列车未到或已远离后，干扰由减弱到消失，其间歇时间长短与铁路的利用率，即列车运行次数有关，单线铁路间歇时间长，复线铁路间歇时间短。

间歇干扰的另一种特点是干扰电压幅值变化快和变化大，而交流腐蚀、防腐层剥离、镁阳极极性逆转等过程缓慢，同时具有时间积累效应，所以应予以适当的考虑，其临界安全电压比较持续，且比持续干扰的临界安全电压高出2~3V。

（3）持续干扰

持续干扰主要表现在干扰的持续性即在大部分时间内都存在干扰。如输电线路的干扰就是持续干扰的明显例证。高压输电线正常运行时，感应在管道上的交流电压值，随电力负荷增减而变化，可由几伏、几十伏到几百伏。因它的作用时间长，只要高压输电线路上有电流，管道上就有感应电压。几乎在全天内每时每刻都会测出干扰。

对持续干扰而言，应用时考虑对人身综合的影响和对管道腐蚀等不利的影响。在过高的交流干扰电压长期作用下，埋地金属管道会产生交流腐蚀，防腐层可能会剥离，管道金属也可能会出现氢破坏。对有阴极保护的管道，其保护度下降，严重时使阴极保护设备不能正常工作甚至损坏。对于管道牺牲阳极保护来讲，过高的交流电压会使镁阳极性能下降，甚至极性逆转，从而加速管道腐蚀。

3. 交流排流的形式

交流排流依据电连接回路不同，分为直接排流、隔直排流、负电位排流三种形式，如图 5-20 所示。

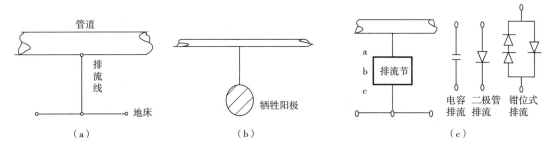

（a）　　　　　　　　　　（b）　　　　　　　　　　（c）

图 5-20　三种排流形式示意图

（1）直接排流法

直接排流法是指将管道与钢材等低阻地床材料用导线直接连接起来，如图 5-20（a）所示，并且要求地床接地电阻必须小于管道接地电阻的排流方法。这种方法排流效果好，简单经济，特别适用于无阴极保护的管道。缺点是容易造成阴极保护电流的漏失。采用这种排流法地床与管道间距以 30m 左右为宜，接地电阻不宜超过 0.5Ω。

（2）负电位排流法

负电位排流法是指将被干扰管道与牺牲阳极用导线直接相连，如图 5-20（b）所示。这种方法排流效果好，并向管道提供了阴极保护电流。缺点是造价较高，设计时需要注意牺牲阳极的极性逆转问题。

（3）隔直排流法

隔直排流法是指在被干扰管道与地床之间接入阻隔直流元件，这种方法弥补了直接排流的不足，可应用于有阴极保护的管道。缺点是结构复杂，造价较高。根据隔直元件的不同该法又可分为三种形式：电容排流、二极管排流和钳位式排流。

电容排流是指选择合适的电容器作为隔直元件，一般应选用大于 10000μF 的电容。二极管排流主要是利用二极管的单向导电性来起隔直作用，二极管的电流允许值宜大不宜小，般为 20~30A。钳位式排流是针对二极管排流的一种改进。它是由正臂、负臂组成。负臂串联两只二极管 Z_2、Z_3，正臂串入一只二极管 Z_1，负臂上反向安装的两支二极管。当干扰电压正半波 Z_1 导通，负半波时负臂 Z_2、Z_3 导通。它们的正向节压降为 0.7V，负臂节压降为 -1.4V，其值与阴极保护电位相同。所以不仅阻止了保护电流的泄漏，而且利用了干扰电压的一部分供阴极保护使用。

4. 是否存在交流干扰的判断

管道是否遭受交流杂散电流的干扰，主要决定于干扰源的性质和管道距干扰源的距离：

①管道和电力线路的距离大于 1000m 时，接近长度不受限制，不受干扰；

②管道与发电厂、变电站的围墙的距离大于 300m 时，不受干扰；

③管道与电气化铁路牵引系统的距离大于1000m时，接近长度不受限制不受干扰；

④管道与电气化铁路牵引系统的距离小于1000m时，且接近长度小于1000m，或牵引导线上的电流没有超过400A，或短路事故时不超过10000A，且接近长度小于3000m时，若管道与下述设施的距离为：牵引电厂和牵引变电所的围墙大于50m；牵引系统架空线的杆塔(塔基或塔脚)大于10m；牵引线和它的馈线塔(塔基或塔脚)大于3m，管道不受干扰。

管道交流感应电压应符合下列条件，才能保证管道不受交流干扰：

①间歇或持续干扰管地电位不大于65V；间歇或持续干扰管地电位大于65V时应采取措施降至65V以下；瞬时干扰管地电位允许不大于1000V，瞬时干扰电压大于1000V时，应对可触及部位采用电绝缘或等电位均压接地及带电作业处理，或采措施降至1000V以下；

②牺牲阳极应在10V以下交流干扰环境中工作，当牺牲阳极处交流电压大于10V时，应采取措施使之降至10V以下；

③管道交流腐蚀临界安全电压，按不同土壤性质分别为：在弱碱性土壤中，当钙镁离子含量过0.005%时，安全电压可取10V；在中性土壤中，含盐量小于0.01%时，安全电压为8V；在酸性或盐碱地，安全电压取6V。应采取措施，使管道交流电压控制在安全电压范围内。

当间歇或持续干扰管地电位大于65V时，应采取措施降至65V以下。当瞬时干扰电压大于1000V时，应对可触及部位采用电绝缘或等电位均压接地及带电作业处理，或采措施降至1000V以下。当牺牲阳极处交流电压大于10V时，应采取措施使之降至10V以下。当管道交流电压超过对应土壤中的临界安全电压时，应采取措施，使管道交流电压控制在安全电压范围内。

5. 排流点的确定

排流点的选择是排流法管道防护成败的关键因素之一。对特定管道，排流点宜通过现场模拟排流实验确定。通常情况下，可根据下列条件综合确定：

(1)管道与干扰源的相互位置条件

①被干扰管道的首、末两端；

②管道接近或离开"公共走廊"并与干扰源有一平行段处；

③管道与干扰源距离最小的点；

④管道与干扰源距离发生突变的点；

⑤管道穿越干扰源处。

(2)技术条件

①管地电位最大的点；

②管地电位数值较大、且持续时间较长的点；

③高压输电线导线换位处；

④管道防腐层电阻率、大地导电率发生变化的部位；

⑤土壤电阻率小，便于地床设置的场所。

6. 排流量的确定

对于某一条管道的交流排流的电流量的确定，应通过对管道的现场模拟排流实验确定，如果不具备这种条件的话，可以通过式以下公式进行估算：

$$I = \frac{V}{Z_1 + Z_2 + Z_3 + Z_4} \qquad (5-54)$$

式中　I——排流电流量，A；

　　　V——排流点处管道交流干扰电压，V；

　　　Z_1——排流接地床接地电阻，Ω；

　　　Z_2——排流导线电阻，Ω；

　　　Z_3——排流器电阻，Ω；

　　　Z_4——管道特性电阻，Ω；

7. 排流保护效果评估

排流保护工程安装完毕后，应立即投入试运行，并进行全面综合调整，使保护系统达到最佳保护效果。

①排流保护效果评定公式：

$$\eta_v = \frac{V_{1(+)} - V_{2(+)}}{V_{1(+)}} \times 100\% \qquad (5-55)$$

式中　η_v——正电位评均值比；

　　　$V_{1(+)}$——排流前正电位平均值，V；

　　　$V_{2(+)}$——排流后正电位平均值，V；

②对于保护系统中的管道管地电位分布均匀，达到阴保电位标准。

③管道保护电位负偏移尽可能不超过所采用防腐层的阴极剥离电位。

④对保护系统以外的金属构筑物的干扰尽可能小。

5.3 管道外防腐层保护

5.3.1 概述

1. 覆盖层的作用和分类

金属表面覆盖层即外防腐层，能起到装饰、耐磨损及防腐蚀等作用。对于埋地管道来说，防蚀是主要目的。覆盖层使腐蚀电池的回路电阻增大，或保持金属表面钝化的状态，或使金属与外部介质隔离出来，从而减缓金属的腐蚀速度。覆盖层可分为金属和非金属两大类，如图 5-21 所示。

覆盖层防蚀要求覆盖层完整无针孔，与金属牢固结合，使基体金属不与介质接触，能抵抗加热、冷却或受力状态(如冲击、弯曲、土壤应力等)变化的影响。有的覆盖层具有导

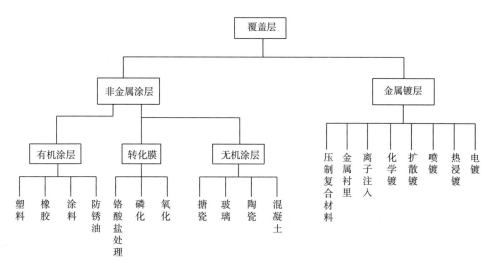

图 5-21　覆盖层的分类

电的作用，如镀锌钢管的镀锌层是含有电位较负的金属锌镀层，当它与被保护的金属之间形成短路的原电池后，使金属成为阴极，起到阴极保护的作用。

2. 管道外部覆盖层

管道外部覆盖层，亦称防腐绝缘层(简称防腐层)。将防腐层材料均匀致密地涂敷在经除锈的管道外表面上，使其与腐蚀介质隔离，达到管道外防腐的目的。

对管道防腐层的基本要求是：与金属有良好的粘结性、电绝缘性能好、防水及化学稳定性好、有足够的机械强度和韧性、耐热和抗低温脆性、耐阴极剥离性能好、抗微生物腐蚀、破损后易修复，并要求价廉和便于施工。现有的防腐层材料，如石油沥青、煤焦油瓷漆、聚乙烯胶黏带、熔结环氧粉末、挤出聚乙烯和环氧煤沥青等，在长期使用中所表现出的性能和优缺点也不尽相同，表 5-15 比较了各类防腐层的物理化学性能。由于管道所处环境腐蚀性及运行条件的差异，通常将防腐层分为普通、加强和特强三个等级。防腐层的结构及使用条件见表 5-16。

表 5-15　几种防腐绝缘层的物理化学性能比较

性能	石油沥青	煤焦油瓷漆	挤出聚乙烯	熔结环氧粉末	聚乙烯胶粘带	试验方法
吸水率/%	10~20	0.3	0.02	0.06		ASTM D570
适用温度/℃	0~70	-20~70	-40~70	-40~100		
抗张强度/MPa		>2	12~20	50		ASTM D1000
抗冲击性/J		2.4~4.3	3.0~6.8	7.3~19.6	0.6~4.9	ASTM G14
抗穿透性/%		21~27	16	1	49	ASTM G17
抗弯曲		<2.34°	<2.34°	<2.34°		NOVA 19077
肖氏硬度		20~30	≥50	>70	20~35	

续表

性能	石油沥青	煤焦油瓷漆	挤出聚乙烯	熔结环氧粉末	聚乙烯胶粘带	试验方法
耐土壤应力	差	差	无变化	无变化	稍有褶皱	NOVA 19076
耐阴极剥离半径/mm		>5	8~14	5~10	15~23	
耐 Cl⁻		较好	较好	较好		
防腐层厚度/mm	4~7	4~7	2~4	0.3~0.5	1~4	
寿命/a	10~20	>50	>40	>40	>40	

表 5-16　外防腐层的结构及使用条件

防腐层 / 条件	石油沥青	煤焦油瓷漆	聚乙烯胶黏带	挤出聚乙烯	熔结环氧粉末
底漆材料	沥青底漆	煤焦油底漆	压敏性胶黏剂或丁基橡胶	丁基橡胶玛蹄脂或乙烯共聚物	
防腐层条件	石油沥青，用玻璃网布作中间加强层，外包塑料布	煤焦油瓷漆，用玻璃网布或玻璃毡作中间加强层，外缠玻璃毡	防腐胶黏带（内带）保护胶黏带（外带）	高（低）密度聚乙烯	环氧粉末
防腐层结构	3~5 层沥青，总厚 4~7mm	1~3 层瓷漆，总厚 4~7mm	一层底胶，一层内带，一层外带，总厚 1~4mm	一层底胶，热挤出包覆高（低）密度聚乙烯，厚 2~4mm	涂料熔结在管壁上，形成薄膜，厚 0.3~0.5mm
适用温度/℃	-20~70	-20~70	-30~60	-40~70	-40~100
施工方法	工厂分段预制或现场机械化连续作业	工厂分段预制或现场机械化连续作业	工厂分段预制或现场机械化连续作业	挤出成型法工厂预制，热收缩套补口	用静电或等离子喷涂，工厂分段预制，现场环氧补口，或热收缩套补口
优缺点	技术成熟，机械强度及低温韧性较差，吸水率高，易受细菌腐蚀，施工劳动条件差，但成本低，我国目前应用最广	技术成熟，吸水率低，耐细菌腐蚀，机械强度及低温韧性较差，施工劳动条件差，略有毒性，成本低，70 年代前国外应用较多	防腐性能可靠，便于施工，进度快，但管材的焊接部位的包覆质量不易达标	机械性能、耐低温性及电绝缘性能强，其突出的优点是耐磨，抗冲击性强，对现场补口质量要求高，损耗小	机械性能和黏结性能强，耐阴极剥离及耐温性好，对施工质量要求严格，管道施工时应有保护措施，成本高，损耗小

5.3.2 埋地管道外防腐层的使用情况

根据国内外对管道防腐层应用现状的调查和分析，防腐层都有其特定的使用条件和失效规律。掌握各类防腐材料的特性、使用条件及其失效规律对正确选用防腐层极为重要。

1. 沥青类防腐层

(1)沥青类防腐层的基本特点

沥青是防腐层的原料，分为石油沥青、天然沥青和煤焦油沥青。石油沥青吸水性能比煤焦油沥青大得多。我国沥青防腐层以石油沥青用量最多。

石油沥青大多是从天然石油中炼制后的副产品，其组成比较复杂，以烷烃和环烷烃为主，并含少量的氧、硫和氮等成分。当管道输送介质的温度为51~80℃时，采用管道专用的防腐沥青(表5-17)；介质温度低于51℃时可采用10号建筑石油沥青。

表5-17 管道防腐沥青质量指标

项目	质量指标	试验方法
针入度(25℃，100g)/0.1mm	5~20	GB/T 4509—1984
延度(25℃)/cm	≥1	GB/T 4509—1984
软化点(环球法)/℃	≥125	GB/T 4507—1984
溶解度(苯)/℃	>99	GB/T 11148—1989
闪点(开口)/℃	≥260	GB/T 267—1988
水分	痕迹	GB/T 260—1977
含蜡量/%	≤7	见 SY/T 0420—1997 附录

防腐沥青是沥青基或混合基石油炼制后的副产品经深度氧化制成的，软化点较高。我国石油多属于石蜡基，含蜡量高，故影响防腐层的粘结力和热稳定性。

石油沥青覆盖层的特点：①石油沥青属于热塑性材料，低温时硬而脆，随温度升高变成可塑状态，升高至软化点以上则具有可流动性，发生沥青流淌的现象。②沥青的密度在 $1.01~1.07g/cm^3$ 之间；③沥青的耐击穿电压随硬度的增加而增加，随温度的升高而降低；④抗植物根茎穿透性能差；⑤不耐微生物腐蚀。

煤焦油瓷漆是由高温煤焦油分馏得到的重质馏分和煤沥青，添加煤粉和填料，经加热熬制所得的制品。该材料的主要成分煤沥青呈芳香族性，是一种热塑性物质。其分子结构为环状双键型，碳氢比高(碳原子与氢原子的比为 1.4:1，而石油沥青为 0.9:1)。由于分子结构紧密，因而具有以下基本特点：①吸水率低，抗水渗透；②优良的化学惰性，耐溶剂和石油产品侵蚀；③用它生产的煤焦油瓷漆电绝缘性能好。煤焦油瓷漆主要的缺点是低温发脆，热稳定性差。

为了改进煤焦油涂料的性能，可加入其他树脂，例如氯化橡胶可提高沥青涂料的干性，改善涂料的热稳定性。以环氧树脂与煤沥青配合的效果为最好，能综合两者的优点。

国内外均已生产环氧煤沥青的系列商品。我国生产的环氧煤沥青是以环氧树脂和煤沥青为基料，添加填料和溶剂制成防腐性能好、施工方便的厚浆型防腐涂料。《埋地钢管煤焦油瓷漆外防腐层技术规范》（SY/T 0379—2013）给出了煤焦油瓷漆的技术指标，见表5-18、表5-19。环氧煤沥青防腐层技术指标如表5-20所示。

表5-18 煤焦油瓷漆性能指标

序号	项目	指标				测试方法
		A	B	C	D	
1	软化点（环球法）/℃	104 ~ 116	104 ~ 116	120 ~ 130	130 ~ 140	GB/T 4507
2	针入度（25℃，100g，5s）/10^{-1}mm	10 ~ 20	5 ~ 10	1 ~ 9	1 ~ 8	附录G
3	针入度（46℃，50g，5s）/10^{-1}mm	15 ~ 55	12 ~ 30	3 ~ 16	3 ~ 16	附录G
4	灰分（质量分数）/%	25 ~ 35	25 ~ 35	25 ~ 35	25 ~ 35	附录H
5	相对密度（天平法）（25℃）	1.4 ~ 1.6	1.4 ~ 1.6	1.4 ~ 1.6	1.4 ~ 1.6	GB/T 4472
6	填料筛余物（$\phi200 \times 50$ 0.063，GB/T 6003—1997 试验筛，质量分数/%	≤10	≤10	≤10	≤10	GB/T 5211.18

表5-19 煤焦油瓷漆和底漆组合性能指标

序号	项目		指标				测试方法
			A	B	C	D	
1	流淌/mm	71℃，90°，24h	≤1.6	≤1.6			附录I
		80℃，90°，24h			≤1.5		
		95℃，90°，24h				≤3.0	
2	剥离试验/mm		无剥离	无剥离	≤3.0	≤3.0	附录A
3	低温开裂试验	-29℃	合格				附录J
		-23℃		合格			
		-20℃			合格	合格	
4	冲击试验（25℃，剥离面积）/10^4mm²		≤0.65	≤1.03			附录B

表 5-20 环氧煤沥青防腐层技术指标(SY/T 0447—2014)

序号	项目		指标		试验方法
			无溶剂型	溶剂型	
1	黏结强度(拉开法)/MPa		≥8	≥7	SY/T 6854—2012 的附录 A
2	热水浸泡后的黏结强度/MPa (最高设计温度,且不超过80℃,28d)		≥5	≥5	本标准附录 A
3	阴极剥离/ mm	1.5V, 65℃, 48h	≤8	≤10	SY/T 0315—2013 的附录 C
		1.5V, 23℃, 28d	≤10	≤12	
4	工频电气强度/(MV/m)		≥20	≥20	GB/T 1408.1
5	体积电阻率/(Ω·m)		≥1×10^{10}	≥1×10^{10}	GB/T 1410
6	耐化学介 质腐蚀	10% H_2SO_4 (23℃±2℃, 7d)	防腐层完整、无起泡、无脱落	防腐层完整、无起泡、无脱落	B/T 9274
		10% NaOH (23℃±2℃, 7d)	防腐层完整、无起泡、无脱落	防腐层完整、无起泡、无脱落	
		3% NaCl (23℃±2℃, 7d)	防腐层完整、无起泡、无脱落	防腐层完整、无起泡、无脱落	
7	耐沸水性(24h)		通过	通过	附录 B
8	耐冲击(23℃±2℃, 4.9J)		无漏点	无漏点	SY/T 0315—2013 的附录 E
9	抗弯曲(23℃±2℃, 1.5°)		无裂纹	无裂纹	SY/T 6854—2012 的附录 C
10	吸水率(%)(23℃±2℃, 24h)		≤0.4	≤0.4	附录 C

注:1. 防腐层厚度应为 400μm ~ 500μm。

2. 当防腐层为有纤维增强材料的防腐层时,不做第 1 项黏结强度和第 2 项热水浸泡后的黏结强度检验项目。

(2)使用情况比较

石油沥青防腐层适用于不同环境或使用温度下的防腐层等级与结构,只要正确选用,并与阴极保护协同作用可以获得良好的保护效果。一般来说,对于地下水位低、地表植被较差的地段,采用石油沥青防腐层可以获得最大的投入产出比。例如,我国四川威成、威内、泸威三条输气管线已运行 20 年以上。据 1992 年腐蚀调查的开挖结果表明,管道防腐层的沥青三指标均能满足要求,外壁基本上无腐蚀,最大腐蚀速度 0.11mm/a,平均腐蚀速度为 0.029mm/a。有些石油沥青防腐层失效快,使用寿命短,往往是设计选用不当或施工、运行中的问题所致。例如,热油管道选用了非防腐专用沥青、软化点低(10^#建筑沥青软化点95℃),难以满足管道运行温度的要求。譬如压缩机站和热油泵站的出口段温度,可高达 70℃,所选用沥青的软化点至少应比管内输送温度高 45℃。由于石油沥青吸水率高,不宜在高水位或沼泽地带使用。施工中现场的环境温度、熬制沥青的温度和涂敷时间间隔等因素控制不好,都会影响质量。此外土壤应力的影响,如管子顶部出现的纵向裂缝就是由于管子周围土壤沉降而产生应力所致。

为了改善石油沥青的性能，我国开发了改性石油沥青热烤缠带的新产品。经改性的10#沥青可提高软化点和抗植物根的穿透能力，在韧性、抗渗水性等各项指标上也均有提高，对钢材的附着和耐阴极剥离性能明显改善。特别是制成卷材后，适用于石油沥青防腐层管道的修复、现场补口与补伤，大大提高了施工的效率与质量，并减少环境污染。三种沥青基本性能对比见表5-21。

表5-21　三种沥青基本性能对比

名称	软化点/℃	针入度/0.1mm	延度/cm	抗菌性/级
改性沥青	115 ~ 130	10 ~ 20	≥1.2	1
10#沥青	95	5 ~ 20	≥1.0	2
防腐沥青	120 ~ 130	5 ~ 20	≥1.0	2

煤焦油瓷漆防腐层分为普通、加强和特强三级，使用时根据不同的使用条件和土壤腐蚀性选择防腐层的等级与结构。

煤焦油瓷漆比石油沥青吸水率低，粘结性优于石油沥青，抗植物根茎穿透和耐微生物腐蚀且电绝缘性能好，它的使用寿命可达60年以上。例如，武汉市有一条输水管线（$\phi762mm$，6.7km）1926 ~ 1928年建设，防腐层结构为三层煤沥青、二层麻布和二层煤沥青、一层麻布两种。1989年对该管道开挖检测（运行61年），检查结果表明，涂层完整良好，粘结牢固，钢管光亮无锈。用电火花检漏，2000V无漏点，绝缘电阻值为$6464\Omega \cdot m^2$，评定防腐层等级为"良好"，该管道至今仍在运行。

煤焦油防腐层对温度比较敏感，施工熬制和浇涂的过程中容易逸出有害物质，对环境和人体健康有影响。所以，它的应用受到了一定的局限性，施工时应严格按照标准执行。

煤焦油瓷漆作为防腐材料在国外应用已有约100年的历史。由于它具有优良的防腐性能，又比较经济实用，特别是适合于穿越沙漠、盐沼地等特殊环境，20世纪70年代前在国外的应用比例较大。但在近10多年，由于环保因素，已很少使用。我国开发该产品起步较晚，近年来已批量生产。南海海底输气管道、江汉油田的集输管道以及我国西部油田的输油管道也有采用煤焦油瓷漆作为防腐层的。

我国自20世纪70年代开始研究并应用环氧煤沥青厚浆型涂料。它是一种施工方便，具有长效防腐功能的涂料，广泛地应用于埋地、水下的各种金属结构储罐、短距离或中、小直径管道的防腐蚀工程中。按使用条件的要求，产品分常温固化型和低温固化型两种。当施工环境温度在15℃以上时，宜选用常温固化型环氧煤沥青涂料；施工环境温度在−8℃ ~15℃时，宜选用低温固化型环氧煤沥青涂料。该涂料的主要缺点就是施工过程中固化时间长，固化期间风沙、雨水、霜雪都对防腐层质量产生不良影响。如受阳光曝晒后使涂料中含有的蒽、萘受热升华，针孔剧增。由于固化时间长，管子预制的生产率低，热固化能耗大。常温自干的防腐层机械强度较差，要经历装卸、运输、焊接和下沟等损伤的机率多。该防腐层的机械性能和耐阴极剥离性能不如环氧粉末和挤出聚乙烯防腐层，但由于它比合成树脂防腐层价格低，施工简便，在性能方面有其独特的长处，市场潜力较大，在以下方面具有广阔的应用前景。

①耐酸、碱、盐的浸蚀。例如，青海盐湖地区盐碱浸蚀严重，部分地区呈酸性，特别是盐的结晶膨胀、盐渍土和露水的浸蚀对设备危害大。用环氧煤沥青涂敷水泥和钢试件，经10年的环境试验，该涂料仍完好无损，说明它能经受住恶劣环境的考验，在青海地区防腐蚀工程中得到应用。城市污水处理厂、煤气柜外防腐大修也可采用该产品，使用效果良好。

②在石油管道系统中的应用：a. 石油站(库)内的架空管道及埋地硬质聚氨酯泡沫塑料防腐保温管的底层可采用环氧煤沥青作为防腐层。例如，秦皇岛输油公司对 $\phi529$ 架空管道(总计长度9km)实施环氧煤油青防腐，10年后检查效果良好。b. 用于钢质储罐的防腐。涂敷于罐底板至1.5m高处的罐身圈板或罐外保温层内侧的罐壁。此外，油轮的油、水舱内壁也可使用。c. 用于固定墩内管子与法兰锚连接处的防腐。d. 用于异形部件的防腐，如阀件、管件等。

在国外环氧煤沥青层的使用温度可达93℃。

2. 合成树脂类防腐层

合成树脂类管道防腐层是在现代工业的高速发展和随新建的油气管道沿线环境复杂程度的增大而发展起来的。自20世纪60年代初，美国、原西德等西方国家率先将环氧树脂、聚乙烯塑料应用到管道防腐蚀工程中。我国改革开放以来，由于石化工业的发展，塑料类防腐材料得到了比较充足的来源，因此合成树脂类管道防腐层得到了较大的发展。这类防腐层从外观和性能(机械强度、耐吸水性、化学稳定性及电绝缘性)上都比沥青防腐层优异。

合成树脂类管道防腐层有以下几种覆盖方式：①薄覆盖层。防腐材料包括熔结型粉末涂料(热固性或热塑性的)和溶剂型涂料，如高氯或氯磺化聚乙烯类、环氧类等，防腐层厚度薄(小于1mm)。②厚覆盖层。如挤出成型的聚乙烯、冷缠胶黏带，两种材料均应使用底胶，防腐层厚度较厚。③防腐保温覆盖层。它是防腐层、保温层及保护层组成的复合结构。防腐层指既耐温又防腐的聚烯烃涂料或聚烯烃热熔胶，耐热性与介质温度相适应；保温层指硬质聚氨酯泡沫塑料；防护层指聚乙烯塑料层。

(1)合成树脂类防腐层的特点

塑料是高分子材料，由具有共价键的分子聚合而成。在管道防腐层上应用的塑料有热固性塑料、热塑性塑料两种。热固性塑料具有网状的立体结构，经加热交联固化，以后加热不再软化，如环氧树脂、酚醛树脂等材料。热塑性塑料一般具有链状的线型立体结构，受热软化，可反复塑制，例如聚氯乙烯、聚乙烯、聚丙烯等。管道防腐蚀工程中，常选用的塑料如表5-22所示。塑料的大分子(或单体)由两部分组成：碳氢化合物和官能团，例如，乙烯单体($CHR = CH_2$)中的R称官能团，剩下的是碳氢化合物基。

表 5-22　常用塑料名称和化学式

序号	中文名	英文名	简称	化学式
1	聚乙烯	polyethylene	PE	$\left[CH_2—CH_2\right]_n$
2	聚丙烯	polypropylene	PP	$\left[\begin{array}{c}CH_2—CH_2\\ \mid \\ CH_3\end{array}\right]_n$
3	聚氯乙烯	Polyvinyl chloride	PVC	$\left[CH_2—CHCl\right]_n$
4	环氧树脂	epoxy resin	EP	含有 $\left[\begin{array}{c} O \\ C\diagup\diagdown C \end{array}\right]$
5	聚氨酯	polyurethane	PU	含有 $\left[\begin{array}{c} H\ \ O \\ \mid\ \ \parallel \\ —N—C—O— \end{array}\right]$
6	酚醛树脂	phenol-formaldehyde resin	PF	酚类和醛类缩聚而成
7	醇酸树脂	Alkyd	—	多元酸缩聚而成
8	聚酰胺	Polyamide(nylon)	PA	$\left[NH(CH_2)_m—NHCO—(CH_2)_{n-2}—CO\right]_x$

　　材料的化学结构不同，其性能不同。聚氯乙烯属中等极性的非晶态热塑性材料，由于结构上存在极性很强的—Cl 基团，使它刚性增加，分子间作用力也增大，有较突出的机械性能。聚乙烯和聚丙烯均为结晶态的热塑性塑料，是一种非极性大分子。用不同方法合成的聚乙烯可分为高密度聚乙烯(HDPE)、低密度聚乙烯(LDPE)以及线型低密度聚乙烯(LLDPE)。LDPE 为柔性材料，HDPE 为刚性材料，其机械性能与结晶度及相对分子质量有关，结晶度大的，密度也大。所以，HDPE 比 LDPE 的屈服强度和冲击韧性都强。不同的聚乙烯耐磨性也不同，密度越高，耐磨性愈好。由于 LLDPE 中存在短侧基，相对 LDPE 有较高的结晶度，它的性能优于 LDPE。聚丙烯的结晶度大，因此机械强度高，缺点是抗蠕变性差，低温脆性大，其抗低温脆性不如聚乙烯。由于聚烯烃是非极性分子材料，它表面的润湿能力弱，与其他材料(如钢管表面)黏结力差，而且大多数非极性塑料是热和电的不良导体，电绝缘性能优良。

　　环氧树脂中具有醚基(—O—)、羟基(—OH)和较为活泼的环氧基。醚基和羟基是高极性基团，与相邻的基材表面产生吸力；环氧基能与多种固体物质的表面，特别是金属表面的游离键起化学反应，形成化学键，因而环氧树脂的粘结性特别强。环氧基官能团一般不会起化学反应，通常要借助于固化剂参与的固化反应将树脂中的环氧基打开，使环氧树脂的分子结构间接或直接地连接起来，交联成体型结构。所以，固化剂也叫交联剂。固化后的环氧树脂由于含有稳定的苯环和醚键，分子结构紧密，化学稳定性好，表现出优异的耐蚀性能。虽然环氧树脂中含有亲水的羧基，但它与聚酯、酚醛树脂中的羟基不同，只要配方得当，通过交联结构的隔离作用，能获得良好的耐水性。

　　在实际应用中，为了提高塑料涂层漆膜的附着力，常常需要提高成膜树脂的极性，并控制碳键聚合物的相对分子质量。成膜树脂的化学结构对涂层的附着力、力学性能的影响见表5-23。

表5-23　涂层结构和力学性能的关系

性能	平均聚合度	分子交联	非极性基团	极性基团	结晶度
附着力	-	+	+	+	-
耐湿性	+	+	+	-	+
耐热性	+	+	+	-	+
表面硬度	+	+	-	-	-
弹性	+	+	-	+	+
断裂伸长	+	-	+	?	-
冲击强度	+	-	+	?	-

注："+"号表示该种结构增加时，涂层性能提高；"-"表示该种结构增加时，涂层性能降低；"?"表示不确定。

综上所述，合成树脂本身的化学结构、相对分子质量及相对分子质量的分布决定了材料的性能。管道和储罐用的塑料防腐层都能以合成树脂为基本成分，添加辅助的成分，如增塑剂、固化剂、颜料及防老化稳定剂等，以满足管道在施工和生产运行条件下所要求的性能。

塑料的破坏主要是由材料的老化、渗透、溶胀、溶解和环境应力开裂等原因引起的。例如，与氧化性介质接触后易进行氧化反应而破坏。有些塑料长期在含水介质的作用下，大分子会水解，就是因大分子降解引起的；有些塑料由于溶剂的渗入而引起增重，严重的造成溶胀、溶解破坏；有的则在紫外光或高温下能直接发生断链等。为此，应通过对聚合物化学或物理的方法进行改性，以提高和改善其机械、物理和化学性能。

(2)合成树脂类防腐层使用情况比较

①聚烯烃胶黏带

这类防腐层自20世纪60年代推出以来已有40年的历史。聚烯烃(PE或PP)胶黏带适合现场机械化连续施工，也可以手工缠绕。手工缠绕多用于环形焊缝的补口或防腐层的补伤。聚乙烯和聚丙烯胶黏带绝缘电阻都很高，抗杂散电流性能好。如前苏联研究的聚丙烯(PP)胶黏带比PVC、PE胶带抗断裂性能强，有较高的耐热性和抗风化性能，而且厚度减少30%。胶黏带在使用中出现的问题大多是现场施工质量不好所致，如钢管表面除锈质量不合格，防腐层搭接处粘接力差，造成管道埋地后易渗水和防腐层剥离。剥离后的防腐层壳对阴极保护电流起到屏蔽作用，严重时使管道防腐层过早失效。对于焊接管的焊缝处，如果胶黏带缠绕时没有专用装置，很难保证防腐层的质量。

②熔结环氧粉末(Fusion Bonded Epoxy，简写FBE)

自20世纪60年代初问世以来，熔结环氧粉末防腐层发展很快，美国的大直径新建管道FBE是首选涂料，占各类防腐层用量的第一位。FBE防腐层硬而薄，与钢管的粘结力强，机械性能好，具有优异的耐蚀性能，其使用温度可达 −60 ~ 100℃ 范围，适用于温差较大的地段，特别是耐土壤应力和阴极剥离性能最好。但由于 FBE 较薄，对损伤的抵抗力差，对除锈等施工质量要求严格。在一些环境气候和施工条件恶劣的地区，如沙漠、海洋、潮湿地带选用 FBE 防腐层有其明显的优势。

③挤出聚乙烯

1965 年德国在欧洲首次使用挤出聚乙烯管道防腐层并很快在欧洲流行起来，使用量占第一位。挤出成型的聚乙烯有两种施工工艺，即纵向挤出包覆（筒状或十字头挤出）和侧向挤出缠绕两种方法。纵向挤出包覆只限于 600mm 以下的管径，而挤出缠绕法可适用于任意直径。挤出聚乙烯绝缘电阻高，能抗杂散电流干扰，突出的优点是机械性能好，能承受长距离运输、敷设过程以及岩石区堆放时的物理损伤，耐冲击性强。但失去黏结性的聚乙烯壳层对阴极保护电流起屏蔽作用。

④三层 PE 复合结构

20 世纪 80 年代，由欧洲率先研制和推出的三层 PE 复合结构发展了 FBE 和 PE 的优点，使防腐层的性能更加完善和耐用。尤其是对于复杂地域、多石区及苛刻的环境，选用三层 PE 结构更有意义。这种防腐层虽然一次投资大，成本高，但其绝缘电阻值极高，约为 $10^{10} \Omega \cdot m^2$，管道的阴极保护电流密度只有几 $\mu A/m^2$ 一台阴极保护整流器可保护上百公里的管道，能大幅度降低安装和维修费用。因此，从防腐蚀工程总体来说可能是经济的。

3. 硬质聚氨酯泡沫塑料（Polyurethane Foam，简称 PUF）防腐保温层

国内从 20 世纪 70 年代以来，在石油和石化系统中敷设了近万公里的 PUF 管道。该防腐层适用于输送原油及重质油的加热输送管道，在油田的中、小口径管道上得到广泛应用。早期的 PUF 管由于防腐层结构设计及施工的缺陷，出现过早失效。在积累和总结经验的基础上，我国石油行业制定了技术标准（SY/T 0415—96），为进一步推广和使用该防腐保温层提供了准则和依据。下面是我国 PUF 防腐保温层使用的主要经验。

①PUF 与钢管的界面必须有一层防腐层，以确保防腐的目的。以往 PUF 管发生腐蚀的原因是因为防腐保温层进水及内部结构和性能上存在严重缺陷。例如，PUF 发泡时加入了阻燃剂 TCEP，TCEP 易水解，产生的酸性离子使钢表面腐蚀加剧。经国内防腐界的研究，提出了相应的措施：a. PUF 管在 PUF 发泡时不再加入阻燃剂，特别是含有卤素的限燃剂；b. 对 PE 管采用电晕处理技术，保证 PUF 与 PE 之间良好的粘结，防止层间浸水的蔓延。所谓电晕处理技术是利用高频高压交流电，在专门设计的电极上产生电晕放电。强烈放电产生大量高能带电粒子（可达 10^4 eV），在电场作用下连续轰击 PE 管表面，使部分 C—H 键断裂（C—H 键能为 3.5eV），分子结构发生改变，随之物理性能也变化，PE 管的外观从光滑、对水不浸润变为粗糙、无光泽、对水浸润，对 PUF 的黏结强度也大大提高，如表 5-24 所示。由于层间牢固的结合，即使 PE 层局部破损，水也难以向其他部位蔓延扩大。

表 5-24　黏结强度测定

管外径×壁厚/mm×mm	粘结强度/MPa	电晕处理情况
140×3	0	未处理
	0.74	正常处理
	1.17	强化处理
	1.42	强化处理
315×6.2	0	未处理
	1.13	正常处理
	1.25	强化处理

②普通的硬质聚氨酯泡沫塑料不耐高温，为了适应我国稠油开采的需要(稠油开采温度在100℃以上)，胜利油田等单位已成功地研制出一种能耐150℃的泡沫塑料，当然，它还需要有配套的耐高温底漆、保护层及补口材料。

③在防腐保温管预制中，管子端面的防水措施是保证防腐保温管质量的关键技术，以热缩防水帽(简称防水帽)的方法效果为最好。

④作为补口用的辐射交联热缩材料，最高使用温度与所采用的聚乙烯种类及底胶种类有关，选用时宜相互匹配。我国目前生产的产品使用温度为60~80℃。热缩材料的质量直接关系到补口质量。产品的热缩比(收缩后/收缩前)是一项重要的指标，热缩比较小，材料收缩性能就越大，使材料与钢管及保护层间的结合力大。但材料本身的内应力随着热缩比的减少而增大。因此，热缩比必须合适。

4. 液态聚氨酯防腐涂料(PU)

这种涂料属于双组分，一个是多元醇化合物，一个是异氰酸酯溶液，黏度用低相对分子质量树脂调节。它不含任何挥发性溶剂，通常处于液态，2个组分混合后全部转化为固体厚膜型涂料，可涂刷、浇注、喷涂，一次成膜，膜厚不小于1.2mm。

该防腐涂料性能优越，可以满足任何地质状况、输送条件及环境腐蚀的要求，施工性能好，抗装卸运输过程中的损伤。硬度高达 HS (D)80~86，具有优异的耐磨性能，耐划伤、耐拖拉性能好，有一定韧性。抗阴极剥离性能强，有一定的吸水率，年久失效后仍能够导通阴极保护电流，避免阴极屏蔽作用，管体仍能得到阴极电流的保护。低温(0℃)快速固化，可配成弹性体或刚性体，既能与熔结环氧粉末黏结，也能与三层聚乙烯黏结，化学稳定性好，抗紫外线，最高使用温度可达109℃，寿命可达50年，成本低。

液态聚氨酯无溶剂、施工简单、防腐层质量好并且有利于环保，作为防腐涂料具有明显的技术经济优势，尤其适用于补伤、补口及旧防腐层的修复，已经成为目前国际上管道外防腐层修复的主要材料，在我国有着广泛的应用前景。

5. 无机非金属防腐层

当前，用于管道防腐的涂层以有机涂层为主。虽然有机涂层的性能一直在不断改进，但始终不可能从根本上消除老化变质、耐热抗寒的问题，管道的使用寿命也因此受限，于是无机防腐技术便应运而生。无机防腐材料不老化，耐腐蚀、耐磨损和耐温性能优异，使用寿命比有机材料大大延长。现在的无机非金属防腐层主要有陶瓷涂层、搪瓷涂层和玻璃涂层。

陶瓷涂层具有高化学稳定性，耐腐蚀、耐氧化、耐高温，目前已有蔓延高温合成、热喷涂、化学反应法等较成熟的制备方法。搪瓷涂层具有极强的耐腐蚀性能，用它对钢制管道进行防腐会使防腐水平得到极大的提高。俄罗斯20世纪80年代已开始生产搪瓷管道，我国在该方面的研究才刚刚起步，只有西安人民搪瓷厂等少数企业引进、开发了搪瓷管道生产技术。玻璃涂层致密性、耐蚀性、耐磨性优异，涂层表面光滑，作为内涂层可起到减阻作用。我国的北京伟业科技发展有限公司最新开发出一种制备玻璃涂层的"热喷玻璃(釉)防腐技术"，它通过一定的工艺技术，在金属管道内外壁上形成玻璃与金属的复合无机防腐涂层，玻璃釉料可根据防腐性能的要求、金属膨胀系数和工艺特点的不同进行配置，能应用于给排水、化工、石油、天然气管道等诸多领域。其突出特点有：生产工艺先进，永不老化，使用安全，耐腐蚀性能优越，内减阻及耐磨性、流动性好，耐候性强(使用温度范围在 $-50℃ \sim 300℃$)，无毒、无害、无污染，造价低廉，施工规范，用途广泛等。

目前无机防腐涂层急需研究解决的问题主要有：陶瓷涂层的封孔处理方法、搪瓷涂层成本的降低、玻璃涂层结合性和韧性的提高以及开发适宜的焊后内补口技术等。由于无机防腐技术巨大的发展前景，当前世界各国均已将无机非金属复合防腐管道作为重点攻关的课题，该技术有望取得更大的突破。

6. 纳米改性材料涂层

纳米技术是近年来出现的一门新兴技术，它带来了材料科学领域的重大革命。由于腐蚀防护所涉及的表面材料的性质由微观结构所决定，纳米技术的出现与应用无疑将给腐蚀控制技术的发展带来巨大的机遇。研究表明，利用纳米技术对有机涂层防腐材料进行改性，可有效提高其综合性能，特别是增加材料的机械强度、硬度、附着力，提高耐光性、耐老化性、耐候性等。例如：TiO、SiO_2、ZnO、FeO 等纳米粒子对紫外线有散射作用，加入这样的纳米材料可有效增强材料的抗紫外线能力，使耐老化性显著提高。通过向材料中加入一些颗粒很小的纳米粒子，能增加材料的密封性，达到更好的防水、防腐效果。对于无机涂层材料，如对其结构进行纳米化，也能达到明显改善其塑性、韧性的作用。

当前已有一些通过纳米技术对防腐材料进行改性的技术获得了专利，在市场上也已有这样的防腐材料出现。不过总的来看，这项技术还仅仅处于起步阶段，具有极大的发展前景。

5.3.3 选择外防腐层的原则

1. 特殊情况下管道工程防腐层的选用

(1)防腐保温管道

对于加热输送管道，采用保温和防腐的复合结构。底层作为防腐层，可选用环氧煤沥青、环氧底漆等。中间层用硬质聚氨酯泡沫塑料作隔热层，其上包覆高(中)密度的聚乙烯作为保护层。

（2）水下管道

要求防腐层不仅能在水下（尤其是海水中）长时间稳定，还要确保在水流冲击下有可靠的抗蚀性及较高的机械强度。在穿越河流或海底管道敷设时采用较典型的防腐层结构，在富锌环氧底漆上涂敷聚烯烃热熔胶，或能黏合 PE、PP 材料的黏合胶，最外层是聚乙烯或聚丙烯的防护层。

（3）沼泽地区的管道

沼泽地段一般特点是，土壤含水率高，在沼泽土中含有较多的矿物盐或有机物酸、碱、盐等，因此可能发生细菌腐蚀。在全年各季度周围介质的情况变化激烈，土壤的膨胀收缩严重，故对沼泽地区防腐层的介电性及化学稳定性要求更高。一般防腐层由三层组成：第一层保证黏结及电绝缘性；第二层为特殊的抗水层；第三层为加重管道及保证机械强度的保护层。

（4）用顶管法敷设和定向钻穿越的管道

用顶管法敷设穿越段的管道，其防腐层必须有较强的抗剪切及耐磨的性能，在长期使用不维修时仍能保证可靠的抗蚀能力。我国在黄浦江和黄河的穿越，几次大型河流定向钻穿越工程中均选用了熔结环氧粉末防腐层。

（5）穿过沙漠、极地的管道

管道通过沙漠地区和极地时，为适应运行和施工的要求，防腐层的选择应根据需要和不同的特点来考虑。例如，沙漠地区要考虑盐渍土、高温及风沙等环境变化的影响。世界上有许多穿越沙漠的油气管道，为正确选用管道防腐层提供了很好的借鉴。我国西部塔里木油田位于塔克拉玛干沙漠，据分析该地区环境对管道腐蚀的影响可能有如下方面：

①在高含盐量的沙漠中盐渍土的影响。沙漠地区虽然干旱，但每年降雨季节使得积水存留于砂粒的空隙中。我国科学工作者在卫星云图上发现塔克拉玛干沙漠的腹地存在水迹，在高含盐区就可能形成强腐蚀区。例如，在塔北地区沙漠的土样分析中，Na^+、K^+、Cl^- 及 SO_4^{2-} 的含量都相当高，另外，沙漠的日温差和昼夜温差很大，该地区的日温差一般为 $10 \sim 20℃$，最高可达 $30℃$，沙面温度的变化尤为剧烈。而昼夜温差的变化更大，在夏、秋季节午间温度为 $60 \sim 80℃$，夜间可降至 $10℃$ 以下。结露后凝结水存于石英砂的空隙中，并且盐在水中溶解，形成了盐渍土的腐蚀环境。

②高温的影响。塔克拉玛干沙漠夏季地面最高温度可达 $60 \sim 80℃$，对防腐层提出耐热性和耐紫外线辐照的要求。

③风沙的影响。塔克拉玛干的风沙活动频繁，风向是东北风和西北风，风速达 5m/s，气流方向和速度场对风沙活动有综合的影响，故管道防腐层应考虑耐磨、抗风蚀的性能。有时由于流沙的运行及狂暴风沙四起，将埋在沙漠中的管子外露。

不同地区的沙漠环境有其不同的特征，20 世纪 80 年代以来，国外沙漠管道上所用的防腐层大多选用熔结环氧、聚乙烯冷缠胶带以及三层聚乙烯防腐层，也有选用煤焦油玻璃布及焦油毡的。对于流沙沙漠地带，国外的经验认为有风蚀的地方防腐管道的埋深设计为 1.5m；无风蚀的地方对于小口径地面管道不一定都要做防腐保护，特别是使用寿命只需

20 年左右的油田管道。而对于沙漠储罐的防腐，只要按通常的防腐层结构将底漆层加强防腐，如底漆无机硅酸锌漆改为富锌环氧底漆，其他中间层与面漆涂料不变。

2. 选择防腐层的原则

目前可供选择的各类防腐层很多，每种防腐层都有一定的适用范围，基本原则是确保管道防腐绝缘性能，在此基础上再考虑施工方便、经济合理等因素，通过技术经济综合分析与评价确定最佳方案。

在多石地段或河流穿越地段，应选用机械强度较高的熔结环氧、挤出聚乙烯或双层、三层聚乙烯防腐层；在氯化物盐渍土壤地段应选用熔结环氧、挤出聚乙烯及煤焦油瓷漆等耐 Cl^- 离子腐蚀的防腐层；在沼泽地段，应选用长期耐水、耐化学腐蚀性的挤出聚乙烯或煤焦油瓷漆防腐层；在碳酸盐型土壤中，可选用耐 CO_3^{2-} 腐蚀的石油沥青和聚乙烯胶黏带；在输送介质温度高的条件下应优先选用熔结环氧或改性聚丙烯等耐温性高的材料。

在选择防腐层时必须考虑的因素是：

(1)技术可行

选择既能满足管道沿线环境防腐蚀要求，又能满足安全运行、施工环境及施工工艺等条件所需要的防腐层，这是保证防腐层质量合格的先决条件。具体地说应考虑以下因素：管道特征(材质、输送介质、设计寿命)；施工与安装现场、管道铺设的环境以及沿线其他构筑物的情况；管道的运行参数(温度、压力)；管道在运输、堆放、弯管和铺管期间的环境温度；管子进行装卸、堆放和运输作业的条件等等。

由于埋地管道属隐蔽工程，投产后的防腐层维护及修复比较困难，且耗资大，因此，防腐层必须是经久耐用的，以保证在设计寿命内管道防腐层整体的有效性。

(2)经济合理

对技术可行的方案要进行经济分析并结合国情评选，同时还要掌握市场价格变动的信息以及其他因素的影响。例如，从环境保护出发，防腐层的选用上受到一定的局限，西方国家有的从法律上限制煤焦油瓷漆在新建管道上使用，而一些发展中国家则侧重经济上的考虑，对远离城市的边远地区、向沙漠等恶劣环境延伸的管道选用了煤焦油瓷漆。

(3)因地制宜

使用效果好的防腐层说明它符合客观条件(腐蚀环境、施工及运行条件)的要求，故必须掌握因地制宜的原则。一条管线可能穿过环境差异很大的地域，可以根据需要选用不同的防腐层。但也不宜分类、分段过多，否则不利于施工组织。而且用多种类型的施工机具与设施会使工程造价增加，所以要做好技术经济综合分析。

5.3.4 外防腐层的涂装技术

1. 概述

(1)常用涂装方法简介

涂料的施工方法很多，每种方法都有其特点和一定的适用范围，正确选用合适的涂装方法对保证防腐层质量是非常重要的。涂装方法有手工刷涂、机械喷涂、淋涂和滚涂等。

机械喷涂是金属管道和储罐施工中常用的方法，可分为空气喷涂、高压无空气喷涂、静电喷涂和粉末喷涂等。常用的几种涂装方法的原理、特点和适用范围如表5-25所示。

表5-25 常用涂装方法

涂装方法	基本原理	主要特点	适用范围	工具与设备
刷涂	用不同规格的刷子蘸涂料，按一定手法回刷涂	省料，工具简单，操作方便，不受地点环境的限制，适应性强。但费工时，效率低，劳动强度大，外观欠佳	用于储罐等容器内壁的涂装，对快干挥发性的涂料（如硝基漆、过氯乙烯、热塑性丙烯酸等）不易采用	毛刷可分为扁形、圆形和歪脖形三种。规格为宽12、25、38、50、62、75、100mm 和4~8管排笔、8~20管排笔等。漆刷使用后的保管：短时间中断施工应将涂料从刷子中挤出来，按颜色不同分开放；较长时间不用的刷子应用溶剂洗净后保管
淋涂	以压力或重力喷嘴，将涂料形成细小液滴淋到构件上覆盖于金属表面。常分为帘幕淋涂或喷射淋涂两种	省料，工效高，可实现自动流水作业，劳动强度低	用于管道预制厂的防腐管线作业线上，也可用于结构复杂的异形物的施工	将待淋物（管子）置于传动带上，涂料通过装有喷嘴的装置经过滤流出清洁的涂料幕帘，淋于以一定速度移动的管子上，以薄膜形式覆盖，剩余的涂料可回收
滚涂	分手工滚涂和机械滚涂两种。用羊毛或其他多孔性吸附材料制成的滚筒，蘸上涂料进行手工或机械滚涂	在高固体分、高黏度下施工，从而一次即可获得较厚的涂膜，在施工时只需要加入高沸点的溶剂	适用于大面积，如墙壁、船舶等的涂装。机械滚涂用于桶壁、塑料薄膜及防腐管作业线上	主要设备是滚筒、传动带等，注意控制涂料的黏度和滚动的速度
空气喷涂	利用压缩空气在喷嘴产生负压，将涂料带出，并分散为雾状，均匀涂敷于金属表面	施工方便，效率高，涂料损耗大，污染严重，要多次喷涂	为广泛使用的方法	空气压缩机、油水分离器、空气调节器、除尘设备、喷厨、喷枪及排风设备等。压力控制在 0.3 ~ 0.5MPa，喷距25cm
高压无空气喷涂	利用压缩空气驱动的高压泵使涂料增加到10~15MPa，然后通过一特殊喷嘴喷出。当高压液体涂料离开喷嘴，达大气时立即膨胀，均匀地喷涂在工件表面上	喷涂涂料固体分高，效率高，污染少，涂层的质量好	适用大面积喷涂，如油罐的涂装	高压泵、蓄压器、调压阀、过滤器、高压软管、喷枪等

涂装方法	基本原理	主要特点	适用范围	工具与设备
静电喷涂	使用高频高压、静电发生器产生直流高压电源，两级分别为喷枪头和地(待涂工件)联接，形成一高压电场，使喷枪喷出的涂料进一步雾化并带电，通过静电引力作用将涂料沉积在带电荷的工件(如管子)上	雾化好，涂料利用率可达 80% ~ 90%，涂膜质量好，环境污染少，可实现连续化生产	各种合成树脂漆都可用	静电喷射器及辅助设备
粉末喷涂	粉末静电喷涂是工件(如管子)接地，喷枪带负高压电，载荷的粉末粒子在静电场的作用下飞向接地的待涂工件上，获得均匀的涂层。粉末散布法是用压缩空气将粉末通过喷嘴加压至加热过的工件上，使粉末受热熔融，达到涂装的目的	膜厚均匀，喷涂过程中剩余的粉末可回收，涂料利用率达85%以上，无溶剂污染。其不足是能耗和设备投资较大	适用装饰性、防腐性和绝缘性要求高的涂装	高压静电发生器、供粉桶、喷嘴枪、空压机及传动、回收、固化和加热设备等

(2)管道外防腐层施工方法简介

就涂装技术而言，管道外防腐层的施工大体上分为四种：①热浇涂同时缠绕内外缠带，主要用于沥青类防腐层；②静电或粉末喷涂，主要用于熔结环氧粉末和熔结聚乙烯粉末防腐层；③纵向挤出或侧向挤出缠绕法，主要用于易成膜的聚烯烃类防腐层；④冷缠，主要用于聚烯烃胶黏带或改性石油沥青缠带。以上的涂敷技术均具备成熟的施工工艺和方法。目前长距离埋地管道防腐层的施工都向工厂预制化发展，这样可以建立起先进的、完全自动控制的、在线自动检测的连续性作业线。不同类型的防腐层，其钢管表面处理、预热、管子传递、管端敷带、冷却、厚度监测、针孔检漏及管端保护等工序都是相同的。不同的是各类防腐层的涂敷工艺不同，而涂敷工艺主要取决于所选涂料的特征。这种防腐层的作业线通常就设在钢管厂附近，或在长输管道沿线选择合适的位置。

防腐层质量的好坏直接影响管道防护的经济价值。施工人员应按工艺规程的要求来选用涂料，精心操作。防腐层涂装的工艺规程包括：材料、防腐层的施工(工序、技术条件、使用的设备与工具)、质量检验、防腐管的标志、堆放与运输、补口及补伤、下沟及回填等。

这里着重介绍石油沥青防腐层、三层聚乙烯(PE)防腐层及硬质聚氨酯泡沫塑料防腐保温层的施工方法。

2. 涂装前钢材的表面处理

表面处理的好坏直接关系到防腐层与钢管或钢质储罐的黏结性。防腐层在施工中引起的起泡、翘起、返锈等现象，主要原因是表面处理未达标准。表面处理要达到规定的除锈标准，同时金属表面要求有一定的粗糙度(亦称锚纹深度)，这是两个关键因素。钢材表面处理后应立即采取保护措施，其效果如何与施工环境温度和相对湿度有着直接关系。

(1)表面处理的基本要求

①原材料锈蚀等级鉴别

首先应由有关方面共同鉴定钢材表面的原始锈蚀情况，确定钢材表面的原始锈蚀等级。钢材表面等级分为 A、B、C、D 四级，详见表5-26。确定后作为钢材表面的原始基础标准。

表5-26　钢材表面原始锈蚀等级

锈蚀等级	锈蚀状况
A 级	覆盖着完整的氧化皮或只有极少量锈的钢材表面
B 级	部分氧化皮已松动，翘起或脱落，已有一定锈的钢材表面
C 级	氧化皮大部分翘起或脱落，大量生锈，但目测看不到锈蚀的钢材表面
D 级	氧化皮几乎全部翘起或脱落，大量生锈，目测时能见到孔蚀的钢材表面

②钢材表面清理

表面清理指除掉钢表面的灰尘、油脂、陈旧的衬里、涂料及其他可溶污物等。清洗前应用刚性纤维或钢丝刷除掉钢表面上的松散物(不包括油和油脂)。清洗后，在涂装前仍应用适当的方法(如用刷子刷，用清洁干燥的空气吹或用吸尘器吸)，除掉钢表面上的灰土和其他污物。

③钢材表面除锈质量等级

金属表面处理常用于手工或动力工具除锈、喷射或抛射除锈、火焰除锈及化学除锈等。钢表面除锈质量等级标准，见表5-27。

表5-27　钢材表面除锈质量等级

质量等级	质量标准
手动工具除锈 (St2 级)	用手工工具(铲刀、钢丝刷等)除掉钢表面上松动或翘起的氧化皮、疏松的旧涂层及其他污物。可保留黏附在钢表面上且不能被钝油灰刀剥掉的氧化皮、锈和旧涂层
动力工具除锈 (St3 级)	用动力工具(如动力旋转钢丝刷等)彻底除掉钢表面上松动或翘起的氧化皮、疏松的旧涂层及其他污物。可保留黏附在钢表面上且不能被钝油灰刀剥掉的氧化皮、锈和旧涂层
清扫级喷射除锈 (Sa1 级)	用喷(抛)射磨料的方式除去大部分松动或翘起的氧化皮、疏松的旧涂层及其他污物。经清理后钢表面上几乎没有肉眼可见的油、油脂、灰土、松动的氧化皮、疏松的锈和疏松的旧涂层。允许在表面上留有牢固粘附着的氧化皮、锈和旧涂层
工业级喷射除锈 (Sa2 级)	用喷(抛)射磨料的方式除去大部分的氧化皮、锈。旧涂层及其他污物。经清理后，钢表面上几乎没有肉眼可见的油、油脂、灰土、松动的氧化皮、疏松的锈和疏松的旧涂层。允许在表面上留有均匀分布的牢固粘附着的氧化皮、锈和旧涂层，其总面积不得超过总除锈面积的1/3

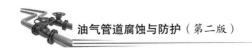

续表

质量等级	质量标准
近白级喷射除锈（Sa2 $\frac{1}{2}$ 级）	用喷（抛）射磨料的方式除去几乎所有的氧化皮、锈、旧涂层及其他污物。经清理后，钢表面上几乎没有肉眼可见的油、油脂、灰土、氧化皮、锈和旧涂层。允许在表面上留有均匀分布的氧化皮、斑点和锈迹，其总面积不得超过总除锈面积的 5%
白级喷射除锈（Sa3 级）	用喷（抛）射磨料的方式彻底地清除氧化皮、锈、旧涂层及其他污物。经清理后，钢表面上没有肉眼可见的油、油脂、灰土、氧化皮的锈和旧涂层。仅留有均匀分布的锈斑氧化皮斑点或旧涂层斑点造成的轻微痕迹

注：1. 上述各喷（抛）射除锈质量等级所达到的表面粗糙度应适合规定的涂装要求。

2. 喷射除锈后的钢表面，在颜色的均匀性上允许受钢材的钢号、原始锈蚀程度、轧制或加工纹路以及喷射除锈余痕所产生的变色作用的影响。

④预处理的表面粗糙度

经喷射处理后的金属表面应呈均匀的粗糙度，其大小将直接影响防腐层与钢管或钢质容器的黏结性。粗糙度及其粗糙形状应根据衬里和涂料的种类、性质和防腐层厚度而定，过小影响界面结合质量，过大将会产生"顶峰锈蚀"，增加涂料厚度，不利于溶剂的挥发，提高成本。粗糙度及其粗糙形状与喷（抛）射使用的磨料种类、粒度、配方和除锈工艺参数直接有关。

（2）钢管外表面的除锈

钢管的表面处理有机械法和化学法两种。管道外表面除锈通常都采用机械法，即采用动力或手工工具除锈，主要有喷、（抛）射磨料和手工机具。它的工艺流程为：检查→除油→清洗→干燥→除锈→去尘→质量检查等步骤。施工中应注意的要点是，施工前应对钢管进行逐根检查，对有扭曲、裂纹和其他损伤的管子，或管口处有变形的管子都要剔除，并观察管子的锈蚀状况。如果钢管外壁被油脂污染，应先除油。少量的油污可用擦拭方法除去，管内有油污用浸泡等方法除油。然后经清洗干燥后方可进行下一步的工序。当涂料对管外表面处理要求不高时可采用钢丝刷除锈，若对表面处理等级要求较高，则应用喷（抛）射磨料法除锈。

①钢丝轮除锈生产线

图 5-22 为钢丝轮除锈生产线示意图。其除锈流程为：钢管→上管台→滚轮→螺旋传动台→钢丝轮除锈机→螺旋传动台→滚轮→下管台。上、下管台有一定的倾斜度，使钢管可按倾斜角自动滚动。

钢丝轮直径较大（300mm 以上），在电动机的带动下以 1000r/min 以上的速度旋转。钢管通过螺旋传动器的传动，在钢丝轮上面螺旋前进。在钢丝轮高速磨刷的作用下，管子表面的锈层与污物被清理干净，除锈效率较高。为避免污染环境，将该除锈机放在密闭的箱体内。由于钢丝轮除锈只能清除浮锈和松动的氧化皮，对于附着牢固的氧化皮则清除不掉，且锚纹深度不大，故只适用于要求不高的表面处理施工。

除锈作业时，管道由上管台 2 自行滚到滚轮附近，即被翻管装置送至滚轮 3。滚轮不

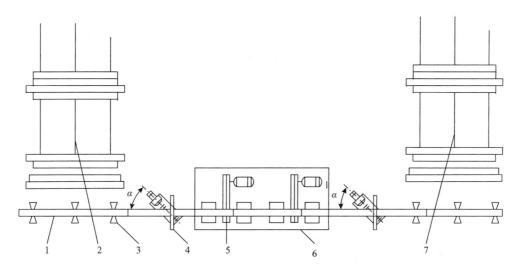

图5-22　钢丝轮除锈生产线示意图

1—钢管；2—上管台；3—滚轮；4—螺旋传动台；5—钢丝轮除锈机；6—防尘罩；7—下管台

停地转动，将管子送进螺旋传动台4，变直线前进为螺旋前进。管子在螺旋前进中将外表面附着的浮锈、氧化皮和污物等都清除干净，然后再送至下管台集中，等候下一道工序。

值得注意的是，钢管的螺旋前进速度与螺旋传动台主动轮轴线同钢管运动方向的夹角 α 有直接的关系。当 α 角度大时，钢管直线前进速度加快，周向转动速度减慢，从而使部分管段没有经过钢丝轮的除锈，会产生漏除。所以调整和控制夹角 α 对保证除锈质量、提高除锈效率很重要。另外，转动装置的结构和材质选择要避免对钢管造成损伤。

②喷(抛)射磨料除锈

喷砂除锈指用压缩空气将磨料高速喷射到金属表面，依靠磨料的冲击和研磨作用，将金属表面的铁锈和其他污物清除。喷砂设备主要由压风机、油水分离器、除水器、喷砂机等组成。

抛丸法是利用高速旋转的叶轮，将进入叶轮腔体内的磨料在离心力作用下由开口处以 $45° \sim 50°$ 的角度定向抛出，射向被除锈的金属表面。

磨料的种类很多，按其材质、形状和粒度可分为不同类型和规格。常用的金属磨料有铸钢丸、铸铁丸、铸钢砂、铸铁砂和钢丝段。非金属磨料包括天然矿物磨料(如石英砂、金刚砂、燧石等)和人造矿物磨料(如熔渣、炉渣等)。表5-28列举了部分磨料的性能。

表5-28　部分磨料的性能

磨料		相对成本	便用次数	每月一次时的相对成本	维氏硬度(ⅡV)
非金属	河、海砂	0.35	1	0.35	约400
	铁渣	1	1	1	约500
	铜渣	2	10以下	0.2以下	约800

磨料		相对成本	使用次数	每月一次时的相对成本	维氏硬度（HV）
金属	可锻铸铁丸	13	100 以上	0.13	约400
	硬铸铁丸	8	10 ~ 100	0.08 ~ 0.8	300 ~ 600
	钢丸	24	500 以上	0.048 以下	400 ~ 500
	钢丝段	24	500 以上	0.48 以下	约400

由表5-28可见，磨料的选择对除锈效率与成本有着直接关系。磨料适宜的直径为
0.5 ~ 2.0mm。粒径过大易使喷嘴堵塞，粒径过小，使磨料对工件的冲击力减弱，降低除
锈效率。大粒度磨料打出的锚纹较深，小粒度磨料打出的锚纹较浅。在施工中应视钢管表
面的实际情况及所要求的锚纹深度来选用磨料。

抛丸或喷砂除锈突出的优点就是表面处理效率高。喷砂除锈质量较高，表面粗糙度较
大，有利于提高防腐层的附着力，因此被广泛接受。喷砂与抛丸比较，抛丸除锈是一种高
效率低能耗的方法，而且机械化和自动化程度高，在室内密闭作业时除尘装置可改善环
境。所以，在防腐管预制厂采用抛丸除锈工艺，既可提高生产率，又降低了劳动强度和环
境污染。

表5-29和表5-30列出了各种除锈方法的比较。

表5-29 不同除锈方法比较

除锈方法 / 对比项目	喷砂法	化学法（酸洗）	机械法（钢刷法）
除锈清洁度	一级	二级	二级
表面粗糙度	40	10	
材料消耗	5	2	1
设备投资	4	1	1
基建投资	5	1	
污染情况	较重	严重	一般

表5-30 抛丸与喷砂比较

名称	抛丸	喷砂
磨料速度/（m/s）	70 ~ 80	60 ~ 70
生产率/[m²/（kW·h）]	8	0.375
清理10m² 时间/h	1.25	6.67
耗电量/kW·h	12.5	267

3. 埋地管道防腐层的施工

(1)石油沥青防腐层

石油沥青防腐层是在钢管外浇涂石油沥青,中间加缠中碱玻璃布(以下简称玻璃布),外包聚氯乙烯工业膜构成的。表5-31为石油沥青防腐层的等级与结构。

表5-31　防腐层等级和结构

防腐层等级	防腐层结构	每层沥青厚度/mm	防腐层总厚度/mm
普通防腐	沥青底漆 - 沥青 - 玻璃布 - 沥青 - 玻璃布 - 沥青 - 聚氯乙烯工业膜	≈1.5	≥4.0
加强防腐	沥青底漆 - 沥青 - 玻璃布 - 沥青 - 玻璃布 - 沥青 - 玻璃布 - 沥青 - 聚氯乙烯工业膜	≈1.5	≥5.5
特强防腐	沥青底漆 - 沥青 - 玻璃布 - 沥青 - 玻璃布 - 沥青 - 玻璃布 - 沥青 - 玻璃布 - 沥青 - 聚氯乙烯工业膜	≈1.5	≥7.0

①石油沥青防腐层施工技术要求

a. 除锈。必须除去钢管表面的浮鳞层、铁锈及其他物质,然后将表面清理干净,呈现钢灰色。

b. 熔化沥青。脱净水,不含杂质,达到三项指标(针入度、延度、软化点)合格。在沥青熬制前必须抽样化验进厂的产品,合格后方能进行熬制。熬制前除去包装纸和泥土等杂物,将沥青碎成50mm左右粒径的小块,加热升温至230℃左右,待全部熔化后恒温2~3h再进行脱水处理。判断是否全部脱水可观察沥青釜内冒烟的颜色,冒黄烟说明水未脱净,冒青烟则已脱净。脱水后的沥青经化验合格后允许使用。

c. 选管。防腐钢管必须经过挑选,要求无裂纹,管段平直度小于千分之三,管端无扁口。冬季施工时,若管子表面结冰霜,必须加热烘干后方可使用。

d. 涂底漆。经除锈后的管子表面,处理质量 Sa2 或 St3 级,且干燥、无尘后方能涂底漆。底漆的刷涂应均匀,无气泡、凝块、流痕、空白等缺陷。应注意配制底漆时周围无明火和易燃物。脱水后的热沥青必须降温至150~160℃才能进行底漆的配制。配制时将热沥青徐徐倒入汽油中并不断搅拌,防止过热起火。配制的底漆应色泽一致,无沥青凝块,用0.4mm×0.4mm的滤网过滤后,将其储放在密闭的容器中。

e. 浇涂成型,待底漆烘干后浇涂沥青。在常温下,底漆与浇涂沥青的时间间隔不应超过24h。沥青浇涂高度以距钢管100~150mm为宜。浇涂温度控制在180~220℃之间,温度过高或过低都会影响防腐层成型的质量。用干燥的玻璃布进行包扎,包扎时松紧适度,压边为10~15mm,搭接头长为50~80mm,玻璃的浸透率达95%以上,严禁出现50mm×50mm以上空白。管子两端按管径预留出一定长度不浇涂沥青,作为现场焊接后补口用。预留头的各层沥青应做成阶梯接茬。防腐层外包覆塑料薄膜搭边为15~20mm,搭接头长为50~80mm,要做到缠绕紧密,无折皱,搭边均匀且无脱壳的现象。塑料薄膜缠绕时的温度不宜过低，约在 100～120℃。最后，经循环水冷却防腐层，要防止压力过高致使防腐层表面出现麻面。

f. 成品检验与储运。成品检验包括外观检查、厚度测量、黏结力检查及防腐层连续性检验四项，按标准规定的检测方法进行。经检验合格后的石油沥青防腐管在堆放、拉运、装卸、下沟、回填等作业时必须采用有效措施，防止防腐层受到外力的损伤。例如，将防腐层按不同防腐等级分别码放整齐，码放层数以防腐层不被压薄为限。在堆放或运输过程中应在管道的底部、层间和两侧都放软垫，以免防腐层被挤压和损坏。在装卸作业时应用宽尼龙带或其他专用吊具，保护防腐层结构与管口，严禁用钢丝绳吊管子，严禁摔、撞、撬等有损防腐层的操作方法。在捆绑时应用外套胶管的钢丝绳，且与防腐层间加软垫。要按指定的位置卸管，以减少由于现场倒运而增加的损伤。

g. 回填前后的检查。管道在回填前应按防腐层质量检验中的规定，全线用高压电火花检漏仪检查防腐层的连续完整性，发现针孔及不合格处，应修补，并对修补处再作一次检查，合格后方能下沟。在回填后应用音频信号检测仪全线检查，查出漏点即进行修补。

②石油沥青防腐管工厂预制

在预制厂，石油沥青防腐管的生产采用流水作业线，其生产流程如图 5-23 所示，生产过程的技术指标如表 5-32 所示。

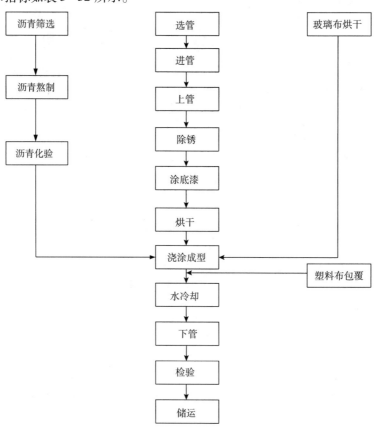

图 5-23　石油沥青防腐管生产工艺流程图

表 5-32　石油沥青防腐管的技术指标

沥青熬制温度/℃	230	钢管平直度/‰	<3
沥青浇涂温度/℃	180~210	玻璃布搭边/mm	10~15
管段传递速率/(m/min)	2~7	玻璃布浸透率/%	>95
沥青浇涂量/(m³/h)	10~16	塑料布搭边/mm	15~20
沥青浇涂宽度/mm	200~700	作业管径/mm	48~920
底漆配比(沥青/工业汽油)(体积比)	(1:2.5)~(1:3.0)		

以上石油沥青防腐管的成型工艺及生产过程的技术参数控制，在我国应用非常普遍。按不同管径，生产作业线可分为大、小口径两类，小口径生产线 $\phi48 \sim \phi219$；大口径生产线为 $\phi273 \sim \phi720$。

③石油沥青防腐层现场补口、补伤施工

施工前必须对运至现场的防腐管、补口及补伤用的原材料等进行检查和验收，主要是根据设计要求和有关技术标准进行。在 SY/T 0061—2004 标准中规定了埋地钢质管道外壁涂覆有机覆盖层的最低要求，包括材料管理、表面预处理、涂敷及检测、现场补口与补伤、防腐管的搬运和安装等一般技术要求。

a. 补口、补伤施工的一般要求

（a）表面预处理。在补口处，原防腐层边缘应斜切。如有外缠带应去掉足够长的缠绕带，使新防腐层在补口作业时与之黏结牢固。补口处钢管表面必须用溶剂清洗，除去全部的油和油脂。用钢丝刷等工具除去全部灰尘、污物、铁锈、轧制氧化皮、松散的防腐层、失效的底漆、焊渣、焊疤和毛刺等，不得在裸管表面刻痕。

（b）材料。现场补口和补伤所用的材料，必须与钢管原来的防腐层材料相容，且不低于原防腐层材料的质量，否则会导致防腐层过早失效。例如，石油沥青与煤沥青、高分子聚合物不亲和，在补口材料选择时不宜混用。补口防腐层与管体防腐层搭边粘接的宽度应按有关标准执行。

（c）补伤。补伤时必须小心地从钢管的防腐层缺陷处除去足够面积的防腐层，保留的部分应完好且与钢管黏结牢固。缺陷处的防腐层边缘应斜切，以增加修补的强度，并清除掉修补区内的异物。如果要在修补处涂底漆，则必须待底漆干燥后方能涂敷补伤材料。

（d）管道的防腐、保温补口作业应在管道安装严密性试验合格后进行。对施工时的自然环境有如下要求，一般在气温低于 +5℃ 及雨、雪、雾、大风天气，又无可靠措施的情况下不能施工；气温低于 -15℃ 或相对湿度大于 85% ，在未采取可靠措施的情况下也不得施工。冬季施工时应测定沥青的脆化温度，当气温接近脆化温度时，不可进行防腐管的吊装、运输和敷设。

b. 石油沥青防腐层的补口与补伤

根据我国多年来的实践，有多种补口方式。例如，沥青热浇涂、T-Ⅲ冷涂沥青补口以及沥青热烤带（大修卷材）补口等。高分子材料热收缩套不宜用作沥青类防腐管的补口。补口段钢管的表面处理除锈质量达 St3 级，用手工或动力工具除锈。动力工具达不到的地方必须用手动工具补充清理，除锈后呈钢灰色。在补口前用刷子、抹布清洁表面，或用清洁干燥的压缩空气吹掉、吸尘器吸掉尘土及其他残留物。

（a）沥青热浇涂

沥青底漆的配制与涂刷技术要求同前。调制底漆用的沥青应与管体防腐层所用沥青牌号相同；汽油宜采用经脱水的纯净无铅汽油，冬季施工时宜采用航空汽油或橡胶溶剂油。底漆涂刷的厚度为 0.1 ~ 0.15mm，要涂刷均匀，且补口段的两端必须与原管道防腐层底漆重合。底漆表干后方可浇涂沥青和缠绕玻璃市。补口时每层玻璃布应将原管端沥青防腐层接茬处搭接 50mm 以上。待沥青冷却到 70℃ 左右时包扎聚氯乙烯工业膜，松紧适度，搭边均匀，无折皱和脱壳现象，与原管道的塑料膜搭接 50mm 以上，并在补口段的两端用热沥青或塑料胶带黏牢。

（b）T - Ⅲ冷涂沥青补口

T - Ⅲ涂料是一种溶剂性涂料，以石油沥青为骨料，加填充料改性，并经 T - Ⅲ溶剂溶解而制成。补口时可以直接刷涂，待溶剂挥发后即还原为石油沥青，操作简单，便于施工。A 类适用环境为 -5 ~ 5℃；B 类为 5 ~ 15℃；C 类为 15 ~ 40℃。T - Ⅲ冷涂沥青技术指标见表 5-33，防腐层等级与结构见表 5-34。

表 5-33　T - Ⅲ冷涂沥青涂料技术指标

序号	检测项目	T - Ⅲ涂料	检测标准
1	漆膜厚度（测厚仪）/μm	不小于 50	GB/T 1764—79
2	漆膜附着力（画圈法）/级	≤2	GB/T 1720—79
3	膜漆柔韧性/ mm	不大于 0.5	GB/T 1781—79
4	涂料细度（刮板法）/μm	不大于 90	GB/T 1724—79
5	涂料黏度/ s	不小于 100 ~ 300	GB/T 1723—1993
6	漆膜不透水性：(25 ± 17)℃浸泡一周	外观无变化	GB/T 1733—1993
7	漆膜不透水性：压力 >0.2MPa 保持时间	>15min	GB 326—1989
8	漆膜剥离强度/MPa	不小于 0.5	HG 4354—1976
9	漆膜干燥时间	表干 <10min，实干 <5h	GB/T 1728—1979
10	漆膜耐酸性（浸泡于 10% HCl 溶液中一周）	外观无变化	GB/T 1763—1979
11	漆膜耐碱性（浸泡于 10% NaOH 溶液中一周）	外观无变化	GB/T 1763—1979
12	漆膜耐盐性（3% 盐溶液浸泡一周）	外观无变化	GB/T 1763—1979
13	漆膜绝缘性（2.5kV，厚 50μm ±1μm）	不击穿	电火花检测
14	漆膜耐热性（95℃）	外观无变化	GB/T 1764—79
15	漆低温涂刷（-5℃）	涂刷自如	

表5-34　T-Ⅲ冷涂沥青防腐层等级与结构

防腐等级	结构（由内到外）	厚度/mm	防腐层检漏/kV
普通级	涂料-玻璃布-涂料-玻璃布-涂料-塑料布	≥2.0	16.0
加强级	涂料-玻璃布-涂料-玻璃布-涂料-玻璃布-涂料-塑料布	≥3.0	19.0
特强级	涂料-玻璃布-涂料-玻璃布-涂料-玻璃布-涂料-玻璃布-涂料-塑料布	≥4.0	21.0

采用T-Ⅲ冷涂沥青补口，按施工时的大气温度选用相同型号的涂料，开桶后应一次用完，严禁加水分和其他溶剂稀释，禁用过期的涂料。施工中采用多遍涂刷的方法，底层刷3遍，其他层的涂料根据防腐层总厚度的要求刷2~3遍。每次涂刷的厚度不大于0.5mm，而且下一遍涂刷必须在上一遍涂刷的涂料表干后进行。T-Ⅲ涂料的表干时间一般5~8min。缠绕玻璃布应在涂料表干后进行，螺旋式缠绕，压边大于10mm，补口段两端必须与原防腐层搭接50mm以上。其他施工要求与热沥青补口相同。

（c）沥青热烤带（大修卷材）的补口

大修卷材是将改性石油沥青与增强材料预制成热烤带，在现场热烤缠绕施工。补口和补伤的施工技术要求与大修卷材施工相同。其优点是原材料广泛，施工方便，与管体是同种材料，相容性好。缺点是施工时人为因素影响较大，如烘烤温度、烘烤的均匀性等对粘结力有决定性的影响。

比较以上三种补口方法，后两种较传统的热沥青浇涂的施工方法简便、省料，提高了补口质量。采用热浇涂方法需现场熬制沥青，工作条件恶劣，材料浪费大，而且补口段的管线底部容易偏薄，甚至出现白茬玻璃布，给管道的腐蚀造成隐患。

补伤前应对全线进行检查，发现破损立即在管道上划出标记。当损伤面积大于100mm²以上时，应按该防腐层结构进行补伤；当损伤面积小于100mm²时可用沥青修补。补口、补伤的质量检验应按《埋地钢质管道石油沥育防腐层技术标准》（SY/T 0420—97）的要求进行。

c. 大修卷材的施工

管线防腐层的大修可分为沟上机械和沟下手工两种作业方式。国外管道公司大多采用前者，施工作业机械化表面处理质量等级高，大修用的材料选择范围较宽，但必须停输。沟下手工作业表面处理质量较低，国外多采用厚胶层冷缠胶黏带。这种胶黏带的防腐作用依赖于黏结剂层，与管表面的残余沥青有很好的相容性，已成功地用于大口径管线的修复。根据我国的国情，管线大修一般都在沟下作业。但国内生产的胶黏带尚不能满足大修时施工和运行的要求（热油管，不停输），环氧煤沥青冷涂料因其与管子表面残留的沥青黏结力差而不适用。通常采用的是人工浇涂沥青，不仅施工条件恶劣，且防腐层质量难以有效控制。大修卷材是用改性石油沥青与玻纤增强材料制成的热烤带，施工简化，并提高了防腐层的质量。能适用于石油沥青防腐层的旧管道修复及新建管道的补口与补伤。防腐层大修卷村的质量指标见表5-35。

表5-35　石油沥青防腐层大修卷材质量指标

型号	外观	宽度/mm	厚度/mm	抗拉强度/(N/5cm)	柔度(10℃)25mm	90°剥离强度/(N/cm²)	耐热	吸水率/%	击穿电压/V
WG250	平整无损	250±10	1.8~2.0	>1000	合格	>5.0	合格	<0.1	>2.0
WG500	平整无损	500±10	1.8~2.0	>1000	合格	>5.0	合格	<0.1	>2.0

可根据管径不同选用不同型号卷材。管径 $D \leqslant 529$ mm 时，选用 WG250；$D > 529$ mm 以及补口时，则选用 WG500。卷材防腐层一般采用两层结构，施工时用螺旋缠绕半幅搭边来实现。也可根据需要采用一层或三层。一层时搭边宽度应不小于20mm。在补口或较窄管段的缺陷修补时，可采用环形缠绕；补伤时可采用烘烤外贴。施工技术要求按有关规程执行。

该大修卷材也适用于沟上机械化连续作业。采用胶黏带缠绕机械，加上烘烤的功能即能实现机械化施工，作业完毕即可下沟回填。

（2）合成树脂防腐层

如前所述，按不同的施工方法分为熔结环氧粉末喷涂、聚乙烯冷缠绕胶黏带和聚乙烯挤出成型包覆。熔结环氧粉末喷涂施工的技术标准见 SY/T 0422—97、SY/T 0315—2013，聚乙烯挤出成型的施工技术标准见 SY/T 0413—2002，聚乙烯胶黏带防腐层施工技术标准见 SY 0414—97。

聚乙烯胶黏带有压敏型和自融型两种。压敏型在制成的塑料基材上涂上压敏型黏结剂（0.1mm），其特点是基材（厚度约0.3mm）起防腐作用，黏结剂只作为缠绕黏结的手段。而自融型胶黏带与压敏型的区别是黏结剂的胶层厚（0.3mm），本身起防腐作用，外缠的聚乙烯胶黏带（厚度薄）起机械保护作用，适用于移动管线式涂敷系统。近年来国外胶黏带的产品又有新的发展，例如，新产品无需用于机械保护的外缠绕带，黏结剂与钢管的底漆及基材的外表面黏结牢固，使得防腐层整体防蚀效果更好。另外，为适应不同功能和要求，已形成系列产品，可采用异形构件缠绕带、高黏接头缠绕带及填充胶黏带等，便于现场施工和修补。

熔结环氧用于管道外防腐近年来在我国有较大的进展。例如，FBE 防腐管生产已初具规模，并研制成功环氧粉末管道外补口工艺及其装备。以下着重介绍聚乙烯防腐层的施工技术。

a. 聚乙烯防腐层的结构

聚乙烯防腐管道的防腐层分二层和三层结构两种。二层结构的底层为胶黏剂，外层为聚乙烯。三层结构的底层为环氧类涂料，中间层为胶黏剂，外防护层为聚乙烯。三层结构中的底层比较多的是用熔结环氧粉末，施工效率高，环境污染少。防腐层的厚度见表5-36，在焊缝部位的防腐层厚度不宜小于表中规定值的90%。

表 5-36　聚乙烯防腐层的厚度

钢管直径 DN/mm	环氧涂料涂层/μm	胶黏剂/μm		防腐层最小厚度/mm	
		二层	三层	普通型	加强型
DN≤100	60~80	20~400	170~250	1.8	2.5
100<DN≤250				2.0	2.7
250<DN<500				2.2	2.9
500≤DN<800				2.5	3.2
DN≥800				3.0	3.7

b. 聚乙烯防腐层的材料

防腐层的各种原材料必须符合 SY/T 0413—2002 中规定的要求。对材料要逐项进行性能检测，性能达不到要求的不能使用；性能达到要求的还要进行适用性的试验，即从防腐管上割取聚乙烯防护层及截取试件对防腐管上的防腐层整体性能进行检测，性能指标见表 5-37。

表 5-37　聚乙烯防腐层的性能指标

序号	项目	性能指标	
		二层	三层
1	剥离强度/(N/cm) 20℃±5℃ 50℃±5℃	≥35 ≥25	≥60 ≥40
2	阴极剥离(65℃，48h)/mm	≤15	≤10
3	冲击强度/(J/mm)	≥5	
4	抗弯曲(2.5℃)	聚乙烯无开裂	

c. 三层结构的聚乙烯防腐层简介

第一层(底层)：熔结环氧(FBE)厚度一般为 60~100μm。以粉末形态进行喷涂并熔融成膜。这种热固性粉末涂料无溶剂污染，固化迅速，具有极好的黏结性能。

第二层(中间层)：聚烯烃共聚物。它作为胶黏剂的作用是连接底层与外防护层，厚度为 200~400μm。防护层聚乙烯是非极性聚合物，它要直接黏结在钢管表面或环氧层上是很困难的，所以中间层黏结剂必须同时具有极性基团和非极性基团，以便实现聚乙烯与环氧之间的化学键合。黏结剂是一种带有极性基团的乙烯共聚物、嵌段共聚物或三聚物(共聚物中有三个单体)，通过共聚或嵌段反应，使末端环氧和羟基与未完全固化的环氧底漆发生化学反应，能获得很好的黏结。同时，黏结剂的非极性链与聚乙烯的化学亲合作用，使其在软化点温度以上熔融粘合，与聚乙烯融为一体，显示出很强的黏结性。所以，三层 PE 中的胶黏剂具有黏结性强、吸水率高、抗阴极剥离的优点，而且在施工过程中可以与防护层聚乙烯共同挤出，方便施工。

第三层(防护层)：聚烯烃，如低密度聚乙烯、高/中密度聚乙烯，或改性聚丙烯

（PP）。一般厚度为 1.8～3.7mm，或视工程的特殊要求增加厚度。

在实际应用中，各国根据工程的需要从性能和降低造价方面作了研究与改进。例如，通常的外防护层是低密度聚乙烯 LDPE 和中密度聚乙烯 MDPE。使用温度高或有更高要求时，可选用高密度聚乙烯 HDPE(耐温90℃)或改性聚丙烯 PP(耐温达110℃)。表 5-38 和表 5-39 为聚烯烃和三层 PE 的性能指标。三层聚乙烯与环氧粉末(FBE)、聚乙烯(PE)三种防腐层性能的比较见表 5-40。

表 5-38　聚烯烃的性能指标

项目	试验方法	单位	性能指标		
			LDPE	HDPE	PP
密度(23℃)	DIN 53479	kg/cm³	935	956	915
含炭量	STMD-1603	%	2～3	2～2.5	2.5
熔融指数	DIN53735 (190℃，2.16kg)	g/10min	0.2～0.3	0.1	0.8
维卡软化点	DN 53460 (1kg)	℃	90	125	135
屈服强度	DIN 53455	MPa	10	24	23
极限延伸率	DIN 53455	%	600	500	400
硬度	DIN 53505	肖尔 D	45	60	65
耐环境应力开裂	ASTMD-1693	h	>1000(1)	>1000(2)	>3000(1)
电绝缘强度	DIN 53481	kV/mm	30	25	32
透水率	DIN 53122 (23℃，0.1mm)	g/(m²·24h)	0.9	0.3	0.7
透氧性	DIN53380 (23℃，0.1mm)	cm³/(m²·24h·bar)	2000	650	700
吸水率(质量分数)	ASTM D-746(24h)	%	0.01	0.01	0.01

注：（1）试剂浓度10%；

（2）试剂浓度100%

表 5-39　三层 PE 防腐层性能

性能	单位	试验方法	试验温度/℃	指标		DIN 30760 最低要求
				MDPE	LDPE	
最高运行温度	℃		65	80	50	
最低施工温度	℃		-25	-40	无规定	
冲击强度	N/m	DIN 30670	65℃	>10	>15	≥15*
			23℃	>25	>27	
			25℃	>30	>40	

续表

性能	单位	试验方法	试验温度/℃	指标		DIN 30760 最低要求
				MDPE	LDPE	
剥离强度	N·cm^{-1}	DIN 30670	23℃	>70	>70	≥35
剥离强度（H$_2$O，95℃，100h 浸渍）	N·cm^{-1}	DIN 30670	23℃	≥10	≥10	
压痕试验	mm/%（厚度）	DIN 30670	80℃	–	0.3/10	≤0.3
			65℃	0.2/7	0.2/7	
			23℃	0.1/3	0.1/3	
透水率 O$_2$：0.2bar H$_2$O：0.02bar	mol·m^{-2}·a^{-1}		23℃	0.25	0.25	0.25
			23℃	0.25	0.55	0.55
耐磨	mm	DIN 53516	23℃	0.2	0.2	
涂层电阻	Ω·m^2	DIN 30670	23℃	>10^8	>10^8	>10^8
			80℃	>10^8	>10^8	

注：*不能影响管子直径。

表5-40　三种防腐层的性能比较

性能	FBE	PE	三层 PE
柔韧性	+	+	+
黏结性	+	0	+
阴极剥离	+	0	+
抗冲击	0	+	+
透湿性	+	+	+
耐磨力	+	+	+
土壤应力	+	+	+
阻燃性	+	+	+
耐候性	+	+	+
可操作性	+	+	+

注：+优良；0 有局限性

从表5-40可见，三层 PE 达到了最优效果，既具有环氧树脂与钢管表面的强黏结性和极好的耐阴极剥离性能，又具有 PE 的优良机械性能与抗冲击性。此外，该防腐层还具有高的绝缘电阻值（大于 10^{8}Ω·m^2）。

④三层 PE 防腐层的涂敷

三层 PE 防腐层涂敷工艺流程图如图 5-24 所示。可利用原有的环氧粉末涂敷设备和挤出聚乙烯的设备进行组合和作业线的整体设计，防腐层涂敷应按规范的程序进行。

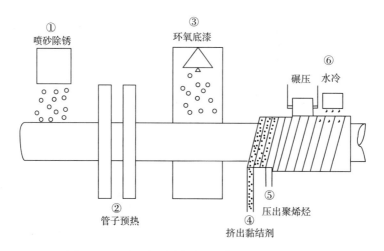

图 5-24　三层聚乙烯防腐层涂敷工艺施程示意图

预制厂作业线的生产工艺过程为：

a. 钢管表面预处理。清除表面油污和杂质，然后采用喷（抛）丸进行表面预处理。预处理时先预热管子至 40~60℃，除锈质量达 Sa2$\frac{1}{2}$ 级，锚纹深度为 50~75μm。预处理后检查管子表面有无缺陷，清理焊渣与毛刺等，将表面清扫干净。钢管表面温度必须高于露点3℃，表面干燥无水汽，防止在涂敷前生锈及二次污染。管子两端应粘贴掩蔽带。

b. 试生产。在生产前选用试验管段，在生产线上依次调节预热温度及防腐层的厚度，各项参数指标均达到要求方可生产。

c. 加热钢管。用无污染热源（如感应加热）对钢管加热至合适的涂敷温度（200~300℃左右）。涂敷温度主要取决于环氧树脂的类型，可依厂家提供的数据在作业线上调试确定。

d. 采用静电熔结环氧层。

e. 涂敷黏结剂。采用挤出缠绕或喷涂工艺，粘结剂与聚乙烯防护层共同挤出，涂敷时必须在环氧粉末胶化过程中进行。

f. 包覆聚乙烯层。采用纵向挤出或侧向缠绕工艺，直径大于 500mm 的管子用侧向缠绕法。在侧向缠绕时采用耐热硅橡胶辊辗压搭接部分的聚乙烯及焊缝两侧的聚乙烯，以保证粘结密实。

g. 用循环水冷淋。PE 层包覆后用水冷却，使钢管温度不高于 60℃。注意从涂敷 FBE 底层开始至防腐层开始冷却这段时间间隔应保证 FBE 涂层固化完成。

h. 管端处理及保护。防腐层涂敷完毕，除去管端部的 PE，管端预留 100~500mm，使 PE 端面应形成小于或等于 45°的倒角。对裸露段的钢管表面涂刷防锈可焊涂料。

现场施工也可采用可移动的预制厂作业线，以下简介一条国外的输气管道采用三层 PE 防腐层系统的作业线。

a. 涂敷环氧内涂层。在表面喷砂清理之后，主管线和支管线用溶剂型环氧树脂进行内部涂敷。该涂敷层应具有不小于 65μm 厚的干膜，以减少气体输送过程中的摩阻损失，提高输量。同时，在储存、施工和运行期间也可减缓管子的腐蚀。

b. 外部涂敷设备及其工艺。外部涂敷的整套设备是可移动的设备，大部分设备安装在标准的 20in 和 40in 集装箱内，以便快速安装和开机，每个集装箱内装有一部分设备以及公用设施。运到现场后，按次序排列，连上通用设备即可使用。生产线全部自动化，包括外清洗部分。涂覆生产线（从管子收集、除尘、加热、喷涂、冷却到管端处理及自动检测针孔等）通过几个可编程控制器（PLC）来控制整个工艺，包括管体温度、PE 温度控制、PE 挤出压力、各个区域输送速度的控制等。内涂敷与外部涂敷一样，具有相同的能力。对于 DN1000 管每小时完成 12 个接头，DN700 管每小时完成 14 个接头。

c. 涂层质量控制。三层 PE 的质量保证是通过下述几方面来实现的：（a）控制所用原料，如喷（抛）射除锈的金属磨料、FBE 环氧粉末、黏结剂、聚乙烯等原料的质量；（b）涂敷生产线的控制和维护；（c）涂敷生产过程中在线的质量控制，如管子清洁度、涂敷前的管温、开机时每层的厚度、涂敷的连续性、黏结剂的温度和厚度等；（d）产品线下实验室的质量控制，即对三层 PE 防腐层按有关标准进行性能检测。

⑤聚乙烯防腐层的补口和补伤

在管子对口焊接后，经外观检查、无损探伤和试漏合格后应进行补口和补伤作业，施工过程中防腐层出现的疤痕、裂缝、瑕疵和针孔需要进行修补，所用的补口和补伤材料及施工方法应符合标准 SY/T 0413—2002 的规定。聚乙烯冷缠胶带、热收缩套（带）等都是防腐管道较理想的补口和补伤材料。

a. 热收缩材料

防腐用热收缩材料由具有保护机能的外层热收缩材料和具有黏结性能、防蚀性能的内层黏结剂层组成。此外，还有加入纤维增强材料的。作为防蚀用的热收缩材料主要有电子射线交联聚乙烯，另外还有聚丙烯、尼龙。根据需要也可用氯乙烯、乙烯、丙烯三元聚合物等。

内层的黏结剂，一般有沥青系或丁基橡胶系的黏着型材料、改性聚乙烯或聚酰胺、聚酯系的热熔黏结剂等，根据管线的工作温度、耐热寿命、必要的黏结力等特性选择。一般用交联的聚乙烯膜制成多层材料作为外层，内层为玛蹄脂系的黏结剂。

作为特殊用途的制品有：用于 -40℃ 的耐寒制品，用于 100℃ 的高温制品（使用交联聚乙烯，可耐温 120℃）；超出上述温度的聚丙烯或氟树脂的制品；高黏结力制品；耐燃制品。

热收缩材料的加热一般采用丙烷燃烧器（喷灯）、远红外加热器及热电感应加热器等。为提高施工时的作业效率，同时采用各种辅助夹具。

b. PE 热收缩多层防蚀套

国外公司生产的 PE 热收缩套（带）采用具有感温颜色显示功能的辐射交联聚乙烯，按不同用途已形成系列产品。除了用于直管段焊口处，还有 PE 热收缩弯管用数片式防蚀套，用于异径管的高收缩率包覆式片状型防蚀套，用于加热型修补片等。PE 热收缩多层防蚀套可与三层 PE 防腐层配套使用。基材是三种材料组成，材质是由交联聚乙烯成分制成，防蚀套内均匀涂敷热熔性抗蚀黏结剂。补口时，经表面处理合格后，加热补口管子，以环氧树脂作为底漆，涂敷在钢和表面两道（双层）或加热后涂敷熔结环氧粉末，在其胶化和固化过程中包覆热收缩套（片）。该收缩套（片）加热之后通过收缩的力量使黏结剂挤入焊口，紧密收缩包覆焊口。即使有凹陷表面及管子包覆着其他防腐材料，亦能与其紧密结合。

热收缩套管在地下或近海中使用黄色套筒，设计时考虑了加热色泽转变，即当热收缩套加热到适当温度时套筒由黄色变为浅橙色。片状防蚀套应用的是透明固定片。该片由特殊聚乙烯物料所制成，放在热收缩片包覆管子的重叠处。当加热收缩时可清楚地观察防蚀套重叠的情形、黏结剂的实际流动状态，且透明片下白色字样经过加热后转变为黑色，有助于操作人员对施工温度和品质进行控制。该产品是针对地域复杂的管路，例如山区运输困难、管沟没有细沙可回填，必须用原来的杂石回填，或海水涨退潮的需要而设计的。

　c. 用热收缩片补口和补伤

用热收缩片修补管道有两种情况：一是用于已经涂敷外防腐层的管道小面积破损（破损处直径 $d \leqslant 30mm$）处的补漏。另一种情况是用于管道阴极保护系统电缆与管子的连接处进行接头绝缘处理，并起到强化结构的作用。在修补时，当管道破损处深度过深，必须选用黏结力强的填充剂填补。该填充剂具有防止管道锈蚀、水气渗入及堵漏等功能。

5.4　管道内防腐层保护

钢管经表面处理，如喷砂（丸）、化学除锈、高压水清垢、机械除锈等，然后涂衬涂层或薄膜材料，形成良好的管内防腐层。

1942 年美国休斯敦建立了第一个涂层工厂。到 20 世纪 60 年代美国开发了管道连续内涂层技术，涂层工厂和现场整体连续施工技术，在近十多年中由于内补口技术和相应的性能评价技术上有了较大的突破，取得了很好的使用效果，使内涂层防护技术的发展上了新的台阶。

涂层防腐蚀所选用的涂层材料和涂敷工艺技术应具备如下条件：

①具有优良的与钢管界面的附着力，尤其是涂层的湿膜附着能力。

②为了降低防护成本，在不影响防腐质量前提下，对钢管表面处理要求尽可能低。

③面层涂料具有优良的耐蚀、耐磨、耐温和抗介质渗透。

④所选用的涂层工艺能确保防护层结构各界面之间具有良好的活性附着力，充分发挥涂层材料的性能，避免界面污染。

⑤防护层的综合经济效益最佳。

5.4.1　常用管道内防腐涂层材料

钢管的内防腐层（亦称涂层）材料品种繁多，类似产品的质量差别也较大，用户在选用时往往根据实验室的各种检验参数对比和现场挂片性能对比来确定。对油、气管道内涂层的防护性能指标，国内外目前尚没有统一的标准，用户根据需要向涂敷制造商提出要求。在实验室常规检验指标认可后，对涂层产品的验收可以采取如下三项指标：①外观，采用内窥镜或闭路电视——没有流淌、皱纹、桔皮、起泡、鱼眼等缺陷；②厚度，采用磁性测厚仪——一般不少于 $250\mu m$。从湿态防腐蚀考虑，防腐层的厚度应不少于 $400\mu m$；③涂层漏点检测，采用电火花击穿检测或电阻检测。

常用涂料大多采用环氧型、环氧酚醛型、聚氨酯和漆酚型等主要基料。底漆涂料一般多掺加铁红类、铬黄类等具有钝化性能的填料，中间层、面层涂料多掺加鳞片或玻璃微珠，以其提高抗渗透能力等。根据不同用途选择相适应的填料及助剂来改善涂层的性能。上述所提到的都属于防腐涂层配方设计和涂层结构设计范围的基础工作，详细内容请参考有关专著论述。对于输水管道，普遍使用水泥砂浆衬里和聚烯烃膜衬里。

近十年来发展较快的熔结环氧粉末涂层，性能优越，简化了成膜工艺，较明显地体现了经济、效果、生态、能源四大发展原则。

5.4.2　管道防腐层涂装工艺技术

涂装工艺技术的设计或选用，对降低涂层成本，确保涂层质量有着重要作用。而不同的涂层材料、涂层材料结构的设计，就需采用相适应的工艺技术。涂装工艺技术通常可分为五种类型。

1. 溶剂型旋喷式涂敷工艺

该工艺适用于单根管材的工厂专用生产线上集中涂敷。所用涂料为溶剂型涂料，分底漆和面漆配套使用。一般是一道底漆和二至三道面漆。也有固体含量较高的又有良好触变性的涂料可采用一底一面结构。值得指出，涂装前的表面处理质量，直接影响涂层的界面附着力。

①工艺流程：表面处理→涂敷→固化→质检→堆放。

②表面处理中以喷砂技术为最佳。一般要求达到的标准为：表面清洁度为 SIS Sa2.5级，粗糙度为 $40\sim60\mu m$。也可采用化学处理，但应选择与涂料底漆相匹配的磷化液，并在涂敷前经表面处理后钢管的表面应充分干燥，这样才能保证涂层的质量。通过经济分析表明，涂层的造价中，表面处理约占45%的费用，又是确保涂层质量的基础因素，所以表面处理工序在设计时要给予充分的重视。

③喷涂工序大多采用旋喷器，如电动旋喷器和气动旋喷器。旋转速度为 $30000\sim40000r/min$。涂料输送采用高压无气泵，涂敷速度主要取决于泵压和泵输量的大小。涂敷遍数和每道涂层的间隔时间，取决于涂料的使用性能。

④涂层固化：通常树脂型涂料在每道涂料复涂时，为了有利于涂层间的界面结合力，要求涂层达到实干，或者实干后的几小时以内完成下一道涂层的涂敷。树脂基料最终应充分交联固化，交联固化的完全程度主要取决于温度和时间。如环氧-酚醛类基料，需在烘烤条件下热交联固化。常温型固化涂料为了缩短固化时间，提高涂敷工作效率和涂层的性能，也可以采用热固化方法。

2. 熔结环氧涂层涂敷工艺

我国的熔结环氧涂层的研制起始于 20 世纪 70 年代，发展于 80 年代。进入 90 年代，在扩大工程应用的同时，在涂料性能的开发，以美国 3M 公司 206N 为赶超目标，取得了可喜的进展。尤其是固化的时间降到 230～240℃/3min 以下，不仅使工艺流程幅度简化，同时使涂层充分体现了硬质、薄层、高性能三大优点，引起管道工程界的重视。

①涂敷工艺流程：表面处理→喷砂（丸）→中频感应加热→静电喷粉→恒温（固化）→冷却→检验。

②表面处理：必须采用喷砂（丸）处理达到 SIS Sa1/2 级，粗糙度不小于 50μm。由于涂层材料的抗冲击性、附着力和弯曲性都与表面处理关系甚大，为提高内涂层的性能，往往在喷砂前采用热处理，去除锈蚀层中的结晶水和油分。为保证粗糙度，采取二道喷砂（丸）工序；甚至于喷砂（丸）处理后，还要进行化学处理，其目的都是为了提高涂层的附着力。

③喷涂工序：采用磨擦静电喷涂技术，静电电压 20000～30000V。为提高涂层的附着力，国外还注意底面复合粉涂技术的开发。

④固化工序：随着粉末涂料固化时间的缩短，固化工序得到简化。如美国 3M 公司的 206N 系列，200℃时的胶化时间为 22～27s，固化时间为 1～5min，可分为快、慢、标准三种型号。加热设备采用中频感应加热，不仅缩短工艺线的长度，而且提高了热能效率，防止界面氧化。

3. 薄膜衬里工艺技术

采用翻衬法聚烯烃塑料薄膜内衬技术，是近年来借鉴国外旧管道翻衬法修复工艺技术开发而成的三层结构的聚烯烃膜内衬，采用三层复合共挤成膜，膜厚为 0.2～0.5mm。所谓三层复合膜，是指主防腐层、增强层、增黏层的三层复合；与钢管间的黏合，也采用底、中、面三层聚烯烃黏合胶。这是聚烯烃材料的特点，目的是为了增强附着力，发挥各自的功能。

内衬办法有两种：①牵引法，先将复合膜牵引到位，由一端充气胀开，另一端的壁、膜间抽成真空，尽量减少壁、膜间的空鼓。②翻衬法，约为 0.2MPa 的压力空气，利用压差原理翻衬在管壁上。上述这两种方法，都需要事先清管－分层涂胶－复衬－胶黏定型。一次翻衬长度达 1km。

4. 水泥砂浆内衬工艺

在给水管道上采用水泥砂浆内衬，已有半个多世纪的应用历史，而且是给水管道最经济的无污染的无机涂层。它有三种施工方法：①内衬涂一次成型法；②车载抛涂法；③单根管材离心预制法。

挤涂法工艺简单，工效高，但涂衬厚度不匀。抛涂法离心甩涂压光，涂层均匀，厚度容易控制，界面附着力强，但受管径的限制，目前仅适应于 DN400 以上的管径，长度不宜超过 400m。离心法属于单根集中预制，涂层结构密实、低渗透、防腐效果最佳。但衬后的内补口，目前尚没有好办法，对整体防腐质量带来不利。

水泥砂浆衬里目前已从单一材料品种发展到聚合物水泥砂浆、粉煤灰掺加料、新型外加剂的改性，对提高涂层的抗渗透能力，改善表面光滑程度，降低费用和提高防护寿命十分有利。在工艺装备上也有了较大改进。如采用分流扶正式涂抹器，使砂浆在涂抹过程中，均匀搅拌，管壁上下厚度得到较大的改善，在抛涂设备上设置了灰浆消耗监控报警装置和工业闭路摄像装置，使涂层质量得到保证。

5. 连续涂敷工艺

现场连续涂敷工艺技术，也称挤涂工艺技术，是将防腐涂料装在两组挤涂器之间，利用空气压力推进挤涂器，涂料得以涂敷管壁上。美国最长施工距离10km，我国已达到7.2km，其主要差距如下：

①钢管焊接在国外较普通采用氩弧焊打底，而在我国仍以焊条电弧焊为主，管道焊瘤、毛刺严重，影响挤涂器的寿命。

②国内可选用的涂料单一，基料相对分子质量低，填料品味不高，助剂效果不明显。

③国内尚没有建立专业化施工的科研单位，深化力度差，专业性、责任性都不适应管内防腐层质量的提高。

④配套技术及检测技术还不适应，尤其是表面处理技术尚没有新的突破。

挤涂工艺流程：清管—酸洗法或在工厂分段预制，然后在现场整体挤涂—分底漆、中间漆和面漆多道挤涂—达到指干—自然固化成膜。

流程说明：

①任何涂层都应重视表面处理。若采用工厂分段喷砂（丸）处理后，立即喷涂一层底漆，在运输和组焊时都要防止涂层表面的污染。

②焊接热影响区的表面处理，虽有多种办法，但还达不到管材本体涂层的质量水平，是目前尚待解决的课题。

③现场整条管段的涂敷，采用钢丝刷清管，不能保证达到除油、除锈的目的。

④每道涂层施工时，由于涂料的溶剂含量高，要达到指干，必须采用强制通风。

⑤严格按涂料的使用要求操作。

⑥压缩空气中的油、水分处理干净的程度，将直接影响涂层的质量。

5.4.3　管道内防腐层失效的原因和提高内防腐层寿命的措施

在涂料优选后，充分发挥涂料作用和降低涂层的成本，提高内防腐层的使用寿命，主要取决于涂装工艺技术和良好的管理水平。

1. 表面处理技术

钢管表面处理工艺部分的投资占全工艺投资的38%～49%，比涂层材料高达一倍，又占涂层质量影响因素比率的50%以上。一般条件下涂层的防护寿命，按与没有涂层时的腐蚀寿命相比提高1～2倍作为设计依据。为此，钢管表面应除油、除锈和除表面水分。对于腐蚀条件较苛刻的涂层，还应设定其表面粗糙度的要求。

防腐涂层成片脱落或大面积起泡的主要原因是表面处理不当所造成。但从经济角度考虑，表面处理不是要求越高越好。如 SIS Sa3 级（全白级）的成本费用是 SIS Sa2 级的 200%。实践经验表明，除锈前采用热风 350~420℃（1~2h）或火焰燃烧后，对清除油渍、水分和降低除锈能源费用，提高表面处理质量十分有利。

近年来研制的真空电弧法表面处理技术，以浓缩的高能释放对阴极区的锈蚀产生了一种爆炸的电弧气氛，导致锈蚀物的燃烧和挥发，并消除了表面的各种污染物。真空电弧法的功率消耗仅仅是喷砂工艺的 1/10~1/6，除锈速度提高 1~3 倍。由于作业系统是处于真空状态条件下，将有利于表面处理的活性。

此外，经喷砂（丸）后的表面，再进行一道磷化处理，提高涂层膜下的化学和电化学行为，增强湿膜附着力，是控制膜下腐蚀速度的有效保护措施。

2. 涂敷技术

高压无气喷涂技术和摩擦静电喷涂技术，有利于提高涂层的致密性。

涂层在使用过程中，产生气泡、起皮，除了涂料原因外，如何正确使用涂料，值得我们注意。如下一道涂料涂敷前，上一道涂料必须达到表干或实干，而不能处于完全固化状态。否则，要影响两道涂层之间的附着力。涂敷层表面无污染和采用厚浆性涂料或热喷涂技术，都是提高涂层质量的重要措施。

3. 固化技术

涂层寿命还取决于交联固化程度，如固化参数的设定和保证措施。若涂层交联固化不完全或固化温度过高，都会影响涂层的物化性能指标。温度和时间条件，应采用程控系统。在热护设计中要重视涂层中挥发物的"两阶段发挥"理论，避免涂层出现气泡或针孔。热固化参数是建立在实验基础上的，根据不同的涂料和不同的管材壁厚，通过实测设定各项参数。

4. 涂层结构技术

涂层结构包括涂层材料的优选、涂料的配套性、厚度和对使用参数的要求，都是建立在实验基础上的系统工程。涂料的研制或选用，除了实验室的常规检验指标外，还要做工况应用模拟试验。开展涂层、金属界面区域的特性分析，从而减少涂层防护质量失效的速度，延长涂层的使用寿命。

5.4.4 管道内防腐层补口技术

管道内防腐层补口技术，指在钢管内壁焊接热影响区的防蚀技术。由于焊接温度及其不均匀温度的影响和材质及结合面的形态的差异，引起的金相组织结构分布不均匀，以及热应力等因素，形成环形晶间腐蚀、电偶效应和应力腐蚀。所以，焊接热影响区是管道内壁电化学腐蚀最为严重的部位。其表面形态（如焊瘤、夹渣、咬肉、氧化和烤焦的涂层残留物及锈蚀污染物等）十分复杂，可以说管道内防腐层的成败主要取决于焊接热影响区的防护质量。

内补口技术大体分成以下几种类型：

1. 车载式补口技术

该技术由一组列车式装置完成如下工序：行车、定位、除锈、收尘、中频感应加热（适用熔结粉末涂层补口）、喷涂、固化、涂层的厚度和针孔检验。整个结构复杂，维护工作量大，是高新技术的整体组合，但对质量的保证有较大的局限性。我国目前已研制出可适用于DN100以上溶剂型涂层的内补口机组。值得指出的是这些机组在表面处理工序上还存在着较多的问题。

2. 短管补口技术

先将涂层管两端口扩大到两个管壁厚的承插口，然后将带有涂层的短节插入，用黏结胶密封，经焊接形成完整的防腐层。工序简单，防腐效果好，可适用于DN300以下的管径。该项技术具有较大的实用价值。

3. 记忆合金热胀套补口技术

采用热回复记忆合金网状骨架，或高模量的工程塑料，内衬一层防腐蚀层，利用钢管焊接时释放出的热量，使记忆合金骨架膨胀，将防腐衬短节紧密贴在钢管内壁上。该项技术不影响常规的焊接工序，补口质量尚可靠，适用于DN400以下的钢管。由于成本较高，管内径局部变小，而且产品的合格率尚不能达到100%，目前在推广上还有较多困难。

4. 真空负压式补口技术

在补口部位设置具有径向扩张和收缩的补口套衬，与管壁形成一个密闭的环状负压空间，然后注入高固体成分的涂料，经加热固化成厚涂层。该项技术目前在国内尚且没有相关的应用报道。

5. 牺牲阳极法

在钢管的焊接热影响区部位，设置牺牲阳极施以阴极保护。为保证牺牲阳极的设计使用寿命，要求钢管的内防腐层有良好的质量。牺牲阳极法在管道内壁防腐上的应用，是一项行之有效的办法，但对温度的适用范围，输送介质对牺牲阳极材料的抗化学腐蚀性，都有较大的局限性。

5.5　缓蚀剂保护

5.5.1　概述

在腐蚀环境中，通过添加少量能阻止或减缓金属腐蚀速率的物质以保护金属的方法，称缓蚀剂保护。缓蚀剂保护方法应用面广，与其他防护方法相比，有如下特点：
①不改变金属构件的性质和生产工艺；
②用量少，一般添加的质量分数在0.1%～1.0%之间可起到防蚀作用；
③方法简单，无需特殊的附加设备。

缓蚀剂保护的缺点是只能在腐蚀介质的体积量有限的条件下才能采用，因此一般用于有限的封闭或循环系统，以减少缓蚀剂的流失。同时，在应用中还应全面考虑缓蚀剂对产品质量有无影响，对生产过程有无堵塞、起泡等副作用，以及成本的高低等。缓蚀剂的保护效果与腐蚀介质的性质、浓度、温度、流动情况以及被保护金属材料的种类与性质等有密切关系。也就是说，缓蚀剂保护法有严格的选择性，对一种腐蚀介质和被保护金属能起缓蚀作用，但对另一种介质或另一种金属不一定有同样效果，甚至还会加速腐蚀。

5.5.2　缓蚀剂分类

缓蚀剂种类繁多，缓蚀机理复杂，没有统一的分类方法将其合理分类并反映其分子结构和作用机理之间的关系。为了研究和使用方便，从多种角度对缓蚀剂进行分类。

1. 按化学组成分类

按通常对物质化学组成的划分，可以把缓蚀剂划分为无机缓蚀剂、有机缓蚀剂两大类。

图5-25仅列出能构成在工业上应用的部分缓蚀剂物质种类，而且仅仅是结构简单的物质。从当前的应用来看，还有许多物质，尤其是结构更复杂的有机物被用作缓蚀剂。

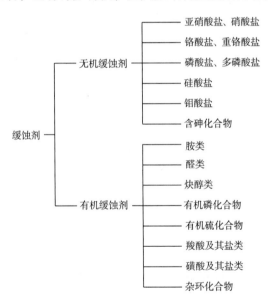

图5-25　缓蚀剂按化学组成的分类

另外，还需要指出的是，充分利用"协同效应"可以增强缓蚀效果。在实际应用中的缓蚀剂往往不是单一组分，而是多组分的复配。图5-25只能表示缓蚀剂主要组分的化学组成，这对阐明缓蚀剂的组成、结构和化学性质都是有用的。

2. 按电化学机理分类

按照缓蚀剂对电极过程的影响，Evans把缓蚀剂分为阳极型缓蚀剂、阴极型缓蚀剂和混合型缓蚀剂三类。这种分类方法对研究缓蚀剂的作用机理非常有用，但并不能反映缓蚀剂影响电极过程的原因，也未找到这种分类方法和分子结构之间的关系。

①阳极型缓蚀剂又称阳极抑制型缓蚀剂。例如，中性介质中的铬酸盐、亚硝酸盐、磷酸盐、硅酸盐、苯甲酸盐等，它们能增加阳极极化，从而使腐蚀电位正移。阳极型缓蚀剂通常是缓蚀剂的阴离子移向金属阳极使金属钝化。对于非氧化型缓蚀剂（如苯甲酸钠等），只有溶解氧存在才能起抑制金属的腐蚀。

阳极型缓蚀剂是应用广泛的一类缓蚀剂。但如果用量不足，不能充分覆盖阳极表面时，会形成了小阳极大阴极结构的腐蚀电池，反而会加剧金属的孔蚀。因此阳极型缓蚀剂又有"危险性缓蚀剂"之称。但苯甲酸钠除外，即使它的用量不足，也只会引起一般的腐蚀。

②阴极型缓蚀剂又称阴极抑制型缓蚀剂。例如，酸式碳酸钙、聚磷酸盐、硫酸锌、砷离子、锑离子等，它们能使阴极过程减慢，增大酸性溶液中氢析出的过电位，使腐蚀电位向负移动。阴极型缓蚀剂通常是阳离子移向阴极表面，并形成化学的或电化学的沉淀保护膜。例如，酸式碳酸钙和硫酸锌，它们能与阴极过程中生成氢氧根离子反应，生成碳酸钙和氢氧化锌沉淀膜；砷离子和锑离子可在阴极表面还原成元素砷和元素锑覆盖层，使氢的过电位增加，从而抑制金属的腐蚀。这类缓蚀剂在用量不足时并不会加速腐蚀，故阴极型缓蚀剂又有"安全缓蚀剂"之称。

③混合型缓蚀剂又称混合抑制型缓蚀剂。例如，含氮、含硫以及既含氮又含硫的有机化合物、琼脂、生物碱等，它们对阴极过程和阳极过程同时起抑制作用。这时虽然腐蚀电位变化不大，但腐蚀电流却可以减小很多。这类缓蚀剂主要有以下三种：含氮的有机化合物，如胺类和有机胺的亚硝酸盐等；含硫的有机化合物，如硫醇、硫醚、环状含硫化合物等；含硫含氮的有机化合物，如硫脲及其衍生物等。

3. 按物理化学机理分类

按缓蚀剂对金属表面的物理化学作用，可将缓蚀剂分为氧化膜型缓蚀剂、沉淀膜型缓蚀剂和吸附膜型缓蚀剂三类。这种分类方法在一定程度上可以反映金属表面膜和缓蚀剂分子结构的联系，还可以解释缓蚀剂对腐蚀电池电极过程的影响，因此这种分类方法有很大的发展前途。

（1）氧化膜型缓蚀剂

氧化膜型缓蚀剂直接或间接氧化金属，在其表面形成金属氧化物薄膜，阻止腐蚀反应的进行。氧化膜型缓蚀剂一般对可钝化金属（铁族过渡性金属）具有良好保护作用，而对不钝化金属，如铜、锌等金属，没有多大效果。在可溶解氧化膜的酸中也没有效果。氧化膜较薄（$0.003 \sim 0.02 \mu m$），密闭性好，与金属附着力强，防腐蚀性能良好。这类缓蚀剂，例如铬酸盐，可使铁的表面氧化成 $\gamma - Fe_2O_3$ 保护膜，从而抑制铁的腐蚀。由于它具有钝化作用，故又称"钝化剂"。氧化膜缓蚀剂又可进一步分为阳极抑制剂（如铬酸钠）和阴极去极化剂（如亚硝酸钠）两类。当氧化膜达到一定厚度以后（如 $5 \sim 10mm$），氧化反应的速度减慢，保护膜的成长也基本停止。因此，过量的缓蚀剂不至于使保护膜不断增加而造成垢层化或铁鳞化，但是用量不足会加速腐蚀，使用时应特别注意。

（2）沉淀膜型缓蚀剂

这类缓蚀剂包括硫酸锌、碳酸氢钙、聚磷酸钠等，它们能与介质中的离子反应并在金属表面形成防腐蚀的沉淀膜。沉淀膜的厚度比一般钝化膜厚（约为几十至一百纳米），而且其致密性和附着力也比钝化膜差，所以效果比氧化膜要差一些。此外，只要介质中存在有缓蚀剂组分和相应的共沉淀离子，沉淀膜的厚度就不断增加，因而有可能引起结垢的副作用，所以通常要和去垢剂合并使用才会有较好的效果。

沉淀膜缓蚀剂本身是水溶性的，但与腐蚀环境中共存的其他离子作用后，可形成难溶于水的沉积物膜，其中聚合磷酸盐和锌盐等为水中离子型，与钙离子、铁离子等可共存形成难溶盐。要使这类难溶盐具有保护效果，应注意以下几点：

①水中析出的难溶盐的微结晶与金属表面之间发生静电引力；

②在局部电池的阴极区产生的氢氧根离子易析出氢氧化物沉积物；

③金属表面和已析出的盐结晶表面是盐析出的结晶晶核；

④缓蚀剂和钙离子等在金属表面被富集（由于吸附等因素），而形成过饱和溶液。这种膜多孔且较厚，其效果要比氧化膜差，和金属表面结合强度也较差。

铜及其合金的缓蚀剂巯基苯并噻唑、苯并三氮唑，铁的缓蚀剂单宁等则是属于金属离子型。它们和金属表面腐蚀产物层的金属离子结合而形成保护膜。这样的膜致密性好，也较薄，和基体金属附着性较好。

（3）吸附膜型缓蚀剂

这类缓蚀剂能吸附在金属表面，改变金属表面性质，从而防止腐蚀。根据腐蚀机理不同，它又可分为物理吸附型（如胺类、硫醇和硫脲等）和化学吸附型（如吡啶衍生物、苯胺衍生物、环状亚胺等）两类。为了能形成良好的吸附膜，金属必须有洁净的（即活性的）表面，所以在酸性介质中往往比在中性介质中更多地采用这类缓蚀剂。

吸附膜型缓蚀剂分子中有极性基团，能在金属表面吸附成膜，并由其分子中的疏水基团来阻碍水和去极化剂到达金属表面，保护金属。在酸和非水溶液中形成良好的膜，膜极薄（一般只有单分子或多分子厚度），稳定性较差。

5.5.3　缓蚀剂工作机理

1. 有机缓蚀剂在界面反应成膜理论

缓蚀剂除在界面吸附成膜发挥缓蚀作用以外，还可以通过在界面处的转化、反应和螯合等作用发生缓蚀作用。其中，通过反应形成相界保护膜的缓蚀剂，在近年来受到重视，许多有效的工业缓蚀剂，都与这种缓蚀作用相关。关于成膜理论主要有以下几种观点。

（1）有机缓蚀剂通过界面转化起到缓蚀作用

醛是一类早就应用的酸缓蚀剂。例如，乙醛在 2.3mol/L H_2SO_4 中，80℃ 时加入量 0.1% 时就有 52% 的缓蚀效率；在 1mol/L HCl 中，70℃ 时加入 2.8% 时有 53.5% 的缓蚀效率。同样，在这里起缓蚀作用的是其转化产物——黏稠的深棕色树脂状物质。红外光谱分析已判明它是醇醛和乙醛的巴豆缩合的混合物。研究指出，—OH、$>C=O$、—COOH 等基团在缓蚀保护中的作用，与叁键相比是第二位的，并且认为乙炔系化合物的作用机理与腐蚀过程开始阶段析出氢的还原作用有关。试验已观察到这类缓蚀剂使用时，金属的失量与按析氢量计算的值有较大的差别，且后者总是小些。如对 1% 二甲基乙炔基甲醇，相差达 3.7 倍，这意味着氢参加了形成保护层的反应。这些都表明转化机理在有机缓蚀剂中是起作用的。

(2)聚合(缩聚)物膜的作用

以高分子聚合(缩聚)物作为缓蚀剂，或通过缓蚀组分在界面反应形成聚合(缩合)物膜而起保护作用的机理，在有机缓蚀剂研究中占有重要地位。这类保护膜有较好的缓蚀效果和较宽的温度使用范围。各种树脂和聚合物是这一类重要的缓蚀剂。如胺、醛类缩聚反应产物是酸可溶性树脂，是目前一类有效的工业缓蚀剂。聚乙烯吡啶是一种深入研究过的缓蚀剂，吸附测量数据表明，聚合物的吸附要比单体强得多；并且当吸附量低于 1/10 单分子层时，缓蚀效率可达 80%。通过对聚乙烯吡啶、聚乙烯哌啶和聚乙烯胺的研究还发现，当聚合物与相应单体的缓蚀效果相当时，它的使用浓度要比单体低近 4 个数量级。又如氰基胍甲醛树脂，在 1mol/L 盐酸中树脂浓度为 0.4g/L 时，就达到最大缓蚀效果，这时碳钢已形成树脂-Fe^{2+}膜。

已试验过且有缓蚀效果的聚合物还有聚乙炔、聚烷基胺、三嗪高聚物等。由于这类树脂和聚合物同金属离子可形成稳定的配合物，因此，可用作缓蚀剂。金属和金属离子之间形成保护膜来解释这种缓蚀作用。除了上述直接由树脂和聚合物起缓蚀作用的情况外，还有一类物质是通过在电极表面反应形成聚合物保护膜的，炔类化合物(如丙炔醇)在盐酸中的缓蚀作用可作为例子。

2. 有机缓蚀剂形成表面配合物保护膜

有机缓蚀剂通过和金属或金属离子反应形成沉积保护膜，是相界缓蚀剂的一个重要类型。关于这种表面配合物膜的真实性，已通过表面分析技术给予充分证实。

(1)相膜缓蚀剂

单宁早就用于处理带钢，通过形成单宁铁保护膜，防止了进一步锈蚀。单宁铁是网状八面体定向化合物，其结构式如下：

（2）相界缓蚀剂

分子中含有—NH_2、—OH、—SH、—COOH 等极性基团的缓蚀剂，通过和金属离子形成配位螯合物膜起保护作用。这类表面配合物结构稳定，溶解度低，能起保护作用。此外生成的螯合物必须致密，与金属附着性良好才行。

关于这两类缓蚀作用，Lorenz 等人认为在相界缓蚀剂膜情况下，被保护金属和缓蚀剂之间有强烈相互反应，缓蚀剂的吸附是存在电位依赖性的，存在着二维吸附层。相膜缓蚀剂情况下，被保护金属与电解质之间存在着三维层，三维层一般由弱溶性化合物构成，缓蚀效果与这三维层的性质有关。

（3）缓蚀剂的协同作用

缓蚀剂技术的近代发展，与缓蚀物质间存在协同作用有密切的关系，许多工业应用的商品缓蚀剂都是利用协同作用研制成的多组分配方。利用协同作用，可以用较少的缓蚀物质获得较好的效果；可以扩大缓蚀剂的寻求范围并解决单组分缓蚀剂难以克服的困难。

①活性阴离子和有机物之间的协同作用

协同作用研究较多的是活性阴离子与有机物。Hackerman 等都发现活性阴离子与化合物合用，特别是同有机胺合用，有较好的缓蚀效果，阴离子的效果为

$$I^- > Br^- > Cl^- > SO_4^{2-} > ClO_4^-$$

活性阴离子同许多在酸性溶液中形成阳离子的有机物，如鎓型有机物、杂环有机物等也能产生良好的缓蚀效果。一些复杂的有机物，如季铵盐由于可分离成有协同作用的阴、阳离子而具有很高的缓蚀效果。当然，活性更强的阴离子可造成更有利的吸附，而得到更好的缓蚀效果。如在 0.5mol/L 硫酸中，当 2.5g/L 烷基苄基吡啶氯化物和 0.0005mol/L Na_2S 合用时，可大大提高缓蚀效率。又如乌洛托品和相应的卤代有机化合物反应制备的乌洛托品衍生物，在硫酸、磷酸、盐酸、乙酸中均有效。

利用金属卤化物与有机缓蚀剂的协同作用，已得到一些用于油气深井高温酸化压裂处理的缓蚀剂组，如丙炔醇、松香胺、烷基吡啶和 CuI_2 合用。

②中性溶液中的协同作用

重铬酸盐和聚磷酸盐之间的协同作用是十分典型的，两者所形成的"双阳极"缓蚀剂在工业冷却水中的防腐蚀方面有重要的作用。单用 Na_2CrO_7 防腐，需 500mg/L 才有效；若铬酸钠与聚磷酸盐合用(2:1 混合物)，则只需要 50~75mg/L 就相当有效。等比例的铬酸盐和锌酸盐合用，在 5mg/L 和 10mg/L 时即有协同作用。在 50% 乙二醇-水溶液中，若加入 1% 苯甲酸钠与苯并三氮唑（BTA）就可完全控制灰铸铁的腐蚀。此外，$50\mu g/L$ MoO_4^{2-} + $20\mu g/L$ BTA 也会产生协同作用。在中性介质中，不仅无机化合物之间可产生协同作用，无机化合物和有机化合物之间也可产生协同作用。亚硝酸盐和特种氨基磷酸酯合用，在中性或微碱性充空气水中有协同作用，可防止黑色金属腐蚀。氨基磷酸酯和等摩尔亚硝酸钠合用，在 10mmol/L 时即可产生良好的缓蚀作用。

③缓蚀剂协同作用的解释

a)存在活性阴离子时的协同作用，一般可解释为活性离子吸附，活性离子-金属偶极

的负端朝向溶液起架桥作用，有利于有机阳离子吸附。也可解释为由于偶极负端朝向溶液，造成金属和溶液之间出现附加电位差，使金属零电荷电位正移，而有利于有机阳离子吸附。由于分子中的氮原子有未配对电子，与活性离子之间形成共价键化学吸附，产生协同作用。

b）协同作用与吸附层状态有关。缓蚀物质在金属表面发生化学作用形成高分子化合物；吸附层中不同极性分子之间发生作用，提高表面覆盖度或形成多分子层；吸附物相互作用提高了吸附层的稳定性。

c）加合效应产生协同作用。两种物质在相同位置以相同的吸附机理通过加合作用产生协同作用；两种物质在不同的位置吸附起协同作用。

3. 活性阴离子在缓蚀过程中作用

活性吸附离子在缓蚀剂的协同作用起着重要作用。由于它在电极表面吸附，使得有机阳离子易在金属表面吸附产生更好的缓蚀效果。活性阴离子在金属表面吸附时形成配合物，如果配合物是稳定的，就有可能促进或抑制电极过程。阴离子到底起哪种作用应由吸附键的强度来区别。当吸附质点同金属结合牢固而和溶液的结合丧失时就能缓蚀；若吸附质点同金属及溶液的结合强度相当，则会促进腐蚀。这种情况已在 H_2S、NaI、$NaSCN$ 缓蚀组分时被观察到过。

4. 缓蚀剂机理研究进展

近年来，腐蚀和防腐工作者研究了几种缓蚀剂，通过对其作用机理的研究，使缓蚀剂作用机理的研究更为全面和准确。

（1）炔醇类缓蚀剂的作用机理

炔醇类化合物是高温、浓酸条件下的重要钢铁缓蚀剂，20 世纪 50 年代中期就对其缓蚀机理进行了许多研究。到 20 世纪 70 年代，Tedshi 通过系统的研究发现，有效炔醇类的叁键必须在碳链的顶端，即 1 位，羟基位置必须与叁键相邻，即在 3 位，见下式。若不满足上述条件，炔醇的缓蚀效果不佳。他认为这是由于炔醇分子内部的"互变异构作用"稳定了叁键并提高了它对铁的配位能力，因此产生了强烈的化学吸附。

$$\begin{array}{ccc} & \overset{\displaystyle OH}{\underset{\displaystyle H}{|}} & \overset{\displaystyle O}{\|} \\ R-\!\!\!&C\!\!-\!\!C\!\equiv\!CH & \rightleftharpoons \quad R-CH-CH\!=\!CH_2 \end{array}$$

另外，大量的氢键可使吸附层加厚，形成了阻滞 H^+ 接近钢铁表面的屏障，见图 5-26。铁表面经过缓蚀剂处理后。铁只能以很小的速度溶解，但是由于溶解的铁离子通过叁键配位，也参与了表面形成膜的形成。但叁键的配位能力较弱，因此铁离子可在膜中扩散通过。

（2）羧酸盐类缓蚀剂作用机理

为了弄清添加缓蚀剂后金属表面化学转化膜的性质，进而揭示缓蚀机理，除了通过电化学方法进行推测外，更重要的是用物质结构的研究方法。近年来，光谱法和表面能谱法逐渐普及，对测试结果的解释也进一步深化。光谱法中反射红外光谱和拉曼光谱也较受重

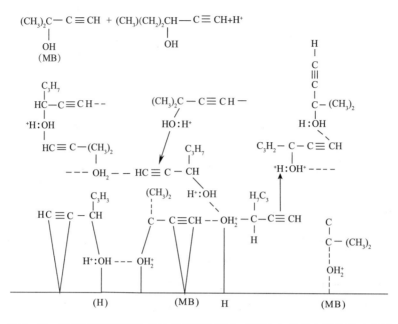

图 5-26 甲基丁炔醇（MB）和乙炔醇（H）联合于钢铁表面形成保护膜示意图

视。表面能谱法中最常用的有 X-射线光电子能谱（XPS 或 ESCA）和俄歇电子能谱（AES）。

长链羧酸盐是钢铁在中性水介质中常用的缓蚀剂。Granata 等利用乙酸钠（1mol/L）、肉桂酸钠（0.03mol/L）和间硝基肉桂酸钠（0.03mol/L）三种羧酸盐做缓蚀剂，研究了铁在人工海水中浸泡两天后的 XPS 和 AES 谱。根据表面能谱和其他实验结果，认为羧酸盐的缓蚀作用是在铁的表面上形成了高价铁的稳定配合物（如羟基羧酸的 Fe^{3+} 配合物，俗称羟基羧酸高价铁盐），覆盖在高价铁氧化物的表面。为了维持高价，氧化性物质（如 O_2 或 $NaNO_2$ 或有机硝基化合物）的存在必不可少。在 pH 值低时，上述化合物不稳定，因此对缓蚀作用不利。

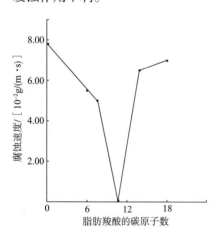

图 5-27 腐蚀速度与缓蚀剂中脂肪酸部分碳原子数的关系（25℃）

实验结果还表明，长链脂肪族羧酸是中性水中钢铁的有效缓蚀剂，但它不是有效的酸洗缓蚀剂。这是因为在酸性溶液中，羧酸中的羧基并不电离出 H^+，它不能在金属表面形成稳定的高价铁的配合物膜，只有在中性条件下才能形成。这种膜是一种致密的疏水膜，能十分有效地抑制溶解氧进入钢铁表面之间的反应，从而可有效地抑制钢铁的腐蚀。在碳原子数不同的长链羧酸胺盐中，随着碳原子数的增加，缓蚀效率逐渐升高，在 10 个碳时腐蚀速率最低，继续升高碳原子数，腐蚀速度反而上升（见图 5-27）。这是由于低于 10 个碳时，随着碳原子数的增加，疏水的碳链增长，它在金属表面的吸附能力增强，疏水层的厚度加厚，氧分子进入金属表面困难，因此腐蚀速度迅速下降。随着碳原子数的进一步增加，缓蚀剂的溶解度下降，无法在金属表面形成致密的配合物膜，腐蚀速度又迅速增大。

（3）铬酸盐、钨酸盐和钼酸盐的缓蚀机理

铬酸盐是较早应用的无机缓蚀剂。人们对它们所形成的化学转化膜也研究的最多，并取得了一致的看法，即它们所形成的化学转化膜是典型的氧化膜。铬酸盐的缓蚀作用在于金属离子（如 Fe^{3+}）进入溶液时，它可与之结合并形成十分致密的沉淀物覆盖在金属表面，使金属与腐蚀介质隔开，从而避免了腐蚀。实验证明，在氧化物膜中，铬的含量随钢铁在铬酸盐溶液中浸渍时间而呈对数增长，也随溶液中溶解氧含量的降低及钢铁在浸入溶液前暴露在空气中时间的缩短而增加。虽然铬酸溶液的 pH 值对其缓蚀效果影响不大，但在不同 pH 值条件下形成的氧化膜的组成不同。当 pH 值≥11 时，氧化物膜中几乎没有铬；当 pH 值降至 4~5 时，氧化物膜中铬的含量上升；当 pH 值降得更低时，膜中铬含量又下降，这是由于氧化铬在此 pH 值下更容易溶解。

亚硝酸盐也是重要的无机缓蚀剂，但其作用机理却与铬酸盐完全不同，它并不进入膜的组成，其机理归因于溶解氧使钢氧化成膜。因为增加金属表面氧的量，钢铁能得到保护。

钼酸盐和钨酸盐是少有的非污染性重金属盐，其结构与性能与铬酸盐相似，在周期表中处在同一副族内。1930 年钼酸盐已被用于水-醇冷却液的缓蚀剂，后来发现它是在中性和碱性介质中的有效缓蚀剂。进一步研究表明，它可在宽广的 pH 值范围内钝化锌和锡，在浓硫酸中钝化钛和酸性溶液中钝化钢铁。因此，近年来作为无毒缓蚀剂正逐步取代亚硝酸盐、铬酸盐等有毒缓蚀剂。钼酸盐是一种钝化型缓蚀剂，在有溶解氧的存在条件下，能在铁表面形成具有保护作用的铁－氧化铁－钼氧化物的保护膜。对膜层进行电子能谱（XPS 和 AES）分析结果表明，膜层为 $FeO \cdot OH + MoO_3$。膜中钼仍以六价的形式存在，这是因为 MoO_3 在水中的溶解度很小。在成膜过程中，部分六价钼会被还原，但还原产物（低价钼）不稳定，易溶于水，因而在膜层中难以找到。

当钨酸盐与苯甲酸盐和锌酸盐联合作钢铁缓蚀剂时，用光电子能谱测出表面膜中有难溶的钨酸亚铁（$FeWO_4$）和吸附的苯甲酸盐膜，后者在金属的最外面，而 $FeWO_4$ 在较内层。

（4）有机磷酸盐的缓蚀机理

有机磷酸盐是目前最有效的缓蚀剂之一，它可以在高 Ca^{2+}、CO_3^{2-} 含量和较高 pH 值的水中抑制垢的形成和钢基体的腐蚀。用低浓度铬酸盐和高浓度聚磷酸盐时会引起孔蚀，这种现象在有机磷酸盐中不出现，这就是目前国际上流行全有机缓蚀剂配方的原因。

有机磷酸的种类繁多，适于作循环冷却水缓蚀用的主要是羟基亚乙基二磷酸（HEDP）、氨基三亚甲基（ATMP）、乙二胺四亚甲基磷酸（EDTMP）和 2－磷酸基丁烷－1，2，4－三羧酸（PBTC）等。

有机磷（羧）酸是一类具有表面活性的多啮配体，其阻垢机理一方面是通过形成 Ca^{2+}、Mg^{2+} 的多核聚合配物（软垢）而排除体系；另一方面是它易吸附在垢的结晶生长点上，抑制了垢的进一步生长而结块。Crabensetter 等曾研究了水溶液中 Ca^{2+} 与 $HEDP^{4-}$ 所形成的配合物组成。当 Ca^{2+}/HEDP 的物质的量比为 1 时，溶液中主要形成 $[Ca(HEDP)]^{2-}$ 配离子；当 Ca^{2+}/HEDP 的物质的量比为 $1 \sim 2$ 时，可以形成 $[Ca(HEDP)]^{2-}$、$[Ca_3(HEDP)_2]^{2-}$、$[Ca_4(HEDP)_3]^{4-}$ 和 $[Ca_7(HEDP)_4]^{2-}$ 等多核配合物，它们可以分散在溶液中，随溶液的流动而带出。而且它们还可以进一步聚合：

$$\left[Ca_7(HEDP)_4\right] + \left[Ca_7(HEDP)_4\right]_n \cdot \left[Ca_7(HEDP)_4\right]_{n+1} \qquad (5-56)$$

$$LK_0 = 4.6 \qquad (5-57)$$

凝聚常数 K_0 很大，聚合很容易进行。当聚合度（n 值）很大时，它以软垢形式沉淀下来。有机磷酸易于形成多核配合物，是由于磷酸基中两个易离解的羟基同磷原子的 π 键较弱，彼此之间的影响很小，可以同时与两个不同的金属离子配位而形成多核聚合物，它进一步与游离的磷羟基配位，就可以形成聚合的多核配合物。

有机磷酸在酸性条件下可在铁上形成表面钝化膜，从而抑制了钢铁的腐蚀。近年研究了钢铁在 ATMP 溶液中的成膜性能，发现在酸性条件下可以形成耐湿性优良的钝化膜。通过反射红外光谱、拉曼光谱和光电子能谱的研究发现，形成的表面膜是一种由 ATMP 与 Fe^{2+} 形成的配合物膜。膜中 ATMP 分子中的 N、O 参与对 Fe^{2+} 的配位。膜的元素组成为：O 48.4%，P 28.2%，Fe 6.2%，N 4.6%，C 12.5%。这与 $[Fe(ATMP)]_n$ 组成基本一致。

在当今的循环冷却水处理技术中，采用全有机物的配方可以排除铬酸盐、亚硝酸盐等无机物毒性的聚磷酸盐的水解问题。由于构成配方的药剂磷酸盐和聚羧酸盐或磷羧酸盐的化学稳定性好，因而可以容许药剂有很长的停留时间，可在自然平衡的 pH 值、较高硬度和较高浓缩倍数（3 倍以上）下运行，而污垢的热阻下降。这类配方中的磷酸盐既可作为阻垢剂又作为缓蚀剂，它与聚羧酸配合使用对阻垢缓蚀有协同作用。

Bohnsack 用反射红外研究了 PBTC 作为循环冷却水的阻垢缓蚀机理，发现动态实验后，冷却塔中的试片形成了一层较薄的防腐蚀膜层。反射红外的结果表明，在 $1422cm^{-1}$ 和 $1596cm^{-1}$ 处的峰证明膜中有高浓度的羧酸，而在 $1128cm^{-1}$ 处的峰存在高浓度磷酸，$870\ cm^{-1}$ 的小峰为低浓度的碳酸盐。进一步的研究表明，膜中形成的是单或双钙的磷酸盐（Ca/P 之比为 $1 \sim 2$）。膜为玻璃状无定型固体，几乎是无孔，导电性差，是阴极腐蚀反映的有效阻挡层，具有优良的耐蚀性。

5.5.4 缓蚀剂的选用原则

1. 腐蚀介质

不同的腐蚀介质应选用不同类型的缓蚀剂，以达到有效的金属防护。一般来说，中性水介质使用的缓蚀剂大多数为无机物，以钝化型和沉淀型为主；酸性水介质使用的缓蚀剂大多为有机物，以吸附型为主。但现代的复配型缓蚀剂，也将根据需要，在用于中性水介质的缓蚀剂中添加有机物质；在用于酸性水介质的缓蚀剂中添加无机盐类。

不同腐蚀介质中采用的缓蚀物质，必须考虑它们在这些介质中的溶解度问题。石油工业用的缓蚀剂应在油相中有一定的溶解度；对于气相缓蚀剂来说，则就是要求一定的挥发度。溶解度太低将影响缓蚀物质在介质中的传递，使它们不能有效地到达金属表面；即使它们的吸附性很好，也不能发挥应有的缓蚀作用。在这种情况下，可考虑加入适当的表面活性物质，以增加缓蚀物质的分散性，如切削油中所加的乳化剂或助溶剂便是这类物质。有时也可通过化学处理的方法在缓蚀物质的分子上加接极性强的基团，以增加它们在水中的溶解度。例如，煤焦油中的吡啶类及喹啉类物质在钢铁表面有很强的吸附性，但在水中溶解度很小，通过苄基化既可以增加它们在水中的溶解度，又能消除杂氮物质的特殊臭味，使之转化为适用于高温浓酸介质的高效缓蚀剂。

不同介质中缓蚀剂的用量以及介质的温度、运动速度等因素都能影响缓蚀剂的功效。

（1）缓蚀剂用量的影响

缓蚀剂用量对金属腐蚀的影响大致有三种情况：

①金属的腐蚀速率随缓蚀剂用量增加而降低。大多有机及无机缓蚀剂在酸性及浓度不大的中性介质中，都属于这种情况。实际使用中应结合保护效果，考虑综合效益，确定合理的缓蚀剂用量。

②缓蚀剂的浓度和金属腐蚀速率的关系有极限值。即在某一浓度时缓蚀效果最好，浓度过低或过高都会使缓蚀效率降低。因此在使用这类缓蚀剂时，必须注意缓蚀剂不要过量。

③缓蚀剂用量不足会加速金属腐蚀。大部分氧化剂如铬酸盐、重铬酸盐、过氧化氢以及硅酸钠等属于这类缓蚀剂。对于这类缓蚀剂加量太少是危险的，必须十分注意。一般情况下，对于长期需要采用缓蚀剂保护的设施，为了能形成良好的基础保护膜，首次缓蚀剂用量往往比正常操作时高 4~5 倍。对于陈旧设备采用缓蚀剂保护时，因金属表面存在的垢层和氧化铁等要额外消耗一定量的缓蚀剂，剂量还应适当增加。

（2）温度的影响

①温度升高，缓蚀效率显著下降。这是由于温度升高时，缓蚀剂的吸附作用明显降低，因此使金属腐蚀加剧，大多数有机及无机缓蚀剂都属于这一情况。

②在一定范围内，缓蚀率不随温度升高而改变。用于中性水溶液和水中的一些无机缓蚀剂，其缓蚀效率几乎是不随温度升高而改变的。对于沉淀膜型缓蚀剂，一般也应在介质的沸点以下使用才会有较好的效果。

③随着温度的升高，缓蚀效率也增高。这可能是由于温度升高时，缓蚀剂可依靠化学吸附与金属表面结合，生成一种反应产物薄膜。或者是温度较高时，缓蚀剂易在金属表面形成一层类似钝化膜层，从而降低腐蚀速率。因此，当介质温度较高时，这类缓蚀剂最有实用价值。

（3）介质流动速度对缓蚀作用的影响

①流速加快，缓蚀速率降低。大多数情况下，提高介质的流速会造成缓蚀效率降低。有时，由于流速的增大，甚至还会加速腐蚀，使缓蚀剂变成腐蚀的激发剂。

②流速增加时，缓蚀速率提高。当缓蚀剂由于扩散不良而影响保护效果时，增加介质流速可使缓蚀剂能够比较容易、均匀地扩散至金属表面，因而有助于缓蚀效率的提高。

③介质流速对缓蚀效率的影响，在不同使用浓度时，还会出现相反的变化。

因此，缓蚀剂的选用，应根据实际生产情况，在大量实验的基础上才能确定。

2. 金属

不同金属的电子排布、电位序列、化学性质等可能很不相同，它们在不同介质中的吸附和成膜特性也不同。钢铁无疑是使用最广泛的金属，钢铁用缓蚀剂也是研究和使用得最多的。但许多高效的钢铁用缓蚀剂对其他金属往往效果不好。因此，如果需要防护的系统是由多种金属构成，单一的缓蚀物质一般难以满足防护要求，此时应考虑多种缓蚀物质的复配使用问题。

3. 缓蚀剂的复配

由于金属腐蚀情况的复杂性，现代缓蚀剂很少是采用单种缓蚀物质的。多种缓蚀物质复配使用时的总缓蚀效率比单独使用时的缓蚀效率加和要高，这就是协同效应。产生协同效应的机理随所用缓蚀物质的性质而异，目前有许多内容还不太清楚。这也是当前为提高缓蚀剂效率而需要研究的重点课题。

缓蚀剂在使用时除了考虑抑制腐蚀的目标外，还应考虑到工业系统运行的总体效果。例如，油田注水井环形空间水除了能引起注水井油套管金属的腐蚀外，还存在结垢、硫酸盐还原菌繁殖加深腐蚀等问题。因此，对注水井环形空间水的处理，除了加入缓蚀剂外，还应加入阻垢剂和杀菌剂，如中原油田的 HK-1 环空保护液。这样复配的水处理剂一般称为水质稳定剂。

4. 缓蚀剂的毒性

许多高效缓蚀物质往往带有毒性，致使它们的使用范围受到限制。例如，铬酸盐在中性水介质中是高效的氧化性缓蚀物质，它的 pH 值适用范围较宽（6~11），在钢铁表面能形成稳定的钝化膜，对大多数非铁金属也能产生有效的保护。但由于 6 价铬可在人体和动物体内的积蓄，对人体健康产生长远的危害，因此环境保护条例对铬的排放指标要求非常严格，在许多场合必须改用其他缓蚀物质来代替铬酸盐。所以，现代缓蚀剂的研制和应用都必须特别注意环境保护问题。

5. 药剂的配伍

由于在油田油井和油气集输系统中，缓蚀剂与破乳剂等药剂一起使用，而在整个水处理系统中，缓蚀剂与阻垢剂、杀菌剂和净水剂等多种药剂也几乎是同时投加使用，因此应当尽可能避免出现药剂沉淀或发生"盐析"现象；各类药剂之间能够互溶，不产生沉淀和降效等不利影响。在油系统，由于是石油与水共存的介质，选用缓蚀剂应从水与油两个方面来考虑，油中应采用油溶性的吸附型缓蚀剂，或采用性质介于油溶性和水溶性之间的乳化型缓蚀剂。

此外，为充分发挥各类药剂效果，应定期对系统进行清洗，清洗设备表面的沉积物和污垢，使缓蚀剂与腐蚀点充分接触，保证缓蚀效果。

5.5.5　缓蚀剂的测试和评定

现代缓蚀剂都是复配的，但其具体配方往往是"商业秘密"。为了充分发挥缓蚀剂的功效，使用部门在现场应用之前有必要对商品缓蚀剂先进行实验室的评价和筛选，以确定采用的品种、用量和使用条件，并在使用过程中对缓蚀效果进行现场的检测和监控。缓蚀剂的研制单位也有必要根据现场金属腐蚀的具体情况及发展趋势，对缓蚀剂进行不断地改进和开发。这里简要介绍缓蚀剂的测试和评定方法。

1. 失重试验法

失重试验法实际上就是金属腐蚀速率的测量方法，即在不同条件下于腐蚀介质中使用缓蚀剂后测量金属的腐蚀速率，并与空白试验（不加缓蚀剂，其他条件相同）进行对比，从而确定缓蚀效率和最佳使用条件。缓蚀剂的缓蚀效率（或简称缓蚀率）η 可用式（5-58）表示。

$$\eta(\%) = \frac{v_0 - v}{v_0} \times 100 = \frac{I_{corr}^0 - I_{corr}}{I_{corr}} \times 100 \qquad (5-58)$$

式中 v_0 和 v——空白和在介质中添加缓蚀剂后的金属腐蚀速率；

I_{corr}^0 和 I_{corr}——用电化学方法测得的空白和在介质中添加缓蚀剂后相应的腐蚀电流值。

腐蚀速率可用任何通用单位表达，如 $1m^2$ 金属表面积每小时的腐蚀质量 $[g/(m^2 \cdot h)]$、一年内金属表面的腐蚀深度（m/a）等，但 v_0 和 v 的单位必须相同。

但是，失重法获得的结果是金属试样在腐蚀介质中于一定时间内、一定表面积上的平均失重，适用于全面腐蚀类型，并不能完全真实地反映严重局部腐蚀的情况。但作为一般的腐蚀考察和缓蚀剂效果的评定，仍然是一种重要的基础试验方法。如果试样上有孔蚀、坑蚀等现象，还应记录局部腐蚀状况，如蚀孔数量、大小和最大深度，供进一步参考之用。

2. 电化学测定方法

电化学方法也是测定金属腐蚀速度、极化行为和缓蚀效果及研究其作用机理的常用有效方法之一。对于电解质溶液中使用的缓蚀剂，都可以通过测定电化学极化曲线来测定金属腐蚀速度从而确定缓蚀效率，或评定缓蚀剂性质，或研究其缓蚀机理。表5-41为测定极化曲线所需要的设备和材料。

表5-41 实验设备和材料一览表

序号	名称	数量
1	恒电位仪	1 台
2	饱和甘汞电极和盐桥	各 1 支
3	铂电极	1 支
4	碳钢试件	2 个
5	电解池、三角烧瓶	各 1 个
6	盐酸水溶液	1000mL
7	乌洛托品、试件夹具、试件预处理用品	若干

实验的操作步骤如下：

①准备好待测试件、打磨、测量尺寸，安装到带聚四氟乙烯垫片的夹具上，脱脂、冲洗并安装于电解池中。

②按图5-28连接好线路，装好仪器。按恒电位仪操作规程进行操作，恒电位上的电流测量置于最大量程，预热，调零。测定待测电极的自腐蚀电位，调节给定电位等于自腐蚀电位，再把"电流测量"置于适当的量程，进行极化测量，即从自腐蚀电位开始，由小到达增加极化电位。电位调节幅度可由10mV、20mV、30mV逐渐增加到80mV左右。每调节一个电位值1~2min后读取对应的电流值。

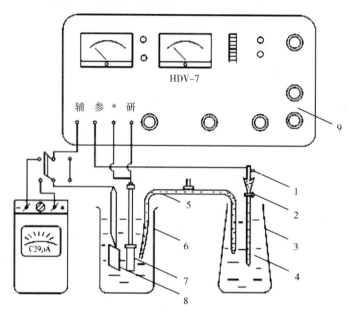

图5-28　测定孔蚀电位装置图

1—饱和甘汞电极；2—盐桥；3—三角烧瓶；4—3%氯化钠溶液；
5—液桥；6—电解槽；7—研究电极；8—铂电极；9—恒电位仪

③按步骤1、2作如下测量：测定碳钢在1mol/L盐酸水溶液中的阴极极化曲线，然后，测量其自然腐蚀电位；在测定其阳极极化曲线时更换或从新处理试件，在上述介质中加入质量分数0.5%的乌托品，并测定该体系中的自然腐蚀电位及阴、阳极极化曲线。

④处理实验结果，得到缓蚀剂的作用效果。

5.5.6　缓蚀剂的应用

1. 抗 H_2S 腐蚀缓蚀剂

一般原油、气井内都含有 H_2S 和 CO_2 腐蚀性介质，并与浓盐的水溶液混合在一起，对设备带来严重腐蚀，其中尤以 H_2S 的腐蚀最为严重。目前，用有机缓蚀剂抑制 H_2S 腐蚀最为广泛。我国已经生产和使用的部分抗 H_2S 腐蚀的缓蚀剂见表5-42。一般用量约0.3%，缓蚀效率可达90%左右。

表 5-42　部分国产抗腐蚀 H_2S 缓蚀剂

缓蚀剂名称	主要组成
7019	蓖麻油酸、有机胺和冰醋酸的缩合物
兰 4-A	油酸、苯胺、六亚甲基四胺缩合物
1011	聚氯乙烯、N-油酸乙二胺
1017	多氧烷基咪唑啉的油酸盐
7251(G-A)	氯化-4-甲基吡啶季铵盐同系物的混合物

2. 酸化缓蚀剂

为了增产原油，在采油工艺中已采用高温高压酸化压裂技术。油井酸化工艺又称酸处理工艺，是指采用机械的方法将大量盐酸或盐酸和氢氟酸混合液向油井挤注，由于酸液溶蚀井下油岩层和缝隙，致使油气裂缝和通道扩展，达到使油井投产、增产和稳定的目的。作为一项重大增产和稳产的技术措施，我国许多油气田都采用了酸化技术。

20 世纪 70 年代，我国石油工业生产进入了一个发展新阶段，由于高温井浓酸酸化技术的开展，迫切要求研究和生产更好的高温酸化缓蚀剂。经过几年研究，一批较好的产品如 7461，746I-102，7623，7623C，IMC，7701，70U，411，YF-7701，仿 A-170，仿 A-130，7812，7801，IMC-4，IS-129rJ67 天 1-2，川天 2-3，8401-I 等数十个品种和近百个现场使用配方完成。初步解决了我国陆地和海上油田深井酸化施工的需要。我国研制和应用部分油、气井酸化缓蚀剂见表 5-43。一般可在 80～110℃(有的可在 150℃以上)使用，用量 2%～4%，缓蚀效率可达 90% 左右。

表 5-43　部分国产油、气井酸化缓蚀剂

缓蚀剂名称	主要组成
7623	烷基吡啶盐酸盐
7701	氯化苄与吡啶类化合物形成的季铵盐
天津若丁-甲醛	若丁、甲醛、EDTA、醋酸、十六烷基磺酸钠
407-甲醛、411-甲醛	4-甲基吡啶、甲醛、烷基磺酸、醋酸、
若丁-A	硫脲衍生物、六亚甲基四胺、Cu^{2+}、醋酸、烷基磺酸
7251(G-A)	氯化-4-甲基吡啶季铵盐同系物的混合物

3. 酸洗缓蚀剂

结垢和金属表面的污泥沉积是油田生产中普遍存在的问题，生产中通常采用机械的和化学的办法处理。对污水管线、注水管线和锅炉等采用化学清洗，能大大节约人力、物力和时间，因此，在油气田中得到广泛应用。但是，为了防止酸洗过程中金属被强酸腐蚀，必须根据条件选用相应的高效酸洗缓蚀剂。

4. 油田污水缓蚀剂

油田含油污水矿化度高，含有溶解氧、硫化氢、二氧化碳和细菌等，对油田污水处理

及回注污水的注水系统的钢管线及设施普遍存在着腐蚀现象。但介质中腐蚀因素含量不同，腐蚀性有很大差别。例如，大庆油田含油污水由于 pH 值为 8.5~9，虽然水中硫化氢的溶解氧的浓度分别为 15~20mg/L 和 0.5mg/L，被污水全部浸泡的部分腐蚀性却不大，但在开式污水罐的水、气界面及罐顶腐蚀却很严重。而胜利油田污水系统，由于矿化度在 3×10^4mg/L 以上，pH 值为 7.0~7.5，硫化氢浓度为 1~5mg/L，开式水处理系统中一般溶解氧的浓度为 0.5~2.0mg/L，水的腐蚀性很大。中原油田产出水矿化度一般为 (4~16)× 10^{-4}mg/L，水中游离的二氧化碳最高达 200mg/L，碳酸氢根含量在 200~600mg/L 且硫酸盐还原菌和高价金属离子含量高，而 pH 值只有 5.5~6.5，虽然硫化氢、溶解氧含量低（采用密闭流程），但污水仍具有极强的腐蚀性，是腐蚀最严重的油田。

油田注水系统应用缓蚀剂开始于 20 世纪 50 年代，初期曾沿用化工厂循环冷却水系统的无机缓蚀剂来处理油田污水，以达到防腐蚀的目的。但无机缓蚀剂用于处理油田回注大量、非循环的含氧水是不经济的，因此人们倾向于应用有机缓蚀剂或混合使用有机缓蚀剂与无机缓蚀剂，目前油田水缓蚀的主要技术路线为：由开式系统改为闭式系统，使注水中氧含量降低至 0.02~0.05mg/L，这样就使油田污水的腐蚀类型从主要是氧腐蚀转化为弱酸性环境腐蚀（主要是 H_2S 和 CO_2 等腐蚀），然后再使用有机缓蚀剂进行防腐。

油田水系统使用的有机缓蚀剂主要类型有：季铵盐类、咪唑啉酸脑类、脂肪胺类、酰胺衍生物类、吡啶衍生物类、胺类和非离子表面活性剂复合物等。对油田注水效果较好的是季铵盐类和咪唑啉类，因为这类化合物通常还具有较好的分散性，可以防止一些沉积物对地层的堵塞。椰子油酸脑的酸酸盐对油田注水也有较好的效果，它具有缓蚀和杀菌双重作用，加入 5~12mg/L 可使缓蚀率达到 95%。椰子二胺及它的己二酸盐也有同样效果，并且在含有相当浓度的溶解氧中仍然有效。

第6章 管道腐蚀检测技术

由于工作环境非常恶劣，应用于石油、天然气行业中的管道常因内外壁腐蚀破坏而导致油气泄漏事故的发生，造成严重的经济损失、能源浪费和环境污染。因此，油气管道的腐蚀检测对于有效评估管道的寿命，抑制管道的泄漏，保证其正常运行具有极其重要的意义。

6.1 腐蚀检测技术的分类

管线腐蚀检测技术大体上可分为两类，即局部开挖检测、不开挖外检测技术，其中不开挖检测技术又有管道外腐蚀不开挖检测和管道内腐蚀不开挖检测两种形式。

6.1.1 局部开挖检测技术

通过开挖等方法，使管路直接暴露，凭借肉眼或简单仪器，检测管道外防腐层是否完整、管体腐蚀程度、有无腐蚀产物等，必要时可将样品送室内作进一步分析。

6.1.2 不开挖检测技术

1. 管道外腐蚀检测技术

现代埋地钢管道的外腐蚀保护一般由绝缘层和阴极保护组成的防护系统来承担。地下管道防腐层常因为施工质量不合格、老化、外力破坏等多种原因造成破损，致使管道阴极保护所加的强制电流从破损处泄漏进入大地，导致保护距离变短，甚至无法建立保护电位，达不到防腐的目的。实践证明，90%以上的腐蚀穿孔发生在防腐层破损处。

因此，通过检测管道防腐层的损坏程度，可以得出管道受腐蚀的情况。基于这一原理而研究出的方法，其检测参数大都是管/地电位的测量和管内电流的测量。如密间隔电位测量法、瞬变电磁法、变频选频检测等。这些方法能够实现在不开挖、不影响正常工作的情况下对管道腐蚀状况进行检测。

2. 管道内腐蚀检测技术

管道发生腐蚀后，通常表现为管道的管壁变薄，出现局部的凹坑和麻点。管道内腐蚀检测技术主要针对管壁的变化来进行测量和分析。目前，内腐蚀检测存在的方法主要有加水试压、红外热像以及智能清管检测等。智能清管内腐蚀检测通过向管线内发射智能清管装置来完成，该装置附有传感系统，用以测量管壁缺陷，同时还有数据存储装置。通过对管路沿线内部腐蚀状态进行扫描，将相关信息记录下来，在管线末端，取出清管装置后，通过相应的处理软件即可判断管线腐蚀的位置及腐蚀程度。目前，国内外使用较为广泛的管道腐蚀检测方法是漏磁通法和超声波检测法。

6.2 局部开挖检查方法

对于开挖检测需要记录和完成如下工作：

①观察腐蚀破坏的形态，鉴定腐蚀类型，观察腐蚀沿管道内表面圆周向和轴向的分布情况。

详细描述金属腐蚀的部位，腐蚀产物的分布（均匀，非均匀）、厚度、颜色、结构（分层状、粉状或多孔）、紧密度（松散、紧密、坚硬），并对主要的腐蚀部位进行拍照。

②确定沉积物及沉积物下的腐蚀，取沉积物分析其成分，初步鉴定腐蚀产物。现场初步鉴定有两种方法：

a. 化学鉴定法。取少量腐蚀产物于小试管中，加数滴10%的盐酸，若无气泡，表面腐蚀产物为FeO；如有气体，但不使湿润的醋酸试纸变色，可判断为$FeCO_3$；若产生有臭味气体并使醋酸试纸变色，则可能是FeS。进一步的成分和结构分析，可在现场取样，密封保存后送室内分析。

b. 目测鉴定法。根据产物颜色按表6-1所示方法进行初步判别。

表6-1 现场腐蚀产物和成分辨别

产物颜色	主要成分	产物结构
黑	FeO	
红棕至黑	Fe_2O_3	六角型结晶
红棕	Fe_3O_4	无定型粉末或糊状
黑棕	FeS	六角形结晶
绿或白	$Fe(OH)_2$	六角形或无定形结晶
灰	$FeCO_3$	三角形结晶

③清除腐蚀产物后，观察腐蚀状况，以表6-2确定腐蚀类型。

表6-2 腐蚀面类型特征

类型	特征
均匀腐蚀	腐蚀深度较均匀抑制，创面较大
点蚀	腐蚀呈坑穴状，散点分布，呈麻面，孔深大于孔径

若均匀腐蚀和点蚀参杂，则可按主要腐蚀倾向予以估计。

④测量单位面积内的腐蚀坑数和坑深。测量壁厚即被腐蚀最深部位的壁厚，计算年腐蚀率，测量腐蚀面积。

用探针等仪器测量蚀坑深度（精确到0.05mm），至少测量5个最深孔，记录最大腐蚀深度t，按式（6-1）计算最大点蚀速率V_{max}。焊缝处的金属表面腐蚀状况还应标明焊缝腐蚀发生的区域（母材、热影响区、焊缝）。

$$V_{max} = \frac{t}{N} \tag{6-1}$$

式中　V_{max}——最大点蚀速率，mm/a；

　　　　t——最大坑蚀深度，mm；

　　　　N——投产年限，a。

⑤绘制腐蚀分布图，并将调查数据填入项目检测表。检查项目和记录格式可采用标准 SY/T 0087.1—2006 中表6-3 直接检测坑深调查成果表的格式。

表6-3　直接检测坑深调查成果表（格式）

管道名称：　　　　　　　　　　探坑编号：　　　　　　　　　坑深位置：

地表状况：　　　　　　　　　　管道埋深(m)：

调查日期：　　　　　　　　　　取样编号：　　　　　　　　　检测人：

	土壤性质	层次					地下水位/m		地形地貌描述	备注
		1	2	3	4	5				
土壤剖面描述	深度/cm						土壤电阻率/Ω·m			
	颜色									
	湿度						保护电位/V			
	松紧度									
	植物根系						自然电位/V			

		结构					外观						
防腐层及保温层		项目	厚度/mm					吸水性/%					浸水pH值
			上	下	左	右	最薄	上	下	左	右	最大	
	部位	保温层											
		保温层补口											
		项目	厚度/mm					针孔		粘结力			外观
			上	下	左	右	最薄	数量/(个/m²)	分布	1	2	3	平均
	部位	防腐层											
		防腐层补口											

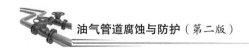

续表

腐蚀部位示意图		腐蚀面积、形状示意图（上）	腐蚀面积、形状示意图（下）
下		腐蚀面积（cm^2）	腐蚀面积（cm^2）
管体	腐蚀产物 分布		
	厚度/mm		
	颜色		
	结构		
	紧实度		
	成分		
	取样编号		
	金属腐蚀 外观		
	类型		
	最大坑深/mm		
	最小剩余壁厚 T_{mm}/mm		
	最大纵向、环向长度/mm		
	最大点蚀速度/mm/a		
现场彩色照片			
危险截面示意图（图上标出 s，c）			
分析与结论			

注：腐蚀部位发生在焊缝时，应在腐蚀部位记录时注明焊缝腐蚀发生的区域（母材、热影响区、焊缝）。

6.3 管中电流法

6.3.1 检测原理

管中电流法（PCM）检测原理如图 6-1 所示，PCM 系统分两部分：超大功率发射机向管道供入一个低频率电流的电信号；手提式接收机沿管道进行管道定位、管中电流强度和方向的测量。当信号电流在埋地导电的管道中流动时，周围便产生了相应电磁场，它与供入电流的大小成正比，从地表的磁场分量便可准确测定管道信号电流大小。接收机用于测定发射机供入的电流信号，它包括一个高精度、高性能的传感器，像磁力仪一样用于遥测

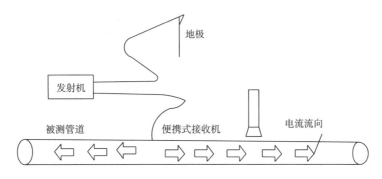

图6-1 PCM法检测原理

超频的磁场。先进的信号处理技术提供了以按键方式测量信号电流及方向的方法。由超低频率(4Hz)信号在管中电流衰减和分布的特性,评估防护层的状况。当检测信号电流从管道某一点供入后,电流沿管道流动并随距离增加而有规律地衰减,对于干线管道及一般较长的管道来说,电流 I 将随距离 X 呈指数衰减,并满足关系式:

$$I = I_0 e^{-aX} \tag{6-2}$$

式中 I_0——为信号供入点的电流;

   a——衰减系数。衰减系数与管道的电特性参数 R(管道的纵向电阻,$\Omega \cdot m$)、G(横向电导,$1/(\Omega \cdot m)$)、C(管道与大地之间的分布电容,$\mu F/m$)、L(管道的自感,mH/m)密切相关。

衰减系数还可以用电流变化率 $y(dB/m)$ 来表示:

$$y = 8.686a \tag{6-3}$$

其中 y 的计算式如下:

$$y = \frac{I_{dB_1} - I_{dB2}}{X_2 - X_1} \tag{6-4}$$

由式(6-3)和式(6-4)可知,电流衰减系数 a 值的确定可通过测定管道上方一系列 X_i(m)点上的电流 $I_{xi}(mA)$ 而获得。X 为测量点到原点的距离,原点($X=0$ 处)可以是电流供入点,也可以是其他起始点。I_{dB} 为经过对数转换后得到的以分贝(dB)为单位的电流值,转换关系如下:

$$I_{dB} = 20\lg I + K \tag{6-5}$$

根据测量结果可绘制出 I_{dB}-X 和 Y-X 曲线,即可对防腐层状况进行评价。当防腐层情况较好时,电流下降缓慢,其电流变化率较少,其曲线如图6-2(a)所示。当防腐层情况较差时,电流下降较快,电流变化率较大,曲线如图6-2(b)所示;当防护层有破损时,部分电流将从该处流入土壤,I_{dB}-X 曲线有异常衰减,在 Y-X 曲线上出现明显的脉冲,如图6-2(c)所示,可以断定此处即为破损点;当有岩石层或其他因素掩盖了信号时,电流不降,有时还会有上升(如有杂散电流),其曲线如图6-2(d)所示。

6.3.2 特点

①适用于埋地钢管防护层质量的检测、评价及破损点的定位、管线走向的检测及埋

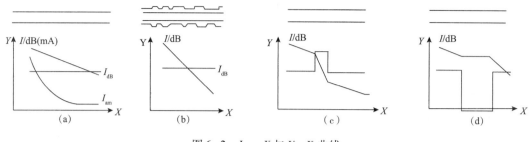

图 6-2　$I_{dB}-X$ 与 $Y-X$ 曲线

深、搭接的定位、阴极保护系统的有效性的评价。输送管线较长时准确度较高。适用于外加电流保护系统，不适用于太厚涂层；

②操作简便、效率高，可建立数据库；

③数据处理软件只能对各个异常点分别解析，绝缘层电阻值为某一段的平均值；

④对穿孔过多或设施过多的管道，如油田生产中的集油环管道或双管流程集、掺水管道，检测误差较大；

⑤只能评价管道的外防腐层状况，对管道是否腐蚀或腐蚀程度不能准确判断。

6.3.3　现场应用

多频管中电流法目前已在大庆、大港、华北等油田的埋地管道防腐层检测中得到推广使用。华北石油勘察设计研究院的薛登存等人曾用管中电流法对蒙一联至阿一联间的输油干线进行了检测。该管线长 7.52km，管线规格为 $\phi159mm \times 5mm$，采用 40mm 厚的聚氨酯泡沫保温、1.3~2.0mm 厚的聚乙烯黄甲克作防水层。本条管线测试选用的频率是 640Hz 和 8Hz，测量间距是 20m，检测人员沿线测量管道的电流和埋深，记录每点的测量数据。测量过程中发现了 10 处电流变化异常（突然降低），为得到更精确的数据，对各管段进行加密测量，加密间距是 1m、2m、5m 不等。将测量数据输入计算机，得出该管道防腐层的 $I(Y)-X$ 检测图（见图 6-3）。图中 $I(dB)$ 曲线反映了管道中信号电流的衰减情况，Y 曲线是 $I(dB)$ 对距离的变化率，更突出的反映了电流的变化。从 $I(dB)-X$ 曲线可以看出，该管线有 10 处电流异常降低，对应的 Y 曲线有 10 个脉冲波峰，标志该处有防腐层破损现象，使管道与大地接触，造成电流异常流失。从实地测试和开挖结果可以看出，利用多频管中电流法对阿尔善油田蒙一联至阿一站的输油管道检测合格率为 100%。

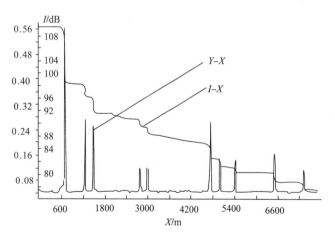

图 6-3　蒙一联至阿一站管道防腐层检测图

6.4 变频选频法

6.4.1 检测原理

"变频选频法"又称"选频变频法"，是我国工程技术人员开发的新方法。埋地管道防腐层质量的好坏可以通过实测绝缘电阻值做出质量评价，变频选频法通过对管段防腐绝缘层电阻(率)的测量衡量防腐层质量状况，具体依据见表6-4。

表6-4 管道防腐层质量分级标准(SY/T 0087—95)

防腐层等级	优	良	可	差	劣
绝缘电阻/$\Omega \cdot m^2$	≥10000	5000~10000	3000~5000	1000~3000	<1000
损伤程度	基本无缺陷	轻微缺陷 极少数破损	较轻损伤 少数破损	较严重损伤 加强检漏	相当大面积损伤 需检修

该方法利用交频信号传输的经典理论，确定了交频信号沿单线-大地回路传输的数学模型。经过大量的数学推导，得出防腐层绝缘电阻在交变信号沿单线-大地传输方程的传播常数的实部中，当防腐层材料、结构、管道材料、管子尺寸、土壤电阻率及介电常数等参数已知时，防腐层绝缘电阻即可算出。

6.4.2 检测方法

1. 测量接线

现场测量任意长管段防腐层绝缘电阻时，仪器配置与接线如图6-4所示。

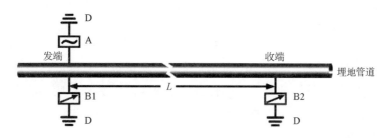

图6-4 变频选频方法接线图

A—信号源；B1—发端选频表；B2—收端选频表；D—接地极；L—被测管段长(可任意长)

发端信号源(A)输出有两个端了，一端接管道(利用检测桩或阀门)，另一端接距管道20m插入地中的接地极棒；发端选频表(B1)有两个测量端子，一端接管道(与信号源同一点)，另一端接插入管道上方土壤中的接地极棒；收端选频表(B2)设两个测量端子，一端接管道，另一端接插入管道上方土壤中的接地极棒。

针对不同被测管段长度和不同的防腐层质量状况，应使用不同频率的信号测量，即所谓"变频"；选择正确频率信号，即所谓"选频"。如何选择正确地测量频率值，取决于"收、发"两端选频表测量对应频率下的电平衰耗（电平差）值，要等于或大于23dB；在不知道被测管段防腐层质量的情况下，只需试测几个频率即可得到。

综合被测管道防腐层质量及被测管段距离，最终可以得到真实反映被测管段防腐层质量的现场实测数据是测量频率值（Hz）和电平衰耗值（dB）。试测时选择正确测量频率的基本原则有：

①被测管道防腐层质量差，使用测量信号频率偏低；

②防腐层质量好，使用测量信号频率偏高；

③被测管段短，使用测量信号频率偏高；

④被测管段长，使用测量信号频率偏低。

2. 管道防腐层绝缘电阻的计算

将现场实测参数（测量信号频率值、电平差值）和管道参数（管道直径、钢管壁厚、防腐层厚、钢材及防腐层材料电参数）输入 AY 508—9.1 版专用计算软件，即可求得被测管段的防腐绝缘层电阻值（$\Omega \cdot m^2$）了。变频选频法在定量求得被测管道防腐绝缘层电阻时，应取得表6-5中的两部分参数。

表6-5　变频选频法需确定参数表

实测参数	信号频率值/Hz
	被测段电平差值/dB
	被测管段距离/m
原始参数	管道参数：金属管道外径、壁厚、防腐层厚（可以为不同结构）
	材料参数：金属管材电导率（查表）、相对导磁率（查表）、绝缘材料介电常数（查表）、损耗角正切（查表）
	环境参数：土壤介电常数（查表）、土壤电阻率（用四极法在收、发两端点测量取平均值即可，精确到小数点后位1位）

上述参数是变频选频法数学模型中所必须的，缺一不可，取得上述参数是很容易的，根据变频选频法数学模型编制计算软件的任务就是将实测参数和原始参数输入计算程序，计算机瞬间即可得出定量结果。2006年开发了 AY 508—9.1 版软件，具备计算、存库、打印、查询、修改及删除等功能，操作十分方便。

以 $\phi720$ 的16锰钢石油沥青防腐层管道为例，所需参数值列于表6-6中。

表6-6　埋地管道参数表（$\phi720$ 管道举例）

参数名称	单位	数值	备注
被测管段长	m	1000	取整数
金属管外半径	mm	360	$\phi720$ 管道之半径
金属管壁厚	mm	8.0	

参数名称	单位	数值	备注
金属管材导电率	$1/(\Omega \cdot m)$	4.46×106	16 锰钢(查表)
金属管材料相对导磁率		150	(查表)
管道防腐层壁厚	mm	5.0	(查表)
防腐层材料介电常数		2.5	石油沥青(查表)
绝缘材料损耗角正切		0.015	石油沥青(查表)
土壤介电常数		15	农田土(查表)
土壤电阻率	$\Omega \cdot m$	25.0	实测几点平均值

将表中参数及实测频率值和电平差值输入计算软件，例如，测量频率为 6789Hz、电平差为 23.0dB。上表中数据已经预置在计算软件参数表中，按软件中预置的标准数据计算一次，即可获得计算的绝缘电阻值为 $5053\Omega \cdot m^2$。

3. 测量结果处理

测量结果按定量数据区分为优、良、可、差、劣 5 个等级，作为埋地管道防腐层质量评价标准，如表 6-7 所示。

表 6-7　变频选频法测量管道防腐层绝缘电阻分级标准及采取相应措施(SY/T 5918—2011)

防腐层等级	一级(优)	二级(良)	三级(可)	四级(差)	五级(劣)
变频选频法测电阻 $r/\Omega \cdot m^2$	≥ 10000	$5000 \leq r < 10000$	$3000 \leq r < 5000$	$1000 \leq r < 3000$	< 1000
老化程度及表现	基本无老化	老化轻微无剥离和损坏	老化较轻基本完整沥青发脆	老化较严重，有剥离和较严重的吸水现象	老化和剥离严重
采取措施	暂不维修和补漏	每三年为一周期进行检漏和修补作业	每年进行检漏和修补	加密测点进行小区段测试，对加密测点测出的小于 1000 $\Omega \cdot m^2$ 的防腐层进行维修	大修防腐层

6.4.3　特点

①测量方法简便、快捷，测量结果真实、明确、定量、重现性好；

②适用于不同管径、不同钢质、不同防腐绝缘材料、不同防腐层结构(包括石油沥青、三层 PE、环氧煤沥青、熔结环氧粉末、聚乙烯胶带、防腐保温等)的埋地管道；

③可测量连续管道中的任意长管段，不受有无均压线、有无分支影响；

④无需开挖管道、不影响管道正常工作、测量时无需关停外加电流阴极保护；

⑤不受交流干扰影响；

⑥专用测量仪器及计算软件全国产化、数字化，经济可靠；

⑦特别适用于长输油(气)管道、城市燃气管网、油(气)田管网防腐层质量普查，并可建立"数据库"跟踪评估防腐层质量。

6.4.4 现场应用

目前变频选频法测量管道防腐层绝缘电阻技术，已在东北、京秦、大港、中原、胜利、华东、四川输油(气)管道，以及北京、成都、大连的城市煤气管道得到了应用。例如，东北输油管道总长约2600km，在使用20多年后，发现个别管段防腐层老化、开裂、脱壳，阴极保护效果逐年下降。为确保管道安全运行，需要对防腐层绝缘状况很差的管段进行开挖大修。变频选频法完全适合防腐层大修选段的要求，已先后完成了2600km管道防腐层质量的快速测试和评价，为管道防腐层大修及时提供了准确的选段依据。通过对开挖大修的210km管道防腐层的现场检查，证实这些管段出现防腐层大面积脱壳、龟裂、沥青流淌、黏结力差等现象，经统计分析选段准确率为70%~95%。针对长输管道，可利用每公里的测试桩，一般测量段长为1km，在必要的情况下可以分段加密测试。表6-8为2001年5月应用变频选频法对运行20多年的鞍大线管道的测量结果。

表6-8 鞍大线试验段管道防腐层绝缘电阻测试记录

测试桩号 （发-收）	测试频率/ Hz	电平差/ dB	土壤电阻率/ $\Omega \cdot m$	管道长度/ m	管道壁厚/ mm	防腐层绝缘电阻/ $\Omega \cdot m^2$
9－10	22000	23.5	18.8	950	8.0	7195
11－10	22000	23.0	16.9	1036	8.0	8874
11－12	27000	23.2	20.7	1032	8.0	15115
13－12	17000	23.5	21.7	965	8.0	5857
13－14	17200	23.4	16.7	1010	8.0	6270
15－14	18500	23.1	20.1	1065	8.0	7859
15－16	18000	23.4	21.3	960	8.0	6111
17－16	6500	23.6	30.7	1005	8.0	3990
17－18	3500	23.7	35.8	1010	8.0	2952
18－19	8300	23.6	20.7	1176	8.0	5201

测试段总长10.2km，只用一天时间完成测量，实测结果1段为"优"、7段为"良"、1段为"可"、1段为"差"。

6.5 直流电压梯度法

直流电压梯度(direct current voltage gradient，简称DCVG)测试技术是目前世界上比较先进的埋地管道外防腐层缺陷测试技术，此技术在国外已得到广泛应用。该测量技术能够检测出较小的防腐层破损点，并可以精确定位，定位误差为±10cm，同时可以判断防腐层缺陷面积的大小以及破损点所在管道是否发生腐蚀。

6.5.1　检测原理

电流经过土壤介质流入管道防腐层破损裸露的钢管处，会在管道防腐层破损处形成电压梯度场。随土壤电阻率的不同，电压梯度场的范围可在十几米到几十米的范围内变化。对于较大的涂层缺陷，电流流动会产生200~500mV/m的电压梯度，缺陷较小时也会有50~200mV/m，电压梯度主要在离电场中心较近的区域(0.9~1.8m)。通常，随着防腐层破损面积越大和越接近破损点，电压梯度会变得越来越集中。

为了去除其他电源的干扰，DCVG技术采用不对称的直流间断电压信号加在管道上。为了在测量中便于对信号的观察和解释，在DCVG测量时，要在阴极保护输出上加一个断流器，其自动以每秒一周期，2/3秒断开，1/3秒接通。

6.5.2　检测方法

方法是使用一个灵敏的毫伏表(目前，先进的DCVG仪器用数字液晶屏幕显示所测量的毫伏数)，用两个Cu/CuSO₄半电池探杖，插入检测部位的地面，在有破损点的地方，如果两个探杖间的距离大于半米左右，其中一个半电池探仗测得的电位就会比另一个高，在毫伏表上就显示出两探杖之间的电位差值，同时也指示出了产生梯度的电流方向。

在测量过程中，操作员沿管道以2m间隔用探杖在管顶上方进行测量，见图6-5。图6-6为腐蚀点检测原理图。两探仗一前一后，相距1~2m。当接近破损点时，可以看到表头开始响应，有梯度数值不断闪现。当操作员继续向前进，跨过这个破损点时，梯度数值就会变号，并且梯度数值会随着远离破损点而逐渐减小。返回复测，仔细追踪破损点，就可以找到梯度值输出为零的位置，这时是探仗放在了破损点两边的同一等位线上了。所以破损点就在两探杖的中间。对这一点，在与管道走向垂直的方向重复测量一次，两条探杖连线的交点就是梯度分布的中心，这个位置就在防腐层破损点的正上方。

图6-5　DCVG现场检测

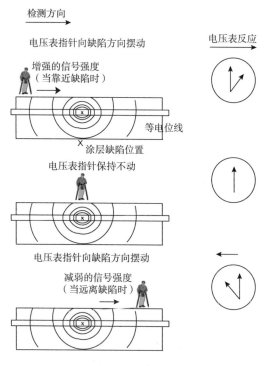

图 6-6　DCVG 检测原理

　　在确定一个破损点后，继续向前测量时，要先以每差半米深测一点，在离开这个梯度场后，没有发生梯度数值改变符号，就可以按常规间距去进行测量了。如果在离开一个破损点时又发现梯度数值改变符号，那就说明附近有新的破损点出现。

　　埋地管道防腐层缺陷处的地表电场描述可以确定缺陷的形状以及缺陷所处管体的位置。破损处地表电场轮廓线的描述可以通过在其上方的地面上画等压线的方法进行判定，见图 6-7。

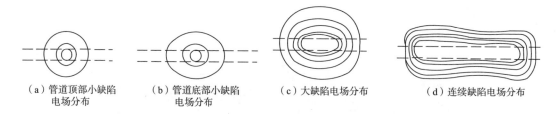

（a）管道顶部小缺陷电场分布　　（b）管道底部小缺陷电场分布　　（c）大缺陷电场分布　　（d）连续缺陷电场分布

图 6-7　防腐层缺陷上方典型电场分布

　　在 DCVG 检测技术中，由于采用了不对称信号，可以判断管道是否有电流流入或流出，因而可以判断管道在防腐层破损点是否有腐蚀发生，这是其他管道缺陷检测方法所不具备的。

6.5.3　特点

　　①适用于复杂管路的腐蚀检测，可用于城市地下管道，甚至对于存在中等杂散电流情

况下也可获得相当满意的效果；

②防腐层缺陷检测精度高；

③可以和其他技术配合使用；

④操作简单，一个人即可进行测量。

6.5.4　现场应用

1999 年 11 月使用英国 PIM 公司的 DCVG 测试仪在秦皇岛输油公司丰润－迁安段大约 20km 的管线上进行了检测，其目的是对 DCVG 技术在准确确定破损点位置、评定破损等级以及预测破损点处管道的锈蚀情况等方面进行考察。在此次检测中，DCVG 技术检测出了几十个缺陷点，仅对其中的 9 个具有代表的点进行了开挖验证，其检测结果如表6-9所示。

表6-9　DCVG 法检测结果

NO	位置	DCVG 检测结果	开挖检测结果
1	148#桩后 183m	缺陷面积较大	下面是管道拐弯的水泥固定墩，未将管道底部挖出
2	148#桩后 150m	地面电场呈带状	无明显漏铁点，右侧有 40cm×15cm 的剥离
3	148#桩前 250m	缺陷面积较小	有 2.5cm² 和 2cm² 两处破损，右侧有 20cm×20cm 剥离
4	151#桩后 23m	缺陷面积很大	多处破损，面积约 300cm²，管体下部涂层全部剥离
5	152#桩后 197m	缺陷面积较小	有一小漏点，分别为 10cm×50cm 和 20cm×10cm
6	152#桩后 210m	缺陷面积很大	右上方有 15cm×15cm 破损，右侧下半边剥离
7	156#桩前 286m	缺陷面积较大	右上方有 15cm×15cm 破损，右侧下半边剥离
8	156#桩前 355m	缺陷面积较大	管顶部有 5cm² 的破损，此处为补口处，管体下部剥离
9	156#桩前 230m	缺陷面积较大	管顶部有 10cm² 破损，管体下部剥离

虽然只开挖了 9 个点，但从现场开挖的结果可以看出，DCVG 技术在管道防腐层缺陷检测中的误检率极低，可检测出较小的破损点，且缺陷定位精度在十几厘米范围内。该方法预测的破损点等级与被开挖出的管线防腐层缺陷点的大小相符的很好。在 148#桩后 150m 处，DCVG 检测出一缺陷点，开挖以后，发现此点虽无明显的漏铁点，但涂层已老化，用手敲击管体发现管体右侧有空响，剥开后有 40cm×15cm 的剥离，管体未发现腐蚀。由此可以看出，DCVG 检测技术通过地表电场的描述还具有可有效地区分缺陷点的性质。DCVG 技术在该段管道防腐层缺陷处的腐蚀判定中，未发现管道腐蚀现象，与实际开挖点的情况基本相符。

6.6　密间隔电位检测技术

6.6.1　检测原理

密间隔电位测量（CIPS）是国外评价阴极保护系统是否达到有效保护的首选标准方法之

一。其原理是在有阴极保护系统的管道上通过测量管道的管地电位沿管道的变化(一般是每隔 $1 \sim 5m$ 测量一个点)来分析判断防腐层的状况和阴极保护是否有效。测量时能得到两种管地电位，一是阴极保护系统电源开时的管地电位(V_{on}—状态电位)。通过分析管地电位沿管道的变化趋势可知管道防腐层的总体平均质量优劣状况。防腐层质量与阴极保护电位的关系可用下式来衡量：

$$L = \frac{1}{\alpha \ln\left(\dfrac{2E_{max}}{E_{min}}\right)} \tag{6-6}$$

式中　　L——管道的长度；

　　　　α——保护系数，与防腐层的绝缘电阻率、管道直径、厚度、材料有关；

E_{max}、E_{min}——管道两端的阴极保护电位值(V_{on})，当管道的防腐层质量好时，单位距离内 V_{on} 值衰减小，质量不好时，V_{on} 值衰减大。

　　图 6-8 为 CIPS 安装示意图。CIPS 测量时，还得到一个阴极保护电流瞬间关断电位(V_{off}－管地电位)。该电位是阴极保护电流对管道的"极化电位"，由于阴极保护系统已关断，此瞬时土壤中没有电流流动，因此 V_{off} 电位不含土壤电阻引起的电压降，所以，V_{off} 电位是实际有效的保护电位。国外评价阴极保护系统效果的方法完全是用 V_{off} 值来判断(即 $\leqslant$ $-0.85V$ 有效，$\leqslant -1.250V$ 时过保护)。国内目前由于受测量技术的限制仍沿用 V_{on} 电位来评价保护效果的居多，这样就存在一定的偏差，特别是防腐层破损时往往出现误判。

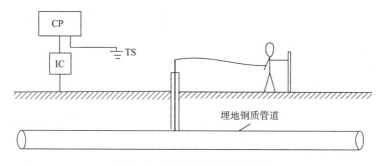

图 6-8　CIPS 测量安装示意图

6.6.2　检测方法

　　通过 CIPS 测量仪器进行检测。测量仪器由电流中断器、探测电极(饱和 $Cu/CuSO_4$ 电极)、测量主机、绕线分配器组成。电流中断器可根据设置要求使阴极保护电流信号按一定的时间周期进行通与断，断流器与主机通过 GPS 系统实现"通"与"断"测量同步。测量时，主机可同时将管地电位两种值(管道阴极保护系统的开电位 V_{on} 和瞬时关电位 V_{off}，即阴极电流对管道的极化电位 V_{on})和管道距离自动记录储存在仪器内。测量完毕后，可将测得的全部数据转储到计算机中进行分析处理，就能得到管道的管地电位(V_{on}/V_{off})与距离对应的两条变化曲线(见图 6-9)，用于分析管道的阴极保护效果与防腐层状况。

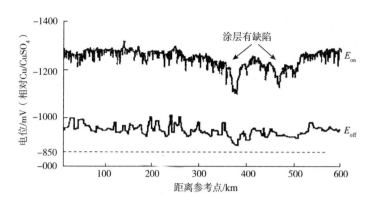

图 6-9 典型密间隔电位检测曲线

6.6.3 特点

CIPS 技术在阴极保护的管道上实施检测有如下优点：

①可以很详细地了解阴极保护电位从 CP 站出站到末端的连续变化情况。

②可以确定防腐层缺陷点处保护电位是否处在有效保护电位以上，判定该处管道是否发生腐蚀。

③分析检测结果曲线图能够发现管道防腐层存在的严重缺陷。

④评价阴极保护系统保护电位的方法更科学、更准确，测量结果更接近实际保护情况。

6.6.4 现场应用

密间隔电位测量技术，不但应用于阴极保护系统的保护电位评价，而且还可应用于无阴极保护系统管道的自然电位检测与评价。通过分析管/地电位曲线的变化，可以判定管道上是否有杂散电流干扰存在，及干扰的影响范围大小等等。还可以判定管道是否存在"宏电池"腐蚀效应。无防腐层管道的 CIPS 检测电位曲线，可分析管道什么部位发生了腐蚀。

图 6-10 是川西南矿区一段天然气管道用 CIPS 法检测管地电位的实测结果图，在距一个测试桩 100 多米处防腐层有缺陷点，按常规测量管地电位的方法，测得的值在 -0.9V 左右，应该达到了保护下限要求，不应该存在腐蚀问题，但是从 CIPS 检测结果图上看，缺陷处的 V_{on} 电位在 -0.9V 左右，而 V_{off} 电位却只有 -0.7V 左右，评价应为欠保护，后经实地开挖证实管道确实已出现腐蚀斑痕。

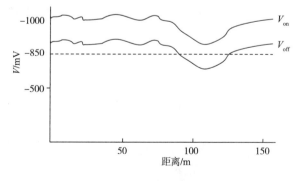

图 6-10 CIPS 实测结果图

6.6.5　DCVG 和 CIPS 综合检测技术

为克服单一检测技术的局限性，国外检测技术的最新发展是组合几种检测方法对防腐层缺陷进行检测，CIPS 与 DCVG 综合检测技术就是近年发展起来的防腐层破损地面检测技术中的一种。

1. CIPS 和 DCVG 联合检测实验

CIPS 和 DCVG 联合检测技术的硬件主要由三部分构成：

①信号发射系统：由直流电源、断电器、GPS 定位仪组成。对于有阴极保护的管线直接采用阴极保护电源；对于无阴极保护的管线直流电源采用馈电的方法得到，如蓄电池或直流稳压电源，并采用中断器进行中断，以区别直流干扰。

②测量系统：由高阻抗毫伏表、饱和硫酸铜电极、GPS 定位仪和拖线电缆（CIPS 测试时采用）组成。

③数据处理系统：由数据存储、传送和数据处理组成。实验对比仪器为交流测试 – 皮尔逊法作为测试原理的地下管道防腐蚀检漏仪。

先采用 DCVG 法进行测量，确定破损点准确位置以后，采用 CIPS 密间隔电位测试技术检查保护度和对缺陷定量。在破损点上方地表设置一个参比电极，与之相隔一定距离 X 后（沿与管道垂直方向）再设置一个参比电极。测出两个参比电极的电位差（E_{on} 和 E_{off}），并使用 CIPS 设备测出参比电极 1 点的通、断电电位，如图 6‑11 所示。按下列公式即可计算出防腐层破损点的等效圆直径。

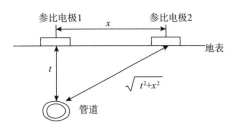

图 6‑11　破损缺陷定量检测示意图

①参比电极 1 相对远地点的电位

$$V_1 = \rho \times I/2\pi t \tag{6-7}$$

②参比电极 2 相对远地点的电位

$$V_2 = \rho \times I/2\pi \sqrt{(t^2 + x^2)} \tag{6-8}$$

③两者的电位差

$$V_1 - V_2 = (\rho \times I)/2\pi \frac{\sqrt{(t^2 + x^2)} - t}{t\sqrt{(t^2 + x^2)}} \tag{6-9}$$

④涂层缺陷对地电阻

$$R = (E_{on} - E_{off})/I \text{ 或 } R = \rho/2d \tag{6-10}$$

式中　ρ——土壤电阻率；

I——流到破损处的电流；

d——破损点直径；

x——两参比电极的距离；

t——管道埋深。

⑤破损点等效圆直径：

$$d \times C = (V_1 - V_2)/(E_{on} - E_{off}) \tag{6-11}$$

式中　C——常数。

采用此方法可以确定缺陷分布以及阴极保护情况，可实现数据的实时存储和处理。

2. 实例介绍

联合技术在川西地区某无阴极保护的管线上测试，选择馈电信号强的一段（约1500m）和信号较弱的一段（约800m）分别进行检漏，共检出18处漏点，两种方法基本一致。随机开挖6个坑，100%吻合。地下管道检漏仪仅能通过表头模拟指针偏转的多少来定性地指示缺陷的地点和相对大小。而联合技术能够提供缺陷的破损程度、缺陷处的管道是否遭受腐蚀或是否得到足够的保护，并可以定量化。

3. 综合评价

①CIPS与DCVG联合检测方法，采用与馈电相结合的方法巧妙地解决了CIPS、DCVG无法在无阴极保护的管线上使用的问题；

②由电位梯度绝对值大小可以评价防护层的优劣以及老化破损程度；

③由电位梯度相对值的变化确定防护层缺陷位置，可以在±75mm的范围内确定是否存在防护层缺陷；

④采用DCVG法进行测量，确定破损点准确位置以后，可采用CIPS测试技术对缺陷定量；不加载信号时，也可用来进行杂散电流的测量；

⑤对于阴极保护的管线，通过电位测量可确定管道欠保护和过保护的管段，由此可判定管道的阴极保护效果和管道防护层的优劣；

⑥该方法简单实用、经济。

6.7　电化学暂态检测技术

埋地管道防腐层缺陷应包括两个方面：防腐层破损和防腐层剥离。对于埋地管道防腐层缺陷检测，以往的研究几乎都集中在防腐层的破损检测方面，至于防腐层的剥离检测却鲜有报道，且上述技术都不能检测管线涂层剥离的情况。近年来，赖广森及其合作者采用电化学暂态检测技术对石油沥青防腐层缺陷进行了系统的研究，取得了一些有实际意义的成果。

6.7.1　防腐层缺陷的电化学本质

埋地管道防腐层有四种可能存在的情况（见图6-12）。（a）是理想状态；（c）从管道维修的角度考虑是无关要紧的；（b）和（d）在使用阴极保护的情况下是非常重要的。当有破损点存在但防腐层与钢管相互黏结时，阴极保护体系可使保护电流流到这些破损点处，将金属极化到某个电位，通常为 $-0.85V$（参比 $Cu/CuSO_4$ 电极）或更负，使"漏铁点"得到保护，免遭腐蚀。

| （a）完整无损 | （b）破损，无剥离 | （c）剥离，无破损 | （d）剥离，有破损 |

图 6-12　防腐层四种破坏状态

与仅存在破损点相比，当防腐层同时出现破损和剥离时，就会发生阴极保护屏蔽，即使破损处所有的暴露金属都受到阴极保护，但阴极保护电流仍不能进入剥离层正下方的已暴露的金属，在此剥离区域内将产生腐蚀（如图 6-13 所示），故比破损造成的后果更为严重。

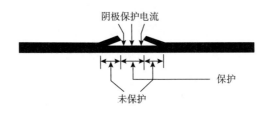

图 6-13　防腐层剥离区腐蚀示意图

图 6-14 是不同状态防腐层的电化学等效电路。其中（a）防腐层完整无损；（b）防腐层出现剥离但管道未腐蚀。破损和剥离腐蚀的等效电路[图 6-14（c）]虽相同，但其组元参数却不同。破损时防腐层欧姆电阻 R_f 较小，其电容值 C_f 相应增大，而由于阴极保护的作用，极化阻力 R_p 值相对较大；出现剥离时由于发生腐蚀导致极化阻力 R_p 较小，界面电容 C_d 较大。但剥离时防腐层本身未破坏，故其欧姆电阻 R_f 相对较大，防腐层电容值 C_f 仍然很小。根据电化学参数值的不同，就可以用电化学暂态技术进行管道防腐层的缺陷检测。

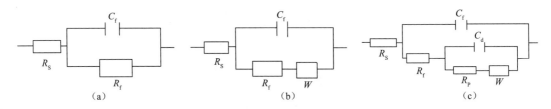

图 6-14　不同状态防腐层的电化学等效电路

6.7.2　检测原理

由于石油沥青防腐层的高绝缘性能，故 C_f 非常小。试验研究发现，当激励信号为某一频率范围的恒流方波时，图 6-14（c）的等效电路可化简为图 6-15 的形式。

图 6-16 是缺陷防腐层在某一频率恒流方波激励下产生的电位响应。这与防腐层出现破损（防腐层有局部的缺口），界面电容 C_d 值低，极化阻力 R_p

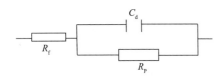

图 6-15　缺陷防腐层简化的等效电路

高；防腐层出现剥离(防腐层和管体出现了鼓包而又没有大得可以看得见的缺口)，界面电容 C_d 值高，极化阻力 R_p 低的事实一致。通过测量电位响应曲线及测出的电化学参数，就能分析与判断防腐层是否存在剥离。

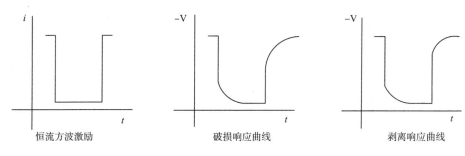

恒流方波激励　　　　　破损响应曲线　　　　　剥离响应曲线

图 6-16　破损电位相应示意图

6.8　瞬变电磁检测法

6.8.1　检测原理

利用瞬变电磁(TEM)法检测管体的腐蚀状况，实际所测定的是管体物性的差异。无论是电化学腐蚀、杂散电流腐蚀还是厌氧菌腐蚀，其结果都是造成金属量蚀失、腐蚀产物堆积，从而造成埋地钢管的导电率和导磁率下降。显然，只要检测出因腐蚀所致的这一物理性质的变异部位和变异程度，经过与已知(已发生腐蚀和未发生腐蚀)情况对比，就可以确定腐蚀地段并对腐蚀程度做出评价。

如图 6-17 所示，在正方形激励线框中通过脉冲电流，激励电流将在线框周围建立水平、垂直一次场。瞬间断电以后，在线框周围包括被测管道在内的有耗介质中激励起随时间衰变的涡旋电流，与涡旋电流相关的二次磁场在线框接收线圈中激起归一化电动势。

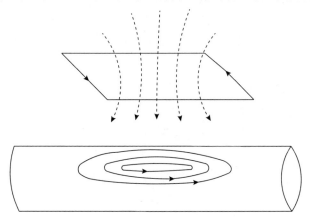

图 6-17　管壁厚度 TEM 评价法原理

归一化的脉冲瞬变响应不仅与管体几何参量(尺寸、形状、空间位置)、管体物理性质(导电率、导磁率、介电常数)、围土物性(导电率、导磁率、介电常数)及分布有关，而且还与观测点的位置以及管道输送物质的物理性质有关。

利用 TEM 手段检测评价埋地钢质管道的腐蚀程度，就是研究并辨识被检测管道的综合物理特性所发生的微小变化。但下列几个因素对瞬变响应存在一定的制约。

①几何因素包括被测管道的埋深、直径、壁厚；激励回线与接收回线的形状、尺寸、匝数以及它们相对管道的空间位置和收发距离；地表地形以及管沟回填土的横截面形状等。

②介质因素包括被测管道、管道内输送介质、围土(未扰动土)、回填土的电导率、磁导率和介电常数。

③干扰因素主要来自"天电"、雷电以及其他"非主动"瞬变电磁干扰，也包括人为干扰。

在这些因素中有些因素可确定，比如，几何参数均属可确定因素；有些因素可简化。例如，管道位于正上方的共框(回线)装置；可视为"无限长"条件的管沟形状；被测管道的规模和空间位置；围土、回填土的分布范围；可测物理参数具有连续可比性等，这些在作了适当的装置设计后就可以得到简化。显然，上述已知或可测定的参数、可确定的因素对瞬变响应的影响具有一定程度的时、空稳定性，因此在一定条件下可作为背景来处理；瞬间干扰可以通过提高信噪比的办法予以抑制。在建立数学物理模型后，现代化的数据处理与反演手段，即或是在考虑围土、回填土的几何–介质因素情况下也可以实现对电磁综合参量变异的确定，原因在于它们是可测定的或可确定的。显然其"约束条件"可以很方便地予以确定，解的非唯一性大大降低。

6.8.2 检测方法

开展工作前在测定区段内进行必要的试验工作，通过试验了解当地的噪声和信噪比、异常强度、形态、范围，查明主要外来干扰源，对不同装置进行对比，在不同埋深、不同目标体上进行方法试验，以选定在该区的工作方法。

在工作中首先采用电磁勘探手段，利用 PCM(管中电流成图系统)探测仪对管线进行探测，确定管线的平面位置，测定管线埋深、管中电流，并记录。沿管线做好管线位置标志并统一编号，在此基础上利用 GDP – 32 地球物理数据处理系统 TEM 探测功能，采用共框装置，首先按 20m 点距进行脉冲瞬变测量，在对探测结果做初步分析处理后，再对异常管段采用 5m 或 2m 点距进行加密测量，以便对管体做出更准确可靠和详细的评价。

每天工作结束后将现场观测结果输入计算机，在计算机上对观测值进行编辑整理，算出每个观测点最终结果并画出瞬变脉冲响应曲线，对曲线定性分析，初步判断异常点位。然后，根据管道瞬变脉冲响应表达式对每点观测值进行处理，求出各综合参数值，由此分析该参数的变化情况，对管体性能做出评价。

6.8.3 特点

时间域电磁法中的瞬变场，是指在阶跃变化电流的作用下，产生过渡过程的感应电磁场，这一过渡场具有瞬时变化的特点，因此称为瞬变场。时间可分性和空间可分性是 TEM 的两个重要特性，时间上的可分性是指 TEM 检测去除了一次磁场的干扰观测纯二次场，只解释关断后期的数据；由傅里叶变换知，脉冲是多个频率的合成，由于在不同延时下观测的频率成分有所不同，相应时间的场在管道中的传播速度不同，检测深度也不同，这就是空间上的可分性。与其他探测方法相比，瞬变电磁法具有以下优点：

①TEM 研究一次脉冲场间歇期间的二次场，即观测纯异常响应，消除了频率域电磁法的装置耦合噪声，提高了分辨能力和探测精度。

②穿透高阻覆盖的能力强，能克服高阻屏蔽层的影响。

③可以使用同点装置(重叠回线、中心回线)进行探测，使探测目标的耦合达到最佳，观测的异常响应强，分层能力强，受旁侧其他介质的影响最小。

④脉冲激励可以得到包含大量信息的二次磁场衰减曲线，可以通过信号叠加来提高接收信号的信噪比。

虽然瞬变电磁法具有上述优点，但是，在某些方面还存在着一定的局限性，如当地表为低阻层时，将会影响 TEM 的探测深度，因为低阻层对瞬变电磁场有屏蔽效应，这时就必须加大仪器发射功率；另外 TEM 对浅层的垂直分辨能力不强，因为瞬变电磁场在浅层有一个探测盲区，尽管采用小边长同点装置可以达到较高的横向分辨率，但由于采样时间不能提的很早，因此对浅层的垂直分层能力受到限制；由于瞬变电磁资料的理论复杂，在数据后期处理方面存在诸多难题还有待研究。正是由于 TEM 具有上述优点，使得 TEM 在埋地管道的检测方面有巨大的潜力和很好的应用前景。

6.8.4　现场应用

胜利油田自 2004 年起，应用瞬变电磁技术对河口、孤东、胜利、东辛、滨南等采油厂的输油、输气、混输、污水等几十条埋地管线进行了不开挖、不停输的地面腐蚀检测。在胜利油田滨南采油厂某埋地稠油管道上，利用该技术在地面上进行的不开挖管壁腐蚀剩余厚度检测分析结果与解剖后用超声测厚仪实测结果的误差进行了对比，从检测数据上来看，没有干扰的地方，平均误差小于 5%，只是在有干扰地方才出现较大的均方误差。

因此，瞬变电磁检测技术在分辨率和精度上基本符合使用要求，但应该注意到检测精度受平行或交叉敷设管路的影响，特别是对局部腐蚀范围较小的情况(如孔蚀、点蚀等)很难做出准确测量。为消除影响，经常需要对有影响的部分进行重复检测或缩小检测点之间的间距，导致测量效率降低和检测成本增加。

6.9　红外成像管线腐蚀检测技术

6.9.1　检测原理

红外线是介于可见光和微波之间的电磁波，波长范围在 $0.77 \sim 1000\,\mu m$，频率为 $3 \times$

$10^{11} \sim 4 \times 10^{14}$ Hz 之间，图 6-18 表示整个电磁辐射光谱图。

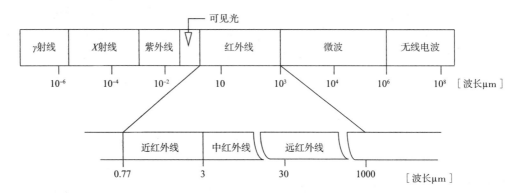

图 6-18　整个电磁辐射光谱图

从电磁辐射光谱可知，人们常见的可见光占很小一部分，红外线占相当大的一部分。科学研究把 $0.77 \sim 3\mu m$ 的波长称为近红外区；$3 \sim 30\mu m$ 的波长称为中红外区；$30\mu m$ 以上的波长称为远红外(也称长波)。

在自然界，任何温度高于绝对零度(-273.15 ℃)的物体都是红外辐射源，具有热辐射现象。红外热波成像检测技术是建立在电磁辐射和热传导理论基础上的一门无损探伤技术。由热辐射普朗克定律导出斯蒂芬—波尔兹曼定律，即

$$W = \varepsilon \sigma T^4 \tag{6-12}$$

式中　　ε——灰体的发射系数；

σ——斯蒂芬—波尔兹曼常数；

W，T——物体的辐射强度和热力学温度。

由于物体具有不同的温度和发射系数，热像仪接收来自物体的辐射，便可测定物体表面的温度场分布。红外无损检测测量通过物体的热量和热流的传递，当物体内部存在裂缝或其他缺陷时，它将改变物体的热传导，使物体表面温度分布出现差异或不均匀变化，利用这些差异或不均匀变化的图像，可直接查出物体的缺陷位置。

6.9.2　红外热成像仪的组成

利用红外辐射的原理进行温度测试的仪器是从简单到复杂逐渐发展而成的。早期仅限于检测物体某点的温度，而后可以测量一条线的温度，但不能显示出物体的形状和表面上的温度分布。为了解决这个问题，到了 20 世纪五六十年代，由于红外探测器的改进和快速灵敏的光子探测器的问世，才导致了试验性、原理性热成像系统的诞生。

根据红外辐射信号来源的不同，热成像可分为主动式和被动式两大体系。主动式红外热像仪以红外辐射源区照射目标，利用被反射的红外辐射生成目标图像。被动式红外热像仪利用目标自身发射的红外辐射生成目标热图像。

图 6-19 为红外成像系统示意图。红外热成像技术的核心设备是红外热仪。热成像整机部件包括光学系统(某些情况下还有窗口)、扫描器、探测器组件、电子学和显示器五大部分。光学系统的作用是将景物发射的红外线汇聚在焦面上，扫描器既要实现光学系统大

视场与探测器小视场的匹配，又要按显示制式的要求进行扫描，探测器将红外光变成电信号，电子学将信号进行处理（进行信号的电平提升和校正等），显示器将电信号变为可见光。当探测器将红外光变成电信号后，完全利用电视技术中已经发展成熟的电子学和显示器，进行信号处理和显示。

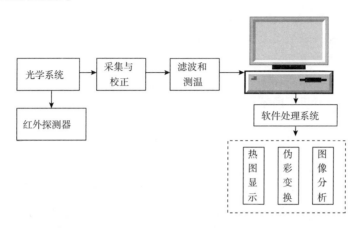

图6-19　红外成像系统示意图

6.9.3　热像仪的选用原则

温度分辨率和空间分辨率是选择红外成像设备需要着重考虑的因素，用于低温环境（如自然温度环境）要求温度分辨率高的仪器，而高温环境则可选择温度分辨率低的设备；被测物体温度变化快的应采用帧频高的仪器，对于目标温度变化慢的场合，可选用频率稍低的仪器。热像仪功能的选配主要考虑以下几点：

①可根据被摄物的实际温度，选择合适的温度范围；

②可根据被摄物的远近，自动调节焦距；

③可根据被摄物的温度范围，自动调节温度中心点；

④可根据被摄物的温度范围，自动调节温度分辨率；

⑤面板上应有人工手动调节焦距、温度中心点、温度分辨率的按键；

⑥能在同一断面上显示多个点的温度及其辐射率，得出重要点的温度或能进行温度比较；

⑦具有广角镜头、特殊镜头供特殊要求选择，当使用特殊镜头时，仪器内部部件自动进行红外线透射率的修正；

⑧能对部分区域图像进行处理，能进行放大或缩小，能在同一屏上显示多幅图像；

⑨能以等温度形式显示图像，能显示彩色或黑白图像，能调节多级彩色或灰度，或进行灰色显示；

⑩能将两幅图像相减，消除干扰，突出缺陷部位；

⑪具有统计功能，能在图像任何位置进行文字标注；

⑫具有计算机接口，能够进行良好的通信。

6.9.4　特点

红外检测作为无损检测众多方法的一种，具有独特的技术优势，可完成 X 射线、超声波、声发射及激光全息检测等技术无法胜任的工作。

（1）非接触性

红外检测不需要接触被检测目标，可以对高温物体进行检测，也可以对温度极低的物体进行检测，被检测物可静、可动。

（2）操作安全

红外检测的是自然界无所不在的红外辐射，检测过程对人员和设备材料都不会构成任何危害。另外，由于红外检测不需要与被测对象直接接触，可以对有害于人体健康的目标进行检测。

（3）灵敏度高

当前红外探测器的温度分辨率和空间分辨率都已经达到相当高的水平，能检测出 0.1℃甚至 0.01℃的微小温差。从某种意义上来说，只要设备或材料故障缺陷能影响热流在其内部的传递，就可采用红外技术进行检测。

（4）检测效率高

红外探测系统的响应时间都是以 μs 或 ms 计，对于一个目标，只需数秒或数分钟即可完成扫描。

红外像仪也有一些不足之处。如室温下工作时热像仪的响应速度较慢、灵敏度较低；如果在低温下工作，又需要较复杂的制冷装置。同时，热像仪结构复杂，价格昂贵。

6.9.5　现场应用

沈功田等人建立了管道试验装置，对带有不同几何尺寸内部开孔缺陷的四种不锈钢和 20#钢管进行了红外热成像检测试验，采用的红外成像设备为 TVS 22100 红外热成像系统。首先进行了管道内部缺陷的制备，将 1m 长的一个不锈钢管和三个碳钢管纵向刨开成三部分，在内部制作尺寸不同的开孔缺陷，然后重新焊接成管道。在室温下对管道直接通以 150℃蒸汽，用热像仪观察和记录管道升温过程内部缺陷的热像图。四种钢管在升温过程中内部缺陷典型的热像图见图 6-20～图 6-23。

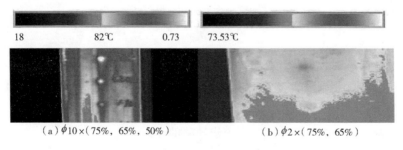

（a）φ10×（75%，65%，50%）　　　　（b）φ2×（75%，65%）

图 6-20　φ114mm×4mm 不锈钢钢管热像图

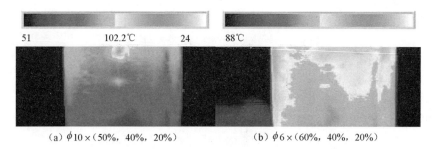

(a) $\phi 10 \times(50\%,\ 40\%,\ 20\%)$　　　　(b) $\phi 6 \times(60\%,\ 40\%,\ 20\%)$

图6-21　$\phi 140mm \times 5mm20^{\#}$钢钢管热像图

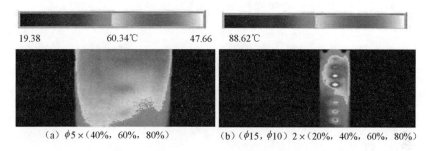

(a) $\phi 5 \times(40\%,\ 60\%,\ 80\%)$　　　(b) $(\phi 15,\phi 10)2 \times(20\%,\ 40\%,\ 60\%,\ 80\%)$

图6-22　$\phi 168mm \times 16mm20^{\#}$钢钢管热像图

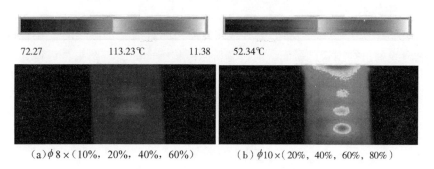

(a) $\phi 8 \times(10\%,\ 20\%,\ 40\%,\ 60\%)$　　　(b) $\phi 10 \times(20\%,\ 40\%,\ 60\%,\ 80\%)$

图6-23　$\phi 180mm \times 36mm20^{\#}$钢钢管热像图

注：图中及表6-10中的ϕ表示缺陷小孔的直径，括号内为开孔深度。

四种钢管可检测到最小缺陷统计如表6-10所示。

表6-10　四种钢管可检测到最小缺陷统计表

钢管	可检测最小内部开孔缺陷
$\phi 114mm \times 4mm$ 不锈钢	$\phi 10(15\%),\ 6(25\%),\ 4(50\%)$和$2(65\%)$mm孔
$\phi 140mm \times 5mm\ 20^{\#}$钢	$\phi 10(20\%)$和$6(40\%)$mm孔
$\phi 168mm \times 16mm\ 20^{\#}$钢	$\phi 10(20\%),\ 8(20\%)$和$5(40\%)$mm孔
$\phi 180mm \times 36mm\ 20^{\#}$钢	$\phi 12(20\%),\ 10(40\%)$和$8(60\%)$mm孔

6.10　内腐蚀清管智能检测

管线检测是对管线状态进行调查评估，是管道完整性评价的一个非常重要的组成部分。管线检测是将检测器从管道的一端放入，检测器在管道内部借助流动介质的推动顺流而下，通过漏磁、超声波、涡流、录像等技术采集管道内的各种信息，然后从管道的另一端取出，最后进行数据分析和处理，确定管线的腐蚀状况。

目前主要通过各种智能管道检测器(Smart Pig)实施管道在线检测。基于无损检测理论发展起来的管道检测技术主要分为超声检测、漏磁检测、射线检测、涡流检测及热像显示。继1965年美国公司以及1973年英国British Gas公司相继应用漏磁检测器对管道进行内检测以来，各种新型管道检测器不断问世，同时由于计算机、自动化以及数字处理技术的快速发展，为提高管道检测器的可靠性和检测效率提供了强有力的技术保证，各类管道检测仪器在促使管道安全运行、减少事故造成的危害和损失方面发挥了重要作用。

6.10.1　检测方法

1. 漏磁检测技术

图6-24为漏磁检测的原理图。当对铁磁性的被测管道施加磁场时，在管道缺陷附近会有部分磁力线漏出被测管道表面，通过分析磁敏传感器的测量结果，可得到缺陷的有关信息。

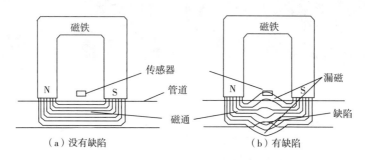

（a）没有缺陷　　　　　　　　　（b）有缺陷

图6-24　漏磁检测原理图

该方法以其在线检测能力强、自动化程度高等独特优点而满足管道运营中的连续性、快速性和在线检测的要求，使得漏磁检测成为到目前为止应用最为广泛的一种磁粉检测方法，在油田管道检测中使用极为广泛。此外与常规的磁粉检测相比，漏磁检测具有量化检测结果、高可靠性、高效、低污染等特点。

国外漏磁检测清管器(Magnetic Flux Leakage Intelligent Pig，简称MFL Pig)的研制始于20世纪70年代中期，至今已发展到第二代。图6-25为漏磁检测清管器结构示意图，图6-26为清管器模型。美国、英国、加拿大、日本、德国等国家对漏磁检测的理论研究和应用研究较早，在深入理论研究的同时将该技术应用到生产实际中，并取得良好的效果。

国外已经能够应用计算机和人工智能技术实现管道典型规则缺陷的三维图形构建，达到缺陷可视化。利用计算机成像技术（CITS）可有效地描述和评定反射信号，CITS 还具有探测缺陷所要求的基本扫查功能。将计算处理数据分析和显示技术与自动扫查机构联接可用来产生缺陷二维、三维图像，为检验管道的危险部位提供放大的能力。计算机处理可以定量地评定用超声波或其他检测方法探到的缺陷类型、尺寸、形状、位置和方向。

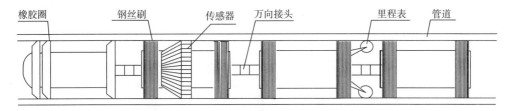

图 6-25　漏磁检测清管器结构

图 6-26　漏磁检测清管器 MFL

漏磁检测技术在我国的东北输油管网、秦京输油管道、青海的花土沟－格尔木输油管道、中国石油西南油气田分公司和新疆油气储运公司所属管线以及中国海洋石油公司的部分海底管道等得到了应用，取得了令人满意的检测结果。

2. 超声波检测技术

图 6-27 为超声波检测技术原理图。利用超声波匀速传播且可在金属表面发生部分反射的特性，进行管道探伤和检测。通过电子装置，发送出超声波的高频（大于 20kHz）脉冲，射到管壁上。反射回的超声波，再通过传感器探头接收回来，经过信号放大，显示出来波形。由于不同部位反射到探头的距离不同，因此超声波返回的时间也不同。监测器的处理单元便可以通过计算探头接收到的两组反射波的时间差乘以超声波的传播速度，得到管道的实际壁厚，从而显示出缺陷及腐蚀尺寸。

超声检测（UT）可分为主动检测和被动检测两类。主动检测即由超声探头发射超声波，通常称为超声无损检测技术；在被动检测技术中，超声波由被测试件受载荷时自发而出的，有时又称为声发射技术（AE）。与其他检测技术相比，超声检测具有被测对象范围广、缺陷定位准确、检测灵敏度高、成本低、对人体无害以及便于现场使用等优点。

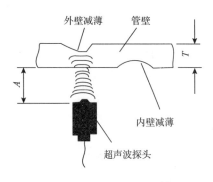
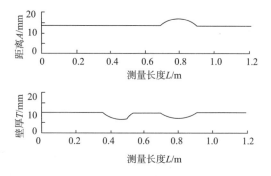

图6-27　超声智能清管装置检测原理

　　超声波技术在20世纪80年代末被引入清管器。国外最先将超声波技术引入腐蚀检测智能清管器的是日本的NKK（日本钢管株式会社）和德国Pipetronix公司，随后加拿大、美国等也相继研制了这类超声清管器。与漏磁检测清管器相比，超声检测清管器（Ultrasonic Intelligent Pig，简称UT Pig）检测时不受管道壁厚的限制，它的出现被认为是管道检测技术的一大进步，现在许多国家的管道检测技术人员也都在致力于这方面的研究。实践也证明采用超声波检测法得出的数据确实比漏磁法更为精确。现在国外的超声检测清管器的轴向判别精度可达3.3mm，管道圆周分辨精度可达8mm，机体外径可由159mm到1504mm，清管器的行程可达50～200km，行走速度最高可达2m/s。

　　图6-28、图6-29分别为超声智能清管器结构示意图以及模型照片。超声波检测器在鲁宁输油管道上进行试用过，据说效果很好。

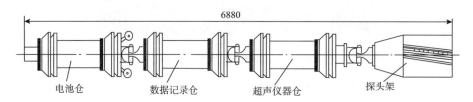

图6-28　超声波智能清管器结构

图6-29　超声波智能清管器照片

3. 涡流检测技术

　　涡流检测是以电磁场理论为基础的电磁无损探伤方法，其基本原理是利用通有交流电的线圈（励磁线圈）产生交变的磁场，使被测金属管道表面产生涡流，而该涡流又会产生感应磁场作用于线圈，从而改变线圈的电参数，只要被测管道表面存在缺陷，就会使涡流环发生畸变，通过感受涡流变化的传感器（检测线圈）测定由励磁线圈激励起来的涡流大小、分布及其变化就可以获取被测管道的表面缺陷和腐蚀状况，见图6-30。

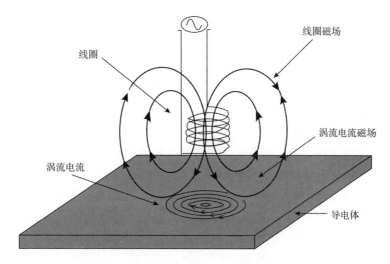

图6-30　涡流检测原理图

根据涡流的基本特性可看出，涡流检测适宜于管道表面缺陷或近表面缺陷的探伤，因此检测管道表面缺陷的灵敏度高于漏磁法。目前正在发展中的基于涡流检测理论的新技术主要包括：阻抗平面显示技术、多频涡流检测技术、远场涡流技术和深层涡流技术。

4. 射线检测法

射线检测法即射线照相术，采用双壁单影法，主要用来检测管道局部腐蚀，借助于标准的图像特性显示仪可以测量壁厚。该方法具有适用范围广，对管材、检测物体形状及表面粗糙度无严格要求，对管道焊缝中的气孔、夹渣和疏松等体积型缺陷的检测灵敏度较高，可得到永久性记录，检测技术简单，辐照范围广的优点。缺点是检测速度慢、成本高，难以实现在线检测，对平面缺陷的检测灵敏度较低，对厚焊缝中裂纹探测没有超声波技术可靠。

5. 多种内检测方法的结合应用

由于各种内检测方法各有优缺点，为提高管道检测效率和质量，将两种或多种管道内检测方法结合应用已成为一种趋势。德国 ROSEN 公司研发出一种结合漏磁通量和超声波技术的管道检测方法 RoCorr – UT。它以 UT 为基础，压电元件发射出的超声波沿管道内外壁反射传播，同时测量信号的渡越时间。这种检测方法可检测出管道缺陷形态的长度、深度和宽度，并可达到很高的精度。此外，加拿大一家公司发明了 SmartPipe 技术，它是一种激光扫描技术，能检测到大面积的腐蚀，检测效率和精确度较高，并可提供三维图像。

6.10.2　智能检测装置

目前国外的工程技术人员结合漏磁通法和超声波法已研制出了各种管道内智能检测装置，这类装置从结构上可分为有缆型和无缆型两种。

1. 有缆型智能检测装置

最初研制的智能检测装置都是有缆型的。有缆型的检测装置一般由配有各种检测仪的管内移动部分、设置在管外的遥控装置、电源、数据记录处理、电缆供给控制装置以及连接管内移动检测部分和管外装置的电缆组成。电缆的任务主要是用来供电、遥控和传输成像及检测数据等。管内移动部分就是指在管道内行走的智能检测爬行机部分。起初的清管器主要用来清除管道内的残余杂物。进入 20 世纪 60 年代以后，由于输送管道深埋于地下，且管道中充满油气等介质，常规的检测方法难以胜任。为此，一些发达国家又将清管器技术引入了管道的检测。由于有缆型检测装置的电源和数据处理部分设在管外，所以其清管器部分结构紧凑，可以应用于中小管径管道。此外这种检测装置还具有能够同时监测管内移动检测部分的影像数据，可对安在河流、铁道、道路下面特殊管道的重要位置进行有选择的检测等特点。但有缆型检测装置的使用范围受电缆长度和管断面等的限制，尽管有的清管器采用了光缆，其检测管道的长度依然很有限，并且有缆型清管器多用于停运管道的检测。

2. 无缆型智能检测装置

随着清管器行走技术的进一步成熟，为了检测长距离管道的腐蚀状况，又研制了无缆型的管道内检测装置。目前，这种装置的研究，无论是检测精度、定位精度、数据储存，还是数据分析均已达到了较高的水平。在所有的管道内检测装置中无缆型的清管器应用最为广泛，这类检测装置在管道中是由流体推动前进的，其主要由主机、数据处理系统和辅助设备三部分组成。

（1）主机

主机指在管道内行走的智能检测清管器部分。这类检测清管器通常以钢壳为机身，外覆聚氨脂或橡胶，机身内部装有探头、电子仪器、动力装置等，是一个集机械、控制、检测于一体的高技术系统。它被广泛用于地下管道的检测，可在高温、高压条件下，对数十公里甚至数百公里的各型管道完成在线自动检测。现今国外已有 30 多种智能清管器服务于各种埋地管道。漏磁清管器和超声清管器的结构相似，一般为一机多节，每一节的前部和后部都设有密封罩杯，这些罩杯起密封作用，同时还能保持清管器与管壁的距离恒定，并在管道内形成压力差，推动检测清管器在管道内行进。

机体各节相互之间以万向节相联，以利于清管器转弯。有些清管器的外部还带有叶片，当被测管道内的压力过小，检测清管器的爬行速度减慢时可张开叶片，增大清管器的推力，使清管器按预定的速度行进。有的清管器还带有自我行走机构，整机可在管道内做竖直或水平双向行走，并且还能在 T 型管道内和阀门外行走自如。以超声清管器为例，其基本结构可分为如图 6-28 所示的三部分。

清管器的第一部分为驱动节。其内部装满电池，主要用于清管器的供电。通常在高压密封仓的前端还装有跟踪信号的发射机和标记信号的接收机。后部装有两个里程轮，进行里程记录。第二部分为数据记录仪器节。目前的管道超声检测清管器对所检测的数据尚无实时处理功能，只能将数据存储于磁带上，待清管器检测完整段管线以后，由清管器内取出记录磁带，再进行数据处理。所以在这一节内通常装有磁卡机和大容量的磁带，可以对检测器实行自动控制，对数据进行传输、压缩和记录。第三部分由电子仪器节和探头架组成。超声波电子仪器节是清管器的发生器室，内装有超声波发生器、接收器、测量单元和微处理器等，它的主要功能是对被测管道发出超声波并接收所发出的声波信号。探头架是检测清管器的触角，它与被检测管道内壁直接吻合，上面装有超声波探头。这些探头由耐腐蚀的材料制成，并且能够耐高压。通常清管器结构一般要根据被测管道口径大小进行设计组合。小口径的管道可采用多节结构，随着口径的增大，节与节之间可以进行组合，例如直径大于28in(711.2mm)的管道就可由一节组成。清管器的内部还设有摆锤及自动调节机构，以免清管器在行进过程中发生转动，不仅可以精确地测定管壁受损的轴向位置，还可以确定管壁受损的径向位置。

（2）数据处理系统

清管器检测后的存储数据处理一般由地面上的微型计算机来完成，利用专门系统软件可以对检测到的数据进行处理分析，并生成腐蚀管道的图形，以供检测工作人员进行管道腐蚀速度评估，如图6-31所示。

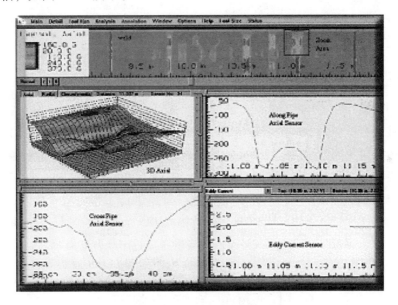

图6-31 清管装置数据处理系统

（3）辅助设备

超声检测的辅助设备主要包括液压发送装置和检测定位装置。由于检测清管器的体积长、重量大，必须用特殊的液压发送装置才能将停放在拖盘中的清管器顶入发球筒内。清管器的定位装置主要是指清管器的外定位装置。清管器的收发系统如图6-32所示。

6.10.3 特点

①设备昂贵，尚未国产化。
②对检测管道的基础资料、设计施工规范要求高。

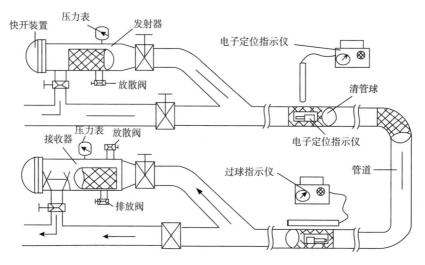

图6-32　清管器收发系统

③受管道清洁程度影响大。

管道的清洁程度直接影响着智能检测结果的准确性，管道内污物和垢体多年沉积会导致检测效果变差。

6.10.4　智能清管在腐蚀检测中的实际应用

近年来利用国外设备开展了实际管路的清管检测。如1987年利用美国AMF公司的漏磁检测器对我国任－京113km的管段进行了在线检测；1993年利用西德PREUSSAG公司的超声波检测器对我国鲁－宁线120km的管段进行了在线检测；1994年利用美国VETCO公式的漏磁检测器对我国秦－京线114km的管段进行了在线检测。1996年12月，原四川石油管理局与索菲公司合作对川东地区的天然气管道进行了智能清管检测，根据检测结果，在1999年10月15日至11月18日，对竹福段185个腐蚀点进行了绝缘层修复工作，管道运行压力由5.04MPa提高到6.2MPa，日输量提高近100万立方米。

6.11　超声导波检测技术

超声导波（Ultrasonic Guided Wave）检测技术利用低频扭曲波（Torsinal Wave）或纵波（Longitudinal Wave）可对管路、管道进行长距离检测，包括对于地下埋管不开挖状态下的长距离检测。

6.11.1　检测原理

超声导波检测装置主要由固定在管子上的探伤套环（探头矩阵）、检测装置本体（低频超声探伤仪）和用于控制和数据采样的计算机三部分组成。

探头套环由一组并列的等间隔的环能器阵列组成，组成阵列的换能器数量取决于管径大小和使用波型，换能器阵列绕管子周向布置。

进行检测时，探头阵列发出一束超声能量脉冲，此脉冲充斥整个圆周方向和整个管壁厚度，向远处传播，导波传输过程中遇到缺陷时，缺陷在径向截面上有一定的面积，导波会在缺陷处返回一定比例的反射波，因此可由同一探头阵列检出返回信号——反射波来发现和判断缺陷的大小。管壁厚度中的任何变化，无论内壁或外壁，都会产生反射信号，被探头阵列接收到，因此可以检出管子内外壁由腐蚀或侵蚀引起的金属缺损（缺陷），根据缺陷产生的附加波型转换信号，可以把金属缺损与管子外形特征（如焊缝轮廓等）识别开来。

6.11.2　检测方法

将超声导波探头套环上的探头矩阵架在一个探测位置，使之向套环两侧远距离发射和接收 100kHz 以下的回波信号，如图 6-33 所示，从而对探头环两侧各 20～30m 的长距离进行全面检测，可对整个管壁作 100% 检测，可检测难以接近的区域，如有管夹、支座、套环的管段，也可检测埋藏在地下的暗管，以及交叉路面或桥梁下的管道等，因而减少因接近管道进行检测所需要的各项费用。

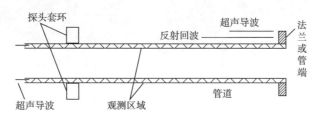

图 6-33　管道长距离超声导波检测示意图

6.11.3　特点

超声导波检测的应用范围是管道、管状设备等。其检测的主要管道类型为无缝管、纵焊管、螺旋焊管等。

导波检测的优点有：

①一个检测点可检测管道两个方向几米到上百米的管壁腐蚀（常规超声波检测只能检测管壁每点的腐蚀）；

②可检测人员无法接近部位的管壁腐蚀，如埋地管道、穿跨越管道；

③检测速度快效率高，检测部位 100% 覆盖，无漏检；

④对横截面上的金属损失非常敏感，检测精度可达管道横截面积的 3%。

导波检测的局限性有：

①导波检测不能对缺陷定性，定量也是近似的。对可疑部位需要采用其他检测方法进行确认；

②导波检测对单个点状缺陷和轴向条状缺陷较难检出；

③管道环状截面发生变化的结构，如焊缝余高、弯头及三通等，会影响检测精度和一

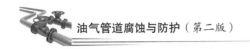

次检测长度。

6.11.4 现场应用

某石化地区的一条埋地液化气管道发生泄漏，但未确定泄漏位置。由于管道位于市区的主要交通干道下，无法大量开挖，采用了超声导波检测技术进行检测。选取了干道旁管道经过的一处进行开挖，做为导波检测点。

经检测，发现离开挖坑约 10m 距离处有一个缺陷信号。后经开挖确认，在该处管道上有一个直径约 7mm 的泄漏孔，泄漏孔附近有约长 130mm、宽 40mm 的长条状腐蚀坑。整个腐蚀面积占管道横截面积约 4%，见图 6-34。

（a）腐蚀区长130mm　　　　　　（b）腐蚀孔直径7mm

图 6-34　检测到的泄漏部分

6.12　管道腐蚀检测其他技术

6.12.1　水压试验

水压试验是检测管道泄漏的有效方法。新建管道和生产装置必须进行静水压试验，老管道也可用于完整性评价和缺陷定位。试压时的压力应高于正常状态压力，一般是设计压力的 1.25 倍，并维持 24h 以便充分暴露系统缺陷。

水压试验还能够发现一些智能清管器难以发现的缺陷，如裂纹和焊缝失效。但应该强调的是，水压试验不能发现短而深的坑蚀。

美国运输部曾在 1995 年发布指令，要求对所有老管道普遍进行一次水压试验。当时一度引起众多管道管理人员的怀疑。不难想象，对百万公里的管道停输试压，必然耗费大量的时间和资金。一般情况下，水压试验大约是智能清管器检测费用的 4 倍。但是通过水压试验，可以验证管道系统的完整性状况，及早发现管道缺陷进行检修，从而保证管道的安全运行，减少泄漏损失和治理环境污染费用。

美国威廉斯管道公司(WPL)从 1982 年到 1994 年，分期对其长达 10620km 的管道完成了水压试验。开始只是想对一条处于报废边缘的老管道进行评估而开展试压的，结果发现了严重问题，认识到这样做的重要性和必要性。压力试验必须建立的标准是可接受的泄漏速度，理论上没有泄漏时压降应为零，但实际上，由于外界温度变化等多种因素也带来压力变化，稳压24h，其压降不大于1%认为管线合格。

6.12.2　电指纹法

1. 测量原理

电指纹法(FSM)测量原理是在监测的金属段上通一直流电，测量所测部件上的微小电位差，根据电位差的变化来判断整个管壁变化情况。

在FSM法中，将所有测量电位的初始值看作是部件的原始"指纹"，它代表部件的最初几何形态。设备运行一段时间后，所测量电位的变化("指纹"变化)反应该设备因腐蚀等原因造成的形态变化，故该方法又称为电指纹法。

2. 监测装置

电指纹法测量管道内壁腐蚀装置布置如图6-35所示。在检测段两端放置电流电极，两电极间输送激发电流。在检测区域管道外侧布置一套监测电极。选择在监测电极附近且不易发生腐蚀的部位安装参考电极，用于补偿激发电流和温度波动的影响。测量时选择任意两个电极，将测量值同参考值相比较，并同启动时的初始值相比较。每一套测量值的指纹系数(FC)由下式计算：

$$FC(A,i) = \left[\frac{B_s}{A_s} \cdot \frac{A_i}{B_i} - 1 \right] \times 1000 \times 10^{-3} \qquad (6-13)$$

式中　　$FC(A,i)$ ——i 时刻，电极对 A 的指纹系数；

A_s ——启动时，电极对 A 的电压；

B_s ——启动时，参考电极对 B 的电压；

A_i ——i 时刻，电极对 A 的电压；

B_i ——i 时刻，电极对 B 的电压。

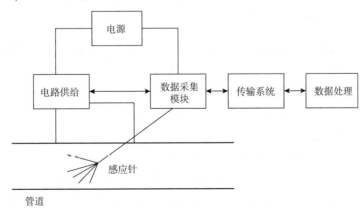

图6-35　电指纹法腐蚀监测装置示意图

FC 用以判断腐蚀速度和腐蚀积累，单位为 1×10^{-3}。在监测全面腐蚀或冲蚀时，FC 直接以 10^{-3} 反映被测设备壁厚的减薄。监测开始时的 FC 值为 0，在实际应用中，FSM 可获得壁厚减薄小于 0.05% 的精确数据。

3. 技术特点

FSM 法感应探针的布置应选择发生腐蚀最为严重的部位，例如管道的环焊缝、设备的底部、管道的三通、弯曲处。FSM 检测范围较大，能在显示屏上显示被检测装置的实际状况，无须维护，使用寿命与管道相同，尤其适用于埋地管道、海底管线的腐蚀检测。与传统的腐蚀检测方法相比，FSM 存在如下优点：

①没有元件暴露于腐蚀、磨蚀、高温和高压环境；

②不会将杂物引入管线底部；

③不存在监测部件的损耗；

④装配或发生误操作时没有泄漏风险；

⑤腐蚀速率测量在管道、容器壁上进行，无须小探针或试片；

⑥敏感性和灵活性高。

6.12.3　标准管/地点位检测技术(P/S)

标准管/地点位检测技术(P/S)是一种为了控制管道外壁腐蚀，监控阴极保护效果的测试技术。可用来了解阴极保护系统及管道防腐蚀层的状况。其特点是能在阴极保护系统运行的情况下，沿管线测量测试桩处的管地电位。通常是在阴极保护的状态下，间隔 1 ~ 1.5km 沿管道布置的测试点处测量管对地电位。但在某一测试点测得的电位值是靠近测试点布置的参比电极附近的若干防腐蚀层缺陷电位的综合值。

该技术主要用于监测阴极保护效果的有效性，采用万用表测试接地 $Cu/CuSO_4$ 电极与管道金属表面某一点之间的电位，通过电位距离曲线了解电位分布情况，用以区别当前电位与以往电位的差别，还可通过测得的阴极保护电位是否满足标准以衡量涂层状况。该法快速、简单，现仍广泛用于管道管理部门对管道涂层及阴极保护日常管理及监测中。

6.12.4　皮尔逊监测技术(PS)

皮尔逊检测方法原理是在金属管道上施加一个交流信号时，防腐层发生破损的地方就会有电流泄漏到土壤中，管道破损处和土壤之间会形成电压差，并且越接近破损点的位置电压差越大，通过仪器检测埋地管道地面上方的电位差即可发现管道防腐层破损点。皮尔逊检测法在国内使用比较普遍，具有检测速度快，定位精度高(0.5m)，适用范围广(可在沥青、水泥路上检测)，适用于检测没有阴极保护装置的管道等优点，但不具备定位仪和判别防腐层老化程度的功能，对操作技能要求高，易引起误检。

该技术是用来找出涂层缺陷和缺陷区域的方法，由于不需阴极保护电流，只需要将发射机的交流信号(1000Hz)加载在管道上，因操作简单、快速曾被广泛使用于涂层监测中。

第7章 腐蚀管道适用性评价

管道在运行过程中不可避免地会发生防腐层的破损及管体腐蚀。早期发现泄漏事故并阻止渗漏进一步扩散，及时对管道防腐层和管体损伤进行检查、评估和修补，是腐蚀与防护管理中的主要工作内容。

20 世纪 60 年代末期，由于腐蚀损伤造成管道破裂所产生的费用剧增，引起世界各国的关注，纷纷着手研究对管道腐蚀损伤的评价及寿命预测。美国学者与管道公司联合研究、探讨了管体破裂的各类腐蚀损伤的临界尺寸及其与管道内压水平的关系，考虑了腐蚀管道的剩余强度问题，并于 1971 年发表了"确定管道腐蚀区域强度的研究报告"，提供了一系列评价公式和方法，成为后来相继出现的规范和技术标准的基础。20 世纪 80 年代中期，继美国 ANST/ASME B31 标准公布之后，加拿大、新西兰、澳大利亚和英国的标准也陆续公布，1991 年美国又进一步修订了该标准。我国对管体腐蚀损伤的评价，仍然处于经验判定阶段，难免给决策带来极大的盲目性。然而，随着我国 20 世纪六七十年代建设的长距离输送管道运行时间已接近设计使用寿命，在管道大修、改造工程中发现了数量颇大的腐蚀损伤，迫切需要科学的评价方法和标准。在这种形势下，我国石油管道部门与科研单位合作，积极开展了管体腐蚀损伤评价方法的研究，并于 1995 年制定了"钢质管道管体腐蚀损伤评价方法"的标准（SY/T 6151—1995），2009 年对标准进行了修订。

我国的评价方法从断裂力学角度分析腐蚀区域对管道剩余强度的影响，提出应用断裂力学计算管道爆破压力的公式，把腐蚀区域折算成穿透管壁的当量裂纹的新概念，采用多项面积叠加法模拟腐蚀形状，并计算当量裂纹；考虑了环向损伤的影响并修正了工作压力的计算公式；解决了对管体损伤腐蚀区域的评价难题，构成了我国评价方法与国外方法不同的特点。

总之，为了对埋地管道的腐蚀与防护状态进行监测和评估，我国防腐工作者作了大量的科学研究及腐蚀调查等基础工作，并制订出一系列的技术标准，在防腐蚀工作的应用技术方面适合我国国情。

7.1 管道的腐蚀评价

目前，我国现有输油(气)管道中的大多数已接近或超过设计寿命，进入了事故多发

· 313 ·

期。产生事故的主要原因之一是管体腐蚀，其直接后果是管壁减薄，导致局部位置应力集中。由于管道输油(气)为加压输送，当管壁局部减薄到一定程度后，就会发生破裂而导致原油或天然气泄漏。表7-1为我国压力管道事故原因分类调查表。可以看出管道腐蚀使管线强度降低是导致事故发生的一个重要原因。因此，对腐蚀管道进行评价，根据评估结果做出管道是否继续服役、维修或更换的决策，是一项非常重要和必要的工作。

表7-1 管道事故调查表

事故原因	事故次数	百分比/%
裂纹	50	62.5
腐蚀(含氢脆)	22	27.5
焊接缺陷	6	7.5
材料使用不当	2	2.5
总计	80	100

7.1.1 腐蚀管道的定性评价

为科学、准确地掌握和评价钢质管道及储罐腐蚀与防护动态及效果，为管道的腐蚀控制提供依据，我国在1995年颁布了石油天然气行业标准SY/T 0087—95《钢质管道及储罐腐蚀与防护调查方法标准》，并于2006年、2010年和2012年对标准进行进一步的修订。该标准对腐蚀管道所处环境的腐蚀性、防腐层保护状况及钢管腐蚀程度进行了定性评价和分类。

1. 环境腐蚀性评价

(1)土壤腐蚀性评价

土壤腐蚀性评价一般推荐采用原位极化法及试片失重法测定土壤腐蚀性，并按表7-2进行评价；也可采用行业级以上标准所规定的其他土壤腐蚀性测试方法及相应的评价指标，不推荐采用土壤电阻率评价土壤的腐蚀性。

表7-2 土壤腐蚀性指标

	极轻	较轻	轻	中	强
电流密度/($\mu A/cm^2$)（原位极化法）	<0.1	0.1~3	3~6	6~9	>9
平均腐蚀速度/[$g/(dm^2 \cdot a)$]（试片失重法）	<1	1~3	3~5	5~7	>7

(2)杂散电流腐蚀评价

杂散电流腐蚀评价包括直流干扰腐蚀评价和交流干扰腐蚀评价两部分。直流干扰程度判断是根据测量土壤电位梯度的大小，对照表7-3判断直流杂散电流干扰影响严重程度。

表7-3　直流杂散电流干扰程度指标

杂散电流程度	小	中	大
地电位梯度/(mV/m)	<0.5	0.5~5.0	>5.0

对于交流干扰，测量交流干扰电位，按表7-4中的指标进行埋地管道交流干扰程度的严重性评价。

表7-4　埋地钢质管道交流干扰判断指标

级别 土壤	严重程度		
	弱	中	强
碱性土壤/V	<10	10~20	>20
中性土壤/V	<8	8~15	>15
酸性土壤/V	<6	6~10	>10

（3）土壤细菌腐蚀评价

通过测量氧化还原电位，按照表7-5可对土壤细菌腐蚀进行评价

表7-5　土壤细菌腐蚀评价指标

腐蚀级别	强	较强	中	小
氧化还原电位/mV	<100	100~200	200~400	>400

（4）管内介质腐蚀性评价

管内介质腐蚀性评价指标见表7-6。

表7-6　管道及储罐内介质及环境腐蚀性评价指标

	低	中	高	严重
平均腐蚀速度/(mm/a)	<0.025	0.025~0.125	0.126~0.254	>0.254
点蚀速度/(mm/a)	<0.305	0.305~0.610	0.611~2.438	>2.438

注：以两项指标中最严重的结果为准。

（5）大气腐蚀性评价

根据第一年的腐蚀速率，大气腐蚀分为四类，见表7-7。

表7-7　大气腐蚀性评价

等级	弱	中	较强	强
第一年的腐蚀速度/(μm/a)	1.28~25	25~51	51~83	≥83

2. 防腐层保护效果评价

防腐层保护效果可根据表7-8中的相关指标进行评价。

表 7-8　防腐层状况评价指标

	优	中	差
外观	颜色、光泽无变化	颜色、光泽有变化	出现麻点、鼓泡、裂纹
厚度	无变化	稍有变化	严重改变
粘结力	无变化	减小	剥落
针孔（个/m²）	无针孔	$\leq n$	—

注：（1）对油介质，$n=2$；对土壤、水介质，$n=1$；

　　（2）评价时，宜主要考虑黏结力、针孔的严重程度进行评价。

根据变频—选频法测试埋地管道石油沥青外防腐层绝缘电阻，可对防腐层保护效果进行评价，评价指标见表 7-9。此外，还可根据防腐层破损程度对管线进行评价，见表 7-10。

表 7-9　防腐层绝缘电阻值的评价指标

等级	优	良	可	差	劣
绝缘电阻/ $\Omega \cdot m^2$	>10000	5000～10000	3000～5000	1000～3000	<1000

表 7-10　埋地管道防腐层地面检漏评价指标

等级	优	良	可
破损缺陷/（处/10 km）	<2	<4	<8

3. 金属腐蚀性评价

（1）管道缺陷类型

管道缺陷的分类方法很多，按照腐蚀的特征可以分为体积型缺陷和面积型缺陷，其中腐蚀体积型缺陷包括管壁的均匀腐蚀、局部减薄腐蚀、沟槽状缺陷等，腐蚀面积型缺陷包括焊接裂纹、未熔合、应力腐蚀裂纹等；按照腐蚀缺陷的位置可分为穿透缺陷、表面缺陷（内表面缺陷和外表面缺陷）和埋藏缺陷，按照缺陷的方位可分为轴向缺陷和环向缺陷。图 7-1 为腐蚀缺陷类型示意图。

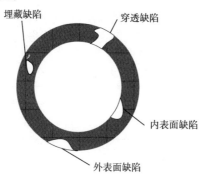

图 7-1　腐蚀管线缺陷示意图

（2）管道损伤分级

管道损伤的等级评价是根据管道腐蚀缺陷对管道运行安全的影响程度大小给出的定量评价方法。SY/T 0087 根据腐蚀的最大坑深将腐蚀程度分为轻、中、重、严重、穿孔 5 种，见表 7-11。根据最大点蚀速度和穿孔年限可将金属的腐蚀性分为 4 类，见表 7-12。

表 7-11　钢壁或储罐腐蚀程度评价

级别	轻	中	重	严重	穿孔
最大蚀深/mm	<1%	1%~2%	2%~50%	>50%	80%壁厚

表 7-12　金属腐蚀性评价指标

	轻	中	中	严重
最大点蚀速度/(mm/a)	<0.305	0.305~0.611	0.611~2.438	>2.438
穿孔年限/年	>10	5~10	3~5	1~3

注：以上两项指标中评价以最严重结果为准。

7.1.2　管道腐蚀状况的定量评价

前面介绍的是腐蚀管道的定性评价，定性评价是根据管道腐蚀缺陷对管道运行安全影响程度的大小给出的评价方法。根据腐蚀缺陷深度的评价方法，操作比较方便，但从管道运行安全角度上看，这种分级评价方法不能满足管道安全评估的要求，因为这种建立在几何参数上的分级评价结果不能准确反应管道的承压能力。而管道的剩余强度和剩余寿命评价能根据在役管线的现有腐蚀程度对其最大承压和使用寿命进行预测，可以避免腐蚀所导致的爆裂等恶性事故的发生，同时还可避免管道过早更换所花费的巨额费用。

1. 剩余强度评价

管道的剩余强度评价（Evaluation of Remaining Strength）许多文献上又称为适用性评价（fitness for service）和适于目的评价（fitness for purpose）等。剩余强度评价是在缺陷定量检测的基础上，通过严格的力学分析和计算，给出管道的最大允许工作压力（Maximum Operating Pressure，简称 MAOP），为管道升、降压操作及管道维修提供决策依据。若剩余强度评价结果表明腐蚀管道适用于目前的操作条件，则只要建立合适的检测/监测程序，管道可以在目前条件下继续安全运行；若评价结果表明腐蚀管道不适合目前操作条件，则应对该管道降级使用。管道的剩余强度评价是管道完整性管理的主要内容之一。管道剩余强度评价研究始于 20 世纪 70 年代，在长期的管道运营管理中建立了一套定期的常规监测和管道腐蚀剩余强度评价模型，各种类型的腐蚀检测工具广泛地用于各类管道中，用先进的装备技术跟踪检查腐蚀状况，并建立数据库，以此来判定管段的报废决策。

世界各国对管道的剩余强度评价研究十分重视，已形成一系列的标准和规范。美国最早建立的 ASME/ ANSI B31G《腐蚀管道剩余强度的简明评价方法》规范，可用于处理单片腐蚀对管道承压能力的影响，但该规范因简化和假设条件的不足而过于保守，低估了腐蚀管道的极限承压能力。后来针对 B31G 的保守性，在进一步研究的基础上，形成了美国石油协会 API 579《服役适用性评价推荐做法》。这些方法都从理论上对腐蚀缺陷进行了剩余强度的评价，得到一些实际应用，保证了管道的安全运行。我国有许多长距离输油管道的运行时间已接近设计使用寿命，管道大修改造过程也已发现了大量的腐蚀缺陷，因此，在1995 年制定了《钢质管道管体腐蚀损伤评价方法》（SY0087—1995）的标准，2009 年进行了新的修订。

2. 剩余寿命预测

在管体腐蚀过程中，随着时间的增加，管道单个缺陷点的腐蚀速率是变化的，其腐蚀区域呈扩大趋势，腐蚀程度和失效概率呈增加趋势。预测腐蚀缺陷管道的剩余寿命，实际上是预测管体腐蚀的发展趋势。对管道壁厚减薄趋势和在满足剩余强度及安全性要求的前提下进行腐蚀管道剩余寿命预测，就可以有针对性地制定控制腐蚀发展和计划性维修的对策。

3. 腐蚀管线定量评价程序

管线评价的技术路线见图 7-2。首先收集管道腐蚀状况信息，判断缺陷类型；根据缺陷类型分别选用不同的评价方法，开展剩余强度和剩余寿命评价和预测。

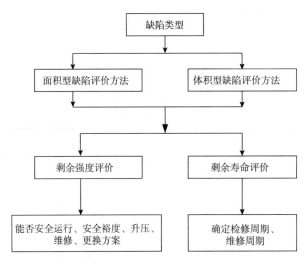

图 7-2　管线定量评价路线图

7.2　腐蚀管线的剩余强度评价

腐蚀管线剩余强度评价方法和标准众多，本书主要介绍几种较为常见的评价方法。

7.2.1　BS 7910 腐蚀管道平面缺陷评价

BS 7910《金属结构中缺陷验收评定方法导则》是英国标准委员会（BSI）在 1999 年底公布，2000 年发表的最新完整版的英国标准，采用三级评定方法对金属结构中的缺陷进行安全评定。BS 7910 主要用于平面型缺陷断裂评定。

1. 缺陷评定步骤

①确定缺陷类型。BS 7910 标准所评定的平面型缺陷分为表面缺陷、埋藏缺陷和穿透缺陷三种类型，对于位置接近的缺陷可以通过计算进行复合，也就是把小缺陷复合为一个大缺陷，从而可以简化评定过程。BS 7910 的附录中对缺陷的复合有详细说明。平面型缺陷包括裂纹、未熔合、咬边、凹面、焊瘤和某些其他类裂纹缺陷等。

②建立和相应结构相关的基本数据库。

③确定缺陷的尺寸。

④评定可能的材料断裂机制和断裂比率。

⑤确定最终失效模式的极限尺寸。

⑥根据断裂比率，评定缺陷是否会在结构的剩余寿命内扩展到极限尺寸，或者在役间隔检查亚临界裂纹扩展。

⑦评定失效后果。

⑧执行敏感性分析。

⑨如果缺陷不会增长到极限尺寸，包含适当的安全因子，则缺陷是可接受的。如果安全因子能考虑到评定的置信度和失效的后果是最理想的。

根据步骤⑤所获得的一系列极限缺陷形状可以确定原始缺陷尺寸在剩余寿命内是否会扩展到这些极限尺寸，从而可以估计平面缺陷容限尺寸。

2. 评定数据的收集

评定时所必需的原始数据见表7-13。

表7-13　评定数据表

序号	数据类型
1	缺陷的种类、位置和方向
2	结构和焊缝尺寸，制造工序
3	应力(压应力、热应力、残余应力和其他任何形式的机械载荷产生的应力)和温度(包括瞬态温度)
4	屈服强度或者0.2%条件屈服强度、抗拉强度和弹性模量(一定情况下，需要完整的工程应力–应变曲线)
5	断裂韧度(K_{IC}，J 和 $CTOD$)数据

3. BS 7910 三级缺陷评定方法

BS 7910 中的缺陷断裂评定共分为三个级别，一级简单评定、二级常规评定和三级延性撕裂评定，每种评定采用的方法大致相似。一级评定程序为最简单的评定方法，适用于材料性能数据有限时；二级评定为常规评定方法；三级评定为最高级别评定方法，主要是对高应变硬化指数的材料或需要分析裂纹稳定撕裂断裂时，才考虑使用此方法，对于常用的焊接结构用钢，一般不采用此程序。

对于一级评定认为不可以接受的缺陷，尚可在提高输入数据质量的前提下继续进行验证，或者在满足要求的条件下应用更高级别的评定标准进一步加以验证。

(1)一级评定(简单评定)

包括 FAD 法(1A)和当量裂纹法(1B)。本级规程中对施加应力、残余应力以及断裂韧度都作了保守性估计，且不采用局部安全因子。一级评定的流程如图7-3所示。

①1A 级评定

1A 级评定的 FAD 图如图7-4所示，坐标轴和评定线围成的面积为矩形。当 K_r 或 $\sqrt{\delta_r}$ 小于 $1/\sqrt{2}$，S_r 小于 0.8 时，缺陷可接受。FAD 图包含一个安全因子(通常取2)。

a. 载荷比 S_r

$$S_r = \frac{\sigma_{ref}}{\sigma_f} \tag{7-1}$$

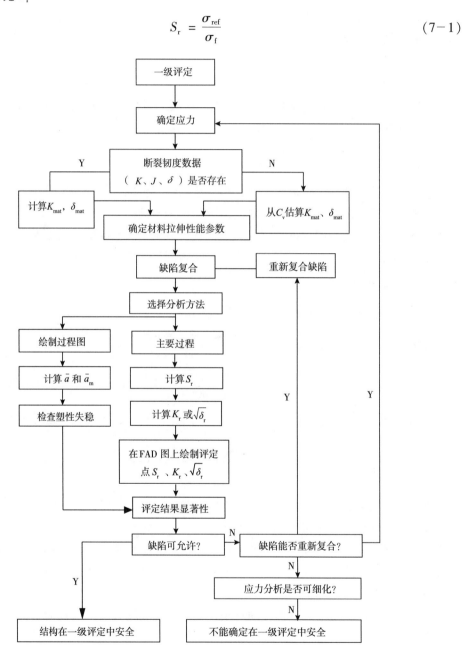

图 7-3　一级评定的流程图

K_{mat} 为断裂韧度的下边界估计值，$N/mm^{3/2}$；C_v 为夏比冲击功；J

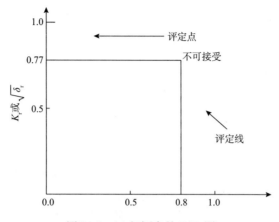

图 7-4　1A 级评定的 FAD 图

式中　σ_{ref} ——裂纹参考压力，由计算得到；

　　　σ_f ——流变应力，屈服强度和拉伸强度的算术平均值，最大为 $1.2\sigma_s$。

b. 断裂比 K_r 或 $\sqrt{\delta_r}$

$$K_r = K_I/K_{mat} \tag{7-2}$$

$$\sqrt{\delta_r} = \sqrt{\delta_I/\delta_{mat}} \tag{7-3}$$

式中　K_I ——应力强度因子；

K_{mat}，δ_{mat} ——断裂韧度，按 BS744 试验测得。

$$K_I = (Y\sigma)/\sqrt{\pi a} \tag{7-4}$$

$$Y\sigma = Mf_w M_m \sigma_{max} \tag{7-5}$$

式中　M，f_W ——膨胀修正因子和有限宽度修正因子；

　　　M_m ——应力强度放大因子；

　　　σ_{max} ——最大拉伸强度，其计算式如下：

$$\sigma_{max} = K_t S_{nom} + (K_m - 1)S_{nom} + Q ; \tag{7-6}$$

或

$$\sigma_{max} = K_{tm} P_m + K_{tb}\left[P_b + (K_m - 1)P_m \right] + Q \tag{7-7}$$

式中　K_t ——名义应力集中系数；

　　　S_{nom} ——名义膜应力；

　　　K_{tm} ——膜应力集中系数；

　　　P_b ——弯曲应力；

　　　K_{rb} ——弯曲应力集中系数；

　　　P_m ——膜应力。

其中 M，f_W 及 M_m 根据结构特点分别按 BS7910，SINTAP 和 GB/T 19624—2004《在用含缺陷压力容器安全评定》中的相关公式确定。

c. 裂纹张开位移 δ_{I}

（a）钢（包括不锈钢）和铝合金，若 $\dfrac{\sigma_{\max}}{\sigma_{\mathrm{s}}} \leqslant 0.5$，其他材料 $\dfrac{\sigma_{\max}}{\sigma_{\mathrm{s}}}$ 为任意值，则：

$$\delta_{\mathrm{I}} = K_{\mathrm{I}}^2/(\sigma_{\mathrm{s}}E) \tag{7-8}$$

（b）钢（包括不锈钢）和铝合金，若 $\dfrac{\sigma_{\max}}{\sigma_{\mathrm{s}}} > 0.5$，则：

$$\delta_{\mathrm{I}} = \frac{K_{\mathrm{I}}^2}{\sigma_{\mathrm{s}}E}\left(\frac{\sigma_{\mathrm{s}}}{\sigma_{\max}}\right)^2\left(\frac{\sigma_{\max}}{\sigma_{\mathrm{s}}} - 0.25\right) \tag{7-9}$$

②1B 级评定

1B 级评定也叫当量裂纹法，不需要 FAD 图，也称"人工评定"。首先将结构中各种形式的缺陷按其性质、形状、部位和尺寸复合后，再通过查表、计算将表面裂纹、埋藏裂纹换算成当量（或称等效）的贯穿裂纹尺寸 $\bar{a}$（贯穿裂纹的半长即为当量裂纹长度），然后将其按照与一定程序求解得到的允许裂纹尺寸 $\bar{a}_{\mathrm{m}}$ 相比较。若 $\bar{a} \geqslant \bar{a}_{\mathrm{m}}$，则缺陷不能接受；当 $\bar{a} < \bar{a}_{\mathrm{m}}$ 时，则缺陷是允许的，可以接受。

缺陷验收尺寸 $\bar{a}_{\mathrm{m}}$ 由以下计算得到：

若已知 K_{mat} 时

$$\bar{a}_{\mathrm{m}} = \frac{1}{2\pi}\left(\frac{K_{\mathrm{mat}}}{\sigma_{\mathrm{mat}}}\right)^2 \tag{7-10}$$

若已知 δ_{mat} 时

a. $\dfrac{\sigma_{\max}}{\sigma_{\mathrm{s}}} \leqslant 0.5$ 的钢和铝合金及其他材料

$$\bar{a}_{\mathrm{m}} = \frac{\delta_{\mathrm{mat}}E}{2\pi\left(\dfrac{\sigma_{\mathrm{mat}}}{\sigma_{\mathrm{s}}}\right)^2\sigma_{\mathrm{s}}} \tag{7-11}$$

b. $\dfrac{\sigma_{\max}}{\sigma_{\mathrm{s}}} > 0.5$ 的钢和铝合金

$$\bar{a}_{\mathrm{m}} = \frac{\delta_{\mathrm{mat}}E}{2\pi\left(\dfrac{\sigma_{\mathrm{mat}}}{\sigma_{\mathrm{s}}} - 0.25\right)^2\sigma_{\mathrm{s}}} \tag{7-12}$$

（2）二级评定（常规评定）

它包括两种方法。每种方法都有一条由曲线方程和截断线组成的评定线。如果评定点位于坐标轴和评定线围成的区域内，则缺陷是可以接受的；否则缺陷不可接受。截断线的取舍点采用平均值，是为防止局部塑性破坏，其取值点位于 $L_{\mathrm{r}} = L_{r\max}$（载荷比 L_{r} 的允许最大值），其中

$$L_{r\max} = (\sigma_{\mathrm{s}} + \sigma_{\mathrm{b}})/(2\sigma_{\mathrm{s}}) \tag{7-13}$$

本级规程中缺陷尺寸和应力应乘以相应的安全系数，但是断裂韧度和屈服强度则应除以安全系数。BS 7910 二级评定是基于单个韧度值，该值可以是塑性撕裂极限，但是在对塑性撕裂进行全面分析时，需要采用第三级评定程序。二级评定的流程见图 7-5。

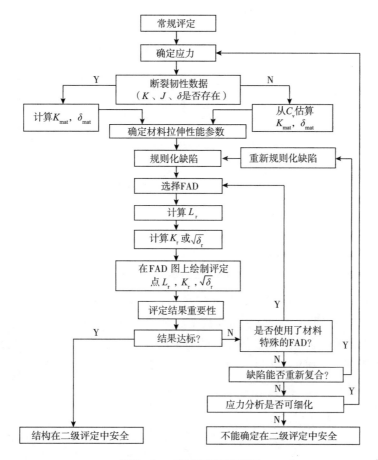

图 7-5　二级评定的流程图

①2A 级评定曲线

2A 级评定不需要应力—应变数据，用于描述评定线的方程如下：

若 $L_r \leqslant L_{max}$，则

$$\sqrt{\delta_r} \text{或} K_r = (1 - 0.14 L_r^2) \left[0.3 + 0.7 \exp(- 0.65 L_r^6) \right] \tag{7-14}$$

若 $L_r > L_{max}$，则

$$\sqrt{\delta_r} \text{或} K_r = 0 \tag{7-15}$$

其 FAD 曲线如图 7-6 所示。对不同的材料，取舍点不同。对应力—应变曲线具有屈服平台或应力—应变不连续性的材料，取舍点的值取 1.0 或者用 2B 级评定。

如果 2B 评定中的 FAD 图无法得到，则对于 $L_r = 0$ 或 $L_r > 1.0$ 时，采用下式进行评估：

$$\sqrt{\delta_r}(L_r = 0) \text{或} K_r(L_r = 1.0) = \left\{ 1 + E\varepsilon_L / \sigma_s^U + 1 / \left[2(1 + E\varepsilon_L / \sigma_s^U) \right] \right\}^{-0.5}$$

$$\tag{7-16}$$

其中，$\varepsilon_L = 0.0375(1 - \sigma_s^U / 1000)$（此关系限制在 $\sigma_s^U < 976 \text{N/mm}^2$ 内），σ_s^U 是屈服强度的上界（如不能得到 σ_s^U，用屈服强度或 0.2% 的条件屈服强度代替）。

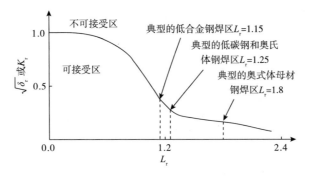

图 7-6 2A 级评定的 FAD 曲线图

$$\sqrt{\delta_r}(L_r > 1.0) = \sqrt{\delta_r}(L_r = 1.0)L_r^{(N-1/2N)} \ 或 \ K_r(L_r > 1.0) = K_r(L_r = 1.0)L_r^{(N-1/2N)}$$

其中 $N = 0.3(1 - \sigma_s/\sigma_b)$ 是下界应变硬化指数。

②2B 级评定曲线（材料特殊曲线）

2B 级评定曲线几乎适合于各种类型的母材和焊缝金属，得到的结果要比 2A 级更加准确，但不太适用评定热影响区域（可用 2A 级评定）。2B 级评定中，需要提供在适当温度下的母材和焊缝金属明确的应力—应变曲线数据。对于应变低于 1% 的应力—应变曲线，推荐采用施加应力与屈服强度在下列比值点处的值来准确定义工程应力—应变曲线：

$\sigma/\sigma_s = 0.7$，0.9，0.98，1.0，1.02，1.1，1.2，及以 0.1 为间隔直到 σ_b。

评定线方程如下：

若 $L_r \leqslant L_{max}$

$$\sqrt{\delta_r} \ 或 \ K_r = \left(\frac{E\varepsilon_{ref}}{L_r\sigma_s} + \frac{L_r^3\sigma_s}{2E\varepsilon_{ref}}\right)^{-0.5} \tag{7-17}$$

若 $L_r > L_{max}$

$$\sqrt{\delta_r} \ 或 \ K_r = 0 \tag{7-18}$$

ε_{ref} 是由单轴拉伸真应力—真应变曲线确定的，即真应力 $L_r\sigma_s$ 下的真应变。典型的 FAD 图见图 7-7。

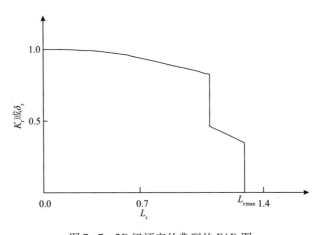

图 7-7 2B 级评定的典型的 FAD 图

a. 载荷比 L_r

在二、三级别评定中，载荷比 L_r 可以通过下式得到：

$$L_r = \sigma_{ref}/\sigma_s \tag{7-19}$$

b. 断裂比 K_r

K_r 的计算式同式（7-2），K_I 的计算式同式（7-4），但

$$Y\sigma = (Y\sigma)_P + (Y\sigma)_S \tag{7-20}$$

式中　$(Y\sigma)_P$、$(Y\sigma)_S$——一次和二次应力分布，可参考 BS7910 的附录确定。

当出现二次应力时，塑性校正因子 ρ 对一次应力 $(Y\sigma)_P$ 和二次应力 $(Y\sigma)_S$ 分布间的相互作用有影响，此时

$$K_r = \frac{K_I}{K_{mat}} + \rho \tag{7-21}$$

对于表面破坏和深埋缺陷，应力强度因子 K_I 的计算值在裂纹前端附近的区域内是不同的，应当计算沿裂纹前端多点处的 K_I。同样，K_{mat} 也因为缺陷所在材料的非均质性或者约束条件的不同而产生比较大的差别。一般来说在断裂评定中，K_r 应当取裂纹前端计算值的最大值。

c. 断裂比 δ_r

$$\delta_I = \frac{K_I^2}{X\sigma_s E} \tag{7-22}$$

其中 X（其值介于 1~2 之间）是受裂纹尖端、几何约束及材料加工硬化性能影响的因子。它可通过弹塑性分析加以估计，如果 X 的数值不能由结构分析量化，那么就取其为 1。

当采用通过 J_{mat} 得到的 K_{mat} 进行断裂评定时，并利用相同的试验所得的 δ_{mat}，可由下式得到 X 值

$$X = \frac{J_{mat}}{\sigma_s \delta_{mat}(1 - v^2)} \tag{7-23}$$

对于没有二次应力的评定，参数 δ_r 是许用 CTOD 值 δ_I 与断裂韧度 δ_{mat} 的比值，为便于 FAD 图的绘制，δ_r 的平方根可由下式计算得到：

$$\sqrt{\delta_r} = \sqrt{\delta_I/\delta_{mat}} \tag{7-24}$$

当存在二次应力时，必须采用附加校正因子 ρ，此时：

$$\sqrt{\delta_r} = \sqrt{(\delta_I/\delta_{mat})} + \rho \tag{7-25}$$

对于表面和深埋缺陷，K_I 在裂纹前端变化较大。由式（7-22）得到的 δ_I 将产生类似的变化，选用最大值。

（3）三级评定（延性撕裂评定）

它适用于具有稳定撕裂特征的塑性材料（如奥氏体和铁素体钢）。然而，只要能获得一定约束条件下的韧度数据，本级别也可用于经纯延性撕裂之后表现出脆性失效的材料。此等级共分三种，即 3A、3B 和 3C。每种方法使用不同的评定线且均需进行延性撕裂分析

（需要知道断裂韧度 δ 或者 J 阻力曲线）。分析结果表现为评定图中的一个点或者多个点形成的轨迹。如果点或者轨迹位于坐标轴和评定线围成的区域内，则缺陷是可以接受的；否则，缺陷不可接受。

L_r 的取舍点和安全系数的选择与二级评定相同，安全余量一般采用保守因子（备用系数）和概率方法加以估计。前述二级评定中所描述的 FAD 用于较高的结构约束条件下。当韧度采用标准程序测量得到时，可对其加以修正或选择适当的试验几何尺寸以适合较低约束条件下的 FAD。评定流程见图 7-8。

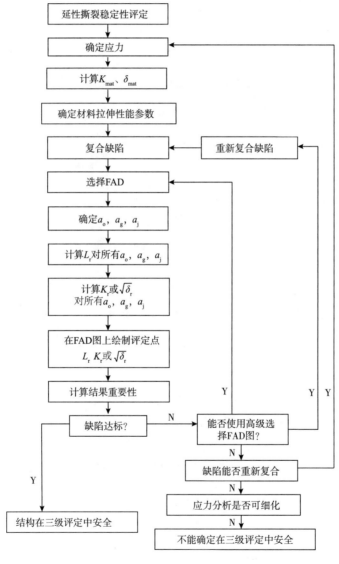

图 7-8 三级评定的流程图

①3A 评定

3A 评定是 2A 级的推广（不需要应力-应变数据），3A 级中的 FAD 图与 2A 中相似，但是在应力-应变曲线中初始硬化速率较高的情况下(如处于应变老化的材料),这种低估就过于严重。此时应考虑采用3B级评定。对于具有不连续屈服点(具有屈服平台)的材料,若采用3A级评定,应该严格限制在 $L_r \leqslant 1.0$ 条件下,或者最好使用3B级。

②3B评定(特定材料曲线)

3B中的特定材料FAD图由2B级得到。需要知道材料的应力-应变数据,尤其在应变小于1%时。

适合于所有金属,无论何种应力-应变行为。

③3C评定(J 积分)

对于特殊材料和几何尺寸的特殊FAD图,可通过对相关载荷条件下含缺陷结构进行弹性和弹塑性分析来确定其 J 积分数值得到。对一定范围内的载荷求解相应 J_e、J 值,得到的评定线可通过下列方程加以描述:

当 $L_r \leqslant L_{max}$ 时

$$K_r = \left(\frac{J_e}{J}\right)^{\frac{1}{2}} \tag{7-26}$$

图中,a_o 为已知缺陷的尺寸;a_j 为缺陷扩展的间隔;a_g 为撕裂裂纹扩展的极限。

当 $L_r > L_{max}$ 时

$$K_r = 0 \tag{7-27}$$

式中　J_e,J——对应统一载荷(相同的 L_r);

　　　　K_r——L_r 的函数。

对于延性撕裂分析,断裂撕裂阻力 K_{mat}、J_{mat} 或 δ_{mat} 定义为延性裂纹扩展量(或撕裂量) Δa 的函数。必须根据BS 7448—4测出 K_{mat} 等与 Δa 的关系,获得撕裂阻力曲线,该阻力曲线最小需6个有效试样,如分散性过大,则需选用更多的试样。韧度值可通过 J 求得的一系列 δ_{mat} 或 K_{mat} 值求出。

7.2.2　新R6失效评定曲线法

1. 研发过程

英国中央电力局(CEGB)在1976年发表了题为《带缺陷结构的完整性评定》的R/H/R6报告(即R6方法),给出一条失效评定曲线,故亦称失效评定曲线法。1977年第一次修订,1980年第二次修订,1986年第三次修订,2001年又作了第四次修订。1986年以前的R6失效评定曲线(称老R6曲线),是以D-M模型为依据的,提出时对其物理意义的理解还不是很深刻。后来,美国EPRI研究了R6失效评定曲线。用 J 积分取代窄条区屈服模型,给出了新的失效评定曲线,并将R6失效评定曲线的物理意义阐述得非常清楚。

取纵坐标为双重坐标,即 $\sqrt{J_e/J}$ 及 K_r,这里 $K_r = K_I/K_{IC}$,实质上 K_r 反映了结构脆性断裂的程度,横坐标 $L_r = P/P_0$,是施加荷载 P 与塑性失稳极限荷载 P_0 之比,实质上 L_r 反映了结构塑性失稳程度。当被评定点 (L_r, K_r) 落在评定曲线外时,表示结构失效。若评定点落在曲线内,则说明结构是安全的。

英国 CEGB 于 1986 年修改了 R6 标准，一般称为新 R6 标准，并在以下两个方面进行了分析和评定。

①考虑了材料应变硬化效应。以 J 积分理论为基础，建立了失效评定曲线的三种选择方法，比 EPRI 方法更为简便；

②裂纹延性稳定扩展的处理方法有了重大改革。提出了缺陷评定的三种类型的分析方法。可根据具体情况采用其中一种类型，进行所需要的分析和评定。

综上可见，R6 方法 20 年的发展，集中反映了近 10 年来弹塑性断裂理论的发展。它博取了断裂应力强度因子理论、COD 理论及 J 积分理论等众家之长，以及它们的最新研究成果，使其成为目前国际上应用较多的压力容器缺陷评定标准。目前世界各国的压力容器缺陷评定标准均在向 R6 方法靠拢，相继采用失效评定图技术。

新 R6 标准是目前国际上较为先进的标准，能够判别含缺陷结构的潜在失效模式，以及能进行结构的脆性断裂、弹塑性断裂和塑性失稳分析，所以被广泛用于管道的断裂评定。

2. 新 R6 失效评定曲线

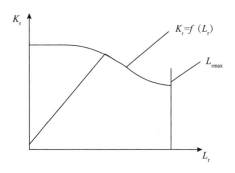

图 7-9　新 R6 失效评定曲线的一般形式

R6 法评定是通过失效评定图进行的，因此，失效评定图的建立是评价的关键之一。新 R6 失效评定曲线的一般形式如图 7-9 所示，是以一条连续曲线和截断线组成。图中截断线 L_{rmax} 表示缺陷尺寸很小时，结构塑性失稳载荷和屈服载荷之比。当 $L_r > L_{rmax}$ 时，$K_r = f(L_r) = 0$。

新 R6 提出了建立失效评定曲线的三种方法。

（1）方法一

采用通用失效评定曲线，对于应力 - 应变特性曲线上无明显连续屈服点的所有材料都是适用的。该曲线方程形式如下：

$$K_r = (1 - 0.14L_r^2)\left[0.3 + 0.7\exp(-0.65L_r^6)\right] \qquad (7-28)$$

截断点定义如下：

$$L_{rmax} = \frac{\bar{\sigma}}{\sigma_s} \qquad (7-29)$$

式中　$\bar{\sigma}$ ——单轴向流变应力，$\bar{\sigma} = \dfrac{\sigma_s + \sigma_b}{2}$，MPa；

　　　σ_s ——单轴向屈服应力，MPa；

　　　σ_b ——单轴向抗拉强度，MPa。

（2）方法二

绘制的失效评定曲线需要材料的详细应力 - 应变数据，尤其是应变低于 1% 时的数据。这条曲线比方法一的曲线更为精确，尤其是当应力 - 应变曲线上初始硬化速率高的时候，例如对在应变失效区操作的材料以及应力－应变曲线上有明显屈服不连续点的材料。曲线可由下述方程描述：

若 $L_r \leqslant L_{rmax}$

$$K_r = \left(\frac{E\varepsilon_{ref}}{L_r\sigma_y} + \frac{L_r^2\sigma_y}{2E\varepsilon_{ref}} \right)^{-\frac{1}{2}} \tag{7-30}$$

若 $L_r > L_{rmax}$

$$K_r = 0 \tag{7-31}$$

式中　ε_{ref}——单轴向拉伸的应力－应变曲线上的真实压力，$\varepsilon_{ref} = L_r\sigma_y$；

　　　E——弹性模量；

　　　σ_y——下限屈服应力或 0.2% 试验应力。

此曲线适用于所有金属，不论其应力－应变行为如何。

（3）方法三

该评定方法适用特定材料和特定几何形状的曲线。必须对有缺陷的结构作详细的分析，作为引起 σ_P 应力的荷载的函数。这一方法需要在有关荷载条件下对有裂纹的结构作弹性和弹性－塑性分析以计算 J 积分值。对一系列用以作图的荷载分别计算相应的 J_e 值和 J 值，曲线方程如下

若 $L_r \leqslant L_{rmax}$

$$K_r = \left(\frac{J_e}{J} \right)^{-\frac{1}{2}} \tag{7-32}$$

若 $L_r > L_{rmax}$，则 $K_r = 0$。

7.2.3　ASME B31G 评价方法

1. ASME B31G 简介

在 20 世纪 60 年代末，美国一家著名的输气管道公司与美国的 Batelle 研究所合作，开始着手研究管道中各种腐蚀类型的断裂引发行为。包括确定缺陷尺寸和引起缺陷泄漏或爆裂的内压等级之间的关系。该输气公司和 Batelle 研究所的试验说明有可能发展一种方法来分析管道中已存在的各种类型的腐蚀。因此，对于管道是否安全地继续服役还是维修或更换可以作出有效的决定。这时，其他的运输公司也开始涉足这方面的研究。20 世纪 70 年代初，美国的 AGA 管道研究委员会开始预测含有各种尺寸腐蚀缺陷管道的压力强度。提出了基于断裂力学的 NG－18 表面缺陷计算公式，该式以 Dugdale 塑性区尺寸模型、受压圆筒的轴向裂纹的"Folias"分析和经验的裂纹深度与管子厚度关系式为基础（如图 7-10），其表达式为：

$$S = \bar{S} \left[\frac{1 - A/A_0}{1 - (A/A_0)M_\tau^{-1}} \right] \tag{7-33}$$

式中　S——环向失效应力，MPa；

　　　$\bar{S}$——材料的流动应力，和屈服强度有关的材料特性，MPa；

A——裂纹或缺陷在轴向穿壁平面上的投影面积，mm^2；

A_0——裂纹或缺陷处原来管壁的横截面积，$A_0 = Lt$，mm^2；

L——缺陷的轴向长度，mm；

t——管子厚度，mm；

D——管子直径，mm。

M_τ——Folias 系数，它是 L，D 和 t 的函数，由下式确定：

$$M_\tau = \sqrt{1 + \frac{2.51(L/2)^2}{Dt} - \frac{0.054(L/2)^4}{(Dt)^2}} \qquad (7-34)$$

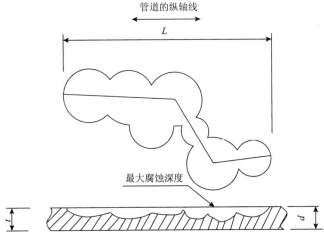

图 7-10　腐蚀管线实测的参数示意图

此式可以用于评估有表面缺陷的管道。Kiefner 对有腐蚀缺陷的管子所做的大量试验表明，NG-18 表面缺陷公式用来评估腐蚀管道的剩余强度是可行的。在 Kiefner 和 Duffy 工作的基础上，以 NG-18 表面缺陷公式为基础，提出了 B31G 准则。这个准则是目前西方国家流行的评价方法，它的理论基础是基于中低强度材料的弹塑性断裂力学，其目的是力求采用解析式来表达材料不连续时管道的强度或应力，其手段是采用实验的归纳综合和理论的分析研究相结合，其结果实际上得到的是半经验半理论表达式。

BS31G 准则基于以下假设：

① 式（7-33）中的 Folias 系数表达式简化为

$$M_\tau = \sqrt{1 + \frac{0.8L^2}{Dt}} \qquad (7-35)$$

式中　D——管子公称外径，mm。

② 式（7-33）中，材料的流动应力 $\bar{S}$ 为最小屈服强度（$SMYS$）的 1.1 倍，即 $\bar{S} = 1.1SMYS$；

③ 式（7-33）中，腐蚀缺陷的金属损失面积可用矩形或者抛物线来近似，一般来说，短腐蚀缺陷用抛物线近似，而长腐蚀缺陷用矩形近似。图 7-11 是抛物线近似的情况。

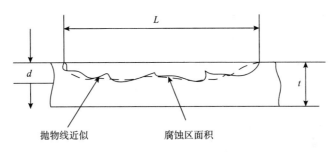

抛物线近似　　　　腐蚀区面积

图7-11　金属损失面积用抛物线近似

2. ASME B31G 评价程序

（1）ASME B31G 评价程序

程序框图如图7-12所示。

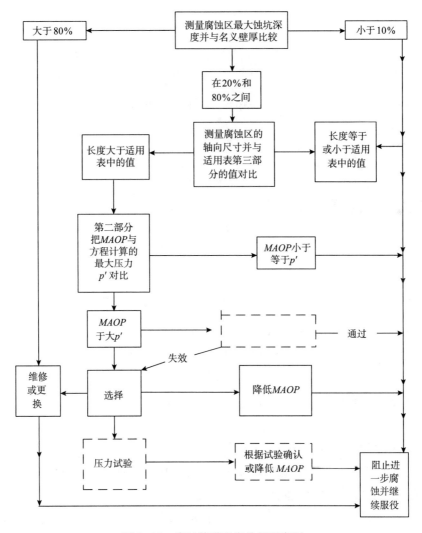

图7-12　腐蚀管道强度分析程序图

在上述假设的基础上，B31G 准则的主要公式如下：

①最大允许设计压力 p

B31G 准则中，完好管道的最大允许设计压力为：

$$p = \frac{2SMYS}{D}Ft \tag{7-36}$$

式中　p——允许设计压力，MPa；

$SMYS$——管材的最小屈服强度，MPa；

F——设计系数，在准则中 $F = 0.72$。

②最大安全压力 p'

对于短的腐蚀，腐蚀区的金属损失用抛物线来近似时，即 $A = \frac{2}{3}LD$，最大安全压力 p' 为：

$$p' = 1.1p\left[\frac{1 - \frac{2}{3}\left(\frac{d}{t}\right)}{1 - \frac{2}{3}\left(\frac{d}{t\sqrt{N^2 + 1}}\right)}\right]p' \leqslant p，N \leqslant 4 \tag{7-37}$$

对长的腐蚀，腐蚀区的金属损失用矩形来近似时，即 $A = Ld$，最大安全压力 p' 为：

$$p' = 1.1p\left[\frac{1 - \left(\frac{d}{t}\right)}{1 - \left(\frac{d}{t\sqrt{N^2 + 1}}\right)}\right]p' \leqslant P，N \leqslant 4 \tag{7-38}$$

当腐蚀很长时，即 N 很大，这时最大安全压力 p' 可简化为：

$$p' = 1.1p\left(1 - \frac{d}{t}\right)p' \leqslant p \tag{7-39}$$

在式(7-37)和式(7-38)中，N 可表示为

$$N = \sqrt{M_\tau^2 - 1} = 0.894\left(\frac{L}{\sqrt{Dt}}\right) \tag{7-40}$$

当 N 很大时，可直接用式(7-39)计算。其实对不同 d/t 的腐蚀，式(7-38)和式(7-39)的误差在 0.6% ~20% 之间，如图 7-13 所示。当 d/t 不太大时，用式(7-39)代替式(7-38)是合适的。

图 7-14 给出了不同 d/t 情况下的最大允许压力与设计压力比 p'/p 和 $L/\sqrt{Dt}$ 的关系曲线。

③腐蚀缺陷的最大允许长度

在 B31G 准则中，对于一给定深度为 d 的腐蚀缺陷，且 $0.2 < d/t < 0.8$，t 为壁厚，腐蚀缺陷用抛物线近似时，这个缺陷最大允许长度为

$$L_{\text{allow}} = 1.12B\sqrt{Dt} \tag{7-41}$$

式中　L_{allow}——腐蚀的最大允许轴向速度，mm。

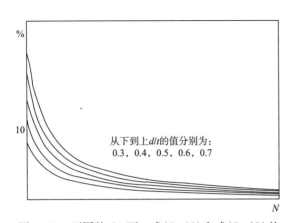

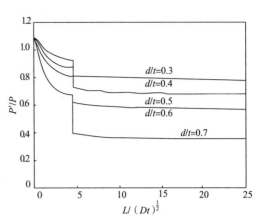

图7-13　不同的 d/t 下，式(7-38)和式(7-39)的误差

图7-14　对不同 d/t 缺陷，p'/p 和 $L/\sqrt{Dt}$ 的关系曲线

B 由下式确定：

$$B = \sqrt{\left(\frac{d/t}{1.1d/t - 0.15}\right)^2 - 1} \tag{7-42}$$

由式(7-41)、式(7-42)可以看出，对确定的管道，腐蚀的最大允许长度只与腐蚀的深度有关。图7-15给出了 $L_{\text{allow}}/(Dt)^{\frac{1}{2}}$ 和 d/t 的关系曲线

$$L = 1.12B\sqrt{Dt} \tag{7-43}$$

其中 B 是由图7-15确定的值。

当 $0.1 < d/t < 0.175$ 时，　　　$B = 4$　　　　　　(7-44)

当 $0.175 < d/t < 0.8$ 时，B 可式(7-42)计算。

深度 d 大于壁厚的80%的蚀坑是不能接受的，因为这样深的蚀坑将引起泄漏。

试验及实际应用表明，ASME B31G 准则适用于评估有轴向裂纹或腐蚀缺陷的管道，结果有一定保守。不大适用于环向尺寸很大的缺陷、螺旋腐蚀和焊缝腐蚀缺陷的管道。准则中没有考虑多个缺陷的评估显得过于保守。

（2）改进的 B31G 准则

对 B31G 准则的使用结果表明，用它进行评估管道得到的结果偏于保守，使得很多管道进行了不必要的拆除和修复，从而造成很大的浪费。

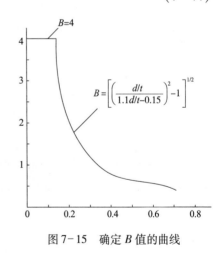

图7-15　确定 B 值的曲线

针对原 B31G 准则的过分保守性，对引起保守的原因进行了分析，分析结果发现主要是以下几个方面的原因。

①流动应力的定义；

② Folias 系数的近似表达式不正确

③腐蚀区金属损失面积的计算不准确；

④对点蚀和相邻腐蚀的情况，没有考虑中间的间隔对腐蚀材料的加强作用。在这些分析的基础上，主要对以下方面作了改进。

①流动应力的修改

Maxey 经过试验认为，屈服应力加上 68.95MPa 才能更接近流动应力，所以修改后的流动应力等于 $SMYS$ 加上 68.95MPa。

②Folias 系数的修改

对 Folias 系数的表达式进行了修改。修改后，Folias 系数有两种表达方法，适用于不同情况。

当 $L^2/Dt \leqslant 50$ 时

$$M_\tau = \left[1 + 0.6275\frac{L^2}{Dt} - 0.003375\frac{L^4}{D^2 t^2} \right]^{1/2} \qquad (7-45)$$

当 $L^2/Dt > 50$ 时

$$M_\tau = 0.032\left(\frac{L^2}{Dt}\right)\frac{L^2}{Dt} + 3.3 \qquad (7-46)$$

③腐蚀区金属损失面积计算方法的改进

在原来的准则中，对金属损失面积的计算只规定了两种形状，矩形和抛物线形。试验表明，用抛物线可得到较符合实际的结果。但是，对不太长的金属损失面积，用抛物线法总是低估管子的强度。对很长的腐蚀面积，用抛物线法反而过高的估算了管子的强度。所以需要对金属损失面积的计算方法进行修改。

在改进的 B31G 准则中，可以通过更精确的方法计算金属的损失面积，计算方法如下：

（a）精确面积法

这种方法是通过详细测量腐蚀坑的深度剖面，来计算出腐蚀区面积的方法。如图 7-16 所示的腐蚀区为例，设沿管线轴向金属区的长度为 l_{total}，将其划分为 n 个相等的测量间隔 X，并将此 X 看作梯形的高，间隔 X 的两端处腐蚀坑的深度分别为 d_{n-1} 及 d_n，并看作梯形的上底与下底。于是，即可利用梯形面积的计算公式计算出每个小间隔 X 的面积，将第一个小间隔一直到第 n 个小间隔的计算面积叠加起来，即为整个腐蚀区的面积 A。其计算表达式为：

$$A = X\left(\frac{d_0 + d_1}{2}\right) + X\left(\frac{d_1 + d_2}{2}\right) + \cdots + X\left(\frac{d_{n-1} + d_n}{2}\right) \qquad (7-47)$$

式中　A——金属损失面积；

　　　X——两次深度测量的间隔；

　　　d_i——第 $i+1$ 次测量的深度值；

　d_0，d_n——腐蚀区两端处的深度。

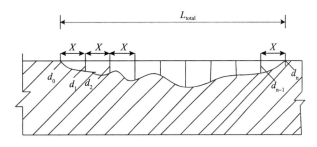

图7-16 腐蚀区的精确面积表示法

理想情况下，d_0 和 d_n 为零，这时有

$$A = X \sum_{i=1}^{n-1} d_i = nXd_{avg} = L_{total}d_{avg} \tag{7-48}$$

式(7-48)中，d_{avg} 为腐蚀坑的平均深度，l_{total} 为腐蚀区沿轴向的总长度。可以看出，腐蚀区的精确金属损失面积可以用一个长方形的面积来代替，等于腐蚀区的总长度和平均深度的乘积。

（b）等效面积法

把式(7-48)作变换即可得到另一种计算方法：

$$A = L_{total}d_{avg} = L_{total}(d_{avg}/d)d = L_{eq}d \tag{7-49}$$

这里 L_{eq} 称为等效长度，可表示为：

$$L_{eq} = L_{total}(d_{avg}/d) \tag{7-50}$$

以上两种计算方法原理一样，但是在用式(7-45)和式(7-46)计算 M_T 时不一样。

（c）有效面积法

对不规则的腐蚀缺陷，根据缺陷的总面积和总长度计算得到的管子的强度常常不是最小值。第三种精确方法是取腐蚀坑的最大深度作为计算深度 d，以腐蚀坑的最大长度作为计算长度 l。然后按下列公式来计算有效面积 A：

$$A = 0.85dl \tag{7-51}$$

因腐蚀坑的最大深度 d 远较平均深度 d_{avg} 容易测量，故应用有效面积法较精确面积法方便，因而在实际工程中应用较多。

（3）改进 B31G 相关计算式

① 最大允许设计压力 p

在改进的 B31G 准则中，完好管道的最大设计压力的计算和原准则相同。

② 最大安全压力 p'

当 $L^2/Dt \leqslant 50$ 时

$$p' = \frac{\dfrac{2Ft(SMYS + 68.95)\left[1 - (A/A_0)\right]}{D}}{1 - (A/A_0)\left(1 + 0.6275\dfrac{L^2}{Dt} - 0.003375\dfrac{L^4}{D^2t^2}\right)^{-1/2}} \tag{7-52}$$

当 $L^2/Dt > 50$ 时

$$p' = \frac{\dfrac{2Ft(SMYS + 68.95)\left[1 - (A/A_0)\right]}{D}}{1 - (A/A_0)\left(1 + 0.032\dfrac{L^2}{Dt} + 3.3\right)^{-1}} \tag{7-53}$$

③腐蚀缺陷的最大允许长度

修改后的准则中流动应力变为 $\bar{S} = SMYS + 68.95$。定义一流动应力比 q，即令

$$q = \frac{SMYS + 68.95}{SMYS} \tag{7-54}$$

对式(7-33)求解得到 M_τ：

$$M_\tau = \sqrt{Dt}\left[-\frac{(-1/q)(A/A_0)L^2}{1 - A/A_0 - 1/q}\right]^{1/2} \tag{7-55}$$

分别让式(7-45)与式(7-46)的右端等于式(7-55)的右端，则可得到给定深度的腐蚀缺陷的最大允许长度 L_{allow}。

当 $L^2/Dt \leqslant 50$ 时

$$L_{\text{allow}} = \sqrt{Dt}\left[92.963 - \left[(92.963)^2 + 296.296\left[1 - \frac{(-1/q)^2(A/A_0)^2}{(1 - A/A_0 - 1/q)^2}\right]\right]^{1/2}\right]^{1/2} \tag{7-56}$$

当 $L^2/Dt > 50$ 时

$$L_{\text{allow}} = \sqrt{Dt}\left[\frac{31.25(-1/q)(A/A_0)}{1 - A/A_0 - 1/q} - 103.125\right]^{1/2} \tag{7-57}$$

7.2.4　腐蚀管道 DNV 评价方法

1. DNV 方法的基本概念及其计算式

腐蚀管道 DNV 评估方法由挪威船级社于 1999 年正式出版发行，是用于对含缺陷腐蚀管道安全评定的方法。

DNV 方法主要是研究在荷载作用下的管道腐蚀缺陷的安全评定，给出了两种方法，即分安全系数法和许用应力法。作用的荷载包括只有内压作用和内压与轴向压应力共同作用两种。腐蚀缺陷包括三种，即单个缺陷、相互作用的缺陷和复杂形状缺陷。此方法适用于含有腐蚀缺陷的碳钢管道，为其提供了一种简单的腐蚀管道评定方法。

腐蚀管道 DNV 评定方法的基本公式为：

$$p = \frac{2t\sigma_{TS}}{D - t}\frac{1 - \dfrac{d}{t}}{1 - \dfrac{d}{tQ}} \tag{7-58}$$

$$Q = \sqrt{1 + 0.31\left(\frac{l}{\sqrt{Dt}}\right)^2} \tag{7-59}$$

式中　Q——长度校正系数；

　　　p——管道可承受的内压，MPa；

　　　t——管道壁厚，m；

　σ_{TS}——管材拉伸强度，MPa；

　　　D——管道外径，m；

　　　d——缺陷深度，m；

　　　l——缺陷长度，m

　　工程上，当圆筒的壁厚 t 远小于它的外径 $D(t < D/20)$，称为薄壁圆筒，石油输送管道就是薄壁圆筒。圆筒受内压 p 的作用，在圆筒轴向截面上产生环向应力 σ_y，用相距为 a 的两个横截面 mm 和 nn 和包含直径的轴向平面，从圆筒中截取一部分，如图7-17所示，在圆筒的轴向截面上，内力为：

$$N = \sigma_y t a \tag{7-60}$$

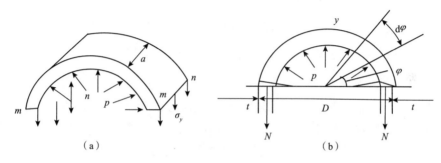

图7-17　薄壁圆筒的环向应力

在这一部分圆筒内壁的圆弧微分面积 $a\dfrac{D-t}{2}\mathrm{d}\varphi$ 上的压力为：

$$pa\frac{D-t}{2}\mathrm{d}\varphi \tag{7-61}$$

它在垂直方向上的投影为：

$$pa\frac{D-t}{2}\sin\varphi\mathrm{d}\varphi \tag{7-62}$$

通过积分求出上述投影的总合为：

$$\int_0^\pi pa\frac{D-t}{2}\sin\varphi\mathrm{d}\varphi \tag{7-63}$$

由图7-17(b)所示，考虑垂直方向的平衡条件，得：

$$2N - pa(D-t) = 0 \tag{7-64}$$

故管壁上的环缝应力为：

$$\sigma_y = \frac{p(D-t)}{2t} \tag{7-65}$$

管道内压力为：

$$p = \frac{2t\sigma_y}{D-t} \tag{7-66}$$

考虑到腐蚀坑的影响

$$p_{\text{corr}} = \frac{2t\sigma_y}{D-t}\left(1 - \frac{d}{t}\right) \tag{7-67}$$

从式中可以看出，缺陷深度 d 直接影响管道的强度。实践研究也发现，缺陷长度 l 对管道的强度也会起到很大的影响。上式为内压载荷作用下的腐蚀管道、单个轴向腐蚀缺陷许用工作压力的理论解，在实际使用中，可用下式对理论公式进行修正。

$$p_{\text{corr}} = \frac{2t\sigma_y}{D-t}\frac{1-d/t}{1-\dfrac{d/t}{Q}} \tag{7-68}$$

$$Q = \sqrt{1 + 0.31\left(\frac{l}{\sqrt{Dt}}\right)^2} \tag{7-69}$$

当 $l=0$ 时，$Q=1$，相当于腐蚀缺陷没有对许用应力产生任何影响；

当 $l < \sqrt{Dt}$ 时，腐蚀缺陷的长度对于许用应力产生影响很小；

当 $l \geq \sqrt{Dt}$ 时，腐蚀缺陷长度对于许用应力产生很重要的影响。

2. DNV 方法中的分安全系数法

分安全系数法是根据海底管道系统和 DNV 近海标椎 05-F101 中的安全准则提出的。着重考虑到有关缺陷深度尺寸和材料性质的不确定性，使用概率修正公式来确定腐蚀管道的许用操作压力。这些公式是按照荷载和阻力系数设计方法得到的。

（1）分安全系数法中的几个基本参数

分安全系数是通过两种全面的检测方法（绝对测量法和相对测量法），四种不同水平的检测精度以及三种不同的可靠度来确定的，此可靠度是根据 DNV 近海标准 F101 中的安全等级分类来确定的，下面介绍 DNV 规范中的几个基本概念。

①可靠度

按照 DNV 规范，管道设计是根据定位等级、流体类别和每个失效模式的潜在失效后果而划分安全等级的，如表7-14所示。

表7-14　安全等级和最终极限状态的目标年失效概率

安全等级	目标年失效概率
高	$<10^{-5}$
正常	$<10^{-4}$
低	$<10^{-3}$

无人类频繁活动处的油气管道可归入正常安全等级，对于立管、接近平台和人类频繁活动的油气管道，应划分为高安全等级。

②检测尺寸的精度

检测尺寸的精确性通常是根据管壁厚度和指定的置信度来确定的。置信度是指测量尺寸的哪一部分在给定尺寸精度范围内，若假定置信度是正态分布，可估计出标准方差

（*STD*），如表7-15所示。

表7-15　标准方差与置信度

尺寸相对精度	置信度	
	80%	90%
精确	$StD[d/t] = 0.00$ *	$StD[d/t] = 0.00$
±5%	$StD[d/t] = 0.04$	$StD[d/t] = 0.03$
±10%	$StD[d/t] = 0.08$	$StD[d/t] = 0.06$
±20%	$StD[d/t] = 0.16$	$StD[d/t] = 0.12$

注：＊测量比率（d/t）的标准方差。

③分安全系数

分安全系数是测量缺陷深度时尺寸精度的函数，测量时采用相对深度测量法和绝对深度测量法，应参考所使用的测量仪器选择一个适当的尺寸精度。分安全系数主要有以下几种：

r_m——模型预测的分安全系数；

γ_d——腐蚀深度的分安全系数；

ε_d——定义腐蚀深度的分数值的系数；

STD——测量比率 d/t 的标准方差。

④材料等级和材料要求

采用的方程中使用指定的最小拉伸强度（*SMTS*）。对于每种材料等级，最小拉伸强度在钢管材料规范中都有介绍。

⑤相对深度测量方法

表7-16、表7-17中所给出的分安全系数是使用相对深度测量法进行测量，将所得到的观测结果进一步计算得到的。

表7-16　使用相对深度测量法时的分安全系数 γ_m

指定补充要求"U"	安全等级		
	低	正常	高
没有	$\gamma_m = 0.79$	$\gamma_m = 0.74$	$\gamma_m = 0.70$
有	$\gamma_m = 0.82$	$\gamma_m = 0.77$	$\gamma_m = 0.73$

表7-17　使用相对深度测量法时的分安全系数 γ_d 和 ε_d

安全等级	γ_d	范围
低	$\gamma_d = 1.0 + 4.0 StD[d/t]$	$StD[d/t] < 0.04$
	$\gamma_d = 1 + 5.5 StD[d/t] - 37.5 StD[d/t]^2$	$StD[d/t] < 0.08$
	$\gamma_d = 1.2$	$StD[d/t] \leq 0.16$

续表

安全等级	γ_d	范围
正常	$\gamma_d = 1 + 4.6 StD[d/t] - 13.9 StD[d/t]^2$	$StD[d/t] \leqslant 0.16$
高	$\gamma_d = 1 + 4.3 StD[d/t] - 4.1 StD[d/t]^2$	$StD[d/t] \leqslant 0.16$
	$\varepsilon_d = 0$	$StD[d/t] \leqslant 0.04$
	$\varepsilon_d = -1.33 + 37.5 StD[d/t] - 104.2 StD[d/t]^2$	$0.04 < StD[d/t] \leqslant 0.16$

⑥绝对深度测量法

表7-18 中所给出的分安全系数是使用绝对深度测量法进行测量，将所得的观测结果进一步计算而得到的。

表 7-18 使用绝对深度测量法时的分安全系数 γ_m

指定补充要求"U"	安全等级		
	低	正常	高
没有	$\gamma_m = 0.82$	$\gamma_m = 0.77$	$\gamma_m = 0.72$
有	$\gamma_m = 0.83$	$\gamma_m = 0.80$	$\gamma_m = 0.75$

分安全系数 γ_d 和 ε_d 在绝对深度测量法中的值与在表7-17 中给出的相对深度测量法中的值相同。

⑦环向腐蚀

在表7-19 和表7-20 中给出的是在内压和轴向压应力共同作用下的单个环向腐蚀缺陷的分安全系数。

表 7-19 分安全系数 γ_{mc}

指定补充要求"U"	安全等级		
	低	正常	高
没有	$\gamma_{mc} = 0.81$	$\gamma_{mc} = 0.76$	$\gamma_{mc} = 0.71$
有	$\gamma_{mc} = 0.85$	$\gamma_{mc} = 0.80$	$\gamma_{mc} = 0.75$

表 7-20 分安全系数 η

指定补充要求"U"	安全等级		
	低	正常	高
没有	$\eta = 0.96$	$\eta = 0.87$	$\eta = 0.77$
有	$\eta = 1.00$	$\eta = 0.90$	$\eta = 0.80$

⑧轴向应力的使用系数

轴向应力的使用系数见表7-21。

· 340 ·

表 7-21 使用系数 ξ

安全等级	使用系数 ξ
低	$\xi = 0.90$
正常	$\xi = 0.85$
高	$\xi = 0.80$

(2)含单个缺陷管道的承压能力评定

①单个缺陷判断

如图 7-18 所示,单个缺陷是指不与临近缺陷相互作用的缺陷,单个缺陷的失效压力与管道中其他缺陷无关。

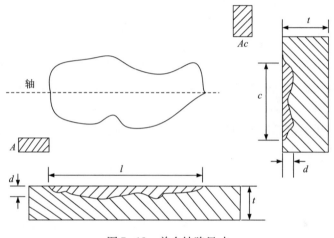

图 7-18 单个缺陷尺寸

符合下列条件下的缺陷可视为单个缺陷。

a. 临近缺陷间的环向角度空间(φ)

$$\varphi > 360 \sqrt{\frac{t}{D}} \tag{7-70}$$

b. 临近缺陷间的轴向距离(s)

$$s > 2.0 \sqrt{Dt} \tag{7-71}$$

式中 t——壁厚;

D——管道外径。

②内压载荷下腐蚀缺陷管道许用应力的计算

根据单个腐蚀缺陷的作用载荷和形状的不同,可将腐蚀缺陷分为三类:只受内压载荷作用的腐蚀缺陷;内压和轴向压应力共同作用下的轴向腐蚀缺陷和环向腐蚀缺陷。

a)只受内压载荷作用下的单个缺陷的腐蚀管道的许用工作压力,可根据以下方程进行确定。

$$p_{corr} = \gamma_m \frac{2tSMTS}{D-t} \frac{1 - \gamma_d(d/t)^*}{1 - \dfrac{\gamma_d(d/t)^*}{Q}} \qquad (7-72)$$

$$Q = \sqrt{1 + 0.31\left(\frac{l}{\sqrt{Dt}}\right)^2} \qquad (7-73)$$

$$(d/t)^* = (d/t)_{meas} + \varepsilon_d StD[d/t] \qquad (7-74)$$

若 $\gamma_d(d/t)^* \geqslant 1$，则 $p_{corr} = 0$。

式中，p_{corr} 不允许超过 p_{mao}，缺陷深度的测量值可超过壁厚的 85%。p_{corr} 为单个腐蚀缺陷的许用工作压力，N/mm^2；p_{mao} 为最大许用操作压力，N/mm^2；$SMTS$ 为规定的最小拉伸强度，N/mm^2；t 为未腐蚀的管壁测量厚度，mm；D 为管道名义外径，mm；l 为腐蚀区域的轴向长度，mm；d 为腐蚀区域的深度，mm；Q 为腐蚀长度校正系数；γ_m 为按轴向腐蚀模型预测的分安全系数；γ_d 为腐蚀深度的分安全系数；ε_d 为定义腐蚀深度分数值的系数；$StD[d/t]$ 为腐蚀深度的标准方差。

b）内压和轴向压应力共同作用下的腐蚀缺陷管道的许用压力

含内压和轴向压应力共同作用下的轴向单个缺陷的腐蚀管道许用压力的评定可采用以下方法。

第一步，计算由外部载荷在腐蚀缺陷处引起的轴向应力。

$$\sigma_A = \frac{F_X}{\pi(D-t)t} \qquad (7-75)$$

$$\sigma_B = \frac{4M_Y}{\pi(D-t)^2 t} \qquad (7-76)$$

组合名义轴向应力为：

$$\sigma_L = \sigma_A + \sigma_B \qquad (7-77)$$

第二步，如果组合轴向应力是拉应力，则计算腐蚀管道许用压应力，包括校正由于周向压应力产生的影响。

$$p_{corr,comp} = \gamma_m \frac{2tSMTS}{D-t} \frac{1 - \gamma_d(d/t)^*}{1 - \dfrac{\gamma_d(d/t)^*}{Q}} H_1 \qquad (7-78)$$

$$H_1 = \frac{1 + \dfrac{\sigma_L}{\xi SMTS} \dfrac{1}{A_r}}{1 - \dfrac{\gamma_m}{2\xi A_r} \dfrac{1 - \gamma_d(d/t)^*}{1 - \dfrac{\gamma_d(d/t)^*}{Q}}} \qquad (7-79)$$

$$A_r = 1 - \frac{d}{t} \frac{c}{\pi D} \qquad (7-80)$$

式中　$p_{corr,comp}$ 为受内压力和轴向压力共同作用的管道，单个轴向腐蚀缺陷的许用工作压力，N/mm^2；Fx 为外部施加的轴向力，N；My 为外部施加的轴向弯矩，$N \cdot mm$；σ_A 为由于受轴向外力而产生的轴向应力，N/mm²；σ_B 为由于受外部弯矩影响而产生的轴向应力，N/mm²；σ_L 为由于外部弯矩影响而产生的轴向应力；ξ 为计算轴向应力的使用系数；Ar 为环向而积减小系数；c 为缺陷宽度，即缺陷的环向尺寸，mm。

c）内压和轴向压力共同作用下的环向腐蚀缺陷

第一步，在内压和周向压力共同作用下的腐蚀缺陷处的轴向压力，按式(7-78)、式(7-79)、式(7-80)计算；

第二步，计算许用工作压力，其计算式为

$$p_{\text{corr,circ}} = \min\left[\gamma_{\text{mc}}\frac{2tSMTS}{D-t}\frac{1+\dfrac{\sigma_L}{\xi SMTS}\dfrac{1}{A_r}}{1-\dfrac{\gamma_{\text{mc}}}{2\xi}\dfrac{1}{A_r}}, \gamma_{\text{mc}}\frac{2tSMTS}{D-t}\right] \tag{7-81}$$

式中　$p_{\text{corr,circ}}$ 为内压和轴向压应力共同作用下的环向腐蚀缺陷的许用工作压力，N/mm²；其他符号同式(7-78)；

（3）含相互影响的缺陷管道的承压能力评定

相互影响的缺陷（如图7-19所示）是指在轴向或环向与邻近缺陷相互影响的缺陷。由于缺陷之间的相互作用，其失效压力小于单个缺陷的失效压力。为了确定失效压力的最小值，在一组相互作用的缺陷中，要考虑所有的缺陷和所有邻近缺陷的组合。组合缺陷可使用全长（包括间距）和有效深度按照单个缺陷方程进行计算．其计算步骤如下。

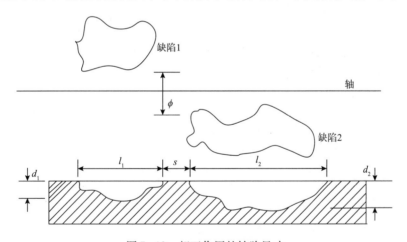

图7-19　相互作用的缺陷尺寸

第一步：管道腐蚀部分可划分为最小长度为 $5.0\sqrt{Dt}$ ，最小重叠长度 $2.5\sqrt{Dt}$ 的多个部分。

第二步：建立 系列轴向投影线，具有环向角度为：

$$Z = 360\sqrt{\frac{t}{D}} \tag{7-82}$$

第三步：按顺序考虑每条投影线，如果缺陷位于 $\pm Z$ 的范围内，它们应投影到目前的投影线上（如图7-20所示）。

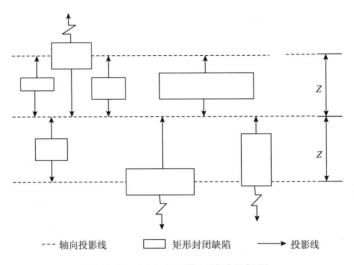

图7-20 环向相互作用缺陷的投影

第四步：当缺陷重叠时，应将其组合成一个缺陷，此合成缺陷采用组合长度和所有缺陷中最大的深度（如图7-21所示）。如果此缺陷是由重叠的内缺陷和外缺陷组成，那么合成缺陷应为内部缺陷和外部缺陷最大深度之和（如图7-22所示）。

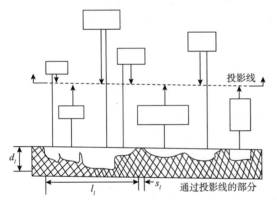

图7-21 合成缺陷内重叠尺寸在单个投影线上的投影

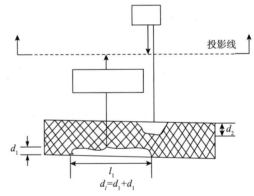

图7-22 合成缺陷内重叠的外部缺陷和内部缺陷在单个投影线上的投影

第五步：计算每个缺陷的腐蚀许用应力（p_1，p_2，…，p_N），直到N个缺陷，将每个缺陷或合成缺陷当作一个缺陷进行计算。

$$p_i = \gamma_m \frac{2tSMTS}{D-t} \frac{1-\gamma_d(d/t)^*}{1-\frac{\gamma_d(d/t)^*}{Q}} i = 1,\cdots,N \qquad (7-83)$$

第六步：计算所有组合邻近缺陷的组合长度（如图7-23和图7-24），从缺陷n到缺陷m的全长被定义为：

$$l_{mn} = l_m + \sum_{i=n}^{i=m-1}(l_i+s_i)n, m=1,\cdots,N \qquad (7-84)$$

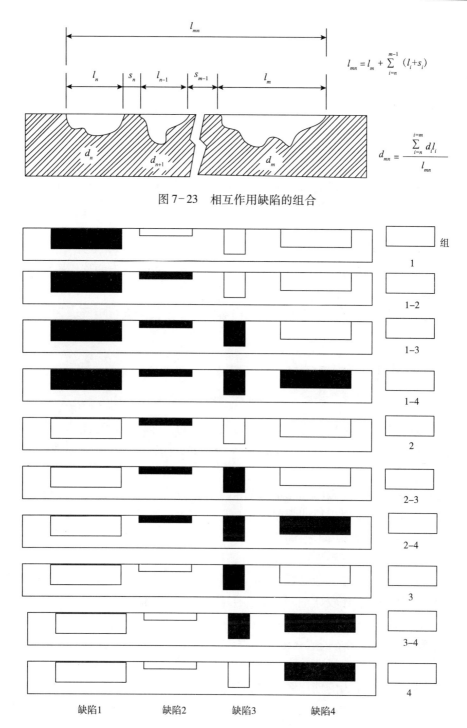

$$l_{mn} = l_m + \sum_{i=n}^{m-1} (l_i + s_i)$$

$$d_{mn} = \frac{\sum_{i=n}^{i=m} d_i l_i}{l_{mn}}$$

图7-23　相互作用缺陷的组合

图7-24　通过一组邻近相互作用缺陷的计算确定其最小失效压力

第七步：计算所有组合缺陷的有效深度，此组合缺陷是相互作用缺陷形成的，计算方法如下：

$$d_{nm} = \frac{\sum_{i=n}^{i=m} d_i l_i}{l_{nm}} \tag{7-85}$$

第八步：计算从 n 到 m 的组合缺陷的腐蚀管道许用应力（如图 7-24），将 l_{nm} 和 d_{nm} 带入单个腐蚀缺陷方程：

$$p_{nm} = \gamma_m \frac{2tSMTS}{D-t} \frac{1 - \gamma_d (d/t)^*}{1 - \dfrac{\gamma_d (d/t)^*}{Q}} \qquad n,m = 1,2,\cdots,N \tag{7-86}$$

第九步：目前投影线上的腐蚀管道许用压力可取为此投影线上所有单个缺陷（p_1 到 p_n）和所有单个缺陷（p_{nm}）组合最小失效压力

$$p_{corr} = \min(p_1, p_2, \cdots, p_N, p_{nm}) \tag{7-87}$$

式中 p_{corr} 不允许超过 p_{mao}。

第十步：腐蚀管道部分的许用应力定义为圆周上每条投影线上的许用压力最小值。

第十一步：对管道腐蚀的下一部分重复第二步到第十步。

需要注意的是，从第二步到第十一步应当对每一部分长度进行重复，评定所有可能的相互影响。

7.2.5　许用应力法

1. 简介

许用应力法是建立在许用应力设计（ASD）法之上的，计算了腐蚀缺陷管道的失效压力（极限承载能力），此失效压力需要乘以一个安全系数，而这个单个安全系数是在原始设计系数的基础上得到的。

在评估腐蚀缺陷时，应考虑到测量缺陷尺寸和管道的几何形状的不确定性。

在以下的公式中，要引用拉伸强度极限（UTS）。如果拉伸强度极限未知，那么将使用指定的最小的拉伸强度极限（即用 $SMTS$ 代替 UTS）。一般可通过对管道样本进行标准的拉伸试验或者通过轧钢证书得到 UTS 的测量值。

当操作温度较高时，应当考虑到材料的拉伸强度会有所减小。要确定拉伸强度减小的程度，应当对真实材料有比较详细的了解。在不了解材料性能的前提下，当管道材料操作温度从 50~200℃时，可按线性规律减小 10% 来计算。

总使用系数（F）是用来确定安全工作压力的，可用下面的公式计算

$$F = F_1 F_2 \tag{7-88}$$

用来决定安全工作压力的使用系数 F 包括两个部分，$F_1 = 0.9$（标准系数），F_2 为操作使用系数，它可以确保腐蚀缺陷的许用压力处于操作压力和失效压力之间的安全范围（通常等于设计系数）。

2. 含单个缺陷管道承压能力的评定

作为单个腐蚀缺陷进行评估的缺陷必须是孤立的缺陷，其条件见图 7-18。如其邻近缺陷会产生相互作用，单个缺陷公式将不再有效。缺陷相互作用的关键尺寸可见图 7-19。

（1）只受内压作用的情况下，管道安全工作压力

只在内压载荷作用下的单个缺陷的安全压力可按以下步骤进行计算。

①计算管道失效压力 p_f

$$p_f = \frac{2tUTS}{D-t} \frac{1 - \dfrac{d}{t}}{1 - \dfrac{d}{tQ}} \qquad (7-89)$$

$$Q = \sqrt{1 + 0.31 \left(\frac{l}{\sqrt{Dt}}\right)^2} \qquad (7-90)$$

②计算腐蚀管道的安全工作压力

$$p_{SW} = Fp_f \qquad (7-91)$$

上式没有考虑缺陷尺寸测量和管道几何形状的不确定性。

（2）内压和轴向压缩载荷共同作用下的安全工作压力

①计算外部载荷在腐蚀处引起的轴向应力。根据名义管壁厚度计算管道腐蚀缺陷处的名义周向应力

$$\sigma_A = \frac{F_X}{\pi(D-t)t} \qquad (7-92)$$

$$\sigma_B = \frac{4M_Y}{\pi(D-t)^2 t} \qquad (7-93)$$

组合名义轴向应力为

$$\sigma_L = \sigma_A + \sigma_B \qquad (7-94)$$

②确定是否需要考虑轴向压缩载荷对单个缺陷失效压力的影响。如果载荷满足下列条件，则不需要考虑外部载荷

$$\sigma_L > \sigma_1 \qquad (7-95)$$

$$\sigma_1 = -0.5UTS \frac{1 - d/t}{1 - d/(tQ)} \qquad (7-96)$$

③计算内压作用下的单个缺陷的失效压力

$$p_{press} = \frac{2tUTS}{D-t} \frac{1 - d/t}{1 - d/(tQ)} \qquad (7-97)$$

$$Q = \sqrt{1 + 0.31 \left(\frac{l}{\sqrt{Dt}}\right)^2} \qquad (7-98)$$

④计算轴向破裂的失效压力，校正轴向压应力产生的影响

$$p_{comp} = \frac{2tUTS}{D-t} \frac{1 - \dfrac{d}{t}}{1 - \dfrac{d}{tQ}} H_1 \qquad (7-99)$$

$$H_1 = \frac{1 + \dfrac{\sigma_L}{UTS} \dfrac{1}{A_r}}{1 - \dfrac{1}{2A_r} \dfrac{1 - d/t}{1 - d/(tQ)}} \qquad (7-100)$$

$$A_r = 1 - \frac{d}{t}\theta \qquad (7-101)$$

⑤确定在内载荷和轴向压应力共同作用条件下，单个腐蚀缺陷的失效压力

$$p_f = \min(p_{press}, p_{comp}) \qquad (7-102)$$

⑥计算管道的安全工作压力

$$p_{SW} = Fp_f \qquad (7-103)$$

3. 含相互影响缺陷的管道承压能力评定

（1）相互作用的缺陷

判断缺陷是否相互影响至少需已知以下条件：

①周长方向，每个缺陷的位置角度；

②相邻缺陷之间的轴向距离；

③是内部缺陷还是外部缺陷；

④每个单个缺陷的长度；

⑤每个单个缺陷的深度；

⑥每个单个缺陷的宽度。

（2）计算安全工作压力

为了确定安全工作压力的最小值，在一组相互作用的缺陷中，要考虑所有的单个缺陷和所有邻近缺陷的组合。组合缺陷可以使用单个缺陷的公式来计算其安全工作压力，使用全长（包括间距）和有效深度（根据全部长度和组合缺陷中独立缺陷的腐蚀区域内垂直深度的近似值）。在金属损失少于管壁厚度的10%时，可使用局部管壁厚度和缺陷深度。具体评价步骤可参考分安全系数方法进行。

7.2.6　SY/T 6151—2009 管道腐蚀评价方法

1. 管体腐蚀损伤评定类别划分

管体腐蚀损伤评定类别依据其继续使用的能力划分，见表7-22。

表7-22　管体腐蚀损伤评定类别划分

类别	修复计划	评定与结论
1	立即修复	腐蚀程度很严重，应立即修复
2	限期修复	腐蚀程度较严重，应制定修复计划或降至安全工作压力运行
3	监测使用	腐蚀程度不严重，能维持正常运行，但监测使用，如果管体存在较大附加应力，应另行考虑

注：安全工作压力按8.1确定。

2. 管体腐蚀损伤尺寸评定方法

（1）按蚀坑相对深度评定

蚀坑相对深度按式（7-104）进行计算：

$$A = \frac{d}{t} \times 100\%$$ (7-104)

式中　A——蚀坑相对深度；

　　　d——实测的腐蚀区域最大蚀坑深度，mm；

　　　t——管道公称壁厚，mm。

如果 $A \leqslant 10\%$，属于第3类腐蚀；$A \geqslant 80\%$，属于第1类腐蚀；如果 $10\% < A \leqslant 80\%$，可根据下面介绍的腐蚀纵向长度评定和环向腐蚀影响评定来进行。

（2）腐蚀纵向长度评定

最大允许纵向长度按式(7-105)计算：

$$L = 1.12B\sqrt{D \cdot t}$$ (7-105)

式中　L——最大允许纵向长度，mm；

　　　D——管道公称外径，mm；

　　　B——系数。

当 $10\% \leqslant A \leqslant 17.5\%$ 时，$B = 4.0$；

当 $A > 17.5\%$，
$$B = \sqrt{\left(\frac{A}{1.1A - 0.15}\right)^2 - 1}$$ (7-106)

当计算的 L 值大于实测的腐蚀区域最大纵向投影长度 L_m 时(如图7-25所示)，属第3类腐蚀；当 L 小于或等于 L_m 时，应按最大安全工作压力评定法来评定。当相邻蚀坑之间未腐蚀区域小于25mm时，应视为同一腐蚀坑，即蚀坑长度为相邻蚀坑长度与未腐蚀区长度之和。

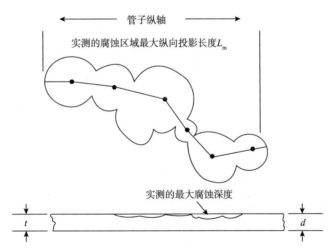

图7-25　腐蚀管道实测的参数示意图

（3）环向腐蚀影响的评定

环向腐蚀长度以实测的蚀坑在垂直于管道轴线的圆周方向上的投影弧线长 C 计算。当相邻蚀坑之间未腐蚀区的最小尺寸小于 $6t$（6倍壁厚）时，应视为同一腐蚀坑计算其投影长。

C 的影响按下列条件评定。

条件 1：

①$10\% < A \leqslant 20\%$；

②$20\% < A \leqslant 50\%$，且 $C \leqslant \pi D/3$

③$50\% < A \leqslant 60\%$，且 $C \leqslant \pi D/6$

④$60\% < A < 80\%$，且 $C \leqslant \pi D/12$

当满足上述条件时，不必考虑 C 的影响，按"腐蚀纵向长度评定"进行。

条件 2：

①$20\% < A \leqslant 50\%$，且 $C > \pi D/3$

②$50\% < A \leqslant 60\%$，且 $C > \pi D/6$

③$60\% < A < 80\%$，且 $C > \pi D/12$

当满足上述条件时，应计算 L 值。当 L 大于 L_m 时，属于第 4 类腐蚀；当 L 小于 L_m 时，则应考虑 C 的影响，根据最大安全工作压力评定法进行计算和评定。

（4）最大安全工作压力评定法

按腐蚀区域最大安全工作压力 p' 评定时，应分别用屈服强度理论和断裂力学理论计算得到 p_{sw}，取其中较小者为 p'。

采用最大剪应力屈服强度理论计算腐蚀区域最大安全工作压力 p_{sw} 时，按式（7−107）计算：

$$p_{sw} = (\sigma_s + 68.95) \frac{2F \cdot t}{D} \left[\frac{1 - 0.85 \frac{d}{t}}{1 - 0.85 \frac{d}{t} \cdot \left(\frac{1}{M} \right)} \right] \tag{7−107}$$

当 $L_m \leqslant \sqrt{50D \cdot t}$ 时：

$$M = \left\{ \left[1 + 0.6275 \left(\frac{L_m}{\sqrt{D \cdot t}} \right)^2 - 0.003375 \left(\frac{L_m}{\sqrt{D \cdot t}} \right)^4 \right]^{\frac{1}{2}} \right\} \tag{7−108}$$

当 $L_m > \sqrt{50D \cdot t}$ 时：

$$M = 0.032 \left(\frac{L_m}{\sqrt{D \cdot t}} \right)^2 + 3.3 \tag{7−109}$$

式中　p_{sw}——管道最大安全工作压力，MPa；

　　　F——管道的设计系数；

　　　M——管道的鼓胀系数；

　　　σ_s——最小规定屈服强度，MPa；

　　　D——管道公称外径，mm；

　　　t——管道公称壁厚，mm；

　　　L_m——腐蚀区域纵向投影长度，大于 D 时，取 D，mm。

采用断裂力学方法计算腐蚀区域最大安全工作压力 p_{sw} 时，按式（7−110）、式（7−

111）计算：

$$p_{1c} = \frac{4t \cdot \sigma_s}{1.39\pi \cdot D \cdot M} \cos^{-1}\left[\exp\left(-\frac{\pi \cdot E \cdot \delta_c}{8\sigma_s \cdot a} \right) \right] \qquad (7-110)$$

$$p_{2c} = \frac{8t \cdot \sigma_s}{\pi \cdot D \cdot M} \cos^{-1}\left[\exp\left(-\frac{\pi \cdot E \cdot \delta_c}{8\sigma_s \cdot a} \right) \right] \qquad (7-111)$$

式中　p_{1c}——当腐蚀坑为纵向时采用断裂力学理论计算得出的管线所能承受的最大压力值，MPa；

　　　p_{2c}——当腐蚀坑为环向时采用断裂力学理论计算得出的管线所能承受的最大压力值，MPa；

　　　σ_s——最小规定屈服强度，MPa；

　　　E——材料的弹性模量，MPa；

　　　δ_c——材料的 COD 值；

　　　M'——基于断裂力学的管道鼓胀系数；

　　　a——腐蚀区域的当量半裂纹长度，mm。

①纵向裂纹：

当 $L_m > D$ 时：

$$M' = \sqrt{1 + 3.22\left(\frac{a^2}{D \cdot t} \right)} \qquad (7-112)$$

当 $L_m \leqslant D$ 时：

$$M' = \sqrt{1 + 2.51\left(\frac{a^2}{D \cdot t} \right) - 0.054\left(\frac{a^2}{D \cdot t} \right)^2} \qquad (7-113)$$

②环向裂纹：

$$M' = \sqrt{1 + 0.64\left(\frac{a^2}{D \cdot t} \right)} \qquad (7-114)$$

$$a = S/2t \qquad (7-115)$$

式中　S——腐蚀坑截面积，采用多项面积叠加法计算。

计算 S 值时：

①纵向裂纹：

当 $L_m \leqslant 1.2 \sqrt{D \cdot t}$ 时：

$$S = \frac{2}{3} d \cdot L_m \qquad (7-116)$$

当 $1.2 \sqrt{D \cdot t} < L_m \leqslant \sqrt{50D \cdot t}$ 时：

$$S = 0.8d \sqrt{D \cdot t} + 0.25d(L_m - 1.2 \sqrt{D \cdot t}) \qquad (7-117)$$

当 $L_m > \sqrt{50D \cdot t}$ 时：

$$S = 0.8d \sqrt{D \cdot t} + 0.25d(\sqrt{50D \cdot t} - 1.2 \sqrt{D \cdot t}) + 0.125d(L_m - \sqrt{50D \cdot t})$$

$$(7-118)$$

②环向裂纹：

式(7-116)、式(7-117)、式(7-118)中的 L_m 应为 C。

式(7-110)、式(7-111)中所涉及的材料力学性能应以使用后发生强度退化的材料测定，其检测方法如下：

a. E 值按 GB/T 228 测定。

b. COD 值按 GB/T 21143 测定。

c. 对难以测定的 COD 值，可采用 J 积分换算，J 积分按 GB/T 21143 测定。

d. 对于难以确定力学性能的材料，可取原始母材相应值的 80% 计算。

腐蚀管道所能承受的最大安全工作压力 p_{sw} 按式(7-119)计算：

$$p_{sw} = 1.1MAOP(1 - d/t) \tag{7-119}$$

当 p_{1c} 小于 p_{sw} 时，取 $p_{1c} = p_{sw}$；当需要考虑 C 的影响时，如果 p_{2c} 小于 p_{sw} 时，取 $p_{2c} = p_{sw}$。

腐蚀损伤类别评定：

当 $p'/MAOP > 1$ 时，属第 3 类腐蚀（$MAOP$ 指最大允许工作压力，F 为管道的设计系数，下同）。

当 $F < p'/MAOP \leq 1$ 时，属第 2 类腐蚀。

当 $p'/MAOP \leq F$，属第 1 类腐蚀。

7.2.7　基于有限元法的剩余强度分析

近年来，很多学者采用有限元方法分析腐蚀管线的剩余强度，取得了很大的进展。有限元分析主要有弹性分析和非线性分析两种方法。

弹性分析就是以材料的弹性极限为根据分析管线失效。Wang 对腐蚀管线进行了弹性分析，提出了一种用弹性极限原则来评估管线剩余强度的方法。推导出了在受内压、轴向载荷和弯曲载荷的情况下管线腐蚀区应力集中系数的计算公式。

非线性分析就是采用三维弹塑性大变形单元，用有限元方法对腐蚀管线进行塑性失效分析，分析中应考虑几何形状和材料的非线性。加拿大的 Chouchoaui、Pick、Bin Fu 和 M. G. Kirkwood 等都对腐蚀管线进行了非线性有限元分析，并进行了试验验证。

应用有限元方法对腐蚀管线的剩余强度进行研究，可以考虑多种载荷的联合作用，同时可以模拟复杂的腐蚀形状，使得分析模型更接近于实际，所得结果的精确度和可信度较高。

1. 有限元法概述

(1)有限元法的起源

有限元法分析的概念可以追溯到 20 世纪 40 年代。1943 年，Courant 第一次在他的论文中，取定义在三角形分片上的连续函数，利用最小势能原理研究了 St. venant 的扭转问题。但是直到 1960 年，美国的克拉夫（Ray W. Clough）在一篇论文中首次使用"有限元法"这个名词。在 20 世纪 60 年代末 70 年代初，有限单元法在理论上已基本成熟，并开始陆续出现商业化的有限元分析软件。

有限元法的出现与发展有着深刻的工程背景。20 世纪四五十年代，美、英等国的飞机制造业有了大幅度的发展，随着飞机结构的逐渐变化，准确地了解飞机的静态特性和动态特性越来越显得迫切，但是传统的设计分析方法已经不能满足设计的需要，因此工程设计人员便开始寻找一种更加适合分析的方法，于是出现了有限单元法的思想。

（2）有限元基本理论

有限单元法的基本思想是将连续的结构离散成有限个单元，并在每一个单元中设定有限个节点，将连续体看作是只在节点处相连接的一组单元的集合体；同时选定场函数的节点值作为基本未知量，并在每一单元中假设一近似插值函数以表示单元中场函数的分布规律；进而利用力学中的某些变分原理去建立用以求解节点未知量的有限元法方程，从而将一个连续域中的无限自由度问题化为离散域中的有限自由度问题。一经求解就可以利用解得的节点值和设定的插值函数确定单元上以至整个集合体上的场函数。有限元求解程序的内部过程可从图 7-26 中看出。

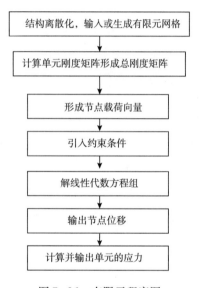

图 7-26　有限元程序图

由于单元可以设计成不同的几何形状，因而可灵活地模拟和逼近复杂的求解域。显然，如果插值函数满足一定要求，随着单元数目的增加，解的精度会不断提高而最终收敛于问题的精确解。虽然从理论上说，无限制地增加单元的数目可以使数值分析解最终收敛于问题的精确解，但是这却增加了计算机计算所耗赞的时间。在实际工程应用中，只要所得的数据能够满足工程需要就足够了，因此，有限元分析方法的基本策略就是在分析的精度和分析的时间上找到一个最佳平衡点。

有限元法是根据变分原理求解数学物理问题的一种数值方法，其理论基础就是微分方程的解与其变分原理的等价原理，并通过求解变分原理获得微分方程的解。具体做法是，需要先进行离散化，将连续的物体分解成小的单元，然后通过物理方程和几何方程获得单元刚度矩阵，最后组合成总体刚度矩阵，或者叫系统刚度矩阵。在引入边界条件后，使相应的线性方程组得到进一步简化，最后求解方程组，获得关于连续体的应力—应变场信息。有限元的核心思想是结构的离散化，就是将实际结构假想地离散为有限数目的规则单元组合体，实际结构的物理性能可以通过对离散体进行分析，得出满足工程精度的近似结果来替代对实际结构的分析，这样可以解决很多实际工程需要解决而理论分析又无法解决的复杂问题。

（3）有限元法的优越性

有限元法处理问题的特点，使其具有独特的优越性。主要表现在以下几个方面：

①能够分析形状复杂的结构；

②能够处理复杂的边界条件；

③能够保证规定的工程精度；

④能够处理不同类型的材料。

（4）有限无常用术语

①单元

结构单元的网格划分中的每一个小的块体称为一个单元。常见的单元类型有线段单元、三角形单元、四边形单元、四面体单元和六面体单元几种。由于单元是组成有限元模型的基础，因此单元的类型对于有限元分析是至关重要的。一个有限元程序所提供的单元种类越多，这个程序的功能则越强大。

②节点

确定单元形状的点就叫节点。例如，线段单元只有两个节点，三角形单元有三个或者六个节点，四边形单元至少有四个节点等。

③载荷

工程结构所受到的外在施加的力称为载荷。包括集中力和分布力等，在不同的学科中，载荷的含义也不尽相同。

④边界条件

边界条件就是指结构边界上所受到的外加约束。在有限元分析中，边界条件的确定是非常重要的因素。错误边界条件的选择往往使有限元中的刚度矩阵发生奇异，使程序无法正常运行。施加正确的边界条件是获得正确的分析结果和较高的分析精度的重要条件。

2. ANSYS 有限元软件简介

ANSYS 是融结构、流体、电场、声场分析于一体的大型通用有限元分析系统，已广泛用于航空航天、机械、能源、电工、土木工程等领域。

（1）ANSYS 发展过程

ANSYS 公司成立于 1970 年，总部位于美国宾夕法尼亚洲的匹兹堡，目前是世界 CAE 行业最大的公司。其创始人 John Swanson 博士为匹兹堡大学力学系教授、有限元界的权威。ANSYS 公司一直致力于分析设计软件的开发和维护，领导着有限元界的发展趋势，并为全球工业界所广泛接受，拥有全球最大的用户群。ANSYS 软件的最初版本与今天的版本相比有很大的区别，最初版本仅仅提供了热分析及线性结构分析功能，是一个批处理程序，只能在大型计算机上使用。20 世纪 70 年代初，增加了非线性、子结构等功能和更多的单元类型。20 世纪 70 年代末，图形技术和交互式操作方法的应用使得 ANSYS 无论在性能上还是在功能上都得到了很大改善。ANSYS 经过四十多年的发展，使得其软件更加趋于完善，功能更加强大，使用更加便捷。

（2）ANSYS 的分析过程

结构的离散化是有限元分析的第一步，它是有限元法的基础。结构的离散化就是把要分析的结构划分成有限个单元体，并在单元体的指定位置设置节点，把相邻单元在节点处连接起来组成单元的集合体，以代替原来的结构。若分析的结构是连续弹塑性体，则为了有效地逼近实际连续体，就要根据计算精度的要求和使用计算机的容量大小，合理地选择单元的形状，确定单元的数目和较优的网格划分方案。

对于不同方面的有限元分析，ANSYS 所提供的基本分析过程均大同小异，总的可以表述如下。

a）建模。包括确定工作文件名，定义单元类型、实常数、材料属性，划分网格等一系列工作；

b）施加载荷并求解。包括施加位移约束条件、外力作用、温度载荷以及求解；

c）提取分析结果。此过程先进入通用后处理器，由此可以绘制结构的变形过程，绘制应力分布图等。

ANSYS 软件功能的强大与其有着诸多应用模块是分不开的，ANSYS 的模块化结构如图 7-27 所示。

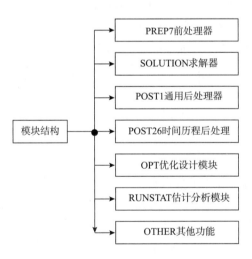

图 7-27　ANSYS 程序的模块化结构

在有限元的分析过程中，程序通常使用以下几个部分，前处理模块（PREP7）、分析求解模块（SOLUTION）和后处理模块（POST1 和 POST26）。前处理模块为一个强大的实体建模和网格划分的工具，通过这个模块用户可以建立自己想要的工程有限元模型。分析求解模块即是对已建立好的模型在一定的载荷和边界条件下进行有限元计算，求解平衡微分方程。后处理模型是对计算结果进行处理，可将结果以等值线、梯度、矢量、粒子流及云图等图形方式显示出来，也可以用图表、曲线的方式输出。

下面对 ANSYS 软件三种模块的功能进行一下简要的介绍。

（1）前处理模块（PREP7）

ANSYS 软件的前处理模块主要实现三种功能：参数定义、实体建模和网格划分。

①参数定义

ANSYS 程序在进行结构建模的过程中，首先要对所有被建模型的材料进行参数定义。包括定义使用单位制，定义所使用单元的类型，定义单元的实常数，定义材料的特性以及使用材料库文件等。在单位制的制定中，ANSYS 并没有为分析指定固定的系统单位。除了磁场分析之外，可以使用任意一种单位制，只要保证输入的所有数据都是使用同一单位制里的单位即可。单元类型的定义是结构进行网格划分的必要前提，ANSYS 程序根据所定义的单元类型进行实际的网格划分。而单元实常数的确定也依赖于单元类型的特性。材料的特性是针对每一种材料的性质参数，例如在对材料进行线性分析的过程中，首先要知道这种材料的弹性模量和泊松比。在一个分析过程中，可能有多个材料特性组，每一组材料特性有一个材料参考号，ANSYS 通过独特的参考号码来识别每个材料特性组。对于每一有限单元分析，尽管可以分别定义材料特性，ANSYS 程序允许用户将材料特性设置存储进一个档案材料库文件。然后，在多个分析中取出该设置重复使用，这样可以大大提高工作效率。

②实体建模

在实体建模过程中，ANSYS 程序提供了两种方法：从高级到低级的建模与从低级到高级的建模。对于一个有限元模型，图元的等级从低到高分别是：点、线、面和体。ANSYS 程序提供了很多高级图元的建立，如球体、圆柱等。当用户直接构建高级图元时，程序则自动定义相关的低级图元(面、线和关被点)。此外，用户也可以先定义点、线、面，然后由所定义的图元生成体。无论用户采用哪种方式进行建模，都需要进行布尔操作来组合结构数据，以构建用户想要得到的模型。例如加运算、减运算、相交、删除、重叠和粘贴等。

③网格划分

ANSYS 系统的网格划分功能十分强大，使用起来十分便捷。从使用选择的角度来讲，程序的网格划分可以分为系统智能划分和人工选择划分两种。从网格划分的功能来讲，则包括四种划分方式：延伸划分、映像划分、自由划分和自适应划分。延伸划分是将一个二维网格延伸成一个三维网格单元。映像网格划分是将一个几何模型分解成为几部分，然后选择合适的单元属性和网格控制，分别加以划分生成映像网格。ANSYS 程序提供了六面体、四面体和三角形的映像网格划分。自由划分是由 ANSYS 程序的网格自由划分器来实现的，通过这种划分可以避免不同组件在装配过程中网格不匹配带来的问题。自适应网格划分是在生成了具有边界条件的实体模型以后，用户指示程序自动产生有限元网格，分析、估计网格的离散误差，然后重新定义网格大小，再次分析计算、估计网格的离散误差，直至误差低于用户定义的值或者达到用户定义的求解次数。图7-28 为 ANSYS 系统智能网格划分在不同尺度下的网格划分情况。

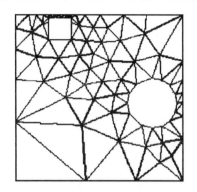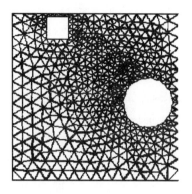

图7-28　ANSYS程序的自动网格划分功能

（2）求解模块（SOLUTION）

求解模块是程序用来完成对已经生成的有限元模型进行力学分析和有限元求解的。在此阶段，用户可以定义分析类型、分析选项、载荷数据和载荷步选项。

①定义分析类型和分析选项

用户可以根据所施加载荷条件和所要计算的响应来选择分析类型。

②载荷

一般所谓的载荷应该包括边界条件（约束作用载荷）。在 ANSYS 程序中，载荷分为六类：DOF 约束、力、表面分布载荷、体积载荷、惯性载荷和耦合场载荷。

③指定载荷子步

载荷步选项是用于更改载荷步的选项，如子步数、载荷步的结束时间和输出控制。根据所作分析的类型，载荷步选项可有可无。

（3）后处理模块

ANSYS 提供了强大的后处理功能，可以使用户很方便地获得分析结果。其功能包括：

①结果的彩色云图、等值线（面）、梯度、矢量、粒子流、切片、透明显示；

②变形及动画显示；

③图形的 BMP、PS、TIFF、HPGL、WMF 等格式的输出与转换；

④计算结果的排序、检索、列表及数学运算；

⑤其他功能还包括优化功能、子结构、子模型、死活单元等。

（4）ANSYS 主要技术特点

ANSYS 作为一个功能强大、应用广泛的有限元分析软件，其技术特点主要表现在以下几个方面：

①数据统一。ANSYS 使用统一的数据库来存储模型数据及求解结果，实现前后处理、分析求解及多场分析的数据统一。

②强大的建模能力。ANSYS 具备三维建模能力，可建立各种复杂的几何模型。

③强大的求解功能。ANSYS 提供了数种求解器，用户可以根据分析要求选择合适的求解器。

④强大的非线性分析功能。ANSYS 具有强大的非线性分析功能，可进行几何非线性、材料非线性及状态非线性分析。

⑤智能网格划分。ANSYS 具有智能网格划分功能，根据模型的特点自动生成有限元网格。

⑥提供与其他程序接口。ANSYS 提供了与多数 CAD 软件及有限元分析软件的接口。

（5）ANSYS 在腐蚀管道失效分析中的应用

西南石油大学的石晓兵等建立 CO_2 点蚀模型，以点蚀后套管的剩余强度为出发点，应用弹塑性有限元方法分析了点蚀套管的抗挤强度、抗内压强度、抗拉强度的变化。同时运用无因次分析和曲线拟合方法，建立了点蚀套管无因次剩余强度与套管点蚀无因次形状参数之间的关系曲线以及拟合曲线。有限元程序的计算结果与试验结果具有良好的一致性。结果表明，点蚀套管强度剩余的百分数并不正比于套管剩余壁厚百分数，剩余强度曲线呈降 - 稳 - 降三段式变化。由多腐蚀点干扰分析发现，多腐蚀点同时存在时，应力分布及其大小与单腐蚀点情况相差不大。

西南石油大学陶春达针对输油管弯头以及管壁上的缺陷，采用有限元法对轴向缺陷、周向缺陷和圆形缺陷进行了分析计算，找出了输油管弯头的危险部位，给出了管壁危险部位腐蚀缺陷处的应力分布规律以及危险点，并研究了缺陷的长度、宽度和剩余壁厚对应力的影响，如图 7-29 和图 7-30 所示。

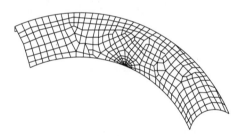 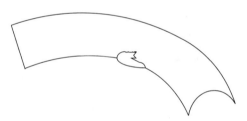

图 7-29　弯头圆形缺陷有限元网　　　　　图 7-30　弯头圆形缺陷应力分布图

中国石油大学机械系蔡文军、陈国明用计算机辅助工程分析软件 ANSYS 系统，对腐蚀管线的剩余强度进行非线性有限元分析。为了准确地模拟腐蚀缺陷，同时考虑到建模的方便，用规则的轴向沟槽来近似模拟轴向腐蚀区。沟槽的表面为圆柱面的一部分，两端用圆弧面向管壁光滑过渡，这样可以避免过大的应力集中，带规则沟槽的管线是对称结构，所以只需分析实际缺陷的 1/4 部分。分析模型采用 20 节点三维六面体单元，如图 7-31 所示。分析时分别计算外腐蚀和内腐蚀。

管线材料为 API 5LX52 钢，最小屈服强度为 358MPa，最终拉伸强度为 455MPa，管线直径 D 为 323.85mm，壁厚 t 为 10.3mm，腐蚀缺陷的深度 d 分别取 3.1mm、5.2mm 和 7.2mm，宽度分别取 30.5mm 和 40.6mm，长度 L 分别取 100mm、150mm、200mm 和 250mm。考虑内外两种腐蚀情况，共取 24 个模型。

由于只分析被腐蚀的一段管子，实际的管线很长，所以可以认为管段没有轴向位移，分析模型是对称结构。因此，被纵向剖开的管壁截面上的垂直位移也为零。

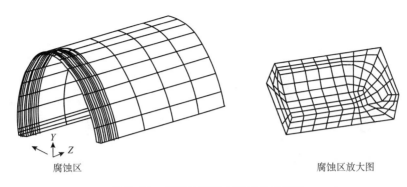

腐蚀区　　　　　　　　　　　　　　　　　　腐蚀区放大图

图 7-31　腐蚀缺陷的有限元分析模型

根据腐蚀区应力状态的变化和 Bin Fu 提出的失效准则，用非线性有限元法预测的各种模型的失效压力，结果如表 7-23 所示。

表 7-23　用有限元法预测的失效压力

模型编号	缺陷最大深度 d/mm	缺陷宽度 w/mm	缺陷长度 L/mm	失效压力/MPa		
				B31G 准则	非线性有限元法	
					内腐蚀	外腐蚀
JZ-01	3.1	30.5	100	16.18	28.69	28.18
JZ-02	3.1	30.5	150	15.66	27.42	27.30
JZ-03	3.1	30.5	200	15.36	26.91	26.54
JZ-04	3.1	30.5	250	15.18	26.30	26.09
JZ-05	5.2	30.5	100	14.64	25.89	25.93
JZ-06	5.2	30.5	150	13.80	23.38	23.52
JZ-07	5.2	30.5	200	13.35	21.65	21.30
JZ-08	5.2	30.5	250	13.07	20.30	20.13
JZ-09	7.2	40.6	100	12.89	20.70	20.75
JZ-10	7.2	40.6	150	11.81	16.50	16.51
JZ-11	7.2	40.6	200	11.24	14.23	13.95
JZ-12	7.2	40.6	250	10.90	12.76	12.44

从预测结果可以看出，无论是内腐蚀还是外腐蚀，当腐蚀的长度不变时，随着腐蚀深度的增加，管线的失效压力明显降低。对长度较小的腐蚀，失效压力随腐蚀深度不同而变化的幅度较小；对长度较大的腐蚀，失效压力随腐蚀深度的不同而变化的幅度较大。对于同一深度的腐蚀，失效压力随腐蚀长度的增加而减小，尤其对深度较大的腐蚀，这种规律更明显。失效压力与腐蚀尺寸之间的关系表明，腐蚀的长度和深度对管线的失效压力都有影响，但深度的影响比长度的影响大。

由计算结果可以看出，对相同尺寸的内腐蚀和外腐蚀模型，分析结果非常接近，两者之差均小于 1MPa。这说明，只要腐蚀区尺寸相同，外腐蚀和内腐蚀对管线剩余强度的影

响是相同的。在对腐蚀管线的剩余强度进行评估时，两者可以同等对待。

由表 7-23 可以看出，对所有模型的失效压力，用非线性有限元分析法预测的结果大于用 B31G 准则预测的结果。当腐蚀缺陷深度为 3.1mm 和 5.2mm 时，非线性有限元预测结果明显大于 B31G 准则预测的结果；当缺陷深度为 7.2mm 时，两者结果相差不大。出现以上现象的原因，一是由于模型本身造成的，因为对于缺陷深度为 7.2mm 的模型，其宽度为 40.6mm，比缺陷深度为 3.1mm 和 5.2mm 的模型宽 10mm，所以，用有限元分析的结果将偏小，而 B31G 准则没有考虑宽度的影响；二是 B31G 准则的使用范围有局限性，对于一定尺寸的腐蚀缺陷，预测的结果是可以接受的，但对于长度和深度超过某一界限的缺陷，可能会引起不准确的结果。

7.3 基于裂纹发展模型的腐蚀管线剩余寿命预测

7.3.1 管线寿命预测的裂纹发展模型

由于管内压力的波动和环境载荷的周期性变化，造成管壁应力的循环变化。具有初始腐蚀裂纹的管道在循环载荷作用下，即使最大载荷产生的应力强度远小于材料的断裂韧性，裂纹也会慢慢扩展，一旦达到临界尺寸，立即失稳扩展，突然断裂。因此，寿命预测的关键在于：

①建立腐蚀缺陷裂纹扩展速率数学模型并进行求解；

②确定给定腐蚀缺陷尺寸下的临界腐蚀缺陷尺寸。

7.3.2 估算疲劳裂纹的扩展速率

在单调载荷作用下，只有当外载荷与裂纹长度组合产生的应力强度因子 K 大于该物体材料的断裂韧性 K_c 时，裂纹才会起裂扩展。但是如果外加载荷是交变载荷，虽然最大载荷产生的应力强度因子远小于材料的断裂韧性 K_c，在多次循环载荷的作用下，裂纹仍然会慢慢扩展。这表明，在循环载荷的作用下，裂纹的扩展机制和单调加载下的机制是不同的。裂纹由初始长度扩展到发生失稳的裂纹临界长度对所经历的循环次数 N 为裂纹的疲劳寿命。在交变载荷作用下，裂纹的扩展速率 $\mathrm{d}a/\mathrm{d}N$ 是疲劳裂纹扩展规律中最主要的特征量，一般可以用下列函数来表达：

$$\frac{\mathrm{d}a}{\mathrm{d}N} = f(\sigma, a, \text{材料性质}, \text{环境}) \tag{7-120}$$

式中 σ——外加应力；

a——裂纹长度；

N——交变应力的循环次数。

定量地表达 $\mathrm{d}a/\mathrm{d}N$ 与各参数的数学表达式有很多，目前应用最广泛的是 Paris 公式。Paris 公式能较好地反映各种材料亚临界扩展的规律，它以应力强度因子作为控制裂纹扩展速率的主要参量，具体表达式如下：

$$\frac{\mathrm{d}a}{\mathrm{d}N} = C(\Delta K)^n \tag{7-121}$$

式中，$\Delta K = K_{\max} - K_{\min}$ 为应力强度因子的变化幅度；C 和 n 是材料常数，可由实验确定；$\mathrm{d}a/\mathrm{d}N$ 为裂纹扩展速率；N 为疲劳寿命。

对于裂纹的扩展，按式(7-121)，将 $\mathrm{d}a/\mathrm{d}N - \Delta K$ 用双对数曲线作图，得到裂纹扩展速率曲线(图7-32)。可将该曲线分成三个区域，在区域 I 内裂纹萌生与微观扩展，这里有一个门槛值 ΔK_{th}。当 ΔK 低于此值，则裂纹基本不扩展；随着 ΔK 的增加，当 ΔK 达到门槛值 ΔK_{th} 时，裂纹扩展速率急剧增加。在区域 II 内，宏观裂纹稳定扩展(即亚临界扩展)。在双对数曲线坐标中，在区域 II 内 $\mathrm{d}a/\mathrm{d}N$ 和 ΔK 之间常常有一个线性关系。工程结构的疲劳裂纹的扩展大都处于此阶段。描述这一阶段的基本关系式就是 Paris 公式。Paris 公式很好地描述了疲劳裂纹在亚临界扩展中的扩展规律。最后，在区域 III，疲劳裂纹快速(失稳)扩展，裂纹扩展速率曲线上升并趋于一条渐进线。在这种情况下，当疲劳应力循环中的最大应力强度因子 $K_{\max}$ 等于临界应力强度因子 K_{Ic}，裂纹出现疲劳失稳。

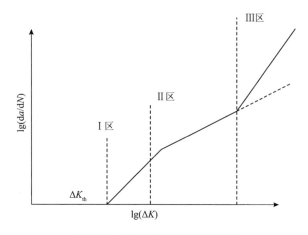

图7-32　疲劳裂纹扩展速率曲线

式(7-121)中的 ΔK 对于无限大板中心贯穿裂纹有

$$\Delta K = K_{\max} - K_{\min} = \sigma_{\max}\sqrt{\pi a} - \sigma_{\min}\sqrt{\pi a} = \Delta\sigma\sqrt{\pi a} \tag{7-122}$$

式中 $\Delta\sigma = \sigma_{\max} - \sigma_{\min}$ 是每次应力循环的应力幅值。

裂纹疲劳扩展寿命，及裂纹由初始裂纹 a_0 扩展到临界裂纹 a_c 所经历的循环次数，可以通过对 Paris 公式积分得到，当 $\Delta\sigma$ 为常数时，由 Paris 公式得到：

$$N = \int_{a_0}^{a_c} \frac{\mathrm{d}a}{C(\Delta\sigma\sqrt{\pi a})^n} \tag{7-123}$$

当 $n \neq 2$ 时

$$N = \frac{2}{C(n-2)(\Delta\sigma\sqrt{\pi})^n}\left(\left(\frac{1}{a_0}\right)^{\frac{n-2}{2}} - \left(\frac{1}{a_c}\right)\right) \tag{7-124}$$

当 $n = 2$ 时

$$N = \frac{1}{C(\Delta\sigma\sqrt{\pi})^n}\ln(\frac{a_c}{a_0}) \tag{7-125}$$

对于无限大板中心贯穿裂纹，只要知道管道的初始裂纹长度 a_0 和临界裂纹的长度 a_c，就可以根据上面的式子积分计算出其寿命。

由于管道的环向应力是主要破坏应力，因此纵向裂纹是主要的研究对象。管道内壁的纵向裂纹一般考虑为未穿透的半椭圆表面裂纹（图7-33）。对于长输油气管道，作为受内压作用的圆筒考虑，其内壁含纵向未穿透的半椭圆表面裂纹时的应力强度因子 K_I 的计算公式如下：

$$K_I = \frac{R_i p\sqrt{\pi a}}{tE(k)}F_I(\frac{a}{c},\frac{a}{t},\frac{R_i}{t},\varphi) \tag{7-126}$$

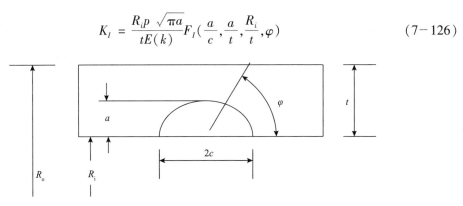

图7-33　管道内壁表面裂纹

则有

$$\Delta K = K_{max} - K_{min} = \frac{R_i\sqrt{\pi a}}{tE(k)}(p_{max}-p_{min})F_I(\frac{a}{c},\frac{a}{t},\frac{R_i}{t},\varphi)$$

$$= \frac{R_i}{tE(k)}\Delta p F_I\sqrt{\pi a} = \varphi\sqrt{a} \tag{7-127}$$

其中

$$\varphi = \frac{R_i}{tE(k)}\Delta P F_1\sqrt{\pi} \tag{7-128}$$

式中，a 为管道内壁纵向裂纹的深度；$2c$ 为管道内壁纵向裂纹的长度；p 为管道所受的内压；t 为管道壁厚；R_i 为管道内半径；φ 为裂纹角度，见图7-33。

$$E(k) = \sqrt{1+1.464(\frac{a}{c})^{1.65}} \tag{7-129}$$

$$F_I = 0.97\left[M_1 + M_2(\frac{a}{t})^2 + M_3(\frac{a}{t})^4\right]gf_\varphi f_c \tag{7-130}$$

在以上各式中：

$$M_1 = 1.13 - 0.09\frac{a}{c} \tag{7-131}$$

$$M_2 = -0.54 + \frac{0.89}{0.2+\frac{a}{c}} \tag{7-132}$$

$$M_3 = 0.5 - \frac{1}{0.65 + \frac{a}{c}} + 14\left(1 - \frac{a}{c}\right)^{24} \tag{7-133}$$

$$g = 1 + \left[0.1 + 0.35\left(\frac{a}{t}\right)^2\right](1 - \sin\varphi) \tag{7-134}$$

$$f_\varphi = \left[\sin^2\varphi + \left(\frac{a}{c}\right)^2\cos^2\varphi\right]^{\frac{1}{4}} \tag{7-135}$$

$$f_c = \left[\frac{R_o^2 + R_i^2}{R_o^2 - R_i^2} + 1 - 0.5\sqrt{\frac{a}{t}}\right]\frac{t}{R_i} \tag{7-136}$$

管道内壁纵向裂纹长度 $2c$ 和裂纹深度 a，在裂纹扩展时存在一定的比例关系，通过实验可以测出这个比例系数 $\beta = c/a$ 来。这时的 Paris 公式应写为

$$\frac{\mathrm{d}a}{\mathrm{d}N} = \frac{1}{\beta}C(\Delta K)^n \tag{7-137}$$

或

$$\frac{\mathrm{d}a}{\mathrm{d}N} = \frac{1}{\beta}C(\phi\sqrt{a})^n \tag{7-138}$$

类似无限大平板中心贯穿裂纹通过 Paris 公式的积分求疲劳寿命，通过对式(7-138)积分求得管道的疲劳寿命。

$$N = \int_{a_0}^{a_c}\frac{\beta \cdot \mathrm{d}a}{C\phi^n a^{n/2}} \tag{7-139}$$

当 $n \neq 2$ 时

$$N = \frac{2\beta}{(n-2)C\phi^n}\left[\left(\frac{1}{a_0}\right)^{\frac{n-2}{2}} - \left(\frac{1}{a_c}\right)^{\frac{n-2}{2}}\right] \tag{7-140}$$

当 $n = 2$ 时：

$$N = \frac{\beta}{C\phi^n}\ln\left(\frac{a_c}{a_0}\right) \tag{7-141}$$

7.3.3　临界裂纹深度 a_c 的计算

为了计算裂纹的疲劳寿命 N，在已知初始裂纹的长度 a_0 时，应计算出裂纹扩展到最终时的临界长度 a_c。

对于线弹性断裂，由下式计算

$$K_I = M_1 M_2 \frac{\sigma\sqrt{\pi a}}{\phi} \tag{7-142}$$

当裂纹由初始长度 a_0 扩展到临界长度 a_c 时，根据断裂判据应力强度因子应等于材料的断裂韧性 K_{IC}。由此可以得出临界长度

$$a_c = \frac{1}{\pi}\left(\frac{K_{IC}\phi}{M_1 M_2 \sigma}\right)^2 \tag{7-143}$$

式中，a_c 为裂纹的临界长度，K_{IC} 为材料的断裂韧性；σ 为外加应力；M_1 为前表面修

正系数，$M_1 = 1 + 0.12\left(1 - \dfrac{a}{2c}\right)^2$；$M_2$ 为后表面修正系数，$M_2 = \sqrt{\dfrac{2t}{\pi a}\tan\dfrac{\pi a}{2t}}$；$\phi$ 为第二类完整的椭圆积分，见表 7-24；$2c$ 为表面半椭圆裂纹长度（椭圆长轴）；a 为表面半椭圆裂纹的深度（椭圆的短轴的一半）；t 为板厚。

表 7-24　第二类完整的椭圆积分 ϕ 与 $\dfrac{a}{c}$ 的关系

a/c	ϕ	a/c	ϕ
0.0	1.0000	0.60	1.2764
0.10	1.0148	0.70	1.3456
0.20	1.0505	0.80	1.4181
0.30	1.0965	0.90	1.4935
0.40	1.1507	1.00	1.5708
0.50	1.2111		

对于弹塑性情况，计算临界裂纹深度 a_c，可根据公式

$$J = \frac{8\sigma_s^2 a}{\pi E'}\mathrm{lnsec}\left(\frac{\pi\sigma}{2\sigma_s}\right) \tag{7-144}$$

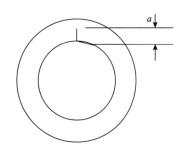

式中，a 为裂纹深度（见图 7-34）当裂纹尖端出现扩展时，$J = J_{IC}$，则有临界裂纹深度为：

$$a_c = \frac{\pi E' J_{IC}}{8\sigma_s^2\mathrm{lnsec}\left(\dfrac{\pi\sigma}{2\sigma_s}\right)} \tag{7-145}$$

$$E' = \frac{E}{1 - v^2} \tag{7-146}$$

图 7-34　管道内壁纵向裂

由 J 积分和材料断裂韧性的关系，可利用式（7-146）得到用 K_{IC} 计算临界裂纹深度的公式：

$$a_c = \frac{K_{IC}^2\pi}{8\overline{\sigma}^2\mathrm{lncos}\left(\dfrac{\pi\sigma M}{2\overline{\sigma}}\right)} \tag{7-147}$$

式中，a_c 为材料的临界裂纹深度；K_{IC} 为材料的断裂韧性；$\overline{\sigma}$ 为材料的流变应力，$\overline{\sigma} = \dfrac{(\sigma_s + \sigma_b)}{2}$；$\sigma$ 为管壁的环向应力；M 为膨胀效应因子。

$$M = \sqrt{1 + 1.61\frac{c^2}{Rt}} \tag{7-148}$$

式中，$2c$ 为管道壁轴向裂纹长度；t 为管道的壁厚；R 为管道的半径。

工程中使用的油气管道是薄壁管道，如按照式（7-143）、式（7-145）或式（7-147）计算临界裂纹深度，则算出的临界裂纹深度 a_c 均要远大于管道的壁厚。也就是说在发生断裂

之前，管道已先发生泄漏。有的文献中提到可以用壁厚的 1/2 作为此时的临界裂纹深度 a_c。计算也表明，当裂纹扩展到壁厚的 1/2 时，管道的寿命已经消耗了 93% 以上。也有文献中直接用管道的壁厚作为裂纹临界深度 a_c 来计算疲劳寿命。因为在实验中发现，当疲劳裂纹扩展到壁厚的 70% ~ 80%，由于剩余的壁厚已经很小，剩余寿命很小，裂纹很快就失稳了。

　　一般管道在交变应力的作用下，裂纹沿着管壁厚度扩展。当裂纹的深度达到管壁厚度时，管道发生泄漏。发生泄漏以后，如果没有及时发现并加以修理，裂纹则沿着管道的轴向继续扩展下去，直至裂纹沿着管道轴向的长度达到临界裂纹长度而发生断裂。一般在发生泄漏以后，如果发现及时，管道可以修理、避免产生断裂事故。断裂造成的经济损失比泄漏要大得多。在事故的总数中，断裂占 1/3，单纯泄漏占 2/3。所以预测管道泄漏前的剩余寿命对预防泄漏事故的产生，进而避免断裂事故是必要的。

　　为了说明管道产生泄漏及最终断裂的过程，研究图 7-35 中的半穿透表面裂纹。裂纹沿厚度方向的深度用 a 表示，沿管轴向长度为 $2c$，管壁厚度为 T。由于内压的作用，在管壁轴向截面受均匀分布的环向拉应力 σ。最严重的情况为裂纹很长，即 $c \gg T > d$，在图中假想裂纹的前沿为一条水平直线，这样问题成了一个平面应变问题并且只与裂纹的深度 a 有关。

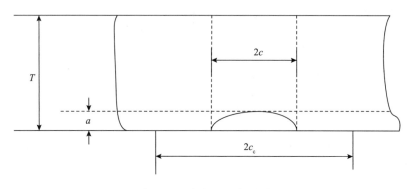

图 7-35　半穿透型表面裂纹

　　在具体的管道问题中，由于管壁很薄，管壁厚度远小于通过公式计算出来的临界裂纹深度，也就是 $T \ll a_c$。这样管道在内压的作用下。裂纹向壁厚的深度方向扩展。当裂纹深度等于壁厚时，就出现了贯穿裂纹，泄漏就发生了。但这时裂纹轴向长度 c 还未达到临界裂纹长度 c_c，则断裂不会发生。如果，管道仍然受着交变应力的作用，则穿透裂纹将由 $2c$ 的长度沿着管壁的轴向扩展，直至达到临界裂纹长度而产生材料的失稳断裂。如果初始裂纹本身很长，也就是初始裂纹的半长度 c 达到或超过材料的临界裂纹，在裂纹沿深度方向扩展并贯穿管壁时，断裂就会立即发生，也就是泄漏和断裂同时发生。通常情况下，初始裂纹很少有达到或超过材料的临界裂纹长度 c_c，所以，比较常见的情况是裂纹沿深度方向扩展到穿透，产生泄漏；再沿管壁的轴向扩展，直到达到临界裂纹长度而发生断裂。但正常情况下，对于长度不大的缺陷，在管道将要产生或一旦产生泄漏时，人们就会采取补救措施，而不至于造成严重事故。所以，可以将管道壁厚取作临界深度。

7.3.4　缺陷无明显裂纹时的初始裂纹深度 a_0 的确定

很多管道，从现场实测的数据看，管道的缺陷多为一个个孤立的缺陷。鉴于目前国内尚无直接检测管道裂纹的数据，而检测出来的是体积缺陷，暂时采用一种工程上的估算方法。即设每一个体积缺陷的最深处存在微小裂纹，把现场实测到的缺陷深度和这些微小裂纹折算成等效裂纹，然后用这种等效裂纹作为计算剩余寿命时的初始裂纹 a_0。下面简单说明这种方法。

图 7-36 表示一个缺陷前有一深为 l 的微小裂纹，这条裂纹的扩展率能用材料相同并承受同样外载荷的从光滑处开始扩展的深度为 L 的裂纹的扩展率来比较。通常可以先确定一个附加长度 e，然后将缺口处的微小裂纹深度 l 加上一个附加长度 e，即可得到等效裂纹深度 L

$$L = l + e \tag{7-149}$$

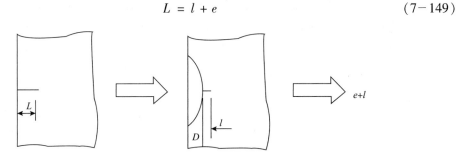

图 7-36　无缺口和有缺口构件的等效裂纹，两者具有同样的应力强度因子

式中 L 为有缺陷材料中的缺陷在无缺陷材料中的等效裂纹；l 为缺陷前端的裂纹（也可能是极小的裂纹源）；附加长度 e 的计算，可采用下面的近似方法。

①影响裂纹扩展的缺陷应力场的范围，近似为 $0.13\sqrt{D\rho}$，其中 D 和 ρ 分别是缺陷的深度和根部的曲率半径；

②对于深度小于 $0.13\sqrt{D\rho}$ 的短裂纹，有 $e = 7.69\sqrt{\dfrac{D}{\rho}}l$；

③对于深度大于 $0.13\sqrt{D\rho}$ 的短裂纹，有 $e = D$。

由此，对于从缺陷深度为 D、根部曲率半径为 ρ 的缺陷开始扩展的深度为 l 的裂纹，可以得到其等效裂纹深度 L，进而得到裂纹的近似应力强度因子

$$K_{\mathrm{I}} = \sigma\sqrt{\pi L} \tag{7-150}$$

对于深度小于 $0.13\sqrt{D\rho}$ 的短裂纹

$$L = l + 7.69\sqrt{\frac{D}{\rho}}l \tag{7-151}$$

其应力强度因子为

$$K_{\mathrm{I}} = \sqrt{1 + 7.69\sqrt{\frac{D}{\rho}}}\,\sigma\sqrt{\pi l} \tag{7-152}$$

在讨论管道的疲劳剩余寿命时，根据对实测缺陷表面的调查分析，缺陷表面并非为光滑的平面。在缺陷的深部，即在缺陷深度 D，存在着局部不平，假设其曲率半径 $\rho = 1\text{mm}$，而在缺陷的前端存在微小的裂纹源，设其深度为 $l = 0.15\text{mm}$。这样可以通过上面的公式计算出等效裂纹深度 L，并以此作为初始裂纹 a_0 的数据，并用 Paris 公式来预测达到泄漏时的剩余寿命。考虑管壁比较薄，到泄漏发生时，裂纹深度并未达到材料的临界裂纹深度 a_c，只是达到管子的壁厚 T，故 Paris 公式的积分上限取为管道的壁厚 T，积分下限则取初始裂纹 a_0，也就是前面计算出的等效裂纹深度 L。

7.4　最大腐蚀坑深的极值统计处理及使用寿命估测方法

7.4.1　方法概述

应用极值统计中的二重指数分布公式和 Gumbel 概率纸做图法由小面积测量区上的最大腐蚀坑深度值推算大面积上整个调查部位的最大腐蚀坑深度。然后，应用幂指数形式的局部腐蚀进展公式来估计最大腐蚀坑深度达到金属壁厚时的使用寿命。

7.4.2　最大腐蚀坑深度估算

1. 极值统计数学原理

最大腐蚀坑深数据的常见分布形式之一是二重指数分布，其数据的累积分布函数 $F(x)$ 的数学模型为

$$F(x) = \exp\left(-\exp\left[-\frac{(x-\lambda)}{a}\right]\right) \tag{7-153}$$

式中　λ——数据分布的位置参数；

a——数据分布的尺度参数。

数据累计分布函数 $F(x)$ 可按以下方法计算。

将 N 个在同样条件下测得的最大腐蚀坑深数据从小到达排成一个序列，标出序号 i 和相应的坑深值 x_i，按平均排列法计算累计分布函数：

$$F(x_i) = \frac{i}{N+1} \tag{7-154}$$

2. Gumbel 概率纸

为了避免繁琐的公式计算，可用 Gumbel 概率纸作图法，见图 7-37。横轴为等分刻度，表示腐蚀坑深数据。纵轴的左边刻度为累计分布函数 $F(x)$ 值，纵轴的右边刻度为放大因子值，又称回归期 T 值，其定义如下：

$$T(x) = \frac{1}{1-F(x)} \tag{7-155}$$

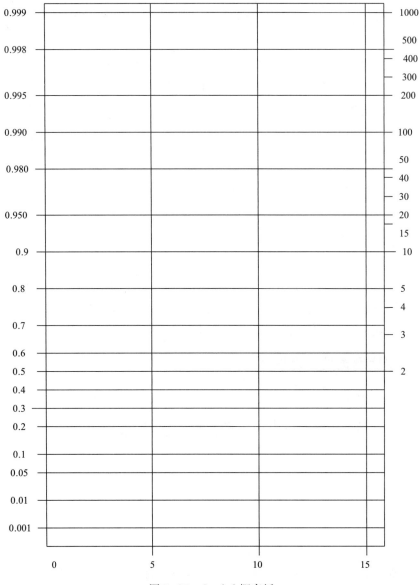

图 7-37 Gumbel 概率纸

3. 最大腐蚀坑深的估算

由小面积上测得的最大腐蚀坑深可以估算大面积试样的最大腐蚀坑深。将最大腐蚀坑深数据从小到达排成一个序列，求出各数据的累计分布函数值，将该值和其相应的坑深值绘于 Gumbel 概率纸上。所得的实验点应近似为一条直线。将该直线外推到放大因子 T 的位置，所对应的横轴的 x 值即为预测的、面积放大 T 倍后的最大腐蚀坑深估计值。

4. 应用极值统计法应注意事项

①原则上，极值统计处理时数据量越多，统计预测的可靠性也越高。按一般经验，数据量不应少于 16～20 个；

②用来处理数据和用于预测的目标应当属于同一样本体系,即要保证所有测量区和要预测的腐蚀状况基本一致;如果不符合此条件,可以适当地缩小测量和预测区域的范围,以满足上述条件;

③测量点面积(长度)和预测面积(长度)的比值,即放大因子不宜过大。一般应控制在 1000 以下,否则会造成较大误差。

④当测量数据在 Gumbel 纸上作图得不到直线时,说明数据分布不符合二重指数分布模型,其原因可能是测量上的问题,也可能是腐蚀体系类型的问题。如属后者,可试用极值统计方法中的其他分布函数形式来计算。

7.5 人工神经网络及腐蚀管线剩余寿命预测

7.5.1 人工神经网络概论

近代神经生理学和神经解剖学的研究结果表明,人脑是由约一千多亿个神经元(大脑皮层约 140 多亿,小脑皮层约 1000 多亿)交织在一起的、极其复杂的网状结构,能完成智能、思维、情绪等高级精神活动,无论是脑科学还是智能科学的发展都促使人们对人脑(神经网络)的模拟展开了大量的工作,从而产生了人工神经网络这个全新的研究领域。

人工神经网络(ANNS)常常简称为神经网络(NNS),是以计算机网络系统模拟生物神经网络的智能计算系统,是对人脑或自然神经网络的若干基本特性的抽象和模拟。网络上的每个结点相当于一个神经元,可以记忆(存储)、处理一定的信息,并与其他结点并行工作。

神经网络的研究最早要追溯到 20 世纪 40 年代心理学家 Mcculloch 和数学家 Pitts 合作提出的兴奋与抑制型神经元模型和 Hebb 提出的神经元连接强度的修改规则,其成果至今仍是许多神经网络模型研究的基础。20 世纪 50~60 年代的代表性工作主要有 Rosenblatt 的感知器模型、Widrow 的自适应网络元件 Adaline。然而在 1969 年 Minsky 和 Papert 合作发表的 Perceptron 一书中阐述了一种消极悲观的论点,在当时产生了极大的消极影响,加之数字计算机正处于全盛时期并在人工智能领域取得显著成就,这导致了 20 世纪 70 年代人工神经网络的研究处于空前的低潮阶段。20 世纪 80 年代以后,传统的 Von Neumann 数字计算机在模拟视听觉的人工智能方面遇到了物理上不可逾越的障碍。与此同时 Rumelhart、Mcclelland 和 Hopfield 等人在神经网络领域取得了突破性进展,神经网络的热潮再次掀起。目前较为流行的研究工作主要有:前馈网络模型、反馈网络模型、自组织网络模型等方面的理论。人工神经网络是在现代神经科学的基础上提出来的。它虽然反映了人脑功能的基本特征,但远不是自然神经网络的逼真描写,而只是它的某种简化抽象和模拟。

求解一个问题是向人工神网络的某些结点输入信息，各结点处理后向其他结点输出，其他结点接受并处理后再输出，直到整个神经网工作完毕，输出最后结果。如同生物的神经网络，并非所有神经元每次都一样地工作。如视、听、摸、想不同的事件（输入不同），各神经元参与工作的程度不同。当有声音时，处理声音的听觉神经元就要全力工作，视觉、触觉神经元基本不工作，主管思维的神经元部分参与工作；阅读时，听觉神经元基本不工作。在人工神经网络中以加权值控制结点参与工作的程度。正权值相当于神经元突触受到刺激而兴奋，负权值相当于受到抑制而使神经元麻痹直到完全不工作。

如果通过一个样板问题"教会"人工神经网络处理这个问题，即通过"学习"而使各结点的加权值得到肯定，那么，这一类的问题它都可以解。好的学习算法会使它不断积累知识，根据不同的问题自动调整一组加权值，使它具有良好的自适应性。此外，它本来就是一部分结点参与工作。当某结点出故障时，它就让功能相近的其他结点顶替有故障结点参与工作，使系统不致中断。所以，它有很强的容错能力。

人工神经网络通过样板的"学习和培训"，可记忆客观事物在空间、时间方面比较复杂的关系，适合于解决各类预测、分类、评估匹配、识别等问题。例如，用人工神经网络上的各个结点模拟各地气象站，根据某一时刻的采样参数（压强、湿度、风速、温度），同时计算后将结果输出到下一个气象站，则可模拟出未来气候参数的变化，作出准确预报。即使有突变参数（如风暴，寒流）也能正确计算。所以，人工神经网络在经济分析、市场预测、金融趋势、化工最优过程、航空航天器的飞行控制、医学、环境保护等领域都有应用的前景。

人工神经网络的特点和优越性使它近年来引起人们的极大关注，主要表现在三个方面。

第一，具有自学习功能。例如实现图像识别时，只需把许多不同的图像样板和对应的应识别的结果输入人工神经网络，网络就会通过自学习功能，慢慢学会识别类似的图像。自学习功能对于预测有特别重要的意义。人工神经网络计算机将为人类提供经济预测、市场预测、效益预测，其前途是很远大的。

第二，具有联想存储功能。人的大脑是具有联想功能的。如果有人和你提起你幼年的同学张某某，你就会联想起张某某的许多事情。用人工神经网络的反馈网络就可以实现这种联想。

第三，具有高速寻找最优解的能力。寻找一个复杂问题的最优解，往往需要很大的计算量，利用一个针对某问题而设计的人工神经网络，发挥计算机的高速运算能力，可能很快找到最优解。

人工神经网络是未来微电子技术应用的新领域，智能计算机的构成就是作为主机的冯·诺依曼计算机与作为智能外围机的人工神经网络的结合。

人工神经网络是一个并行、分布处理结构，它由处理单元及其称为连接的无向信号通道互连而成。这些处理单元（Processing Element，PE）具有局部内存，并可以完成局部操作。每个处理单元有一个单一的输出连接，这个输出可以根据需要被分支成希望个数的许多并行连接，且这些并行连接都输出相同的信号，即相应处理单元的信号，信号的大小不因分支的多少而变化。

7.5.2 BP 神经网络

1. BP 网络的特点

Rumelhart、McClelland 和他们的同事于 1982 年成立了一个 PDP 小组，研究并行分布信息处理方法，探索人类认知的微结构。1985 年发展了 BP 网络（Back ProRragation Network，简称 BP 网络）学习算法.

目前，在人工神经网络的实际应用中，绝大部分的神经网络模型是采用 BP 网络和它的变化形式，它也是前向网络的核心部分，体现了人工神经网络最精华的部分。

BP 网络主要用于：

①函数逼近：用输入向量和相应的输出向量训练一个网络逼近一个函数。

②模式识别：用一个特定的输出向量将它与输入向量联系起来。

③分类：把输入向量以所定义的合适方式进行分类。

④数据压缩：减少输出向量维数以便于传输或存储。

BP 网络是一种多层前馈神经网络，其神经元的激励函数为 S 型函数，因此输出量为 0 到 1 之间的连续量，它可以实现从输入到输出的任意的非线性映射。由于其权值的调整是利用实际输出与期望输出之差，对网络的各层连接权由后向前逐层进行校正的计算方法，故而称为反向传播（Back-Propogation）学习算法，简称为 BP 算法。BP 算法主要是利用输入、输出样本集进行相应训练，使网络达到给定的输入输出映射函数关系。算法常分为两个阶段：第一阶段（正向计算过程）由样本选取信息从输入层经隐含层逐层计算各单元的输出值；第二阶段（误差反向传播过程）由输出层计算误差并逐层向前算出隐含层各单元的误差，并以此修正前一层权值。BP 网络主要用于函数逼近、模式识别、分类以及数据压缩等方面。

2. BP 网络的网络结构

BP 网络通常至少有一个隐含层，如图 7-38 和图 7-39 所示的是一个具有 R 个输入和一个隐含层的神经网络模型。

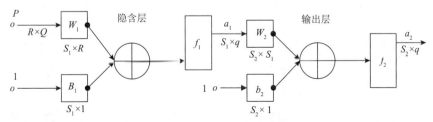

图 7-38 具有一个隐含层的 BP 网络结构

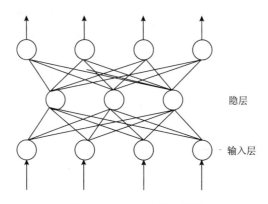

图7-39　BP网络模型结构

感知器与线性神经元的主要差别在于激励函数上，前者是二值型的，而后者是线性的。BP网络除了在多层网络上与已介绍过的模型有不同外，其主要差别也表现在激励函数上。

图7-40所示的两种S型激励函数的图形，可以看到$f(net)$是连续可微的单调递增函数，这种激励函数的输出特性比较软，其输出状态的取值范围为[0，1]或者[-1，+1]，其硬度可以由参数λ来调节。函数的输入输出关系表达式如下所示。

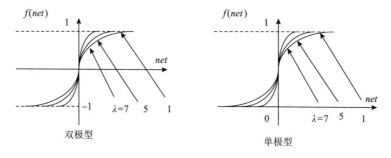

图7-40　sigmoid型函数图形

双极型的S型激励函数：

$$f(net) = \frac{2}{1 + \exp(-\lambda net)}, f(net) \in (-1, 1) \tag{7-156}$$

单极型的S型激励函数：

$$f(net) = \frac{1}{1 + \exp(-\lambda net)}, f(net) \in (0, 1) \tag{7-157}$$

对于多层网络，这种激励函数所划分的区域不再是线性划分，而是由一个非线性的超平面组成的区域。

因为S型函数具有非线性的大系数功能。它可以把输入从负无穷到正无穷大的信号变换成-1到+1之间输出，所以采用S型函数可以实现从输入到输出的非线性映射。

3. BP网络学习规则

BP网络最为核心的部分便是网络的学习规则。用BP算法训练网络时有两种方式，一种是每输入一样本修改一次权值；另一种是批处理方式，即组成一个训练周期的全部样本都依次输入后计算总的平均误差。这里主要探讨的是后一种方式，下面给出两层网络结构示意简图，如图7-41所示，并以此探讨BP算法。

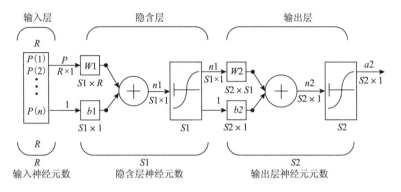

图7-41　含一个隐含层的BP网络结构

BP网络的学习过程主要由以下四部分组成：

（1）输入样本顺传播

输入样本传播也就是样本由输入层经中间层向输出层传播计算。这一过程主要是输入样本求出它所对应的实际输出。

① 隐含层中第 i 个神经元的输出为

$$a_{1i} = f_1 \left(\sum_{j=1}^{R} w_{1ij} p_j + b_{1i} \right) \qquad i = 1,2,\cdots,s_1 \tag{7-158}$$

② 输出层中第 k 个神经元的输出为

$$a_{2k} = f_2 \left(\sum_{i=1}^{s_1} w_{2ki} a_{1i} + b_{2k} \right) \qquad i = 1,2,\cdots,s_2 \tag{7-159}$$

其中 $f_1(\cdot)$，$f_2(\cdot)$ 分别为隐含层的激励函数。

（2）输出误差逆传播

在第一步的样本顺传播计算中得到了网络的实际输出值，当这些实际的输出值与期望输出值不一样时，或者说其误差大于所限定的数值时，就要对网络进行校正。

首先，定义误差函数

$$E(w,\ b) = \frac{1}{2} \sum_{k=1}^{s_2} (t_k - a_{2k})^2 \tag{7-160}$$

其次，给出权值的变化。

①输出层的权值变化

从第 i 个输入到第 k 个输出的权值为：

$$\Delta w_{2ki} = -\eta \frac{\partial E}{\partial w_{2ki}} = \eta \cdot \delta_{ki} \cdot a_{1i} \tag{7-161}$$

其中

$$\delta_{ki} = e_k f_2' \tag{7-162}$$

$$e_k = l_k - a_{2k} \tag{7-163}$$

②隐含层的权值变化

从第 j 个输入到第 i 个输出的权值为：

$$\Delta w_{ij} = -\eta \frac{\partial E}{\partial w_{1ij}} = \eta \cdot \delta_{ij} \cdot p_j \quad 0 < \eta < 1 \quad (\eta \text{ 为学习系数}) \quad (7-164)$$

其中

$$\delta_{ij} = e_i \cdot f'_1 \quad\quad\quad (7-165)$$

$$e_i = \sum_{k=1}^{s_2} \delta_{ki} \cdot w_{2ki} \quad\quad\quad (7-166)$$

由此可以看出，①调整与误差成正比，即误差越大调整的幅度就越大。②调整量与输入值大小成比例，在这次学习过程中就显得越活跃，所以与其相连的权值调整幅度就应该越大，③调整与学习系数成正比。通常学习系数在 0.1～0.8 之间，为使整个学习过程加快，又不会引起振荡，可采用变学习率的方法，即在学习初期取较大的学习系数，随着学习过程的进行逐渐减小其值。

最后，将输出误差由输出层经中间层传向输入层，逐层进行校正。

（3）循环记忆训练

为使网络的输出误差尽可能地小，对于 BP 网络输入的每一组训练样本，一般要经过数百次甚至上万次的反复循环记忆训练，才能使网络记住这一样本模式。

这种循环记忆训练实际上就是反复重复上面介绍的输入模式正向传播和输出误差逆传播过程。

（4）学习结束的检验

当每次循环记忆结束后，都要进行学习是否结束的检验。检验的目的主要是检查输出误差是否已经符合要求。如果小到了允许的程度，就可以结束整个学习过程，否则还要进行循环训练。

4. BP 网络的训练

对 BP 网络进行训练时，首先要提供一组训练样本，其中每个样本由输入样本和输出样本组成。当网络的所有实际输出与其理想输出一致时，表明训练结束。否则，通过修正权值，使网络的实际输出与理想输出一致。

实际上，针对不同的具体情况，BP 网络的训练有相应的学习规则，即不同的最优化算法，根据减少理想输出与实际输出之间误差的原则，实现 BP 网络的函数逼近、向量分类和模式识别。以图 7-41 为例来说明 BP 网络训练的主要过程。

首先：网络初始化，构造合理的网络结构（这里采用图 7-40 的网络结构），取可调参数（权和阀值）为 [-1,1] 上服从均匀分布随机数，并取定期望误差、最大循环次数和修正权值的学习率的初始值。

其次，利用相应的 BP 网络学习规则对网络进行训练，求得权值修正后的误差平方和。

最后，检查网络误差平方和是否降低到期望误差之下，若是，训练结束，否则继续。

7.5.3　径向基函数网络

前面所介绍的多层前馈型网络模型对于每个输入输出数据对，网络的每一个权值均需要调整，这样的神经网络称之为全局逼近神经网络。全局逼近神经网络学习速度很慢，这对于控制来说常常是不可忽视的。下面将介绍一种新的网络——径向基函数（Radial basis Fanction 简记为 RBF）网络。

径向基函数网络属于局部逼近网络，所谓局部逼近网络就是对于每个输入输出数据对，只有少量的权值需要进行调整，也正是基于这一点才使得局部逼近网络具有学习速度快的优点。另外，BP 网络用于函数逼近时，权值的调整是用梯度下降法，存在局部极小和收敛速度慢等缺点。而 RBF 网络在逼近能力、分类能力和学习速度等方面均优于 BP 网络。

1. 径向基函数神经网络结构

图 7-42 为径向基函数神经网络结构图。径向基函数网络输出单元是线性求和单元，所以输出是各隐单元输出的加权和。隐单元的作用函数用径向基函数，输入到隐单元间的权值固定为 1，只有隐单元到输出单元的权值可调。

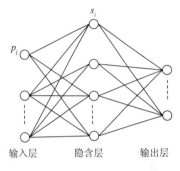

图 7-42　RBF 网络结构图

2. 径向基函数的学习算法

径向基函数网络的学习算法常用的有两种：一种是无导师学习，另一种便是有导师学习。这里只介绍无导师学习。

无导师学习也称非监督学习，对所有样本的输入进行聚类，求得各隐层节点的 RBF 的中心 C_i。具体的算法步骤如下：

①给定各隐节点的初始中心 $C_i(\cdot)$；

②计算距离（欧氏距离）并求出最小距离的节点；

$$d_i(t) = \| p(t) - C_i(t-1) \|, \ 1 \leqslant i \leqslant m$$
$$dmin(t) = mind_i(t) = d_r(t) \tag{7-167}$$

式中　C_i——第 i 个隐节点的中心，$i = 1, 2, \cdots, m$；

　　$\| \cdot \|$——通常为欧氏范数。

③调整中心

$$C_i(t) = C_i(t-1), \ 1 \leqslant i \leqslant m, \ i \neq r$$
$$C_r(t) = C_i(t-1) + \eta(p(t) - C_r(t-1)) \tag{7-168}$$

式中　η——学习速率，$0 < \eta < 1$。

④计算节点 r 的距离

$$d_r(t) = \| p(t) - C_r(t) \| \tag{7-169}$$

7.5.4　神经网络在腐蚀管线剩余寿命预测中的应用

随着油、气、管道投运年限的增长，管线的腐蚀情况越来越严重，影响着管线使用寿命。油气管道内外腐蚀因素众多，各因素间相互影响复杂，要精确地得到对腐蚀性的影响规律很困难，并且非常繁琐。

由于人工神经网络具有自组织、自学习的功能，因而利用神经网络来预测评判油气管道的腐蚀情况与使用寿命，从而避开寻找各种因素对腐蚀性的影响规律的难题，方便准确地预测评判出油气管道的使用寿命。

　　油气管道剩余寿命预测的目的就是通过对各种腐蚀因素测定，并用测定结果构成已知样本集，通过神经网络的自动学习，获得知识，再对未知管线系统的腐蚀情况进行预测，便可知道该管线的使用寿命。

　　具体评价可按如下步骤进行：

　　①确定评估指标。腐蚀管线的剩余寿命取决于管线的内、外腐蚀程度，以不同腐蚀环境下的管线工作寿命为评估指标。

　　②构造训练集。根据管线测得的腐蚀因素值和使用寿命建立数据文件。

　　③网络的结果设计。BP网络可采取二层结构或三层结构。

　　④网络的学习。将因素值作为输入，管线剩余寿命作为结果输出，通过训练样本的训练，网络权重不断得到修改，网络输出逐渐逼近期望输出，直到最终收敛，学习过程结束。网络训练逻辑结构图如图7-43所示。

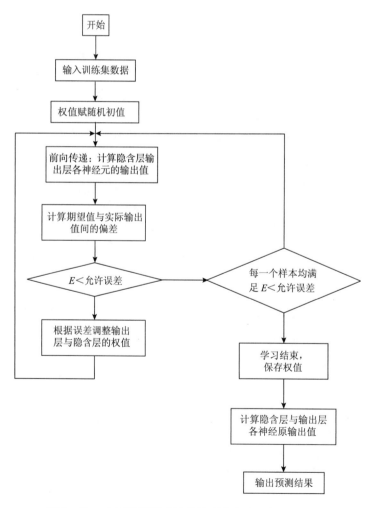

图7-43　BP网络预测腐蚀管线剩余寿命逻辑结构框图

西南石油大学的廖柯熹采用两层 BP 结构，对华北油田的集油管线的使用寿命进行预测，影响剩余寿命的腐蚀因素和训练集见表 7-25。其中观测值为样本管线实际使用寿命，评判结果见表 7-25 和图 7-44。

表 7-25　影响剩余寿命的腐蚀因素和训练集表与预测结果

样本	环境土壤参数				输送介质基本参数									使用寿命/年	
	电阻率/ $\Omega \cdot m$	含水量/ %	含盐量/ %	pH	O_2/ mg/L	Ca^{2+}/ mg/L	Mg^{2+}/ mg/L	Cl^-/ mg/L	CO_2/ mg/L	H_2S/ mg/L	Fe/ mg/L	压力/ MPa	温度/ ℃	观测值	预测值
1	37.7	19.9	1.9	8.1	0.3	4.01	1.02	34.0	144.3	0.15	7.1	0.66	68	16.7	17.8
2	26.4	17.2	2.3	8.2	0.4	44.9	11.7	34.0	89.9	0.20	5.7	0.61	70	12.4	10.1
3	47.7	12.5	2.2	8.2	0.4	38.5	13.6	34.0	89.7	0.50	9.3	0.32	40	4.1	4.3
4	11.3	21.8	1.7	8.3	0.4	41.7	13.6	34.0	36.0	0.05	4.0	0.45	52	3.7	3.6
5	13.8	23.0	2.7	8.2	0.3	41.7	15.6	11.34	46.8	0.12	2.5	0.65	40	4.3	4.2
6	11.3	21.82	2.1	8.1	0.3	32.1	15.4	17.02	46.8	0.35	8.6	0.32	65	6.9	4.7
7	12.5	22.34	3.4	8.4	0.4	37.1	12.6	14.20	46.5	0.26	3.0	0.56	35	4.3	3.9
8	15.1	20.9	2.4	8.3	0.4	41.7	13.6	34.0	89.9	0.04	5.2	0.38	46	6.9	6.0
9	3.1	21.4	1.5	8.2	0.4	34.7	13.5	34.7	36.0	0.31	6.1	0.42	58	7.4	5.2

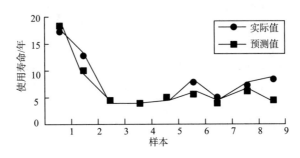

图 7-44　剩余寿命 BP 人工神经网络预测结果

由表 7-25 与图 7-44 可知，剩余寿命预测值与样本观测值基本一致，只有个别点的误差相对较大，由此可见利用人工神经网络中的 BP 网络来预测油气管道的使用寿命是成功的。该方法利用 BP 人工神经网络具有的自组织、自学习功能，可方便准确地对油气管道的使用寿命进行预测。

7.6　灰色理论的腐蚀管线剩余寿命预测

人们通过概率与数理统计解决样本量大、数据多但缺乏明显规律的问题，即"大样本不确定性"问题；人们用模糊数学处理人的经验与认知先验信息的不确定性问题，即"认知不确定性"问题。而灰色系统理论(简称灰理论)则是针对既无经验，数据又少的不确定性问题，即"少数据不确定性"问题。灰色理论按某种要求对有限的、表面无规律的数据进行"生成"处理，再利用生成数据建立预测模型，以揭示出系统发展变化的潜在规律。

1. 数据处理

灰色预测是基于灰色动态模型的预测，建立 GM 模型要求原始数据序列为光滑离散函数，通过系统原始数据的"生成"处理可以满足这一要求。数据的"生成"处理包括：累加生成、累减生成、均值生成和滑动生成 4 种方法。

2. 灰色预测 GM(1，1)模型的建立

灰色预测 GM(1，1)模型的灰微分方程的白化模型为：

$$\frac{dx^{(1)}}{dt} + ax^{(1)} = b \tag{7-170}$$

通过最小二乘法求解参数 a，可解得方程的时间响应函数为：

$$x^{(1)}(k+1) = \left(x^{(0)}(1) - \frac{b}{a}\right)e^{-ak} + \frac{b}{a}(k=0,1,2\cdots) \tag{7-171}$$

其还原值 $x^{(0)}(k+1)$ 满足

$$x^{(0)}(k+1) = x^{(1)}(k+1) - x^{(0)}(k) = (1-e^a)\left[x^{(0)}(1) - \frac{b}{a}\right]e^{-ak} \tag{7-172}$$

上面的模型无法预测任意时刻的腐蚀速率，只能对等距时刻的腐蚀速率数据进行预测。通过对模型的改进，由式(7-172)可以得到原始数据表达式：

$$x^{(0)}(t) = \left[x^{(0)}(1) - \frac{b}{a}\right](1-e^a)\exp\left[-\frac{a(t-t_0)}{N}\right](t \geq 0) \tag{7-173}$$

通过式(7-173)可以预测任意时刻的腐蚀速度。管线腐蚀剩余寿命的评定主要是依靠估算出的最大腐蚀速率，并假设使用若干年后所能安全运行的年限。预测时可以采用目前较新的美国 ASME 锅炉压力容器 N-480《管道腐蚀减薄验收准则》进行评定。该准则规定对腐蚀管线评定的范围必须满足以下条件：

$$0.3t_{nom} \leq t_p \leq 0.875t_{nom} \tag{7-174}$$

式中，t_{nom} 为正常时管道的壁厚，即原设计时无腐蚀的壁厚，t_p 为评定寿命时的最大腐蚀坑深度剩余壁厚。根据灰色预测方法计算所得的任意时刻的腐蚀速率，就能确定出任意时刻的最大腐蚀坑深度剩余壁厚，同时采用提供的准则，我们就能很清楚地评判腐蚀油气管道剩余寿命，做出检测、维修或更换等决策。此方法能够评价出各种腐蚀因素对应于管道的腐蚀程度，对腐蚀因素进行筛选，选取主要的腐蚀的因素，配合人工神经网络方法使用能够达到较好的预测效果。

7.7 概率统计方法的腐蚀管线剩余寿命预测

对于管道腐蚀这样的复杂系统，采用概率论的方法在一定程度上有一定的准确性。同时采用概率统计方法可以得到管线表面上最大蚀坑深度，这种实测加统计的方法具有较高

的科学性，可为管道腐蚀剩余寿命的评估提供可靠的依据。

某些学者长期观察表明，腐蚀速率为线性发展的假设是合理的。基于这种假设，提出下列的稳态增长腐蚀速率表达式：

$$R_d = \frac{\Delta d}{\Delta T} \tag{7-175}$$

$$R_L = \frac{\Delta L}{\Delta T} \tag{7-176}$$

式中，R_d 是深度方向或径向稳态腐蚀速率，R_L 是长度方向或轴向腐蚀速率。例如，最后一次（T_0 时刻）检测到的腐蚀缺陷深度和长度分别为 d_0 和 L_0，则服役若干年后（T 时刻）的腐蚀缺陷的深度（d）和长度（L）为：

$$d = d_0 + R_d(T - T_0) \tag{7-177}$$

$$L = L_0 + R_L(T - T_0) \tag{7-178}$$

在此基础上，能够建立腐蚀管道的失效压力预测方程。失效方程等于失效压力与运行压力之间的差值。即：

$$z = p_f - p_a \tag{7-179}$$

上式中，z 值为正表明管道安全，为负则说明处于失效状态。建立极限状态函数：

$$z = 2(S_y + 68.95)\frac{t}{D}\frac{1 - [d_0 + R_d(T - T_0)]/t}{1 - [d_0 + R_d(T - T_0)]/tM} - p_a \tag{7-180}$$

根据式（7-180），可以确定管道在今后一段服役时间的失效概率。然后通过管道运营时间和失效概率作图，就可以得出在允许的失效概率范围内，腐蚀管道的剩余寿命。此方法是建立在对管道长期观测，腐蚀速率假设为线性发展的基础上，预测的精度和准确性有待提高。

7.8　可靠度函数分析法的腐蚀管线剩余寿命预测

国际上最新的腐蚀剩余寿命预测的思路是将高分辨率的管内漏磁检测技术与适用性评价技术相结合。可以通过对管内腐蚀情况的多次内检测，给出管道的腐蚀速率，在对腐蚀速率概率统计分析的基础上，对管道运行的寿命进行可靠性评估。

管道基于可靠性的腐蚀剩余寿命预测过程大体可由以下几个步骤组成：

①建立该输油（气）管道腐蚀速率的概率分布模型。其方法是利用管道腐蚀检测数据（该管线历年维修资料中的缺陷统计）和服役年限，通过统计分析，利用数学方法进行拟合，找出其概率分布规律；

②通过剩余强度评价，确定出缺陷极限尺寸；

③计算得出管道失效概率随时间变化规律；

④给定目标可靠度确定管道剩余寿命即检测周期。

通过对腐蚀缺陷尺寸和腐蚀发展规律的统计，可以给出管道腐蚀失效的概率统计分布规律。油气管道管段寿命分布的密度函数一般包括对数正态分布、威布尔分布以及极值I型分布等形式。从分析失效密度入手，分别计算各管段的失效概率密度与累积失效概率，绘制各管段的失效概率曲线。通过确定合适的可接受失效概率，就可以对管道的剩余寿命进行预测，据此确定正确的管道检测和维修周期。这种方法是当今最新的，也是比较有效的一种腐蚀管道剩余寿命预测方法，该预测能达到令人满意的结果。如果在实际使用时结合概率统计方法，会取得更加理想的效果。

第8章 腐蚀管线泄漏检测及抢修

8.1 泄漏检测方法分类及选型要求

8.1.1 泄漏检测的意义

由于防腐绝缘层裂化、阴极保护度降低或失效，以及潮湿的环境如腐蚀性介质对管道外壁造成的腐蚀和传输介质的腐蚀成分对管道内壁造成的腐蚀等，并且现在管道多在高压下运行，因此很容易发生泄漏事故。据统计，1983 年至 1993 年，中油管道分公司所管辖的管线腐蚀泄漏事故平均每年 12 至 16 起，1995 年由于腐蚀原因引起的泄漏事故多达 22 起。油气管线输送的油气产品具有易燃易爆特性，如不及时发现，极易引发火灾、爆炸、环境污染等灾难性事故。所以，研究管道泄漏故障实时诊断技术，迅速发现泄漏事故并准确定位，及时采取有效措施，最大限度地减少损失和对环境的污染具有重要的意义。

8.1.2 泄漏检测系统的分类

管道泄漏检测技术是多领域多学科知识的综合，目前已有多种管道泄漏检测方法，其在检测方式和技术手段方面差别较大，从最简单的人工分段沿管道巡线到复杂的软硬件相结合的实时模型方法，从陆地检测发展到海底检测，甚至利用飞机或卫星遥感检测大范围管网等。对管道泄漏检测技术还没有统一的系统分类方法，其中一种分类方法是从检测参数的角度将各种检测方法分为直接检漏法和间接检漏法。泄漏检测方法分类可见图 8-1。

尽管对管道泄漏检测方法的研究已有几十年的历史。但由于检测的复杂性，如管道输送介质的多样性，管道所处环境(如地上、管沟、埋地、海底)的多样性，以及泄漏形式(渗漏、穿孔、断裂等)的多样性，使得目前还没有一种通用的方法解决管道泄漏探测问题。在实际应用中，某一种泄漏检测方法或一个检漏装置一般不能同时满足所有要求，因此，在检测系统中常常将几种方法综合使用，以取得最佳的实用效果。

8.1.3 管道泄漏检测与定位系统的性能指标

建立管道泄漏监测系统、及时准确报告泄漏事故的范围和程度，可以最大限度地减少

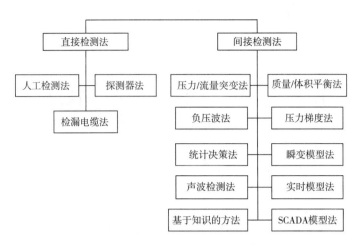

图 8-1　管道泄漏检测方法与原理示意图

经济损失、环境污染和更大危险的发生。对一种泄漏检测方法的优劣或一个检漏系统性能的评价，应从以下几个方面加以考虑。

①灵敏性（leak sensitivity）：检漏系统能检测出管道泄漏范围的大小，主要是指多小的泄漏量能够发出正确的报警提示；

②定位精度（location accuracy）：发生泄漏时，系统对泄漏点位置确定的误差范围；

③检测时间（response time）：从泄漏开始到系统检测出泄漏所需要的时间；

④有效性（availability）：是否能连续监测整条管道；

⑤准确性（accuracy）：是否能够准确地检测出泄漏，因操作失误和设备故障等因素发出误报警的比率是否较低；

⑥适应能力（adaptive capacity）：指检漏方法对不同的管道环境、不同的输送介质以及管道发生变化时，是否具有通用性；

⑦可维护性（maintainability）：指系统运行时对操作者的技术要求有多大，及当系统发生故障时，能否简单快速地进行维修；

⑧性价比（cost performance）：指系统建设、运行及维护的花费与系统所能提供性能的比值。

8.2　直接检漏法

8.2.1　人工巡线方法

最初，长输管道的泄漏监测采用人工沿管分段巡视的方法或靠路人的报告、生产数据突变（如压力突降、中间站油罐液位的不正常变化等）来进行。这依赖于人的敏感性、经验和责任心，往往只能发现一些较大的泄漏，而且耗费大量的人力，实时性也较差。

人工直接监测法是最早用于确定管道泄漏的一种方法，这是一种最简单、最直接的办法。利用人工来回对管线进行巡查,通过对管道泄漏后从管道上发出的声音、气味、噪声等来对管道是否泄漏进行判断。目前,在很多的场合,还一直使用这种方法。然而,由于是用肉眼直接观察,因此目测法一般只适用于管道泄漏很严重的场合。除了上述的局限性之外,目测法还有一个缺陷,即观察所得到的结论必然带有较大的主观性,甚至不同的观察者可能得到不同的结论。

8.2.2　检漏电缆法

检漏电缆多用于液态烃类燃料的泄漏检测。电缆与管道平行铺设,当泄漏的物质渗入电缆后,会引起电缆特性的变化。目前已研制出以下几种电缆。

1. 油溶性电缆

电缆的同轴结构中有一层导电薄膜,当其接触烃类物质时会溶解,从而失去导电性。从电缆的一端发送电脉冲信号,因电路在薄膜溶解处被切断,从返回的脉冲中能检测出泄漏的具体位置。另一种结构的电缆中有两根平行导线,导线外都覆盖有一层绝缘油溶性膜,当油渗透进电缆后,溶解薄膜使两根导线之间短路,测两导线之间的电阻值能推测出漏油位置。

2. 渗透性电缆

这种电缆芯线导体的特性阻抗为定值。当油渗透进电缆后,会改变电缆的特性阻抗。从电缆的一端发送电脉冲,通过反射回来的电脉冲可知阻抗变化的位置,从而可确定泄漏的位置。

3. 分布式传感电缆

这种电缆主要用于碳氢化合物的泄漏检测,如煤油、溶剂等。它在2km的范围内,可达1%的检测精度。当泄漏物质透过电缆编织物保护层,会引起电缆内聚合物导电层的膨胀,外层的编织物保护层会限制膨胀,使导电层向内压缩与传感线接触,从而构成导电回路,通过测得传感导线回路电阻,可确定泄漏的位置。这种电缆还可以多根连接起来,对长距离管道泄漏进行检测。

8.2.3　光纤检漏法

检漏光纤主要有以下几种。

1. 准分布式光纤检漏

传感器的核心部件由棱镜、光发与光收装置构成。当棱镜底面接触不同种类的液体时,光线在棱镜中的传输损耗不同。根据光探测器接收的光强来确定管道是否泄漏。这种传感器的缺点是当油接触不到棱镜时,就会发生漏检的现象。

据报道,NEC公司已研制出能在10km管道长度范围内进行漏油检测的传感器,它对水不敏感,可在易燃易爆和高压环境中使用。

2. 多光纤探头遥测法

美国拉斯维加斯市的FCI环保公司开发的PETROSENSE光纤传感系统可对水中和蒸气

态的碳氢化合物总量进行连续检测，可用于油罐及短距离输油管道的泄漏探测。对于不同的应用可选择配置 1~16 个探头。探头的核心部分是一小段光纤化学传感器，光纤包层能选择性地吸附碳氢化合物，使其折射率得到改变，从而使光纤中光的传播特性发生变化。探头中内设电子装置，可将光信号转换为电信号。数据采集模块有多种接口，可将信号远传以满足遥测的需要。

3. 塑料包覆石英（PCS）光纤传感器

这种 PCS 光纤传感器的传感原理如图 8-2 所示。当油与光纤接触时渗透到包层，引起包层折射率变化，导致光通过纤芯与包层交界面的泄漏，造成光纤传输损耗升高。传感器系统设定报警界限，当探测器的接收光强低于设定水平时，会触发报警电路。这种传感器可用于多种油液的探测。

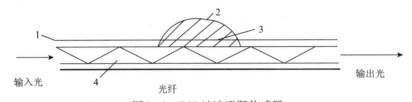

图 8-2 PCS 油液泄漏传感器
1—包覆层；2—油；3—泄漏波；4—纤芯

4. 光纤温度传感器

液态天然气管道，黏油、原油等加热输送管道的泄漏会引起周围环境温度的变化。分布式光纤温度传感器可连续测量管道沿线的温度分布情况，这为上述管道的泄漏检测开辟了新途径。据报道，YORK 公司的 DTS 系统（分布式光纤温度传感系统），一个光电处理单元可连接几根温度传感光缆，长度达 25km，对于温度的变化可在几秒钟内反应。DTS 可设定温度报警界限，当沿管道的温度变化超出这个界限时，会发出报警信号。

电缆检漏方法和光纤检漏方法的优点是能检出微小的泄漏，缺点是材料成本高、连续使用性差，对于已建设好的管道系统要重新铺设电缆或光纤。

8.2.4 红外成像检漏

1. 红外泄漏检测原理

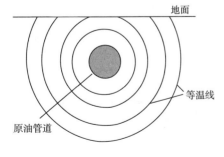

图 8-3 埋地管道热交换示意图

（1）埋地管道和周围土壤层热交换过程

被加热的原油在埋地管道中传输时，会与四周土壤进行热交换，管道与周围环境的热交换大致分为以下 3 个过程：

①管道外壁和保温层间的热传导；
②保温层与周围土壤之间的热传导；
③地表与大气之间的热对流。
埋地管道热交换示意如图 8-3 所示。

（2）温度场分布模型

传热过程的热流量为：

$$\Phi = AK(T_{in} - T_{out}) = (T_{in} - T_{out})/R \tag{8-1}$$

式中　A——换热面积，m^2；

　　　K——传热系数，$W/(m^2 \cdot K)$；

　　　R——传热热阻，K/W；

　　　T_{in}——管内油温，K；

　　　T_{out}——外部空气温度，K。

总传热热阻等于管道外壁向保温层外壁导热的热阻、保温层外壁向地表导热的热阻以及地表和空气间对流换热的热阻之和，即：

$$R = R_1 + R_2 + R_3 = \frac{\ln(d_b/d_w)}{2\pi\lambda_b L} + \frac{\ln(d_t/d_b)}{2\pi\lambda_t L} + \frac{1}{\alpha\pi d_t L} \tag{8-2}$$

式中　R_1——管道外壁向保温层外壁导热的热阻，K/W；

　　　R_2——保温层外壁向地表导热热阻，K/W；

　　　R_3——地表与空气之间对流换热热阻，K/W；

　　　d_w——管道外径，m；

　　　d_b——保温层外径，m；

　　$d_t/2$——管道轴心到地表某点的距离，m；

　　　L——管道长度，m；

　　　α——空气的对流换热系数，$W/(m^2 \cdot K)$；

　　　λ——土壤导热系数，$W/(m \cdot K)$。

传热密度定义为：

$$q = \frac{\Phi}{L} = (T_{in} - T_{out})/R' \tag{8-3}$$

其中 $R' = \dfrac{\ln(d_b/d_w)}{2\pi\lambda_b} + \dfrac{\ln(d_t/d_b)}{2\pi\lambda_t} + \dfrac{1}{\alpha\pi d_t}$。

式中　q——热流密度，W/m。

从而得到地表某点温度 T_d 的计算式为：

$$T_d = T_{out} + \Phi R_3 = T_{out} + \frac{\Phi}{\alpha\pi d_t L} = T_{out} + \frac{q}{\alpha\pi d_t} \tag{8-4}$$

若 $T_{in} = 333K$，$T_{out} = 293K$，$d_w = 300mm$，$(d_b - d_w)/2 = 10mm$，地表至主管道轴心的垂直距离 $h = 1m$，$\alpha = 7W/(m \cdot K)$，$\lambda_t = 0.55W/(m \cdot K)$，$\lambda_b = 0.04W/(m \cdot K)$，则得到的地表温差分布曲线如图8-4所示。

由计算可知，对于加热到60℃，埋深为1m，管径为300mm的埋地管道，其上方地表温度场分布发生了明显变化，管道上方中心处和距中心2m处有近1℃的温差。因此对于埋地管道上方地表形成了特征温度场分布，可以通过热成像的方法来分辨温差，见图8-5。当管线发生泄漏后，会导致周围土壤温度升高，进而可以探测到泄漏的发生。

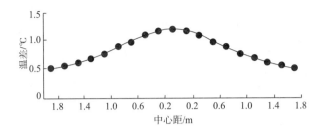

图 8-4 管道横剖面地表温度分布曲线

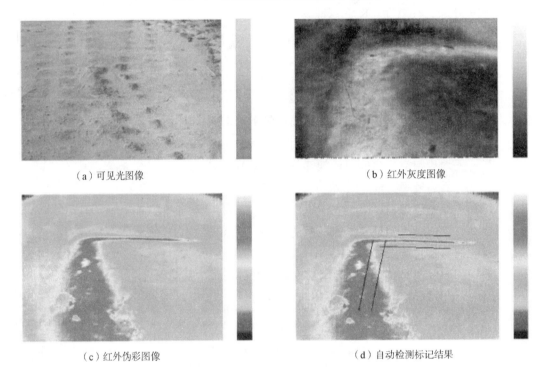

（a）可见光图像   （b）红外灰度图像

（c）红外伪彩图像   （d）自动检测标记结果

图 8-5 油田现场试验结果

2. 红外检测技术的应用

美国 OIL TON 公司开发了一部利用直升机吊装精密红外摄像机沿管道飞行，通过判读输送油料与周围土壤的温度场确定是否有油料泄漏的新技术。利用光谱分析可检测出较小泄漏位置。该方法可用于长管道和微小泄漏的检测。埋地输气管道及其周围环境会向空中散发出不规则热辐射，经大气向空中传播，大气作为传输介质对辐射会有吸收和衰减作用，当输气管道发生泄漏时，漏出的气体（主要是甲烷）会对特定频率的红外辐射进行衰减，通过红外摄像，将其结果进行光谱分析，可以确定输气管道的泄漏。美国佛罗里达技术网络公司曾用直升机以 160km/h 的速度沿线飞行，确定泄漏位置。原苏联也曾用这种方法每年巡查管道 30 万 km 以上。

对于非埋地管线，由于输送介质通常高于环境温度，采用红外检测更为容易。化工企业通常会使用管道输送蒸汽、原料、产品等，而这些物品大部分都是有别于常温，故管道上一般会包裹保温隔热层，通过红外热像仪可以方便地查看管道的保温隔热层有无损坏，或管道法兰的连接处是否有泄漏，如图8-6和图8-7所示。

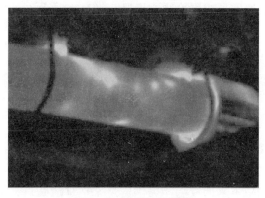

图8-6 管线法兰泄漏

图8-7 管线底部泄漏

20世纪80年代，中国开始将红外技术应用于石油管道的探测，地矿部航空物探遥感中心于1989年12月中旬，在辽河油田盘锦地区使用装在双水獭飞机上的DS21230定量双通道红外扫描仪和DS21268多光谱扫描仪，开展航空红外遥感探测石油管道试验研究工作，取得了可喜成果。

3. 红外技术管道检测原理与物理前提条件

腐蚀穿孔发生泄漏后，区域局部温度场发生了明显的变化，这种热异常很容易被红外成像设备检测出来，而且红外成像技术可以精确地提供该区域的位置和热异常的分布特征，因此，应用红外成像技术进行油气管道泄漏检测具有相当大的潜力。应用红外成像技术进行油气管道泄漏检测的物理前提条件可以归纳为以下3种。

①地表必须有热异常存在，这种异常通常是管道通过热对流或热传导方式在地表形成的高温热异常，因为红外成像设备所记录的图像仅是地表温度。

②具备合适的成像时间和良好的天气条件。这些条件非常复杂，地表温度分布受地形、天气环境等各种自然因素影响较大。成像条件的选择易受人的主观认识和自然条件变化的影响，因此有时因这些条件不一定同时具备而影响检测效果，或因缺少某些前提条件使检测工作失败。

③应用红外成像技术进行油气管道泄漏检测，红外成像设备必须满足最基本的精度要求。目前，红外成像设备的温度分辨率一般可达到0.1℃，较高精度可达到0.03℃。

4. 红外检漏技术存在问题

红外成像技术的应用已有几十年的历史，但是在油田管道检测中的应用并没有取得突破性的进展，这就说明它在管道检测方面还有很多问题需要解决，主要问题如下。

①受季节影响较大。一般而言，大气温度过高导致管道的热异常不能表现出来，大风、多云、大雾和雨水等天气都会影响红外成像的精确度。

②受到时间限制，应在夜间太阳辐射影响变小后检测，因为这时热异常才能表现出来。

③由于目前油田管道的分布没有相应的数字地图，导致应用红外成像检测缺乏相应的坐标，受地形干扰较大。

④缺乏专门的管道温度场分布模型，不能对红外成像检测成果进行评估，导致红外成像检测的精确度降低。

8.2.5 其他的泄漏检测方法

1. 纹影成像技术检测法

由于泄漏到大气中的天然气比周围空气的折射率高，光栅之间的泄漏天然气就会使光线到达摄像机时产生位移，形成纹影图像，拍摄下来的纹影能提供信息来估算泄漏量，与其他一些光学检漏技术（如背景吸收气体成像、红外辐射吸收技术）相比，纹影成像技术的灵敏度高，设备轻巧，使用方便，但不能实时检测泄漏。

2. 探地雷达

探地雷达将脉冲电磁波发射到管道附近的地下。当管道内的气体发生泄漏时，管道周围介电性发生变化，到达雷达的发射信号的时域波形也会发生变化，根据波形的变化就可以检测到管道是否发生泄漏。应用这种方法时，被测对象必须有一定的体积，因此不适用较细的管道，而且地质特性的突变往往会对图像有很大的影响，容易出现误报。

3. 嗅觉传感技术

嗅觉传感器技术是一项新兴技术。这种技术利用特殊的化学物质，传感器对天然气中某种化学物质作出反应，输出信号，然后通过计算机信号处理，检测泄漏的天然气。可将嗅觉传感器沿管道按一定的间距布置，对管道进行实时监控。目前，将此项技术应用于管道检测还不太成熟，需要进一步探讨和研究。

4. 放射性示踪剂检漏物法

这种方法是将放射性示踪剂（如碘-131）加到管道内，随输送介质一起流动。遇到管道的泄漏处，放射性示踪剂便会从泄漏处漏到管道外面，并附着于泥土中，示踪剂检漏仪放于管道内部，在输送介质的推动下行走。行走过程中，指向管壁的多个传感器可在360°范围内随时对管壁进行监测。经过泄漏处时，示踪剂检漏仪便可感受到泄漏到管外示踪剂的放射性，并记录下来。根据记录，可确定管道的泄漏部位。这种方法对微量泄漏检测的灵敏度很高，但检测操作周期长，不适用于在线实时监测管道运行，现在已经很少使用。

该技术开发于1955年，美国用于输油管道的检测，一次检测长度在20km以上。相继采用该项技术的国家有前苏联、法国、丹麦、印度、日本等。所用的放射性标记物有溴-82，碘-131、钠-24等，检测范围涉及到水管道、油管道、气管道。

5. 空气取样法

这种方法主要通过检测有无可燃气体的方法检测泄漏的发生。此方法采用火焰电离检测器和可燃气体监测器检测由于泄漏而外溢的烃类气体。前者的原理是计算在电场环境下，烃类气体在纯氢火焰灼烧下产生的带电碳原子个数，当这种碳原子个数大于某设定的阈值后，说明周围可燃气体的浓度超标，即发生了泄漏。这种方法可以检测出 $10^{-6}\,\mathrm{mol/m^3}$ 的气体，灵敏度极高，并且抗干扰能力强。可燃气体监测器主要用来检测管道周围可燃气体的浓度，一旦可燃气体浓度超标即发出报警，这种方法一般可检测出 $2.24 \times 10^{-4}\,\mathrm{mol/m^3}$ 的气体。

空气取样法的主要优点是检测准确，灵敏度高，受外界干扰小。但这种方法必须配合人工巡线使用，并且容易引发封闭空间内泄漏气体的爆炸，危险性较大。

6. 水声换能器检测法

海底管线泄漏比陆地上的泄漏检测更加困难，特别是小泄漏的情况。由 Pelagos Corp. 研制的一种新型海中声学泄漏定位系统成功地应用于检测海底管线的泄漏。该声学泄漏定位器使用了一个超灵敏水声换能器，它通过防波电缆联接到船上的数据处理系统，这个系统可以对管线中的液体或气体的小泄漏进行定位，在空气中或水中都十分有效。它的检测范围取决于泄漏信号的强度、结构上的声音衰减特性及背景噪声的强弱。

8.3　间接检漏法

8.3.1　负压波检测法

1. 负压波检测原理

基于负压波原理的检漏方法，早在20世纪70年代就被提出，到90年代，它得到了长足的发展。负压力法是一种声学方法，所谓负压波实际是在管输介质中传播的声波。当泄漏发生时，泄漏处因流体物质损失而引起局部流体密度减少，就会产生一个瞬时压力降和速度差，这个瞬变的压力下降作为振动源以声速通过管道中的原油向上下游传播，相当于泄漏点处产生了以一定速度传播的波，在水力学上称为负压波。负压波的传播速度在不同的输送介质中有所不同，在液体油中大约为 $1000 \sim 1200\mathrm{m/s}$。

由于管道的波导作用，经过若干时间后，包含有泄漏信息的负压波分别传播到数十公里以外的上下游，由设置在管道两端的传感器拾取压力波信号。再经过检测系统的分析处理，根据泄漏产生的负压波传播到上下游的时间差和管内压力波的传播速度就可以估算出泄漏位置。

2. 泄漏点的确定

在输油管道泄漏监测系统中，管道的首末两端装有两个压力传感器，分别接收管道首末端传过来的压力值。定位原理如图8-8所示，设管道长为 L，假设 A、B 为装有传感器的管道首、末端，泄漏点为 C，C 点是管道上任意一点。设负压波传播速度为 c，管道内流体流速为 v，一般有 c 比 v 大3个数量级以上。

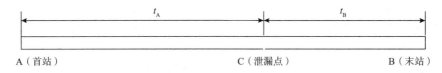

图 8-8　负压波检测原理

假设泄漏点 C 产生的压力波传到首站 A 的时间为 t_A，传到末站 B 点的时间为 t_B。泄漏点 C 到 A、B 的距离分别为 L_{AC} 和 L_{BC}，则有：

$$t_A = \frac{L_{AC}}{c - v} \tag{8-5}$$

$$t_B = \frac{L_{BC}}{c + v} \tag{8-6}$$

则根据两个端点压力传感器所检测到的压力剧降的时间差，即可估算泄漏位置。从而得到

$$\Delta t = t_A - t_B = \frac{L_{AC}}{c - v} - \frac{L - L_{AC}}{c + v} \tag{8-7}$$

$$L_{AC} = \frac{1}{2C}\left[L(c - v) + (c^2 - v^2)\Delta t\right] \tag{8-8}$$

假设首段泄漏，产生负压波，传到末端，则有 $t_A = 0$，$t_B = \dfrac{L}{c + v}$；若末端产生泄漏，负压波传到首端，则有 $t_A = \dfrac{L}{c - v}$，$t_B = 0$，这两个时间差的绝对值为：

$$|t_A - t_B| = \frac{2V}{c^2 - v^2}L \tag{8-9}$$

由于 $c/v > 10^3$，由此引起的泄漏定位误差在管线长度的 1‰以下，因此，可以忽略 v 对 c 的影响。这样泄漏点的位置方程(8-8)可以简化为：

$$L_{AC} = \frac{1}{2}(L + c\Delta t) \tag{8-10}$$

3. 负压波速度的确定

管道瞬变流动过程中，油品的动量和质量是守恒的。根据单位时间受瞬变压力波作用的管道内，流入的液体质量与管道内液体压缩量、管壁弹性变形增加的容量之间的质量平衡，可以求得瞬变压力波传播速度的计算公式

$$a = \sqrt{\frac{\dfrac{k}{\rho}}{1 + \dfrac{kD}{Ee}c_1}} \tag{8-11}$$

式中　a——瞬变压力波速，m/s；

　　　k——液体体积弹性系数，Pa；

　　　ρ——液体密度，kg/m³；

E——管材弹性模量，Pa；

D——管径，m；

e——管壁厚度，m；

c_1——与管道的约束条件有关的修正系数。

按照 Wylie、Streeter 的观点，管道的约束情况分为三类：

①管道的上游端固定，而下游自由伸缩；

②管道两端固定，限制了轴向位移；

③管道由多个膨胀点连结。

相对于三种约束情况，c_1 分别为① $c_1 = 1 - \dfrac{\mu}{2}$；② $c_1 = 1 - \mu^2$；③ $c_1 = 1$。

式中　μ——管材泊松系数。

埋地钢管变形时受到土壤阻力和固定墩的约束，应属于②类约束。

对于厚壁弹性管来说，按照 Wyliel 的观点，当 $D/e < 25$ 时，应属于厚壁管情况。所谓厚壁管是指由于管壁较厚，使管壁内、外侧应力明显不同的管道，管壁应力分布不均，改变了管道的变形特性，而使波速方程变得复杂。城市排污管道和油库区小直径管道就经常会碰到厚壁管情况。分析研究表明，对厚壁管仍然可以使用基本波速方程(8-11)，只需要修正方程中的系数 c_1。

①上游端管道固定约束

$$c_1 = \frac{2}{D/e}(1 + \mu) + \frac{1}{1 + e/D}(1 - \frac{\mu}{2}) \tag{8-12}$$

②管道两端固定约束，没有轴向位移

$$c_1 = \frac{2}{D/e}(1 + \mu) + \frac{1}{1 + e/D}(1 - \mu^2) \tag{8-13}$$

③沿管道轴向有若干个膨胀节点

$$c_1 = \frac{2}{D/e}(1 + \mu) + \frac{1}{1 + e/D} \tag{8-14}$$

厚壁管，约束方式对压力波传播速度的影响要小于对薄壁管的影响。表8-1给出了几种常用材料弹性模量和泊松系数。

表8-1　常用材料弹性模量和泊松系数

名称	E/GPa	μ
钢	206.9	≈ 0.30
球墨铸铁	165.5	≈ 0.28
铜	110.3	≈ 0.36
黄铜	103.4	≈ 0.34
铝	72.4	≈ 0.33

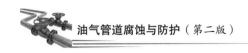

续表

名称	E/GPa	μ
聚氯乙烯	2.76	≈0.45
石棉水泥	≈23.4	≈0.30
混凝土	30~108	0.08~0.18
橡胶	≈0.07	≈0.45

流体的体积弹性系数为其压缩系数的倒数，随流体品种、温度、压力而不同。表8－2列出了几种液体的体积弹性系数。可以看出，愈是轻的烃类，温度愈高时，其体积弹性系数愈小，即其可压缩性愈大，压力波速愈低。

表8－2　常见液体的弹性系数

液体名称	体积弹性系数/0.1MPa				
	20℃	30℃	40℃	50℃	90℃
水	23900 (24400)		22150 (22600)		21750 (22200)
丙烷	1760 (1800)	1370 (1400)	1040 (1060)	715 (730)	
丁烷	3560 (3640)	3020 (3080)	2510 (2560)	2130 (2170)	
汽油	9160 (9530)			7600 (7750)	
煤油	13600 (13900)		12050 (12300)		
润滑油	15600 (15900)			13000 (14100)	

这里还需注意的是输送液体的管道含有少量气体时对传播速度有影响。液体管道含有游离气体时，气体既可以是小气泡，也可以是较大的气穴。气体的存在会减慢管道内负压波的传播速度，影响管道瞬变压力的大小和压力波的传播过程。液体中的气泡可以看作是小的弹性体，当液体中产生压力波时，小气泡受到压缩，受到压缩的气泡又使周围的液体加速。接着，加速的液体又压缩其他的气泡。小气泡的收缩和喷胀消耗了压力脉冲的能量，使液体管道中的压力波传播速度明显低于不含气体的液体中的波速。含有气体的液体管道中压力波传播速度的大小主要取决于液体中含气量的多少。图8－9为324kPa压力条件下，气体含量对压力波传播速度的影响。

管道内液体中气体的存在使得液体中压力的传播速度与压力有关，当减压波经过后，

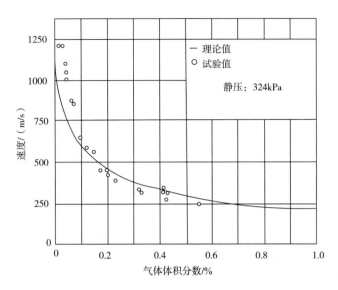

图8-9   气体含量对波速的影响

管内压力降低，使得压力波传播速度也降低；相反，当增压波经过后，管内压力升高，使得流体内的压力波传播速度也相应增加。这些情况使管道瞬变流动过程的分析和计算大大复杂化了。根据怀利（Wylie）推荐的方法可以近似地确定含气液体中的压力波传播速度。

式（8-11）中弹性系数 k 和密度 ρ 随原油的温度变化而变化。因此，必须考虑温度对负压波波速的影响，对负压波波速进行温度修正。在理论计算的基础上，结合现场反复试验，可以比较准确地确定负压波的波速。

4. 传输时间差的测量

长输管道泄漏监测系统中，各种监控、测量装置都是通过对采样得到的数字量进行处理而实现各自功能的。一般来说，采样是在各装置内部时钟的控制下独立完成的。对于异地需要同步采样的设备来说，因为其装置内部的晶振频率有误差，所以管线各端装置的采样难以同步。而且后期对泄漏信号的识别、负压波到达端点的初波时刻以及判断信号是意外泄漏还是正常生产时站内压力调节所产生的压力波动的识别，这些都要求首末端压力波形采样的时间基准同步。在实际应用中，管道首末两端计算机的工作需要在大范围保持时间同步，依赖的是各自计算机的系统时钟，但计算机时钟的守时性不理想，其性能较低。在实际测量中通常采用 GPS 授时得到的基准时间，自动校时的信号源直接采用来自于 GPS 定位卫星上以原子钟为基准的时间信号，原子钟的时间与世界协调时的误差在 $1\mu s$ 内，GPS 定位卫星发出的时间信号经过接受后再加上计算的延迟，仍可以保持在毫秒的精度内，同步性很强。在监测系统中，计算机接收到的只有压力传感器传过来的压力值，而没有数据的传到时间，故在检测负压波时只能检测到负压波的下降段是从第几个数据开始的以及该波段的跨度、陡度等信息。故在检测到负压波传到管道首末两端的数据序号时，根据数据的采样频率也可计算出 Δt。设数据的采样频率为 $P\mathrm{Hz}$，管道首端检测到的负压波下降的序号为 S_1，管道末端检测到的负压波下降的序号为 S_2，则

$$\Delta t = \frac{(S_1 - S_2)}{P} \qquad (8-15)$$

5. 负压波测量方法的特点

管道运行中的正常操作也可能造成负压波，但与泄漏造成的负压波是有差别的，泵、阀的正常作业引起的负压波与泄漏产生的负压波方向不同。国外已研究出了负压波定向报警技术。这种方法不需要数学模型，无需流量测量信号，计算量小，因此具有较大的实用价值。但它对已存在的固定泄漏或缓慢变化的泄漏不敏感。

8.3.2 其他间接泄漏检测方法

1. 压力梯度法

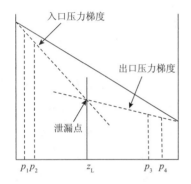

图 8-10 线性压力梯度法

理想情况下，管线压力沿管线性变化，在无泄漏情况下，管内压力分布如图 8-10 中实线所示。当管道某处发生泄漏时，管道内部的压力分布发生变化将如图 8-10 中虚线所示。因此若用 p_1 和 p_2（上游端两个压力测点）计算出上游端管段的压力梯度，用 p_3 和 p_4（下游端两个压力测点）计算出下游端管段的压力梯度，二者在泄漏点处应有相同的边界条件，根据管道两端的压力梯度的变化即可检测管道的泄漏并确定泄漏点的位置。

$$z_L = \frac{p_1 - p_4 - L \left. \dfrac{\mathrm{d}p}{\mathrm{d}z} \right|_L}{\left(\left. \dfrac{\mathrm{d}p}{\mathrm{d}z} \right|_0 - \left. \dfrac{\mathrm{d}p}{\mathrm{d}z} \right|_L \right)} \qquad (8-16)$$

式中　　　L——管长；

$\left. \dfrac{\mathrm{d}p}{\mathrm{d}z} \right|_0$ 和 $\left. \dfrac{\mathrm{d}p}{\mathrm{d}z} \right|_L$——管线上游端和下游端的压力梯度。

压力梯度法只需要在管道两端安装压力测点，简单、直观；不仅可以检测泄漏，而且可以确定泄漏点的位置。这种方法不需要任何流量测量，能适应我国现有管道情况。实验管道系统上能检测出 0.5% 的泄漏量，定位精度 2%。但因为实际中压力梯度沿非线性分布，所以压力梯度法的定位精度较差，而且仪表测量精度对定位结果有很大影响，测量误差和噪声的存在给泄漏检测和定位带来困难。此外，测点 p_1 和 p_2、p_3 和 p_4 之间的距离直接影响检测的灵敏度。压力梯度法定位可以作为一个辅助手段与其他方法一起使用。

2. 压力点分析法（PPA）

该方法可检测气体、液体和某些多相流管道泄漏，依靠分析由单一测点测取的数据，极易实现。管道发生泄漏后，其压力降低，破坏了原来的稳态，管道开始趋向于新的稳态。在此过程中产生了一种沿管道以声波传播的扩张波，这种扩张波会引起管道沿线各点的压力变化，并将失稳的瞬态向前传播。PPA 在管道沿线设点检测压力，采用统计方法分析检测到的压力值，一旦压力平均值降低超过预定值，系统就会报警。根据上下两站压力下降的时间差即可计算出泄漏点位置。美国谢夫隆管道公司(CPL)将PPA法作为其管道数据采集与处理系统(SCADA)的一部分。试验结果表明，PPA具有优良的检漏性能，能在10min内确定50gal/min的漏失。但压力点分析法要求捕捉初漏的瞬间信息，所以不能检测微渗。压力点分析法已被证明是一种有效的检漏方法，已广泛应用于各种距离和口径的管道泄漏检测。

3. 体积或质量平衡方法

管道在正常稳定流动情况下，若管线中间无分支，原理上，当流出量小于流入量时，则认为有泄漏发生。

考虑图8-11所示的管道。图中p_0和Q_0分别为上游端的压力和流量，p_N和Q_N为下游端的压力和流量，z^*为出现泄漏点的位置。

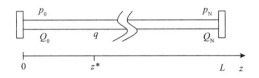

图8-11　管道示意图

对中间没有分叉的管道而言，管道内液体的流动可以看成一维弹性波动问题。根据管道内流体的动力学特性，建立管内流体的水力模型。由流动的连续性原理和动量守恒原理，其流动规律可以由如下偏微分方程组描述。

$$\frac{\mathrm{d}Q}{\mathrm{d}t} + gF\frac{\partial p}{\partial z} + \frac{f}{2DF}Q^2 = 0 \tag{8-17}$$

$$a^2\frac{\partial Q}{\partial z} + gF\frac{\mathrm{d}p}{\mathrm{d}t} = 0 \tag{8-18}$$

式中　$Q = Q(z,t)$——流量分布函数；

$\quad p = p(z,t)$——压力分布函数；

$\quad\quad\quad F$——管道截面积；

$\quad\quad\quad f$——流体的Darcy-Weisbach摩擦系数；

$\quad\quad\quad D$——管道内径；

$\quad\quad\quad g$——重力加速度；

$\quad\quad\quad a$——波速；

$\quad\quad\quad z$——管道轴线方向的坐标。

根据物质平衡原理，则有

$$q\Delta t = (Q_0 - Q_N)\Delta T - \Delta I \tag{8-19}$$

式中　ΔI——因压力和温度变化引起的管道中流体充装量的改变量；

$\quad\quad q$——泄漏量。

由于不稳定流中各参量的分布无固定形式，因而常规的泄漏检测方法是用实时模型计算出压力、温度的分布，进而求出ΔI。通过$q\Delta t$的监视，可以判断管道是否发生泄漏。

这种方法简单、直观，但要求在每个站的出、入口管道上安装流量计，流量仪表的工作点漂移直接影响检漏精度，可能导致误报警。大口径的流量计不仅会增大维护工作量，而且会增加管内的压力损失，从而增加能源损耗。另外，因管道内的流量变化有一个过渡过程，该方法不能及时检测管道的泄漏，更不适用于输量频繁变化的情况，且该方法不能确定泄漏点的位置。

4. 基于模型的泄漏检测方法

为了提高泄漏检测和定位的准确性，建立管道的实时模型，在线估计管线的压力和流量，并与压力或流量的实测值相比较来进行泄漏故障诊断，这就是模型法的基本思想。近年来，随着计算机技术、现代控制理论的发展，实时模型法是国际上着力研究的检测管道泄漏方法之一。

实时模型法认为流体输送管道是一个复杂的水力与热力系统，根据瞬变流的水力模型和热力模型及沿程摩阻的达西公式建立起管道的实时模型，以测量的压力、流量等参数作为边界条件，由模型估计管道内的压力、流量等参数值，估计值与实测值比较，当偏差大于给定值时，即认为发生了泄漏。

20 世纪 80 年代初，H. Siebert 和 L. Billman 分别提出了基于辨别和基于观测器的模型方法，使检测精度大为提高。

建立模型的主要方法有：

(1)以估计器为基础的检漏方法

由于管道流动的各物理参数都可能随时间变化，属于一类时变的非线性系统，因而运用自适应状态估计器能较好地处理上述问题。

以估计器为基础的检漏方法，其基本思想是在建立管道数学模型的基础上，通过尽可能少的测量仪表所提供的测量信息，在线实时地估计管道中各点的状态变化。

估计器有开环估计器和闭环估计器之分。

①开环估计器(实时仿真器)的方法

开环估计器实际上就是一个管道的实时仿真器，其估计精度受模型误差和过程噪声的影响。在数学模型的基础上，利用上、下游端可测压力信号作为输入进行仿真计算，预测出口端的流量。比较实测值与预测值，当其差超过预先规定的域值时，则认为发生泄漏。差值大小直接反映泄漏量大小。

这种方法还可以进行漏点定位。将估计出来的漏量依次置于管道的几个分段点上，漏点位置不同，仿真计算所得到的管内压力分布不同，其中仿真结果与实际分布吻合最好的那一个所对应的泄漏位置即为漏点位置的估计值。

为得到便于估计器使用的离散型状态空间模型，可运用特征线方法将偏微分方程变换成特殊的全微分方程，然后进行离散化得到有限差分方程。定义状态变量

$$X_K = [p_1, p_2, \cdots, p_{n-1}, Q_0, Q_1, \cdots, Q_n]_{K-1}^T \qquad (8-20)$$
$$X_K^2 = [p_1^2, p_2^2, \cdots, p_{n-1}^2, Q_0^2, Q_1^2, \cdots, Q_n^2]_{K-1}^T \qquad (8-21)$$

则可得状态空间模型

$$\begin{cases} X_{K+1} = AX_K + MX_K^2 + U_K \\ y_K = CX_K \end{cases} \tag{8-22}$$

式中，A、M均为方阵，A与波速a、重力加速度g和管道截面积F有关，M与a、g、F和摩擦系数f有关。

在状态方程的基础上，以测得的入口压力p_0和出口压力p_N为输入，即可对管道进行实时仿真，计算出管道各点的状态。由于模型不可避免地存在误差，流动过程中存在噪声，这些均使得作为开环估计器的仿真器的估计精度不可能很高。

②闭环估计器

为了提高状态估计的精度，需引入反馈，构成闭环估计器，闭环估计器的原理见图8-12。闭环估计器方程的一般形式为：

$$\hat{X}_{K+1} = A\hat{X}_K + M\hat{X}_K^2 + U_K + G[y_{K+1} - C\hat{X}_K] \tag{8-23}$$

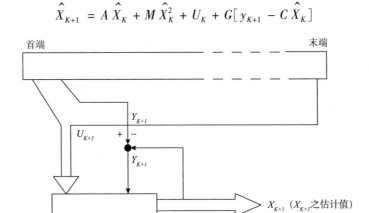

图8-12　闭环估计器的原理框图

与仿真器式(8-22)相比，闭环估计器式(8-23)中多了反馈项$G[y_{K+1} - C\hat{X}_K]$，其中y_{K+1}为可测的输出量，一般可选入口流量Q_0^K作为输出y_K，闭环估计器的设计工作就在于如何选择反馈增义阵G，使得估计器不受初始条件的影响，而能照要求使估计器收敛到真值。

闭环状态估计可采用状态观测器或 Kalman 滤波器。对线性系统来说，状态观测器或Kalman 滤波器的设计有成熟的方法可循。

与开环估计器(仿真器)相比，状态观测器和 Kalman 滤波器具有如下特点：

①由于引进反馈项$G[y_{K+1} - C\hat{X}_K]$，因而具有较高的估计精度；

②可以抑制噪声的影响；

③需要流量测量信号。

估计器除可以对管道内流体流动状态进行实时监视外，还可用于制订最优运行策略，进行水击预报和控制以及管道的泄漏诊断。

(2)基于推广 Kalman 滤波器的检漏方法

管道系统是一个非线性系统，其观测器或滤波器的设计是一个比较棘手的问题，采用推广 Kalman 滤波器对管道的状态进行估计，将获得比较好的效果。

其原理与方法是，将泄漏量作为一个状态，连同压力、流量一起构成状态向量

$$X_K = \left[p_1, Q_1, p_2, Q_2, L_2, \cdots, p_{n-1}, Q_{n-1}, L_{n-1}, p_n, Q_n \right]^T \qquad (8-24)$$

式中，L_i，$i = 2, \cdots, n-1$，为第 i 个分段点上的泄漏量，用推广 Kalman 滤波器进行状态估计，则实际漏量的估计值为：

$$\hat{L} = \sum_{i=1}^{n-1} \hat{L}_i \qquad (8-25)$$

泄漏点位置的估计值为：

$$\hat{Z}^* = \frac{1}{\hat{L}} \sum_{i=1}^{n-1} \hat{L}_i Z_{L_i} \qquad (8-26)$$

式中，Z_{L_i} 为第 i 个分段点的坐标。

用 Kalman 滤波器进行状态估计，不仅需要知道过程噪声的均值、方差等先验知识，而且计算工作量和所占计算机内存空间比较大。另外，为了提高检测和定位的精度，模型方法要求建立管道精确的水力学模型。若要进行定位，要求测量管道中间的压力或流量。

实时模型法的普遍缺点是要求管道模型准确，运算量大，对仪表要求高，使用质量平衡法、流量/压力变化法、实时模型法等的泄漏检测是管道 SCADA 的重要组成部分。根据实际情况，可将系统设计成对每个管段进行静态泄漏检测的系统或设计成具有动态泄漏检测能力的瞬态模拟系统。SCADA 采集并处理数据，控制管线实时模型的运行、报警的激励以及一些监控子程序的运行。

5. 管道应力波法

通过高频振动噪声产生应力波的形式沿管壁传播导致管线破裂是应力波法主要原理，只有达到一定频率的波才能传播较远距离。传播中受管壁的阻尼作用，距离远近与管道的振动模型有关，形成共振的优势振动能传播较远的距离。由管道泄漏引起的管壁振动可分为圆环振动、横振动和纵振动，其中只有圆环振动与泄漏密切相关。传感器被安装在管道上的以后能够在管道破裂时检测到应力波，经信号分析后即可确定是否存在泄漏并能对泄漏点定位。这种传感器携带方便，管线维护人员可随时携带沿管线检测，通过信号的强度判断噪声源。但这种方法也存在不足，由于应力波衰减的影响，该方法不适用于埋地管道的检测。

6. 小波变换法

小波变换即小波分析是 20 世纪 80 年代中期发展起来新的数学理论和方法，被称为数学分析的"显微镜"，是一种良好的时频分析工具。小波分析在故障诊断中的应用，指出利用小波分析可以检测信号的突变、去噪、提取系统波形特征、提取故障特征进行故障分类和识别等。因此，可以利用小波变换技术对其进行消噪并检测泄漏引发的压力突降点，以此检测泄漏并提高检测的精度。小波变换法的优点是不需要管线的数学模型，对输入信号的要求较低，计算量也不大，可以进行在线实时泄漏检测，克服噪声能力强，是一种很有前途的泄漏检测方法。但应注意，此方法很难区别信号的突变点是由工况变化引起的还是

由泄漏所引起的，故易产生误报警。

7. 基于神经网络和模式识别的方法

由于管道泄漏时未知因素很多，采用常规的数学模型存在一定的差异，而人工神经网络具有逼近任意非线性函数和从样本学习的能力，故在管道泄漏检测中受到了越来越高的重视。以管道系统泄漏后形成多相端射流所引发的应力波信号构造神经网络的输入矩阵，建立对管道运行状况进行分类的神经网络模型，并提出以波峰、波谷、水平线等模式基元抽取负压波波形特征，采用上下文无关文法对管道负压波进行描述，进而建立了管道负压波波形结构模式的分类系统，用于区别管道正常状态和泄漏状态。该方法的优点是能较为准确的预报管道的运行状况，适用于恶劣环境中对管道进行连续在线监测，它还可根据环境的变化及误报警自动纠正更新网络参数，但它的缺点是不能进行定位。将管道运行条件及泄漏信息作为输入，分别建立了用于检漏和定位的两套神经网络，其优点是抗噪声干扰能力强、灵敏、检测精度高，能检测到 1% 的微小泄漏，且保持很低的误报警率，但该技术在定位时只能定位到段，而不能进行更精确的定位。

8.4   油气管线泄漏损失估算

油气管线由于腐蚀穿孔，会发生泄漏事故，为了评价泄漏的损失程度，需要对泄漏量进行估计。介质泄漏速率的估计可能非常简单，也可能需要复杂的计算机程序，具体复杂程度取决于被评价的泄漏机理和对计算结果精确性的要求。

对于灾难性破裂引起的泄漏，保守的假定是容器中的所有储存物质瞬间全部泄漏；对于常压储存液体的容器，液体从小孔的泄漏速率取决于孔的大小、储存物数量以及液位与泄漏孔间的高度差；对于加压储存的液体，为了估计泄漏速率，还必须知道储存压力。

从加压储存气体的容器小孔处的泄漏常常是喷射泄漏，流体出口速度很大，计算流体泄漏速率必须知道孔的尺寸、气体相对分子质量、储存温度和气体密度等。当发生泄漏设备的裂口是规则的，而且裂口的尺寸及泄漏物质的有关热力学、物理化学等参数已知时，可根据流体力学中的有关方程计算泄漏量。当裂口不规则时，可采取等效尺寸来代替。

对于容器储存或管道输送的是气液两相介质的情况，泄漏出来的流体取决于泄漏小孔的方位是在容器中液位以上还是液位以下，泄漏可能既有液体，又有气体，这就是所谓的两相流，其泄漏速率介于纯气体泄漏速率与纯液体泄漏速率之间。

8.4.1   液体管线泄漏量估算

液体泄漏速率可以采用伯努利方程计算。油气管线泄漏模型如图 8-13 所示。根据伯努利方程，同一流线上各点的比位能、比压能及比动能之和为一个定值。

$$\frac{p_1}{\rho_1} + h = \frac{p_0}{\rho_1} + \frac{v^2}{2g} \tag{8-27}$$

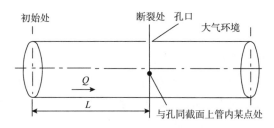

图 8-13　油气管线泄漏

由上式知

$$V = \sqrt{\frac{2(p_t - p_0)}{\rho_1} + 2gh} \qquad (8-28)$$

根据流量

$$Q = \rho_1 Av \qquad (8-29)$$

得到

$$Q = C_d A \rho_1 \sqrt{2(\frac{p_t - p_0}{\rho_1}) + 2gh} \qquad (8-30)$$

式中　Q——液体泄漏速率，kg/s；

　　ρ_1——液体密度，kg/m^3；

　　A——泄漏孔面积，m^2；

　　p_t——罐压，Pa；

　　p_0——大气压力，Pa；

　　g——重力加速度，9.8m/s^2；

　　h——液压头，即泄漏口上的液位高度，m。

　　C_d——无量纲泄漏系数，是实际流量与理论流量之比，通常取 06~0.64，也可根据表 8-3 取值。

表 8-3　液体泄漏系数 C_d

雷诺数	裂口形状		
	圆形（多边形）	三角形	长方形
>100	0.65	0.60	0.55
≤100	0.50	0.45	0.40

　　液体泄漏的推动力是介质压力和液位高度，如果介质压力很大，则可以忽略液位的影响；如果容器与大气相通，则推动力只有液位高度，随着泄漏的进行，液位必然下降，泄漏流量必然下降。因此，根据上式计算的泄漏量是泄漏的初流量也是最大流量。如果泄漏时间较短，可以按初流量计算，如果泄漏时间较长，则可以建立起流量与时间的关系式，以计算任意时刻的泄漏量，也可以计算容器内液体流完所需时间。

8.4.2 输气管线泄漏量估算

气体从裂口泄漏的速度与其流动状态有关。因此,计算泄漏量时首先要判断泄漏时气体流动属于音速还是亚音速流动,前者称为临界流,后者称为次临界流。

当式(8-31)成立时,气体流动属音速流动。

$$\frac{p_0}{p} \leqslant \left[\frac{2}{\kappa+1}\right]^{\frac{\kappa}{\kappa+1}} \qquad (8-31)$$

当式(8-32)成立时,气体流动属亚音速流动。

$$\frac{p_0}{p} \leqslant \left[\frac{2}{\kappa+1}\right]^{\frac{\kappa}{\kappa-1}} \qquad (8-32)$$

式中　p——容器内介质压力,Pa;

　　p_0——环境压力,Pa;

　　κ——气体的绝热指数,即比定压热容 c_p 与比定容热容 c_V 之比。

气体呈音速流动时,其泄漏量为:

$$Q_0 = C_d A p \sqrt{\frac{M\kappa}{RT}\left[\frac{2}{\kappa+1}\right]^{\frac{\kappa+1}{\kappa-1}}} \qquad (8-33)$$

气体呈亚音速流动时,其泄漏量为:

$$Q_0 = Y C_d A p \sqrt{\frac{M\kappa}{RT}\left[\frac{2}{\kappa+1}\right]^{\frac{\kappa+1}{\kappa-1}}} \qquad (8-34)$$

以上两式中,C_d 为气体泄漏系数,当裂口形状为圆形时取 1.00,三角形时取 0.95,长方形时取 0.90;Y 为气体膨胀因子,它由下式计算:

$$Y = \sqrt{\left[\frac{1}{\kappa-1}\right]\left[\frac{\kappa+1}{2}\right]^{\frac{\kappa+1}{\kappa-1}}\left[\frac{p}{p_0}\right]^{\frac{2}{\kappa}}\left\{1-\left[\frac{p}{p_0}\right]^{\frac{\kappa-1}{\kappa}}\right\}} \qquad (8-35)$$

式中　M——相对分子质量;

　　ρ——气体密度,kg/m³;

　　R——气体常数,J/(mol·K);

　　T——气体温度,K。

许多气体的绝热指数在 1.1~1.4 之间,则相应的临界压力在 1.7~1.9atm,因此许多事故的气体泄漏是声速流。表8-4为几种气体的绝热指数和临界压力。

表8-4　常见气体的绝热指数和临界压力

物质	丁烷	丙烷	二氧化硫	甲烷	氨	氯气	一氧化碳	氢气
κ	1.096	1.131	1.290	1.307	1.310	1.355	1.404	1.410
p_c/atm	1.708	1.729	1.826	1.837	1.839	1.866	1.895	1.899

8.4.3　油气两相流管线泄漏估算

两相流的泄漏计算包括两部分，即气相流量和液相流量，因此需要知道两相流体总的质量流量以及气液两相的质量分率。

通过前面的分析知道，两相流泄漏非常复杂，受多种因素的影响，现在还没有比较成熟的综合考虑流型、小孔方位以及小孔两侧差压的计算模型。在事故分析中，可以采用简化的计算方法，即不考虑流型等因素的影响，将泄漏出的气液两相流看作是气液相混合均匀的一相，可以采用与单相液体近似的公式进行计算。

在过热液体发生泄漏时，有时会出现气、液两相流动。均匀两相流动的泄漏速度可按式（8-36）计算。

$$Q_0 = C_d A \sqrt{2\rho\Delta p} \qquad (8-36)$$

式中　C_d——两相流混合物泄漏系数，可取 0.8；

　　A——裂口面积，m^2；

　　Δp——管内外压力差，Pa；

8.5　腐蚀管线泄漏抢修技术

油气管线具有易燃易爆、输送压力高、站多线长等特点，因此，应根据腐蚀穿孔造成流体泄漏的具体情况，采取不同的措施和方法。

8.5.1　夹具堵漏

夹具是最常用的处理低压泄漏的专用工具，俗称"卡子"、"卡具"。夹具的构成由钢管夹、密封垫（如铅板、石棉橡胶板）和紧固螺栓等组成。

常用的堵漏夹具是对开两半式的，使用时先将夹具扣在穿孔处附近，然后穿上螺栓（螺栓的紧度以用力能使卡子左右移动为宜），然后将卡子慢慢移动至穿孔部位，上紧螺栓紧固。

为了使密封垫能够准确嵌入漏点内，操作中可以用铜锤适当敲击振动卡具的外表面以利于封堵。密封垫（如铅板）的厚度必须适中，太薄没有补偿作用，太厚则不能完全压缩，不易堵漏。堵漏时对漏点的位置及介质压力、温度等因素都要认真考虑。

夹具堵漏法简便易行，一把扳子、一柄锤子即可，费用低，安装快速、方便，适用于压力不高情况下的封堵（一般低于2MPa）。

如果夹具需要长期使用，可将夹具跟管道焊接在一起。方法是，首先将夹具端部的填角焊好，然后焊接侧部，最后将螺栓及螺母全部焊完。

管箍在生产急需的情况下也可用来堵漏。市场上有多种规格的管箍出售。其结构见图8-14。操作时旋转丝柱咬合钢带斜齿，使钢带收紧。双丝绞结构可提高拉紧力。

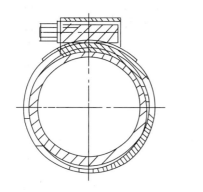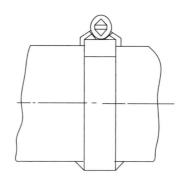

图8-14　管箍结构示意图

8.5.2　木楔堵漏法

木楔堵漏一般适用于系统压力不高（压力 < 0.5MPa），穿孔面积不大且泄漏点几何形状比较圆滑情况下的管道封堵。

封堵时可根据泄漏点的形状和大小，选择合适的木材削成楔子，一般长 60 ~ 100mm。然后用锤子将木楔钉入穿孔处，并将木楔多余的外露部分锯掉，最后在穿孔处的周围用夹具进行加固。

8.5.3　夹具注胶堵漏

夹具注胶堵漏适用于停输或不停输情况下的泄漏封堵，这项技术实际上就是机械夹具和密封技术的结合与发展。该堵漏技术是把前面事先装好的密封垫，改为密封性现场注射成型式堵漏。夹具注胶堵漏所使用的夹具，与前面提到的夹具的不同点是后者与泄漏部位之间加有一个密封的空腔（高度一般在 6 ~ 15mm 之间），以包容注入的密封剂。这样，可以降低夹具与泄漏部位外表面接触部分的间隙要求，允许夹具与管道有一定的间隙。

密封剂在固化前，都具有一定的流动性，在注射压力下能到达空腔任何位置，固化后变成弹性体，以其良好的密封作用堵住泄漏。

夹具注胶堵漏所使用的工具有手动高压油泵、高压软管、快速接头、高压注射枪。堵漏夹具和机具的安装见图8-15。

夹具注胶堵漏的操作步骤：

1. 堵漏前的准备

堵漏人员必须先详细了解泄漏介质的性质、系统的温度和压力等参数，观察泄漏部位及现场情况，准确测量有关尺寸，以供选择合适的密封剂或设计夹具及堵漏方案时使用。

2. 安装夹具

安装夹具时应注意注胶孔的位置，应安装在便于操作的部位。在安装过程中还应注意

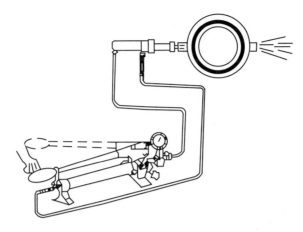

图 8-15　夹具注胶堵漏的设备安装图

夹具与泄漏体的间隙，间隙越小越好，一般最大不超过 0.5mm，否则应通过加垫措施予以消除。

夹具上的每个注胶孔应预先装好注射接头，其旋塞阀应全开。泄漏点附近要有注射接头，以利于泄漏物引流、卸压。对于较大的泄漏点，为了防止胶质漏入系统内部，应先对泄漏处的孔洞进行处理，设法使其变小、变实，方法是利用胶皮或石墨材料进行缠绕或填塞，再安装夹具。

3. 注入密封剂

在注射接头上安装高压注射枪，枪内装有密封剂，然后把注射枪和油泵连接起来，便可进行操作。注入密封剂时，先从远离泄漏点的背面开始。此时，所有注胶孔应打开泄压，逐渐注入泄漏点。如果有两点泄漏，则从其中间开始。一个注射点注射完毕，立即关闭该注射点上的阀门，把注射枪移至下一个注射点上，直至泄漏被消除为止。操作时应控制好压力，泄漏一旦停止，即可停止操作，以免剂料进入被封堵的系统体内，但此时夹具密封腔内要保持约 5min 的压力。因为，刚封堵完后，封堵腔内部压力有一个平衡分布与密封剂凝固过程。5min 后再注入少许，15min 后，卸掉注射枪和注射接头，拧上丝堵，堵漏作业结束。避免泄漏一停，随即撤出，这样往往会导致再次泄漏。

注射操作中应注意观察压力表指针变化。指针随手压动作而升降时，表明操作正常；如指针只升不降，表明剂料腔已空需要添加注剂，或密封剂已注满，应停止操作。

在密封剂的使用上，一般先选软的剂料打底，最后用硬的剂料收尾。热固性剂料要掌握好系统温度，如果环境温度很低或挤出压力较高而密封剂难以注入时，可对注射枪和密封剂加热，以便于注射。当泄漏介质温度较低时，注完密封剂后应采取外加热措施，以促进密封剂固化。一般加热到 150℃，保持 5~1h。如果由于夹具间隙较大，密封剂泄漏严重，可在密封剂中加入其他少量的具有一定刚性的固体填充材料，以降低或消除密封剂的泄漏。

在堵漏过程中，起关键作用的是夹具；其次是密封剂，夹具不严，密封剂可弥补，最后是操作技术。

8.5.4　封堵器堵漏

对于管道泄漏比较严重，或需要更换管段、阀门的封堵，可使用管道封堵器进行封堵。

管道封堵器封堵技术分为停输和不停输两种。

1. 停输情况下的管道封堵器封堵的操作步骤

先在需要封堵或更换的管段两侧各焊接一个法兰短节，然后在法兰短节上安装封堵专用阀门——夹板阀，再分别在夹板阀上安装带压开孔机、开孔连箱和刀具；用开孔机带压开孔后，将刀具和切下的管壁提到连箱内，关闭夹板阀，取出刀具和切下的管壁；最后通过这两个孔分别送入一组能在管道中展开的挡板和一个可以充气的气囊，充气后封住管道，然后进行维修或更换施工作业。

2. 不停输情况下的管道封堵器封堵的操作步骤

不停输管道封堵器的封堵，是在正常生产的情况厂进行封堵作业的一种封堵方法。虽然这种方法操作过程比较复杂，但能够保证整个施工动火过程的安全，因此非常值得推广。不停输管道封堵器封堵示意见图8-16。

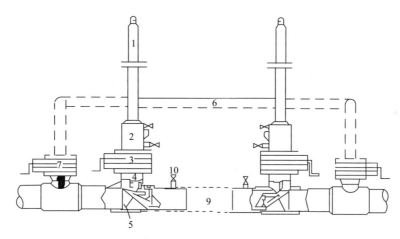

图8-16　不停输管道封堵器封堵示意图

1—封堵缸；2—封堵接合器；3—封堵夹板阀；4—封堵三通；5—封堵头；
6—旁通管道；7—旁通夹板阀；8—旁路三通；9—维修管道；10—平衡压力短节

不停输管道封堵器封堵过程可分为以下7个步骤。

①安装旁通管道。首先与停输情况下的管道封堵相似进行带压开孔。即在需要封堵或更换的管段两侧(封堵点的外侧)各焊接一个法兰短节，在法兰短节上安装夹板阀，开孔后连接旁通管道(开孔的大小可根据管道的实际而定，下同)。

②在两孔的内侧再各开一个小孔，用以平衡管道内的压力。

③分别在旁通管道的内侧、压力平衡管的外侧之间也焊接一个法兰短节，在法兰短节上安装夹板阀，然后分别在夹板阀上安装开孔机进行开孔，用以安装封堵器。

④使用开孔机带压力开孔，结束后将刀具和切下的管壁提到连箱内，关闭夹板阀，取出刀具和切下的管壁，然后安装封堵头进行管道封堵。

⑤管道修补或更换施工完毕后，按照逆安装程序首先拆下封堵头，进行二次安装开孔机，把事先准备好的堵饼及堵孔活塞安装到开孔机主轴上。

⑥利用开孔机将堵饼及堵孔活塞经连箱、夹板阀分别送入旁通孔、封堵孔处与压力平衡管处，然后拧紧锁环螺栓，固定堵孔活塞。

⑦拆下夹板阀与堵饼，将已备的法兰盲板安装到堵孔活塞上拧紧螺栓，最后，拆除旁通管道。

对于海底管道，不停输封堵技术要求更为严格，可以安装如下步骤进行。

①在准备修复的海管处进行冲泥作业，要求冲泥范围能满足维修作业需要。一般在维修更换段左右增加2m，宽度和深度为海管外壁净宽1.5m以上，如图8-17(a)所示。

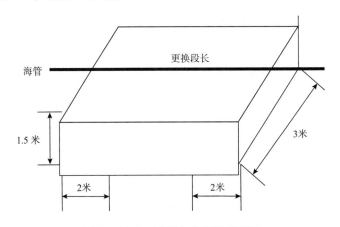

图8-17(a)　冲泥作业范围示意图

②在海底冲泥的基础上清除海底管道混凝土配重层及管线表面的防腐层，并对管线表面进行处理，达到表面平滑，如图8-17(b)所示。

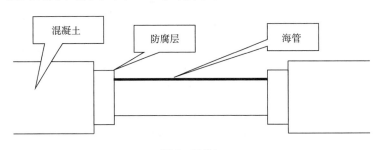

图8-17(b)

③然后在已清理的海管表面进行海管直度和椭圆度测量，满足要求后，在海管的一端安装水下机械三通和开孔机，在开孔作业前为了防止管线的震动，将管线底部用沙袋等支撑好，然后在不停产的情况下开孔。

④在管线表面已清理好的情况下按照时钟位置进行壁厚检测，然后在另一端安装另一个机械三通，开孔机安装好以后，在不停产的情况下开孔，如图8-17(c)所示。

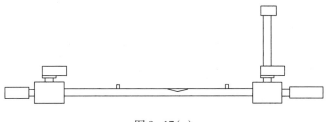

图 8-17(c)

⑤水下安装封堵机和旁路三通，如图 8-17(d)所示。

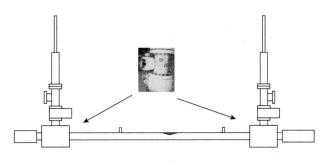

图 8-17(d)

⑥在旁路管线预制后，按照压力试验的要求进行试压，然后安装旁通管线，如图 8-17(e)所示。

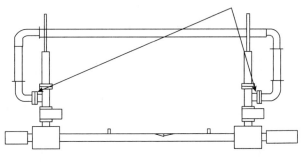

图 8-17(e)

⑦打开三明治阀，用封堵机堵住需更换的管线，使原油从旁路通过，如图 8-17(f)所示。

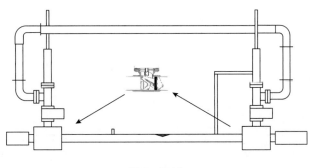

图 8-17(f)

⑧将需更换的管线泄压，并检查封堵的密封度，如图8-17(g)所示。

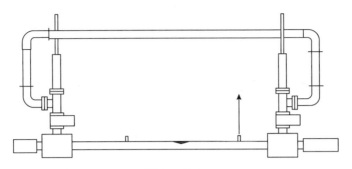

图8-17(g)

⑨用氮气将需更换管段处的原油进行置换，如图8-17(h)所示。

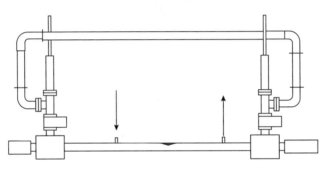

图8-17(h)

⑩在安全的情况下用冷切割锯把需更换的管段切除，如图8-17(i)所示。

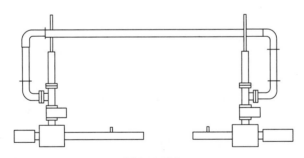

图8-17(i)

⑪在管线的两个切割端分别安装法兰连接器，如图8-17(j)所示。

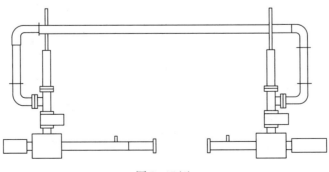

图8-17(j)

⑫测量两个法兰之间的长度，按此长度准备带球形法兰的管段，如图8－17(k)所示。

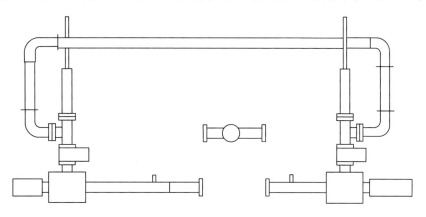

图8－17(k)

⑬在不停产的情况下安装球形法兰，如图8－17(l)所示。

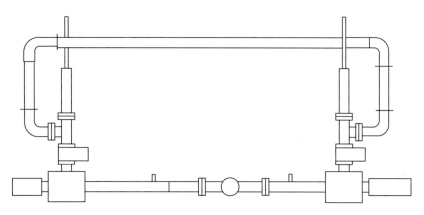

图8－17(l)

⑭调整平衡管线压力，如图8－17(m)所示。

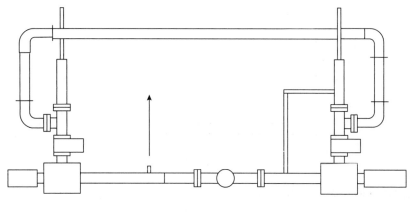

图8－17(m)

⑮将封堵头打开，并关闭三明治阀，如图8－17(n)所示。

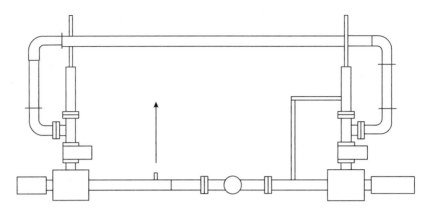

图 8-17(n)

⑯将旁通管线减压并去除旁通管线，如图 8-17(o)所示。

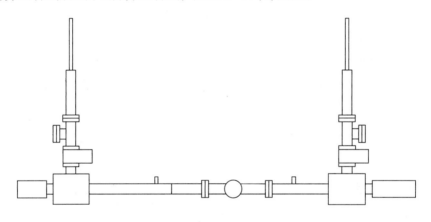

图 8-17(o)

⑰清除封堵机，如图 8-17(p)所示。

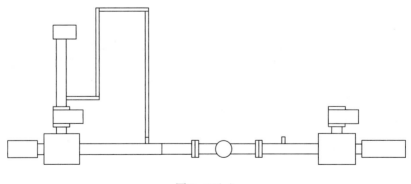

图 8-17(p)

⑱放入内锁塞柄，如图 8-17(q)所示。

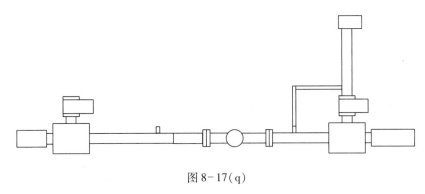

图 8-17(q)

⑲封好盲板，如图 8-17(r)所示。

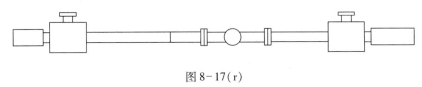

图 8-17(r)

⑳后续工作。通过以上工序(海底管道的封堵作业和损坏管段的更换)，基本上完成了海底管道的修复工作。最后对海底管道冲泥区域进行海床表面的复原，包括必要的砂袋覆盖等。

8.5.5　顶压堵漏

所谓顶压堵漏，就是当泄漏的压力比较高，用手的力量已经控制不住泄漏时，就需要借助各种机械工具的外力作用进行封堵，这种方法称为顶压堵漏法。它适用于孔洞、短裂纹等形式的封堵。

顶压堵漏的基本原理是首先在泄漏部位把顶压工具固定好，在顶压螺杆前端装上铝铆钉，旋转顶压螺杆，迫使泄漏停止；然后采取粘接或者焊接方法将补焊板固定加强。

在顶压堵漏中顶压头部与本体之间应该加密封材料，常用的有橡胶垫片、密封圈等材料。如果再配合使用胶黏剂，则可以大大提高堵漏效果，特别是纤维密封材料，可有效防止渗透式泄漏，也可用热熔胶，方法是将顶杆底部贴上纸以防胶质和顶杆粘结在一起，然后把一片浸透热熔胶的纤维垫迅速顶压在泄漏处。

顶压工具的种类比较多，根据泄漏部位及其尺寸大小，人们设计出了各式各样的顶压工具，如半卡顶、粘接顶压工具、"多顶丝"封堵器以及磁力顶压等等。

1. 半卡顶

如图 8-18 所示，用扁钢弯成半圆弧，两端对称的焊上螺杆，上面安装一横梁，横梁正中有一螺栓。堵漏时靠拧紧顶杆制止泄漏。这种办法适用于管道泄漏后的封堵，如果用钢丝绳代替圆弧箍，适应范围更广，可用于阀门、容器等设备的泄漏封堵。

2. 粘接顶压工具

这种顶压方法首先是用胶黏剂将其固定在泄漏设备上，然后再进行项压堵漏，如图 8-19所示。

图 8-18　半卡顶

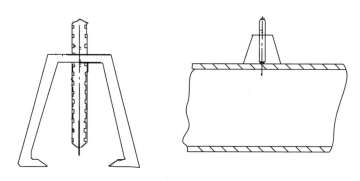

图 8-19　粘接顶压工具

3. G 型卡具

当法兰螺栓无法拧紧或紧固时因力量过大致使螺拴拧断时，可采用 G 形卡具(图 8-20)应急堵漏，图 8-21 为 G 形卡具的变种。

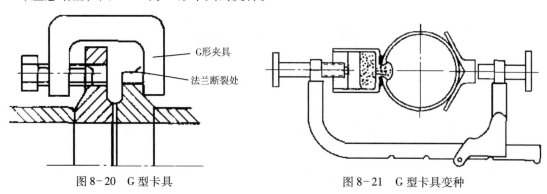

图 8-20　G 型卡具　　　　　图 8-21　G 型卡具变种

4."多顶丝"堵漏器

对于管道不规则的裂纹,可用由内衬耐油胶垫和薄钢板等构成的"多顶丝"堵漏器堵漏。首先用卡具把封堵器固定卡紧在管道上,然后根据凹凸情况,分别拧紧各部顶丝,使胶垫、钢板紧贴漏油处,堵住泄漏,然后再进行粘接或补焊加强。顶压法还可诸如密封剂堵漏,即利用压紧螺栓中心孔将密封剂注入泄漏的缝隙,这样封堵效果更佳。

5. 法兰顶压工具

法兰顶压工具主要有三种:

(1)双螺杆定位紧固式(图8-22)

图中1和4为定位螺杆,它的前端有一圆形钢板,当螺杆旋转时,它只做轴向移动而不转动,这样它就能很好地把顶压工具固定在泄漏法兰上,用两个这样的螺杆可以调整顶压螺杆的位置,使它能对准泄漏法兰的间隙处。顶压螺杆3把顶压块及浸胶石棉盘根压紧在泄漏处,制止泄漏。

(2)吊环定位式(图8-23)

定位环的下部为圆弧形的钢环,可安放在法兰相邻两螺栓的中间,使整个顶压工具固定在法兰上。

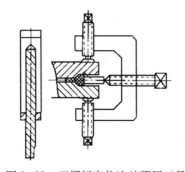

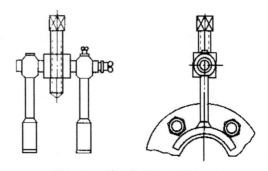

图8-22　双螺杆定位法兰顶压工具　　　　　图8-23　吊环定压法兰顶压工具

(3)钢丝绳定位式

钢丝绳定位法顶压工具制作简单,操作简便易行,封堵迅速,图8-24为钢丝绳固定在法兰上的情况。

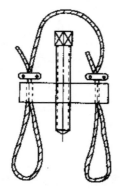

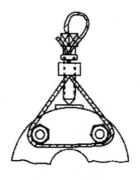

图8-24　钢丝绳定位法兰顶压工具

6. 压套式堵漏法

压套式堵漏法分为螺杆机械压套式和螺纹机械压套式堵漏两种方法，适用于胀接、承插、活接头、内外螺纹等静密封以及三通插管焊缝的堵漏，见图8-25。

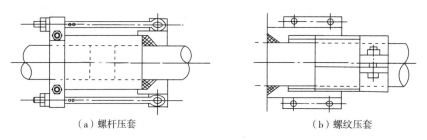

（a）螺杆压套　　　　　　　　　　　　（b）螺纹压套

图8-25　压套式堵漏法

螺杆机械压套式堵漏法，适用于有固定部位（如三通）的泄漏处。卡箍卡在有台阶的管道上，两端呈开口形状，压套由两个半圆组成，压套孔略大于管子外径，密封腔的内径也略大于管子外径、其腔底呈内斜面。像填料函一样，能使密封圈有轴向和径向的压紧力。压套两半圆拧紧后不应有间隙。堵漏时，上好卡箍、压套和密封件，将活络螺栓卡在卡箍开口中，对称拧紧螺杆，迫使密封圈压紧泄漏处而止漏。

螺纹机械压套式堵漏法，特别适用于没有固定部位（如直管）的泄漏处。压套也由两个半圆组成，其内螺纹与固定螺套相吻合，端面有内斜槽（用以填装密封圈）。压套两半圆用螺栓压紧后应无间隙，且压套内径比管子外径稍大，能自由地在固定螺套上旋转；密封件同螺杆法一样，固定螺套也是两个半圆组成，固定在管子上，其加工精度要求不高，但外螺纹应是贯通的，不允许螺纹错位而阻碍压套的旋转。封堵时上好密封件，旋紧压套，即可止漏。

7. 螺栓堵漏法

螺栓堵漏也是顶压堵漏法的一种形式。主要用于低压、孔洞较大情况下的泄漏。螺栓堵漏法是将泄漏的孔洞处加工成带有内丝的螺孔，然后拧紧螺栓，达到堵漏目的。

8.5.6　缠绕堵漏

缠绕堵漏法，是将捆扎带一层层地紧紧缠绕在泄漏点的部位，使其达到堵漏的目的。缠绕法的最大优点是能适应多种形状的泄漏部位堵漏，如直管、弯头、法兰、活节、三通等所有能够缠绕的部位。缠绕堵漏操作不用夹具，快捷方便。并且它还解决了泄漏部位因大面积减薄，夹具注胶法无法封堵这一难题。如同样情况下，常规夹具注胶法需要制作很复杂的衬套组件来保证管壁能够承受封堵时注剂的压力。而缠绕法封堵便可轻松解决这一问题，是一项极为适用的堵漏方法。目前，缠绕堵漏法有两种方法，一是钢带缠绕，二是橡胶带缠绕。

1. 钢带缠绕法堵漏

钢丝带缠绕的堵漏，是使用钢丝带拉紧器，将钢带紧密地缠绕捆扎在泄漏点处的密封带或密封胶上，以达到制止泄漏的目的。这种方法比较简单，容易掌握，适合于压力低于

3MPa、直径小于500mm、外圆齐整的管道、法兰。缺点是钢带的弹性小，封堵时不易操作。

钢带拉紧器是拉紧钢带的专用工具，如图8-26所示，它由切断钢带用的切口、夹紧钢带用的夹持手柄、拉紧钢带的扎紧手柄等组成。缠绕作业时，将钢带包扎在管道或设备上、钢带两端从不同方向穿在紧固圈中，内面一端钢带应事先在钳台上弯折成"L"形，并使紧固圈上的紧固螺钉放在钢带外面，以不滑脱、不碍捆扎为准。外面一端钢带穿在拉紧器上，首先将钢带一端放置在刃口槽中，然后把钢带放入夹持槽，扳动夹持手柄夹紧钢带。再用手或工具自然压紧钢带的另一端，转动扎紧手柄，使夹持机构随螺杆上升，从而拉紧钢带。当钢带拉紧到一定程度，把预先预备好的密封垫或密封胶放置在钢带内侧，对准泄漏点，迅速转动扎紧手柄，直到堵住泄漏后，再将紧出圈上的紧固螺钉拧紧，扳动切口手柄，使带刃口的轴芯转动，切断钢带。最后把外面端从紧固处弯折，以免钢带滑脱。

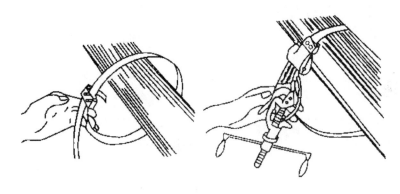

图8-26　钢带拉紧器

当泄漏压力较高时，则首先应当用胶黏剂将密封材料粘接在钢带上，防止被泄漏喷射的介质冲走，再将密封材料涂上胶黏剂。作业时，先把钢带安装在泄漏点一旁，调整密封材料的位置，再将钢带移向泄漏处，对准泄漏点，然后执行上述步骤。

钢带有不同规格种类，有不锈钢扁钢带、冷轧钢带等，厚度约1.2~1.5mm。密封垫一般用膨胀石墨板、聚四氟乙烯板、橡胶石棉板等。

2. 橡胶带缠绕法堵漏

橡胶捆扎带是一种由合成纤维编织带做骨架的复合橡胶制品，与钢带相比，极富有弹性、堵漏效果好、易操作。它适用于中、低压（<2.4MPa），管壁大面积腐蚀减薄造成的泄漏，适用温度小于150℃。快速堵漏捆扎带最大的特点是在喷射状态下不需借助任何工具设备，手工即可快速消除泄漏。

缠绕橡胶带封堵操作步骤为，先将泄漏点周围污垢稍清理干净，然后将捆扎带从泄漏点两端开始用力缠绕拉紧，待两边形成"堤坝"后，再向漏点处滑移，缠绕时越紧越好，在捆扎带的弹性收缩力和挤压力的作用下，达到止漏的目的。

8.5.7　低温冷冻堵漏

低温冷冻堵漏，是通过低温来降低介质的温度，使泄漏点的局部介质冻结成固体而迫使泄漏停止，而后进行抢修的一种堵漏法。该方法能够快速堵漏，操作简便易行，这是粘接、注剂、顶压等方法无法比拟的。低温冷冻堵漏适用于生产输送液体介质的管道。但是这种方法有一定的局限性，即在选择冷冻堵漏时一定要注意所封堵管道的材质是否适应低温环境，以防冻裂，而且最好停产后封堵，这样不会引起管道或设备超压。

目前，冷冻堵漏使用的制冷剂有液氮、液氨、液体二氧化碳等。液氨能产生 –25℃的低温，液体二氧化碳可产生 –79℃的低温，液氮能产生 –196℃的低温，同时，液氮能冷冻直径更大的管道，因此应用更为广泛。

冷冻技术的选择取决于输送介质的可冷冻性、被冻管道的材质、管径等方面的因素，必须注意构件能否经受得起冷冻应力，特别要注意低碳钢和高脆性非金属材料，应防止冷冻后胀破部件以及冷冻对密封材料造成的不利影响。管道的封堵如图 8–27 所示，根据需要可采用夹套(两半圆形组合的圆柱筒)套在要封堵的管道上，然后通入冷冻剂，逐渐将管内液体冻结形成栓塞而达到堵漏目的。

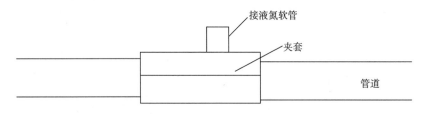

图 8–27　冷冻封堵示意图

附录1　与腐蚀相关的主要期刊和网络站点

一、腐蚀期刊

序号	期刊名称
1	中国腐蚀与防护学报
2	防腐蚀
3	防腐蚀工程
4	化工腐蚀与防护
5	油气田地面工程
6	腐蚀与防护
7	腐蚀科学与防护技术
8	化工设备与防腐蚀
9	油气储运
10	管道技术与设备
11	化工设备与管道
12	煤矿腐蚀与防护
13	全面腐蚀控制
14	石油化工腐蚀与防护
15	四川化工与腐蚀控制
16	Corrosion
17	Corrosion Science
18	CORROSION ENGINEERING SCIENCE AND TECHNOLOGY
19	Metal Science and Heat Treatment
20	Materials and Structures
21	Oxidation of Metals
22	Chemical and Petroleum Engineering

二、研究机构及腐蚀网站

序号	研究机构名称	网址
1	中国科学院金属研究所腐蚀与防护国家重点实验室	www. imr. ac. cn
2	中国科学院海洋研究所青岛市海洋环境腐蚀与防护重点实验室	www. cas. ac. cn
3	中船重工 725 所腐蚀与防护国防科技重点实验室	www. shipmatl. com. cn
4	钢铁研究总院青岛海洋腐蚀研究所	www. qrimc. cn
5	北京航空材料研究院金属腐蚀及防护研究室	www. biam. ac. cn
6	中国腐蚀监测网	www. corrosion. com. cn
7	中国腐蚀网	www. corrosion. com. cn/
8	美国国家腐蚀工程师协会（NACE）	www. nace. org
9	国家金属腐蚀控制工程技术研究中心	www. nccc. cn/
10	美国俄亥俄州大学方坦纳腐蚀中心	www. er6. eng. ohio-state. edu/frankel/fcc
11	美国材料试验学会（ASTM）	www. satm. org
12	美国金属学会（ASM）	www. asm-int. org
13	美国化学工程师学会（AICHE）	www. aiche. org
14	美国材料研究学会（MRS）	www. mrs. org
15	美国电镀学会（AGA）	www. usalink. net/aga
16	美国采矿、金属及材料学会（TMS）	www. tms. org
17	美国焊接学会（AWS）	www. amweld. org
18	美国化学会（ACS）	www. acs. org
19	英国曼切斯特大学研究课题	www. materials. manchester. ac. uk/our-research/research-groupings/corrosion-and-protection/
20	日本防腐蚀技术协会及《防腐管理》	www. jcorr. or. jp

附录2 常用标准电极电位表

半反应	$E^{\ominus}/V$（伏）
$F_2(气) + 2H^+ + 2e \Longrightarrow 2HF$	3.06
$O_3 + 2H^+ + 2e \Longrightarrow O_2 + 2H_2O$	2.07
$S_2O_8^{2-} + 2e \Longrightarrow 2SO_4^{2-}$	2.01
$H_2O_2 + 2H^+ + 2e \Longrightarrow 2H_2O$	1.77
$MnO_4^- + 4H^+ + 3e \Longrightarrow MnO_2(固) + 2H_2O$	1.695
$PbO_2(固) + SO_4^{2-} + 4H^+ + 2e \Longrightarrow PbSO_4(固) + 2H_2O$	1.685
$HClO_2 + H^+ + e \Longrightarrow HClO + H_2O$	1.64
$HClO + H^+ + e \Longrightarrow 1/2\ Cl_2 + H_2O$	1.63
$Ce^{4+} + e \Longrightarrow Ce^{3+}$	1.61
$H_5IO_6 + H^+ + 2e \Longrightarrow IO_3^- + 3H_2O$	1.60
$HBrO + H^+ + e \Longrightarrow 1/2\ Br_2 + H_2O$	1.59
$BrO_3^- + 6H^+ + 5e \Longrightarrow 1/2\ Br_2 + 3H_2O$	1.52
$MnO_4^- + 8H^+ + 5e \Longrightarrow Mn^{2+} + 4H_2O$	1.51
$Au(III) + 3e \Longrightarrow Au$	1.50
$HClO + H^+ + 2e \Longrightarrow Cl^- + H_2O$	1.49
$ClO_3^- + 6H^+ + 5e \Longrightarrow 1/2\ Cl_2 + 3H_2O$	1.47
$PbO_2(固) + 4H^+ + 2e \Longrightarrow Pb^{2+} + 2H_2O$	1.455
$HIO + H^+ + e \Longrightarrow 1/2\ I_2 + H_2O$	1.45
$ClO_3^- + 6H^+ + 6e \Longrightarrow Cl^- + 3H_2O$	1.45
$BrO_3^- + 6H^+ + 6e \Longrightarrow Br^- + 3H_2O$	1.44
$Au(III) + 2e \Longrightarrow Au(I)$	1.41
$Cl_2(气) + 2e \Longrightarrow 2Cl$	1.3595
$ClO_4^- + 8H^+ + 7e \Longrightarrow 1/2\ Cl_2 + 4H_2O$	1.34
$Cr_2O_7^{2-} + 14H^+ + 6e \Longrightarrow 2Cr^{3+} + 7H_2O$	1.33
$MnO_2(固) + 4H^+ + 2e \Longrightarrow Mn^{2+} + 2H_2O$	1.23
$O_2(气) + 4H^+ + 4e \Longrightarrow 2H_2O$	1.229

半反应	$E^{\ominus}/V$（伏）
$IO_3^- + 6H^+ + 5e = 1/2\,I_2 + 3H_2O$	1.20
$ClO_4^- + 2H^+ + 2e = ClO_3^- + H_2O$	1.19
$Br_2(水) + 2e = 2Br^-$	1.087
$NO_2 + H^+ + e = HNO_2$	1.07
$Br_3^- + 2e = 3Br^-$	1.05
$HNO_2 + H^+ + e = NO(气) + H_2O$	1.00
$VO_2^+ + 2H^+ + e = VO^{2+} + H_2O$	1.00
$HIO + H^+ + 2e = I^- + H_2O$	0.99
$NO_3^- + 3H^+ + 2e = HNO_2 + H_2O$	0.94
$ClO^- + H_2O + 2e = Cl^- + 2OH^-$	0.89
$H_2O_2 + 2e = 2OH^-$	0.88
$Cu^{2+} + I^- + e = CuI(固)$	0.86
$Hg^{2+} + 2e = Hg$	0.845
$NO_3^- + 2H^+ + e = NO_2 + H_2O$	0.80
$Ag^+ + e = Ag$	0.7995
$Hg_2^{2+} + 2e = 2Hg$	0.793
$Fe^{3+} + e = Fe^{2+}$	0.771
$BrO^- + H_2O + 2e = Br^- + 2OH^-$	0.76
$O_2(气) + 2H^+ + 2e = H_2O_2$	0.682
$AsO_8^- + 2H_2O + 3e = As + 4OH^-$	0.68
$2HgCl_2 + 2e = Hg_2Cl_2(固) + 2Cl^-$	0.63
$Hg_2SO_4(固) + 2e = 2Hg + SO_4^{2-}$	0.6151
$MnO_4^- + 2H_2O + 3e = MnO_2 + 4OH^-$	0.588
$MnO_4^- + e = MnO_4^{2-}$	0.564
$H_3AsO_4 + 2H^+ + 2e = HAsO_2 + 2H_2O$	0.559
$I_3^- + 2e = 3I^-$	0.545
$I_2(固) + 2e = 2I^-$	0.5345
$Mo(VI) + e = Mo(V)$	0.53
$Cu^+ + e = Cu$	0.52
$4SO_2(水) + 4H^+ + 6e = S_4O_6^{2-} + 2H_2O$	0.51
$HgCl_4^{2-} + 2e = Hg + 4Cl^-$	0.48
$2SO_2(水) + 2H^+ + 4e = S_2O_3^{2-} + H_2O$	0.40
$Fe(CN)_6^{3-} + e = Fe(CN)_6^{4-}$	0.36

半反应	$E^{\ominus}/V(伏)$
$Cu^{2+} + 2e = Cu$	0.337
$VO^{2+} + 2H^+ + 2e = V^{3+} + H_2O$	0.337
$BiO^+ + 2H^+ + 3e = Bi + H_2O$	0.32
$Hg_2Cl_2(固) + 2e = 2Hg + 2Cl^-$	0.2676
$HAsO_2 + 3H^+ + 3e = As + 2H_2O$	0.248
$AgCl(固) + e = Ag + Cl^-$	0.2223
$SbO^+ + 2H^+ + 3e = Sb + H_2O$	0.212
$SO_4^{2-} + 4H^+ + 2e = SO_2(水) + H_2O$	0.17
$Cu^{2+} + e = Cu^-$	0.519
$Sn^{4+} + 2e = Sn^{2+}$	0.154
$S + 2H^+ + 2e = H_2S(气)$	0.141
$Hg_2Br_2 + 2e = 2Hg + 2Br^-$	0.1395
$TiO^{2+} + 2H^+ + e = Ti^{3+} + H_2O$	0.1
$S_4O_6^{2-} + 2e = 2S_2O_3^{2-}$	0.08
$AgBr(固) + e = Ag + Br^-$	0.071
$2H^+ + 2e = H_2$	0.000
$O_2 + H_2O + 2e = HO_2^- + OH^-$	-0.067
$TiOCl^+ + 2H^+ + 3Cl^- + e = TiCl_4^- + H_2O$	-0.09
$Pb^{2+} + 2e = Pb$	-0.126
$Sn^{2+} + 2e = Sn$	-0.136
$AgI(固) + e = Ag + I^-$	-0.152
$Ni^{2+} + 2e = Ni$	-0.246
$H_3PO_4 + 2H^+ + 2e = H_3PO_3 + H_2O$	-0.276
$Co^{2+} + 2e = Co$	-0.277
$Tl^+ + e = Tl$	-0.3360
$In^{3+} + 3e = In$	-0.345
$PbSO_4(固) + 2e = Pb + SO_4^{2-}$	0.3553
$SeO_3^{2-} + 3H_2O + 4e = Se + 6OH^-$	-0.366
$As + 3H^+ + 3e = AsH_3$	-0.38
$Se + 2H^+ + 2e = H_2Se$	-0.40
$Cd^{2+} + 2e = Cd$	-0.403
$Cr^{3+} + e = Cr^{2+}$	-0.41
$Fe^{2+} + 2e = Fe$	-0.440

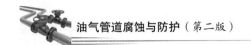

半反应	$E^{\ominus}/V$（伏）
$S + 2e =\!=\!= S^{2-}$	-0.48
$2CO_2 + 2H^+ + 2e =\!=\!= H_2C_2O_4$	-0.49
$H_3PO_3 + 2H^+ + 2e =\!=\!= H_3PO_2 + H_2O$	-0.50
$Sb + 3H^+ + 3e =\!=\!= SbH_3$	-0.51
$HPbO_2^- + H_2O + 2e =\!=\!= Pb + 3OH^-$	-0.54
$Ga^{3+} + 3e =\!=\!= Ga$	-0.56
$TeO_3^{2-} + 3H_2O + 4e =\!=\!= Te + 6OH^-$	-0.57
$2SO_3^{2-} + 3H_2O + 4e =\!=\!= S_2O_3^{2-} + 6OH^-$	-0.58
$SO_3^{2-} + 3H_2O + 4e =\!=\!= S + 6OH^-$	-0.66
$AsO_4^{3-} + 2H_2O + 2e =\!=\!= AsO_2^- + 4OH^-$	-0.67
$Ag_2S(固) + 2e =\!=\!= 2Ag + S^{2-}$	-0.69
$Zn^{2+} + 2e =\!=\!= Zn$	-0.763
$2H_2O + 2e =\!=\!= H_2 + 2OH^-$	-8.28
$Cr^{2+} + 2e =\!=\!= Cr$	-0.91
$HSnO_2^- + H_2O + 2e =\!=\!= Sn^- + 3OH^-$	-0.91
$Se + 2e =\!=\!= Se^{2-}$	-0.92
$Sn(OH)_6^{2-} + 2e =\!=\!= HSnO_2^- + H_2O + 3OH^-$	-0.93
$CNO^- + H_2O + 2e =\!=\!= Cn^- + 2OH^-$	-0.97
$Mn^{2+} + 2e =\!=\!= Mn$	-1.182
$ZnO_2^{2-} + 2H_2O + 2e =\!=\!= Zn + 4OH^-$	-1.216
$Al^{3+} + 3e =\!=\!= Al$	-1.66
$H_2AlO_3^- + H_2O + 3e =\!=\!= Al + 4OH^-$	-2.35
$Mg^{2+} + 2e =\!=\!= Mg$	-2.37
$Na^+ + e =\!=\!= Na$	-2.71
$Ca^{2+} + 2e =\!=\!= Ca$	-2.87
$Sr^{2+} + 2e =\!=\!= Sr$	-2.89
$Ba^{2+} + 2e =\!=\!= Ba$	-2.90
$K^+ + e =\!=\!= K$	-2.925
$Li^+ + e =\!=\!= Li$	-3.042

附录 3 含缺陷油气输送管道剩余强度评价方法（SY/T 6477—2014）

前　　言

本标准按照 GB/T 1.1—2009《标准化工作导则　第 1 部分：标准的结构和编写》给出的规则起草。

本标准代替 SY/T 6477—2000《含缺陷油气输送管道剩余强度评价方法 第 1 部分：体积型缺陷》和 SY/T 6477.2—2012《含缺陷油气输送管道剩余强度评价方法 第 2 部分：裂纹型缺陷》。本标准整合了 SY/T 6477—2000 和 SY/T 6477.2—2012，与 SY/T 6477—2000 和 SY/T 6477.2—2012 相比，除编辑性修改外，主要技术变化如下：

——删除了 SY/T 6477—2012 中轴向穿透型裂纹、环向穿透型裂纹、埋藏型裂纹的评价方法；

——增加了弥散损伤型缺陷的评价方法；

——增加了 X80 管线钢失效评估曲线方程。

请注意本文件的某些内容可能涉及专利。本文件的发布机构不承担识别这些专利的责任。

本标准由石油管材专业标准化技术委员会提出并归口。

本标准起草单位：中国石油集团石油管工程技术研究院、中石油北京天然气管道有限公司、中国石油西部管道公司。

本标准主要起草人：张广利、罗金恒、董保胜、张良、董绍华、许春江、吕华。

引　　言

本标准采用了 API RP 579：2007《适用性评价》部分章节的内容，包括第 4 部分（Assessment of general corrosion）、第 5 部分（Assessment of local corrosion）、第 9 部分（Assessment of crack-like flaws）、附录 C（Compendium of stress intensity factor solutions）和附录 D（Compendium of reference stress solutions for crack-like flaws）。

含缺陷油气输送管道剩余强度评价方法

1 范围

本标准规定了含体积型缺陷、含裂纹型缺陷以及含弥散损伤型缺陷油气输送管道的剩余强度评价方法。

本标准适用于原设计标准与 GB 50251 或 GB 50253 相一致的在役油气输送管道。

2 规范性引用文件

下列文件对于本文件的应用是必不可少的。凡是注日期的引用文件，仅注日期的版本适用于本文件。凡是不注日期的引用文件，其最新版本（包括所有的修改单）适用于本文件。

GB/T 6398—2000 金属材料疲劳裂纹扩展速率试验方法

3 术语和定义

下列术语和定义适用于本文件。

3.1 体积型缺陷 volumetric type flaw

管体表面发生金属损失造成的缺陷。

3.2 均匀腐蚀 general corrosion

金属表面以大体相同的腐蚀速率进行腐蚀，其腐蚀程度可以用平均腐蚀深度来表示。

3.3 局部腐蚀 local corrosion

腐蚀主要集中在金属表面某一区域，而表面其他部位腐蚀程度相对较小，或者几乎未被腐蚀。

3.4 裂纹型缺陷 crack-like flaw

一种根部尖锐的面型缺陷，主要参数有裂纹深度和长度，一般包括表面裂纹、埋藏裂纹和穿透裂纹。

3.5 弥散损伤型缺陷 dispersion-type damage

管道上存在的点腐蚀和氢鼓泡缺陷。

3.6 缺陷表征 defect characterization

将实际缺陷按规则简化为一个简单几何形状的缺陷，称为缺陷表征或缺陷的规则化。经表征或规则化的缺陷尺寸称为表征缺陷尺寸。

3.7 孔隙率 porosity

孔洞总体积占材料体积的百分比。

3.8 鼓胀效应 bulging effect

内压对壳面的作用力迫使缺陷部位壳体局部凸出，导致实际的裂纹尖端应力强度因子值高于未考虑局部突出时计算所得的应力强度因子值，这一现象称为鼓胀效应。鼓胀效应所导致的应力强度因子增大的放大倍数称为鼓胀效应系数 Mg。

3.9 失效评估图 failure assessment diagram（FAD）

一种用来评价含裂纹型缺陷结构适用性的方法。纵坐标为韧性比，横坐标为载荷比，可评价含裂纹型缺陷构件是否发生脆性断裂或塑性失稳，若评估点在评估曲线内或恰好在评估曲线上，则认为裂纹型缺陷可接受；否则，认为不可接受。

3.10 最大允许工作压力 maximum allowed working pressure

管道允许工作的最大压力。对于未损伤管道，最大允许工作压力等于设计压力；对于损伤管道，最大允许工作压力用本标准确定。

3.11 二次应力 secondary stress

一种自平衡的法向应力或剪切应力，如热应力或结构不连续处的弯曲应力。

3.12 残余应力 residual stress

钢管或管道在焊接过程中受焊接作用影响又不能完全消失，仍有部分影响残留在管道内，这种残留的影响称为残余应力。在本标准中，主要指焊接残余应力。

3.13 一级评价 level 1 assessment

亦称筛选评价，与二级评价相比，一级评价使用的检测数据少，计算过程简单，计算结果偏保守但易于使用。

3.14 二级评价 level 2 assessment

亦称常规评价，与一级评价相比，二级评价使用的数据多，计算过程复杂，但计算结果更加准确。

4 符号和缩略语

下列符号和缩略语适用于本文件。

a——裂纹型缺陷的深度，mm；

B——二向应力比，量纲为一；

c——裂纹型缺陷的半长，mm；

D_i——管道内径，mm；

D_o——管道外径，mm；

D——管道平均直径，mm；

d——体积型缺陷的深度，mm；

E_o——原始弹性模量，GPa；

E——焊缝系数，量纲为一；

F——管道设计系数，量纲为一；

FCA——未来腐蚀裕量，mm；

K_I——Ⅰ型裂纹应力强度因子，$MPa \cdot m^{0.5}$；

K_I^P——基于主要应力的应力强度因子，$MPa \cdot m^{0.5}$；

K_I^{SR}——基于二次应力和残余应力的应力强度因子，$MPa \cdot m^{0.5}$；

K_{IC}——评估中用到的材料断裂韧性值，$MPa \cdot m^{0.5}$；

K_{IC}^{mean}——材料断裂韧性均值，$MPa \cdot m^{0.5}$；

K_{IP}^{SP}——基于二次应力和残余应力塑性校正后的应力强度因子，$MPa \cdot m^{0.5}$；

K_r——韧性比，量纲为一；

$LOSS$——管道均匀减薄厚度，mm；

L_r^P——基于主要应力的载荷比，量纲为一；

$L_{r(max)}^P$——L_r^P 的最大允许值，量纲为一；

L_r^{SR}——基于二次应力和残余应力的载荷比，量纲为一；

M_t——傅里叶因子，量纲为一；

p——管道设计压力，MPa；

p_c——裂纹面上的压力，MPa，如果裂纹面不承受压力，则 $p_c = 0$；

R_i——管道内半径，mm；

R——管道平均半径，mm；

R_o——管道外半径，mm；

R_t——剩余壁厚比，量纲为一；

RSF_a——许用剩余强度因子，一般取值0.9；

s——体积型缺陷的长度，mm；

t——公称壁厚，mm；

t_{am}——平均测量壁厚，mm；

t_{am}^c——环向平均厚度，mm；

t_{am}^s——轴向平均厚度，mm；

t_{min}——最小要求壁厚，mm；

t_{mm}——最小测量壁厚，mm；

t_{sl}——管道附加壁厚，mm；

$MAWP$——最大允许工作压力，MPa；

a——裂纹型缺陷平面和主要应力平面之间的夹角，（°）；

σ_{ref}^p——基于主要应力的参比应力，MPa；

σ_{ref}^{SR}——基于二次应力和残余应力的参比应力，MPa；

σ_y——管材最小要求屈服强度，MPa；

τ——转换系数，量纲为一，在平面应力状态时等于1.0，在平面应变状态时等于3.0；

ν——泊松比，量纲为一，取值0.3；

Φ——塑性校正因子，量纲为一。

λ——壳体参数，量纲为一。

5　要求

5.1　管道设计、建造及施工资料

管道设计、建造及施工资料包括：

a) 原材料和钢管制造检测记录。

b) 几何尺寸，包括管径和壁厚。

c) 设计压力和设计温度。

d) 设计计算公式。

e) 钢管制造和防腐标准。

f) 管道施工时的质量检验记录。

g) 钢管材料性能数据。

h) 水压试验记录，包括试验压力和温度。

5.2　管道运行和维修的历史记录

管道运行和维修记录至少包括：

a) 管道运行压力和温度记录。

b) 管道维修记录。

c) 管道在线检测记录，包括壁厚测量结果和其他无损检测结果。

d) 水压试验记录，包括试验压力和温度。

e) 管道巡视记录（如非法压线、开挖、地质情况等）。

f) 误操作记录。

6　评价方法及选择

本标准提供了三种缺陷的评价方法，分别为体积型缺陷评价方法、裂纹型缺陷评价方法和弥散损伤型缺陷评价方法。

对于管体腐蚀、表面金属损失等缺陷，选择体积型缺陷评价方法。

对于管体上存在的裂纹缺陷，焊缝上的裂纹、咬边等缺陷，选择裂纹型缺陷评价方法。

对于管体上存在的氢鼓泡和点腐蚀缺陷，选择弥散损伤型缺陷评价方法。

对于体积型复合缺陷，处理方法如下：

两个缺陷轴向间距为z，如果$z > 2.0\sqrt{Dt}$，则缺陷之间不发生交互作用，作为独立缺陷处理；否则，应考虑缺陷之间的交互影响。

对于裂纹型复合缺陷，处理方法见 A.2。

7 含体积型缺陷管道剩余强度评价

7.1 适用范围

本标准适用于下列缺陷的评价：

a）内腐蚀或外腐蚀。

b）管体金属损失类缺陷。

c）管道表面不含裂纹、机械损伤、制造缺陷或其他缺陷。

d）缺陷的深度不超过管道公称壁厚的80%。

e）管道材料是韧性的。

f）管道运行温度处于标准控制温度以内。

g）内压是管道承受的主要载荷。

7.2 限制条件

本标准不适用于下列状况：

a）管道上的裂纹型缺陷或机械表面损伤未能打磨光滑。

b）管道环向变形引起的管径变化超过6%。

c）处于钢管焊缝或环焊缝上的缝隙腐蚀、选择性腐蚀。

d）管道材料是脆性的。

e）管道运行温度超过标准控制的温度或者处于蠕变温度范围。

7.3 腐蚀缺陷分类

选定腐蚀区域的长度和宽度，其范围应能够充分表征金属损失的情况。在腐蚀区域内至少选取15个厚度测试点，若测试数据的标准偏差与平均值之比小于20%，定为均匀腐蚀缺陷，否则定为局部金属损失。

7.4 均匀腐蚀缺陷量化

7.4.1 为了评价均匀腐蚀缺陷，应测量腐蚀区域的管道剩余壁厚，即对腐蚀缺陷量化。如果最小剩余壁厚与最小要求壁厚之比大于0.7，宜采用点测厚法（point thickness reading，PTR）对腐蚀缺陷进行量化；反之，宜采用厚度截面法（critical thickness profile，CTP）。

7.4.2 若采用点测厚法对腐蚀缺陷量化，其测试点的数量依据腐蚀区域面积而定，推荐在腐蚀区域内至少选择15个厚度测试点。

若采用厚度截面法来对腐蚀缺陷量化，按照下述步骤检测截面和危险厚度截面：

第1步：找出腐蚀缺陷区域，确定检测截面的方向和长度。

第2步：沿每个检测截面间隔测量剩余壁厚，并确定每个检测截面的最小测量壁厚。测量过程中测量点间距应根据缺陷的具体情况随时调整，以保证获得准确的剩余厚度截面。

第3步：建立危险厚度截面CTP。将所有的平行检测截面上每个测量位置最小厚度向同一平面投影得到CTP。

将 C1 ~ C7 各检测截面的最小厚度向同一个平行于轴向的平面投影，得到轴向 CTP。腐蚀缺陷轴向长度 s 用 CTP 和最小要求壁厚来确定，如图 1 所示。

将 M1 ~ M5 检测截面的最小厚度向同一个平行于环向的平面投影，得到轴向 CTP。腐蚀缺陷环向长度 c 用 CTP 和最小要求壁厚来确定。

如果腐蚀缺陷区域面积较大，仅采用一个危险截面评价往往导致评价结果过于保守，宜采用几个轴向 CTP 来评价腐蚀缺陷。CTP 的个数可以通过限定建立每个 CTP 的检测截面数量最多不超过 5 个来确定。

7.5　均匀腐蚀缺陷评价方法和判据

7.5.1　一级评价

7.5.1.1　点测厚法（PTR）：

步骤 1：计算最小要求壁厚 $t_{\min}$。

$$t_{\min}^{\mathrm{C}} = \frac{P \cdot R}{\sigma_y \cdot F \cdot E - 0.6P} \tag{1}$$

$$t_{\min}^{\mathrm{L}} = \frac{P \cdot R}{2\sigma_y \cdot F \cdot E + 0.4P} + t_{\mathrm{sl}} \tag{2}$$

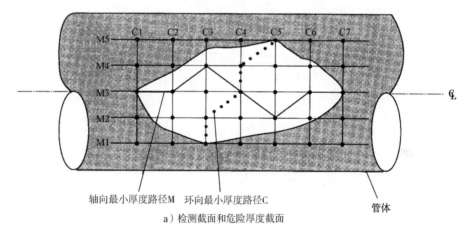

a）检测截面和危险厚度截面

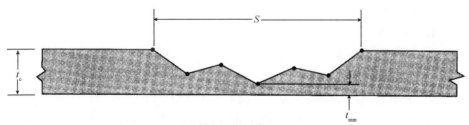

b）轴向危险厚度截面

图 1　金属损失危险厚度截面的确定方法

$$t_{\min} = \max\left[t_{\min}^{\mathrm{C}}, t_{\min}^{\mathrm{L}}\right] \tag{3}$$

式中　$t_{\min}^{\mathrm{C}}$——环向最小要求壁厚；

　　　$t_{\min}^{\mathrm{L}}$——轴向最小要求壁厚。

步骤 2：根据检测区域壁厚测量结果，确定最小测量壁厚 t_{mm}。

步骤 3：如果壁厚的变异系数 COV 不大于 10%，则进入步骤 4；如果变异系数 COV 大于 10%，则选择一级评价（CTP）。

步骤 4：若满足以下两个判据，则均匀腐蚀缺陷可以接受，如果均匀腐蚀不可以接受，进入二级评价（CTP）：

a）$t_{am} - FCA \geqslant t_{min}$。

b）$t_{mm} - FCA \geqslant \max[0.5t_{min}, t_{lim}]$，$t_{lim} = \max[0.2t, 2.5mm]$。

7.5.1.2　危险厚度截面法（CTP）：

步骤 1：计算最小要求壁厚 t_{min}。

步骤 2：计算中间参量 t_c。

$$t_c = t - LOSS - FCA$$

步骤 3：计算剩余壁厚比 R_1。

$$R_t = \frac{t_{mm} - FCA}{t_c} \tag{4}$$

步骤 4：计算均厚长度 L。

$$L = Q \cdot \sqrt{D_i \cdot t_c} \tag{5}$$

若 $R_t < RSF_a$，则

$$Q = 1.123 \times \left[\left(\frac{1 - R_t}{1 - R_t/RSF_a}\right)^2 - 1\right]^{0.5} \tag{6}$$

若 $R_t \geqslant RSF_a$，则

$$Q = 50 \tag{7}$$

步骤 5：评价均匀腐蚀缺陷的可接受性，若以下三个判据都满足，则均匀腐蚀缺陷可以接受；如果不能满足，进入二级评价（CTP）。

a）$t_{am}^s - FCA \geqslant t_{min}^L$。

b）$t_{am}^c - FCA \geqslant t_{min}^C$。

c）$t_{mm} - FCA \geqslant \max[0.5t_{min}, t_{lim}]$，$t_{lim} = \max[0.2t_{nom}, 2.5mm]$。

7.5.2　二级评价

7.5.2.1　点测厚法（PTR）：

步骤 1：计算最小要求壁厚 t_{min}

步骤 2：根据检测区域壁厚测量结果确定最小测量壁厚 t_{mm}

步骤 3：如果壁厚的变异系数 COV 不大于 10%，则进入第 4 步；如果变异系数 COV 大于 10%，则进入二级评价（CTP）。

步骤 4：若满足以下两个判据，则在当前工作压力下，均匀腐蚀缺陷可以接受；否则，缺陷不可以接受，进入下一步。

a）$t_{am} - FCA \geqslant RSF_a \cdot t_{min}$。

b）$t_{mm} - FCA \geqslant \max[0.5t_{min}, t_{lim}]$，$t_{lim} = \max[0.2t, 2.5mm]$。

步骤5：计算管道降压后最大允许工作压力 $MAWP_r$。

$$t_c = t_{am} - FCA \tag{8}$$

$$MAWP^C = \frac{\sigma_y \cdot F \cdot E \cdot t_c}{R + 0.6 t_c} \tag{9}$$

$$MAWP^L = \frac{2\sigma_y \cdot F \cdot E \cdot (t_c - t_{sl})}{R - 0.4(t_c - t_{sl})} \tag{10}$$

$$MAWP = \min\left[MAWP^C + MAWP^L \right] \tag{11}$$

$$MAWP_r = MAWP\left(\frac{t_{am} - FCA}{t_{min} RSF_a} \right) \tag{12}$$

7.5.2.2　危险厚度截面法（CTP）：

步骤1：计算最小要求壁厚 t_{min}。

步骤2：计算中间参量 t_c。

步骤3：计算剩余壁厚比 R_t。

步骤4：计算均厚长度 L。

步骤5：评价均匀腐蚀缺陷的可接受性，若以下三个判据都满足，则均匀腐蚀缺陷可以接受；否则，进入第7步。

a) $t_{am}^s - FCA \geqslant RSF_a \cdot t_{min}^C$。

b) $t_{am}^c - FCA \geqslant RSF_a \cdot t_{min}^L$。

c) $t_{mm} - FCA \geqslant \max[0.5 t_{min}, t_{lim}]$，$t_{lim} = \max[0.2 t_{nom}, 2.5mm]$。

步骤6：计算管道降压后最大允许工作压力 $MAWP_r$。

$$MAWP^C = \frac{\sigma_y \cdot F \cdot E \cdot (t_{am}^s - FCA)}{R + 0.6(t_{am}^s - FCA)} \tag{13}$$

$$MAWP^L = \frac{2\sigma_y \cdot F \cdot E \cdot (t_{am}^c - t_{sl} - FCA)}{R - 0.4(t_{am}^c - t_{sl} - FCA)} \tag{14}$$

$$MAWP_r^C = MAWP^C\left[\frac{t_{am}^s - FCA}{(RSF_a)^2} \right] \tag{15}$$

$$MAWP_r^L = MAWP^L\left[\frac{t_{am}^c - t_{sl} - FCA}{(RSF_a)^2} \right] \tag{16}$$

$$MAWP_r = \min\left[MAWP_r^C, MAWP_r^L \right] \tag{17}$$

7.6　局部腐蚀缺陷评价方法和判据

7.6.1　本标准局部腐蚀缺陷的评价仅考虑内压作用，评价过程中只使用 t_{min} 和 s 两个腐蚀缺陷数据。

7.6.2　以下是不考虑附加载荷作用的条件下，含局部腐蚀缺陷管道的评价程序。如果局部腐蚀不能接受，可以应用本评价程序建立新的 $MAWP$。

7.6.3　一级评价：

步骤1：计算中间参量 t_c。

步骤2：计算剩余壁厚比 R_t 和 λ。

$$R_t = \frac{t_{mm} - FCA}{t_c} \tag{18}$$

$$\lambda = \frac{1.285s}{\sqrt{D_i t_c}} \tag{19}$$

步骤3：检查缺陷极限尺寸；如果以下条件均满足，则进入下一步，否则缺陷不能通过一级评价。

a）$R_t \geqslant 0.20$。

b）$t_{mm} - FCA \geqslant 2.5mm$。

步骤4：管材最小要求屈服强度 σ_y、管道设计系数 F、焊缝系数 E、管道附加壁厚 t_{sl}，计算管道最大允许工作压力 $MAWP$。

$$MAWP^C = \frac{\sigma_y \cdot F \cdot E \cdot t_c}{R + 0.6t_c} \tag{20}$$

$$MAWP^L = \frac{2\sigma_y \cdot F \cdot E \cdot (t_c - t_{sl})}{R - 0.4(t_c - t_{sl})} \tag{21}$$

$$MAWP = \min\left[MAWP^C,\ MAWP^L\right] \tag{22}$$

步骤5：依据下述等式作图。图形如图2所示。

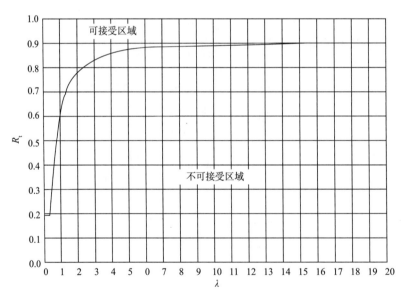

图2　缺陷轴向长度可接受评价示意图

$$R_t = 0.2 \qquad\qquad\qquad \lambda \leqslant 0.330 \tag{23}$$

$$R_t = \left(RSF_a - \frac{RSF_a}{M_t}\right)\left(1 - \frac{RSF_a}{M_t}\right)^{-1} \qquad 0.330 < \lambda < 20 \tag{24}$$

$$R_t = 0.90 \qquad\qquad\qquad \lambda \geqslant 20 \tag{25}$$

$$M_t = 1.0010 - 0.014159\lambda + 0.29090\lambda^2 - 0.09642\lambda^3 + 0.020890\lambda^4 - 0.0030540\lambda^5$$
$$+ 2.9570 \times 10^{-4} \times \lambda^6 - 1.8462 \times 10^{-5} \times \lambda^7 + 7.1553 \times 10^{-7} \times \lambda^8$$
$$- 1.5631 \times 10^{-8} \times \lambda^9 + 2.9570 \times 10^{-10} \times \lambda^{10}$$

当 $\lambda > 20$ 时，计算 M_t 采用 $\lambda = 20$。

步骤6：将步骤2计算得到的点 (λ, R_t) 代入第5步作的图中，如果点 (λ, R_t) 落在图中曲线上或者曲线上方，则该缺陷的轴向长度在当前运行压力下可以接受；反之，则该缺陷的轴向长度在当前运行压力下不可以接受。如果缺陷的轴向长度在当前运行压力下不可以接受，计算 RSF，如果 $RSF \geq RSF_a$，则该局部腐蚀在第4步确定的最大允许工作压力 $MAWP$ 下可以接受，如果 $RSF < RSF_a$，局部腐蚀在 $MAWP_r$ 下可以接受。

$$RSF = \frac{R_t}{1 - \frac{1}{M_t}(1 - R_t)} \tag{26}$$

$$MAWP_r = MAWP\left(\frac{RSF}{RSF_a}\right) \tag{27}$$

7.6.4　二级评价：

步骤1：计算中间参量 t_c。

步骤2：计算剩余壁厚比 R_t 和 λ。

步骤3：检查缺陷极限尺寸；如果以下条件均满足，则进入下一步，否则缺陷不能通过二级评价。

a) $R_t \geq 0.20$。

b) $t_{mm} - FCA \geq 2.5mm$。

步骤4：计算管道最大允许工作压力 $MAWP$。

步骤5：计算轴向危险厚度截面的剩余强度因子 RSF。

a) 输入剩余壁厚最小的节点的剩余壁厚值 t_{mm}^i，以该节点为起始评估点。

b) 依次输入每一个子截面的金属损失长度 s^i，计算该截面的金属损失面积 A^i 和原始金属面积 A_0^i。

$$A^i = s^i \cdot t_{mm}^i \tag{28}$$
$$A_0^i = s^i \cdot t_c \tag{29}$$

c) 计算该截面的剩余强度因子 RSF^i。

$$RSF^i = \frac{1 - \frac{A^i}{A_0^i}}{1 - \frac{1}{M_t^i} \cdot \frac{A^i}{A_0^i}} \tag{30}$$

$$M_t^i = 1.0010 - 0.014159\lambda^i + 0.29090(\lambda^i)^2 - 0.09642(\lambda^i)^3 + 0.020890(\lambda^i)^4 - 0.0030540(\lambda^i)^5$$
$$+ 2.9570 \times 10^{-4} \times (\lambda^i)^6 - 1.8462 \times 10^{-5} \times (\lambda^i)^7 + 7.1553 \times 10^{-7} \times (\lambda^i)^8$$
$$- 1.5631 \times 10^{-8} \times (\lambda^i)^9 + 2.9570 \times 10^{-10} \times (\lambda^i)^{10}$$

$$\lambda^i = \frac{1.285s^i}{\sqrt{D_i t_c^i}} \tag{31}$$

d）该评估点所有数据输入后，找出计算得到的 RSF^i 的最小值，即为当前评估点的 RSF。

e）对下一个评估点重复 a）~ d）步骤（评估点排序以剩余壁厚递增顺序排序）。

f）该管道所有评估点输入后，找出用于局部金属损失评价的 RSF 的最小值。

步骤 6：评价轴向缺陷尺寸的可接受性；如果 $RSF \geqslant RSF_a$，该金属局部腐蚀在步骤 4 中计算得到的 $MAWP$ 下可以接受；如果 $RSF < RSF_a$，该金属局部腐蚀在 $MAWP_r$，下可以接受。

$$MAWP_r = MAWP\left(\frac{RSF}{RSF_a}\right) \tag{32}$$

8 含裂纹型缺陷剩余强度评价

8.1 总则

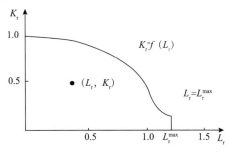

图 3 失效评估图示意图

含裂纹型缺陷管道剩余强度评价是基于失效评估图方法进行的。此方法已成为含裂纹缺陷构件评价中最广泛使用的方法。

失效评估图的示意图如图 3 所示，X70 及以下管线钢的评估曲线方程见公式（33）和公式（34）X80 管线钢母材和焊缝的评估曲线方程分别见公式（35）至公式（38）。

$$K_r = (1 - 0.14L_r^2)\left[0.3 + 0.7\exp(-0.65L_r^6)\right] \qquad L_r \leqslant L_r^{max} \tag{33}$$

$$K_r = 0 \qquad\qquad L_r > L_r^{max} \tag{34}$$

$$K_r = \frac{1.75}{1 + \exp\left(\dfrac{L_r - 1.32}{0.19}\right)} - 0.77 \qquad L_r \leqslant L_r^{max} \tag{35}$$

$$K_r = 0 \qquad\qquad L_r > L_r^{max} \tag{36}$$

$$K_r = \frac{206.8}{1 + \exp\left(\dfrac{L_r - 2.24}{0.19}\right)} - 205.82 \qquad L_r \leqslant L_r^{max} \tag{37}$$

$$K_r = 0 \qquad\qquad L_r > L_r^{max} \tag{38}$$

公式（33）至公式（36）中，$K_r = K_1 / K_{mat}$ 为韧性比，K_1 为应力强度因子，K_{mat} 为材料的断裂韧性；$L_r = \sigma_{ref} / \sigma_y$ 为载荷比，σ_{ref} 为参比应力，σ_y 为管材最小要求屈服强度。

L_r^{max} 为评估曲线的截止线，$L_r^{max} = \dfrac{\sigma_u + \sigma_y}{2\sigma_y}$，$\sigma_u$ 为材料的抗拉强度。

8.2 适用范围

本标准适用于下列缺陷的评估：

a）钢管管体裂纹。

b）焊缝裂纹，如未熔合、未焊透等。

c）使用过程中产生的裂纹，如应力腐蚀裂纹、氢致裂纹。

d）管道材料是韧性的。

e）管道运行温度处于标准控制温度以内。

f）内压是管道承受的主要载荷。

8.3 限制条件

本标准不适用于下列缺陷的评估：

a）管道材料是脆性的。

b）管道运行温度超过标准控制的温度或者处于蠕变温度范围。

8.4 评价方法和判据

步骤1：确定操作条件、压力、温度以及附加载荷。

步骤2：根据步骤1中的载荷确定缺陷处的应力分布，并将计算出的应力分为以下几类：

a）主要应力。

b）二次应力。

c）残余应力。

步骤3：确定材料性质；确定材料在步骤1条件下的屈服强度、抗拉强度和断裂韧性（Kmat）。断裂韧性由平均值计算。

步骤4：通过观测数据确定裂纹型缺陷的尺寸，根据附录A对缺陷进行表征。

步骤5：确定主要应力、材料断裂韧性及缺陷尺寸。断裂韧性取下限值，基本应力和缺陷尺寸取上限值。

步骤6：根据附录C中的方法，计算基本应力的参比应力 σ_{ref}^{P}。

步骤7：采用主要应力计算的参比应力和步骤3确定的屈服强度，计算载荷比 L_r^P。

$$L_r^P = \frac{\sigma_{rdf}^P}{\sigma_y}$$

步骤8：根据附录B中的方法，采用主要应力和缺陷尺寸，计算一次载荷的应力强度因子 K_I^P。如果 $K_I^P < 0.0$，则令 $K_I^P = 0.0$。

步骤9：根据步骤2计算的二次应力和残余应力，以及步骤5计算的修正缺陷尺寸，计算二次应力和残余应力对应的参比应 σ_{ref}^{SR}。

步骤10：根据步骤2计算的二次应力和残余应力，以及步骤5计算的修正缺陷尺寸，计算二次应力和残余应力对应的应力强度因子 K_I^{SR}，$K_I^{SR} < 0.0$，则令 $K_I^{SR} = 0.0$。

步骤11：计算塑性校正因子 Φ：

如果 $K_I^P = 0.0$，则 $\Phi = 1.0$，进入步骤12。否则，采用下式计算 L_r^{SR}：

$$L_r^{SR} = \frac{\sigma_{ref}^{SR}}{\sigma_y}$$

根据表 1 至表 4 确定 ψ 和 ϕ，采用下式计算 $\dfrac{\Phi}{\Phi_0}$。

$$\frac{\Phi}{\Phi_0} = 1 + \frac{\psi}{\phi}$$

计算塑性校正因子 Φ。

如果 $0 < L_r^{SR} \leqslant 4.0$，则 $\Phi_0 = 1.0$，

$$\Phi = 1 + \frac{\psi}{\phi}$$

如果 $L_r^{SR} > 4.0$，则

$$\Phi = \Phi_0 \left(1 + \frac{\psi}{\phi} \right)$$

$$\Phi_0 = \left(\frac{a_{ff}}{a} \right)^{0.5}$$

$$a_{ff} = a + \left(\frac{1}{2\pi\tau} \right) \left(\frac{K_i^{SR}}{\sigma_y} \right)$$

式中　τ——平面应力情况取值 1.0，平面应变取值 3.0。

依据 L_r^P 与 L_r^{SR} 的值选定相应的 ψ 值；如果介于表中给出的分界值之间，采用插值法求解 ψ 值。计算公式如下：

$$\psi = \frac{C_1 + C_3 L_r^P + C_5 (L_r^P)^2 + C_7 (L_r^P)^3 + C_9 (L_r^P)^4}{1.0 + C_2 L_r^P + C_4 (L_r^P)^2 + C_6 (L_r^P)^3 + C_8 (L_r^P)^4 + C_{10} (L_r^P)^5}$$

表 1　ψ 因子列表计算数据

L_r^P	ψ										
	L_r^{SR}										
	0.0	0.5	1.0	1.5	2.0	2.5	3.0	3.5	4.0	4.5	≥5.0
0.0	0.0	0.000	0.000	0.000	0.000	0.000	0.000	0.000	0.000	0.000	0.000
0.1	0.0	0.020	0.043	0.063	0.074	0.081	0.086	0.090	0.095	0.100	0.107
0.2	0.0	0.028	0.052	0.076	0.091	0.100	0.107	0.113	0.120	0.127	0.137
0.3	0.0	0.033	0.057	0.085	0.102	0.114	0.122	0.130	0.138	0.147	0.160
0.4	0.0	0.037	0.064	0.094	0.113	0.126	0.136	0.145	0.156	0.167	0.180
0.5	0.0	0.043	0.074	0.105	0.124	0.138	0.149	0.160	0.172	0.185	0.201
0.6	0.0	0.051	0.085	0.114	0.0133	0.147	0.159	0.170	0.184	0.200	0.215
0.7	0.0	0.058	0.091	0.117	0.134	0.147	0.158	0.171	0.186	0.202	0.214
0.8	0.0	0.057	0.085	0.105	0.119	0.130	0.141	0.155	0.169	0.182	0.190
0.9	0.00	0.043	0.060	0.073	0.082	0.090	0.101	0.113	0.123	0.129	0.132

L_r^P	Ψ										
	L_r^{SR}										
	0.0	0.5	1.0	1.5	2.0	2.5	3.0	3.5	4.0	4.5	≥5.0
1.0	0.0	0.016	0.019	0.022	0.025	0.031	0.039	0.043	0.044	0.041	0.033
1.1	0.0	−0.013	−0.025	−0.033	−0.036	−0.037	−0.042	−0.050	−0.061	−0.073	−0.084
1.2	0.0	−0.034	−0.058	−0.075	−0.090	−0.016	−0.0122	−0.137	−0.151	−0.164	−0.175
1.3	0.0	−0.043	−0.075	−0.012	−0.126	−0.147	−0.166	−0.181	−0.196	−0.209	−0.220
1.4	0.0	−0.044	−0.080	−0.109	−0.134	−0.155	−0.173	−0.189	−0.203	−0.215	−0.227
1.5	0.0	−0.041	−0.075	−0.103	−0.127	−0.147	−0.164	−0.180	−0.194	−0.206	−0.217
1.6	0.0	−0037	−0.069	−0.095	−0.117	−0.136	−0.153	−0.168	−0.181	−0.194	−0.205
1.7	0.0	−0.033	−0.062	−0.086	−0.107	−0.125	−0.141	−0.155	−0.168	−0.180	−0.191
1.8	0.0	−0.030	−0.055	−0.077	−0.097	−0.114	−0.129	−0.142	−0.155	−0.166	−0.177
1.9	0.0	−0.026	−0.048	−0.069	−0.086	−0.102	−0.116	−0.129	−0141	−0.154	−0.162
≥2.0	0.0	−0.023	−0.043	−0.061	−0.076	−0.091	−0.104	−0.116	−0.126	−0.137	−0.146

表2 Ψ 因子公式计算相关数据

L_r^{SR}	C_1	C_2	C_3	C_4	C_5	C_6	C_7	C_8	C_9	C_{10}
0.0	0.0	0.0	0.0	0.0	0.0	0.0	0.0	0.0	0.0	0.0
0.5	−2.66913e−05	25.6064	0.735321	−96.8583	−1.83570	134.240	1.59978	−83.6105	−0.493497	19.9925
1.0	−4.71153e−07	234.535	9.76896	−802.149	−23.3837	1066.58	19.9783	−648.697	−6.27253	153.617
1.5	−3.75189e−06	66.9192	4.64800	−224.507	−10.9901	288.872	8.92887	−169.271	−2.55693	38.3441
2.0	−1.0788e−05	45.9626	4.06655	−160.787	−10.1655	213.567	8.70602	−128.938	−2.58722	29.9699
2.5	−1.27938e−05	34.0140	3.56530	−126,974	−9.61991	176.724	8.85143	−111.226	−2.78480	26.8421
3.0	−4.62948e−06	27.5781	3.27165	−107.412	−9.20683	154.070	8.85151	−99.6994	−2.909516	24.7475
3.5	8.52189e−07	22.9360	3.03726	−90.9947	−8.63816	131.216	8.37438	−85.1256	−2.76449	21.1760
4.0	1.02755e−04	22.8427	3.04482	−64.9361	−5.39829	93.8627	5.79484	−75.1903	−3.28616	26.1201
4.5	4.44068e−05	19.6562	3.12233	−96.3032	−11.0348	164.591	13.2860	−123.811	−5.35151	35.4213
≥5.0	8.19621e−05	21.1804	3.37642	−82.4411	−9.11191	146.507	12.5521	−125.246	−6.70084	42.6723

表3 ϕ 因子计算数据

L_r^P	ϕ										
	L_r^{SR}										
	0.0	0.5	1.0	1.5	2.0	2.5	3.0	3.5	4.0	4.5	≥5.0
0.0	0.0	1.0	1.0	1.0	1.0	1.0	1.0	1.0	1.0	1.0	1.0
0.1	0.0	0.815	0.869	0.877	0.880	0.882	0.883	0.883	0.882	0.879	0.874
0.2	0.0	0.690	0.786	0.810	0.821	0.828	0.832	0.833	0.833	0.831	0.825
0.3	0.0	0.596	0.715	0.752	0.769	0.780	0.786	0.789	0.789	1.787	0.780
0.4	0.0	0.521	0.651	0.696	0.718	0.732	0.740	0.744	0.745	0.743	0.735
0.5	0.0	0.457	0.589	0.640	0.666	0.683	0.693	0.698	0.698	0.695	0.688
0.6	0.0	0.399	0.528	0.582	0.612	0.631	0.642	0.647	0.648	0.644	0.638
0.7	0.0	0.344	0.466	0.522	0.554	0.575	0.587	0.593	0.593	0.589	0.587
0.8	0.0	0.290	0.403	0.460	0.493	0.516	0.528	0.533	0.534	0.534	0.535
0.9	0.0	0.236	0.339	0.395	0.430	0.452	0.464	0.470	0.475	0.480	0.486
1.0	0.0	0.185	0.276	0.330	0.364	0.386	0.400	0.411	0.423	0.435	0.449
1.1	0.0	0.139	0.128	0.269	0.302	0.326	0.347	0.367	0.387	0.406	0.423
1.2	0.0	0.104	0.172	0.219	0.256	0.287	0.315	0.340	0.362	0.382	0.399
1.3	0.0	0.082	0.142	0.190	0.229	0.263	0.291	0.316	0.338	0.357	0.375
1.4	0.0	0.070	0.126	0.171	0.209	0.241	0.269	0.293	0.314	0.333	0.350
1.5	0.0	0.062	0.112	0.155	0.190	0.220	0.247	0.270	0.290	0.309	0.325
1.6	0.0	0.055	0.100	0.139	0.172	0.200	0.225	0.247	0.267	0.285	0.301
1.7	0.0	0.048	0.089	0.124	0.154	0.181	0.204	0.224	0.243	0.260	0.276
1.8	0.0	0.042	0.078	0.110	0.137	0.161	0.183	0.202	0.220	0.236	0.250
1.9	0.0	0.036	0.068	0.096	0.120	0.142	0.162	0.180	0.196	0.211	0.225
≥2.0	0.0	0.031	0.058	0.083	0.104	0.124	0.141	0.170	0.172	0.186	0.198

表4 ϕ 因子公式计算数据

L_r^S	C_1	C_2	C_3	C_4	C_5	C_6	C_7	C_8
0.0	0.0	0.0	0.0	0.0	0.0	0.0	0.0	0.0
0.5	1.00001	−2.22913	−2.41484	2.93036	1.93850	−2.93471	−0.509730	1.31047
1.0	1.00001	−2.13907	−2.38708	1.90283	1.89948	−1.11292	−0.498340	0.400603
1.5	0.999999	−2.04828	−2.36097	1.45152	1.86492	−0.457048	−0.488331	0.101387
2.0	0.999987	−2.02808	−2.36632	1.30047	1.87918	−0.225165	−0.495719	0.000000
2.5	0.999961	−2.08565	−2.42584	1.34991	1.97702	−0.215801	−0.532519	0.000000
3.0	0.999951	−2.15806	−2.49971	1.43002	2.09759	−0.222316	−0.578002	0.000000
3.5	0.999910	−2.154224	−2.49570	1.41869	2.08859	−0.213589	−0.571688	0.000000
4.0	0.999978	−2.210511	−2.57332	1.42094	2.23701	−0.0755321	−0.636324	−0.0763128
4.5	0.999976	−2.27554	−2.66103	1.48947	2.39550	−0.0340309	−0.699994	−0.101608
≥5.0	0.999977	−2.33094	−2.73542	1.54184	2.52395	−0.00694071	−0.750359	−0.119742

根据 L_r^{SR} 的值确定 C_1，C_2，$\cdots$，C_{10} 的值；如果 L_r^{SR} 的值不处于临界点上，则采用插值法求解相应的 C_1，C_2，$\cdots$，C_{10} 的值。

将 L_r^P 的值带入上述计算公式，求解 ψ 值。

计算公式如下：

$$\phi = \frac{C_1 + C_3(L_r^P)^{0.5} + C_5(L_r^P) + C_7(L_r^P)^{1.5}}{1.0 + C_2(L_r^P)^{0.5} + C_4(L_r^P) + C_6(L_r^P)^{1.5} + C_8(L_r^P)^2}$$

步骤 12：确定韧性比 K_r。

$$K_r = \frac{K_I^P + \Phi K_I^{SR}}{K_{IC}}$$

步骤 13：评估结果。

确定失效评估图上横坐标截止线。

将评估点坐标 (K_r, L_r^P) 绘制在失效评估图上。如果评估点在评估曲线上或者评估曲线以内，对于二级评价，该缺陷可以接受；如果评估点在评估曲线以外，则对于二级评价，该缺陷不可接受。

步骤 14：确定极限缺陷尺寸。

a) 给裂纹型缺陷尺寸一微小增量；对表面缺陷 $a = a_0 + \Delta a$，$c = c_0 + \Delta c$，a_0 和 c_0；缺陷尺寸增量应正比于缺陷尺寸的比值或裂纹表面与裂纹最深处应力强度因子的比值。

b) 对新缺陷尺寸进行适用性评价，判断新的缺陷尺寸是否在失效评估曲线以内。

c) 持续增加裂纹尺寸增量直到计算的评价点在 FAD 曲线上。此时得到的缺陷尺寸就定义为极限缺陷尺寸。如果在评价中使用了缺陷尺寸的局部安全系数，则极限缺陷尺寸应除以局部安全系数。

步骤 15：如果缺陷不能通过评价，则应考虑下面情况：

a) 使分析中的数据更精确，重复评价。精确数据要求额外的 NDE 测试以更好地描述缺陷尺寸，阅读设备文献确保材料性质不是低限值，准确地确定将来的工作条件和应力水平。

b) 对构件进行重新评价、修复、置换或退役。

8.5　评价所需要的数据——材料性能

8.5.1　材料的屈服强度和抗拉强度

材料屈服强度和抗拉强度未知情况下，可采用钢管制造标准中规定的最小要求值。若进行拉伸试验获取数据，如果试验数据大于最小要求值，取最小要求值；如果试验数据小于最小要求值，取试验值。

8.5.2　材料的断裂韧性

材料的断裂韧性是材料抵抗断裂能力的指标。基于夏比冲击功数据，利用下式估算断裂韧性：

$$K_{IC} = 8.47 CVN^{0.63}$$

CVN 取值遵从下列规定：

a）试样个数在 3～5 个时，选择测试值的最小值作为断裂韧性特征值。

b）试样个数在 6～10 个时，选择测试值的第二最小值作为断裂韧性特征值。

c）试样个数在 11～15 个时，选择测试值的第三最小值作为断裂韧性特征值。

d）试样个数大于 15 个时，将测试值的均值减去一个标准偏差作为断裂韧性特征值。

8.5.3 残余应力估算

对于焊缝缺陷的评价，要将残余应力考虑在内。焊缝残余应力估算依据公式（39）进行。

$$\sigma^r = \sigma_y R_r \qquad (39)$$

式中 σ^r——残余应力，MPa；

  R_r——残余应力降低因子，与试压水平有关。

如果焊缝没有进行焊后热处理，则 R_r 计算公式见公式（40）至公式（43）。

$$R_r = 1 \qquad T_P < 75\% \qquad (40)$$

$$R_r = \frac{168.5063 - 2.2677 T_P + 9.16852 \times 10^{-3} T_P^2}{100} \qquad 75\% \leqslant T_P \leqslant 110\% \qquad (41)$$

$$R_r = 0.30 \qquad T_P > 110\% \qquad (42)$$

$$T_P = \frac{\sigma_{mc \cdot t}}{\sigma_{ys}^r} \qquad (43)$$

式中 T_P——水压试验时管道内的名义环向应力与屈服强度的比值；

  $\sigma_{mc \cdot t}$——水压试验时管道内的名义环向应力，MPa；

  σ_{ys}^r——评估焊缝残余应力时使用的有效屈服强度，MPa。

如果焊缝进行焊后热处理，对于环焊缝缺陷 R_r 取值 0.2，对于直焊缝缺陷 R_r 取值 0.3。

8.5.4 裂纹扩展规律

对含裂纹型缺陷管道进行疲劳剩余寿命预测，需要知道裂纹扩展规律及相关的常数。疲劳裂纹扩展规律可以用 Paris 公式来表示，见式（44）。

$$\frac{da}{dN} = C(\Delta K)^m \qquad (44)$$

$$\Delta K = K_{max} - K_{min}$$

式中 da/dN——裂纹的扩展速率，表示载荷每循环一次所发生的裂纹扩展量；

  ΔK——裂纹尖端应力强度因子变化范围；

  C——与材料有关的常数；

  m——与载荷和结构有关的常数。

疲劳裂纹扩展门槛值和疲劳裂纹扩展速率测试依据 GB/T 6398—2000 的规定进行，从而确定裂纹是否发生疲劳扩展以及公式（44）中的常数 C 和 m。

9　含弥散损伤型缺陷管道剩余强度评价

管道弥散损伤型缺陷主要是指点腐蚀和氢鼓泡缺陷。目前，对该类缺陷的评价，一般是借用体积型缺陷的评价方法，评价结果偏于保守。本标准将管道弥散损伤型缺陷视作孔洞型均匀损伤材料，基于损伤力学，通过研究缺陷损伤随时间演化规律、损伤沿壁厚方向分布规律和损伤材料宏观力学性能退化规律，建立了含弥散损伤型缺陷管道的极限承压能力工程评价方法。

9.1　适用性

只有满足下述条件的管道才能应用本章提供的剩余强度评价程序：

a)管道材料是韧性的，且在运行过程中不会因为温度或其他工艺环境发生脆化。

b)管道不含裂纹型缺陷。

c)管道不含其他类型的腐蚀缺陷。

9.2　评价方法和判据

第1步：测量管道的有效弹性模量，计算孔隙率 φ：

$$E = E_o(1 - 2.01\varphi) \tag{45}$$

第2步：输入实测屈服强度 σ_{so}。，计算含缺陷管道的实际屈服强度 σ_s：

$$\sigma_s = \sigma_{so}\sqrt{(1-\varphi) \times (1-2.01\varphi)/(1+57.12\varphi/9)} \tag{46}$$

第3步：输入管道直径 D、名义壁厚 t 及缺陷深度 d，计算管道最大允许工作压力 p_0：

$$p_o = \frac{2m_f\sigma_s t}{D}\left[\frac{1-d/t}{1-d/(tM_t)}\right] + \frac{1.1\sigma_s d}{D} \tag{47}$$

式中，M_t 为鼓胀因子，计算公式如下：

$$M_t = (1 + 0.48\lambda^2)^{0.5} \tag{48}$$

λ 为壳体参数，计算公式如下：

$$\lambda = \frac{1.285L}{\sqrt{Dt}} \tag{49}$$

式中　L 为缺陷长度。

第4步：输入管道工作压力 p，判断管道在当前孔隙率情况下能否安全运行：

a)若 $p \leq p_o$，则管道可以在当前工作压力下安全运行。

b)若 $p > p_o$，则管道不能安全运行，管道最大允许工作压力为 p_o。

附录 A

（规范性附录）
裂纹型缺陷表征方法

A.1　总则

为了使实际的裂纹型缺陷更适合进行断裂力学分析，本附录提供了裂纹型缺陷的表征方法。裂纹简化方法如图 A.1 所示。用来简化裂纹型缺陷的规则是偏保守的，所得到的理想化的裂纹比实际裂纹要严重一些。这些简化规则描述了裂纹类型、方向和相互作用。

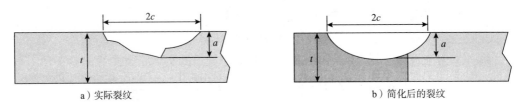

a）实际裂纹　　　　　　　　　　　　　　b）简化后的裂纹

图 A.1　裂纹型缺陷符号和简化后的裂纹

A.2　单个裂纹表征方法

如果裂纹面垂直于最大拉伸主要应力平面，则计算中所用的裂纹长度就是实测裂纹长度。如果裂纹面不垂直于主要应力平面，则等效 I 型裂纹尺寸用如下方法之一确定。

A.2.1　方法一

不考虑方向因素，计算中所用的裂纹长度 c 假设等于实测裂纹长度。在断裂评估中，裂纹面假设垂直于最大拉伸主要应力平面。

A.2.2　方法二

等效 I 型裂纹尺寸定义方法如图 A.2 所示。

A.2.2.1　第 1 步：将裂纹投影到主平面上。

A.2.2.2　第 2 步：计算等效裂纹长度。

a）将裂纹投影到垂直于 σ_1 的平面上：

$$\frac{c}{c_{\mathrm{m}}} = \cos^2\alpha + \frac{(1-B)\sin\alpha\cos\alpha}{2} + B^2\sin^2\alpha \tag{A.1}$$

b）将裂纹投影到垂直于 σ_2 的平面上：

$$\frac{c}{c_{\mathrm{m}}} = \frac{\cos^2\alpha}{B^2} + \frac{(1-B)\sin\alpha\cos\alpha}{2B^2} + \sin^2\alpha \tag{A.2}$$

在公式（A.1）和公式（A.2）中：

$$B = \frac{\sigma_2}{\sigma_1} \qquad \text{当 } \sigma_1 \geqslant \sigma_2 \text{ 且 } 0.0 \leqslant B \leqslant 1.0 \qquad\qquad (A.3)$$

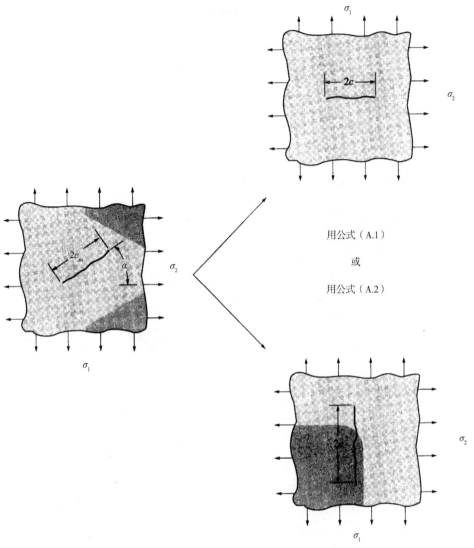

用公式（A.1）

或

用公式（A.2）

图 A.2 主要应力平面上等效裂纹长度定义方法

附录 B

（规范性附录）
应力强度因子计算方法

B.1 总则

本附录按裂纹类型给出了评价中所用的应力强度因子表达式。

B.2 应力强度因子

B.2.1 无限长轴向表面裂纹

几何模型如图 B.1 所示。

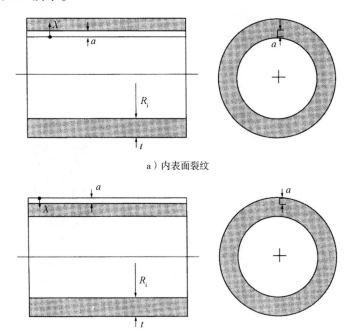

a）内表面裂纹

b）外表面裂纹

图 B.1 无限长轴向表面裂纹几何模型

无限长轴向内表面裂纹应力强度因子表达式由公式（B.1）给出。

$$K_1 = \frac{pR_o^2}{R_o^2 - R_i^2}\left[2G_0 - 2G_1\left(\frac{a}{R_i}\right) + 3G_2\left(\frac{a}{R_i}\right)^2 - 4G_3\left(\frac{a}{R_i}\right)^3 + 5G_4\left(\frac{a}{R_i}\right)^4\right]\sqrt{\pi a} \qquad (B.1)$$

无限长轴向外表面裂纹应力强度因子表达式由公式（B.2）给出。

$$K_1 = \frac{pR_o^2}{R_o^2 - R_i^2}\left[2G_0 + 2G_1\left(\frac{a}{R_o}\right) + 3G_2\left(\frac{a}{R_o}\right)^2 + 4G_3\left(\frac{a}{R_o}\right)^3 + 5G_4\left(\frac{a}{R_o}\right)^4\right]\sqrt{\pi a} \qquad （B.2）$$

应力强度因子表达式中的参数 C_0，C_1，C_2，C_3 和 C_4 取值见表 B.1（略）。

裂纹和管道几何尺寸限制如下：

$$0.0 \leqslant a/t \leqslant 0.8$$
$$0.0 \leqslant t/R_i \leqslant 1.0$$

B.2.2 环向 360°表面裂纹

几何模型如图 B.2 所示。

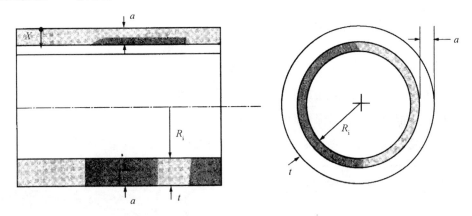

a）内表面裂纹

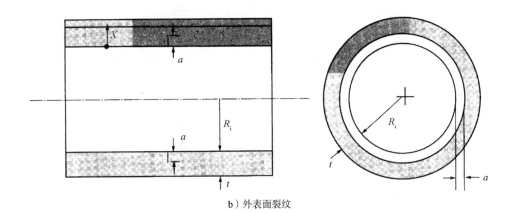

b）外表面裂纹

图 B.2 环向 360°表面裂纹几何模型

应力强度因子见公式（B.3）。

$$K_1 = \left[G_0(\sigma_0 + p_c) + G_1\sigma_1\left(\frac{a}{t}\right)\right]\sqrt{\pi a} \qquad （B.3）$$

对内表面裂纹：

$$\sigma_0 = \sigma_m - \sigma_b \qquad （B.4）$$

$$\sigma_1 = 2\sigma_b \qquad (B.5)$$

对外表面裂纹：

$$\sigma_0 = \sigma_m + \sigma_b \qquad (B.6)$$

$$\sigma_1 = -2\sigma_b \qquad (B.7)$$

在公式（B.4）至公式（B.7）中：

$$\sigma_m = \frac{pR_i^2}{(R_o^2 - R_i^2)} + \frac{F}{\pi(R_o^2 - R_i^2)} + \frac{2M(R_o + R_i)}{\pi(R_o^4 - R_i^4)} \qquad (B.8)$$

$$\sigma_b = \frac{2M(R_o - R_i)}{\pi(R_o^4 - R_i^4)} \qquad (B.9)$$

应力强度因子表达式中的参数 G_0 和 G_1 取值见表 B.2（略）。

裂纹和管道几何尺寸限制如下：

$$0.0 \leqslant a/t \leqslant 0.8$$

$$0.001 \leqslant t/R_i \leqslant 1.0$$

应力强度因子表达式中的参数 G_i，取值见表 B.2。

B.2.3 轴向半椭圆形表面裂纹

几何模型如图 B.3 所示。

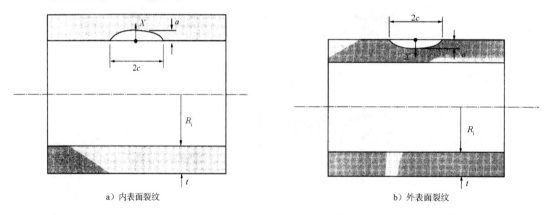

a）内表面裂纹　　　　　　　　　　b）外表面裂纹

图 B.3　纵向半椭圆形表面裂纹几何模型

内表面裂纹应力强度因子表达式由公式（B.10）给出。

$$K_1 = \frac{pR_o^2}{R_o^2 - R_i^2}\left[2G_0 - 2G_1\left(\frac{a}{R_i}\right) - 3G_2\left(\frac{a}{R_i}\right)^2 - 4G_3\left(\frac{a}{R_i}\right)^3 + 5G_4\left(\frac{a}{R_i}\right)^4\right]\sqrt{\frac{\pi a}{Q}} \qquad (B.10)$$

外表面裂纹应力强度因子表达式由公式（B.11）给出。

$$K_1 = \frac{pR_i^2}{R_o^2 - R_i^2}\left[2G_0 + 2G_1\left(\frac{a}{R_o}\right) + 3G_2\left(\frac{a}{R_o}\right)^2 + 4G_3\left(\frac{a}{R_o}\right)^3 + 5G_4\left(\frac{a}{R_o}\right)^4\right]\sqrt{\frac{\pi a}{Q}} \qquad (B.11)$$

公式（B.10）和公式（B.11）中系数 G_0 和 G_1 分别由公式（B.12）和公式（B.13）给出。

$$G_0 = A_{0.0} + A_{1.0}\beta + A_{2.0}\beta^2 + A_{3.0}\beta^3 + A_{4.0}\beta^4 + A_{5.0}\beta^5 + A_{6.0}\beta^6 \qquad (B.12)$$

$$G_1 = A_{0.1} + A_{1.1}\beta + A_{2.1}\beta^2 + A_{3.1}\beta^3 + A_{4.1}\beta^4 + A_{5.1}\beta^5 + A_{6.1}\beta^6 \qquad (B.13)$$

公式（B.12）和公式（B.13）中的 β 由公式（B.14）给出。

$$\beta = \frac{2\varphi}{\pi} \tag{B.14}$$

对于内表面裂纹，公式（B.12）和公式（B.13）中的参数 A_{ij} 见表 B.3（略）。

对于外表面裂纹，公式（B.12）和公式（B.13）中的参数 A_{ij} 见表 B.4（略）。

对裂纹最深处的点，公式（B.10）和公式（B.11）中系数 G_2，G_3 和 G_4 分别由公式（B.15）、公式（B.16）和公式（B.17）给出。

$$G_2 = \frac{\sqrt{2Q}}{\pi}\left(\frac{16}{15} + \frac{1}{3}M_1 + \frac{16}{105}M_2 + \frac{1}{12}M_3\right) \tag{B.15}$$

$$G_3 = \frac{\sqrt{2Q}}{\pi}\left(\frac{32}{35} + \frac{1}{4}M_1 + \frac{32}{315}M_2 + \frac{1}{20}M_3\right) \tag{B.16}$$

$$G_4 = \frac{\sqrt{2Q}}{\pi}\left(\frac{256}{315} + \frac{1}{5}M_1 + \frac{256}{3465}M_2 + \frac{1}{30}M_3\right) \tag{B.17}$$

对裂纹表面处的点，公式（B.10）和公式（B.11）中系数 G_2，G_3 和 G_4 分别由公式（B.18）、公式（B.19）和公式（B.20）给出。

$$G_2 = \frac{\sqrt{Q}}{\pi}\left(\frac{4}{5} + \frac{2}{3}N_1 + \frac{4}{7}N_2 + \frac{1}{2}N_3\right) \tag{B.18}$$

$$G_3 = \frac{\sqrt{Q}}{\pi}\left(\frac{4}{7} + \frac{1}{2}N_1 + \frac{4}{9}N_2 + \frac{2}{5}N_3\right) \tag{B.19}$$

$$G_4 = \frac{\sqrt{Q}}{\pi}\left(\frac{4}{9} + \frac{2}{5}N_1 + \frac{4}{11}N_2 + \frac{1}{3}N_3\right) \tag{B.20}$$

在公式（B.15）、公式（B.16）和公式（B.17）中：

$$M_1 = \frac{2\pi}{\sqrt{2Q}}(3G_1 - G_0) - \frac{24}{5}$$

$$M_2 = 3$$

$$M_3 = \frac{6\pi}{\sqrt{2Q}}(G_0 - 2G_1) + \frac{8}{5}$$

在公式（B.18）、公式（B.19）和公式（B.20）中：

$$N_1 = \frac{3\pi}{\sqrt{Q}}(2G_0 - 5G_1) - 8$$

$$N_2 = \frac{15\pi}{\sqrt{Q}}(3G_0 - G_0) + 15$$

$$N_3 = \frac{3\pi}{\sqrt{Q}}(3G_0 - 10G_1) - 8$$

其中：

$$Q = 1.0 + 1.464\left(\frac{a}{c}\right)^{1.65} \qquad （当 a/c \leqslant 1.0 时）$$

$$Q = 1.0 + 1.464\left(\frac{c}{a}\right)^{1.65} \qquad （当 a/c \geqslant 1.0 时）$$

裂纹和管道几何尺寸限制如下：

$$0.0 \leqslant a/t \leqslant 0.8$$

$$0.03125 \leqslant a/c \leqslant 2.0$$

$$0.0 \leqslant \varphi \leqslant \pi$$

$$0.0 \leqslant t/R_i \leqslant 1.0$$

需要说明的是，表 B.3 和表 B.4 中的系数 A_{ij} 仅适用于 $0.03125 \leqslant a/c \leqslant 2.0$ 的短裂纹，对 $a/c < 0.03125$ 的长裂纹，参照无限长轴向表面裂纹计算。

B.2.4　环向半椭圆形表面裂纹

几何模型如图 B.4 所示。

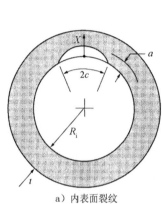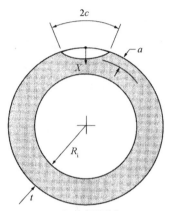

a）内表面裂纹　　　　　　　　　　　　　　b）外表面裂纹

图 B.4　环向半椭圆形表面裂纹几何模型

内表面裂纹应力强度因子见公式（B.21）。

$$K_1 = G_0 \left(\frac{pR_o^2}{R_o^2 - R_i^2} + \frac{F}{\pi(R_o^2 - R_i^2)} \right) \sqrt{\frac{\pi a}{Q}} \tag{B.21}$$

外表面裂纹应力强度因子见公式（B.22）。

$$K_1 = G_0 \left(\frac{pR_i^2}{R_o^2 - R_i^2} + \frac{F}{\pi(R_o^2 - R_i^2)} \right) \sqrt{\frac{\pi a}{Q}} \tag{B.22}$$

公式（B.21）和公式（B.22）中的参数 G_0 取值见公式（B.23），参数 Q 取值见 B.2.3。

$$G_0 = A_{0.0} + A_{1.0}\beta + A_{2.0}\beta^2 + A_{3.0}\beta^3 + A_{4.0}\beta^4 + A_{5.0}\beta^5 + A_{6.0}\beta^6 \tag{B.23}$$

公式（B.23）中的 β 由公式（B.14）给出。

对于内表面裂纹，公式（B.23）中的参数 A_{ij} 见表 B.5（略）。

对于外表面裂纹，公式（B.23）中的参数 A_{ij} 见表 B.6（略）。

裂纹和管道几何尺寸限制与 B.2.3 中的相同。

需要说明的是，表 B.5 和表 B.6 中的系数 A_{ij} 仅适用于 $0.03125 \leqslant a/c \leqslant 2.0$ 的短裂纹，对 $a/c < 0.03125$ 的长裂纹，参照环向 360° 表面裂纹。

附录 C

（规范性附录）

参比应力计算方法

C. 1　总则

本附录按裂纹类型给出了评价中所用的参比应力表达式。

C. 2　参比应力

C. 2. 1　无限长纵向表面裂纹

参比应力由公式（C. 1）给出。

$$\sigma_{ref} = \frac{P_b + \{P_b^2 + 9[M_s \cdot P_m \cdot (1-\alpha)^2]^2\}^{0.5}}{3(1-\alpha)^2} \tag{C. 1}$$

$$M_s = \frac{1.0}{1.0 - \alpha}$$

$$\alpha = \frac{a}{t}$$

公式（C. 1）中，P_m 和 P_b 分别由公式（C. 2）和公式（C. 3）给出。

$$P_m = \frac{pR_i}{t} \tag{C. 2}$$

$$P_b = \frac{pR_o^2}{R_0^2 - R_i^2}\left[\frac{t}{R_i} - \frac{3}{2}\left(\frac{t}{R_i}\right)^2 + \frac{9}{5}\left(\frac{t}{R_i}\right)^3\right] \tag{C. 3}$$

C. 2. 2　环向360°表面裂纹

参比应力由公式（C. 4）给出。

$$\sigma_{ref} = \frac{M_r}{2} + \left(N_r^2 + \frac{M_r^2}{4}\right)^{0.5} \tag{C. 4}$$

对内表面裂纹：

$$N_r = \frac{P_m(R_o^2 - R_i^2)}{R_o^2 - (R^i + a)^2}$$

$$M_r = P_{bg}\frac{3\pi}{16}\left[\frac{R_o^4 - R_i^4}{R_o^4 - R_i(R_i + a)^3}\right]$$

对外表面裂纹：

$$N_r = \frac{P_m(R_o^2 - R_i^2)}{(R_o - a)^2 - R_i^2}$$

$$M_r = P_{bg} \frac{3\pi}{16}\left[\frac{R_o^4 - R_i^4}{R_o(R_o - a)^3 - R_i^4}\right]$$

公式（C.4）中，P_m 和 P_{bg} 分别由公式（C.5）和公式（C.6）给出。

$$P_m = \frac{pR_i^2}{R_o^2 - R_i^2} + \frac{F}{\pi(R_o^2 - R_i^2)} \qquad （C.5）$$

$$P_{bg} = \frac{MR_o}{0.25\pi(R_o^4 - R_i^4)} \qquad （C.6）$$

C.2.3　轴向半椭圆形表面裂纹

参比应力见公式（C.7）。

$$\sigma_{ref} = \frac{gP_b + \{(gP_b)^2 + 9[M_s \cdot P_m \cdot (1-\alpha)^2]^2\}^{0.5}}{3(1-\alpha)^2} \qquad （C.7）$$

$$\alpha = \frac{\frac{a}{t}}{1 + \frac{t}{c}}$$

$$g = 1 - 20\left(\frac{a}{2c}\right)^{0.75}\alpha^3$$

$$M_s = \frac{1}{1 - \frac{a}{t} + \frac{a}{t}\left(\frac{1}{M_t} \cdot \lambda_a\right)}$$

$$\lambda_a = \frac{1.818c}{\sqrt{R_i a}}$$

$$M_t = (1 + 0.4845\lambda_a^2)^{0.5}$$

公式（C.7）中，P_m 和 P_b 分别由公式（C.8）和公式（C.9）给出。

$$P_m = \frac{pR_i}{t} \qquad （C.8）$$

$$P_b = \frac{pR_o^2}{R_o^2 - R_i^2}\left[\frac{t}{R_i} - \frac{3}{2}\left(\frac{t}{R_i}\right)^2 + \frac{9}{5}\left(\frac{t}{R_i}\right)^3\right] \qquad （C.9）$$

C.2.4　环向半椭圆形表面裂纹

参比应力见公式（C.10）。

$$\sigma_{ref} = \frac{P_b + \{P_b^2 + 9[Z \cdot P_m \cdot (1-\alpha)^2]^2\}^{0.5}}{3(1-\alpha)^2} \qquad （C.10）$$

$$Z = \left[\frac{2\psi}{\pi} - \frac{x\theta}{\pi}\left(\frac{2-2\tau+x\tau}{2-\tau}\right)\right]^{-1}$$

$$\psi = \text{arcos}(A\sin\theta)$$

$$\alpha = \frac{\dfrac{a}{t}}{1 + \dfrac{t}{c}}$$

$$A = x\,\frac{(1-\tau)(2-2\tau+x\tau)+(1-\tau+x\tau)^2}{2\,[\,1+(2-\tau)(1-\tau)\,]}$$

$$\tau = \frac{t}{R_o}$$

$$x = \frac{a}{t}$$

对内表面裂纹；

$$\theta = \frac{\pi c}{4R_i}$$

对内表面裂纹：

$$\theta = \frac{\pi c}{4R_o}$$

公式（C.10）中，P_m 和 P_b 分别由公式（C.11）和公式（C.12）给出。

$$P_m = \frac{pR_i^2}{R_o^2 - R_i^2} + \frac{F}{\pi(R_o^2 - R_i^2)} \tag{C.11}$$

$$P_b = 0 \tag{C.12}$$

参 考 文 献

［1］GB 50251 输气管道工程设计规范

［2］GB 50253 输气管道工程设计规范

附录4　国内外常用腐蚀标准

序号	标准编号	标准名称
1	GB 10119—2008	黄铜耐脱锌腐蚀性能的测定
2	GB 10123—2001	金属和合金的腐蚀基本术语和定义
3	GB 10582—2008	电气绝缘材料测定因绝缘材料引起的电解腐蚀的试验方法
4	GB 11143—2008	加抑制剂矿物油在水存在下防锈性能试验法
5	GB 12466—1990	船舶及海洋工程腐蚀与防护术语
6	GB 13348	液体石油产品静电安全规程
7	GB 18241.1—2014	橡胶衬里第一部分：设备防腐衬里
8	GB 21448	埋地钢制管道阴极保护技术规范
9	GB 4334.6—2000	不锈钢5%硫酸腐蚀试验方法
10	GB 50264	工业设备及管道绝热设计导则
11	GB 5096—1985	石油产品铜片腐蚀试验法
12	GB 9793	金属和其他无机覆盖层热喷涂锌、铝及其合金
13	GB/T 10123—2001	金属和合金的腐蚀基本术语和定义
14	GB/T 10125—2012	人造气氛腐蚀试验盐雾试验
15	GB/T 10127—2002	不锈钢三氯化铁缝隙腐蚀试验方法
16	GB/T 11377—2005	金属和其他无机覆盖层储存条件下腐蚀试验的一般规则
17	GB/T 129532—2004	包装材料气相防锈塑料薄膜
18	GB/T 13452.4—2008	色漆和清漆钢铁表面上涂膜的耐丝状腐蚀试验
19	GB/T 13671—1992	不锈钢缝隙腐蚀电化学试验方法
20	GB/T 14092.5—2009	机械产品环境条件工业腐蚀
21	GB/T 14093.4—2009	机械产品环境技术要求工业腐蚀环境
22	GB/T 14293—1998	人造气氛腐蚀试验一般要求
23	GB/T 14834—2009	硫化橡胶或热塑性橡胶与金属粘附性及对金属腐蚀作用的测定
24	GB/T 14986—2008	高饱和、磁温度补偿、耐蚀、铁铝、恒磁导率软磁合金
25	GB/T 15007—2008	耐蚀合金牌号
26	GB/T 15008—2008	耐蚀合金棒

序号	标准编号	标准名称
27	GB/T 15260—1994	镍基合金晶间腐蚀试验方法
28	GB/T 15748—2013	船用金属材料电偶腐蚀试验方法
29	GB/T 15957—1995	大气环境腐蚀性分类
30	GB/T 15970.1—1995	金属和合金的腐蚀应力腐蚀试验　第1部分：试验方法总则
31	GB/T 15970.2—2000	金属和合金的腐蚀应力腐蚀试验　第2部分：弯梁试样的制备和应用
32	GB/T 15970.3—1995	金属和合金的腐蚀应力腐蚀试验　第3部分：U型弯曲试样的制备和应用
33	GB/T 15970.4—2000	金属和合金的腐蚀应力腐蚀试验　第4部分：单轴加载拉伸试样的制备和应用
34	GB/T 15970.5—1998	金属和合金的腐蚀应力腐蚀试验　第5部分：C型环试样的制备和应用
35	GB/T 15970.6—2007	金属和合金的腐蚀应力腐蚀试验　第6部分：恒载荷或恒位移下的预裂纹试样的制备和应用
36	GB/T 15970.7—2000	金属和合金的腐蚀应力腐蚀试验　第7部分：慢应变速率试验
37	GB/T 15970.8—2005	金属和合金的腐蚀应力腐蚀试验　第8部分：焊接试样的制备和应用
38	GB/T 16266—2008	包装材料试验方法接触腐蚀
39	GB/T 16267—2008	包装材料试验方法气相缓蚀能力
40	GB/T 16545—1996	金属和合金的腐蚀腐蚀试样上腐蚀产物的清除
41	GBT 16906	石油罐导静电涂料电阻率测定法
42	GB/T 17005—1997	滨海设施外加电流阴极保护系统
43	GB/T 17214.4—2005	工业过程测量和控制装置的工作条件　第4部分：腐蚀和侵蚀影响
44	GB/T 17506—2008	船舶黑色金属腐蚀层的电子探针分析方法
45	GB/T 17601—2008	耐火材料耐硫酸侵蚀试验方法
46	GB/T 17632－1998	土工布及其有关产品抗酸、碱液性能的试验方法
47	GBT 17731—2009	镁合金牺牲阳极
48	GB/T 17899—1999	不锈钢点蚀电位测量方法
49	GB/T 17949.1	接地系统的土壤电阻率接地阻抗和地面电位测量导则　第1部分：常规测测量
50	GB/T 18175—2014	水处理剂缓蚀性能的测定旋转挂片法
51	GB/T 18590—2001	金属和合金的腐蚀点蚀评定方法
52	GB/T 18593—2010	熔融结合环氧粉末涂料的防腐蚀涂装
53	GB/T 19285—2014	埋地钢质管道腐蚀防护工程检验
54	GB/T 19291—2003	金属和合金的腐蚀腐蚀试验一般原则

序号	标准编号	标准名称
55	GB/T 19292.1—2003	金属和合金的腐蚀大气腐蚀性分类
56	GB/T 19292.2—2003	金属和合金的腐蚀大气腐蚀性腐蚀等级的指导值
57	GB/T 19292.3—2003	金属和合金的腐蚀大气腐蚀性污染物的测量
58	GB/T 19292.4—2003	金属和合金的腐蚀大气腐蚀性用于评估腐蚀性的标准试样的腐蚀速率的测定
59	GB/T 19355—2003	钢铁结构耐腐蚀防护锌和铝覆盖层指南
60	GB/T 19745—2005	人造低浓度污染气氛中的腐蚀试验
61	GB/T 19746—2005	金属和合金的腐蚀盐溶液周浸试验
62	GB/T 19747—2005	金属和合金的腐蚀双金属室外暴露腐蚀试验
63	GB/T 20120.1—2006	金属和合金的腐蚀腐蚀疲劳试验　第1部分：循环失效试验
64	GB/T 20120.2—2006	金属和合金的腐蚀腐蚀疲劳试验　第2部分：预裂纹试样裂纹扩展试验
65	GB/T 20121—2006	金属和合金的腐蚀人造气氛的腐蚀试验间歇盐雾下的室外加速试验（疮痂试验）
66	GB/T 20122—2006	金属和合金的腐蚀滴落蒸发试验的应力腐蚀开裂评价
67	GB/T 21246—2007	埋地钢制管道阴极保护参数测量方法
68	GB/T 21447—2008	钢制管道外腐蚀控制规程
69	GB/T 21448—2008	埋地钢质管道阴极保护技术规范
70	GB/T 23258—2009	钢制管道内腐蚀控制规范
71	GB/T 2951.21—2008	电缆绝缘和护套材料通用试验方法　第21部分：弹性体混合料专用试验方法
72	GB/T 3810.13—2006	陶瓷砖试验方法　第13部分：耐化学腐蚀性的测定
73	CB/T 3949—2001	船用不锈钢焊接接头晶间腐蚀试验方法
74	GB/T 4157—2006	金属在硫化氢环境中抗特殊形式环境开裂实验室试验
75	GB/T 4219.1	工业用硬聚氯乙烯(PVC-U)管道系统　第1部分：管材
76	GB/T 4272	设备及管道绝热技术通则
77	GB/T 4334.6—2000	不锈钢5%硫酸腐蚀试验方法
78	GB/T 494	建筑石油沥青
79	GB/T 4950	锌-铝-镉合金牺牲阳极
80	GB/T 5776—2005	金属和合金的腐蚀金属和合金在表层海水中暴露和评定的导则
81	GB/T 6384—2008	船舶及海洋工程用金属材料在天然环境中的海水腐蚀试验方法
82	GB/T 6461—2002	金属基体上金属和其他无机覆盖层经腐蚀试验后的试样和试件的评级

序号	标准编号	标准名称
83	GB/T 6463—2005	金属和其他无机覆盖层厚度测量方法评述
84	GB/T 6465—2008	金属和其他无机覆盖层腐蚀膏腐蚀试验（CORR 试验）
85	GB/T 6466—2008	电沉积铬层电解腐蚀试验（EC 试验）
86	GB/T 7998—2005	铝合金晶间腐蚀测定方法
87	GB/T 9789—2008	金属和其他无机覆盖层通常凝露条件下的二氧化硫腐蚀试验
88	SY/T 0015—2013	海上拖缆式地震资料采集技术规程
89	SYT 0017—2006	埋地钢质管道直流排流保护技术标准
90	SY/T 0026—1999	水腐蚀性测试方法
91	SY/T 0029—2012	埋地钢质检查片应用技术规范
92	SY/T 0030—2008	油气田及管道腐蚀与防护工程基本词汇
93	SY/T 0042—2002	防腐蚀工程经济计算方法标准
94	SY/T 0061—2004	埋地钢质管道外壁有机防腐层技术规范
95	SY/T 0086—2012	阴极保护管道的电绝缘标准
96	SY/T 0087.1—2006	钢制管道及储罐腐蚀评价标准埋地钢质管道外腐蚀直接评价
97	SY/T 0088—2006	钢质储罐罐底外壁阴极保护技术标准
98	SY/T 0315—2013	钢质管道熔结环氧粉末外涂层技术规范
99	SY/T 0326—2012	钢质储罐内衬环氧玻璃钢技术标准
100	SY/T 0407—2012	涂装前钢材表面处理规范
101	SY/T 0414—2007	钢质管道聚乙烯胶粘带防腐层技术标准
102	SY/T 0415—1996	埋地钢质管道硬质聚氨酯泡沫塑料防腐保温层技术标准
103	SY/T 0420—1997	埋地钢质管道石油沥青防腐层技术标准
104	SY/T 0442—2010	钢制管道熔结环氧粉末内防腐层技术标准
105	SY/T 0457—2010	钢质管道液体环氧涂料内防腐层技术标准
106	SY/T 4113—2007	防腐涂层的耐划伤试验方法
107	SY/T 5405—1996	酸化用缓蚀剂性能试验方法及评价指标
108	SY/T 5756—1995	SL-2 系列缓蚀阻垢剂
109	SY/T 0546—1996	腐蚀产物的采集与鉴定
110	SY/T 10008—2010	海上钢质固定石油生产平台的腐蚀控制
111	SY/T 4091—1995	滩海石油工程防腐蚀技术规范
112	SY/T 5390—1991	钻井液腐蚀性能检测方法钻杆腐蚀环法
113	SYT 5918—2011	埋地钢质管道外防腐层修复技术规范
114	SY/T 6151—2009	钢质管道管体腐蚀损伤评价方法
115	SY/T 6530—2010	非腐蚀性气体输送用管线管内涂层

序号	标准编号	标准名称
116	SY/T 6601—2004	耐腐蚀合金管线钢管
117	SY/T 6623—2012	内覆或衬里耐腐蚀合金复合钢管规范
118	HB 7740—2004	燃气热腐蚀试验方法
119	CJJ 49—1992	地铁杂散电流腐蚀防护技术规程
120	CJJ 95—2013	城镇燃气埋地钢质管道腐蚀控制技术规程
121	CECS 18—2000	聚合物水泥砂浆防腐蚀工程技术规程
122	DL/T 523—2007	化学清洗缓蚀剂应用性能评价指标及试验方法
123	HG 5—1601—2012	工业循环冷却水污垢和腐蚀产物试样的采取和制备
124	HG/T 20570—1995	工艺系统工程设计技术规定
125	HG/T 3523—2008	冷却水化学处理标准腐蚀试片技术条件
126	HG/T 3530—2012	工业循环冷却水污垢和腐蚀产物试样的采取和制备
127	HG/T 3531—2011	工业循环冷却水污垢和腐蚀产物中水分含量的测定
128	HG/T 3532—2011	工业循环冷却水污垢和腐蚀产物中硫化亚铁含量的测定
129	HG/T 3533—2011	工业循环冷却水污垢和腐蚀产物中灼烧失重测定方法
130	HG/T 3534—2011	工业循环冷却水污垢和腐蚀产物中酸不溶物、磷、铁、铝、钙、镁、锌、铜含量测定方法
131	HG/T 3535—2011	工业循环冷却水污垢和腐蚀产物中硫酸盐含量测定方法
132	HG/T 3536—2011	工业循环冷却水污垢和腐蚀产物中二氧化碳含量的测定方法
133	HG/T 3610—2000	工业循环冷却水污垢和腐蚀产物分析方法规则
134	HGJ 229—1991	工业设备、管道防腐蚀工程施工及验收规范
135	ISO 9223—1992	金属和合金的耐腐蚀性.大气腐蚀性.分类
136	JB/T 3206—1999	防锈油脂加速凝露腐蚀试验方法
137	JB/T 7702—1995	金属基体上金属和机覆盖层盐水滴腐蚀试验（SD试验）
138	JB/T 8424—1996	金属覆盖层和有机涂层天然海水腐蚀试验方法
139	JC71~718—1990（96）	玻璃纤维增强塑料压力容器玻璃纤维增强聚酯树脂耐腐蚀卧式容器
140	MT/T 335—1995	单体液压支柱表面防腐蚀处理技术条件
141	NY/T 1121.1—2006	土壤检测　第1部分：土壤样品的采集、处理和贮存
142	NY/T 1121.13—2006	土壤检测　第13部分：土壤交换性钙和镁的测定
143	NY/T 1121.14—2006	土壤检测　第14部分：土壤有效硫的测定
144	NY/T 1121.16—2006	土壤检测　第16部分：土壤水溶性盐总量的测定
145	NY/T 1121.17—2006	土壤检测　第17部分：土壤氯离子含量的测定
146	NY/T 1121.18—2006	土壤检测　第18部分：土壤硫酸根离子含量的测定
147	NY/T 1377—2007	土壤中pH值的测定

序号	标准编号	标准名称
148	QB/T 1901.2—2006	表壳体及其附件.金合金覆盖层.第2部分：纯度、厚度、耐腐蚀性能和附着力的测试
149	QB/T 3801—1999	化工用硬聚氯乙烯管材的腐蚀度试验方法
150	SH 3097—2000	石油化工静电接地设计规范
151	SH/T 0232—1992	液化石油气铜片腐蚀试验法
152	SH/T 3522—2003	石油化工隔热工程施工工艺标准
153	SJ 1283—1977	金属镀层和化学处理层腐蚀试验方法
154	SJ 1284—1977	金属镀层腐蚀试验结果评定方法
155	SJ/T 31303—1994	铝电解电容器铝箔腐蚀设备完好要求和检查评定方法
156	SL 105—2007	水工金属结构防腐蚀规范(附条文说明)
157	ZB Q23005—1990	玻璃纤维增强聚酯树脂耐腐蚀卧式容器
158	ANSI A21.5	Polyethylene Encasement for Ductile-Iron Pipe
159	ASME B31G—2009	Manual for determining the remaining strength of corroded pipelines; A supplement to ASME B31 code for pressure piping
160	BS 7361-1—1991	Cathodic protection—Code of practice for land and marine applications
161	BS DD CEN/TS 15280—2006	Evaluation of a.c. corrosion likelihood of buried pipelines-Application to cathodically protected pipelines
162	DIN EN 10240—1998	Internal and/or external protective coatings for steel tubes-Specification for hot dip galvanized coatings applied in automatic plants; German version EN 10240: 1997
163	BS EN 10329—2006	Steel tubes and fittings for onshore and offshore pipelines-External field joint coatings
164	BS EN 10339—2007	Steel tubes for onshore and offshore water pipelines-Internal liquid applied epoxy linings for corrosion protection
165	BS EN 12068—1999	Cathodicprotection-External organic coatings forthecorrosion protection of buried or immersed steel pipelines used in conjunction with cathodic protection-Tapes and shrinkable materials
166	BS EN 12474—2001	Cathodic protection for submarine pipelines
167	BS EN 12501-1—2003	Protection of metallic materials against corrosion-Corrosion likelihood in soil-General
168	BS EN 12501-2—2003	Protection of metallic materials against corrosion-Corrosion likelihood in soil-Low alloyed and non alloyed ferrous materials

 油气管道腐蚀与防护（第二版）

续表

序号	标准编号	标准名称
169	BS EN 12954—2001	Cathodic protection of buried or immersed metallic structures-General principles and application for pipelines
170	BS EN 13509—2003	Cathodic protection measurement techniques
171	BS EN 15112—2006	External cathodic protection of well casing
172	BS EN 50162—2005	Protection against corrosion by stray current from direct current systems
173	DIN CEN/TS 15280—2006	Evaluation of a. c. corrosion likelihood of buried pipelines-Application to cathodically protected pipelines; German version CEN/TS 15280：2006
174	DIN EN 10329—2006	Steel tubes and fittings for onshore and offshore pipelines-External field joint coatings；German version EN 10329：2006
175	DIN EN 12474—2001	Cathodic protection for submarine pipelines; German version EN 12474：2001
176	DIN EN 12501 – 1—2003	Protection of metallic materials against corrosion-Corrosion likelihood in soil-Part 1：General；German version EN 12501-1：2003
177	DIN EN 12501 – 2—2003	Protection of metallic materials against corrosion-Corrosion likelihood in soil-Part 2：Low alloyed and non alloyed ferrous materials；German version EN 12501—2：2003
178	DIN EN 12954—2001	Cathodic protection of buried or immersed metallic structures-General principles and application for pipelines；German version EN 12954：2001
179	DIN EN 13509—2003	Cathodic protection measurement techniques；German version EN 13509：2003
180	DIN 30675 – 1—1992	External corrosion protection of buried pipes；corrosion protection systems for steel pipes
181	DIN 30675 – 2—1993	External corrosion protection of buried pipes；corrosion protection systems for ductile iron pipes
182	DIN 30677 – 1—1991	Corrosion protection of burried valves；coating for normal requirement
183	DIN 50929—1	Corrosion of metals probability of corrosion of metallic
184	DIN 50929—2	EN – Corrosion of metals；probability of corrosion of metallic materials when subject to corrosion from the outside；service components inside buildings
185	DIN 50929-3—1985	Corrosion of metals；probability of corrosion ofmetallic materials when subject to corrosion from the outside；buried and underwater pipelines and structural components
186	DLT535	盐酸酸洗缓蚀剂应用性能评价指标及浸泡腐蚀试验方法

参考文献

[1] 胡茂圃主编. 腐蚀电化学. 北京：冶金工业出版社，1991.

[2] 曹楚南编著. 腐蚀电化学. 北京：化学工业出版社，1994.

[3] 曹楚南编著. 腐蚀电化学原理. 北京：化学工业出版社，2004.

[4] (美)方坦纳(Fontana，M. G.)，格林(Greene，N. D.)同著. 腐蚀工程. 左景伊译. 北京：化学工业出版社，1982.

[5] (加)Pierre R. Roberge 著. 腐蚀工程手册，吴荫顺等译. 北京：中国石化出版社，2003.

[6] 李金桂，赵闺彦主编. 腐蚀和腐蚀控制手册. 北京：国防工业出版社，1988.

[7] 生产测井培训丛书编译组编译. 腐蚀监测. 北京：石油工业出版社，1991.

[8] 柯伟，杨武主编. 腐蚀科学技术的应用和失效案例. 北京：化学工业出版社，2006.

[9] 中国腐蚀与防护学会主编. 腐蚀科学与防腐蚀工程技术新进展，中国腐蚀与防护学会成立 20 周年论文集(1979~1999). 北京：化学工业出版社，1999.

[10] 翁永基编著. 材料腐蚀通论：腐蚀科学与工程基础. 北京：石油工业出版社，2004.

[11] 李金桂主编. 腐蚀控制设计手册. 北京：化学工业出版社，2006.

[12] 曹楚南. 腐蚀试验的统计分析方法. 北京：机械工业出版社，1965.

[13] 左景伊编. 腐蚀数据手册. 北京：化学工业出版社，1982.

[14] (日)间宫富士雄编著，王志远译. 腐蚀抑制剂及其应用技术. 北京：石油工业出版社，1987.

[15] 肖纪美编著. 腐蚀总论：材料的腐蚀及其控制方法. 北京：化学工业出版社，1994.

[16] 中国腐蚀与防护学会主编，杨武等编著. 金属的局部腐蚀：点腐蚀·缝隙腐蚀·晶间腐蚀·成分选择性腐蚀. 北京：化学工业出版社，1995.

[17] 中国腐蚀与防护学会主编，王光雍等编著. 自然环境的腐蚀与防护：大气·海水·土壤. 北京：化学工业出版社，1997.

[18] 卢绮敏等编著. 石油工业中的腐蚀与防护. 北京：化学工业出版社，2001.

[19] 中国腐蚀与防护学会主编，许淳淳等编著. 化学工业中的腐蚀与防护. 北京：化学工业出版社，2001.

[20] 化学工业部化工机械研究院主编. 腐蚀与防护手册：化工生产装置的腐蚀与防护. 北京：化学工业出版社，1991.

[21] 化学工业部化工机械研究院主编. 腐蚀与防护手册：耐蚀金属材料及防蚀技术. 北京：化学工业出版社，1990.

[22] (美)尤里克，瑞维亚著. 腐蚀与腐蚀控制：腐蚀科学和腐蚀工程导论. 翁永基译. 北京：石油工业出版社，1994.

[23] 王汝琳，王咏涛编著. 红外检测技术. 北京：化学工业出版社，2006.

[24]田裕鹏编著．红外检测与诊断技术．北京：化学工业出版社，2006．

[25]李晓刚，付冬梅著．红外热像检测与诊断技术．北京：中国电力出版社，2006．

[26]杨筱蘅主编．油气管道安全工程．北京：中国石化出版社，2005．

[27]潘家华编著．油气管道断裂力学分析．北京：石油工业出版社，1989．

[28]唐明华编著．油气管道阴极保护．北京：石油工业出版社，1986．

[29]（英）W，Kent Muhlbauer著．译管道风险管理手册．杨嘉瑜等．北京：中国石化出版社，2005．

[30]赵麦群，雷阿丽编著．金属的腐蚀与防护．北京：国防工业出版社，2002．

[31]闻新等编著．MATLAB 神经网络仿真与应用．北京：科学出版社，2003．

[32]赵金洲，喻西崇，李长俊著．缺陷管道适用性评价技术．北京：中国石化出版社，2005．

[33]赵鹏，何仁洋，杨永，肖勇，刘长征．埋地钢质管道腐蚀防护检验检测技术组合方法及评价系统研究[J]．化工设备与管道，2007，（1）．

[34]王同义，许振清，王伟国，王观军．油田常压储罐罐底腐蚀检测方法的选择[J]．腐蚀与防护，2005，（2）．

[35]张慧敏，潘家祯，孙占梅．现有埋地管道腐蚀检测方法比较[J]，上海应用技术学院学报：（自然科学版），2004，（2）．

[36]赵石彬，赵佳，张存林，丁友福，李艳红．红外热波无损检测中材料表面下缺陷类型识别的有限元模拟及分析[J]．应用光学，2007，（5）．

[37]沈功田，李涛等．高温压力管道红外成像检测技术[J]．无损检测，2002，24（11）．

[38]许占显，林为干．军事装备腐蚀检测新技术及应用[J]．新技术新工艺，2007（3）．

[39]李大鹏，张利群，赵岩松．管道外表缺陷红外无损检测和缺陷识别特征方向法[J]．机电设备，2005，（4）．

[40]薛书文，祖小涛，洪伟铭．红外热成像无损检测中缺陷深度检测新方法[J]．激光与红外，2005，（3）．

[41]梅林，王裕文，薛锦．红外热成像无损检测缺陷的一种新方法[J]．红外与毫米波学报，2000，（6）．

[42]刘争芬，张鹏．多相流管线的内腐蚀直接评价方法[J]．管道技术与设备，2007，（4）．

[43]黄雪松，姜秀萍，刘强．油田集输管道介质多相流腐蚀数学模型研究[J]．油气储运，2007，（3）．

[44]柯伟．腐蚀科技研究的前沿领域[J]．表面工程资讯，2003，（6）．

[45]覃斌，李相方．含 CO_2 凝析气井多相流腐蚀因素[J]．油气田地面工程，2003，（11）．

[46]翁永基．油气生产中多相流环境下碳钢腐蚀和磨损模型研究[J]．石油学报，2003，（3）．

[47]王德国，何仁洋，董山英．长距离油、气、水混输管道内壁流动腐蚀的研究进展[J]．天然气与石油，2002，（4）．

[48]王慧龙，汪世雷，郑家焱，崔新安．碳钢在盐水－油－气多相流中腐蚀规律的研究[J]．石油化工腐蚀与防护，2002，（2）．

[49]翁永基．含沙多相流对金属管道腐蚀－磨损及其监测[J]．管道技术与设备，2002，（4）．

[50]毛旭辉，吴成红，甘复兴，周建龙，萧以德，张三平．多相流动淡水体系中碳钢的冲刷腐蚀行为[J]．腐蚀科学与防护技术，2001，（S1）．

[51]吴成红，毛旭辉，甘复兴，周建龙，萧以德，张三平．多相流动淡水体系中碳钢冲刷腐蚀电化学行为的研究[J]．材料保护，2001，（11）．

[52]郑伟，帅健．埋地管道开挖验证技术研究[J]．新疆石油天然气，2007，（3）．

[53]李荣生．漏磁检测技术在原油输送管道维修上的应用[J]．今日科苑，2007，（18）．

[54]刘凯，马丽敏，陈志东，邹德福．埋地管道的腐蚀与防护综述[J]．管道技术与设备，2007，(4)．

[55]袁厚明．埋地钢管腐蚀检测与评估技术[J]．石油化工腐蚀与防护，2007，(3)．

[56]龙媛媛，石仁委，柳言国，姬杰，吕德东，王遂平．埋地管道不开挖地面腐蚀检测技术在胜利油田纯梁采油厂的应用[J]．石油工程建设，2007，(3)．

[57]戴波，盛沙，董基希，谢祖嵘，汤东梁．原油管道腐蚀内检测技术研究[J]．管道技术与设备，2007，(3)．

[58]杜晓春，黄坤．埋地管道腐蚀检测新技术[J]．天然气与石油，2005，(5)．

[59]黄海威．油田埋地钢质管道腐蚀检测与安全评价[J]．油气田地面工程，2005，(8)．

[60]蒋奇，隋青美，高瑞．管道缺陷漏磁场和缺陷尺寸的关系[J]．物理测试，2004，(6)．

[61]张慧敏，潘家祯，孙占梅．现有埋地管道腐蚀检测方法比较[J]．上海应用技术学院学报：(自然科学版)，2004(2)．

[62]蒋奇．管道缺陷漏磁检测智能识别技术[J]．中国仪器仪表，2004，(6)．

[63]刘吉东，陈绍萍，刘寒冰．国内外油气管线腐蚀泄漏检测技术[J]．油气田地面工程，2003，(11)．

[64]华正汉，朱敬德，周明．超声波检测在石油管道检测机器人中的应用[J]．机械工程师，2003，(1)．

[65]帅健，许葵．在役油气管道安全评定软件[J]．中国海上油气(工程)，2003，(1)．

[66]钟家维，沈建新，贺志刚，喻西崇．管道内腐蚀检测新技术和新方法[J]．化工设备与防腐蚀，2003，(4)．

[67]金虹．漏磁检测技术在我国管道腐蚀检测上的应用和发展[J]．管道技术与设备，2003，(1)．

[68]常连庚，陈崇祺，张永江，季峰．管道腐蚀外检测技术的研究[J]．管道技术与设备，2003，(1)．

[69]柳言国，陈蕴衡．油田埋地管线腐蚀检测技术现状及发展方向[J]．腐蚀与防护，2003，(6)．

[70]于喜元，楼俊君，杨平．管道超声波检测器的应用与发展趋势[J]．油气储运，2003，(4)．

[71]王德国，何仁洋，董山英．长距离油、气、水混输管道内壁流动腐蚀的研究进展[J]．天然气与石油，2002，(4)．

[72]刘争芬，张鹏．多相流管线的内腐蚀直接评价方法[J]．管道技术与设备，2007，(4)．

[73]柯伟．腐蚀科技研究的前沿领域[J]．表面工程资讯，2003，(6)．

[74]郑伟，帅健．埋地管道开挖验证技术研究[J]．新疆石油天然气，2007，(3)．

[75]李荣生．漏磁检测技术在原油输送管道维修上的应用[J]．今日科苑，2007，(18)．

[76]刘凯，马丽敏，陈志东，邹德福．埋地管道的腐蚀与防护综述[J]．管道技术与设备，2007，(4)．

[77]袁厚明．埋地钢管腐蚀检测与评估技术[J]．石油化工腐蚀与防护，2007，(3)．

[78]龙媛媛，石仁委，柳言国，姬杰，吕德东，王遂平．埋地管道不开挖地面腐蚀检测技术在胜利油田纯梁采油厂的应用[J]．石油工程建设，2007，(3)．

[79]戴波，盛沙，董基希，谢祖嵘，汤东梁．原油管道腐蚀内检测技术研究[J]．管道技术与设备，2007，(3)．

[80]杜晓春，黄坤．埋地管道腐蚀检测新技术[J]．天然气与石油，2005，(5)．

[81]黄海威，油田埋地钢质管道腐蚀检测与安全评价[J]．油气田地面工程，2005，(8)．

[82]蒋奇，隋青美，高瑞．管道缺陷漏磁场和缺陷尺寸的关系[J]．物理测试，2004，(6)．

[83]张慧敏，潘家祯，孙占梅．现有埋地管道腐蚀检测方法比较[J]．上海应用技术学院学报(自然科学版)，2004，(2)．

[84]蒋奇．管道缺陷漏磁检测智能识别技术[J]．中国仪器仪表，2004，(6)．

[85]刘吉东，陈绍萍，刘寒冰．国内外油气管线腐蚀泄漏检测技术[J]．油气田地面工程，2003，(11)．

[86] 华正汉，朱敬德，周明．超声波检测在石油管道检测机器人中的应用[J]．机械工程师，2003，（1）．

[87] 帅健，许葵．在役油气管道安全评定软件[J]．中国海上油气（工程），2003，（1）．

[88] 钟家维，沈建新，贺志刚，喻西崇．管道内腐蚀检测新技术和新方法[J]．化工设备与防腐蚀，2003，（4）．

[89] 金虹．漏磁检测技术在我国管道腐蚀检测上的应用和发展[J]．管道技术与设备，2003，（1）．

[90] 常连庚，陈崇祺，张永江，季峰．管道腐蚀外检测技术的研究[J]．管道技术与设备，2003，（1）．

[91] 柳言国，陈蕴衡．油田埋地管线腐蚀检测技术现状及发展方向[J]．腐蚀与防护，2003，（6）．

[92] 于喜元，楼俊君，杨平．管道超声波检测器的应用与发展趋势[J]．油气储运，2003，（4）．

[93] 王德国，何仁洋，董山英．长距离油、气、水混输管道内壁流动腐蚀的研究进展[J]．天然气与石油，2002，（4）．

[94] 王亚平，高鹏，王仓，胡韶山，李志．在役燃气埋地钢管外壁腐蚀状况的直接评价方法[J]．材料保护，2007，（6）．

[95] 王志成，赵建平．两种含体积型缺陷管道剩余强度评定规范对比[J]．石油化工设备，2007，（5）．

[96] 张振永，郭彬．腐蚀管道剩余强度的确定及改造措施[J]．焊管，2007，（4）．

[97] 颜力，廖柯熹，蒙东英，王靖，曾润奇，王晓刚．管道最大腐蚀坑深的极值统计方法研究[J]．石油工程建设，2007，（3）．

[98] 王来忠，史有刚．油田生产安全技术：2 版．中国石化出版社，2007．

[99] 周鹏，王明时，陈书旺等．用红外成像法探测埋地输油管道，石油学报，2006．27（5）．

[100] 吴国忠 李栋等．红外成像集输在管道防盗检测中的应用可行性．油气储运，2005，24（9）：49－50．

[101] 张亚琴，郁标．红外成像无损检测技术基本原理及其应用范围．上海地质，2002，（4）：47．

[102] 田裕鹏编著．红外检测与诊断技术．化学工业出版社，北京：2006.5．

[103] 沈功田，李涛等．高温压力管道红外热成像检测技术．无损检测，2002，24（11）：473～477．

[104] 李明，王晓霖，蒲宏斌，李天成，杨静，陈天佐．埋地油气管道杂散电流检测与防护[J]．北京石油化工学院学报，2014，04：49－53．

[105] 孙雅静．基于超声导波的管道腐蚀检测技术研究[D]．北京化工大学，2013．

[106] 杨理践，王健，高松巍．管道腐蚀超声波在线检测技术[J]．中国测试，2014，01：88－92．

[107] 任国志．腐蚀管线泄漏检测及抢修[J]．化工管理，2014，17：156－157．

[108] 陈强．国内外油气管道防腐新技术发展现状[J]．甘肃石油和化工，2010，03：10－13．

[109] 陈绍凯．交流电气化铁路杂散电流对埋地管道干扰规律研究[D]．中国石油大学，2009．

[110] 程明，屠海波，张平，左斐．长输管道的交流持续干扰防护[J]．石油工程建设，2010，S1：66－69＋297．

[111] 张恒洋，雷毅．在役输油管线的泄漏检测技术[J]．中国石油大学胜利学院学报，2011，02：22－25．

[112] 茅根新，顾素兰，何磊．超声导波检测技术在管道检验检测中的应用[J]．化工装备技术，2011，06：53－55．

[113] Johannes Haimbl. pipeline & Gas Industry, 1996 (1)：48.

[114] Development of three layer high density polyethylene pipe coating, NACE 89 paper No. 415.

[115] L. R. Aalund, polypropylene system scores high as pipeline anti-corrosion coating, oil & gas, 1992.

[116] Pipe Line Industry, 1987—1989.

[117] Stress Corrosion Causes Collapse of USABridge. Corrosion Prevention & Control, 1971, 18(4)：5.

[118] Song G, Atrens A. Corrosion Mechanisms of Magnesium Alloys. Adv Eng Mater, 1999, 1: 11.

[119] Biks N, Meier G H. Introduction to high temperature oxidation of metals. London: Edward Arnold, 1983.

[120] Kofstad P. High temperature corrosion. London: Elsevier Applied Science, 1988.

[121] Kajiyama F, Koyama Y. Corrosion, 1997.

[122] Michael M Avedesian, Hugh Baker . ASM Specialty Handbook Magnesium and Magnesium Aollys. Ohio: ASM International, 1999.

[123] Trethewey K P, Chamberlain J. Corrosion for Science and Engineering. Addison Wesley Longman Limited, 2000.

[124] Song G, Atrens A, Dargusch M. Influence of microstructure on the corrosion of die cast AZ91D. Corros Sci, 1999.

[125] Willian K Miller. Stress-corrosion cracking of magnesium alloys. Jones R H. Stress-corrosion cracking, Ohio: ASM, 1993, 251.

[126] Maker G L, Kruger J. Corrosion of Magnesium. Int Mater Rev, 1993.

[127] Song G, Atrens A. Corrosion Mechanisms of Magnesium Alloys. Adv Eng Mater, 1999.